"十三五"江苏省高等学校重点教材（编号 2020-2-016）

U0162543

概率论与数理统计

（第2版）

主　编　　高祖新　言方荣
副主编　　盛海林　王　菲

扫码进入线上学习资源

南京大学出版社

图书在版编目(CIP)数据

概率论与数理统计 / 高祖新，言方荣主编. — 2 版
. — 南京 : 南京大学出版社，2020.10(2023.2 重印)
ISBN 978 - 7 - 305 - 23616 - 7

Ⅰ. ①概… Ⅱ. ①高… ②言… Ⅲ. ①概率论 ②数理
统计 Ⅳ. ①O21

中国版本图书馆 CIP 数据核字(2020)第 132580 号

出版发行　南京大学出版社
社　　址　南京市汉口路 22 号　　　　邮　编　210093
出 版 人　金鑫荣

书　　名　**概率论与数理统计**
主　　编　高祖新　言方荣
责任编辑　甄海龙　　　　　　　　编辑热线　025 - 83595840
照　　排　南京开卷文化传媒有限公司
印　　刷　南京人民印刷厂有限责任公司
开　　本　787 mm×1092 mm　1/16　印张 23.75　字数 600 千
版　　次　2020 年 10 月第 2 版　2023 年 2 月第 2 次印刷
ISBN 978 - 7 - 305 - 23616 - 7
定　　价　58.00 元

网　　址:http://www.njupco.com
官方微博:http://weibo.com/njupco
微信服务号:njuyuexue
销售咨询热线:(025)83594756

前　言

概率论与数理统计是研究随机现象数量规律性的学科,也是当今信息化时代信息处理手段——数据处理与统计分析的理论基础。作为数据科学的基础,概率统计的应用领域几乎遍及自然科学、社会科学和生产实践的各个领域。

早在上世纪八十年代末,国内正式出版的概率统计教材屈指可数,而且以数学类专业使用为主。为此,我们专门编著了针对理工科等各应用学科概率统计课程的教材。1990 年,我们所编著的教材讲义在南京大学计算机系、地质系、气象系、国际商学院等院系和数学系非计算数学专业等的概率统计课程教学中正式使用。1995 年在已使用五年的课程讲义修订的基础上,我们编著的《概率论与数理统计》在南京大学出版社正式出版。时光荏苒,25 年过去,至今已有数以百计的各类概率统计教材问世,而我们编著的《概率论与数理统计》(南大版)以其理论知识系统扎实,案例丰富典型实用,理工应用针对性强等特点,在南京大学等名校各相关院系的应用类概率统计课程教学中用作教材长达二十多年,为名校高质量人才的培养发挥了重要的作用。已有多所学校将该教材作为人工智能、生物统计等专业的考研指定参考书,足见该教材理论功底扎实、理工应用针对性强等特色和价值并没有随着时光流逝而消褪。

事实上,随着大数据时代的到来,概率统计作为数据科学的基础,其能力的培养在高校相关学科人才培养中的重要性日益凸显。尤其对于一些新兴交叉学科,如应用统计、数据科学、人工智能、生物统计、金融证券等学科,其学生培养目标中对概率统计理论和应用的掌握提出了新的更高的要求,需要学生具备更为扎实的理论基础和更强的应用能力。而概率统计教材如果只局限于概率统计知识的介绍,知其然,不知其所以然,则难以夯实其统计应用拓展创新能力的扎实基础;如果教材的理论体系过于数学化,缺乏应用学科需要的实用性和针对性,同样难以满足这些新兴统计应用型学科为代表的学科发展的要求。

在南京大学出版社的倡导和大力支持下,为顺应应用统计、数据科学、人工智能等新兴交叉学科对概率统计课程的新要求,我们对《概率论与数理统计》(南大版)教材进行全面修订完善再版,积三十多年在统计领域教学科研和教材建设之丰富经验,不断吸纳近年来国内外概率统计学科发展的成果,倾力打造一本以理论坚实与应用务实的有机结合为特色,熔经典传承与创新发展于一体的顺应学科发展新要求的立体化概率统计教材。

再版的《概率论与数理统计》教材传承经典,保持并全面完善了原版的章节结构和内容,增加了人工智能和生物统计中常用的"概率不等式"和"非参数检验"等章节,凸显了原版的特色和优势,其理论体系更加系统扎实,定理原理分析透彻,案例丰富新颖实用,阐述清晰且深入浅出。同时注重教材的与时俱进,创新发展,体现学科发展的教研成果,精选的各统计应用实例融入了国际权威的专业统计软件 SPSS 的操作应用,使读者对统计应用理论和方法的掌握更加务实高效,学用结合,真正培养其统计分析应用的实战能力。此外,该教材扉页二维码链接丰富的线上教学资源,包括 SPSS 统计软件操作指南视频、案例应用的 SPSS 数据集、各章内容提要、思考与练习、考研真题解析、知识拓展、中英文对照词汇、常用统计表等,是一本既适合师生的教和学,又便于读者提升和拓展的线上线下立体化统计创新教材(线上资源请扫扉页的二维码上线使用)。

再版的《概率论与数理统计》适用于基础学科和理工医药等学科对概率统计理论及应用有较高要求的各专业的概率统计课程,尤其适用于理工医药等相关学科专业,例如应用统计、数据科学、生物统计、人工智能、计算机应用、金融证券等新兴交叉学科及专业的概率统计类课程。同时也适合作为各类学科概率统计相关课程的考研参考书,以及各类科技工作者的概率统计应用的实用参考资料。

本书再版由高祖新、言方荣共同负责全书的编著修订和统稿完善。本书编著时注重博采众长,汲取国内外相关优秀教材和参考文献的精华,同时还得到南京大学出版社的大力支持,编辑在本书的策划出版和编辑中付出了辛勤的努力,在此一并表示衷心的感谢。

本书虽经认真编著修订,但囿于编者水平和编写时间,疏漏之处在所难免,恳请各位专家、师生和读者批评指正,以便今后更为完善。与本书相关事宜请与 gaozuxin@aliyun.com 联系。

高祖新

2020 年 9 月

CONTENTS | # 目 录

引 言

一、随机现象和统计规律性

在自然界和人们的社会生活中各种现象形形色色,千姿百态,但不外乎两大类。一类是在一定条件下必然发生或不发生的确定性现象,我们可事先预知它是否发生。例如:在正常状况下,水在 0℃ 时结成冰。还有一类现象是在一定的条件下可能发生,也可能不发生,可能出现这样或那样的结果的**随机现象**(random phenomena)。例如,抛掷一枚硬币,既可能出现正面朝上,也可能出现反面朝上,其结果是无法事先确定的;又如用某种新药来治疗患者的疾病,其结果可能是有效或无效。虽然随机现象在个别观察或试验中,其结果具有不确定性,但在多次重复试验或观察中会表现出某种规律性。例如,多次重复抛掷同一枚质地均匀的硬币,就会发现,正面朝上和反面朝上的次数大致各占一半,这种随机现象在多次重复试验或观察中所出现的规律性称为**统计规律性**(statistical law)。

而概率论和数理统计就是研究随机现象统计规律性的数学学科。由于随机现象的普遍性,概率论和数理统计在工农业生产、国家经济和现代科学技术等领域中便具有极其广泛的应用,而这些应用同时也推动着概率论和数理统计这门学科不断发展和完善。

二、概率论与数理统计的发展概况

概率论是从数量的侧面来研究随机现象统计规律性的学科。最早的概率论萌芽之作是意大利数学怪杰卡尔达诺(G. Gardano,1501—1576)于 1563 年撰写的《游戏机遇的学说》,书中提出了"大数定律"的基本概率理论的原始模型。随着航海商业发展起来的保险业、人口统计、天文观测的误差分析及弹道学的研究,为概率论的产生和发展开辟了道路。而引起当时数学家关注的特殊的随机现象问题,却来自随机游戏的赌博中。

1654 年,赌徒梅勒(Méré)向法国数学家帕斯卡(B. Pascal,1623—1662)求教了如下问题:甲、乙两赌徒相约先胜 n 局者为赢,结果,甲胜了 $s(<n)$ 局,乙胜了 $t(<n)$ 局,赌博因故中止,问应如何分赌本? 法国数学家帕斯卡和费马(P. Fermat,1601—1665)多次通信讨论并解决了梅勒的分赌本问题,开创了概率论研究的新局面。1657 年,荷兰数学家惠更斯(C. Huygens,1629—1695)发表了概率论最早的论著——《论赌博中的计算》。他们都认识到了研究随机现象规律性的重要性,并研究了主要以等可能性为基础的一些简单概型问题,提出了数学期望、概率的加法定理与乘法定理等基本概念,从而塑造了概率论的雏形。到了 18 世纪,为将研究概型推广到一般情形,极限理论成了其后 200 年中概率论研究的中心课题。

瑞士数学家雅科布·贝努利(Jacob Bernoulli,1655—1705)创立了最早的大数定理——贝努利定理,建立了描述独立重复试验序列的"贝努利概型",并撰写了最早的概率论专著《猜度术》,使概率论成为一门独立的数学分支。而德莫佛(A.de Moivre,1667—1754)于1718年发表了《机遇原理》,提出了概率乘法法则、正态分布等概念,并给出了特殊情形的中心极限定理的结果,为概率论的中心极限定理的建立奠定了基础。法国数学家蒲丰(C.de Buffon,1707—1788)提出了著名的"蒲丰投针问题",将概率与几何相结合,用概率法来求解圆周率,引进了几何概率,也开创了随机模拟之先河。

19世纪概率论应用更为广泛,并不断向完整的理论体系发展,其中法国数学家拉普拉斯(P.S.Laplace,1749—1827),德国数学家高斯(F.Gauss,1777—1855),法国数学家、物理学家泊松(S.D.Poisson,1781—1840)和英国物理学家、数学家麦克斯韦(J. C. Maxwell,1831—1879)等都为之做出了重要贡献。随着19世纪末数学公理化结构的流行及勒贝格测度和积分的研究深入,1917年俄国的数学家伯恩斯坦(C. H. Bernstein, 1880—1968)首次提出了概率论的公理化体系,但其理论并不完善。1933年苏联的柯尔莫哥洛夫(Колмогоров,1903—1987)在其概率论史上的划时代之作《概率论的基本概念》中,提出了概率的严密的公理化结构,从而使概率真正成为严谨的数学学科。从此,概率论进入了一个崭新的蓬勃发展时期。苏联的柯尔莫哥洛夫奠定了随机过程,特别是马尔科夫过程的理论基础;苏联的辛钦(Хинчин,1894—1959)提出了平稳过程的相关理论;法国的勒维(P.Levy,1886—1971)对布朗运动进行了系统研究;美国的杜布(J.L.Dob,1910—2004)对鞅的系统研究,进而创立了"鞅论"分支,日本的伊藤清(K. Ito,1915—2008)引进了随机积分与随机微分方程,等等,都为现代概率论基础的奠定做出了贡献。

数理统计是以概率论为基础,通过对随机现象观察数据的收集整理和分析推断来研究其统计规律的学科。统计最早可追溯到中国古代的钱粮户口统计和西方国家的人口普查计算,此时涉及的主要为描述性统计。1662年英国统计学家格朗特(J.Graunt,1620—1674)基于伦敦死亡人数资料的研究所进行的死亡率推算,是历史上最早出现的统计推断,他发表的专著《从自然和政治方面观察死亡统计表》,对人口统计和经济统计等进行了数学研究。1763年,英国统计学家贝叶斯(T.Bayes,1702—1761)发表《论机会学说问题的求解》,给出了"贝叶斯定理",可视为最早的数学化统计推断。而最先将古典概率论引进统计学领域的是法国天文学家、数学家拉普拉斯,他发表了古典概率论的经典专著《分析概率论》,开创了研究随机现象的分析方法,完善了古典概率论的结构,并阐明了统计学大数法则,进行了大样本推断的尝试。19世纪初,德国著名数学家高斯和勒让德(A-M.Legendre,1752—1833)建立"最小二乘法",用于分析天文观测的误差,高斯还成功地将正态分布理论用于描述观察误差的分布,并用于行星轨迹的预测。比利时统计学家凯特勒(A.Quetelet,1796—1874)发现了大量随机现象的统计规律性,开创性地应用了许多统计方法,并应用于天文、数学、气象、物理、生物和社会学等领域,完成了统计学和概率论的结合。此后,以概率论为基础的统计理论和方法被称为数理统计。

从19世纪中叶到20世纪中叶,数理统计和应用得到蓬勃发展并达到成熟。法国医生路易斯(P.C.A.Louis,1787—1872)1835年提出了医学观察中的抽样误差和混杂概念、临床疗效对比的前瞻性原则和疗效比较的"数量化"方法,被誉为"临床统计之父"。德国的大地测量学者赫尔梅特(F.Helmert,1843—1917)在1876年研究正态总体的样本方差时,发现了

χ^2分布(卡方分布)。英国生物学家、人类学家高尔顿(F.Galton,1822—1911)在生物遗传学中提出了著名的回归、相关等概念,创立了回归分析法。英国数学家、统计学家皮尔逊(K. Pearson,1857—1936)进一步发展了回归与相关的理论,提出了总体、标准差、正态曲线等重要术语和矩估计法、χ^2拟合优度检验法,并创建了生物统计学,为数理统计和生物统计学的发展奠定了基础。英国统计学家戈塞特(W. S. Gosset,1876—1937)在1908年以笔名"Student"在《生物统计学》杂志上发表论文,最早提出t分布,开创了小样本统计理论的先河。而英国统计学派的代表人物费希尔(R.Fisher,1890—1962)系统地发展了抽样分布理论,建立了点估计理论,首创了试验设计法并提出方差分析法,奠定了统计学沿用至今的数学框架,被誉为现代数理统计学的奠基人之一。20世纪30年代美国统计学家奈曼(J.Neyman,1894—1981)和小皮尔逊(E.Pearson,1895—1980,K.Pearson之子)合作,提出了似然比检验,并建立了置信区间理论,在数学上完善了假设检验和区间估计的理论体系。而美国统计学家沃尔德(A.Wald,1902—1950)所建立的序贯分析和统计决策理论,美国统计学家威尔克斯(S.Wilks,1906—1964)所创立的多元方差分析、多项式分布等一系列多元分析方法,开创了数理统计学的新局面。1946年瑞典数学家克拉默(H. Cramer,1893—1985)发表《统计学的数学方法》,运用测度论方法总结数理统计的成果,使现代数理统计趋于成熟。

从20世纪50年代以后,统计理论、方法和应用进入了一个全面发展的新阶段。一方面,统计学受计算机科学、信息论、混沌理论、人工智能等现代科学技术的影响,新的研究领域层出不穷,如多元统计分析、现代时间序列分析、非参数统计、数据挖掘等。另一方面,统计的应用领域不断扩展,几乎所有科学研究都离不开统计方法。因为不论是自然科学、工程技术、农学、医药学、军事科学,还是社会科学都离不开数据,要对数据进行研究和分析就必然要用到统计,统计学与数学、哲学一样成为所有学科的基础,同时还逐步渗透到各个学科领域,形成了许多边缘学科,如信息论、决策论、排队论、可靠性理论、自动控制、统计质量管理、生物统计、医药统计、社会统计、水文统计、统计物理学、计量经济学、计量心理学等,成为现代科学发展的一个重要标志。

2009年8月美国《纽约时报》发表大篇幅文章《当今大学毕业生的唯一关键词:统计》(*For Today's Graduate, Just One Word：Statistics*),文章举例说明统计对各行各业的重要性,并引用谷歌首席经济学家的观点,认为统计将成为未来最具吸引力的职业。同年美国劳工统计局(BLS)和梅肯研究院(Milken Institute)的研究数据表明,统计学是未来最富有成长性的五大热门领域(工程学、生命科学、统计学、环境科学、金融)之一。2010年6月3日,第64届联合国大会第90次会议通过决议,将每年的10月20日定为"世界统计日",体现出全世界对统计数据和统计的空前关注和重视。2011年2月,我国国务院学位委员会颁布新的《学位授予和人才培养学科目录》,统计学上升为一级学科,为我国统计学科和统计教育的发展提供了更加广阔的舞台和空间,同时也更加凸显了统计对科学研究和社会发展的重要性。

随着社会经济的发展、科学技术的进步,尤其是在市场化、信息化和全球化的发展背景下,各行各业都面临着概率统计新问题和大量的数据处理分析工作,特别是"大数据"时代的到来为概率统计学提供了极为广阔的空间和空前的发展机遇。概率统计不仅在传统的生物学、医药学和农学等学科领域中被广泛应用,而且在当代社会的各个领域正发挥着越来越重要的作用。显然,有关概率统计的理论知识、应用方法和统计软件应用等已成为每个科技工作者必不可少的专门知识和技能,学习和掌握相应知识对于深入研究科研难题,有效而正确地利用数据资料进行相关领域的研究和实践都具有极为重要的意义。

三、常用统计软件简介

随着电子计算机的应用和普及,特别是计算机统计软件的深入发展,人们的数据处理能力大为增强,以往受计算能力限制的数理统计有关理论和方法,其处理实际问题的能力也得到了空前提高。统计软件是利用计算机软件技术呈现统计数据、进行数据分析、模拟和实现统计过程的一类专业应用软件,是统计方法应用的重要载体,在数据处理和统计分析中占据日益重要的地位。

在实际处理问题时,尤其是对于数据量较大的实际问题,一般通过计算机利用相关统计软件进行有关数据整理、统计图表显示和统计分析等工作。目前常用的统计软件主要有SAS(统计分析系统)、SPSS(社会科学统计软件)等。

(一) SAS

SAS 系统,全称 Statistical Analysis System(统计分析系统),是模块化、集成化的大型应用软件系统,具有完备的数据管理、数据分析、数据存取、数据显示等功能,在数据处理方法和统计分析领域,被誉为国际上的标准软件和最具权威的优秀统计软件包。

SAS 系统最初是由美国北卡罗来纳州州立大学的 A.J.Barr 和 J.H.Goodnight 教授于20 世纪 60 年代末期开始研发的,1975 年在美国创建 SAS 研究所(SAS Institute Inc.),之后推出的 SAS 系统 SAS/PC,SAS for Windows 等版本始终以领先的技术和可靠的支持著称于世,并不断发展与完善。SAS 系统中提供的主要分析功能包括统计分析、经济计量分析、时间序列分析、决策分析、财务分析、全面质量管理、运筹规划、地理信息系统分析和医药临床研究等,已广泛应用于自然科学、社会科学、经济管理、医药研究等各领域,为全球 100 多个国家和地区的众多用户所采用,是当今国际上最著名的数据分析软件系统。

(二) SPSS

SPSS,原名全称 Statistical Package for the Social Science(社会科学统计软件包),2000年 SPSS 公司将其英文全称改为"Statistical Product and Service Solutions"(统计产品与服务解决方案),是集数据整理、分析功能于一身的组合式大型通用统计分析软件包,以其强大的统计分析功能、方便易用的用户操作方式、灵活的表格分析报告和精美的图形展现形式,与 SAS 同为当前世界上最为流行的应用最广泛的专业统计分析软件。

SPSS 最早是由美国斯坦福大学的三位研究生于 20 世纪 60 年代末研制开发,同时还成立了 SPSS 公司。1984 年 SPSS 公司推出了世界第一套统计分析软件微机版本 SPSS/PC+,开创了 SPSS 微机系列产品的先河。目前 SPSS 已推出 9 个语种版本,不仅应用于社会科学领域,而且广泛应用于自然科学、商务经济、医药卫生、政府部门、教学科研等各个领域。世界上许多有影响的报纸杂志纷纷就 SPSS 的自动统计绘图、数据深入分析、使用灵活方便、功能设计齐全等方面给予了高度的评价。目前的 SPSS for Windows 版本,使用

Windows 的窗口方式展示各种管理和分析数据方法的功能,使用对话框展示出各种功能选择项,只要掌握一定的 Windows 操作技能,粗通统计分析原理,就可以使用该软件进行各种数据分析,因此深受广大应用统计分析人员的欢迎,目前在国内应用场景中最为广泛。

SPSS for Windows 是模块结构的组合式软件包,它集数据整理、分析功能于一身,用户可以根据实际需要和计算机的功能选择模块。其模块主要有:SPSS Base、SPSS Advance、SPSS Categories、SPSS Complex Sample、SPSS Exact Test、SPSS Maps、SPSS Regression、SPSS Table 和 SPSS Trends 等十多个。SPSS 的基本功能包括数据管理、统计分析、图表分析、输出管理等。其统计分析(Analyze)过程包括描述性统计、均值比较分析、一般线性模型、相关分析、方差分析、回归分析、非参数检验、主成分分析与因子分析、对数线性模型、聚类分析与判别分析、数据简化分析、生存分析、时间序列分析、多重响应变量分析等几大类,每类中又分好几个统计过程。SPSS 也有专门的绘图系统(Graph),可以根据数据绘制各种统计图形和地图。同时 SPSS 可以直接读取 SPSS 及 DBF 数据文件,并已推广到多种操作系统的计算机上,全面适应互联网。

由于 SPSS 软件普及程度高,操作运算也较为简便,本书数理统计例题将结合 SPSS 软件操作处理的介绍进行,从而拓展和提高数据处理和统计分析的应用能力。

知识链接

"科幻小说之父"威尔斯关于统计学的预言

1903 年,被誉为"科幻小说之父"的英国作家和思想家威尔斯(H.J.Wells,1866—1946)曾经预言:"在未来社会,统计学思维将像阅读能力一样成为必不可少的能力。"

威尔斯创作了《星际战争》和《时间机器》等经典科幻小说,首创了时间机器和透明人等科幻概念,并准确地预言了核武器与联合国乃至现在被我们称为维基百科的百科词典的出现。在现代统计学还处于黎明期的 1903 年,威尔斯为何做出这样的预言,我们无从得知。但是在 100 年后的今天,统计学的思考方法对我们来说毫无疑问已经成为与阅读能力同样重要的能力。就好像一个没有阅读能力的人在现代社会寸步难行,没有统计学思维的人同样难以在现代社会生存。

大数据时代,统计学可以被应用在所有领域,可以出现在世界上的每一个角落以及人生的每一个瞬间,能够对所有渴望得到回答的问题以最快的速度给出最精准的答案。

(高祖新)

第一章

随机事件和概率

第一节　随机事件及其运算

一、随机试验和随机事件

概率论与数理统计是研究随机现象统计规律性的数学学科。而我们对于随机现象的研究,总是伴随着随机试验进行的。这里我们所说的**试验**(experiment),是指对研究对象所进行的观察、测量或科学实验。所谓**随机试验**(random experiment),是指具有以下三个特点的试验:

(1) 试验可在相同条件下重复进行;

(2) 试验的所有可能结果事先是明确可知的,且不止一个;

(3) 每次试验恰好出现这些可能结果中的一个,但试验前无法预知到底出现哪一个结果。

例如:(1) 抛掷一枚硬币,观察其是否正面朝上;(2) 在标有 1,2,…,10 的十个同类球中任取一个球,观察其标号;(3) 在某批元件中任取一只,测试其使用寿命,等等,这些都是具备以上三个特点的随机试验。为简便起见,以后我们将随机试验简称为试验。

在试验中,每个可能结果称为**基本事件**(simple event)或**样本点**(sample point),记为 ω。基本事件的全体,即试验中所有的可能结果组成的集合称为试验的**样本空间**(sample space),记为 Ω。在进行试验的过程中,人们往往关心带有某些特征的基本事件所组成的集合,我们将由单个或多个基本事件组成的集合称为**随机事件**(random event),简称**事件**(event),通常用大写字母 A、B、C 等表示。显然,一个随机事件对应于样本空间的一个子集。在随机试验中,如果发生的结果是事件 A 所含的基本事件 ω,就称事件 A 发生,记为 $\omega \in A$。

样本空间 Ω 包含所有的基本事件,在每次试验中必然发生,故称为**必然事件**(certain event);空集 $\varnothing$ 不含有任何基本事件,在每次试验中都不发生,称为**不可能事件**(impossible event)。显然,必然事件与不可能事件互为对立,虽然它们发生时已失去"不确定性",本质上已不是随机事件,但为方便起见,我们把它们视为特殊的随机事件。实际上,它们是随机事件的两种极端情形。

例 1.1　某射手向一目标连续射击 10 次,观察其击中目标的次数。在该随机试验中,若令

$$k = \{射手在 10 次射击中击中目标 k 次\},k = 0,1,\cdots,10;$$

则其可能结果即基本事件为 $\omega_0=0,\omega_1=1,\omega_2=2,\cdots,\omega_{10}=10$ 共 11 个,而样本空间为

$$\Omega=\{0,1,2,\cdots,10\}$$

通常,我们往往关心的是带有某些特征的事件。例如,我们可以研究

$$A=\{\text{恰好击中目标 2 次}\};B=\{\text{击中目标不超过 6 次}\};$$
$$C=\{\text{至少击中目标 7 次}\};D=\{\text{击中目标 4 至 7 次}\}。$$

上述事件又可以简单地表示为

$$A=\{2\};B=\{0,1,2,3,4,5,6\};$$
$$C=\{7,8,9,10\};D=\{4,5,6,7\}。$$

显然它们都是样本空间 Ω 的子集。如果在一次试验中,出现击中目标 4 次这个基本事件,则表示事件 B 和 D 都发生了,因它们都含有 $\omega_4=4$ 这个基本事件。

二、事件间的关系及运算

事件是样本空间的子集,一个样本的空间可有多个事件,要研究事件的规律性,就必然要考虑事件间的关系和运算。下面的讨论总认为在给定的样本空间 Ω 上进行,其中 A、B、C 都是该 Ω 中的事件。

(一) 事件的包含与相等

如果事件 A 的发生,必定导致事件 B 的发生,则称事件 B **包含**(inclusion)事件 A,记为 $B\supset A$ 或 $A\subset B$。

例如在例 1.1 中,事件 $A=\{\text{恰好击中目标 2 次}\}$ 的发生就导致事件 $B=\{\text{击中目标不超过 6 次}\}$ 的发生,即 $B\supset A$。

对任一事件 A,必有 $\varnothing\subset A\subset\Omega$。

如果 $B\supset A$ 且 $A\supset B$,即事件 A 和 B 包含相同的基本事件,则称事件 A 与 B **相等**(equation),记为 $A=B$。

例如在例 1.1 中,若令事件 $E=\{\text{击中目标的次数为 7 至 10 次}\}$,则显然 $C=E$。

(二) 事件的并和交

事件 A 与 B 中至少有一个发生所组成的事件称为 A 与 B 的 **并**(union),记为 $A\cup B$。它为事件 A 与 B 中所有基本事件所构成的集合。

类似地,称事件 $A_1,A_2,\cdots,A_n$ 中至少有一个发生所构成的事件为事件 $A_1,A_2,\cdots,A_n$ 的并,记为 $A_1\cup A_2\cup\cdots\cup A_n$ 或 $\bigcup\limits_{i=1}^{n}A_i$。

事件 A 与 B 同时发生所构成的事件称为事件 A 与 B 的 **交**(intersection)或 **积**(production),记为 $A\cap B$ 或 AB,它为事件 A 与 B 中所有公共的基本事件所构成的集合。

类似地,称事件 $A_1,A_2,\cdots,A_n$ 同时发生所构成的事件为事件 $A_1,A_2,\cdots,A_n$ 的交,记为 $A_1\cap A_2\cap\cdots\cap A_n$(或 $A_1A_2\cdots A_n$),简记为 $\bigcap\limits_{i=1}^{n}A_i$(或 $\prod\limits_{i=1}^{n}A_i$)。

例如在例 1.1 中

$$B \cup D = \{击中目标不超过 7 次\}; B \cap D = \{击中目标为 5 次或 6 次\}。$$

（三）事件的差

事件 A 发生而同时事件 B 不发生所组成的事件称为 A 与 B 的**差**（minus），记为 $A-B$。它由属于事件 A 但不属于 B 中所有基本事件所构成的集合。例如在例 1.1 中

$$A-B = \varnothing（即不可能事件）; B-D = \{击中目标不超过 3 次\}。$$

（四）事件的互不相容

如果事件 A 与 B 不能同时发生，则称事件 A 与 B **互不相容**或**互斥**（mutually exclusive）。此时事件 A 和 B 没有共同的基本事件，即 $AB = \varnothing$。

如果 n 个事件 $A_1, A_2, \cdots, A_n$ 中任意两个事件不能同时发生，即 $A_i A_j = \varnothing (1 \leqslant i < j \leqslant n)$，则称这 n 个事件是**两两互不相容**（mutually exclusive with each other）。

基本事件是两两互不相容的，又在例 1.1 中易知 A 与 C、A 与 D、B 与 C 均互不相容。

（五）对立事件

对事件 A，称"事件 A 不发生"的事件为 A 的**对立事件**（complementary event）或**逆事件**，记为 $\overline{A}$。它由样本空间中所有不属于 A 的基本事件所构成即 $\Omega - A$。易知，此时 A 与 $\overline{A}$ 互为对立事件，即 A 也为 $\overline{A}$ 的对立事件，而在每次试验中，A 与 $\overline{A}$ 必发生其中之一，且不能同时发生，即有

$$A\overline{A} = \varnothing, \ A \cup \overline{A} = \Omega。$$

例如在例 1.1 中，事件 B 和 C 互为对立事件，即 $\overline{B} = C, \overline{C} = B$，又必然事件 Ω 与不可能事件 $\varnothing$ 显然也互为对立事件。对于对立事件 A 与 $\overline{A}$，我们有 $\overline{\overline{A}} = A$。又利用对立事件，我们可将事件 A 与 B 的差表示为 $A - B = A\overline{B}$。

在概率论中常用一个矩形表示样本空间 Ω，用其中的圆（或其他几何图形）表示事件，这类图形称为 **Venn 图**（Venn graph）。如下列图 1-1 表示事件 A, B 间关系的 Venn 图。其中 $A \cup B, A \cap B, A-B, \overline{A}$ 分别为图中阴影部分。

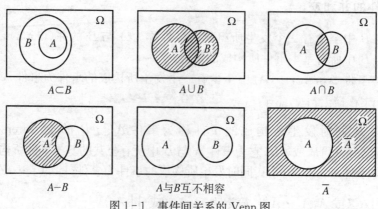

图 1-1　事件间关系的 Venn 图

（六）事件的运算规则

由上述定义不难发现,事件的运算满足下列规则:

(1) 交换律 $A \cup B = B \cup A$;$AB = BA$;

(2) 结合律 $(A \cup B) \cup C = A \cup (B \cup C)$;$(AB)C = A(BC)$;

(3) 分配律 $A \cup (BC) = (A \cup B)(A \cup C)$;$A(B \cup C) = (AB) \cup (AC)$;

(4) De Morgan 原理(交并对偶原理)

$$\overline{A \cup B} = \overline{A}\,\overline{B}; \quad \overline{AB} = \overline{A} \cup \overline{B};$$

对 n 个事件 $A_1, \cdots, A_n$,类似地有

$$\overline{\bigcup_{i=1}^{n} A_i} = \bigcap_{i=1}^{n} \overline{A}_i; \quad \overline{\bigcap_{i=1}^{n} A_i} = \bigcup_{i=1}^{n} \overline{A}_i。$$

上例规则均不难由定义证之。下面我们仅以 De Morgan 原理中的 $\overline{A \cup B} = \overline{A}\,\overline{B}$ 为例给予证明。

证明: 对于任意的 $\omega \in \overline{A \cup B}$,我们有

$$\omega \in \overline{A \cup B} \Rightarrow \omega \notin A \cup B \Rightarrow \omega \notin A \text{ 且 } \omega \notin B \Rightarrow \omega \in \overline{A} \text{ 且 } \omega \in \overline{B} \Rightarrow \omega \in \overline{A}\,\overline{B}$$

故有 $\overline{A \cup B} \subset \overline{A}\,\overline{B}$。

又对于任意的 $\omega \in \overline{A}\,\overline{B}$,因以上递推过程均可逆,则 $\omega \in \overline{A}\,\overline{B} \Rightarrow \omega \in \overline{A \cup B}$,故又有 $\overline{A}\,\overline{B} \subset \overline{A \cup B}$,所以 $\overline{A \cup B} = \overline{A}\,\overline{B}$ 成立。(证毕)

事件的运算还应遵循下列运算顺序:先求"对立",再求"交",最后求"并"或"差",若有括号,先算括号内的。

例如,如果计算 $A\overline{B} \cup B\overline{A}$,应先求 $\overline{B}$、$\overline{A}$,再求 $A\overline{B}$、$B\overline{A}$,最后求得 $A\overline{B} \cup B\overline{A}$。而对于 $A(\overline{B} \cup B)\overline{A}$,我们有

$$A(\overline{B} \cup B)\overline{A} = A\Omega\overline{A} = A\overline{A} = \varnothing$$

这与 $A\overline{B} \cup B\overline{A}$ 是完全不同的。

在事件表示中,我们称以运算符号联结起来的事件表示式为**事件式**(event expression),掌握了事件的关系和运算,我们就可以用简单事件的表达式来表示各种复杂事件。

例 1.2 某种新药依次用于三名患者的疾病治疗,A、B、C 分别表示第一人、第二人、第三人服用该药治疗有效,试用 A、B、C 三个事件表示下列事件:

(1) "只有第一人有效" = $A\overline{B}\,\overline{C}$;

(2) "只有一人有效" = $A\overline{B}\,\overline{C} \cup \overline{A}B\overline{C} \cup \overline{A}\,\overline{B}C$;

(3) "三人都有效" = ABC;

(4) "三人都无效" = $\overline{A}\,\overline{B}\,\overline{C} = \overline{A \cup B \cup C}$;

(5) "至少有一人有效" = $A\overline{B}\,\overline{C} \cup \overline{A}B\overline{C} \cup \overline{A}\,\overline{B}C \cup AB\overline{C} \cup A\overline{B}C \cup \overline{A}BC \cup ABC = A \cup B \cup C$。

第二节 古典概率

由于随机事件在一次试验中可能发生,也可能不发生,我们自然希望知道事件在试验中发生的可能性到底有多大,而这种可能性的大小就由概率来刻划。

> **定义 1.1** 事件 A 发生的**概率**(probability)是事件 A 在试验中出现的可能性大小的数值度量,用 $P(A)$ 表示。

基于对概率的不同情形的应用和不同解释,概率的定义有所不同,主要有古典概率、几何概率、统计概率和主观概率等定义。

下面我们首先考虑一类最简单的随机现象,它具有下列特点:

(1) 试验的结果即基本事件为有限个,设为 $\omega_1, \cdots, \omega_n$,则 $\Omega = \{\omega_1, \cdots, \omega_n\}$;

(2) 每个基本事件的发生是等可能的。

这类随机现象的数学模型称为**古典概型**(classical probability model)或**有限等可能概型**,这是因为它是概率论发展初期所研究的主要对象。

对于古典概型问题,我们有

> **定义 1.2** 设随机试验为古典概型,其样本空间为 $\Omega = \{\omega_1, \cdots, \omega_n\}$,若事件 A 由 m 个基本事件构成,则事件 A 的概率为
> $$P(A) = \frac{m}{n} = \frac{A\text{ 所含的基本事件数}}{\text{基本事件总数}}。$$

该定义为古典概型概率的定义,简称为**古典概率**(classical probability)。

上述事件 A 的概率的定义是较为自然的。因对于古典概型,其样本空间 $\Omega = \{\omega_1, \cdots, \omega_n\}$ 是个必然事件,它发生的可能性就应为 1(百分之百)。又由于每个基本事件 ω_i 发生的可能性相同,故都应为 $\frac{1}{n}$,即

$$P(\{\omega_1\}) = P(\{\omega_2\}) = \cdots = P(\{\omega_n\}) = \frac{1}{n},$$

又因事件 A 含 m 个基本事件,不妨设为 $A = \{\omega_{i_1}, \omega_{i_2}, \cdots, \omega_{i_m}\}$,则

$$P(A) = P(\{\omega_{i_1}\}) + P(\{\omega_{i_2}\}) + \cdots + P(\{\omega_{i_m}\}) = \frac{1}{n} + \frac{1}{n} + \cdots + \frac{1}{n} = \frac{m}{n}。$$

这就得到了古典概率的定义公式。由定义 1.2 公式,不难得到下列古典概率的基本性质:

(1) 对任意事件 A,$0 \leqslant P(A) \leqslant 1$;

(2) $P(\Omega) = 1, P(\varnothing) = 0$;

(3) 若事件 $A_1, \cdots, A_k (k \leqslant n)$ 互不相容,则

$$P\left(\bigcup_{i=1}^{k} A_i\right) = \sum_{i=1}^{k} P(A_i)$$

在此,我们只推导上述性质(3)。

证明:设事件 A_i 包含 m_i 个基本事件:$A_i = \{\omega_1^{(i)}, \omega_2^{(i)}, \cdots, \omega_{m_i}^{(i)}\}$,则

$$P(A_i) = \frac{m_i}{n}, (i = 1, \cdots, k)$$

由于 $A_1, A_2, \cdots, A_n$ 互不相容,则

$$\bigcup_{i=1}^{k} A_i = \bigcup_{i=1}^{k} \{\omega_1^{(i)}, \omega_2^{(i)}, \cdots, \omega_{m_i}^{(i)}\} = \{\omega_1^{(1)}, \cdots, \omega_{m_1}^{(1)}, \omega_1^{(2)}, \cdots, \omega_1^{(k)}, \cdots, \omega_{m_k}^{(k)}\}$$

含有 $\sum\limits_{i=1}^{k} m_i$ 个不同的基本事件,由古典概率定义公式,有

$$P\left(\bigcup_{i=1}^{k} A_i\right) = \frac{\sum\limits_{i=1}^{k} m_i}{n} = \sum_{i=1}^{k} \frac{m_i}{n} = \sum_{i=1}^{k} P(A_i)$$

由此即得性质(3)。(证毕)

由上述性质易推得下列推论。

> **推论 1.1** 设 A 与 $\overline{A}$ 为对立事件,则
> $$P(A) = 1 - P(\overline{A}); \quad P(\overline{A}) = 1 - P(A)$$

证明:因 $\Omega = A \cup \overline{A}$,且 $A\overline{A} = \varnothing$;即 A 与 $\overline{A}$ 互不相容,则由上述性质(2)、(3)知

$$1 = P(\Omega) = P(A \cup \overline{A}) = P(A) + P(\overline{A}),$$

故 $\quad P(A) = 1 - P(\overline{A}); \quad P(A) = 1 - P(A)$。(证毕)

在求解古典概率时,除了直接用概率的古典定义外,灵活运用上述性质和推论往往使得概率的计算更为简便。

实际求解古典概率问题时,往往需要用排列组合知识及概率性质。

例 1.3 从 4 名男生 3 名女生中随地机地选取 3 名作代表,求下列事件的概率:

(1) 代表中恰有一名女生(事件 A);(2) 代表中至少有一名女生(事件 B)。

解一:现将从 7 人中任选 3 人的每种选法作为每个基本事件,因选取是随机的,且共有 C_7^3 种选法,故属于有限等可能的古典概型问题,$n = C_7^3$。

(1) 对事件 A,其 1 女 2 男的各种取法有 $C_3^1 C_4^2$ 种,则

$$P(A) = \frac{m}{n} = \frac{C_3^1 C_4^2}{C_7^3} = \frac{18}{35} = 0.514。$$

(2) 事件 B 有 1 女 2 男、2 女 1 男或 3 女这三种情形,其取法数为 $C_3^1 C_4^2 + C_3^2 C_4^1 + C_3^3$,则

$$P(B) = \frac{m}{n} = \frac{C_3^1 C_4^2 + C_3^2 C_4^1 + C_3^3}{C_7^3} = \frac{31}{35} = 0.886。$$

解二:题(2)还可利用古典概率性质的推论。考虑事件 B 的对立事件

$$\overline{B} = \{3 \text{ 名代表中没有女生}\},$$

则 $\overline{B}$ 的取法数 $\overline{m} = C_4^3 C_3^0$。由推论知

$$P(B) = 1 - P(\overline{B}) = 1 - \frac{\overline{m}}{n} = 1 - \frac{C_4^3}{C_7^3} = \frac{31}{35} = 0.886。$$

显然，这比前面直接按定义求解 $P(B)$ 来得简便。

例 1.4 某城市的电话号码由 $0,1,2,\cdots,9$ 这十个数字中任意 8 个数字组成，试求下列电话号码出现的概率：

(1) 数字各不相同的电话号码(事件 A)；

(2) 不含 2 和 7 的电话号码(事件 B)；

(3) 5 恰好出现两次的电话号码(事件 C)。

解：将不同的电话号码视为不同的基本事件，则基本事件的总数 $n = 10^8$。显然，每个电话号码的出现是等可能的，故这属于古典概型问题。

(1) 事件 A 所含的电话号码数为 10 个数字中任取 8 个的不可重复的选排列数 A_{10}^8，故

$$P(A) = \frac{m}{n} = \frac{A_{10}^8}{10^8} = \frac{10 \times 9 \times 8 \times 7 \times 6 \times 5 \times 4 \times 3}{10^8} = 0.018\ 14。$$

(2) 事件 B，因其电话号码不含 2 和 7，仅从 8 个数中可重复任取，故其取法数为 $m = 8^8$。则

$$P(B) = \frac{m}{n} = \frac{8^8}{10^8} = 0.167\ 8。$$

(3) 对事件 C，首先从 8 位号码中任取 2 位排定数字 5，有 C_8^2 种排法，再对 6 位号码任取剩下的 9 个数字可重复排列。故

$$P(C) = \frac{m}{n} = \frac{C_8^2 \times 9^6}{10^8} = 0.148\ 8。$$

从上述几个例题，我们看到，在计算古典概型的概率时，往往利用排列组合知识来帮助解题。一般地，若采用不放回抽样方式，当考虑顺序时，常用不同元素的排列方法来计算；而当不考虑顺序时，则利用组合方法来计算。若采用的放回抽样方式时，常常采用有重复的排列方式来解题。下面我们再来看几个例题。

例 1.5 将包括甲、乙在内的 N 个人随机地排成一列，试求：

(1) 事件 $A = \{$甲、乙之间恰有 k 人$\}(k < N-2)$ 发生的概率；

(2) 若 N 个人围成一圈时，事件 A 的概率。

(围成圆圈时仅考虑甲到乙顺时针方向的排列)。

解：易知，本题属于古典概型问题。

(1) 将 N 个人不同顺序的排列作为不同的基本事件，则基本事件的总数 $n = N!$。

对于事件 A，先考虑甲在前、乙在后的情形。此时，甲可在前面 $(N-k-1)$ 个位置中任取一个，其取法为 $(N-k-1)$ 种；而乙只能取甲之后的第 $(k+1)$ 个位置；其余 $(N-2)$ 个人可在余下的 $(N-2)$ 个位置上任意排序，有 $(N-2)!$ 种排列，故共有 $(N-k-1) \times 1 \times (N-2)!$ 种排法；同样地，如果乙在前、甲在后的情形，事件 A 的不同排列也为 $(N-k-1) \times 1 \times (N-2)!$ 种。故

$$P(A) = \frac{m}{n} = \frac{2(N-k-1) \cdot (N-2)!}{N!} = \frac{2(N-k-1)}{N(N-1)}。$$

（2）当 N 个人围成一圈时,首先可取定圈中任一位置为起始参照位,则 N 个人在圈内的不同排列即基本事件总数仍为 $n=N!$。

相应于事件 A 的有利情形为:首先甲可在圈内 N 个位置中任取一个,这有 N 种取法;而乙只能取甲之后(顺时针方向)的第 $(k+1)$ 个位置;对其他 $(N-2)$ 个人可在余下的 $(N-2)$ 个位置上任意排列取定,这有 $(N-2)!$ 种排法,故 $m=N\times1\times(N-2)!$。因此

$$P(A)=\frac{m}{n}=\frac{N\times(N-2)!}{N!}=\frac{1}{N-1}。$$

例 1.6 将 k 个不同的球随机地放入 N 个盒子中去 $(k\leqslant N)$,假设每个盒子能容纳的球数不限,试求下列事件的概率:

（1）(事件 A)指定的 k 个盒子中各有一球;

（2）(事件 B)恰有 k 个盒子其中各有一球。

解:将 k 个球放入 N 个盒子中去的不同放法作为不同的基本事件,因每只球都有 N 个盒子可供放入,有 N^k 种放法,即 $n=N^k$。

（1）对事件 A,其不同放法相当于这 k 个球在这 k 个指定位置的全排列 $k!$,即 $m=k!$。

$$P(A)=\frac{m}{n}=\frac{k!}{N^k}。$$

（2）对事件 B,首先在 N 个盒子中任选 k 个盒子出来,其不同选法为 C_N^k 种;再在选定的 k 个盒子中各放一球,其不同放法为 $k!$ 种,故 $m=C_N^k\cdot k!$。

$$P(B)=\frac{m}{n}=\frac{C_N^k\cdot k!}{N^k}=\frac{A_N^k}{N^k}。$$

有许多问题与上例具有相同的数学模型。例如在统计物理中,马克斯威尔-波尔兹曼(Maxwell-Boltzmann)统计、玻斯-爱因斯坦(Bose-Einstein)统计和费米-狄拉克(Fermi-Dirac)统计等都可应用上述模型。而下例"生日问题"同样可利用该模型来解决。

例 1.7(生日问题) 某班有 n 个学生 $(n\leqslant365)$,假设每人的生日在一年 365 天中每一天都是等可能的,试求至少有两个人在同一天过生日的概率。

解:将 n 个学生视为例 1.6 中 n 个球,而将一年 365 天视为 365 个盒子,再令

$$A=\{n\text{ 个学生中至少有两人在同一天过生日}\},$$

则

$$\overline{A}=\{n\text{ 个学生的生日各不相同}\}。$$

由例 1.6(2)知 $P(\overline{A})=\dfrac{A_{365}^n}{365^n}$,故

$$P(A)=1-P(\overline{A})=1-\frac{A_{365}^n}{365^n}=1-\frac{365\times364\times\cdots\times(365-n+1)}{365^n}。$$

对于不同的 n,利用该公式可得下列结果表。

表 1-1 n 人中至少有两人在同一天过生日的概率

n	20	23	30	40	50	60	100
P	0.411	0.507	0.706	0.891	0.970	0.994	0.999 999 7

这表明,在仅有40人的班级中,两人在同一天过生日的概率就将近90%,而在60人的班级中,竟达到99.4%。如对多于60人的班级进行调查,几乎每个班级都会出现"至少有两人在同一天过生日"的情形。

第三节 几何概率

前面我们讨论了古典概型的概率问题。在古典概型中,我们要求随机现象的所有可能结果,即基本事件的总数只能是有限多个,这给许多实际问题的解决带来了很大的限制。有时我们必须考虑可能结果有无限多个的随机现象问题,例如:向平面上一有限区域 S 任意投点,我们希望求出点落在 S 内小区域 G 中的概率(如图 1-2)。此时,由于投点的任意性,点落在 S 中任一点的可能性相同,但落点的所有可能结果,即 S 内所有点的个数却是无限多个,这显然已不属于古典概型的问题了。

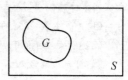

图 1-2 向平面上区域 S 任意投点的示意图

一般地,我们考虑这样一类随机现象,它具有以下两个特点:

(1) 随机试验的样本空间,即基本事件的全体对应于一个测度有限的几何区域 S,使得所有基本事件与 S 中的点一一对应。此时,试验的任一事件 A 必有 S 内的某一区域 G 与其对应;

(2) 任意事件 A 的概率只与其对应区域 G 的测度成正比,而与 G 的形状或所在位置等无关。

这类随机现象的数学模型称为**几何概型**(geomegtric probability model)。这里所说的几何区域可以是一维、二维、三维等情形,而其测度相应地为长度、面积、体积等。

> **定义 1.3** 在几何概型中,我们定义任意事件 A 的概率为
>
> $$P(A) = \frac{\mu(G)}{\mu(S)} = \frac{G \text{ 的测度}}{S \text{ 的测度}}$$
>
> 式中的 $\mu(G)$、$\mu(S)$ 分别表示事件 A 的对应区域 G、样本空间 Ω 的对应区域 S 的测度(长度、面积或体积等),这就是几何概型的概率,称为**几何概率**(geometric probability)。

下面我们举例说明如何求解几何概型的概率。

例 1.8 从区间 $[0,1]$ 内任取两个数,求这两个数的乘积小于 $\frac{1}{4}$ 的概率。

解:以 x、y 表示从区间 $[0,1]$ 中任取的两个数,则 x、y 的可能变化范围为 $0 \leqslant x \leqslant 1$,$0 \leqslant y \leqslant 1$。现建立直角坐标系 xOy 如图 1-3 所示,则 (x,y) 的样本空间对应于图中边长为 1 的正方形区域 S,显然,这属于几何概型问题。而我们所关心的事件

$$A = \left\{ [0,1] \text{ 中任取的两数之积小于 } \frac{1}{4} \right\}$$

图 1-3 例 1.8 的几何区域示意图

发生的充要条件为 $0 \leqslant x, y \leqslant 1$ 且 $xy < \dfrac{1}{4}$，这即对应于图中阴影部分 G，其面积为

$$\mu(G) = \frac{1}{4} \times 1 + \int_{\frac{1}{4}}^{1} \frac{1}{4x} \mathrm{d}x = \frac{1}{4} + \frac{1}{2} \ln 2.$$

故所求事件的概率为

$$P(A) = \frac{\mu(G)}{\mu(S)} = \frac{\dfrac{1}{4} + \dfrac{1}{2} \ln 2}{1 \times 1} = 0.596\,6.$$

由该例题的解法可知，求解几何概率问题的步骤为：

（1）首先选定与问题有关的变量（x, y 等），并确定这些变量所有可能的变化区域 S；

（2）用含这些变量的不等式来表示所关心事件 A 发生的充分必要条件，从而得到其对应区域 G；

（3）尽可能借助于坐标系上的作图来帮助计算区域 S、G 的测度（如例 1.8 中的面积），其比值即为所求事件 A 的几何概率。

例 1.9　某码头只能停泊一艘船，现甲、乙两船都将在一昼夜内任意时刻到达该码头，如果甲、乙两船的停泊时间分别为 4 小时和 3 小时，试求有一艘船需等待码头空出的概率。

解：以 x、y 分别表示甲、乙两船到达该码头的时刻，由于它们在一昼夜 24 小时的任意时刻都可能达到，则 (x, y) 在其样本空间

$$\Omega = \{(x, y) \mid 0 \leqslant x, y \leqslant 24\}$$

中每一点都等可能地出现。现建立直角坐标系 xOy 如图 1-4 所示，则 Ω 对应于图中边长为 24 的正方形区域 S，这也属于几何概型问题。而所关心的事件

$$A = \{\text{其中有一艘船需等待码头空出}\}$$

发生的充要条件为

$$0 \leqslant x, y \leqslant 24, x - y < 3, y - x < 4$$

这对应于图 1-9 中阴影部分区域 G。

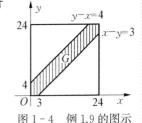

图 1-4　例 1.9 的图示

由几何概率公式，所求概率为

$$P(A) = \frac{\mu(G)}{\mu(S)} = \frac{G \text{ 的面积}}{S \text{ 的面积}} = \frac{24^2 - \dfrac{1}{2} \times 20^2 - \dfrac{1}{2} \times 21^2}{24^2} = 0.270.$$

下面的例子是法国科学家蒲丰（Buffon）于 1777 年所提出的投针试验问题。

例 1.10　平面上画有等距离为 $a(>0)$ 的一些平行直线，现向此平面任意投掷一根长为 $l(<a)$ 的针，试求针与任一平行直线相交的概率。

解：以 x 表示针投到平面上时，针的中点 M 到最近的一条平行线的距离，φ 表示针与该平行线的交角（见图 1-5），则针落在平面上的位置可由 (x, φ) 完全确定，现建立 $xO\varphi$ 直角坐标系如图 1-6 所示。

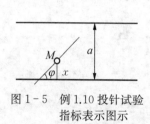

图 1-5　例 1.10 投针试验
指标表示图示

图 1-6　例 1.10 建立直角
坐标系图示

则投针试验的所有可能结果与图 1-6 中矩形区域

$$S = \left\{ (x, \varphi) \mid 0 \leqslant x \leqslant \frac{a}{2}, 0 \leqslant \varphi \leqslant \pi \right\}$$

中所有的点一一对应。再由投掷的任意性知，这属于几何概型问题。

而所关心的事件

$$A = \{针与任一平行直线相交\}$$

发生的充分必要条件为 S 中的点满足

$$0 \leqslant x \leqslant \frac{l}{2}\sin\varphi, 0 \leqslant \varphi \leqslant x。$$

即对应于图 1-6 中的阴影部分 G。故

$$P(A) = \frac{\mu(G)}{\mu(S)} = \frac{G\ 的面积}{S\ 的面积} = \frac{\int_0^\pi \frac{l}{2}\sin\varphi \mathrm{d}\varphi}{\frac{a}{2} \times \pi} = \frac{l}{\frac{a}{2} \times \pi} = \frac{2l}{a\pi}。$$

利用例 1.10 的结果，可计算 π 的近似值。利用频率的稳定性，当投针试验次数 n 很大时，算出针与平行线相关的次数 m，则频率值 $\frac{m}{n}$ 即可作为 $P(A)$ 近似值代入上式，得

$$\frac{m}{n} \approx \frac{2l}{a\pi}$$

由此就可求出 π 的近似值 $\pi \approx \dfrac{2ln}{am}$。

历史上确有一些学者做过这个试验，下表列出其中的一些结果(表中将 A 折算为 1)。

表 1-2　统计学者所做投针试验的结果

试验者	年份	针长	投掷次数	相交次数	π 的近似值
Wolf	1850	0.8	5 000	2 532	3.159 6
Smith	1855	0.6	3 204	1 218.5	3.155
De Morgan	1860	1.0	600	382.5	3.137
Fox	1884	0.75	1 030	489	3.159 5
Lazzerini	1901	0.83	3 408	1 808	3.141 592 5
Reina	1925	0.541 9	2 520	859	3.179 5

随着电子计算机的出现，近年来人们发展了一种利用概率模型进行近似计算的新方法——蒙特卡罗(Monte-Carlo)法。而上述求 π 的近似值的思路正反映了蒙特卡罗法的基本思想：为计算某些量(如上述 π)，我们先构造相应的概率模型，使之与这些量有关，再进行实验或计算机上的模拟实验，用统计的方法求出其估计值，作为所求量的近似值。

最后我们来看一下几何概率的性质。由几何概率的定义和测度的可加性等，我们易知，几何概率不仅具有下列与古典概率相类似的性质：

(1) 对任意事件 A，$0 \leqslant P(A) \leqslant 1$；

(2) $P(\Omega)=1, P(\varnothing)=0$；

(3) 若事件 $A_1, A_2, \cdots, A_n$ 互不相容，则

$$P\left(\bigcup_{i=1}^{n} A_i\right) = \sum_{i=1}^{n} P(A_i)。$$

而且几何概率还具有可列可加性：

(3*) 若 $A_1, A_2, \cdots, A_n, \cdots$ 为可列无穷个互不相容事件，则

$$P\left(\bigcup_{i=1}^{\infty} A_i\right) = \sum_{i=1}^{\infty} P(A_i)。$$

例 1.11　在线段 $I_0 = (0,1]$ 上随机地投点，并将线段 I_0 分为

$$I_1 = \left(\frac{1}{2}, 1\right], \ I_2 = \left(\frac{1}{4}, \frac{1}{2}\right], \ \cdots, \ I_n = \left(\frac{1}{2^n}, \frac{1}{2^{n-1}}\right], \ \cdots$$

现考察事件 $A_i = \{$点落在区间 I_i 内$\}$，$(i=0,1,2,\cdots)$ 的概率。由几何概率公式

$$P(A_i) = \frac{\mu(I_i)}{\mu(I_0)} = \frac{1}{2^i}, \ (i=0,1,2,\cdots)$$

另一方面，因 $I_0 = \bigcup_{i=1}^{\infty} I_i$，则 $A_0 = \bigcup_{i=1}^{\infty} A_i$，且 A_i 之间互不相容，则

$$P(A_0) = P\left(\bigcup_{i=1}^{\infty} A_i\right) = \sum_{i=1}^{\infty} P(A_i) = \sum_{i=1}^{\infty} \frac{1}{2^i} = 1$$

这与由几何概率公式直接得到的

$$P(A_0) = \frac{\mu(I_0)}{\mu(I_0)} = 1$$

相一致。

第四节　统计概率与主观概率

一、频率与统计概率

定义 1.4　在相同的条件下重复进行 n 次试验，事件 A 出现 m_A 次，则称

$$f_n(A) = \frac{m_A}{n}$$

为 A 事件在 n 次试验中的**频率**(frequency)。

易知,随机事件的频率具有以下性质:

(1) 对任意事件 A,$0 \leqslant f_n(A) \leqslant 1$;

(2) 对必然事件 Ω,$f_n(\Omega) = 1$;

(3) 若 $A_1, \cdots, A_k$ 为 k 个互不相容事件,则

$$f_n\left(\bigcup_{i=1}^{k} A_i\right) = \sum_{i=1}^{k} f_n(A_i)。$$

值得特别注意的是,随机事件的频率 $f_n(A)$ 是随着试验总次数 n 而定的数,决不可与古典概率相混淆。

直观告诉我们,事件的频率应能在一定程度上反映事件发生可能性大小。因为如果事件发生的可能性大,它在 n 次试验中出现的机会也多,事件发生的频率也应大些。

事实上,虽然事件的频率随着试验次数 n 的变化而变化,但在大量重复的试验中,事件的频率具有一定的稳定性。例如,拉普拉斯在 18 世纪末对欧洲几个国家这段时期的众多统计资料进行研究,发现这些国家的男婴出生频率都稳定地接近于 $\frac{22}{43} \approx 0.512$。

历史上还有许多人做过投掷均匀硬币的试验,以观察其正面向上的频率,下表列出其中一些结果:

表 1-3　掷均匀硬币的试验结果

试验者	试验次数 n	正面向上次数 m	频率 $f_n(A)$	$|f_n(A)-0.5|$
德·摩根 De Morgan	2 048	1 061	0.518 1	0.018 1
蒲丰　Buffon	4 040	2 048	0.506 9	0.006 9
费勒　W.Feller	10 000	4 979	0.497 9	0.002 1
皮尔逊 K.Pearson	12 000	6 019	0.501 6	0.001 6
皮尔逊 K.Pearson	24 000	12 012	0.500 5	0.000 5
维尔 André Weil	30 000	14 994	0.499 8	0.000 2

这些事实表明,虽然对于不同的 n,事件 A 出现的频率并不相同,但随着 n 的增大,频率 $f_n(A)$ 将逐渐稳定地趋于某常数。(如上述表 1-3 的投掷硬币试验结果表明,正面向上的频率随 n 的增大而越来越接近于 0.5)。这种大量重复试验中事件出现的**频率的稳定性**(stability of relative frequency)表明,随机事件发生的可能性大小是随机事件本身所固有的客观属性,我们用这个频率的稳定值来表示事件发生的可能性大小是合理的。

定义 1.5　在 n 次重复进行的随机试验中,当 n 很大时,事件 A 出现的频率 $f_n(A) = \frac{n_A}{n}$ 将稳定地在某一数值 p 附近摆动,则称该数值 p 为事件 A 发生的**概率**,即 $P(A) = p$。

　　该定义称为概率的频率定义,其概率称作**统计概率**(statistical probability)。在实际问题中,不论试验属于什么概型,利用统计概率的定义,就可将试验次数 n 充分大时事件出现的频率值作为事件的概率近似值,这在概率不易求出时往往很有效。

　　例如,国家《新药审批办法》规定,新药临床试验一般不得少于 300 例,并设对照组。如果某种新药在 380 例临床试验中有 258 例是有效的,其有效率为

$$f_n(A) = \frac{258}{380} \approx 0.679$$

则该新药有效的概率就可认为是 0.679。

　　在足球比赛中,罚点球命中的可能性到底有多少呢? 曾经有人对 1930 年到 1988 年世界各地的 53 274 场重大足球比赛进行了统计,发现共罚点球 15 382 个,其中命中 11 172 个,由此可知,罚点球命中的可能性即其概率近似值为 $\dfrac{11\ 172}{15\ 382} = 0.726\ 3$。

例 1.12　从某鱼池中取 100 条鱼,做上记号后再放入该鱼池中。现从该池中任意捉来 64 条鱼,发现其中有 4 条有记号,问池内大约有多少条鱼?

解:设池内大约有 n 条鱼,则从池中捉到有记号鱼的概率为 $\dfrac{100}{n}$,它近似于捉到有记号鱼的频率 $\dfrac{4}{64}$,即

$$\frac{100}{n} \approx \frac{4}{64}$$

解之得:$n = 1\ 600$。故池内大约有 1 600 条鱼。

二、主观概率

　　现实生活中,许多现象并不能进行统计概率所需的大量重复试验,也不满足古典概型或几何概型的特点。例如估计明天下雨的可能性有多大;某种新药上市后能够畅销的概率有多大等等。这些事件显然不能用古典概率、几何概率或统计概率的定义来解释,而需要根据人们的经验和所掌握的资料,以个人信念为基础去估计概率,即需要应用主观概率对不确定的现象做出判断。

定义 1.6　人们根据自己的经验和所掌握的多方面信息,对事件发生的可能性大小加以主观的估计,由此确定的概率称为**主观概率**(subjective probability)。

　　例如一位外科医生认为下一个外科手术成功的概率是 0.9,这是他根据多年的手术经验和该手术的难易程度加以综合估计的结果,是主观概率。

　　主观概率比前几种概率方法更具灵活性,实用中,决策者应依据个人的判断和更新更完全的信息对概率进行调整。这里我们只给出主观概率的概念,显然它不是本书讨论的重点。

第五节　概率的公理化定义及其性质

一、概率的公理化定义

由于古典概率、几何概率只适用于等可能的情形，而统计概率则要求做大量的重复试验后才能得到较准确的概率近似值，且在数学上不够严谨。为了克服这些定义的局限性，同时受这些定义的性质的启示，1933年，苏联数学家柯尔莫哥洛夫（Колмогоров）提出了概率论的公理化结构，给出了概率的严格定义。首先由上述概率的定义，可得出概率的三条公理，它概括了概率各种定义的共性，是概率的最基本性质，也是概率公理化定义的基础。

公理 1.1(非负性)　对任一事件 A，有 $0 \leqslant P(A) \leqslant 1$；

公理 1.2(规范性)　必然事件的概率为 1，不可能事件的概率为 0，即
$$P(\Omega)=1, P(\varnothing)=0$$

公理 1.3(可列可加性)　对于两两互不相容事件 $A_1, A_2, \cdots, A_n, \cdots, (A_i A_j = \varnothing, i \neq j)$，有
$$P\left(\bigcup_{i=1}^{\infty} A_i\right) = \sum_{i=1}^{\infty} P(A_i)$$

定义 1.7　设 Ω 是随机试验的样本空间，如果对 Ω 中任意事件 A，都对应一个实数 $P(A)$，而且 $P(A)$ 满足上述公理 1.1、公理 1.2、公理 1.3，则称 $P(A)$ 为随机事件 A 的**概率**(probability)。

该定义称为概率的公理化定义或一般定义，对所有的随机试验都适用。显然这样的概率 $P(A)$ 是在 Ω 中所有随机事件所组成的集合上定义的实值函数。在后面（第五章极限定理）我们将知道，当 $n \rightarrow \infty$ 时，事件 A 发生的频率 $f_n(A)$ 以概率意义收敛于 A 发生的概率 $P(A)$。因此用这种概率 $P(A)$ 来表征事件 A 发生的可能性大小是合理的。而古典概率、几何概率不过是这种概率的特殊情形。

二、概率的重要性质

由上述概率的公理和公理化定义，结合 Venn 图，我们就可以推出下列概率的重要性质，也即概率的运算法则。

定理 1.1(互不相容事件加法定理)　如果事件 A 与 B 互不相容，即 $AB=\varnothing$，则
$$P(A \cup B)=P(A)+P(B)$$
更一般地，对于 n 个两两互不相容的事件 $A_1, A_2, \cdots, A_n (A_i A_j = \varnothing, i \neq j)$，有
$$P(A_1 \cup A_2 \cup \cdots \cup A_n)=P(A_1)+P(A_2)+\cdots+P(A_n)$$

证明:取 $A_{n+1}=A_{n+2}=\cdots=\varnothing$,由规范性 $P(\varnothing)=0$ 得

$$P(A_{n+1})=P(A_{n+2})=\cdots=P(\varnothing)=0$$

再由可列可加性得

$$
\begin{aligned}
P(A_1\cup A_2\cup\cdots\cup A_n)&=P(A_1\cup A_2\cup\cdots\cup A_n\cup\varnothing\cup\varnothing\cup\cdots)\\
&=P(A_1)+P(A_2)+\cdots+P(A_n)+P(\varnothing)+P(\varnothing)+\cdots\\
&=P(A_1)+P(A_2)+\cdots+P(A_n)。（证毕）
\end{aligned}
$$

定理 1.2(对立事件公式)　对任一事件 A 及其对立事件 $\overline{A}$,有

$$P(A)=1-P(\overline{A})，P(\overline{A})=1-P(A)$$

证明:因 A 与 $\overline{A}$ 互为对立事件,则 $A\cup\overline{A}=\Omega$，$A\overline{A}=\varnothing$,故

$$1=P(\Omega)=P(A\cup\overline{A})=P(A)+P(\overline{A})$$

移项得　　　　　$P(A)=1-P(\overline{A})$或 $P(\overline{A})=1-P(A)$。

定理 1.3(事件之差公式)　对任意事件 A、B,有

$$P(A-B)=P(A)-P(AB)$$

特别地,当 $B\subset A$ 时,有 $P(A-B)=P(A)-P(B)$。

证明:利用 Venn 图(参见图 1-7)易知

$$A=(A-B)+AB，且(A-B)AB=\varnothing$$

即 $(A-B)$ 与 AB 互不相容。则

$$P(A)=P((A-B)\cup AB)=P(A-B)+P(AB)$$

移项得　　　　　$P(A-B)=P(A)-P(AB)$。

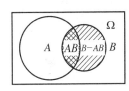

图 1-7　加法公式证明示意图

特别地,当 $B\subset A$ 时,$AB=B$,故

$$P(A-B)=P(A)-P(AB)=P(A)-P(B)。（证毕）$$

定理 1.4(加法定理)　对于任意两个事件 A、B,有

$$P(A\cup B)=P(A)+P(B)-P(AB)$$

证明:利用 Venn 图(图 1-7)易知

$$A\cup B=A\cup(B-AB)且 A(B-AB)=\varnothing，AB\subset B$$

则由定理 1.1 和定理 1.3 知

$$P(A\cup B)=P(A\cup(B-AB))=P(A)+P(B-AB)=P(A)+P(B)-P(AB)。（证毕）$$

注意:当事件 A 与 B 互不相容时,即 $AB=\varnothing$,则 $P(A\cup B)=P(A)+P(B)$,该性质的公式就变成定理 1.1 的形式了。

该定理可以推广到三个事件及以上的情形。

定理 1.5(多个事件的加法定理) 对于任意三个事件 A、B、C,有

$$P(A \cup B \cup C) = P(A) + P(B) + P(C) - P(AB) - P(AC) - P(BC) + P(ABC)$$

一般地,对于任意 n 个事件 A_1, A_2, $\cdots$, A_n,由归纳法可以证得

$$P\left(\bigcup_{i=1}^{n} A_i\right) = \sum_{i=1}^{n} P(A_i) - \sum_{1 \leq i < j \leq n} P(A_i A_j) + \sum_{1 \leq i < j < k \leq n} P(A_i A_j A_k) + \cdots + (-1)^{n-1} P(A_1 A_2 \cdots A_n)$$

(证明从略)。

以上这些定理的性质将帮助我们解决概率计算问题。

例 1.13 某大学学生中近视眼患者占 12%,色盲患者占 2%,其中既是近视眼又是色盲的学生占 1%。现在该校随机抽查一人,求被抽查既非色盲又非近视眼的概率。

解: 令 $A = \{$被抽查患近视眼$\}$,$B = \{$被抽查患色盲症$\}$。

由题意知 $P(A) = 0.12$,$P(B) = 0.02$,$P(AB) = 0.01$,再由事件的运算规则和概率的性质,所求概率为

$$P(\overline{A}\,\overline{B}) = P(\overline{A \cup B}) = 1 - P(A \cup B) = 1 - (P(A) + P(B) - P(AB))$$
$$= 1 - (0.12 + 0.02 - 0.01) = 0.87。$$

例 1.14 (配对问题)某人写了 n 封不同的信,欲寄往 n 个不同的地址。现将这 n 封信随意地插入 n 只具有不同通信地址的信封里,求至少有一封信插对信封的概率。

解: 令 $A = \{$至少有一封信插对信封$\}$;$A_i = \{$第 i 封信插对信封$\}$,$i = 1, 2, \cdots, n$。

则 $A = \bigcup_{i=1}^{n} A_i$。再由定理 1.5 知

$$P(A) = P\left(\bigcup_{i=1}^{n} A_i\right) = \sum_{i=1}^{n} P(A_i) - \sum_{1 \leq i < j \leq n} P(A_i A_j) + \sum_{1 \leq i < j < k \leq n} P(A_i A_j A_k) + \cdots + (-1)^{n-1} P(A_1 A_2 \cdots A_n)$$

易知,n 封信插入 n 只不同地址的信封,共有 $n!$ 种插法。而恰有 k 封信插对信封,意味着对 k 封信插入 k 只固定的信封后,其他 $n-k$ 封信可随意插入剩下的 $n-k$ 只信封中,这将有 $(n-k)!$ 种插法。故

$$P(A_{i_1} A_{i_2} \cdots A_{i_k}) = \frac{(n-k)!}{n!}。$$

而在和式 $\sum_{i_1 < i_2 < \cdots < i_k} P(A_{i_1} A_{i_2} \cdots A_{i_k})$ 中共有 $C_n^k = \dfrac{n!}{(n-k)!\,k!}$ 项,故

$$\sum_{i_1 < i_2 < \cdots < i_k} P(A_{i_1} A_{i_2} \cdots A_{i_k}) = C_n^k \frac{(n-k)!}{n!} = \frac{n!}{(n-k)!\,k!} \cdot \frac{(n-k)!}{n!} = \frac{1}{k!},$$

则

$$P(A) = 1 - \frac{1}{2!} + \frac{1}{3!} - \cdots + (-1)^{n-1} \frac{1}{n!} = \sum_{k=1}^{n} \frac{(-1)^k}{k!}$$

这即为所求的概率。

当 n 较大时,在 e^x 的级数展开式中

$$\mathrm{e}^x = 1 + x + \frac{x^2}{2!} + \frac{x^3}{3!} + \cdots + \frac{x^n}{n!} + \cdots$$

以 $x = -1$ 代入其中,得

$$e^x = 1 - 1 + \frac{1}{2!} - \frac{1}{3!} + \cdots + (-1)^n \cdot \frac{1}{n!} + \cdots$$

由此,我们近似地有

$$P(A) \approx 1 - e^{-1} \approx 0.632。$$

第六节　条件概率和乘法公式

一、条件概率

前面关于事件概率 $P(A)$ 的讨论都是在给定的随机试验的样本空间上进行的,除了该基本条件外没有其他条件。但有时我们往往需要考虑事件 A 在"某一事件 B 已发生"这一条件下的概率,此时事件 A 发生的概率是否受到"B 事件已发生"这一特定条件的影响呢?我们先来看个例子。

例 1.15　对 200 位成人进行性别与文化程度的调查,其结果如下所示:

表 1-4　200 位成人性别与文化程度的调查结果

	小学	中学	大学
男	8	58	22
女	24	71	17

现随机抽取一人,试求下列事件的概率:

(1) 此人是大学文化程度的概率;

(2) 已知此人是女性,求此人是大学文化程度的概率。

解:令 $A = \{$抽到的人是大学文化程度$\}$,$B = \{$抽到的人是女性$\}$。

(1) 所求概率可根据统计概率定义,由表可得

$$P(A) \approx \frac{17 + 22}{200} = \frac{39}{200} = 0.195$$

(2) 所求概率是事件 A 在"事件 B 已发生"条件下的概率,可将其表示为 $P(A \mid B)$。由表可直接求得

$$P(A \mid B) \approx \frac{17}{24 + 71 + 17} = \frac{17}{112} = 0.152$$

显然,$P(A \mid B) = 0.152 \neq P(A)$,因为 $P(A \mid B)$ 是事件 A 在"B 事件已发生"这一特定条件限制下的概率,这正是本节将要讨论的条件概率。

另一方面,由这种条件概率的实际含义易知

$$P(A \mid B) = \frac{17}{112} = \frac{AB \text{ 所含的基本事件数}}{B \text{ 所含的基本事件数}} = \frac{AB \text{ 所含基本事件数 / 基本事件总数}}{B \text{ 所含基本事件数 / 基本事件总数}} = \frac{P(AB)}{P(B)}$$

这对于一般古典概型问题总成立。而对于几何概型问题，如图 1-8 所示，考虑在矩形区域 Ω 内任意投点问题，试求出在点落在区域 B 内的条件下，点落在区域 A 内的概率。我们以 A、B 分别表示"点落在区域 A、B"的事件，则已知 B 事件发生的条件下，样本空间就缩减到 B 所涵盖的圆形区域 Ω_B，所求 A 事件发生的概率 $P(A|B)$ 相当于在 B 中随机落点，点落在集合 AB 中的概率。故

$$P(A\mid B)=\frac{\mu(AB)}{\mu(B)}=\frac{\mu(AB)/\mu(\Omega)}{\mu(B)/\mu(\Omega)}=\frac{P(AB)}{P(B)}$$

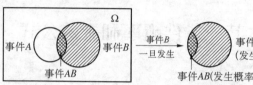

图 1-8　条件概率定义示意图

一般地，我们就将上述关系式作为条件概率的定义。

定义 1.8 对任意两个事件 A、B，若 $P(B)>0$，则称

$$P(A\mid B)=\frac{P(AB)}{P(B)}$$

为在已知事件 B 发生的条件下，事件 A 发生的**条件概率**(conditional probability)，记作 $P(A|B)$。

对例 1.15(2)，我们可以用条件概率公式来解：

$$P(A\mid B)=\frac{P(AB)}{P(B)}=\frac{17/200}{(34+61+17)/200}=\frac{17}{112}=0.152$$

例 1.16 设 n 只元件中有 m 只是次品，今从中任取 3 只，在已知取出的 3 只中至少有一只是次品条件下，求 3 只元件都是次品的概率。

解： 令事件 $A=\{$任取的 3 只元件都是次品$\}$，$B=\{3$ 只元件中至少有一只是次品$\}$。

则
$$P(A)=\frac{C_m^3}{C_n^3},\ P(B)=1-P(\bar{B})=1-\frac{C_{n-m}^3}{C_n^3}。$$

注意到 $A\subset B$，则 $AB=A$。故所求的条件概率为

$$P(A\mid B)=\frac{P(AB)}{P(B)}=\frac{P(A)}{P(B)}=\frac{C_m^3/C_n^3}{1-C_{n-m}^3/C_n^3}=\frac{C_m^3}{C_n^3-C_{n-m}^3}=\frac{m^2-3m+2}{3n^2-3mn+m^2-6n+3m+2}。$$

定理 1.6 设 B 是一个事件，$P(B)>0$，则对于任意事件 A，对应有 $P(A|B)$，且 $P(A|B)$ 满足下列基本性质：

(1)（非负性）对任意事件 A，$P(A|B)\geqslant 0$；

(2)（规范性）$P(\Omega|B)=1$；

(3)（可列可加性）对可列个两两互不相容事件 $A_1,A_2,\cdots,A_i,\cdots$，有

$$P\left(\bigcup_{i=1}^{\infty}A_i\mid B\right)=\sum_{i=1}^{\infty}P(A_i\mid B)。$$

证明：(1) 根据条件概率定义，$P(A\,|\,B) \geqslant 0$ 是显然的。

(2) 因为 $\Omega B = B$，故

$$P(\Omega\,|\,B) = \frac{P(\Omega B)}{P(B)} = \frac{P(B)}{P(B)} = 1。$$

(3) 对可列个两两互不相容事件 $A_1, A_2, \cdots, A_i, \cdots$，有 $A_i A_j = \varnothing (i \neq j)$，则对 $i \neq j$

$$(A_i B)(A_j B) = A_i A_j B = \varnothing B = \varnothing$$

即 $A_1 B, A_2 B, \cdots, A_i B, \cdots$ 也是可列个两两互不相容事件。

故 $P\left(\bigcup\limits_{i=1}^{\infty} A_i\,\Big|\,B\right) = \dfrac{P\left\{\left(\bigcup\limits_{i=1}^{\infty} A_i\right)B\right\}}{P(B)} = \dfrac{P\left\{\bigcup\limits_{i=1}^{\infty} A_i B\right\}}{P(B)} = \sum\limits_{i=1}^{\infty} \dfrac{P(A_i B)}{P(B)} = \sum\limits_{i=1}^{\infty} P(A_i\,|\,B)。$ （证毕）

由定理 1.6 可知，本章第二节中推出有关概率的几个重要性质(定理 1.1~定理 1.5)皆适用于条件概率。例如

$$P(A\,|\,B) = 1 - P(\overline{A}\,|\,B); \quad P(A_1 \bigcup A_2\,|\,B) = P(A_1\,|\,B) + P(A_2\,|\,B) - P(A_1 A_2\,|\,B)$$

当 $A \subset B$ 时，$P(A\,|\,B) = P(A)/P(B)$。

特别地当 $B = \Omega$ 时，$P(A\,|\,\Omega) = P(A)/P(\Omega) = P(A)$，即条件概率化为无条件概率。

例 1.17　设 A、B、C 是随机事件，A、C 互不相容，$P(AB) = \dfrac{1}{2}$，$P(C) = \dfrac{1}{3}$，试求 $P(AB\,|\,\overline{C})$ 的概率值。

解：由条件概率的定义知，

$$P(AB\,|\,\overline{C}) = \frac{P(AB\overline{C})}{P(\overline{C})}。$$

其中 $P(\overline{C}) = 1 - P(C) = 1 - \dfrac{1}{3} = \dfrac{2}{3}$，$P(AB\overline{C}) = P(AB) - P(ABC) = \dfrac{1}{2} - P(ABC)$。

由于 A, C 互不相容，即 $AC = \varnothing$，$P(AC) = 0$，又 $ABC \subset AC$，故 $P(ABC) = 0$，代入上式得 $P(AB\overline{C}) = \dfrac{1}{2}$，故

$$P(AB\,|\,\overline{C}) = \frac{1/2}{2/3} = \frac{3}{4}。$$

二、乘法公式

利用条件概率公式，我们即可得到下列概率的乘法公式(或乘法定理)。

定理 1.7(乘法公式)　对于任意两个事件 A、B，若 $P(B) > 0$，则

$$P(AB) = P(B)P(A\,|\,B)$$

同样，若 $P(A) > 0$，则

$$P(AB) = P(A)P(B\,|\,A)。$$

此公式还可以推广到 n 个事件情形,即得到 n 个事件的乘法公式:

对 n 个事件 $A_1, A_2, \cdots, A_n$,当 $P(A_1A_2\cdots A_{n-1}) > 0$ 时,有

$$P(A_1A_2\cdots A_n) = P(A_1)P(A_2|A_1)P(A_3|A_1A_2)\cdots P(A_n|A_1A_2\cdots A_{n-1})。$$

这只需注意到此时有

$$P(A_1) \geqslant P(A_1A_2) \geqslant \cdots \geqslant P(A_1A_2\cdots A_{n-1}) > 0$$

且利用条件概率的定义 1.8,等式右边即可化为

$$P(A_1)\frac{P(A_1A_2)}{P(A_1)}\frac{P(A_1A_2A_3)}{P(A_1A_2)}\cdots\frac{P(A_1A_2\cdots A_{n-1}A_n)}{P(A_1A_2\cdots A_{n-1})} = P(A_1A_2\cdots A_{n-1}A_n)$$

由此可知,n 个事件的乘法公式亦成立。

当我们所考虑的复杂事件是几个简单事件的交时,我们常利用上述乘法公式从已知的简单事件的概率推出未知的复杂事件的概率。

例 1.18 设某地区位于河流甲、乙的交汇处,而任一何流泛滥时,该地区即被淹没。已知某时期河流甲、乙泛滥的概率分别为 0.2 和 0.3,又当河流甲泛滥时,"引起"河流乙泛滥的概率为 0.4。试求

(1) 当河流乙泛滥时,"引起"河流甲泛滥的概率;

(2) 该时期内该地区被淹没的概率。

解:令 $A = \{河流甲泛滥\}$,$B = \{河流乙泛滥\}$。

由题意知 $P(A) = 0.2, P(B) = 0.3, P(B|A) = 0.4$。

再由乘法公式 $P(AB) = P(A)P(B|A) = 0.2 \times 0.4 = 0.08$,

则(1) 当河流乙泛滥时,"引起"河流甲泛滥的概率为

$$P(A \mid B) = \frac{P(AB)}{P(B)} = \frac{0.08}{0.3} = 0.267。$$

(2) 该时期内该地区被淹没的概率为

$$P(A \cup B) = P(A) + P(B) - P(AB) = 0.2 + 0.3 - 0.08 = 0.42。$$

例 1.19 一批产品共 100 件,现对其进行逐件无放回抽样验收。抽样时至多抽取 3 件,且一旦抽到次品即认为该批产品不合格而拒收,仅当 3 件均合格时才可接收。若该批产品的次品率为 5%,求该批产品被拒绝的概率。

解一:令 $A = \{该批产品被拒收\}$,$A_i = \{第 i 次抽得次品\}$,$i = 1, 2, 3$。

则 $A = A_1 \bigcup \overline{A}_1 A_2 \bigcup \overline{A}_1\overline{A}_2 A_3$,且

$$P(A_1) = \frac{5}{100}, \ P(\overline{A}_1) = \frac{95}{100}, \ P(A_2 \mid \overline{A}_1) = \frac{5}{99}, \ P(\overline{A}_2 \mid \overline{A}_1) = \frac{94}{99},$$

$$P(A_3 \mid \overline{A}_1\overline{A}_2) = \frac{5}{98}, \ P(\overline{A}_3 \mid \overline{A}_1\overline{A}_2) = \frac{93}{98},$$

故 $P(A) = P(A_1 \bigcup \overline{A}_1 A_2 \bigcup \overline{A}_1\overline{A}_2 A_3) = P(A_1) + P(\overline{A}_1 A_2) + P(\overline{A}_1\overline{A}_2 A_3)$

$$= P(A_1) + P(\overline{A}_1)P(A_2 \mid \overline{A}_1) + P(\overline{A}_1)P(\overline{A}_2 \mid \overline{A}_1)P(A_3 \mid \overline{A}_1\overline{A}_2)$$

$$= \frac{5}{100} + \frac{95}{100}\frac{5}{99} + \frac{95}{100}\frac{94}{99}\frac{5}{98} = 0.144。$$

解二:令 A、A_i 同解一,先考虑 $\overline{A}=\{$产品被接收$\}$。

$$P(\overline{A})=P(\overline{A}_1\overline{A}_2\overline{A}_3)=P(\overline{A}_1)P(\overline{A}_2\mid\overline{A}_1)P(\overline{A}_3\mid\overline{A}_1\overline{A}_2)=\frac{95}{100}\cdot\frac{94}{99}\cdot\frac{93}{98}=0.856$$

故　　　　　　　　$P(A)=1-P(\overline{A})=1-0.856=0.144。$

例 1.20(卜里亚摸球模型)　设罐中有 m 只红球,n 只白球,现随机地从中摸取一球后即放回,并加进去 c 只与摸出的球同色的球。试求前两次摸出红球,后两次摸出白球的概率。

解:令 $A_i=\{$第 i 次摸出红球$\},i=1,2$;$B_j=\{$第 j 次摸出白球$\},j=3,4$。则

$$P(A_1)=\frac{m}{m+n},\ P(A_2\mid A_1)=\frac{m+c}{m+n+c},$$

$$P(B_3\mid A_1A_2)=\frac{n}{m+n+2c},\ P(B_4\mid A_1A_2B_3)=\frac{n+c}{m+n+3c},$$

故所求概率为

$$P(A_1A_2B_3B_4)=P(A_1)P(A_2\mid A_1)P(B_3\mid A_1A_2)P(B_4\mid A_1A_2B_3)$$

$$=\frac{m}{m+n}\cdot\frac{m+c}{m+n+c}\cdot\frac{n}{m+n+2c}\cdot\frac{n+c}{m+n+3c}。$$

上述模型可用来作为疾病传染的粗略解释,每摸出一球代表疾病的一次传染,每次传染将增加再传染的可能性。

第七节　全概率公式和贝叶斯公式

本节我们将介绍用于概率计算的两个重要公式——全概率公式和贝叶斯公式。

一、全概率公式

当计算一个较复杂事件的概率时,我们往往将其分解为一些互不相容的简单事件之并,然后分别计算这些简单事件的概率,再利用概率的加法定理和乘法公式加以解决。该方法的一般化就产生了全概率公式。

定义 1.9　在随机试验中,如果事件 $B_1,B_2,\cdots,B_n$ 必发生其一而且两两互不相容,即满足

(1) $B_1\bigcup B_2\bigcup\cdots\bigcup B_n=\Omega$;

(2) $B_iB_j=\varnothing(i\neq j,i,j=1,2,\cdots,n)$

则称事件组 $B_1,B_2,\cdots,B_n$ 为**完备事件组**(complete group of events)。

定理 1.8(全概率公式)　设事件 $B_1,B_2,\cdots,B_n$ 为随机试验的一个完备事件组,而且 $P(B_i)>0$ $(i=1,2,\cdots,n)$,则对任一事件 A,有

$$P(A)=\sum_{i=1}^{n}P(A\mid B_i)P(B_i)。$$

该公式就称为全概率公式。

证明: 如图 1-9,因 $B_1 \cup B_2 \cup \cdots \cup B_n = \Omega$,则对事件 A

$$A = A\Omega = A\left(\bigcup_{i=1}^{n} B_i\right) = \bigcup_{i=1}^{n} AB_i。$$

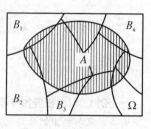

又因 $B_1, B_2, \cdots, B_n$ 两两互不相容,即 $B_i B_j = \varnothing, (i \neq j, i, j = 1, \cdots, n)$,则

$$(AB_i)(AB_j) = A(B_i B_j) = \varnothing, (i \neq j, i, j = 1, \cdots, n)$$

即 $AB_1, AB_2, \cdots, AB_n$ 也是两两互不相容事件。

图 1-9 全概率公式
证明示意图

由 $P(B_i) > 0, (i = 1, 2, \cdots, n)$,故由加法公式和乘法公式得

$$P(A) = P\left(\bigcup_{i=1}^{n} AB_i\right) = \sum_{i=1}^{n} P(AB_i) = \sum_{i=1}^{n} P(A \mid B_i)P(B_i)。\quad (证毕)$$

全概率公式通常用于将一个复杂事件的概率分解成一些简单事件的概率之和,从而求出所需的概率。其中事件 B_i 往往可看成导致发生的原因,通常能够在事件 A 发生之前得出其概率 $P(B_i)$,故又称 $P(B_i)$ 为**先验概率**(prior probability),而事件 A 是由各互不相容事件 AB_i 全体之和构成,故称 $P(A)$ 为全概率。

例 1.21 炮战中,在距目标 300 米、250 米 200 米炮击的概率分别为 0.3,0.5 和 0.2,在这三处击中目标的概率分别为 0.2,0.3 和 0.35,求目标被击中的概率。

解: 令 $A = \{$炮弹击中目标$\}$,$B_1 = \{$在距目标 300 米处射击$\}$,

$B_2 = \{$在距目标 250 米处射击$\}$,$B_3 = \{$在距目标 200 米处射击$\}$。

由题意知

$P(B_1) = 0.3, P(B_2) = 0.5, P(B_3) = 0.2, P(A \mid B_1) = 0.2, P(A \mid B_2) = 0.3, P(A \mid B_3) = 0.35$,

由全概率公式,所求概率为

$P(A) = P(A \mid B_1)P(B_1) + P(A \mid B_2)P(B_2) + P(A \mid B_3)P(B_3) = 0.2 \times 0.3 + 0.3 \times 0.5 + 0.35 \times 0.2 = 0.28$。

例 1.22 从数 1,2,3,4 中任取一个数,记为 X,再从 $1, 2, \cdots, X$ 中任取一个数,记为 Y,试求 $Y = 2$ 的概率即 $P\{Y = 2\}$。

解: 本题涉及两次随机试验,令 $A = \{$第二次取数 $Y = 2\}$;$B_i = \{$第一次取数 $X = i\}$,$i = 1, 2, 3, 4$。则 $\{B_i, i = 1, 2, 3, 4\}$ 即为完备事件组,且有

$$P(B_1) = P(B_2) = P(B_3) = P(B_4) = 1/4;$$

$$P(A \mid B_1) = 0, P(A \mid B_2) = 1/2, P(A \mid B_3) = 1/3, P(A \mid B_4) = 1/4。$$

由全概率公式可得所求概率为

$$P(A) = \sum_{i=1}^{4} P(A \mid B_i)P(B_i) = \frac{1}{4} \times 0 + \frac{1}{4} \times \frac{1}{2} + \frac{1}{4} \times \frac{1}{3} + \frac{1}{4} \times \frac{1}{4} = \frac{13}{48} = 0.270\,8。$$

二、贝叶斯公式

在实际问题中,我们还需解决与全概率公式相反的问题:已知各项先验概率 $P(B_i)$ 和对

应条件概率 $P(A|B_i)$,如果事件 A 已发生,需求出此时事件 B_i 发生的条件概率 $P(B_i|A)$。

例 1.21(续) 在例 1.21 中,若已知目标已被击中,求击中目标的炮弹由距目标 250 米处发射的概率。

解: 令 A、B_1、B_2、B_3 表示与例 1.21 相同的事件,则有

$$P(B_1)=0.3, P(B_2)=0.5, P(B_3)=0.2,$$

$$P(A|B_1)=0.2, P(A|B_2)=0.3, P(A|B_3)=0.35,$$

由题意知需求的概率为

$$P(B_2|A) = \frac{P(B_2A)}{P(A)} = \frac{P(B_2)P(A|B_2)}{P(A)} = \frac{0.3 \times 0.5}{0.28} = 0.536。$$

一般地,我们可用下列贝叶斯公式(或逆概率公式)来解决此类问题。

定理 1.9(贝叶斯公式) 设事件 B_1,B_2,$\cdots$,B_n 为随机试验的一个完备事件组,A 为任一事件,且 $P(B_i)>0(i=1, 2, \cdots, n)$,$P(A)>0$,则

$$P(B_j|A) = \frac{P(A|B_j)P(B_j)}{\sum\limits_{i=1}^{n} P(A|B_i)P(B_i)}。$$

证明: 由条件概率的定义有

$$P(B_j|A) = \frac{P(AB_j)}{P(A)}$$

又由全概率公式 $P(A) = \sum\limits_{i=1}^{n} P(A|B_i)P(B_i)$ 及乘法公式 $P(AB_j) = P(A|B_j)P(B_j)$ 代入得

$$P(B_j|A) = \frac{P(A|B_j)P(B_j)}{\sum\limits_{i=1}^{n} P(A|B_i)P(B_i)}。 \quad (证毕)$$

该公式于 1763 年由英国统计学家 T·贝叶斯(Thomas Bayes,1702—1763)给出,故称为贝叶斯(Bayes)公式或逆概率公式。其中为区别于条件概率 $P(A|B_i)$,我们称 $P(B_i|A)$ 为**后验概率**(posterior probability)。

注意到全概率公式和贝叶斯公式应用的条件是相同的,只是所需解决的问题不一样。若我们把事件 B_1,B_2,$\cdots$,B_n 看作导致试验结果事件 A 发生的"原因",而事件 A 只能伴随着"原因" B_1,B_2,$\cdots$,B_n 其中之一发生,又已知各"原因"B_i 的概率和在每个"原因"下事件 A 发生的概率,当我们要求出该事件 A 发生的概率时,通常用全概率公式;如果在进行该试验中,事件 A 已经发生,要求出由某个"原因"B_j 导致该结果发生的概率,往往用贝叶斯公式。

例 1.23 用血清法诊断肝癌,临床实践表明,患肝癌的病人中 95% 化验呈阳性,也有 2% 的非肝癌患者化验呈阳性。若将此法用于人口肝癌普查,设人口中肝癌患病率 0.2%,现某人在普查中化验结果呈阳性,求此人确患肝癌的概率。

解：令 $B=\{$被化验者确患癌症$\}$；$A=\{$被化验者化验结果呈阳性$\}$。由题意知

$$P(A\mid B)=0.95,\ P(A\mid \overline{B})=0.02,\ P(B)=0.002,$$

又 $P(\overline{B})=1-P(B)=0.998$。由贝叶斯公式，所求概率为

$$P(B\mid A)=\frac{P(A\mid B)P(B)}{P(A\mid B)P(B)+P(A\mid \overline{B})P(\overline{B})}=\frac{0.95\times 0.002}{0.95\times 0.002+0.02\times 0.998}=0.087$$

　　该例表明，虽然血清法在肝癌临床诊断中，误诊率较低，但若用于肝癌普查，由于在总人口中肝癌患病率非常低，仅靠该法来确诊某人患肝癌的概率也较低，不到 0.1，此时，当需采用其他方法才能做出正确的诊断。同时我们还应注意不能混淆条件概率 $P(A\mid B)$ 和 $P(B\mid A)$，否则就会导致不良的结果。

　　例 1.24 设有 N 个袋子，每袋中装有 a 只白球、b 只黑球。现从第一袋中取出一球放入第二袋中，再从第二袋中取出一球放入第三袋中，如此下去，求从最后一袋中取出一球为白球的概率。

　　解一：对 N 袋一般情形的考虑，可从第一袋、第二袋、…相应概率的具体情形入手，找出其规律。

　　令 $A_i=\{$从第 i 袋中取出一球为白球$\}$，$i=1,2,\cdots,N$。

　　则 $\overline{A_i}=\{$从第 i 袋中取出一球为黑球$\}$，$i=1,2,\cdots,N$。

　　易知 $P(A_1)=\dfrac{a}{a+b}$，再由全概率公式

$$P(A_2)=P(A_2\mid A_1)P(A_1)+P(A_2\mid \overline{A_1})P(\overline{A_1})=\frac{a}{a+b}\ \frac{a+1}{a+b+1}+\frac{b}{a+b}\ \frac{a}{a+b+1}=\frac{a}{a+b}。$$

　　该概率与从第一袋中取出一球为白球的概率 $P(A_1)$ 相同。以此类推，由上述过程重复 $N-1$ 次，从第 N 袋中取出一球为白球的概率为

$$P(A_N)=\frac{a}{a+b}。$$

　　解二：直接考虑一般情形的递推规律。

　　令 A_i 同解一，则 $P(A_1)=\dfrac{a}{a+b}$，且

$$P(A_i\mid A_{i-1})=\frac{a+1}{a+b+1},\ P(A_i\mid \overline{A_{i-1}})=\frac{a}{a+b+1}$$

由全概率公式

$$\begin{aligned}
P(A_i)&=P(A_{i-1})P(A_i\mid A_{i-1})+P(\overline{A_{i-1}})P(A_i\mid \overline{A_{i-1}})\\
&=P(A_{i-1})\frac{a+1}{a+b+1}+(1-P(A_{i-1}))\frac{a}{a+b+1}\\
&=\frac{a}{a+b+1}+\frac{1}{a+b+1}P(A_{i-1})
\end{aligned}$$

故

$$\begin{aligned}
P(A_N)&=\frac{a}{a+b+1}+\frac{1}{a+b+1}P(A_{N-1})=\frac{a}{a+b+1}+\frac{a}{(a+b+1)^2}+\frac{1}{(a+b+1)^2}P(A_{N-2})\\
&=\frac{a}{a+b+1}+\frac{a}{(a+b+1)^2}+\cdots+\frac{a}{(a+b+1)^{N-1}}+\frac{1}{(a+b+1)^{N-1}}P(A_1)\\
&=\frac{a}{a+b+1}\left[1-\frac{1}{(a+b+1)^{N-1}}\right]\Big/\left[1-\frac{1}{a+b+1}\right]+\frac{1}{(a+b+1)^{N-1}}\ \frac{a}{a+b}\\
&=\frac{a}{a+b}。
\end{aligned}$$

第八节　随机事件的独立性

对随机试验中的事件 A、B，通常 $P(A|B) \neq P(A)$，这表明 B 事件的发生将影响到 A 事件发生的概率，但有时也会出现 $P(A|B) = P(A)$ 的情形。

例如，在一装有 m 只红球、n 只白球的盒中进行两次有放回的摸球试验。令

$$B = \{第一次摸出红球\}, A = \{第二次摸出白球\}。$$

显然，$P(B) = \dfrac{m}{m+n}$，$P(A|B) = \dfrac{n}{m+n}$。由于摸球是有放回的故 $P(A) = \dfrac{n}{m+n}$，此时

$$P(A|B) = P(A)，$$

这表明 B 事件的发生将不影响 A 事件的概率。

又由乘法公式易证明，在 $P(B) > 0$ 时，$P(A|B) = P(A)$ 等价于

$$P(AB) = P(A|B)P(B) = P(A)P(B)，$$

此时，B 事件的发生对 A 事件发生的概率没有任何影响，即事件 A 与 B 是相互独立的。

一般地，我们有如下定义

定义 1.10　对于任意两个事件 A、B，若满足

$$P(AB) = P(A)P(B)$$

则称事件 A 与 B 是**相互独立**(mutual independence)。

对于事件的独立性，我们还有下列结论：

定理 1.10　(1) 如果若 $P(B) > 0$(或 $P(A) > 0$)，则事件 A 与 B 相互独立的等价条件是

$$P(A) = P(A|B) \quad (或 P(B) = P(B|A))。$$

(2) 如果事件 A 与 B 相互独立，则 A 与 $\overline{B}$，$\overline{A}$ 与 B，$\overline{A}$ 与 $\overline{B}$ 都相互独立。

证明：(1)（必要性）因 $P(B) > 0$，事件 A 与 B 相互独立，则 $P(AB) = P(A)P(B)$，故有

$$P(A|B) = \frac{P(AB)}{P(B)} = \frac{P(A)P(B)}{P(B)} = P(A)$$

（充分性）因为 $P(A) = P(A|B)$，则由乘法公式

$$P(AB) = P(A|B)P(B) = P(A)P(B)，$$

因此事件 A 与 B 相互独立。

同理可证，事件 A 与 B 相互独立的等价条件是 $P(B) = P(B|A)$。

(2) 因事件 A 与 B 相互独立，则 $P(AB) = P(A)P(B)$，故有

$$P(A\bar{B})=P(A-B)=P(A)-P(AB)=P(A)-P(A)P(B)$$
$$=P(A)(1-P(B))=P(A)P(\bar{B})$$

因此 A 与 $\bar{B}$ 相互独立。利用 A、B 的对称性可证明，此时 $\bar{A}$ 与 B，$\bar{A}$ 与 $\bar{B}$ 也相互独立。（证毕）

关于事件 A 与 B 的相互独立性，除了按上述定义进行判断外，还可以按下列定义直接进行判断。

定义 1.11　在随机实验中，若事件 A 发生的概率不受事件 B 是否发生的影响，则称事件 A 与 B 相互独立。

实际应用时，一般先根据上列定义由实际意义判断事件 A 与 B 的相互独立性，再利用前面定义公式 $P(AB)=P(A)P(B)$ 来计算事件 A、B 同时发生的概率。

例 1.25　有甲、乙两批种子，发芽率分别为 0.8 和 0.7，在两批种子中各任意抽取一粒，求下列事件的概率：

(1) 两粒种子都能发芽；

(2) 至少有一粒种子能发芽；

(3) 恰好有一粒种子能发芽。

解：令 $A=\{$甲种子能发芽$\}$，$B=\{$乙种子能发芽$\}$。

则由题目的实际意义知，A，B 相互独立，且 $P(A)=0.8$，$P(B)=0.7$。则所求概率为

(1) $P(AB)=P(A)P(B)=0.8\times0.7=0.56$。

(2) $P(A\bigcup B)=1-P(\overline{A\bigcup B})=1-P(\bar{A}\bar{B})=1-P(\bar{A})P(\bar{B})=1-0.2\times0.3=0.94$。

(3) $P(A\bar{B}\bigcup\bar{A}B)=P(A)P(\bar{B})+P(\bar{A})P(B)=0.8\times0.3+0.2\times0.7=0.38$。

例 1.26　设 A、B、C 是随机试验中的三个事件，已知 $P(B|A)=0.4$，$P(C)=2P(A)=0.6$，$P(B\bigcup C)=0.72$，且 B 与 C 相互独立；试求 $P(A\bigcup B)$ 的值。

解：$P(A\bigcup B)=P(A)+P(B)-P(AB)$，由于 B，C 相互独立，且 $P(B\bigcup C)=0.72$，则

$$P(B\bigcup C)=P(B)+P(C)-P(BC)=P(B)+P(C)-P(B)P(C)=P(B)[1-P(C)]+P(C)$$
$$=0.4\times P(B)+0.6=0.72$$

解之得　$P(B)=0.3$。

又因为 $P(A)=0.3$，$P(B|A)=0.4$，故

$$P(A\bigcup B)=P(A)+P(B)-P(AB)=P(A)+P(B)-P(A)P(B|A)=0.3+0.3-0.3\times0.4=0.48$$

关于事件的独立性可推广到多个事件的情形。

定义 1.12　设 $A_1,A_2,\cdots,A_n$ 为 n 个事件，如果对其中任意 $k(2\leqslant k\leqslant n)$ 个事件 $A_{i_1},A_{i_2},\cdots,A_{i_k}$，均有

$$P(A_{i_1}A_{i_2}\cdots A_{i_k})=P(A_{i_1})P(A_{i_2})\cdots P(A_{i_k})$$

成立，则称事件 $A_1,A_2,\cdots,A_n$ **相互独立**(mutual independence)。

由该定义可知，对三个相互独立的事件 A，B，C，需满足的条件等式为

$$P(AB)=P(A)P(B);$$
$$P(AC)=P(A)P(C);$$
$$P(BC)=P(B)P(C);$$
$$P(ABC)=P(A)P(B)P(C)。$$

如果 A,B,C 仅满足前面三个等式,则称 A,B,C **两两独立**(pairwise independence)。显然两两独立性不能导出这些事件的相互独立性。

而对于 n 个事件,它们相互独立的条件实际上含有下列等式

$$P(A_{i_1}A_{i_2})=P(A_{i_1})P(A_{i_2}) \qquad 共 C_n^2 个等式$$

$$P(A_{i_1}A_{i_2}A_{i_3})=P(A_{i_1})P(A_{i_2})P(A_{i_3}) \qquad 共 C_n^3 个等式$$

$$\cdots \qquad\qquad \cdots$$

$$P(A_1A_2\cdots A_n)=P(A_1)P(A_2)\cdots P(A_n) \quad 共 C_n^n 个等式$$

总计需满足等式共有 $C_n^2+C_n^3+\cdots+C_n^n=(1+1)^n-C_n^0-C_n^1=2^n-1-n$ 个。

对于 n 个相互独立事件,我们也有相应于定理 1.10 的性质。同时还易知道,若 A_1,$A_2,\cdots,A_n$ 相互独立,则其中任意 $m(2\leqslant m\leqslant n)$ 个事件(或其对立事件)都相互独立。

特别地,当事件 A_1,A_2,$\cdots$,A_n 相互独立时,有

$$P(A_1A_2\cdots A_n)=P(A_1)P(A_2)\cdots P(A_n)$$

反之,则不一定成立。

例 1.27(彩票中奖问题) 某种彩票每周开奖一次,每次中大奖的可能性是十万分之一(10^{-5}),若你每周买一张彩票,尽管你坚持了十年(每年 52 周),但是从未中过大奖。试问该现象是否正常?

解: 通过计算十年来从未中过大奖的可能性即概率来判断该现象是否正常。

每周买一张彩票而买了十年,每年 52 周,则共买了 520 张,现设

$$A_i=\{第 i 次买彩票中大奖\},i=1,2,\cdots,520。$$

由题意有 $\qquad P(A_i)=10^{-5},P(\overline{A}_i)=1-10^{-5},i=1,2,\cdots,520。$

由于每周开奖是相互独立的,故十年从未中过大奖的概率为

$$P(\overline{A}_1\overline{A}_2\cdots\overline{A}_{520})=P(\overline{A}_1)P(\overline{A}_2)\cdots P(\overline{A}_{520})=(1-10^{-5})^{520}\approx0.994\,8,$$

该概率依然很大,说明十年从未中过大奖可能性很大,该现象的出现是很正常的。

例 1.28(小概率事件原理) 设随机试验中某事件 A 发生的概率为 ε,试证明,不论 $\varepsilon>0$ 如何小,只要不断独立重复地做此试验,事件 A 迟早会发生的概率为 1。

证明: 令 $A_i=\{第 i 次试验中事件 A 发生\}$,$i=1,2,3,\cdots$。

由题意知,事件 A_1,A_2,$\cdots$,A_n,$\cdots$ 相互独立且 $P(A_i)=\varepsilon$,$i=1,2,3,\cdots$,

则在 n 次试验中事件 A 发生的概率

$$P(A_1\bigcup A_2\bigcup\cdots\bigcup A_n)=1-P(\overline{A}_1\overline{A}_2\cdots\overline{A}_n)=1-P(\overline{A}_1)P(\overline{A}_2)\cdots P(\overline{A}_n)=1-(1-\varepsilon)^n$$

当 $n\to+\infty$,即为事件 A 迟早会发生的概率

$$P(A_1\bigcup A_2\bigcup\cdots\bigcup A_n\bigcup\cdots)=\lim_{n\to+\infty}[1-(1-\varepsilon)^n]=1。(证毕)$$

例 1.29 设有 10 个元件相互独立工作,每个元件正常工作的概率为 0.8,现按下列两种不同的联结方式组成不同的系统(如图 1-10 所示)(1) 先串联后并联;(2) 先并联再串联。试求这两种系统正常工作的概率。

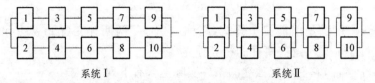

系统 I   系统 II

图 1-10   两种不同系统的联结方式

解: 令 $A_i = \{$第 i 个元件正常工作$\}, i = 1, 2, \cdots, 10$。则

$$P(A_i) = 0.8, i = 1, 2, \cdots, 10。$$

(1) 系统 I 由两条串联线路并联而成。

令 $B_i = \{$第 i 条线路正常工作$\}, i = 1, 2$。则

$$P(B_1) = P(B_2) = P(A_1 A_3 A_5 A_7 A_9) = P(A_1)P(A_3)P(A_5)P(A_7)P(A_9) = (0.8)^5 = 0.328。$$

故系统 I 正常工作的概率为

$$P(B_1 \bigcup B_2) = 1 - P(\overline{B_1 \bigcup B_2}) = 1 - P(\overline{B_1}\overline{B_2}) = 1 - P(\overline{B_1})P(\overline{B_2}) = 1 - (1 - 0.328)^2 = 0.548$$

(2) 系统 II 由五组并联元件串联而成。

令 $C_i = \{$第 i 组并联元件正常工作$\}, i = 1, \cdots, 5$。则

$$P(C_i) = P(C_1) = P(A_1 \bigcup A_2) = 1 - P(\overline{A_1 \bigcup A_2}) = 1 - P(\overline{A_1}\overline{A_2}) = 1 - P(\overline{A_1})P(\overline{A_2})$$
$$= 1 - (0.2)^2 = 0.96$$

显然各组并联元件间能否正常工作也是独立的,故系统 II 能正常工作的概率为

$$P(C_1 C_2 C_3 C_4 C_5) = P(C_1)P(C_2)P(C_3)P(C_4)P(C_5) = 0.96^5 = 0.815。$$

通常,我们将元件或系统能正常的概率称为可靠性。在例 1.29 中,系统 II 的可靠性明显大于系统 I。在这里我们看到,虽然两个系统是由相同的元件构成,但因联结方式不同,其可靠性也就有显著的差异。这种关于元件或系统的可靠性研究已发展成为一门新的学科——可靠性理论,而概率论正是研究可靠性理论的重要工具。

第九节   独立试验与贝努里概型

由于概率论和数理统计是从数量侧面研究随机现象的统计规律性,而随机现象的统计规律性只有在大量的重复独立试验中才能体现出来,因此,独立重复试验在概率论和数理统计中有极为重要的地位。

定义 1.13   在相同条件下进行 n 次重复试验,如果各次试验结果的出现互不影响,则称这 n 次重复试验为 n 重独立重复试验。

定义 11.14 在独立重复试验中,我们考虑最简单的一类随机试验,它具有如下特征:

(1) 试验在相同条件下独立重复地进行 n 次;

(2) 每次试验只有两个可能结果,A 和 $\overline{A}$,且

$$P(A)=p,(0<p<1),P(\overline{A})=1-p=q,$$

则称之为 n 重贝努里试验(Bernoulli trials),这类随机试验的数学模型就称为**贝努里概型**(Bernoulli probability model)。

贝努里概型是历史上研究最早、应用最广泛的概率模型之一,只要我们在独立重复试验中仅对某事件是否发生感兴趣,就可用贝努里概型来处理。例如,多次重复掷同一枚硬币,观察是否正面向上;在一批产品中进行放回抽样,观察抽到的是否为次品;以及向某一目标进行多次射击,观察每次射击是否命中目标,等等,都属于贝努里概型。

定理 1.11 在 n 重贝努里试验中,事件 A 恰好发生 k 次的概率为

$$P_n(k)=C_n^k p^k q^{n-k}, k=1,2,\cdots,n;q=1-p。$$

证明: 由于在 n 重贝努里试验中,各次试验相互独立,且在每次试验中 $P(A)=p$,则事件 A 在指定的 k 次试验中发生,而在其余 $(n-k)$ 次试验中不发生的概率应为

$$\underbrace{p \cdot p \cdots p}_{k\text{个}} \underbrace{(1-p)(1-p)\cdots(1-p)}_{(n-k)\text{个}} = p^k(1-p)^{n-k} = p^k q^{n-k}$$

在 n 次试验中,由于事件 A 在不同的 k 次试验中发生的情形共 C_n^k 种,且它们是互不相容的,其概率均为 $p^k q^{n-k}$,由概率的有限可加性,在 n 次试验中事件 A 恰好发生 k 次的概率为

$$P_n(k)=C_n^k p^k q^{n-k}, k=0,1,\cdots,n。（证毕）$$

例 1.30 设某纺织女工工作时需照管 800 个纱锭,若每一纱锭单位时间内纱线被扯断的概率为 0.002,求单位时间内纱线被扯断次数不大于 3 的概率。

解: 令 $X=\{$单位时间内 800 个纱锭的纱线被扯断的次数$\}$,则

$$P\{X=k\}=P_n(k)=C_{800}^k(0.002)^k(0.998)^{800-k}, k=1,\cdots,800。$$

故所求概率为

$$P\{X\leqslant 3\}=\sum_{k=0}^3 P\{X=k\}=\sum_{k=0}^3 P_n(k)=\sum_{k=0}^3 C_{800}^k(0.002)^k(0.998)^{800-k}$$
$$=0.2016+0.3232+0.2587+0.1379=0.9214。$$

我们看到,当 n 较大时,直接计算 $P_n(k)=C_n^k p^k q^{n-k}$ 是颇为麻烦的。对此,我们可利用下列泊松定理得到 n 很大,p 很小时的泊松近似公式来帮助我们进行计算。

定理 1.12(泊松定理) 若当 $n\to+\infty,np_n\to\lambda$,其中 $\lambda>0$ 为常数,则对任一确定的正整数 k,有

$$\lim_{n\to\infty} C_n^k p_n^k(1-p_n)^{n-k}=\frac{\lambda^k}{k!}e^{-\lambda}。$$

证明:令 $np_n = \lambda_n$,则 $p_n = \dfrac{\lambda_n}{n}$。而

$$C_n^k p_n^k (1-p_n)^{n-k} = \frac{n(n-1)\cdots(n-k+1)}{k!} \left(\frac{\lambda_n}{n}\right)^k \left(1-\frac{\lambda_n}{n}\right)^{n-k}$$

$$= \frac{\lambda_n^k}{k!} \left[1 \cdot \left(1-\frac{1}{n}\right)\left(1-\frac{2}{n}\right)\cdots\left(1-\frac{k-1}{n}\right)\right] \cdot \left[1-\frac{\lambda_n}{n}\right]^n \Big/ \left[1-\frac{\lambda_n}{n}\right]^k$$

因正整数 k 为确定的有限数,而 $\lambda_n \to \lambda\,(n \to +\infty)$,则当 $n \to +\infty$ 时

$$\frac{\lambda_n^k}{k!} \to \frac{\lambda^k}{k!};$$

$$1 \cdot \left(1-\frac{1}{n}\right)\left(1-\frac{2}{n}\right)\cdots\left(1-\frac{k-1}{n}\right) \to 1, \quad \left(1-\frac{\lambda_n}{n}\right)^n \to e^{-\lambda};$$

$$\left[1-\frac{\lambda_n}{n}\right]^k = \underbrace{\left[1-\frac{\lambda_n}{n}\right] \cdots \left[1-\frac{\lambda_n}{n}\right]}_{\text{共 } k \text{ 项}} \to 1,$$

故 $$\lim_{n \to \infty} C_n^k p_n^k (1-p_n)^{n-k} = \frac{\lambda^k}{k!} e^{-\lambda}。\quad (\text{证毕})$$

上述泊松定理条件 $np_n \to \lambda\,(>0)$ 为常数,表明当 n 很大时,p_n 必须很小。故当 n 很大,p 很小时,我们有下列**泊松近似公式**

$$C_n^k p_n^k (1-p_n)^{n-k} \approx \frac{\lambda^k}{k!} e^{-np}。$$

当 n 越大,P 越小时,近似程度就越好。在实际计算中,当 $n > 10, p < 0.1$ 时,就可用 $\dfrac{\lambda^k}{k!} e^{-\lambda}\,(\lambda = np)$ 作为 $C_n^k p^k (1-p)^{n-k}$ 的近似值,而当 $n \geqslant 100, p \leqslant 0.01$ 时,近似效果则非常好,而 $\dfrac{\lambda^k}{k!} e^{-\lambda}$ 的值在本书统计附表 2 中即可查得。

例如,在例 1.30 中,我们用泊松近似公式来计算所求概率。对于(1),由

$$np = 800 \times 0.002 = 1.6,$$

则所求概率为(利用附表 2)

$$P\{X \leqslant 3\} \approx 1 - \sum_{k=4}^{\infty} \frac{(1.6)^k}{k!} e^{-1.6} = 1 - 0.078\,8 = 0.921\,2。$$

例 1.31 某车间有各自独立运行的同类机床 200 台,若每台机床发生故障的概率为 0.02,且每台机床的故障需一名维修人员来排除,则应配备多少名维修人员才能使机床发生故障而得不到及时维修的概率小于 0.001?

解: 维修人员是否能及时维修发生故障的机床,取决于同一时刻发生故障的机床数。

令 $X = \{$同一时刻发生故障的机床台数$\}$。则

$$P\{X = k\} = P_{200}(k) = C_{200}^k (0.02)^k (0.98)^{200-k}, \quad k = 0, 1, \cdots, 200$$

问题为确定最小的正整数 m,使得 $P\{X > m\} < 0.001$。

利用泊松近似公式，$\lambda=nP=200\times0.02=4$，这即

$$P\{X>m\}=\sum_{k=m+1}^{\infty}C_{200}^{k}(0.02)^{k}(0.98)^{200-k}\approx\sum_{k=m+1}^{\infty}\frac{4^{k}}{k!}e^{-4}<0.001,$$

查附表 2，有

$$\sum_{k=12}^{\infty}\frac{4^{k}}{k!}e^{-4}=0.000\ 915<0.001,$$

即 $m+1=12$，故 $m=11$。

由此只要配备 11 名维修人员即可达到目的。此时，因维修人员不足而使机床的故障得不到及时维修的概率低于 0.001，平均而言，在 8 小时内出现这种情形的时间将低于 $8\times60\times0.001=0.48$（分钟），即不到半分钟，这对一般的工厂来说，显然能满足其要求了。而对于不同要求的工厂，我们可能通过改变不能及时维修的概率来得到相应的维修人员的人数，这样我们利用概率论的方法解决了机床维修人员配备的实际问题。

知识链接

柯尔莫哥洛夫与概率的公理体系

柯尔莫哥洛夫(A.N.Kolmogrov，1903—1987)是公认的二十世纪最有影响的苏联(俄国)杰出数学家和概率统计学家。1931 年任莫斯科大学教授，1939 年 36 岁的他起任苏联科学院院士、数学研究所所长。

1929 年柯尔莫哥洛夫发表的文章"概率论与测度论的一般理论"，首次给出了测度论基础的概率论公理结构。1931 年他出版了《概率论基本概念》一书，在世界上首次以测度论和积分论为基础建立了概率论的公理化定义，从而使概率论建立在完全严格的数学基础之上，奠定了现代概率论的理论基础。《概率论基本概念》是一部具有划时代意义的巨著，在数学科学的历史上写下了苏联数学最光辉的一页。

柯尔莫哥洛夫研究范围广泛，论著多达 230 多种，在基础数学、数理逻辑、函数论、泛函分析、数理统计、测度论、湍流力学、拓扑学等很多领域，特别是在概率论和信息论领域做出了杰出的贡献。由于他的卓越成就被授予苏联劳动英雄称号，成为美、英等二十多个国家的科学院院士，并于 1980 年获得了有数学界诺贝尔奖之称的沃尔夫(Wolf)奖。

他告诫想出科学成就的年轻人，除了要努力培养三种能力：复杂运算和巧妙算法能力、几何直观能力以及逻辑推理能力之外，更要具备坚韧的意志、高尚的情操和强烈的爱国主义思想。柯尔莫哥洛夫就是一位具有高尚道德品质和崇高的无私奉献精神的科学巨人。

习题一

1. 考虑随机试验："3、4、5、6 中依次不放回地取出两个数字"，试写出其样本空间 Ω 并用 Ω 的子集表示下列事件：

（1）取出的两位数为偶数(事件 A)；

(2) 取出的两个数字之和为 9(事件 B)。

2. 某系统由 4 个元件串联而成,令 $A_i=\{$第 i 个元件正常工作$\}$,$i=1,2,3,4$,试用 A_i 来表示下列事件的事件式:

(1) 系统正常工作(事件 B);

(2) 至多有一个元件出故障(事件 C);

(3) 系统仅有一个元件出故障(事件 D);

(4) 系统至少有一元件出故障(事件 E);

(5) 系统出故障(事件 F)。

并指出这些事件中,哪些是包含关系、相等关系、互不相容关系和互为对立关系。

3. 证明 De Morgan 原理:对事件 $A_1,\cdots,A_n$

$$\overline{\bigcap_{i=1}^{n} A_i} = \bigcup_{i=1}^{n} \overline{A_i}$$

4. 化简下列事件式:(1) $(A\bigcup B)(A\bigcup \overline{B})$;(2) $\overline{(\overline{A}\bigcup B)A}$;(3) $(A-AB)\bigcup B$。

5. 在 $1,2,\cdots,10$ 中任取一数,以 $A=\{2,3,4\}$ 表示取得 2,或 3,或 4,同样 $B=\{3,4,5\}$,$C=\{4,5,6,7\}$ 表示相应的含义,试问下列事件式表示什么含义?

(1) $A\overline{B}$;(2) $\overline{A}\bigcup(BC)$;(3) $\overline{A(B\bigcup C)}$。

6. 在一本英语字典中,由两个不同字母所形成的单词共有 55 个,现从 26 个英文字母中任取两个字母排成一个字母对,求它恰是字典中的单词的概率。

7. 有 10 个电阻,其电阻值分别为 $1,2,\cdots,10$(欧),现从中任取 3 个,求其中一个小于 5、一个等于 5、一个大于 5 的概率。

8. 口袋里有两个伍分、三个贰分和五个壹分的硬币,从中任取五个,求总值超过一角的概率。

9. 设有 7 个数,其中 4 个正数,3 个负数,从中任取两数,求这两数的乘积为正数的概率。

10. 设袋中有 A 只黑球,B 只白球,现采用不放回抽样的方式从中摸出 n 只球,试求其中恰有 k 只黑球的概率。若采用放回抽样方式呢?

11. 一部五卷的文集按任意次序放上书架,试求下列事件的概率:

(1) 各卷自左至右或自右至左的顺序恰为 $1,2,3,4,5$(事件 A);

(2) 第 1 卷及第 5 卷分别在两端(事件 B)。

12. 从 5 双不同的鞋中任取 4 只,求这 4 只鞋中至少有两只可配成一双的概率。

13. 从 n 双不同的鞋中任取 $2r(<n)$ 只,求在这 $2r$ 只鞋中下列事件发生的概率:

(1) 没有成双的鞋子;(2) 只有一双鞋子;(3) 恰有两双鞋子;(4) 有 r 双鞋子。

14. 一架电梯从底层上行时有 6 位乘客,并等可能地停于 10 层楼的每一层,求下列事件的概率:(假定乘客在各层离开是等可能的。)

(1) 某一层有两位乘客离开;

(2) 恰有两位乘客在同一层离开;

(3) 每层至多只有一位乘客离开。

15. 某班男、女同学各为 n 名,他们围一圆桌随机入座,试求他们的座位恰为男女同学相间的概率。

16*. 设有 k 个盒子,每个都装有号码为 1 到 n 的 n 只球,今从每个盒子中都任取一球,求所取得的 k 只球中最大的号码恰为 $m(\leqslant n)$ 的概率。

17. 某人有 n 把混在一起的外形相似钥匙,其中只有一把可打开家门。某日,酒醉后回家,下意识地每次从这 n 把钥匙中任取一把去开门,试求该人在第 k 次才把门打开的概率。若他逐把无放回试开,其结果又将如何?

18. 某年级来了 15 名新生,其中有 3 名优秀运动员,现将这些新生任意平均地分到三个班中去,求下列事件的概率：

(1) 每个班各分到一名优秀运动员；

(2) 三名优秀运动员分在同一班。

19. 设有 5 只灯泡,其中 2 只是坏的。

(1) 若从中无放回地取出 2 只,求其中至少有一只坏的灯泡的概率；

(2) 至少应抽取多少只灯泡才能保证发现一只坏灯泡的概率不小于 0.9?

20. 某宿舍有 4 名学生,求至少有 2 名学生在同一个月过生日的概率。(用两种解法)。

21. 设平面上点 (p,q) 在 $|p| \leqslant 1$、$|q| \leqslant 1$ 中等可能地出现,试求方程 $x^2 + px + q = 0$ 中 x 的根皆为实数的概率。

22. (会面问题)设两人相约于上午 8 时至 9 时之间在某地会面,先到者等候另一人半小时,过时就离去,试求这两人能会面的概率。

23. 将线段 $(0, 2a)$ 任意折成三折,试求此三折线能构成三角形的概率。(利用三角形两边之和大于第三边的性质)。

24. 已知 $P(A) = p, P(B) = q, P(A \cup B) = r$,试求 $P(AB)$、$P(A\overline{B})$ 和 $P(\overline{A}\overline{B})$。

25. 在 1 至 100 中任取一数,试求：

(1) 该数既能被 2 整除,又能被 5 整除的概率；

(2) 该数能被 2 或能被 5 整除的概率。

26. 有 10 人带着外表同样的公文包参加会议,会中他们将公文包混在一起,会后每人任取一只离去。试求下列事件的概率：

(1) 每人拿的恰好都是自己的公文包；

(2) 至少有一人拿的是自己的公文包。

27. 已知 $P(A) = \dfrac{1}{4}, P(B \mid A) = \dfrac{1}{3}, P(A \mid B) = \dfrac{1}{2}$,试求 $P(A \cup B)$。

28. 已知某种电器能用 8 年的概率为 0.7,而能用到 10 年以上的概率为 0.42,问现已用了 8 年的这种电器再能用两年以上的概率是多少?

29. 甲、乙两人先后从 $1, 2, \cdots, 15$ 中各取一数(不放回),若已知甲取到的数是 5 的倍数,试求甲所取的数大于乙所取的数的概率。

30. 设有 7 张字母卡,其中三张是 s,两张是 c,一张是 e,另一张是 u,混合后重新排列,求正好排成 success 的概率。

31. 假设接收一批药品时,检验其中一半,若不合格品不超过 2%,则接收,否则拒收。假设该批药品共 100 件,其中有 5 件不合格,试求该批药品经检验被接收的概率。

32. 设 A, B 为任意两个事件,且 $P(A) > 0, P(B) > 0$。证明：

(1) 若 A 与 B 互不相容,则 A 和 B 不独立；

(2) 若 $P(B|A) = P(B|\overline{A})$,则 A 和 B 相互独立。

33. 老师在上课时提问,先叫甲回答,甲答对的概率为 0.4,若甲答错了则由乙回答,这时乙答对的概率为 0.5,试求由乙回答且乙答对的概率。

34. 袋中有 a 只白球,b 只黑球,甲、乙、丙三人依次从袋中取出一球(取后不放回),试分别求出三人各自取得黑球的概率。

35. 有一袋麦种,其中一等的占 80%,二等的占 18%,三等的占 2%,已知一、二、三等麦种的发芽率分别为 0.8、0.5、0.2,现从袋中任取一粒麦种,试求它发芽的概率。若已知取出的麦种未发芽,求它是一等麦种的概率。

36. 在标准化考试的选择题中,由 4 个选择答案中选取一正确答案。若某考生知道正确答案的概率为

0.6,不知道的概率为 0.4,在不知道时瞎猜对的可能性为 $\dfrac{1}{4}$,考试后已知他答对了,求他瞎猜而猜对的概率。

37. 某厂的车床、磨床、刨床的台数之比为 4:3:2,它们在一定时间内需修理的概率之比为 1:3:2,当有一台机床需修理时,问该机床是磨床的概率有多大?

38. 设有一架主机、两架僚机飞往某目的地进行轰炸,由于只有主机装有导航设备,故僚机不能单独飞到目的地,且在飞行途中要经过敌方炮阵,每机被击落的概率为 0.2,到达目的地后,各机独立轰炸,每机炸中目标的概率为 0.3。试求目标被击中的概率。

39. 设有十个数 0,1,2,…,9,从中任取两数,求这两数之和大于 10 的概率。

40. 设甲、乙两城的通讯线路间有 n 个相互独立的中继站,每个中继站中断的概率均为 P 试求:

(1) 甲、乙两城间通讯中断的概率;

(2) 若已知 $p=0.005$,问在甲、乙两城间至多只能设多少个中继站才能保证两地间通讯不中断的概率不小于 0.95?

41. 一盒中装有四只球,其中三只球分别涂有红、黄、绿色,另一只涂有红黄绿三色。现从盒中任取一球,以 A、B、C 分别表示取出的球涂有红、黄、绿色这三个事件,则事件 A、B、C 两两独立,但不相互独立。

42. 现有 4 个元件,它们出故障的概率为 $p_1=0.4,p_2=0.2,p_3=p_4=0.3$,设各元件出故障与否相互独立,求线路出故障的概率,若

(1) 所有元件串联成线路;(2) 两两串联再并联成线路。

43. 在一定条件下,每发一射炮弹击中飞机的概率是 0.6,现有若干门这样的炮独立地同时发射一发炮弹,问欲以 99% 的把握击中飞机,至少需要配置多少门这样的炮?

44. 甲袋中有 3 只白球,7 只红球,15 只黑球;乙袋中 10 只白球,6 只红球,9 只黑球。现从两袋中各取一球,求两球颜色相同的概率。

45. 甲箱中有 2 个白球 1 个黑球,乙箱中有 1 个白球 2 个黑球。现从甲箱中任取一球放入乙箱内,再从乙箱中任取一球,问取得白球的概率是多少?

46. 三个射手向一敌机射击,射中概率分别为 0.4,0.6 和 0.7。若一人射中,敌机被击落的概率为 0.2;若两人射中,敌机被击落的概率为 0.6;若三人射中,则敌机必被击落。(1) 求敌机被击落的概率;(2) 已知敌机被击落,求该机是三人击中的概率。

47. 某车间有 10 台电动机功率为 10 千瓦的机床相互独立工作,且每台机床工作的概率为 0.2,若供电部门只提供 50 千瓦的电力给该车间,试求该车间不能正常工作的概率。

48. 由某放射性物质射出的任一粒子穿透某种防护罩的概率是 0.01,若放射出 5 个粒子,试求:

(1) 至少有一个粒子穿透该防护罩;

(2) 恰有一个粒子穿透该防护罩。

49. 考试时有 5 道选择题,每题有 4 个供选择的答案,其中只有一个正确,若对 1、2、3、4 四个数字进行抽签而随机地填写答案,求下列事件的概率:

(1) 没有一题碰对答案;(2) 至少有两题碰对答案;(3) 全部碰对答案。

50. 设甲、乙两篮球运动员投篮命中率分别为 0.7 和 0.6,每人投篮 3 次,求两人进球数相等的概率。

51. 若某地成年人中肥胖者(A_1)占有 10%,中等者(A_2)占 82%,瘦小者(A_3)占 8%,又肥胖者、中等者、瘦小者患高血压病的概率分别为 20%,10%,5%。(1) 求该地成年人患高血压的概率;(2) 若知某人患高血压病,他最可能属于哪种体型?

52. 自 1875 年到 1955 年的某 60 年中,上海夏季(5 月至 9 月共 153 天)共发生暴雨 180 次(设每次以 1 天计算),试求在一个夏季中发生暴雨不超过 4 次的概率(利用泊松近似公式)。

(高祖新)

第二章

随机变量及其概率分布

第一节　随机变量及其分布函数

一、随机变量

通过上一章对随机事件及其概率的研究，我们发现许多随机现象的试验结果即随机事件可以直接用数量来描述，例如掷骰子出现的点数；对一批产品随机抽检时出现的次品数；在连续射击过程中，命中目标的次数；元件的寿命，等等。也有一些随机现象的试验结果不是数值形式，而表现为某种属性，但可以数量化。例如，掷一枚硬币的可能结果是"正面向上"和"反面向上"，我们可以用 1 和 0 分别表示。对于这类考虑其某个随机事件 A 是否出现的随机现象，我们总可通过定义

$$X = \begin{cases} 1, & \text{如果事件 } A \text{ 发生} \\ 0, & \text{如果事件 } A \text{ 不发生} \end{cases}$$

使它与数值发生联系。上述例子表明，随机现象中试验的每个可能结果即每个基本事件 ω 总能用实数值 X 来对应，从而建立某种数值对应关系。这也就相当于引入变量 X，这样的变量 X 随着基本事件的不同而取不同的值，即它是基本事件 ω 的函数 $X(\omega)$。由于试验中，每个基本事件是否出现是随机的，则其函数 $X(\omega)$ 的取值也是随机的，在试验之前是无法预知的，我们称这样的函数 $X(\omega)$ 为随机变量。

定义 2.1　设 $\Omega = \{\omega\}$ 为随机试验的样本空间，对 $\omega \in \Omega$，$X(\omega)$ 是 Ω 上的单值实函数，如果对于任意的实数 x，$\{\omega : X(\omega) \leqslant x\}$ 是一个随机事件，则称 $X = X(\omega)$ 为**随机变量**（random variable）。

一般用大写字母 X, Y, Z 等表示随机变量，用小写字母 x, y, z 等表示实数。

由定义知，随机变量 X 为样本空间 Ω 上定义的单值实函数，其取值将随试验结果的不同而不同，故 X 具有随机性；同时，由于各试验结果的出现具有一定的概率，则 X 在一定范围内的取值也有一定的概率，因而 X 还具有统计规律性。这两个特性正是随机变量与普通函数的本质区别。

引进随机变量概念后，随机事件就可通过随机变量来表示，使我们有可能利用学过的数学分析知识，通过对随机变量的研究来研究随机现象。为简便起见，我们将 $\{\omega : X(\omega) = k\}$、

$\{\omega:X(\omega)\leqslant x\}$ 等简记为 $\{X=k\}$、$\{X\leqslant x\}$ 等。例如在掷骰子试验中,取随机变量 $X=\{$掷骰子出现的点数$\}$,则"掷出的点数不超过 3 点"的随机事件就可以用 $\{X\leqslant3\}$ 来表示;同样,掷硬币试验中"正面向上"的事件可用 $\{X=1\}$ 表示,等等。这样通过随机变量的研究,就可以非常方便地研究随机现象的各种可能结果及其出现的概率。

正如研究随机事件时那样,我们不仅要知道试验可能出现哪些结果,更要了解这些结果出现的概率有多大。同样对随机变量,我们不仅要知道它取哪些值,还要知道它取这些值的概率,而且一旦了解了随机变量的取值范围和取这些值的概率,我们也就了解了该随机变量的统计规律性。

> **定义 2.2**　随机变量 X 的可能取值范围和它取这些值的概率称为 X 的**概率分布**(probability distribution)。

考察随机变量 X 的概率分布正是本章的主要任务,而随机变量的概率分布由于随机变量的特点可有不同的表示方式,下面我们首先介绍随机变量的分布函数。

二、随机变量的分布函数

> **定义 2.3**　对随机变量 X 和任意实数 x,称
> $$F(x)=P\{\omega:X(\omega)\leqslant x\}=P\{X\leqslant x\},(-\infty<x<+\infty)$$
> 为随机变量 X 的**分布函数**(distribution function),记为 $X\sim F(x)$。

显然,分布函数 $F(x)$ 在 x 的值即为随机变量 X 落在 $(-\infty,x]$ 范围内的概率,故 $F(x)$ 是定义在整个实数轴上且取值于 $[0,1]$ 区间的普通函数。当随机变量 X 的分布函数给定时,一些常用事件的概率就可用 $F(x)$ 来表示,如:

$$P\{a<X\leqslant b\}=P\{X\leqslant b\}-P\{X\leqslant a\}=F(b)-F(a),$$
$$P\{X>a\}=1-P\{X\leqslant a\}=1-F(a),$$
$$P\{X<a\}=\lim_{x\to a-0}P\{X\leqslant x\}=\lim_{x\to a-0}F(x)=F(a-0),$$
$$P\{X\geqslant a\}=1-P\{X<a\}=1-F(a-0)$$

由此,一旦给出随机变量 X 的分布函数 $F(x)$,就不难得到 X 的取值范围及取这些值的概率,这表明分布函数 $F(x)$ 完全刻划了随机变量 X 的概率分布。

> **例 2.1**　盒中有 6 只灯泡,其中 2 只是废品,现从中随机取出 3 只灯泡,则"抽出的废品灯泡数"X 为随机变量,试求 X 的分布函数 $F(x)$,并求 $P\{X>1\}$,$P\{0<X\leqslant2\}$。
>
> **解**:因随机变量 X 为"抽出的废品灯泡数",则 X 的可能取值为 0、1、2。
>
> 且
> $$P\{X=k\}=\frac{C_2^k C_4^{3-k}}{C_6^3}, \ k=0,1,2。$$
>
> 即
> $$P\{X=0\}=\frac{1}{5},P\{X=1\}=\frac{3}{5},P\{X=2\}=\frac{1}{5}。$$

根据分布函数的定义,有

当 $x<0$ 时,$F(x)=P\{X\leqslant x\}=0$;

当 $0\leqslant x<1$ 时,$F(x)=P\{X\leqslant x\}=P\{X=0\}=\dfrac{1}{5}$;

当 $1\leqslant x<2$,$F(x)=P\{X\leqslant x\}=P\{X=0\}+P\{X=1\}=\dfrac{1}{5}+\dfrac{3}{5}=\dfrac{4}{5}$;

当 $x\geqslant 2$ 时,$F(x)=P\{X\leqslant x\}=P\{X=0\}+P\{X=1\}+P\{X=2\}=\dfrac{1}{5}+\dfrac{3}{5}+\dfrac{1}{5}=1$。

故 X 的分布函数

$$F(x)=\begin{cases}0, & x<0\\[2mm]\dfrac{1}{5}, & 0\leqslant x<1\\[2mm]\dfrac{4}{5}, & 1\leqslant x<2\\[2mm]1, & x\geqslant 2\end{cases}$$

$$P\{X>1\}=1-F(1)=1-\dfrac{4}{5}=\dfrac{1}{5};$$

$$P\{0<X\leqslant 2\}=F(2)-F(0)=1-\dfrac{1}{5}=\dfrac{4}{5}。$$

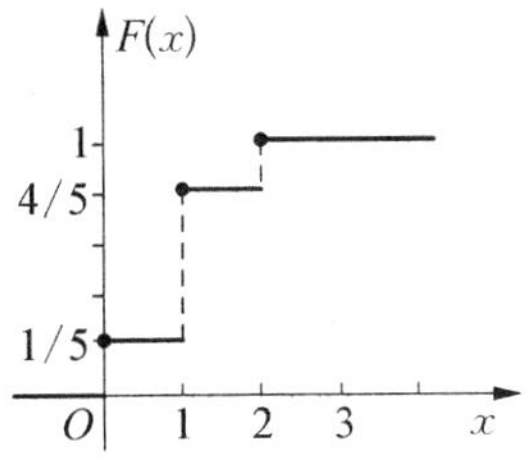

图 2-1　例 2.1 的分布函数的图示

图 2-1 给出了 $F(x)$ 的图形,为一条介于 0 和 1 的阶梯形上升曲线,且分别在 $x=0$、1、2 有跳跃,其跳跃值分别为 $\dfrac{1}{5}$、$\dfrac{3}{5}$ 和 $\dfrac{1}{5}$。

由例 2.1 $F(x)$ 的图形,我们看到该随机变量 X 的分布函数具有一些较明显的特征。

定理 2.1　任意随机变量的分布函数 $F(x)$,都具有以下基本性质:

(1) **单调性**　$F(x)$ 为 x 的单调不减函数,即对于任意的 $x_1<x_2$,有 $F(x_1)\leqslant F(x_2)$。

(2) **有界性**　对于任意的 x,有 $0\leqslant F(x)\leqslant 1$,且

$$F(-\infty)=\lim_{x\to-\infty}F(x)=0,F(+\infty)=\lim_{x\to+\infty}F(x)=1。$$

(3) **右连续性**　$F(x)$ 为 x 的右连续函数,即对于任意实数 x_0,有

$$F(x_0+0)=\lim_{x\to x_0+0}F(x)=F(x_0)。$$

证明:(1) 对于任意的 $x_1<x_2$,有

$$F(x_2)-F(x_1)=P\{X\leqslant x_2\}-P\{X\leqslant x_1\}=P\{x_1<X\leqslant x_2\}\geqslant 0,$$

故 $F(x_1)\leqslant F(x_2)$。

(2) 由于 $F(x)=P\{X\leqslant x\}$ 为概率,故由概率的性质知 $0\leqslant F(x)\leqslant 1$。

再利用 $F(x)$ 的单调性,$x\to+\infty$ 的过程可用一递增点列 $\{x_n\}$ 来代替:$x_n<x_{n+1}$,$x_n\to+\infty$。

令 $A_n=\{X\leqslant x_n\}$,则 $A_n\subset A_{n+1}$,$\bigcup\limits_{n=1}^{\infty}A_n=\Omega$,即 $\lim\limits_{n\to\infty}A_n=\Omega$。

则根据概率的连续性知，

$$F(+\infty)=\lim_{x\to\infty}F(x)=\lim_{n\to\infty}F(x_n)=\lim_{n\to\infty}P\{X\leqslant x_n\}=\lim_{n\to\infty}P(A_n)=P(\lim_{n\to\infty}A_n)=P(\Omega)=1.$$

类似地，可证 $F(-\infty)=\lim_{x\to-\infty}F(x)=0$。

(3) 设 $\{x_n\}$ 为一趋向于 x_0 的单调递减点列：$x_n>x_{n+1}, x_n\to x_0$。

令 $A_n=\{X\leqslant x_n\}$，$A=\{X\leqslant x_0\}$，则 $\{A_n\}$ 单调递减，且 $\bigcap_{n=1}^{\infty}A_n=A$，即 $\lim_{n\to\infty}A_n=A$。

则根据概率的连续性知，

$$F(x_0+0)=\lim_{x\to x_0+0}F(x)=\lim_{n\to\infty}F(x_n)=\lim_{n\to\infty}P(A_n)=P(\lim_{n\to\infty}A_n)=P(A)=F(x_0).\ (证毕)$$

反之，可以证明若有一函数 $F(x)$ 具有上述三个性质，则该 $F(x)$ 必为某个随机变量的分布函数。由此可知，这些性质完全刻划了分布函数的基本性质，是判别某个函数是否能够成为分布函数的充要条件。

第二节　离散型随机变量及其分布

一、离散型随机变量

我们先考虑一类前面接触较多，也较为简单的随机变量。

> **定义 2.4**　若随机变量 X 的可能取值仅为有限多个或可列无穷多个，则称 X 为**离散型随机变量**（discrete random variable）。

设离散型随机变量 X 的全部取值为 $x_1, x_2, \cdots, x_k, \cdots$；其相应概率为

$$p_1,\ p_2,\ \cdots,\ p_k,\ \cdots$$

则定义离散型随机变量 X 的分布律（distribution law）为

$$P\{X=x_k\}=p_k,\ k=1,2,\cdots$$

它表示了离散型随机变量 X 的概率分布。该分布律还可表示为以下列表形式：

X	x_1	x_2	$\cdots$	x_k	$\cdots$
P	p_1	p_2	$\cdots$	p_k	$\cdots$

显然，上面两种表达式都给出了 X 的概率分布，其中的概率 p_k 还满足下列性质：

(1) $p_k\geqslant 0,\ k=1,2,\cdots$；

(2) $\sum_{k=1}^{\infty}p_k=1$。

反之，若数列 $\{p_k\}$ 满足上述两个性质，则必存在某离散型随机变量 X，使得 $\{p_k\}$ 成为 X 对应取值的分布概率值。

由离散型随机变量 X 的分布律还可求得其分布函数

$$F(x)=P\{X\leqslant x\}=\sum_{x_k\leqslant x}P\{X=x_k\}=\sum_{x_k\leqslant x}p_k$$

它是一个取值位于 $[0,1]$ 上的单调不减阶梯函数,在 X 的每个取值点 x_k 处有跳跃,其跳跃值恰为 $P\{X=x_k\}=p_k$(参看图 $2-1$ 中 $F(x)$ 的图形)。

反过来,由 X 的分布函数也可求得其分布律

$$P\{X=x_k\}=P\{X\leqslant x_k\}-P\{X<x_k\}=F(x_k)-F(x_k-0),k=1,2,\cdots$$

这样,分布律和分布函数都可表示离散型随机变量的概率分布,通常取分布律较为简单明了。

例 2.2　某射手每次射击的命中率为 p,现对一目标进行连续射击,直至击中。设 X 为该射手命中目标时射击的次数,求 X 的分布律和分布函数。

解: 由题意,以 $\{X=k\}$ 表示"射手在前面 $(k-1)$ 次射击中未命中目标,而在第 k 次才命中目标"这一事件,根据实际意义,可认为各次射击相互独立,故 X 的分布律为

$$P\{X=k\}=\underbrace{(1-p)(1-p)\cdots(1-p)}_{(k-1)\text{个}}\cdot p=(1-p)^{k-1}p=q^{k-1}p,(k=1,2,\cdots;q=1-p)$$

或写成

X	1	2	3	$\cdots$	k	$\cdots$
P	p	pq	pq^2	$\cdots$	pq^k	$\cdots$

又当 $x<1$ 时,$F(x)=P\{X\leqslant x\}=0$

当 $1\leqslant x<2$ 时,$F(x)=P\{X\leqslant x\}=P\{X=1\}=p=1-q$;

当 $2\leqslant x<3$ 时,$F(x)=P\{X\leqslant x\}=P\{X=1\}+P\{X=2\}$
$$=p+pq=p(1+q)=(1-q)(1+q)=1-q^2;$$

$\cdots\cdots$

当 $k\leqslant x<k+1$ 时,$F(x)=P\{X\leqslant x\}=P\{X=1\}+\cdots+P\{X=k\}$
$$=p+pq+\cdots+pq^{k-1}=p(1+q+\cdots+q^{k-1})=p\times\frac{1-q^k}{1-q}=1-q^k;$$

$\cdots\cdots$

故 X 的分布函数为

$$F(x)=\begin{cases}0, & x<1\\1-q^{[x]}, & x\geqslant1,(q=1-p)\end{cases}$$

其中 $[x]$ 表示对 x 取整,即取小于或等于 x 的最大整数。

例 2.2 中 X 服从的分布律

$$P\{X=k\}=pq^{k-1},k=1,2,\cdots;q=1-p$$

通常称为**几何分布**(geometric distribution),它是较为常用的离散型分布。

二、常见离散型分布

下面我们介绍几类常见的离散型随机变量所服从的分布,简称离散型分布。

(一) 0-1 分布(或称两点分布)

定义 2.5 若随机变量 X 的分布律为

$$P\{X=1\}=p, P\{X=0\}=q, (0<p<1, q=1-p)$$

则称 X 服从 **0-1 分布**(0-1 distribution)或**两点分布**(two-point distribution)。

0-1 分布的分布律还可表示为

X	0	1
P	p	q

其分布函数为

$$F(x)=\begin{cases}0, & x<0 \\ q, & 0\leqslant x<1 \\ 1, & x\geqslant 1\end{cases}$$

在随机试验中若仅有两个可能结果:ω_1、ω_2,且 $P(\omega_1)=p, P(\omega_2)=1-p=q$,则我们可定义随机变量 $X:X(\omega_1)=1, X(\omega_2)=0$,这样的随机变量 X 就服从 0-1 分布。在实际问题中,产品一次抽样中,抽到次品还是正品;掷一次硬币,出现正面朝上还是反面朝上;参加一次考试,成绩是合格还是不合格,等等,都可用 0-1 分布来描述。

(二) 二项分布 $B(n, p)$

定义 2.6 若随机变量 X 的分布律为

$$P\{X=k\}=C_n^k p^k q^{n-k}, k=0,1,\cdots,n; q=1-p$$

则称 X 服从**二项分布**(binomial distribution),简记为 $X\sim B(n,p)$。二项分布还可表示为

X	0	1	$\cdots$	k	$\cdots$	n
P	q^n	npq^{n-1}	$\cdots$	$C_n^k p^k q^{n-k}$	$\cdots$	p^n

其分布函数为

$$F(x)=\begin{cases}0, & x<0 \\ \sum_{k\leqslant x}C_n^k p^k q^{n-k}, & 0\leqslant x<n \\ 1, & x\geqslant n\end{cases}$$

对二项分布,我们有 $p_k=C_n^k p^k q^{n-k}\geqslant 0, (k=0,1,\cdots,n)$,且

$$\sum_{k=0}^{n} p_k = \sum_{k=0}^{n} C_n^k p^k q^{n-k} = (p+q)^n = 1$$

即满足概率 p_k 的基本性质,同时 $p_k = C_n^k p^k q^{n-k}$ 恰好是二项式 $(p+q)^n$ 的通项,这也是二项分布名称的来历。

当 $n=1$ 时,二项分布 $B(1,p)$ 为

$$P\{X=k\} = p^k q^{1-k}, \quad k=0,1; q=1-p$$

这就是前面介绍的 0-1 分布。

若随机变量 $X_i(i=1,2,\cdots,n)$ 相互独立且服从相同的 0-1 分布 $B(1,p)$,则

$$X = X_1 + X_2 + \cdots + X_n$$

服从二项分布 $B(n,p)$。

为了对二项分布概型有较直观的深刻认识,图 2-2 给出了对于 $p=0.2$ 及 $n=9$、16、25 的二项分布值 $P_n(k)$ 的相应图形。

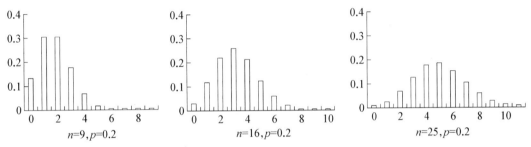

图 2-2　二项分布 $B(n,p)$ 概率分布

由此可知,二项分布具有如下性质:

(1) 对于固定的 n、p,X 取 k 的概率 $P_n(k)$ 先随着 k 增大而单调增大到最大值,然后单调减少;使分布概率 $P_n(k)$ 达最大的 k_0 称为分布的**最可能值**(the most probable value)。

(2) 对于固定的 p,随着 n 的增大,$B(n,p)$ 的图形趋于对称。

若设 $P_n(k) = C_n^k p^k q^{n-k}$ 在 k_0 达到其最大值 $P_n(k_0)$,则必须

$$P_n(k_0-1) \leqslant P_n(k_0) \text{ 及 } P_n(k_0) \geqslant P_n(k_0+1),$$

这即

$$\frac{P_n(k_0)}{P_n(k_0-1)} \geqslant 1 \quad \text{且} \quad \frac{P_n(k_0)}{P_n(k_0-1)} \leqslant 1;$$

因

$$\frac{P_n(k)}{P_n(k-1)} = \frac{(n-k+1)p}{kq} = 1 + \frac{(n+1)p-k}{kq},$$

故得

$$(n+1)p - 1 \leqslant k_0 \leqslant (n+1)p,$$

由此解得二项分布的最可能值

$$k_0 = \begin{cases} (n+1)p-1 \text{ 或 } (n+1)p, & \text{当}(n+1)p \text{ 为整数} \\ [(n+1)p], & \text{当}(n+1)p \text{ 为非整数} \end{cases}$$

其中 $[(n+1)p]$ 表示对 $(n+1)p$ 值取整。

例2.3 (药效试验)设某种鸭正常情况下感染某种传染病的概率为20%,现考察25只健康鸭子是否受感染的问题:

(1) 正常时这些鸭子中最可能受感染的鸭子数和概率各为多少?

(2) 现发明一种疫苗,该疫苗注射在这25只鸭后至多有一只感染,试初步估计该疫苗是否有效?

解: 令 $X=\{25$只鸭中受感染的鸭子数$\}$,则 X 将服从二项分布 $B(25,0.2)$。

(1) 因其最可能值

$$k_0=[(n+1)p]=[26\times0.2]=[5.2]=5,$$

故最可能有5只鸭子受感染,其概率为

$$P\{X=5\}=C_{25}^5(0.2)^5(0.8)^{20}=0.196。$$

(2) 若疫苗完全无效,则鸭子受感染的概率仍为0.2,而25只鸭中至多有一只受感染的概率为

$$P\{X\leqslant1\}=(0.8)^{25}+C_{25}^1(0.2)(0.8)^{24}=0.027\ 4。$$

显然该概率0.027 4非常小,这表示在正常情况下,如果该疫苗完全无效,则不大可能发生这种情形,由此就可认为该疫苗真的有效。

由前面的第一章第九节的讨论可知,若以 X 表示 n 重贝努里试验中事件 A 出现的次数,则随机变量 X 将服从二项分布 $B(n,p)$。而从图 $2-2$ 体现的 $B(n,p)$ 图形随 n 增大趋于对称的现象,表明二项分布可能随 n 增大趋于某种极限分布。在不同的条件下,二项分布会趋于不同的极限分布。

(三) 泊松分布 $P(\lambda)$

定义2.7 若随机变量 X 的分布律为

$$P\{X=k\}=\frac{\lambda^k}{k!}e^{-\lambda},\ k=1,2,\cdots;\lambda>0$$

则称 X 服从参数为 λ 的**泊松分布**(Poisson distribution),记为 $X\sim P(\lambda)$。

因 $\lambda>0$,对泊松分布,我们有

$$p_k=\frac{\lambda^k}{k!}e^{-\lambda}\geqslant0,\ k=0,1,\cdots$$

且

$$\sum_{k=0}^{\infty}p_k=\sum_{k=0}^{\infty}\frac{\lambda^k}{k!}e^{-\lambda}=e^{-\lambda}\left(\sum_{k=0}^{\infty}\frac{\lambda^k}{k!}\right)=e^{-\lambda}e^{\lambda}=1,$$

即它确实构成一个分布律。而泊松定理表明,当 $np_n\rightarrow\lambda$(常数)时,二项分布 $B(n,p)$ 以泊松分布 $P(\lambda)$ 为其极限分布,这表明泊松分布可作为描述大量试验中稀有事件(p 很小的事件)出现次数的概率分布模型。如一书中印刷错误的页数、铸件的疵点数、某地区三胞胎出生的次数等都近似地服从泊松分布。

同时在实际应用中,许多随机现象就属于泊松分布模型。例如,在1910年,卢瑟福(Rutherford)和盖格(Geiger)做了著名的 α 粒子散射实验。他们对放射性物质放出的 α

粒子数进行了 2 608 次观察,每次观察时间为 7.5 秒,共观察到 10 094 个 α 粒子,实验的频率值与 $\lambda=3.87$ 的泊松分布值相当接近,这表明(实际上可严格证明),放射性物质放射出的 α 粒子数 X 服从泊松分布 $P(3.87)$。

此外,在某一时间间隔里,散射效应中的热电子数、星空中出现的流星数、电话交换台接到的呼叫数、商店中来到的顾客数等都近似服从泊松分布。这些随机变量大致有如下特点:取值均为正整数且与时间间隔长度有关;当时间间隔极短时,几乎不可能取 2 以上的值;取值的概率仅与时间间隔长度有关,而与起始时刻无关,且在不同的时间间隔内,彼此无影响。实际上可以证明,满足上述特点相应的数学条件下的随机变量确实服从泊松分布。这表明泊松分布在自然界及现实生活中占有显著地位,为计算泊松分布的数值,书末附表 2 给出的泊松分布表可供查阅。

作为二项分布的极限分布,泊松分布的通项 $p(k;\lambda)=\dfrac{\lambda^k}{k!}\mathrm{e}^{-\lambda}$ 对固定的 λ 具有与二项分布类似的上升下降性。由

$$\frac{p(k;\lambda)}{p(k-1;\lambda)}=\frac{\lambda}{k}$$

解得使 $p(k;\lambda)$ 达到最大值即最可能值的 k_0 点为

$$k_0=\begin{cases}\lambda \text{ 或 } \lambda-1, & \lambda \text{ 为整数}\\ [\lambda], & \lambda \text{ 为非整数}\end{cases}$$

其中 $[\lambda]$ 表示对 λ 的值取整。

由前面定理 1.12(泊松定理)知,当 $np_n\to\lambda$(常数)时,二项分布 $B(n,p)$ 将以泊松分布为其极限分布,其有关数值可由书后附表 2 给出。这样,当 n 很大、p 很小时(通常要求 $n>10$,$p<0.1$),我们就可利用下列泊松近似公式

$$\mathrm{C}_n^k p^k q^{n-k}\approx\frac{\lambda^k}{k!}\mathrm{e}^{-\lambda}\ (\lambda=np)$$

来进行计算。

例 2.4 现有某种各自独立运行的机床若干台,每台机床发生故障的概率为 0.01,且每台机床的故障需有一人来排除。试求在下列两种情形下机床发生故障时得不到及时维修的概率:

(1) 一人负责 15 台机床的维修;(2) 三人共同负责 80 台机床的维修。

解:(1) 令 X 表示 15 台机床中同一时刻发生故障的台数,则 $X\sim B(15,0.01)$。

再利用泊松定理,$\lambda=np=15\times0.01=0.15$,所求概率为

$$P\{X\geqslant2\}=\sum_{k=2}^{15}\mathrm{C}_{15}^k(0.01)^k(0.99)^{15-k}\approx\sum_{k=2}^{15}\frac{(0.15)^k}{k!}\mathrm{e}^{-0.15}=0.010\,2。$$

(2) 当 3 人共同维修 80 台时,令 Y 为 80 台机床中同一时刻发生故障的台数,则 $Y\sim B(80,0.01)$,此时 $\lambda=np=80\times0.01=0.8$,而发生故障未能及时维修的概率为

$$P\{Y\geqslant4\}=\sum_{k=4}^{80}\mathrm{C}_{80}^k(0.01)^k(0.99)^{80-k}\approx\sum_{k=4}^{80}\frac{(0.8)^k}{k!}\mathrm{e}^{-0.8}=0.009\,1。$$

我们发现,第二种情况虽然平均每人需维修 27 台,比第一种情形增加了 80% 的工作量,但其管理质量反而提高了。这表明,概率论的研究对于国民经济特别是生产管理等方面问题的解决具有重要的意义,它使我们能更合理地利用有限的人力、物力资源,取得更好的效益。

例 2.5 已知某种昆虫的产卵数 X 服从泊松分布 $P(\lambda)$:

$$P\{X=k\} = \frac{\lambda^k}{k!} e^{-\lambda}, \ k=0,1,\cdots$$

而每个卵能孵化成幼虫的概率为 p,且各卵的孵化是相互独立的,试求该昆虫能育成的幼虫数 Y 所服从的概率分布。

解:由题意,昆虫产生 k 个卵的概率为

$$P\{X=k\} = \frac{\lambda^k}{k!} e^{-\lambda}, \ k=0,1,\cdots$$

再将一个卵能否孵成幼虫视为一次随机试验,则 k 个卵能孵成的幼虫数将服从二项分布 $B(k;p)$,即 k 个卵能孵成 i 只幼虫的概率为

$$P\{Y=i \mid X=k\} = C_k^i p^i (1-p)^{k-i}, \ k=i, i+1, \cdots$$

再由全概率公式可得所求概率分布为

$$P\{Y=i\} = \sum_{k=i}^{\infty} P\{Y=i \mid X=k\} P\{X=k\} = \sum_{k=i}^{\infty} C_k^i p^i (1-p)^{k-i} \frac{\lambda^k}{k!} e^{-\lambda}$$

$$= p^i e^{-\lambda} \sum_{k=i}^{\infty} \frac{k!}{i!(k-i)!} (1-p)^{k-i} \lambda^k \frac{1}{k!}$$

$$= \frac{p^i e^{-\lambda}}{i!} \lambda^i \sum_{k=i}^{\infty} \frac{1}{(k-i)!} [(1-p)\lambda]^{k-i}$$

$$= \frac{(\lambda p)^i}{i!} e^{-\lambda} e^{\lambda(1-p)} = \frac{(\lambda p)^i}{i!} e^{-\lambda p}, \ i=0,1,\cdots$$

即昆虫能育成的幼虫数 Y 服从泊松分布 $P(\lambda p)$。

(四) 超几何分布 $H(n;N,M)$

定义 2.8 若随机变量 X 的分布律为

$$P\{X=k\} = \frac{C_M^k C_{N-M}^{n-k}}{C_N^n}, \ k=0,1,\cdots,\min(M,n)$$

则称 X 服从**超几何分布**(Hypergeometric distribution),记为 $X \sim H(n;N,M)$。

注意,我们规定,当 $m > n$ 时,$C_n^m = 0$。

显然,对超几何分布,我们有 $p_k = \dfrac{C_M^k C_{N-M}^{n-k}}{C_N^n} \geqslant 0$。

再利用等式

$$(1+x)^M(1+x)^{N-M}=(1+x)^N$$

的两边二项展开式中 $x^n(n\leqslant N)$ 项的系数相等可得

$$\sum_{k=0}^{n}C_M^k C_{N-M}^{n-k}=C_N^n,$$

由此即得

$$\sum_{k=0}^{n}p_k=\sum_{k=0}^{n}\frac{C_M^k C_{N-M}^{n-k}}{C_N^n}=1。$$

这表明,超几何分布确实构成一个分布律。

　　超几何分布在产品的抽样检验中起着重要作用。例如 N 件产品,其中 M 件为次品,进行抽样 n 件 $(n\leqslant N)$ 的检验。令 X 为 n 件抽样产品所含的次品数,则随机变量 X 就服从超几何分布 $H(n;N,M)$。

　　超几何分布 $H(n;N,M)$ 在 $\dfrac{M}{N}\to p$ 时将以二项分布 $B(n,p)$ 为其极限分布,下面我们不加证明地给出该结果。

定理 2.2　对确定的 n、k,若 $\lim\limits_{N\to\infty}\dfrac{M}{N}=p$,则

$$\lim_{N\to\infty}\frac{C_M^k C_{N-M}^{n-k}}{C_N^n}=C_n^k p^k(1-p)^{n-k}。$$

　　这表明,当 N 充分大而 n 并不大时,超几何分布的值可用相应的二项分布值作为其近似。我们知道,在产品抽样中,无放回抽样产品中所含次品数服从超几何分布,而放回抽样产品中所含次品数则服从二项分布。上述定理则保证当产品总数 N 很大,而抽样件数 n 不大时,无放回抽样可近似视为放回抽样,也归结为贝努里概型来处理,这在计算上带来很大便利。从直观上来看,由于抽样数 n 远小于产品数 N,则抽样后是否放回对其次品率即检验结果影响甚微,故可如此处理。

　　例 2.6　用某仪器检验电子元件,若元件是正品,经检验也是正品的概率为 0.99;若元件是次品,经检验也是次品的概率为 0.95。当某批元件出厂时,只随机抽验两只,若两只元件皆为正品,则可出厂。现送来 50 只元件,其中有 4 只次品,求这 50 只元件能出厂的概率。

　　解:由于抽验一般为不放回的,故抽取 2 只元件经检验所得的正品数应服从超几何分布。但因抽验结果不仅与该元件是否正品有关,还与检验仪器的性能有关,再考虑到该批元件总数 $N=50$ 较大,其中只抽验 2 只元件,故我们可利用上述定理 2.2,以二项分布 $B(2;p)$ 作相应超几何分布的近似,其中 p 为经检验所得的正品率。

　　现令　　　　　　　　$A=\{$元件为正品$\}$,$B=\{$元件经检验为正品$\}$。

　　而由题中条件知

$$P(B|A)=0.99,P(\overline{B}|\overline{A})=0.95,P(B|\overline{A})=1-P(\overline{B}|\overline{A})=0.05,$$

$$P(\overline{A})=4/50=0.08,P(A)=1-P(\overline{A})=0.92。$$

由全概率公式知经检验所得的正品率

$$p=P(B)=P(B|A)P(A)+P(B|\overline{A})P(\overline{A})=0.99\times0.92+0.05\times0.08=0.914\,8。$$

则所求概率为

$$P(\{该批元件能出厂\})\approx C_2^2 p^2 (1-p)^0=(0.914\,8)^2=0.836\,9。$$

即该批元件能出厂的概率为 83.69%。

(五) 几何分布 $g(p)$

定义 2.9 若随机变量 X 的分布律为

$$P\{X=k\}=(1-p)^{k-1}p,\ k=1,2,\cdots$$

其中 $0\leqslant p\leqslant1$，则称 X 服从**几何分布**(geometric distribution)，记为 $X\sim g(p)$。

几何分布用来描述次数不限的贝努里试验中 A 事件"首次发生"时所需试验次数的概率分布模型，其中 p 为 A 事件在每次试验中发生的概率。其名称的由来在于 $(1-p)^{k-1}p$，$k=1,2,\cdots$ 正好组成一个几何级数。

显然，对几何分布，有

$$p_k=(1-p)^{k-1}p\geqslant0,\ k=0,1,\cdots$$

且

$$\sum_{k=0}^n p_k=p\sum_{k=0}^n (1-p)^{k-1}=p\,\frac{1}{1-(1-p)}=1$$

这表明几何分布确实构成一个分布律。

几何分布具有下列"无记忆性"。

定理 2.3(几何分布的无记忆性) 设 $X\sim$ 几何分布 $g(p)$，则对于任意正整数 l,m，有

$$P\{X>m+l|X>m\}=P\{X>l\}。$$

证明：对于任意的正整数 m，

$$P\{X>m\}=\sum_{k=m+1}^{\infty}(1-p)^{k-1}p=\frac{(1-p)^m p}{1-(1-p)}=(1-p)^m$$

则对于任意正整数 l,m，有

$$P\{X>m+l|X>m\}=\frac{P\{X>m+l\}}{P\{X>m\}}=\frac{(1-p)^{m+l}}{(1-p)^m}=(1-p)^l=P\{X>l\}。（证毕）$$

该定理的"几何分布的无记忆性"表示，如果已知前 m 次试验中事件 A 没有发生，则再做 l 次试验，事件 A 仍然没有发生的概率只与 l 有关，与前面已做过的 m 次试验无关，即它将已做过的 m 次试验"遗忘"了。

可以证明，如果随机变量 X 只以自然数为其取值，而且具有上述无记忆性，则 X 必服从几何分布。

(六) 负二项分布 $NB(r,p)$

定义 2.10　若随机变量 X 的分布律为

$$P\{X=k\}=C_{k-1}^{r-1}p^rq^{k-r}, k=r,r+1,\cdots$$

其中 $0\leqslant p\leqslant 1, q=1-p$。则称 X 服从**负二项分布**(negative binomial distribution),简记为 $X\sim NB(r,p)$。

负二项分布用来描述次数不限的贝努里试验中 A 事件"第 r 次发生"时所需试验次数的概率分布模型,其中 p 为 A 事件在每次试验中发生的概率。显然,当 $r=1$ 时,负二项分布 $NB(1,p)$ 就退化为几何分布 $g(p)$。

对负二项分布,显然有 $p_k=C_{k-1}^{r-1}p^r(1-p)^{k-r}\geqslant 0,(k=r,r+1,\cdots)$,下面证明

$$\sum_{k=r}^{\infty}p_k=\sum_{k=r}^{\infty}C_{k-1}^{r-1}p^r(1-p)^{k-r}=1。$$

对此,令 $i=k-r$,则 $k=i+r$,则有

$$\sum_{k=r}^{\infty}p_k=p^r\sum_{k=r}^{\infty}C_{k-1}^{r-1}q^{k-r}=p^r\sum_{i=0}^{\infty}C_{i+r-1}^{r-1}q^i$$

利用幂级数展开公式,可得 $(1-q)^{-r}=\sum_{i=0}^{\infty}C_{i+r-1}^iq^i=\sum_{i=0}^{\infty}C_{i+r-1}^{r-1}q^i$,故

$$\sum_{k=r}^{\infty}p_k=p^r\sum_{i=0}^{\infty}C_{i+r-1}^{r-1}q^i=p^r(1-q)^{-r}=p^rp^{-r}=1。$$

这表明负二项分布确实构成一个分布律。

在多次的贝努里试验中,如果令

$X_1=\{A$ 事件第 1 次发生时所需试验次数$\}$,

$X_i=\{A$ 事件第 $i-1$ 次发生后,直到 A 事件第 i 次发生时所需试验次数$\}, i=2,\cdots,r$。

则 $X_1,X_2,\cdots,X_r$ 相互独立,而且均服从几何分布 $g(p)$。此时,有

$$X=X_1+\cdots+X_r\sim NB(r,p)$$

即服从负二项分布的随机变量可以表示成 r 个相互独立的服从几何分布的随机变量之和。

例 2.7(巴拿赫(Banach)问题)　某人左右口袋各有一盒火柴,每盒 N 根,使用时,任选一盒,从中抽取一根。试求,此人用完一盒(即拿出最后一根)时,另一盒恰有 $m(m=1,2,\cdots,N)$ 根火柴的概率。

解:令 $A=\{$某人发现左口袋盒火柴已用完,右口袋盒恰有 r 根火柴$\}$,A 事件发生时,此人恰在第 $(N+1+N-r)$ 次取火柴,而且是第 $(N+1)$ 次取中左口袋。

根据负二项分布的概率模型意义,取 $p=1/2, k=2N-m+1, r=N+1$,有

$$P(A)=C_{k-1}^{r-1}p^r(1-p)^{k-r}=C_{2N-m}^N\left(\frac{1}{2}\right)^{2N-m+1}。$$

若令 $B=\{$某人发现右口袋盒火柴已用完，左口袋盒恰有 r 根火柴$\}$，则事件 B 与事件 A 互不相容，而且概率相等。故所求概率为

$$2P(A)=2C_{2N-m}^{N}\left(\frac{1}{2}\right)^{2N-m+1}=C_{2N-m}^{N}\left(\frac{1}{2}\right)^{2N-m}。$$

第三节　连续型随机变量及其分布

一、连续型随机变量

除了上节介绍的离散型随机变量外，还有一些随机变量，例如灯泡的寿命、等候公共汽车到来的时间、某地区成人的体重等，都不能用离散型随机变量来描述，而属于非离散型随机变量。实际上，这些随机变量的取值都充满了某一实数区间，属于下面所定义的连续型随机变量。

定义 2.11　设随机变量 X 的分布函数为 $F(x)$，如果存在非负可积函数 $f(x)$，使得对任意实数 x，有

$$F(x)=\int_{-\infty}^{x}f(t)\mathrm{d}t$$

则称 X 为**连续型随机变量**（continuous random variable），而称 $f(x)$ 为 X 的**概率密度函数**（probability density function），简称**密度**（density）。

由该定义，不难发现，连续型随机变量的密度 $f(x)$ 具有下列基本性质：

（1）对任意实数 x，$f(x)\geqslant0$；

（2）$\displaystyle\int_{-\infty}^{+\infty}f(x)\mathrm{d}x=1$。

事实上，对于（2），有

$$\int_{-\infty}^{+\infty}f(x)\mathrm{d}x=\lim_{x\to+\infty}\int_{-\infty}^{x}f(t)\mathrm{d}t=\lim_{x\to+\infty}F(x)=1。$$

从图形上看，这两条性质表明曲线 $y=f(x)$ 位于 x 轴上方，且与 x 轴之间部分的面积为 1。

反之，可以证明，若可积函数 $f(x)$ 具有上述两条性质，则它必为某个随机变量的密度，且 $F(x)=\displaystyle\int_{-\infty}^{x}f(t)\mathrm{d}t$ 为该随机变量的分布函数。

再由数学分析及分布函数的有关性质，我们易知，连续型随机变量 X 还具有下列性质（其中 $F(x)$、$f(x)$ 分别为 X 的分布函数和密度）：

（1）$F(x)$ 为连续函数；

（2）$P\{x_1<X\leqslant x_2\}=\displaystyle\int_{x_1}^{x_2}f(t)\mathrm{d}t$；

（3）$P\{X=x_0\}=0$；

（4）若 $f(x)$ 在 x 点上连续，则 $f(x)=F'(x)$。

由性质(1)知,连续型随机变量 X 不仅其取值连续地充满某个区间或整个实数域,而且其分布函数也为连续函数。应注意:密度函数仅为非负可积,而未必一定连续。而性质(2)表明,只要给定密度 $f(x)$,就可求出随机变量 X 在任一区间 $(x_1, x_2]$ 上的概率。从图形上看(参见图 2-3), X 在区间 $(x_1, x_2]$ 上的概率就等于曲线 $y=f(x)$ 在 $(x_1, x_2]$ 上曲边梯形的面积。

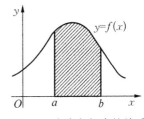

图 2-3　密度与概率的关系

对于性质(3),我们有

$$P\{X=x_0\} \leqslant P\{x_0-\Delta x < X \leqslant x_0\} = \int_{x_0-\Delta x}^{x_0} f(t)\mathrm{d}t$$

则 $\quad 0 \leqslant P\{X=x_0\} \leqslant \lim\limits_{\Delta x \to 0^+} \int_{x_0-\Delta x}^{x_0} f(t)\mathrm{d}t = 0$,

故 $P\{X=x\}=0$。这表明连续型随机变量取单点值的概率为 0,这样,我们计算 X 在某个区间上的概率时,就不必介意该区间是开的还是闭的,亦即

$$P\{x_1 < X < x_2\} = P\{x_1 < X \leqslant x_2\} = P\{x_1 \leqslant X \leqslant x_2\}$$
$$= P\{x_1 \leqslant X < x_2\} = \int_{x_1}^{x_2} f(t)\mathrm{d}t。$$

同时,该性质也显示了连续型随机变量与离散型随机变量截然不同的特性,使得我们无法用分布律作为描述连续型随机变量的概率分布。

而由性质(4),在 $f(x)$ 的连续点处,我们有

$$f(x) = F'(x) = \lim\limits_{\Delta x \to 0^+} \frac{F(x+\Delta x)-F(x)}{\Delta x} = \lim\limits_{\Delta x \to 0^+} \frac{P\{x < X \leqslant x+\Delta x\}}{\Delta x}$$

若略去高阶无穷小,则有

$$f(x)\Delta x \approx P\{x < X \leqslant x+\Delta x\}$$

由此可知,密度 $f(x)$ 在 x 处的值反映了随机变量 X 在 x 附近取值的概率的大小。这表明,我们用密度来刻划连续型随机变量的概率分布,在某种意义上与离散型时用分布律来描述是完全类似的。同时利用该性质我们还可由分布函数求得其密度。

> **例 2.8**　设连续型随机变量 X 的密度为
> $$f(x) = \frac{A}{\mathrm{e}^x + \mathrm{e}^{-x}}, \quad -\infty < x < +\infty,$$
> 试求(1) 常数 A;(2) $P\left\{0 < X < \frac{1}{2}\ln 3\right\}$;(3) 分布函数 $F(x)$。
>
> **解**:(1) $\displaystyle \int_{-\infty}^{\infty} f(x)\mathrm{d}x = \int_{-\infty}^{\infty} \frac{A}{\mathrm{e}^x + \mathrm{e}^{-x}}\mathrm{d}x = A \int_{-\infty}^{\infty} \frac{\mathrm{e}^x}{\mathrm{e}^{2x}+1}\mathrm{d}x$
>
> $\displaystyle \qquad = A \operatorname{arc\,tg}(\mathrm{e}^x)\Big|_{-\infty}^{\infty} = A \cdot \frac{\pi}{2}$
>
> 因 $\displaystyle \int_{-\infty}^{\infty} f(x)\mathrm{d}x = 1$,则 $A\dfrac{\pi}{2}=1$,故 $A=\dfrac{2}{\pi}$。
>
> 即 $\qquad\qquad f(x) = \dfrac{2}{\pi}\dfrac{1}{\mathrm{e}^x + \mathrm{e}^{-x}}, \quad -\infty < x < +\infty。$

$$(2)\ P\left\{0 < X < \frac{1}{2}\ln 3\right\} = \int_0^{\frac{1}{2}\ln 3} \frac{2}{\pi} \cdot \frac{1}{e^x + e^{-x}} dx$$

$$= \frac{2}{\pi}\text{arc tg}(e^x)\Big|_0^{\frac{1}{2}\ln 3} = \frac{2}{\pi}\text{arc tg}(e^{\ln\sqrt{3}}) - \frac{2}{\pi}\text{arc tg}(e^0) = \frac{2}{\pi} \cdot \frac{\pi}{3} - \frac{2}{\pi} \cdot \frac{\pi}{4} = \frac{1}{6}.$$

$$(3)\ F(x) = \int_{-\infty}^x f(t)dt = \int_{-\infty}^x \frac{2}{\pi} \frac{1}{(e^t + e^{-t})} dt = \frac{2}{\pi}\text{arc tg}(e^x),\ -\infty < x < +\infty.$$

值得注意的是,虽然我们通常见到的随机变量一般都是离散型或连续型的,但并非只有这两类随机变量,也有随机变量既不是离散型的,也不是连续型的。

例 2.9 考虑一个中轴带有固定指针的可旋转的均匀圆盘,该圆盘圆周的一半圈上均匀地刻有 $[0,1)$ 上的各个数字,而另外半圈上都刻有数字 1。现旋转该圆盘,以 X 表示圆盘停下时指针所指的圆盘上的刻度,则 X 为取值于 $[0,1]$ 上一切值的随机变量。且

当 $0 \leqslant x < 1$ 时,$P\{X \leqslant x\} = \dfrac{x}{2}$;

当 $x = 1$ 时,$P\{X=1\} = \dfrac{1}{2}$。

故 X 的分布函数为

$$F(x) = P\{X \leqslant x\} = \begin{cases} 0, & x < 0 \\ \dfrac{x}{2}, & 0 \leqslant x < 1 \\ 1, & x \geqslant 1. \end{cases}$$

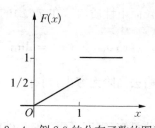

其图形如图 2-4 所示。由于 X 的可能取值充满区间 $[0,1]$,故 X 不是离散型随机变量;同时又因 $P\{X=1\} = \dfrac{1}{2}$ 且 $F(x)$ 在 $x=1$ 间断,故 X 也不是连续型的随机变量。

图 2-4　例 2.9 的分布函数的图示

二、常见连续型分布

下面我们介绍几类常见的连续型随机变量所服从的分布(简称为连续型分布)。

(一) 均匀分布 $U[a,b]$

定义 2.12　若随机变量 X 的概率密度为

$$f(x) = \begin{cases} \dfrac{1}{b-a}, & a \leqslant x \leqslant b \\ 0, & \text{其他} \end{cases}$$

则称 X 在区间 $[a,b]$ 上服从**均匀分布**(uniform distribution),记为 $X \sim U[a,b]$。

X 的分布函数为

$$F(x) = \begin{cases} 0, & x < a \\ \dfrac{x-a}{b-a}, & a \leqslant x < b \\ 1, & x \geqslant b。 \end{cases}$$

均匀分布的 $f(x)$ 和 $F(x)$ 的图形如图 2-5,2-6 所示。

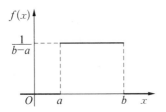

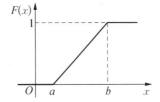

图 2-5　均匀分布的密度曲线　　图 2-6　均匀分布的分布函数

若随机变量 X 服从区间 $[a,b]$ 上的均匀分布,则 X 落在 $[a,b]$ 中任一子区间 $(x_1,x_1+\Delta x]$ 上的概率为

$$P\{X \in (x_1, x_1+\Delta x]\} = \int_{x_1}^{x_1+\Delta x} \frac{1}{b-a}\mathrm{d}x = \frac{1}{b-a}[x_1+\Delta x - x_1] = \frac{1}{b-a} \cdot \Delta x$$

该概率只与子区间的长度 Δx 有关,而与具体的位置无关。这表明,服从均匀分布 $U[a,b]$ 的随机变量 X 在区间 $[a,b]$ 内取任一点的可能性都是"均匀"相等的。

均匀分布在实际应用中经常出现。例如,某公共汽车站每隔 5 分钟有辆车,则某位乘客到达该站后的候车时间将服从均匀分布 $U(0,5]$,这是由于该乘客任一时刻到达该车站都是等可能的。又如,在计算机上定点计算中,若要求数据在运算中保留到小数点后第 n 位,其后的数字四舍五入,令 X 表示数据的真值,$\widetilde{X}$ 表示舍入后的值,由于舍入误差 $Z = X - \widetilde{X}$ 在区间 $[-0.5 \times 10^{-n}, 0.5 \times 10^{-n})$ 中取任一值的可能性都一样,故舍入误差

$$Z = X - \widetilde{X} \sim U[-0.5 \times 10^{-n}, 0.5 \times 10^{-n})。$$

均匀分布还在统计计算的随机模拟法(即 Monte-Carlo 法)中有着特殊的重要意义。随机模拟得以应用的基础在于产生各种常用分布的抽样观察值即随机数。而对于单调上升的连续分布函数 $F(x)$,若 Y 服从 $[0,1]$ 上均匀分布 $U[0,1]$,则 $X = F^{-1}(Y)$ 以 $F(x)$ 为其分布函数(参见本章后面第 4 节的定理 2.7)。由此,我们只要先用数学或物理方法(如同余法)产生 $[0,1]$ 上的均匀分布随机数 $\{u_i\}$,再通过变换 $x = F^{-1}(u)$,就可得到服从 $F(x)$ 分布的随机数 $\{x_i\}$。

(二) 正态分布 $N(\mu, \sigma^2)$

定义 2.13　若随机变量 X 的概率密度为

$$f(x) = \frac{1}{\sqrt{2\pi}\sigma}\exp\left\{-\frac{(x-\mu)^2}{2\sigma^2}\right\}, \quad -\infty < x < +\infty$$

其中 $\mu,\sigma(>0)$ 均为常数,则称 X 服从**正态分布**(normal distribution),记为 $X \sim N(\mu, \sigma^2)$。

X 的分布函数为

$$F(x) = \int_{-\infty}^{x} \frac{1}{\sqrt{2\pi}\sigma} \exp\left\{-\frac{(t-\mu)^2}{2\sigma^2}\right\} \mathrm{d}t,$$

正态分布的密度和分布函数图形如图 2-7, 2-8 所示。

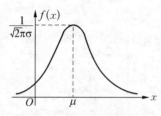
图 2-7　正态分布的概率密度

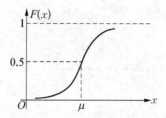
图 2-8　正态分布的分布函数

由图 2-7 可知，正态分布密度 $f(x)$ 曲线呈钟形形状，且具有以下一些特点：

（1）曲线 $f(x)$ 关于 $x=\mu$ 对称，且在 $x=\mu$ 处达到最大值 $\dfrac{1}{\sqrt{2\pi}\sigma}$。这表明随机变量 X 的取值主要集中在 $x=\mu$ 附近，且离 $x=\mu$ 越远，$f(x)$ 的值也就越小。

（2）当 $x \to \pm\infty$ 时，$f(x) \to 0$。即 $f(x)$ 曲线以 x 轴为其渐近线，且在 $x=\mu\pm\sigma$ 处有拐点。可见 μ 的值确定了 $f(x)$ 曲线的位置。当 μ 固定，而 σ 的值变化时，曲线的中心位置不变，其形状随着最大值 $\dfrac{1}{\sqrt{2\pi}\sigma}$ 和拐点 $\mu\pm\sigma$ 的改变而改变。如图 2-10 所示，σ 越大，曲线峰顶越低，曲线越平坦，即分布越分散；σ 越小，曲线峰顶越高，曲线越陡峭，即分布越集中。可见 σ 的大小决定了 $f(x)$ 曲线的形状，刻划了 X 取值的集中程度。

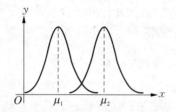
图 2-9　正态分布不同 μ 的密度曲线

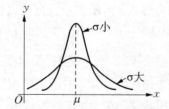
图 2-10　正态分布不同 σ 的密度曲线

服从正态分布的随机变量称为**正态变量**（normal variable）。可以证明，正态变量具有下列重要性质：

定理 2.4　（1）若 X 服从正态分布 $N(\mu,\sigma^2)$，则对任意常数 a、b，有

$$aX+b \sim N(a\mu+b, a^2\sigma^2)$$

（2）若 $X \sim N(\mu_1,\sigma_1^2)$，$Y \sim N(\mu_2,\sigma_2^2)$，且 X 与 Y 相互独立，则

$$X \pm Y \sim N(\mu_2 \pm \mu_1, \sigma_2^2 + \sigma_1^2).$$

（证明从略）。

该定理可推广到多个随机变量的一般情形:有限个相互独立而且服从正态分布的随机变量,其任何线性组合也服从正态分布。

定义 2.14 对正态分布 $N(\mu,\sigma^2)$,当 $\mu=0$,$\sigma=1$ 时,即 $X \sim N(0,1)$ 时,称 X 服从**标准正态分布**(standard normal distribution)。

显然,标准正态分布 $N(0,1)$ 的密度为

$$\varphi(x)=\frac{1}{\sqrt{2\pi}}\mathrm{e}^{-\frac{x^2}{2}}, -\infty<x<+\infty$$

分布函数为

$$\Phi(x)=\int_{-\infty}^{x}\frac{1}{\sqrt{2\pi}}\mathrm{e}^{-\frac{t^2}{2}}\mathrm{d}t。$$

对 $N(0,1)$ 的分布函数 $\Phi(x)$,我们有(参见图 2-11)

$$\Phi(-x)=1-\Phi(x)。$$

事实上,对 $\Phi(-x)=\int_{-\infty}^{-x}\frac{1}{\sqrt{2\pi}}\mathrm{e}^{-\frac{t^2}{2}}\mathrm{d}t$ 作积分变换 $t=-u$,可得

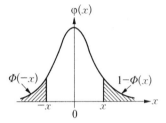

图 2-11 $\Phi(-x)=1-\Phi(x)$ 图示

$$\Phi(-x)=-\int_{+\infty}^{x}\frac{1}{\sqrt{2\pi}}\mathrm{e}^{-\frac{u^2}{2}}\mathrm{d}u=\int_{x}^{+\infty}\frac{1}{\sqrt{2\pi}}\mathrm{e}^{-\frac{u^2}{2}}\mathrm{d}u=1-\Phi(x)。$$

对正态分布 $N(\mu,\sigma^2)$,因 $\sigma>0$,显然我们有 $f(x)\geqslant0$;再考虑对

$$I=\int_{-\infty}^{\infty}f(x)\mathrm{d}x=\int_{-\infty}^{+\infty}\frac{1}{\sqrt{2\pi}}\exp\left\{-\frac{(x-\mu)^2}{2\sigma^2}\right\}\mathrm{d}x$$

作变换 $y=\dfrac{x-\mu}{\sigma}$,得

$$I^2=\left(\int_{-\infty}^{\infty}\frac{1}{\sqrt{2\pi}}\mathrm{e}^{-\frac{y^2}{2}}\mathrm{d}y\right)^2=\left(\int_{-\infty}^{\infty}\frac{1}{\sqrt{2\pi}}\mathrm{e}^{-\frac{x^2}{2}}\mathrm{d}x\right)\left(\int_{-\infty}^{\infty}\frac{1}{\sqrt{2\pi}}\mathrm{e}^{-\frac{y^2}{2}}\mathrm{d}y\right)$$

$$=\frac{1}{2\pi}\int_{-\infty}^{\infty}\int_{-\infty}^{\infty}\mathrm{e}^{-\frac{x^2+y^2}{2}}\mathrm{d}x\mathrm{d}y$$

再作极坐标变换:$x=r\cos\theta$,$y=r\sin\theta$:

$$I^2=\frac{1}{2\pi}\int_{0}^{2\pi}\left(\int_{0}^{+\infty}\mathrm{e}^{-\frac{r^2}{2}}r\mathrm{d}r\right)\mathrm{d}\theta=\int_{0}^{+\infty}\mathrm{e}^{-\frac{r^2}{2}}r\mathrm{d}r=1,$$

故

$$I=\int_{-\infty}^{\infty}f(x)\mathrm{d}x=1。$$

这表明正态分布 $N(\mu,\sigma^2)$ 的 $f(x)$ 确为概率密度函数。

正态分布在概率论和数理统计的研究中起着特别重要的作用。因为一方面它是最常见的一种分布,诸如成人的身高、体重;产品的度量(长度、宽度及强度等);测量的误差;农作物的产量;射击的偏差等等都近似服从正态分布。通常情况下,如果随机变量受到许多独立随机因素的影响而形成,而每个因素都不能起着主导作用,则该随机变量一般服从正态分布。这一点我们学过第五章极限定理后将会看得更清楚。另一方面,许多常用分布可用正态分布来近似,或由正态分布来导出,例如二项分布在 n 很大时可用正态分布来近似,而在统计中常用到的 χ^2 分布就是由正态分布导出的。

正因为正态分布在理论上和实际应用中十分重要,人们编制了标准正态分布表(见附表3)供计算时使用。利用该附表及 $\Phi(-x)=1-\Phi(x)$ 就可解决有关 $N(0,1)$ 的概率计算问题。

定理 2.5 若 $X \sim N(\mu, \sigma^2)$,则 $Z = \dfrac{X-\mu}{\sigma} \sim N(0,1)$。

证明: 考察 $Z = \dfrac{X-\mu}{\sigma}$ 的分布函数

$$F_Z(x) = P\{Z \leqslant x\} = P\left\{\frac{X-\mu}{\sigma} \leqslant x\right\} = P\{X \leqslant \mu + \sigma x\}$$

$$= \int_{-\infty}^{\mu+\sigma x} \frac{1}{\sqrt{2\pi}\,\sigma} \exp\left\{-\frac{(t-\mu)^2}{2\sigma^2}\right\} \mathrm{d}t$$

$$\left(\text{作变量变换 } u = \frac{t-\mu}{\sigma}\right) = \int_{-\infty}^{x} \frac{1}{\sqrt{2\pi}} \mathrm{e}^{-\frac{u^2}{2}} \mathrm{d}u = \Phi(x)。$$

由此可知 $Z = \dfrac{X-\mu}{\sigma} \sim N(0,1)$。(证毕)

若随机变量 $X \sim N(\mu, \sigma^2)$,利用定理 2.5 将 X 转化为其标准化随机变量 Z,就可化为服从标准正态分布 $N(0,1)$ 的随机变量问题。与之对应,我们有下列重要结果:

推论 2.1 若 $X \sim N(\mu, \sigma^2)$,$F_X(x)$ 为其分布函数,则有 $F_X(x) = \Phi\left(\dfrac{x-\mu}{\sigma}\right)$。

证明: 因 $X \sim N(\mu, \sigma^2)$,则

$$F_X(x) = P\{X \leqslant x\} = P\left\{\frac{X-\mu}{\sigma} \leqslant \frac{x-\mu}{\sigma}\right\} = P\left\{Z \leqslant \frac{x-\mu}{\sigma}\right\} = \Phi\left(\frac{x-\mu}{\sigma}\right)。 \quad \text{(证毕)}$$

这样,要求出 $F(x)$ 时,只需查 $\Phi\left(\dfrac{x-\mu}{\sigma}\right)$ 即可。特别地,若 $X \sim N(\mu, \sigma^2)$,有

$$P\{x_1 \leqslant X \leqslant x_2\} = F(x_2) - F(x_1) = \Phi\left(\frac{x_2-\mu}{\sigma}\right) - \Phi\left(\frac{x_1-\mu}{\sigma}\right)。$$

例 2.10 若 $X \sim N(\mu, \sigma^2)$，试求 $P\{\mu - k\sigma \leqslant X \leqslant \mu + k\sigma\}(k = 1, 2, 3)$。

解：$P\{\mu - k\sigma \leqslant X \leqslant \mu + k\sigma\} = \Phi\left(\dfrac{\mu + k\sigma - \mu}{\sigma}\right) - \Phi\left(\dfrac{\mu - k\sigma - \mu}{\sigma}\right) = \Phi(k) - \Phi(-k) = 2\Phi(k) - 1$。

故 $P\{\mu - \sigma \leqslant X \leqslant \mu + \sigma\} = 0.682\ 6$；$P\{\mu - 2\sigma \leqslant X \leqslant \mu + 2\sigma\} = 0.954\ 4$；$P\{\mu - 3\sigma \leqslant X \leqslant \mu + 3\sigma\} = 0.997\ 4$。

由此可知，当 $X \sim N(\mu, \sigma^2)$ 时，随机变量 X 基本上只在区间 $(\mu - 2\sigma, \mu + 2\sigma)$ 内取值，而 X 的取值落在 $(\mu - 3\sigma, \mu + 3\sigma)$ 之外的可能性不到千分之三，参见图 $2 - 12$，这称为"3σ 原则"。该原则在实际问题的统计推断中，特别是在产品的质量检测中有着重要的应用。

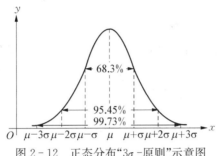

图 $2 - 12$ 正态分布"3σ-原则"示意图

例 2.11 已知某机床生产的零件的直径 $X \sim N(\mu, \sigma^2)$，其中 $\mu = 135(\text{mm})$。

(1) 若已知 $\sigma = 5$，求零件直径在 130 与 $150(\text{mm})$ 之间的概率；

(2) σ 为何值时，$P\{|X - 135| \leqslant 5\} = 0.8$?

解：(1) 因 $X \sim N(135, 5^2)$，则所求概率为

$$P\{130 \leqslant X \leqslant 150\} = \Phi\left(\frac{150 - 135}{5}\right) - \Phi\left(\frac{130 - 135}{5}\right) = \Phi(3) - \Phi(-1) = \Phi(3) - (1 - \Phi(1))$$

$$= 0.998\ 7 - (1 - 0.841\ 3) = 0.84。$$

(2) 由 $P\{|X - 185| \leqslant 5\} = P\{-5 \leqslant X - 135 \leqslant 5\} = P\{130 \leqslant X \leqslant 140\}$

$$= \Phi\left(\frac{140 - 135}{\sigma}\right) - \Phi\left(\frac{140 - 135}{\sigma}\right) = \Phi\left(\frac{5}{\sigma}\right) - \Phi\left(-\frac{5}{\sigma}\right) = 2\Phi\left(\frac{5}{\sigma}\right) - 1 = 0.8$$

即
$$\Phi\left(\frac{5}{\sigma}\right) = \frac{1 + 0.8}{2} = 0.9，$$

查附表 3 得，$\dfrac{5}{\sigma} = 1.28$，故 $\sigma \approx 3.91$。

（三）指数分布 $E(\lambda)$

定义 2.15 若随机变量 X 的概率密度为

$$f(x) = \begin{cases} \lambda \mathrm{e}^{-\lambda x}, & x \geqslant 0 \\ 0, & x < 0, \end{cases}$$

其中 $\lambda > 0$ 为常数，则称 X 服从**指数分布**(exponential distribution)，记为 $X \sim E(\lambda)$。

X 的分布函数为

$$F(x)=\begin{cases}1-\mathrm{e}^{-\lambda x}, & x\geqslant 0\\ 0, & x<0,\end{cases}\quad(\lambda>0\text{ 为常数})。$$

指数分布的 $f(x)$ 和 $F(x)$ 的图形如图 $2-13,2-14$ 所示。

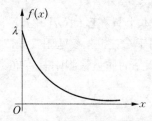

图 $2-13$　指数分布的密度曲线　　　　图 $2-14$　指数分布的分布函数

　　指数分布常用于描述各种"寿命",如动物寿命、电子元件的寿命、电力设备的寿命等的概率分布模型。其实际来源可从下例看出。

　　例 2.12　设已使用了 t 小时的电子管在以后的 Δt 小时内损坏的概率为 $\lambda\Delta t+o(\Delta t)$($\lambda$ 为常数),试求电子管寿命 X 的分布。

　　解:设 X 的分布函数为 $F(t)=P\{X\leqslant t\}$,由题意

$$P\{t<X\leqslant t+\Delta t\mid X>t\}=\frac{P\{t<X\leqslant t+\Delta t,X>t\}}{P\{X>t\}}=\frac{P\{t<X\leqslant t+\Delta t\}}{1-P\{X\leqslant t\}}$$

$$=\frac{F(t+\Delta t)-F(t)}{1-F(t)}=\lambda\Delta t+o(\Delta t)$$

$$F(t+\Delta t)-F(t)=\lambda(1-F(t))\Delta t+o(\Delta t),$$

则

$$\lim_{\Delta t\to 0}\frac{F(t+\Delta t)}{\Delta t}=\lambda(1-F(t)),$$

即

$$\frac{\mathrm{d}F(t)}{\mathrm{d}t}=\lambda(1-F(t)),$$

也即 $\dfrac{\mathrm{d}F(t)}{1-F(t)}=\lambda\mathrm{d}t$,由此得

$$-\ln(1-F(t))=\lambda t+C,$$

再利用初始条件 $F(0)=0$,解得

$$F(t)=1-\mathrm{e}^{-\lambda t},\ (t\geqslant 0)。$$

而 X 的密度函数为

$$f(t)=F'(t)=\begin{cases}\lambda\mathrm{e}^{-\lambda t}, & t\geqslant 0\\ 0, & t<0。\end{cases}$$

故电子管寿命 X 服从指数分布 $E(\lambda)$。

　　此外,许多"等待时间",如电话中的通话时间和其他随机服务系统时间都可以认为服从指数分布,故指数分布在排队论和可靠性理论等领域有着广泛的应用。

例 2.13 某种灯泡的使用寿命 X(小时)服从 $\lambda=1/1\,000$ 的指数分布。

(1) 任取一灯泡,求它能正常使用 1 000 小时以上的概率;

(2) 若已知一灯泡已正常使用 1 000 小时,求它能再正常使用 1 000 小时的概率。

解: 由灯泡寿命

$$X \sim f(x)=\frac{1}{1\,000}\mathrm{e}^{-\frac{x}{1\,000}}\,,\ (x\geqslant 0)$$

从这里开始,本书对分段函数将采用这种仅列出非零区间(加括号)的函数表示法。

(1) 所求概率为

$$P\{X>1\,000\}=\int_{1\,000}^{+\infty}\frac{1}{1\,000}\mathrm{e}^{-\frac{x}{1\,000}}\mathrm{d}x=\left.-\mathrm{e}^{-\frac{x}{1\,000}}\right|_{1\,000}^{+\infty}=\mathrm{e}^{-1}\approx 0.368。$$

(2) 所求概率为

$$P\{X>2\,000\,|\,X>1\,000\}=\frac{P\{X>2\,000,X>1\,000\}}{P\{X>1\,000\}}=\frac{P\{X>2\,000\}}{P\{X>1\,000\}}$$

$$=\frac{\displaystyle\int_{1\,000}^{+\infty}\frac{1}{1\,000}\mathrm{e}^{-\frac{x}{1\,000}}\mathrm{d}x}{\mathrm{e}^{-1}}=\frac{\mathrm{e}^{-2}}{\mathrm{e}^{-1}}=\mathrm{e}^{-1}\approx 0.368。$$

此例中,灯泡正常使用 1 000 小时以上的概率为 e^{-1}。但若发现某灯泡已使用了 1 000 小时,它还能正常使用 1 000 小时的概率仍为 e^{-1},这是指数分布具有的一个重要而有趣的性质——**"无记忆性"**。一般地,我们有

$$P\{X>s+t\mid X>s\}=\frac{P\{X>s+t,X>s\}}{P\{X>s\}}=\frac{P\{X>s+t\}}{P\{X>s\}}=\frac{1-F(s+t)}{1-F(s)}$$

$$=\frac{\mathrm{e}^{-\lambda(s+t)}}{\mathrm{e}^{-\lambda s}}=\mathrm{e}^{-\lambda t}=P\{X>t\}$$

若 X 为寿命,则上式表示,若已知寿命已大于 s 年,则再活 t 年的概率与已活过的 s 年无关,即它把已活过的 s 年这一经历给忘记了。

(四)Γ 分布 $Ga(\lambda,r)$

定义 2.16 若随机变量 X 的概率密度为

$$f(x)=\begin{cases}\dfrac{\lambda^r}{\Gamma(r)}x^{r-1}\mathrm{e}^{-\lambda x}, & x>0\\ 0, & x\leqslant 0,\end{cases}$$

其中 $\lambda>0,r>0$ 为常数,$\Gamma(r)$ 为 Γ 函数,则称 X 服从 Γ **分布**或**伽马分布**(Gamma distribution),记为 $X \sim Ga(\lambda,r)$。

这里 $\Gamma(r)=\displaystyle\int_0^\infty x^{r-1}\mathrm{e}^{-x}\mathrm{d}x$ 是微积分中的 Gamma 函数(或 Γ 函数),它有如下性质:

(1) $\Gamma(1)=1,\Gamma\left(\dfrac{1}{2}\right)=\sqrt{\pi}$;

(2) $\Gamma(r)=(r-1)\Gamma(r-1),\Gamma(n)=(n-1)!$（$n$ 为正整数）。

证明：(1) $\Gamma(1)=\displaystyle\int_0^\infty \mathrm{e}^{-x}\mathrm{d}x=1$。

$$\Gamma\left(\frac{1}{2}\right)=\int_0^\infty x^{-\frac{1}{2}}\mathrm{e}^{-x}\mathrm{d}x\quad(\text{作积分变换 } y=(2x)^{\frac{1}{2}})$$

$$=\int_0^\infty \sqrt{2}\,\mathrm{e}^{-\frac{y^2}{2}}\mathrm{d}y=\frac{\sqrt{2}}{2}\int_{-\infty}^\infty \mathrm{e}^{-\frac{t^2}{2}}\mathrm{d}t=\frac{\sqrt{2}}{2}\sqrt{2\pi}=\sqrt{\pi}。$$

(2) 对 $\Gamma(r)$ 分部积分可得

$$\Gamma(r)=-x^{r-1}\mathrm{e}^{-x}\mid_0^\infty+\int_0^\infty (r-1)x^{r-2}\mathrm{e}^{-x}\mathrm{d}x=(r-1)\int_0^\infty x^{r-2}\mathrm{e}^{-x}\mathrm{d}x=(r-1)\Gamma(r-1)。$$

故当 n 为正整数时，$\Gamma(n)=(n-1)!\,\Gamma(1)=(n-1)!$。（证毕）

Γ 分布的密度函数 $f(x)$ 图形如图 2-15 所示。

对于 Γ 分布，显然 $f(x)\geqslant0$，且有

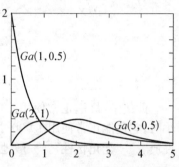

$$\int_{-\infty}^\infty f(x)\mathrm{d}x=\int_0^\infty \frac{\lambda^r}{\Gamma(r)}x^{r-1}\mathrm{e}^{-\lambda x}\mathrm{d}x\quad(\text{作积分变换 } y=\lambda x)$$

$$=\frac{1}{\Gamma(r)}\int_0^\infty y^{r-1}\mathrm{e}^{-y}\mathrm{d}y=\frac{1}{\Gamma(r)}\Gamma(r)=1。$$

即 Γ 分布的函数 $f(x)$ 的确为概率密度函数。

图 2-15　Γ 分布的密度函数图形

Γ 分布为等待时间的分布概率模型。当 $r=1$ 时，Γ 分布 $Ga(\lambda,1)$ 即为指数分布 $E(\lambda)$。当 $r=n$ 时，Γ 分布 $Ga(\lambda,n)$ 在实用中可作为某个事件总共要发生 n 次的等待时间的分布，而且服从 Γ 分布 $Ga(\lambda,n)$ 的随机变量 X 可以表示为 n 个相互独立的服从指数分布的随机变量之和，即有

$$X=X_1+\cdots+X_n\sim Ga(\lambda,n)$$

其中 $X_1,X_2,\cdots,X_n$ 相互独立，且均服从指数分布 $E(\lambda)$。

当 $\lambda=\dfrac{1}{2},r=\dfrac{n}{2}$ 时，Γ 分布 $Ga\left(\dfrac{1}{2},\dfrac{n}{2}\right)$ 即为统计中常用的 Pearson 卡方分布——$\chi^2(n)$ 分布（参见第六章第二节）。因此，Γ 分布在推导统计中常用分布 χ^2 分布、t 分布、F 分布时很有用。而在水文统计、气象统计等领域也常常用到，例如在气象学中，干旱地区的年、季、月降水量，指定时间内的最大风速等都可以认为服从 Γ 分布。

（五）威布尔分布 $W(\alpha,\beta,\gamma)$

定义 2.17　若随机变量 X 的概率密度为

$$f(x)=\begin{cases}\dfrac{\gamma}{\beta}(x-\alpha)^{\gamma-1}\exp\left\{-\dfrac{(x-\alpha)^\gamma}{\beta}\right\},&x\geqslant\alpha\\0,&x<\alpha\end{cases}$$

其中有 α,β,γ 三个参数,则称 X 服从**威布尔分布**(Weibull distribution),记为 $X\sim W(\alpha,\beta,\gamma)$。其中 γ 为形状参数,它刻划了密度函数和分布函数的特征。

威布尔分布的分布函数为

$$F(x)=\begin{cases}1-\exp\left\{-\dfrac{(x-\alpha)^{\gamma}}{\beta}\right\}, & x\geqslant\alpha \\ 0, & x<\alpha\end{cases}$$

威布尔分布的密度函数 $f(x)$ 图形如图 2-16 所示。当形状参数 $\gamma=1$ 时,威布尔分布为指数分布,当 $\gamma=3.5$ 时,它又很近似正态分布。

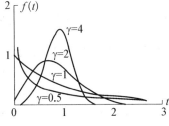

威布尔分布最初是在解释疲劳数据时提出的,可描述电子元件故障和滚珠轴承失效等,在工程实践中应用很广泛,并已扩展到更多的领域。威布尔分布可用于药物释放度和稳定性,肿瘤患者存活期等的研究。如在有关生命现象的研究中,某对象适合"最弱链"模型时,即该对象由许多部分组成,其任何一部分毁坏时就会终止其寿命,可以证明此对象寿命就服从威布尔分布。

图 2-16　威布尔分布的
密度函数图形

(六) β 分布 $Be(a,b)$

定义 2.18　若随机变量 X 的概率密度为

$$f(x)=\begin{cases}\dfrac{1}{B(a,b)}x^{a-1}(1-x)^{b-1}, & 0<x<1 \\ 0, & \text{其他}\end{cases}$$

其中 $a>0,b>0$ 为常数,$B(a,b)$ 为 β 函数,则称 X 服从参数为 a,b 的 **β 分布**或**贝塔分布**(Beta distribution),记为 $X\sim Be(a,b)$。

这里 $B(a,b)=\displaystyle\int_{0}^{1}x^{a-1}(1-x)^{b-1}\mathrm{d}x$ 是微积分中的 β 函数(或 Beta 函数),它与 Γ 函数有如下关系

$$B(a,b)=\frac{\Gamma(a)\Gamma(b)}{\Gamma(a+b)}$$

β 分布的密度函数 $f(x)$ 图形如图 2-17 所示。当 $a=b$ 时,β 分布的密度函数关于 $x=1/2$ 对称。特别地,当 $a=b=1$ 时,β 分布就是区间 $(0,1)$ 上的均匀分布,即 $Be(1,1)=U(0,1)$。

当 $a>b$ 时,β 分布的密度函数向右偏斜;当 $a<b$ 时,β 分布的密度函数向左偏斜。

注意到服从 β 分布的随机变量仅在区间 $[0,1]$ 上取值,故 β 分布可用于市场占有率、不合格率、射击的命中

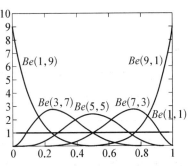

图 2-17　β 分布的密度函数图形

率等的分布概率模型,只需要对参数 a,b 做适当选择即可。

β 分布也可用于取值为某个有限区间 $[c,d]$ 的随机现象的概率分布模型。此时只需将 c 设为原点,用 $d-c$ 作为度量单位,即可将取值区间转化为 $[0,1]$。

第四节　随机变量函数的分布

在实际问题中,我们还常会碰到需要考虑随机变量 X 的函数的情形。例如:在统计物理中,已知分子运动速度的绝对值 X 服从麦克斯威尔(Maxwell)分布,需求出其动能 $Y=\dfrac{1}{2}mX^2$ 的概率分布。又如对圆的直径作近似测量,设直径的值 X 服从均匀分布 $U[a,b]$,要求其圆周长 $Y=\pi X$ 的概率分布等等。

一般地,设 $g(x)$ 是定义在随机变量 X 的一切可能取值 x 集合上的普通函数,当随机变量 X 取值 x 时,随机变量 Y 取相应值 $y=g(x)$,则称 Y 为随机变量 X 的函数,记为 $Y=g(X)$。显然 Y 也为随机变量,而通常我们需要解决的问题是:若已知随机变量 X 的概率分布,求 $Y=g(X)$ 概率分布,即求随机变量函数的分布。在统计中,常把 Y 的分布称为 **"X 的导出分布"**。下面我们分别就 X 为离散型和连续型两种情形加以讨论。

一、离散型随机变量函数的分布

当 X 为离散型随机变量时,求其函数 $Y=g(X)$ 的分布律较为简单。若已知随机变量 X 的分布律为

$$P\{X=x_k\}=p_k,\ k=1,2,\cdots,$$

或者

X	x_1	x_2	$\cdots$	x_k	$\cdots$
P	p_1	p_2	$\cdots$	p_k	$\cdots$

由于 X 取值 x_k 时,$Y=g(X)$ 相应地取值 $g(x_k)$,当所有 $g(x_k)$ 的值互不相等时,我们就得到了 Y 的分布律

$$P\{Y=g(x_k)\}=P\{X=x_k\}=p_k,\ k=1,2,\cdots$$

或者

Y	$g(x_1)$	$g(x_2)$	$\cdots$	$g(x_k)$	$\cdots$
P	p_1	p_2	$\cdots$	p_k	$\cdots$

如果其中有某些 $g(x_i)$ 相等,则应对它们做适当并项,即把对应于相等值 $g(x_i)$ 的相应概率加起来作为 Y 取 $g(x_i)$ 值的概率,从而得到对应的 Y 分布律。

例 2.14 设

X	−2	0	2	3
P	0.1	0.3	0.4	0.2

试求 $Y = X^2 + 1$ 的分布律。

解： 对 $Y = X^2 + 1$，其相应取值 $x_k^2 + 1$ 依次为 5、1、5、10，故

Y	1	5	10
P	0.3	0.5	0.2

例 2.15 已知随机变量 X 的概率分布律为

$$P\{X = k\} = 1/2^k, \; k = 1, 2, \cdots$$

试求 $Y = \sin\left(\dfrac{\pi}{2} X\right)$ 的概率分布律。

解： 由于

$$\sin\left(\frac{k}{2}\pi\right) = \begin{cases} -1, & k = 4n - 1 \\ 0, & k = 2n \\ 1, & k = 4n - 3, (n = 1, 2, \cdots) \end{cases}$$

则 $Y = \sin\left(\dfrac{\pi}{2} X\right)$ 只以 −1、0、1 为其取值，其取值概率为

$$P\{Y = -1\} = P\{X = 3\} + P\{X = 7\} + P\{X = 11\} + \cdots = \frac{1}{2^3} + \frac{1}{2^7} + \frac{1}{2^{11}} + \cdots = \frac{1}{8} \cdot \frac{1}{1 - \frac{1}{16}} = \frac{2}{15};$$

$$P\{Y = 0\} = P\{X = 2\} = P\{X = 4\} + P\{X = 6\} + \cdots = \frac{1}{2^2} + \frac{1}{2^4} + \frac{1}{2^6} + \cdots = \frac{1}{4} \cdot \frac{1}{1 - \frac{1}{4}} = \frac{1}{3};$$

$$P\{Y = 1\} = P\{X = 1\} + P\{X = 5\} + P\{X = 9\} + \cdots = \frac{1}{2} + \frac{1}{2^5} + \frac{1}{2^9} + \cdots = \frac{1}{2} \cdot \frac{1}{1 - \frac{1}{16}} = \frac{8}{15}.$$

故 Y 的分布律为

Y	−1	0	1
P	$\dfrac{2}{15}$	$\dfrac{1}{3}$	$\dfrac{8}{15}$

二、连续型随机变量函数的分布

现考虑 X 为连续型随机变量的情形。由于对连续型随机变量，我们一般用密度来刻划其概率分布，故通常我们需要由已知的随机变量 X 的密度 $f_X(x)$ 去导出随机变量 $Y = g(X)$

的密度 $f_Y(y)$。下面我们先看个例子。

例 2.16 由统计物理知,气体分子运动速度的绝对值 X 服从麦克斯威尔(Maxwell)分布,其分布密度为

$$f_X(x) = \begin{cases} \dfrac{4x^2}{a^3\sqrt{x}}\exp\left\{-\dfrac{x^2}{a^2}\right\}, & x > 0 \\ 0, & x \leqslant 0, \end{cases}$$

其中 $a > 0$ 为常数。试求分子运动的动能 $Y = \dfrac{1}{2}mX^2$ 所服从的密度 $f_Y(y)$。

解： 先考虑 $Y = \dfrac{1}{2}mX^2$ 的分布函数

$$\begin{aligned} F_Y(y) &= P\{Y \leqslant y\} = P\left\{\frac{1}{2}mX^2 \leqslant y\right\} \\ &= P\left\{0 \leqslant X \leqslant \sqrt{\frac{2y}{m}}\right\} \\ &= \int_0^{\sqrt{\frac{2y}{m}}} \frac{4x^2}{a^3\sqrt{\pi}}\exp\left\{-\frac{x^2}{a^2}\right\}\mathrm{d}x \quad (\text{当 } y > 0 \text{ 时})。 \end{aligned}$$

故当 $y > 0$ 时,Y 的密度为

$$\begin{aligned} f_Y(y) = F_Y'(y) &= \frac{4\left(\sqrt{\dfrac{2y}{m}}\right)^2}{a^3\sqrt{\pi}}\exp\left\{-\frac{\left(\sqrt{\dfrac{2y}{m}}\right)^2}{a^2}\right\}\left(\sqrt{\frac{2y}{m}}\right)' \\ &= \frac{8y}{a^3 m\sqrt{\pi}}\exp\left\{-\frac{2y}{ma^2}\right\}\frac{1}{\sqrt{2my}} = \frac{4\sqrt{2y}}{(a\sqrt{m})^3\sqrt{\pi}}\exp\left\{-\frac{2y}{ma^2}\right\}, \end{aligned}$$

而当 $y \leqslant 0$ 时,显然 $F_Y(y) = P\{Y \leqslant y\} = 0$,则 $P_Y(y) = 0$。故 Y 的密度为

$$f_Y(y) = \begin{cases} \dfrac{4\sqrt{2y}}{(a\sqrt{m})^3\sqrt{\pi}}\exp\left\{-\dfrac{2y}{ma^2}\right\}, & y > 0 \\ 0, & y \leqslant 0。 \end{cases}$$

在例 2.16 中,我们首先考虑 $Y = g(X)$ 的分布函数 $F_Y(y) = P\{Y \leqslant y\}$,再利用 $Y = g(X)$ 使 $P\{X \leqslant y\}$ 转化为 X 在某区间上的概率,由于 X 服从的 $f_X(x)$ 已知,即可求得 $F_Y(y)$,求导后即得 $f_Y(y)$。这种方法对于求连续型随机变量 X 的函数的密度具有一般性,通常称为分布函数法。

当 $y = g(x)$ 为严格单调函数时,我们有下列便于应用的结果。

定理 2.6 设随机变量 X 的密度有

$$f_X(x) = \begin{cases} > 0, & a < x < b \\ 0, & \text{其他}, \end{cases}$$

（其中 a 可为 $-\infty$，b 可为 $+\infty$），而 $y=g(x)$ 在 (a,b) 上处处可导，且 $g'(x)>0$（或恒有 $g'(x)<0$）。则 $Y=g(X)$ 也为连续型随机变量，其密度为

$$f_Y(y)=\begin{cases}f_X[g^{-1}(y)]\cdot|[g^{-1}(y)]'|, & \alpha<y<\beta \\ 0, & \text{其他,}\end{cases}$$

其中 $g^{-1}(y)$ 是 $y=g(x)$ 的反函数，$\alpha=\min\{g(a),g(b)\}$，$\beta=\max\{g(a),g(b)\}$。

证明： 当 $g'(x)>0$，即 $y=g(x)$ 在区间 (a,b) 上严格单调增加时，其反函数 $x=g^{-1}(y)$ 在相应区间 (α,β) 上也为严格单调增加，且 $[g^{-1}(y)]'>0$。

则 $Y=g(X)$ 的分布函数为

$$F_Y(y)=P\{Y\leqslant y\}=P\{g(X)\leqslant y\}=P\{X\leqslant g^{-1}(y)\}=F_X[g^{-1}(y)]。$$

故 Y 的密度为

$$f_Y(y)=F_Y'(y)=(F_X[g^{-1}(y)])'=F_X'[g^{-1}(y)][g^{-1}(y)]'$$
$$=\begin{cases}f_X[g^{-1}(y)]|[g^{-1}(y)]'|, & \alpha<x<\beta \\ 0, & \text{其他,}\end{cases}$$

当 $g'(x)<0$，即 $y=g(x)$ 在区间 (a,b) 上严格单调减少时，其反函数 $x=g^{-1}(y)$ 在相应区间 (α,β) 上也严格单调减少，此时 $[g^{-1}(y)]'<0$。则 $Y=g(X)$ 的分布函数为

$$F_Y(y)=P\{Y\leqslant y\}=P\{g(X)\leqslant y\}=P\{X\geqslant g^{-1}(y)\}=1-F_Y[g^{-1}(y)]$$

故 Y 的密度为

$$f_Y(y)=F_Y'(y)=(1-F_X[g^{-1}(y)])'=F_X'[g^{-1}(y)][g^{-1}(y)]'$$
$$=\begin{cases}-f_X(g^{-1}(y))[g^{-1}(y)]', & \alpha<x<\beta, \\ 0, & \text{其他。}\end{cases}$$

综上所述，Y 的密度可表示为

$$f_Y(y)=\begin{cases}f_X[g^{-1}(y)]\cdot|[g^{-1}(y)]'|, & \alpha<y<\beta \\ 0, & \text{其他。}\end{cases}\text{（证毕）}$$

例 2.17 已知随机变量 $X\sim N(\mu,\sigma^2)$，求 $Y=aX+b(a\neq0)$ 的密度 $f_Y(y)$。

解： 因随机变量 $X\sim N(\mu,\sigma^2)$，则 X 的密度为

$$f_X(x)=\frac{1}{\sqrt{2\pi}\sigma}\exp\left\{-\frac{(x-\mu)^2}{2\sigma^2}\right\}, -\infty<x<+\infty,$$

由 $y=ax+b$，$y'=a(\neq0)$，则 y 为 x 的严格单调函数。

又 $x=g^{-1}(y)=\dfrac{y-b}{a}$，则 $x'=[g^{-1}(y)]'=\dfrac{1}{a}$，由定理 2.6 得，$Y=aX+b$ 的密度为

$$f_Y(y)=f_X\left(\frac{y-b}{a}\right)\cdot\frac{1}{|a|}=\frac{1}{|a|}\frac{1}{\sqrt{2\pi}\sigma}\exp\left\{-\frac{\left(\frac{y-b}{a}-\mu\right)^2}{2\sigma^2}\right\}$$

$$= \frac{1}{\sqrt{2\pi} \, |a| \, \sigma} \exp\left\{-\frac{[y-(a\mu+b)]^2}{2(a\sigma)^2}\right\}, \quad -\infty < y < +\infty$$

即 $Y \sim N(a\mu+b, (a\sigma)^2)$。

特别地,若取 $a = \dfrac{1}{\sigma}$, $b = -\dfrac{\mu}{\sigma}$, 则 $a\mu+b=0$, $(a\sigma)^2=1$, 故

$$Y = \frac{X-\mu}{\sigma} \sim N(0,1)。$$

该结论实际上是本章第三节定理 2.5 的另一表达形式。

例 2.16(续) 对例 2.16,利用定理 2.6 的公式法来求其动能 $Y = \dfrac{1}{2}mX^2$ 的密度。

解:由于 $y = \dfrac{1}{2}mx^2$ 在 $f_X(x)$ 的非零区间 $(0, +\infty)$ 上为严格单调增加的,由 $y = \dfrac{1}{2}mx^2$ 得

$$x = g^{-1}(y) = \sqrt{\frac{2y}{m}}, \quad [g^{-1}(y)]' = \frac{1}{\sqrt{2my}}。$$

现考察 $Y = \dfrac{1}{2}mX^2$ 的密度 $f_Y(y)$。

当 $y \leqslant 0$ 时, $F_Y(y) = P\{Y \leqslant y\} = P\left\{\dfrac{1}{2}mX^2 \leqslant y\right\} = 0$, 故 $f_Y(y) = 0$。

当 $y > 0$ 时,

$$f_Y(y) = f_X(g^{-1}(y)) \, |[g^{-1}(y)]'| = \frac{4\left(\sqrt{\dfrac{2y}{m}}\right)^2}{a^3\sqrt{\pi}} \exp\left\{-\frac{\left(\sqrt{\dfrac{2y}{m}}\right)^2}{a^2}\right\} \left|\frac{1}{\sqrt{2my}}\right|$$

$$= \frac{4\sqrt{2y}}{(a\sqrt{m})^3 \cdot \sqrt{\pi}} \exp\left\{-\frac{2y}{ma^2}\right\}$$

故 $Y = \dfrac{1}{2}mX^2$ 的密度为

$$f_Y(y) = \begin{cases} \dfrac{4\sqrt{2y}}{(a\sqrt{m})^3 \cdot \sqrt{\pi}} \exp\left\{-\dfrac{2y}{ma^2}\right\}, & y > 0 \\ 0, & y \leqslant 0 \end{cases}$$

例 2.18(对数正态分布) 证明:若随机变量 $X \sim N(\mu, \sigma^2)$, 则 $Y = e^X$ 的密度函数为

$$f_Y(y) = \begin{cases} \dfrac{1}{\sqrt{2\pi}\sigma y} \exp\left\{-\dfrac{(\ln y - \mu)^2}{2\sigma^2}\right\}, & y > 0, \\ 0, & y \leqslant 0 \end{cases}$$

该分布称为**对数正态分布**,记为 $LN(\mu, \sigma^2)$。

证明：$y=\mathrm{e}^x$ 为严格单调增函数，且在 $(0,+\infty)$ 上取值，由 $y=\mathrm{e}^x$ 可得

$$x=g^{-1}(y)=\ln y,\ \left[g^{-1}(y)\right]'=\frac{1}{y}。$$

现考虑 $Y=\mathrm{e}^X$ 的密度函数。

当 $y\leqslant0$ 时，$F_Y(y)=P\{Y\leqslant y\}=P\{\mathrm{e}^X\leqslant y\}=0$，故 $f_Y(y)=0$。

当 $y>0$ 时，由定理 2.6 的公式法，

$$f_Y(y)=f_X(g^{-1}(y))\left|\left[g^{-1}(y)\right]'\right|=\frac{1}{\sqrt{2\pi}\sigma}\exp\left\{-\frac{(\ln y-\mu)^2}{2\sigma^2}\right\}\frac{1}{y}=\frac{1}{\sqrt{2\pi}\sigma y}\exp\left\{-\frac{(\ln y-\mu)^2}{2\sigma^2}\right\}。$$

（证毕）

对数正态分布的密度函数图形（$\mu=0.3,\sigma=0.1,0.5,1$）如图 2-18 所示。

关于对数正态分布，易知，若随机变量 $X\sim$ 对数正态分布 $LN(\mu,\sigma^2)$，则 $\ln X\sim$ 正态分布 $N(\mu,\sigma^2)$。

一些抽样数据，如产品寿命 X 等，如果取值范围很广，跨度较大，有时跨几个数量级，则可将寿命 X 取对数得 $\ln X$，$\ln X$ 取值就集中了，就可能服从正态分布了。因此对数正态分布在生物学、医药学、经济、金融等许多领域有重要应用。例如在医药、生物学中，对数正态分布用于分析不同药物的作用，针刺麻醉的镇痛效果，拟合流行病蔓延的长短，等等。在金融中，则可用来描述债券的收益和价格的分布等。

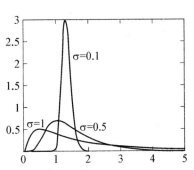

图 2-18　对数正态分布的密度函数图

显然，利用定理 2.6 的公式，当 $y=g(x)$ 是 $f_X(x)$ 的非零区间上严格单调函数时，我们就可很方便地直接求出 Y 的密度 $f_Y(y)$。但当 $y=g(x)$ 不是严格单调函数时，就不能应用上述定理 2.6 的公式而可以利用"分布函数法"，即先考虑 Y 的分布函数

$$F_Y(y)=P\{Y\leqslant y\}=P\{g(X)\leqslant y\}=\int_{\{x:g(x)\leqslant y\}}f_X(x)\mathrm{d}x$$

再对 $F_Y(y)$ 求导，从而得到 $Y=g(X)$ 的密度

$$f_Y(y)=F_Y'(y)。$$

例 2.19　已知 $X\sim N(0,1)$，求 $Y=X^2$ 的密度 $f_Y(y)$。

解： 因 $X\sim N(0,1)$，则 X 的密度为

$$f_X(x)=\frac{1}{\sqrt{2\pi}}\mathrm{e}^{-\frac{x^2}{2}},\ -\infty<x<+\infty。$$

显然，$y=x^2$ 在 $(-\infty,+\infty)$ 上并非严格单调函数，故用"分布函数法"。

首先考虑 $Y=X^2$ 的分布函数。

当 $y<0$ 时，因 $Y=X^2\geqslant0$，故 $F_Y(y)=P\{Y\leqslant y\}=0$，则 $f_Y(y)=0$。

当 $y\geqslant0$ 时，$F_Y(y)=P\{Y\leqslant y\}=P\{X^2\leqslant y\}=P\{-\sqrt{y}\leqslant X\leqslant\sqrt{y}\}=F_X(\sqrt{y})-F_X(-\sqrt{y})$

则　$f_Y(y)=F_Y'(y)=[F_X(\sqrt{y})-F_X(-\sqrt{y})]'=F_X'(\sqrt{y})(\sqrt{y})'-F_X'(-\sqrt{y})(-\sqrt{y})'$

$$=f_X(\sqrt{y})\frac{1}{2\sqrt{y}}+f_X(-\sqrt{y})\frac{1}{2\sqrt{y}}=\frac{1}{2\sqrt{y}}\left[\frac{1}{\sqrt{2\pi}}e^{-\frac{(\sqrt{y})^2}{2}}+\frac{1}{\sqrt{2\pi}}e^{-\frac{(-\sqrt{y})^2}{2}}\right]$$

$$=\frac{1}{\sqrt{2\pi}}y^{-\frac{1}{2}}e^{-\frac{y}{2}}。$$

故 $Y=X^2$ 的密度为

$$f_Y(x)=\begin{cases}\dfrac{1}{\sqrt{2\pi}}y^{-\frac{1}{2}}e^{-\frac{y}{2}},&y\geqslant0\\[2mm]0,&y<0。\end{cases}$$

这里 $Y=X^2$ 所服从的分布为统计中常用的 $n=1$ 的 $\chi^2(n)$ 分布,记为 $Y\sim\chi^2(1)$。

定理 2.7　设随机变量 X 的分布函数 $F_X(x)$ 为严格单调的连续函数,其反函数为 $F_X^{-1}(y)$,则 $Y=F_X(X)$ 服从区间 $(0,1)$ 上的均匀分布 $U(0,1)$。

证明:先求 $Y=F_X(X)$ 的分布函数。

由于 X 的分布函数 $F_X(x)$ 仅在区间 $[0,1]$ 上取值,故有

当 $y<0$ 时,$\{F_X(X)\leqslant y\}$ 是不可能事件,则 $F_Y(y)=P\{Y\leqslant y\}=P\{F_X(X)\leqslant y\}=0$;

当 $0\leqslant y<1$ 时,$F_Y(y)=P\{Y\leqslant y\}=P\{F_X(X)\leqslant y\}=P\{X\leqslant F_X^{-1}(y)\}$

$$=F_X(F_X^{-1}(y))=y;$$

当 $y\geqslant1$ 时,$\{F_X(X)\leqslant y\}$ 是必然事件,则 $F_Y(y)=P\{Y\leqslant y\}=P\{F_X(X)\leqslant y\}=1$。

故 $Y=F_X(X)$ 的分布函数为

$$F_Y(y)=\begin{cases}0,&y<0\\y,&0\leqslant y<1\\1,&y\geqslant1\end{cases}$$

$Y=F_X(X)$ 的密度函数为

$$f_Y(y)=\begin{cases}1,&0\leqslant y<1\\0,&其他\end{cases}$$

由此可知,$Y=F_X(X)$ 服从区间 $(0,1)$ 上的均匀分布 $U(0,1)$。(证毕)

计算机的随机模拟法(或蒙特卡洛法)应用的基础是各种分布的随机抽样值即随机数的产生。而利用定理 2.7 可知,对于严格单调的连续分布函数 $F(x)$,若 Y 服从区间 $[0,1]$ 上的均匀分布 $U[0,1]$,则 $X=F^{-1}(Y)$ 以 $F(x)$ 为其分布函数。由此,为了得到以已知分布 $F(x)$ 为分布函数的随机变量 X,只需首先产生 $[0,1]$ 上的均匀分布抽样值(又称均匀随机数)u_1,$u_2,\cdots$,再通过变换 $x=F^{-1}(u)$ 即可得到分布函数为 $F(x)$ 的随机变量 $X=F^{-1}(Y)$ 的随机数 $x_1,x_2,\cdots$。

例如,考察随机变量 X 服从指数分布 $E(\lambda)$,其分布函数为

$$F(x)=\begin{cases}1-e^{-\lambda x},&x\geqslant0\\0,&x<0,\end{cases}$$

对 $x>0$，当 x 换为 X 后，有

$$U=1-e^{-\lambda X} \quad \text{或} \quad X=\frac{1}{\lambda}\ln\frac{1}{1-U}$$

由此，由均匀分布 $U[0,1]$ 的随机数 $\{u_i\}$ 就可以得到指数分布 $E(\lambda)$ 的随机数

$$\left\{x_i=\frac{1}{\lambda}\ln\frac{1}{1-u_i},\ i=1,2,\cdots\right\}。$$

利用统计软件或数学软件总可以产生服从均匀分布的随机数，由此也就可以获得服从指数分布或者其他分布的随机数。

贝努里——数学统计学家的显赫家族

贝努里(Bernoulli)是 17 世纪瑞士巴塞尔的堪称盛产数学家和自然科学家的大家族。祖孙三代，在欧洲历史上曾留下 11 位数学家，雅科布和丹尼尔是其中最为杰出的代表。

雅科布·贝努里(Jacob Bernoulli,1654—1705)，创立了最早的大数定理——贝努里定理，建立了描述独立重复试验序列的"贝努里概型"，并撰写了最早的概率论专著——《猜度术》，从而将概率理论系统化，并加以发展。雅科布在数学上的重要贡献涉及微积分、解析几何、概率论以及变分法等多个领域。

丹尼尔·贝努里(Daniel Bernoulli,1700—1782)，雅科布的侄子，巴塞尔大学医学博士。他在代数学、概率论和微分方程等方面都有重要成果，在概率论中引入正态分布误差理论，发表了第一个正态分布表。由于在数学和物理学方面的杰出成就，他曾十次获得法兰西科学院的嘉奖。

贝努里家族在欧洲享有盛誉，传说年轻的丹尼尔·贝努里在一次穿越欧洲的旅行中与一个陌生人聊天，他自我介绍道："我是丹尼尔·贝努里。"那个人当时就怒了，讽刺说："我还是艾萨克·牛顿呢！"丹尼尔认为这是他听过的最衷心的赞扬。

习题二

1. 设随机变量 X 的概率分布律为 $P\{X=k\}=\dfrac{C}{n}$，$(k=1,\cdots,n)$，试求：

(1) 常数 C；(2) 分布函数 $F(x)$。

2. 设 $F_1(x)$、$F_2(x)$ 为两个分布函数，问：

(1) $F_1(x)+F_2(x)$ 是否为分布函数？

(2) 若 $a_1>0,a_2>0$，且 $a_1+a_2=1$，则 $a_1F_1(x)+a_2F_2(x)$ 是否为分布函数？

3. 已知 X 的分布函数为 $F(x)$，试求下列随机变量的分布函数：

(1) $Y=X^{-1}$，这里 $P\{X=0\}=0$；(2) $Z=|X|$。

4. C 取何值时，下列数列成为概率分布律：

(1) $p_k=C\left(\dfrac{2}{3}\right)^k,\ k=1,2,3$；(2) $p_k=C\dfrac{\lambda^k}{k!},\ k=1,2,3$。

5. 设随机变量 X 服从泊松分布 $P(\lambda)$,且已知 $P\{X=1\}=P\{X=2\}$,求 $P\{X=4\}$。

6. 一批零件中有 9 只正品,3 只次品,现从中任取一只,且每次取出的次品不再放回,求在取得正品以前已取出的次品数 X 的分布律。

7. 一汽车沿一街道行驶,需要通过三个均设有红绿灯的路口。每个信号灯为红或绿与其他信号灯为红或绿相互独立,且红绿两种信号显示的时间相等。以 X 表示该汽车首次遇到红灯前已通过的路口个数,求 X 的概率分布。

8. 甲、乙两名篮球队员轮流投篮,直到某人投中。设由甲先投且甲投中的概率为 0.4,而乙投中的概率为 0.6,试分别求出投篮中止时,甲、乙投篮次数的分布律。

9. 某车间有 12 台车床独立工作,每台车床开车时间占总工作时间的 2/3,又开车时每台车床需用电力是 1 单位,问:(1) 车间需要电力的最可能值是多少单位? (2) 若供给车间 9 单位电力,则因电力不足而耽误生产的概率等于多少? (3) 供给车间至少多少单位电力,才能使因电力不足而耽误生产概率小于 1%?

10. 设有甲、乙两种颜色和味觉都极为相似的名酒各 4 杯,若从中挑 4 杯能将甲酒全部挑出来,算是试验成功一次。

(1) 某人随机地去猜,问他试验成功一次的概率是多少?

(2) 某人声称他通过品尝可区分这两种酒,他连续试验 10 次成功 3 次。试推断他是猜对的,还是确有区分能力(设各次试验是相互独立的)。

11. 某单位有 100 架电话分机,每架分机有 5% 的时间要使用外线通话,假定每架分机是否使用外线是相互独立的,试问该单位总机应安装多少条外线,才能以 90% 以上的概率保证各分机使用外线时不被占线?(可作近似计算)

12. 某实验器皿中产生的细菌数服从泊松分布 $P(\lambda)$,且产生甲、乙两类细菌是等可能的,试求产生了甲类细菌而没有乙类细菌的概率。

13. (Weibull 分布)试证函数

$$f(x)=a\lambda x^{a-1}\exp(-\lambda x^a),\ (x>0)$$

(常数 $\lambda>0,a>0$)为一个密度函数,并求其分布函数。

14. 设连续型随变机量 X 的分布函数为

$$F(x)=\begin{cases}0, & x<-a\\ A+B\arcsin\left(\dfrac{x}{a}\right), & -a\leqslant x<a(其中\ a>0)\\ 1, & x\geqslant a,\end{cases}$$

试求:(1) 常数 A,B;(2) $P\left\{|X|<\dfrac{a}{2}\right\}$;(3) 密度 $f(x)$。

15. 设随机变量 X 的分布函数

$$F(x)=\begin{cases}0, & x<0\\ \dfrac{1}{2}, & 0\leqslant x<1,\\ 1-e^{-x}, & x\geqslant 1\end{cases}$$

试求 $P(X=1)$ 的值

16. 设随机变量 X 的密度为

$$f(x)=\begin{cases}C(1-x^2), & -1<x<1\\ 0, & 其他,\end{cases}$$

试求:(1) 常数 C;(2) X 的分布函数 $F(x)$。

17. 设随机变量 X 的密度为

$$f(x)=Ce^{-|x|}, \quad -\infty<x<+\infty,$$

试求:(1) 常数 C;(2) $P\{0<X<1\}$;(3) 分布函数 $F(x)$。

18. 设轰炸机向敌方某铁路投弹,炸弹落地点与铁路的距离 X 的密度为

$$f(x)=\begin{cases} \dfrac{100-|x|}{10\,000}, & |x|\leqslant 100, \\ 0, & |x|>100。\end{cases}$$

若炸弹落在铁路两旁 40(公里)内,将使敌方铁路交通受到破坏,现投弹 3 颗,求敌方铁路受到破坏的概率。

19. 设随机变量 X 的概率密度为

$$f(x)=\begin{cases} \dfrac{C}{\sqrt{1-x^2}}, & \text{当} |x|<1 \text{时}, \\ 0, & \text{其他}。\end{cases}$$

求:(1) 常数 C;(2) X 落在 $(-0.5,0.5)$ 内的概率。

20. 设随机变量 X 在区间 $(0,5)$ 上均匀分布,求方程 $4t^2+4Xt+(X+2)=0$ 中,t 有实根的概率。

21. 设某种型号的电子管寿命(以小时计)具有密度

$$f(x)=\begin{cases} \dfrac{100}{x^2}, & x>100, \\ 0, & x\leqslant 100。\end{cases}$$

试求 3 只电子管在 150 小时内都不损坏的概率。

22. 某市的日耗电量近似服从 Γ 分布 $Ga\left(\dfrac{1}{3},2\right)$(单位:百万千瓦小时),若该市的发电量为 10(单位),求某一指定日子供电不足的概率。

23. 设随机变量 X 服从正态分布 $N(10,2^2)$,(1) 求 $P\{7<X<15\}$ 的值;(2) 求 d 的值,使得 $P\{|X-10|<d\}=0.9$。

24. 设随机变量 $X\sim N(60,3^2)$,试求分点 a,b,使 X 分别落在区间 $(-\infty,a)$、$[a,b]$、$(b,+\infty)$ 内的概率之比为 $3:4:5$。

25. 将一温度调节器放置在贮存某种液体的容器内,调节器调整在 $d\,℃$,则液体温度 X 是一个随机变量,且 $X\sim N(d,0.5^2)$。

(1) 若 $d=90$,求 $X<89$ 的概率;

(2) 若要保持液体温度至少为 $80\,℃$ 的概率不小于 0.99,问 d 至少为多少?

26. 大炮射击某目标的横向偏差 $X\sim N(0,10^2)$(单位:m),试求:(1) 在一次射击中 X 绝对值不超过 15 m 的概率;(2) 在两次射击中至少有一次 X 绝对值不超过 15 m 的概率。

27. 某厂生产的电子管寿命 X(小时)服从参数 $\mu=160,\sigma=\sigma_0$ 的正态分布,试问 σ_0 为何值时能使 $P(120<X<200)=0.8$?

28. 设长途电话一次通话的持续时间 X(分钟)的分布函数为

$$F(x)=\begin{cases} 1-\dfrac{1}{2}e^{-\frac{x}{3}}-\dfrac{1}{2}e^{-\left(\frac{x}{3}\right)}, & x>0 \\ 0, & x\leqslant 0,\end{cases}$$

其中$\left\langle\frac{x}{3}\right\rangle$表示小于$\frac{x}{3}$的最大整数。

试求：(1) $P\{X=4\}$；(2) $P\{X=3\}$；(3) $P\{0\leqslant X\leqslant 3\}$；(4) X属于什么类型的随机变量？

29. 设随机变量X的概率分布律为

X	-2	-0.5	0	0.5	4
P	1/8	1/4	1/8	1/6	1/3

试求下列随机变量的分布律：(1) $2X$；(2) X^2；(3) $\sin\left(\frac{\pi}{2}X\right)$。

30. 设随机变量X服从几何分布$g(p)$：
$$P\{X=k\}=pq^{k-1}, \ k=1,2,\cdots,q=1-p,$$
又
$$f(x)=\begin{cases}-1, & x\text{ 为偶数时,} \\ 1, & x\text{ 为奇数时,}\end{cases}$$
试求$Y=f(X)$的分布律。

31. 设随机变量X的概率密度为
$$f(x)=\begin{cases}2x, & 0<x<1 \\ 0, & \text{其他}\end{cases}$$
试求下列随机变量的密度：(1) $2X$；(2) X^2。

32. 设随机变量X服从指数分布$E(\lambda)$。

试求下列随机变量的密度：(1) $\sqrt{X}$；(2) $\ln X/\lambda$；(3) e^{-X}。

33. 已知球体直径在(a,b)内服从均匀分布，其中$0<a<b$。

试求：(1) 球体积V的概率密度；(2) $P\{0<V<C\}$的值$\left(0<C<\frac{\pi}{6}b^3\right)$。

34. 在xOy平面上通过$(0,1)$点任意作直线与x轴相交成α角$(0<\alpha<\pi)$，试求出该直线在x轴上的截距的密度。

35. 设$\ln X\sim N(1,2^2)$，试求$P\left\{\frac{1}{2}<X<2\right\}$的值$(\ln 2=0.693)$。

36. 已知$X\sim$均匀分布$U(-1,1)$，试求$Y=|X|$的密度函数。

37. 设点随机落在以原点为圆心的单位圆周上，且对弧长是均匀分布的，试求该点横坐标的密度。

38. 设随机变量$X\sim U(0,1)$，Y与X满足$\mathrm{tg}\left(\frac{\pi}{2}Y\right)=\mathrm{e}^X$，$Y$在$(0,1)$上取值，试求$Y$的密度。

（王菲）

第三章

随机向量及其分布

　　在第二章,我们讨论了随机变量及其概率分布,但在实际问题中,还有许多随机现象是由多个随机因素造成的,仅用一个随机变量来描述是不够的,需同时考虑多个随机变量。例如,考虑炮弹落地点的位置时,需同时由平面上横坐标 X 和纵坐标 Y 这两个随机变量来确定;而在研究某地区的儿童的身体素质时,往往需同时考察其身高 X_1、体重 X_2 以及心肺功能 X_3、视力 X_4 等多个随机变量。显然此时我们必须把这些随机变量作为一个整体(即向量)来研究。我们称由同一样本空间的 n 个随机变量 $X_1, X_2, \cdots, X_n$ 构成的整体 $X = (X_1, X_2, \cdots, X_n)$ 为 n 维随机变量。一维随机变量即为我们前面所考察的随机变量。本章则主要讨论二维随机向量及其概率分布,二维以上的随机向量的讨论可由二维情形作适当推广类似进行。

第一节　二维随机向量及其分布函数

　　二维随机向量 (X, Y) 的性质,不仅与随机变量 X 和 Y 的各自性质有关,而且还依赖于 X 与 Y 之间的相互关系。为了全面了解随机变量 (X, Y) 的概率特性,我们首先考察其分布函数。

定义 3.1　设 (X, Y) 为二维随机向量,对任意实数 x、y,二元函数

$$F(x, y) = P\{X \leqslant x, Y \leqslant y\}$$

称为 (X, Y) 的**联合分布函数**(joint distribution function),简称**分布函数**。

　　若将随机向量 (X, Y) 看成平面上随机点的坐标,则分布函数 $F(x, y)$ 在 (x, y) 的值就是随机向量 (X, Y) 在以 (x, y) 为顶点的左下方无穷矩形区域内取值的概率,如图 3-1 所示。

定理 3.1　分布函数 $F(x, y)$ 具有下列基本性质:

　　(1) $F(x, y)$ 是变量 x 或者变量 y 的单调不减函数。即对确定的 y,当 $x_2 > x_1$ 时,$F(x_2, y) \geqslant F(x_1, y)$;而对确定的 x,当 $y_2 > y_1$ 时,$F(x, y_2) \geqslant F(x, y_1)$。

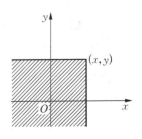

图 3-1　分布函数 $F(x, y)$
　　　　取值的几何图示

(2) $0 \leqslant F(x,y) \leqslant 1$，且对于任意固定的 y，$F(-\infty,y)=\lim\limits_{x\to-\infty}F(x,y)=0$；

对于任意固定的 x，$F(x,-\infty)=\lim\limits_{y\to-\infty}F(x,y)=0$。

$F(-\infty,-\infty)=\lim\limits_{\substack{x\to-\infty\\y\to-\infty}}F(x,y)=0$，$F(+\infty,+\infty)=\lim\limits_{\substack{x\to+\infty\\y\to+\infty}}F(x,y)=1$。

(3) $F(x,y)$ 对 x，y 均为右连续的，即 $F(x,y)=F(x+0,y)$，$F(x,y)=F(x,y+0)$。

(4) 对任意实数 $x_1 \leqslant x_2$，$y_1 \leqslant y_2$，有

$$P\{x_1 < X \leqslant x_2, y_1 < Y \leqslant y_2\}=F(x_2,y_2)-F(x_1,y_2)-F(x_2,y_1)+F(x_1,y_1) \geqslant 0。$$

反之，若二元函数 $F(x,y)$ 满足上述四个性质，则必存在随机变量 X 与 Y，使得 $F(x,y)$ 为 (X,Y) 的联合分布函数。

上述性质我们不做详细证明。其中性质(1)～(3)的证明与一维随机变量的分布函数性质(定理 2.1)的证明类似。只有性质(4)较为特殊。实际上，如图 3-2 所示，若给定 $x_1<x_2$、$y_1<y_2$，我们有

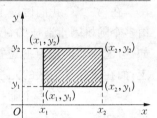

$$\begin{aligned}P\{x_1 < X \leqslant x_2, y_1 < Y \leqslant y_2\}\\=P\{X \leqslant x_2, Y \leqslant y_2\}-P\{X \leqslant x_1, Y \leqslant y_2\}\\-P\{X \leqslant x_2, Y \leqslant y_1\}+P\{X \leqslant x_1, Y \leqslant y_1\}\\=F(x_2,y_2)-F(x_1,y_2)-F(x_2,y_1)+F(x_1,y_1) \geqslant 0。\end{aligned}$$

图 3-2　$F(x,y)$ 在矩形区域内取值图示

这里我们还顺带给出了用 $F(x,y)$ 来计算 (X,Y) 落在矩形区域 $\{x_1<X \leqslant x_2, y_1<Y \leqslant y_2\}$ 的概率公式。

应注意，只具有性质(1)～(3)的二元函数未必能成为二维分布函数。例如考虑二元函数

$$F(x,y)=\begin{cases}1, & x+y \geqslant -1\\0, & x+y < -1,\end{cases}$$

它满足性质(1)～(3)，但不满足性质(4)。事实上，我们有

$$F(1,1)-F(1,-1)-F(-1,1)+F(-1,-1)=1-1-1+0=-1。$$

令 $G=\{(x,y)\,|\,-1 \leqslant x \leqslant 1, -1 \leqslant y \leqslant 1\}$，若以该 $F(x,y)$ 为某 (X,Y) 的分布函数，则可得到 $P\{(X,Y) \in G\}=-1$，这与概率的非负性相矛盾。由此可见，刻画联合分布函数的基本性质(4)不能由性质(1)～(3)推出。

定义 3.2　二维随机向量 (X,Y) 中分量 X(或 Y)的概率分布称为 (X,Y) 关于 X(或 Y)的**边缘分布**(marginal distribution)。

由 (X,Y) 的分布函数 $F(x,y)$，我们就可得到 **X 的边缘分布函数**(marginal distribution function)：

$$F_X(x)=P\{X \leqslant x\}=P\{X \leqslant x, Y < +\infty\}=\lim\limits_{y\to+\infty}F(x,y)=F(x,+\infty),$$

即当 (X,Y) 的分布函数 $F(x,y)$ 已知时，只要令 $y \to +\infty$，就可得到 X 的边缘分布函数

$$F_X(x) = F(x, +\infty)。$$

同理我们可得到 Y 的边缘分布函数：

$$F_Y(y) = P\{Y \leqslant y\} = P\{X < +\infty, Y \leqslant y\} = \lim_{x \to +\infty} F(x, y) = F(+\infty, y),$$

即

$$F_Y(y) = F(+\infty, y)。$$

前面我们曾学过有关随机事件之间的独立性，对于随机变量，我们也有相应的独立性概念。

定义 3.3　设 X、Y 是两个随机变量，若对所有的 x、y，有

$$P\{X \leqslant x, Y \leqslant y\} = P\{X \leqslant x\} P\{Y \leqslant y\}$$

即

$$F(x, y) = F_X(x) F_Y(y)$$

则称随机变量 X 与 Y **相互独立**(mutual independence)。

由该定义可知，随机变量 X 与 Y 的相互独立性就是随机变量 X 的取值与 Y 的取值的相互独立性，即事件独立性的推广。同时，当 X 与 Y 相互独立时，(X,Y) 的联合分布函数可由其分量 X、Y 的边缘分布唯一确定，即此时 $(X、Y)$ 的性质可由其各自分量的性质所决定。下面我们再不加证明地给出随机变量独立性的一个重要性质。

定理 3.2　若随机变量 X 与 Y 相互独立，而 $f(x)$、$g(y)$ 为连续函数或分段连续函数，则 $f(X)$ 与 $g(Y)$ 也相互独立。（证明从略）

该定理从直观上看较易理解，既然 X、Y 的取值相互独立，则其连续（或分段连续）函数 $f(X)$、$g(Y)$ 的取值也是互不相干，是相互独立的。应注意的是，在利用随机变量的独立性解决问题时，我们往往从问题的实际意义出发来判断随机变量的独立性，然后再用定义公式或有关性质进行推导运算。有关随机变量独立性的讨论，我们以后将继续进行。

下面，与一维随机变量相类似，我们对二维随机向量的讨论，也只关于离散型和连续型这两大类分别进行。

第二节　二维离散型随机向量

定义 3.4　若二维随机向量 (X,Y) 的可能取值 (x,y) 为有限多个或可列无穷多个值 (x_i, y_j)，$(i, j=1,2,\cdots)$，则称 (X,Y) 为**二维离散型随机向量**(two dimensional discrete random vector)。称

$$P\{X = x_i, Y = y_j\} = p_{ij}, \quad i, j = 1, 2, \cdots$$

为离散型随机向量 (X,Y) 的联合分布律或 X 和 Y 的联合概率分布。

联合概率分布中概率 p_{ij} 具有下列性质：

(1) $p_{ij} \geqslant 0$，$i, j = 1, 2, \cdots$；

(2) $\displaystyle\sum_{i=1}^{\infty}\sum_{j=1}^{\infty}p_{ij}=1$。

对二维离散型随机向量(X,Y)，其分布函数为

$$F(x,y)=\sum_{x_i\leqslant x}\sum_{y_j\leqslant y}p_{ij};$$

X,Y 的边缘分布函数分别为

$$F_X(x)=F(x,+\infty)=\sum_{x_i\leqslant x}\sum_{j=1}^{\infty}p_{ij};\ F_Y(y)=F(+\infty,y)=\sum_{y_j\leqslant y}\sum_{i=1}^{\infty}p_{ij},$$

由此可得 X 的概率分布和 Y 的概率分布分别为

$$P\{X=x_i\}=\sum_{j=1}^{\infty}p_{ij}=p_{i\cdot},\ i=1,2,\cdots;\ P\{Y=y_j\}=\sum_{i=1}^{\infty}p_{ij}=p_{\cdot j},\ j=1,2,\cdots$$

其中 $p_{i\cdot}\ (i=1,2,\cdots)$和 $p_{\cdot j}\ (j=1,2,\cdots)$分别被称为$(X,Y)$关于 X 和关于 Y 的**边缘分布律**（marginal probability distribution）。它们还可表示为下列表格形式：

表 3-1　(X,Y)关于 X 的边缘分布律

X	x_1	x_2	$\cdots$	x_i	$\cdots$
P	$p_1\cdot$	$p_2\cdot$	$\cdots$	$p_i\cdot$	$\cdots$

表 3-2　(X,Y)关于 Y 的边缘分布律

Y	y_1	y_2	$\cdots$	y_i	$\cdots$
P	$p_{\cdot 1}$	$p_{\cdot 2}$	$\cdots$	$p_{\cdot j}$	$\cdots$

其中 $p_{i\cdot}$ 中的"$\cdot$"表示由 p_{ij} 关于 j 求和而得到；同样，$p_{\cdot j}$ 表示由 p_{ij} 关于 i 求和的结果。

二维离散型随机向量(X,Y)的概率分布律通常还表示为下列概率分布表形式。

表 3-3　二维离散型随机向量(X,Y)的概率分布表

X ＼ Y	y_1	y_2	y_3	$\cdots$	$p_{i\cdot}\left(=\sum_{j}p_{ij}\right)$
x_1	p_{11}	p_{12}	p_{13}	$\cdots$	$p_1\cdot$
x_2	p_{21}	p_{22}	p_{23}	$\cdots$	$p_2\cdot$
$\vdots$	$\vdots$	$\vdots$	$\vdots$		$\vdots$
$p_{\cdot j}\left(=\sum_{i}p_{ij}\right)$	$p_{\cdot 1}$	$p_{\cdot 2}$	$p_{\cdot 3}$	$\cdots$	$\left(\sum_{i}\sum_{j}p_{ij}=1\right)$

在上列概率分布表中，我们同时给出了(X,Y)联合分布律的边缘分布律。其中中间部分为(X,Y)的联合分布律（p_{ij}），边缘部分别为 X 的边缘分布律（$p_{i\cdot}$）和 Y 的边缘分布律（$p_{\cdot j}$），它们分别由联合分布律 p_{ij} 经同一行或同一列相加而得到，这也是"边缘分布律"名称的由来。

对离散型(X,Y)，其分布函数和 X、Y 的边缘分函数分别为

$$F(x,y)=\sum_{\substack{x_i\leqslant x\\y_j\leqslant y}}p_{ij}\left(\text{其中}\sum_{\substack{x_i\leqslant x\\y_j\leqslant y}}\text{表示对一切满足 }x_i\leqslant x,y_j\leqslant y\text{ 的 }i,j\text{ 求和}\right),$$

$$F_X(x) = F(x, +\infty) = \sum_{x_i \leqslant x} p_i = \sum_{x_i \leqslant x} \sum_{j=1}^{\infty} p_{ij},$$

$$F_Y(y) = F(+\infty, y) = \sum_{y_j \leqslant y} p_{\cdot j} = \sum_{y_j \leqslant y} \sum_{i=1}^{\infty} p_{ij}.$$

定理 3.3 设 (X, Y) 为二维离散型随机向量,则 X 与 Y 相互独立的充分必要条件是:对于任何 $i, j = 1, 2, \cdots,$ 有

$$P\{X = x_i, Y = y_j\} = P\{X = x_i\} P\{Y = y_j\}$$

即

$$p_{ij} = p_i \cdot \cdot p_{\cdot j}.$$

（证明从略）

这表明,当 X、Y 相互独立时,X、Y 的边缘分布律也就完全确定了它们的联合分布律。

例 3.1 设 (X, Y) 的联合分布律为

X \ Y	-1	0
1	1/4	1/4
2	1/6	a

试求:(1) 常数 a;(2) 联合分布函数在点 $\left(\dfrac{3}{2}, \dfrac{1}{2}\right)$ 处的值 $F\left(\dfrac{3}{2}, \dfrac{1}{2}\right)$;(3) $P(X=1 \mid Y=0)$。

解:(1) 由联合分布律的性质 $\sum\limits_{j=1}^{2} \sum\limits_{i=1}^{2} p_{ij} = 1$ 知

$$1 = \sum_{j=1}^{2} \sum_{i=1}^{2} p_{ij} = \frac{1}{4} + \frac{1}{4} + \frac{1}{6} + a,$$

求得 $a = \dfrac{1}{3}$。

(2) 求联合分布函数 $F(x, y)$ 的值时,只需把取值满足 $x_i \leqslant x, y_j \leqslant y$ 的点 (x_i, y_j) 的对应概率 p_{ij} 找出来,然后求和即可。

(X, Y) 的联合分布函数 $F(x, y)$ 在点 $\left(\dfrac{3}{2}, \dfrac{1}{2}\right)$ 处的值应为

$$F\left(\frac{3}{2}, \frac{1}{2}\right) = P\left\{X \leqslant \frac{3}{2}, Y \leqslant \frac{1}{2}\right\} = P\{X=1, Y=-1\} + P\{X=1, Y=0\} = \frac{1}{4} + \frac{1}{4} = \frac{1}{2}.$$

(3) $P\{X=1 \mid Y=0\} = \dfrac{P\{X=1, Y=0\}}{P\{Y=0\}} = \dfrac{1/4}{1/4 + 1/3} = \dfrac{3}{7}$。

例 3.2 在一个装有 7 只正品、3 只次品的盒中,分别进行两次有放回和无放回的抽样,令

$$X = \begin{cases} 1, & \text{第一次抽样得正品} \\ 0, & \text{第一次抽样得次品}; \end{cases} \quad Y = \begin{cases} 1, & \text{第二次抽样得正品} \\ 0, & \text{第二次抽样得次品}. \end{cases}$$

试就放回抽样和无放回抽样这两种情形分别给出 (X, Y) 的联合分布律和边缘分布律,并考虑 X 与 Y 是否互相独立。

解：根据 X,Y 取值的实际含义，由概率计算知识我们可得到下列概率分布表（表 3-4，表 3-5），以分别表示放回抽样和不放回抽样时 (X,Y) 的联合分布律和边缘分布律。

表 3-4 有放回抽样时概率分布表

X	Y		$p_i.$
	0	1	
0	$\dfrac{3}{10}\cdot\dfrac{3}{10}$	$\dfrac{3}{10}\cdot\dfrac{7}{10}$	$\dfrac{3}{10}$
1	$\dfrac{7}{10}\cdot\dfrac{3}{10}$	$\dfrac{7}{10}\cdot\dfrac{7}{10}$	$\dfrac{7}{10}$
$p.j$	$\dfrac{3}{10}$	$\dfrac{7}{10}$	1

表 3-5 无放回抽样时概率分布表

X	Y		$p_i.$
	0	1	
0	$\dfrac{3}{10}\cdot\dfrac{2}{9}$	$\dfrac{3}{10}\cdot\dfrac{7}{9}$	$\dfrac{3}{10}$
1	$\dfrac{7}{10}\cdot\dfrac{3}{9}$	$\dfrac{7}{10}\cdot\dfrac{6}{9}$	$\dfrac{7}{10}$
$p.j$	$\dfrac{3}{10}$	$\dfrac{7}{10}$	1

表中中间部分为 (X,Y) 的联合分布律，边缘部分为 X,Y 的边缘分布律，是由中间的联合分布律同一行或同一列相加而得到。显然，X、Y 的边缘分布律为同一分布，即

表 3-6 X 的边缘分布律

X	0	1
P	$\dfrac{3}{10}$	$\dfrac{7}{10}$

表 3-7 Y 的边缘分布律

Y	0	1
P	$\dfrac{3}{10}$	$\dfrac{7}{10}$

由离散型随机变量 X 与 Y 相互独立的充分必要条件：对一切 i,j，有

$$p_{ij} = p_i. \cdot p_{.j}$$

从表 3-4 可知，在放回抽样时，X 与 Y 相互独立；而由表 3-5，在不放回抽样时，X 与 Y 不相互独立。例如

$$P\{X=0,Y=0\} = \frac{3}{10}\cdot\frac{2}{9} \neq \frac{3}{10}\cdot\frac{3}{10} = P\{X=0\}P\{Y=0\}$$

由于 X 与 Y 分别对应于两次抽样的结果，故上述变量的独立性与实际抽样时的独立性直观意义是完全一致的。

同时，我们还看到，虽然这两种情形所对应的 X、Y 的边缘分布律完全一样，但它们的联合分布律却截然不同。这表明，(X,Y) 的联合分布律不能由边缘分布律唯一确定，即二维随机向量的性质并不能由其分量的个别性质所决定，还决定于分量之间的相互关系，这也表明了我们研究随机向量的重要意义。

第三节 二维连续型随机向量

一、二维连续型随机向量

定义 3.5 对二维随机向量 (X,Y) 的分布函数 $F(x,y)$，若存在非负可积二元函数 $f(x,y)$，使得对任意 x、y，有

$$F(x,y) = \int_{-\infty}^{x} \int_{-\infty}^{y} f(u,v)\mathrm{d}u\mathrm{d}v$$

则称(X,Y)为**二维连续型随机向量**（two dimensional continuous random vector），而称$f(x,y)$为(X,Y)的**联合概率密度函数**（joint probability density function），简称**联合密度**（joint density）。

二维连续型随机向量(X,Y)的联合密度$f(x,y)$具有下列性质：

(1) $f(x,y) \geqslant 0$;

(2) $\int_{-\infty}^{\infty} \int_{-\infty}^{\infty} f(x,y)\mathrm{d}x\mathrm{d}y = 1$;

反之，若二元函数$f(x,y)$满足上述性质(1)、(2)，即可成为某随机向量(X,Y)的联合密度。

(3) $P\{x_1 < X \leqslant x_2, y_1 < Y \leqslant y_2\} = \int_{x_1}^{x_2} \int_{y_1}^{y_2} f(x,y)\mathrm{d}x\mathrm{d}y$,

一般地，设G为xoy平面上任一区域，则有

$$P\{(X,Y) \in G\} = \iint\limits_{G} f(x,y)\mathrm{d}x\mathrm{d}y$$

即(X,Y)落在区域G中的概率等于$f(x,y)$在G上的二重积分，即以G为底面，$z = f(x,y)$为顶面的柱体体积。

(4) 若$f(x,y)$在点(x,y)处连续，则

$$\frac{\partial^2 F(x,y)}{\partial x \partial y} = f(x,y)$$

这样，在$f(x,y)$的连续点处，我们有

$$f(x,y) = \frac{\partial^2 F(x,y)}{\partial x \partial y}$$

$$= \lim_{\substack{\Delta x \to 0+ \\ \Delta y \to 0+}} \frac{1}{\Delta x \Delta y} [F(x+\Delta x, y+\Delta y) - F(x+\Delta x, y)$$

$$- F(x, y+\Delta y) + F(x,y)]$$

$$= \lim_{\substack{\Delta x \to 0+ \\ \Delta y \to 0+}} \frac{P\{x < X \leqslant x+\Delta x, y < Y \leqslant y+\Delta y\}}{\Delta x \Delta y}$$

若略去高价无穷小，我们将近似地有

$$f(x,y)\Delta x \Delta y \approx P\{x < X \leqslant x+\Delta x, y < Y \leqslant y+\Delta y\}.$$

因此，$f(x,y)$反映了(X,Y)落在点(x,y)附近的概率的大小。

对二维连续型随机向量(X,Y)，其联合分布函数为

$$F(x,y) = P(X \leqslant x, Y \leqslant y) = \int_{-\infty}^{x} \int_{-\infty}^{y} f(x,y)\mathrm{d}x\mathrm{d}y$$

则X的边缘分布函数为

$$F_X(x) = F(x, +\infty) = \int_{-\infty}^{x} \left(\int_{-\infty}^{+\infty} f(x,y)\mathrm{d}y \right) \mathrm{d}x$$

而称
$$f_X(x) = \int_{-\infty}^{\infty} f(x,y)\mathrm{d}y$$

为(X,Y)关于X的**边缘概率密度**（marginal probability density），简称X的**边缘密度**（marginal density）。

同样，Y的边缘分布函数为
$$F_Y(y) = F(+\infty, y) = \int_{-\infty}^{y}\left(\int_{-\infty}^{\infty} f(x,y)\mathrm{d}x\right)\mathrm{d}y,$$

而称
$$f_Y(y) = \int_{-\infty}^{\infty} f(x,y)\mathrm{d}x$$

为(X,Y)关于Y的边缘概率密度函数，简称Y的边缘分布密度。

显然，$f_X(x)$、$f_Y(y)$也分别为X、Y的分布密度函数。

> **定理 3.4** 设(X,Y)为二维连续型随机向量，则X与Y相互独立的充分必要条件是：对于一切x,y，恒有
> $$f(x,y) = f_X(x) \cdot f_Y(y)$$
> 其中$f(x,y)$，$f_X(x)$和$f_Y(y)$分别为(X,Y)的联合密度，X的边缘密度和Y的边缘密度。

上述条件表明，当X与Y相互独立时，X与Y的边缘密度可唯一地确定其联合密度。

例 3.3 设连续型随机向量(X,Y)具有密度
$$f(x,y) = \begin{cases} Ce^{-(2x+3y)}, & x>0, y>0 \\ 0, & \text{其他。} \end{cases}$$

试求：(1) 常数C；(2) 分布函数$F(x,y)$；(3) X、Y的边缘密度；(4) X与Y是否相互独立？(5) $P(X+Y\leqslant 1)$的值。

解：(1) 因
$$\int_{-\infty}^{\infty}\int_{-\infty}^{\infty} f(x,y)\mathrm{d}x\mathrm{d}y = \int_0^{\infty}\int_0^{\infty} Ce^{-(2x+3y)}\mathrm{d}x\mathrm{d}y$$
$$= C\left(\int_0^{\infty} e^{-2x}\mathrm{d}x\right)\left(\int_0^{\infty} e^{-3y}\mathrm{d}y\right) = C\cdot\frac{1}{2}\cdot\frac{1}{3} = \frac{C}{6} = 1,$$

故$C=6$。

(2) $F(x,y) = \int_{-\infty}^{x}\int_{-\infty}^{y} f(x,y)\mathrm{d}x\mathrm{d}y$
$$= \begin{cases} \int_0^x\int_0^y 6e^{-(2x+3y)}\mathrm{d}x\mathrm{d}y \\ 0 \end{cases} = \begin{cases} (1-e^{-2x})(1-e^{-3y}), & x>0, y>0 \\ 0, & \text{其他。} \end{cases}$$

(3) X的边缘密度为
$$f_X(x) = \int_{-\infty}^{\infty} f(x,y)\mathrm{d}y = \begin{cases} \int_0^{\infty} 6e^{-(2x+3y)}\mathrm{d}y \\ 0 \end{cases} = \begin{cases} 2e^{-2x}, & x>0 \\ 0, & x\leqslant 0。 \end{cases}$$

Y的边缘密度为

$$f_Y(y) = \int_{-\infty}^{\infty} f(x,y)\mathrm{d}x = \begin{cases} \int_0^{\infty} 6\mathrm{e}^{-(2x+3y)}\mathrm{d}x \\ 0 \end{cases} = \begin{cases} 3\mathrm{e}^{-3y}, & y > 0 \\ 0, & y \leqslant 0 \end{cases}$$

（4）因

$$f_X(x)f_Y(y) = \begin{cases} 2\mathrm{e}^{-2x} \cdot 3\mathrm{e}^{-3y}, & x > 0, y > 0 \\ 0, & \text{其他} \end{cases} = \begin{cases} 6\mathrm{e}^{-2x-3y}, & x > 0, y > 0 \\ 0, & \text{其他} \end{cases} = f(x,y)$$

故 X 与 Y 相互独立。

（5）所求概率为（参见图 3-3）

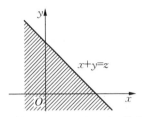

图 3-3 例 3.3 $P(X+Y\leqslant1)$ 的积分区域

$$P\{X+Y \leqslant 1\} = \iint_{x+y\leqslant1} f(x,y)\mathrm{d}x\mathrm{d}y = \int_{-\infty}^{+\infty}\left(\int_{-\infty}^{1-y} f(x,y)\mathrm{d}x\right)\mathrm{d}y = \int_0^1\left(\int_0^{1-y} 6\mathrm{e}^{-(2x+3y)}\mathrm{d}x\right)\mathrm{d}y$$
$$= 1 + 2\mathrm{e}^{-3} - 3\mathrm{e}^{-2} = 0.6936。$$

二、常用二维连续型分布

这里我们简要介绍常用的二维连续型分布：二维均匀分布和二维正态分布。

（一）二维均匀分布

定义 3.6 设 S 为平面 xoy 上的一个有界区域，其面积为 $\mu(S)$，若二维连续型随机向量 (X,Y) 的联合密度为

$$f(x,y) = \begin{cases} \dfrac{1}{\mu(S)}, & (x,y) \in S \\ 0, & \text{其他} \end{cases}$$

则称 (X,Y) 服从区域 S 上的**二维均匀分布**（two dimensional uniform distribution）。

如果我们向一个面积为 $\mu(S)$ 的平面区域 S 上等可能地投点，令 (X,Y) 表示落点的坐标，则 (X,Y) 就服从区域 S 上的均匀分布。此时 (X,Y) 落在 S 内小区域 G 中的概率为

$$P\{(X,Y) \in G\} = \iint_G \frac{1}{\mu(S)}\mathrm{d}x\mathrm{d}y = \frac{1}{\mu(S)}\iint_G \mathrm{d}x\mathrm{d}y = \frac{\mu(G)}{\mu(S)},$$

其中 $\mu(G)$ 为区域 G 的面积。因此，二维均匀分布实际上就是平面上几何概型的随机向量描述。

（二）二维正态分布

> **定义 3.7** 若二维随机向量 (X,Y) 的联合密度为：对任意 x、y，
>
> $$f(x,y) = \frac{1}{2\pi\sigma_1\sigma_2\sqrt{1-\rho^2}}$$
>
> $$\exp\left\{-\frac{1}{2(1-\rho^2)}\left[\left(\frac{(x-\mu_1)^2}{\sigma_1}\right)^2 - 2\rho\left(\frac{x-\mu_1}{\sigma_1}\right)\left(\frac{y-\mu_2}{\sigma_2}\right)^2 + \left(\frac{y-\mu_2}{\sigma_2}\right)^2\right]\right\}$$
>
> 其中 $\mu_1,\mu_2,\sigma_1 > 0,\sigma_2 > 0,|\rho| < 1$ 均为常数，则称 (X,Y) 服从**二维正态分布**（two dimensional normal distribution），记为 $(X,Y) \sim N(\mu_1,\mu_2,\sigma_1^2,\sigma_2^2,\rho)$。

二维正态分布的密度 $f(x,y)$ 的曲面形状如图 3-4 所示。

若用平行于 xoy 的任一平面去截该曲面，所得交线为一椭圆；若用与 xoy 面垂直且与坐标面 xoz 或 yoz 平行的任一平面去截该曲面，所得曲线为正态曲线的形状。

设二维随机向量 $(X,Y) \sim N(\mu_1,\mu_2,\sigma_1^2,\sigma_2^2,\rho)$，不难证明，$X$ 的边缘密度为

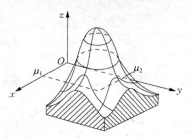

图 3-4 二维正态分布的密度图

$$f_X(x) = \frac{1}{\sqrt{2\pi}\sigma_1}\exp\left\{-\frac{(x-\mu_1)^2}{2\sigma_1^2}\right\},\ -\infty < x < +\infty,$$

即 $X \sim N(\mu_1,\sigma_1^2)$。同理，$Y$ 的边缘密度为

$$f_Y(y) = \frac{1}{\sqrt{2\pi}\sigma_2}\exp\left\{-\frac{(y-\mu_2)^2}{2\sigma_2^2}\right\},\ -\infty < y < +\infty,$$

即 $Y \sim N(\mu_2,\sigma_2^2)$。这表明二维正态分布的边缘分布仍为正态分布。

实际上，我们在考察二维正态分布的边缘密度时，令 $u = \dfrac{x-\mu_1}{\sigma_1}$，$v = \dfrac{y-\mu_2}{\sigma_2}$，则 X 的边缘密度为

$$f_X(x) = \int_{-\infty}^{\infty} f(x,y)\mathrm{d}y = \int_{-\infty}^{\infty} \frac{1}{2\pi\sigma_1\sqrt{1-\rho^2}}\exp\left\{-\frac{1}{2(1-\rho^2)}(u^2 - 2\rho uv + v^2)\right\}\mathrm{d}v$$

$$= \frac{1}{\sqrt{2\pi}\sigma_1}e^{-\frac{u^2}{2}}\int_{-\infty}^{\infty} \frac{1}{\sqrt{2\pi(1-\rho^2)}}\exp\left\{-\frac{(v-\rho u)^2}{2(1-\rho^2)}\right\}\mathrm{d}v$$

注意到被积函数为 $N(\rho u,(1-\rho^2))$ 的密度，其积分为 1，故

$$f_X(x) = \frac{1}{\sqrt{2\pi}\sigma_1}e^{-\frac{u^2}{2}} = \frac{1}{\sqrt{2\pi}\sigma_1}\exp\left\{-\frac{(x-\mu_1)^2}{2\sigma_1^2}\right\},\ -\infty < x < +\infty,$$

即 $X \sim N(\mu_1,\sigma_1^2)$。

同理可得，Y 的边缘密度为

$$f_Y(y) = \frac{1}{\sqrt{2\pi}\,\sigma_2} \exp\left\{-\frac{(y-\mu_2)^2}{2\sigma_2^2}\right\}, \quad -\infty < y < +\infty,$$

即 $Y \sim N(\mu_2, \sigma_2^2)$。这表明二维正态分布的边缘分布仍为正态分布。利用求得的 $f_X(x)$，我们容易看到，二维正态密度 $f(x,y)$ 的确满足连续型随机向量的联合密度的性质(2)，即

$$\int_{-\infty}^{\infty}\int_{-\infty}^{\infty} f(x,y)\mathrm{d}x\mathrm{d}y = \int_{-\infty}^{\infty} f_X(x)\mathrm{d}x = \int_{-\infty}^{\infty} \frac{1}{\sqrt{2\pi}\,\sigma_1} \exp\left\{-\frac{(x-\mu_1)}{2\sigma_1^2}\right\}\mathrm{d}x = 1。$$

对于二维正态分布，我们还有

定理 3.5　设 $(X,Y) \sim N(\mu_1, \mu_2, \sigma_1^2, \sigma_2^2, \rho)$，则 X 与 Y 相互独立的充分必要条件是 $\rho = 0$。

证明：（充分性）由于 $(X,Y) \sim N(\mu_1, \mu_2, \sigma_1^2, \sigma_2^2, \rho)$，则其 X 与 Y 的边缘密度分别为

$$f_X(x) = \frac{1}{\sqrt{2\pi}\,\sigma_1} \exp\left\{-\frac{(x-\mu_1)^2}{2\sigma_1^2}\right\}, \quad -\infty < x < +\infty,$$

$$f_Y(y) = \frac{1}{\sqrt{2\pi}\,\sigma_2} \exp\left\{-\frac{(y-\mu_2)^2}{2\sigma_2^2}\right\}, \quad -\infty < y < +\infty,$$

当 $\rho = 0$ 时，有

$$f(x,y) = \frac{1}{2\pi\sigma_1\sigma_2} \exp\left\{-\frac{1}{2}\left[\left(\frac{x-\mu_1}{\sigma_1}\right)^2 + \left(\frac{y-\mu_2}{\sigma_2}\right)^2\right]\right\}$$

$$= \frac{1}{\sqrt{2\pi}\,\sigma_1} \exp\left\{-\frac{(x-\mu_1)^2}{2\sigma_1^2}\right\} \cdot \frac{1}{\sqrt{2\pi}\,\sigma_2} \exp\left\{-\frac{(y-\mu_2)^2}{2\sigma_2^2}\right\}$$

$$= f_X(x) \cdot f_Y(y)$$

故 X 与 Y 相互独立

（必要性）若已知 X 与 Y 相互独立，则对任意 x, y，有

$$f(x,y) = f_X(x) \cdot f_Y(y)$$

特别地，取 $x = \mu_1, y = \mu_2$，上式变为

$$\frac{1}{2\pi\sigma_1\sigma_2\sqrt{1-\rho^2}} = \frac{1}{2\pi\sigma_1\sigma_2}$$

从而有 $\rho = 0$。（证毕）

第四节　条件分布

在第一章第六节中，我们曾讨论了随机事件的条件概率，而对于随机变量，也可类似考虑其条件分布。下面我们只就随机变量为离散型和连续型两种情形来分别进行讨论。

一、离散型随机变量的条件分布律

设 (X,Y) 为二维离散型随机向量,其概率分布律为

$$P\{X=x_i, Y=y_j\}=p_{ij}, \; i,j=1,2,\cdots,$$

则 X、Y 的边缘分布律分别为

$$P\{X=x_i\}=\sum_{j=1}^{\infty}p_{ij}=p_{i\cdot}, \; i=1,2,\cdots;$$

$$P\{Y=y_j\}=\sum_{i=1}^{\infty}p_{ij}=p_{\cdot j}, \; j=1,2,\cdots。$$

可知,对于固定的 j,若 $P(Y=y_i)=p_{\cdot j}>0$,则由事件的条件概率公式

$$P(A \mid B)=\frac{P(AB)}{P(B)}$$

得

$$P\{X=x_i \mid Y=y_j\}=\frac{P\{X=x_i, Y=y_j\}}{P\{Y=y_j\}}, \; i=1,2,\cdots$$

即

$$P\{X=x_i \mid Y=y_j\}=\frac{p_{ij}}{p_{\cdot j}}, \; i=1,2,\cdots$$

这称为在 $Y=y_j$ 条件下 X 的**条件分布律**(conditional distribution law)。或表示为

$X\mid Y=y_j$	x_1	x_2	$\cdots$	x_i	$\cdots$
P	$\dfrac{p_{1j}}{p_{\cdot j}}$	$\dfrac{p_{2j}}{p_{\cdot j}}$	$\cdots$	$\dfrac{p_{ij}}{p_{\cdot j}}$	$\cdots$

同样,对固定的 i,若 $P(X=x_i)=p_{i\cdot}>0$,则称

$$P\{X=y_j \mid X=x_i\}=\frac{p_{ij}}{p_{i\cdot}}, \; j=1,2,\cdots$$

为在 $X=x_i$ 条件下 Y 的条件分布律。或表示为

$Y\mid X=x_i$	y_1	y_2	$\cdots$	y_j	$\cdots$
P	$\dfrac{p_{i1}}{p_{i\cdot}}$	$\dfrac{p_{i2}}{p_{i\cdot}}$	$\cdots$	$\dfrac{p_{ij}}{p_{i\cdot}}$	$\cdots$

当 X 与 Y 相互独立时,因对一切 i,j,有 $p_{ij}=p_{i\cdot} \cdot p_{\cdot j}$,则

$$P\{X=x_i \mid Y=y_j\}=\frac{p_{ij}}{p_{\cdot j}}=\frac{p_{i\cdot} \cdot p_{\cdot j}}{p_{\cdot j}}=p_{i\cdot}=P\{X=x_i\},$$

同理

$$P\{Y=y_j \mid X=x_i\}=p_{\cdot j}=P\{Y=y_j\},$$

此时 X(或 Y)的条件分布律化为 X(或 Y)的无条件分布律。

例 3.4　已知 (X,Y) 的联合分布律为：

X \ Y	1	3	$p_i.$
0	0	1/8	1/8
1	3/8	0	3/8
2	3/8	0	3/8
3	0	1/8	1/8
$p._j$	3/4	1/4	

试求 X 在 $Y=1$ 条件下的条件分布律。

解：Y 的边缘分布律分别为

Y	1	3
P	3/4	1/4

由条件分布律公式可得在 $Y=1$ 条件下 X 的条件分布律为

$X\mid Y=1$	0	1	2	3
P	$\dfrac{0}{3/4}$	$\dfrac{3/8}{3/4}$	$\dfrac{3/8}{3/4}$	$\dfrac{0}{3/4}$

即

$X\mid Y=1$	1	2
P	1/2	1/2

二、连续型随机变量的条件分布密度

对二维连续型随机向量 (X,Y)，因对任意 x、y 有

$$P\{X=x\}=0, P\{Y=y\}=0,$$

故不能直接用条件概率公式来定义其条件分布，但可通过下列极限方法来定义。

设对 $\Delta y>0$，$P\{y\leqslant Y<y+\Delta y\}>0$，则

$$P\{X\leqslant x\mid Y=y\}=\lim_{\Delta y\to 0+}P\{X\leqslant x\mid y\leqslant Y<y+\Delta y\}$$

$$=\lim_{\Delta y\to 0+}\frac{P\{X\leqslant x,y\leqslant Y<y+\Delta y\}}{P\{y\leqslant Y<y+\Delta y\}}=\lim_{\Delta y\to 0+}\frac{\int_{-\infty}^{x}\int_{y}^{y+\Delta y}f(u,v)\mathrm{d}u\,\mathrm{d}v}{\int_{-\infty}^{+\infty}\int_{y}^{y+\Delta y}f(u,v)\mathrm{d}u\,\mathrm{d}v}$$

$$=\lim_{\Delta y\to 0+}\frac{\int_{y}^{y+\Delta y}\left(\int_{-\infty}^{x}f(u,v)\mathrm{d}u\right)\mathrm{d}u}{\int_{y}^{y+\Delta y}f_Y(v)\mathrm{d}v},$$

若 $f(x,y)$、$f_Y(y)$ 均连续,且 $f_Y(y)>0$,对上式运用中值定理知,存在 θ_1、θ_2($|\theta_1|$、$|\theta_2|<1$),使得

$$P\{X\leqslant x \mid Y=y\}=\lim_{\Delta y\to 0+}\frac{\int_{-\infty}^{x}f(u,y+\theta_1\Delta y)\mathrm{d}u}{f_Y(y+\theta_2\Delta y)}=\frac{\int_{-\infty}^{x}f(u,y)\mathrm{d}u}{f_Y(y)}=\int_{-\infty}^{x}\frac{f(u,y)}{f_Y(y)}\mathrm{d}u$$

定义 3.8 对二维连续型随机向量 (X,Y),在固定点 y 处,如果 (X,Y) 关于 Y 的边缘密度 $f_Y(y)>0$,则称

$$F_{X\mid Y=y}(x)=P\{X\leqslant x \mid Y=y\}=\int_{-\infty}^{x}\frac{f(u,y)}{f_Y(y)}\mathrm{d}u$$

为在条件 $Y=y$ 下 X 的**条件分布函数**(conditional distribution function),而称

$$f_{X\mid Y=y}(x)=\frac{f(x,y)}{f_Y(y)}$$

为在条件 $Y=y$ 下 X 的**条件密度**(conditional density)。

类似地,对固定点 x,当 $f_X(x)>0$ 时,我们称

$$F_{Y\mid X=x}(y)=\int_{-\infty}^{y}\frac{f(x,v)}{f_X(x)}\mathrm{d}v$$

为在 $X=x$ 条件下 Y 的**条件分布函数**。而称

$$f_{Y\mid X=x}(y)=\frac{f(x,y)}{f_X(x)}$$

为在 $X=x$ 条件下 Y 的**条件密度**。

当 X 与 Y 相互独立时,因 $f(x,y)=f_X(x)f_Y(y)$,则

$$f_{X\mid Y=y}(x)=\frac{f(x,y)}{f_Y(y)}=\frac{f_X(x)f_Y(y)}{f_Y(y)}=f_X(x),$$

同理可得
$$f_{Y\mid X=x}(y)=f_Y(y),$$

即此时,X(或 Y)的条件密度化为 X(或 Y)的无条件密度。

例 3.5 设 (X,Y) 服从二维正态分布 $N(\mu_1,\mu_2,\sigma_1^2,\sigma_2^2,\rho)$,且 $\mu_1=\mu_2=0$,$\sigma_1=\sigma_2=1$,求在 $Y=y$ 条件下,X 的条件密度 $f_{X\mid Y=y}(x)$。

解: 由本章第三节关于二维正态分布的讨论知,

$$f_Y(y)=\frac{1}{\sqrt{2\pi}}\mathrm{e}^{-\frac{y^2}{2}},\quad -\infty<y<+\infty$$

则在 $Y=y$ 条件下,X 的条件密度为

$$f_{X\mid Y=y}(x)=\frac{f(x,y)}{f_Y(y)}=\frac{1}{\sqrt{2\pi}\sqrt{1-\rho^2}}\exp\left\{-\frac{1}{2(1-\rho^2)}(x^2-2\rho xy+y^2)+\frac{y^2}{2}\right\}$$

$$=\frac{1}{\sqrt{2\pi}\sqrt{1-\rho^2}}\exp\left\{-\frac{(x-\rho y)^2}{2(1-\rho^2)}\right\}$$

这仍是正态分布 $N(\rho y,(1-\rho^2))$ 的密度函数。

一般情况下，二维正态分布的条件分布仍为正态分布。例如二维正态分布在 $Y=y$ 条件下，X 的条件分布为 $N\left(\mu_1+\rho\dfrac{\sigma_1}{\sigma_2}(y-\mu_2),\sigma_1^2(1-\rho^2)\right)$。

例 3.6 设 (X,Y) 的联合密度为

$$f(x,y)=\begin{cases}2, & 0<y<x,0<x<1,\\ 0, & \text{其他}。\end{cases}$$

求在 $Y=y$ 条件下，X 的条件密度 $f_{X\,|\,Y=y}(x)$ 和条件分布函数 $F_{X\,|\,Y=y}(x)$。

解：(X,Y) 关于 Y 的边缘密度 $f_Y(y)$ 为（参见图 3-5）

$$f_Y(y)=\int_{-\infty}^{\infty}f(x,y)\mathrm{d}x=\begin{cases}\displaystyle\int_y^1 2\mathrm{d}x\\ 0\end{cases}=\begin{cases}2(1-y), & 0<y<1,\\ 0, & \text{其他},\end{cases}$$

则当 $0<y<1$ 时，(此时，$f_Y(y)>0$)，在 $Y=y$ 条件下 X 的条件密度为

$$f_{X\,|\,Y=y}(x)=\frac{f(x,y)}{f_Y(y)}=\begin{cases}\dfrac{1}{1-y}, & y<x<1,\\ 0, & \text{其他}。\end{cases}$$

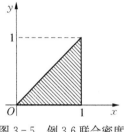

图 3-5 例 3.6 联合密度的非零区域

而在 $Y=y$ 条件下 X 的条件分布函数为（其中 $0<y<1$）

$$F_{X\,|\,Y=y}(x)=\int_{-\infty}^{x}f_{X\,|\,Y=y}(u)\mathrm{d}u=\begin{cases}0\\ \displaystyle\int_y^x\frac{1}{1-y}\mathrm{d}u\\ 1\end{cases}=\begin{cases}0, & x\leqslant y\\ \dfrac{x-y}{1-y}, & y<x<1\\ 1, & x\geqslant 1。\end{cases}$$

例 3.7 设数 x 在区间 $(0,1)$ 上随机取值，当观察到 $X=x(0<x<1)$ 时，Y 在区间 $(x,1)$ 上随机地取值，求 Y 的密度 $f_Y(y)$。

解：由题意，随机变量 X 的密度为

$$f_X(x)=\begin{cases}1, & 0<x<1,\\ 0, & \text{其他}。\end{cases}$$

而当 $X=x$ 时 $(0<x<1)Y$ 的条件密度为

$$f_{Y\,|\,X=x}(y)=\begin{cases}\dfrac{1}{1-x}, & x<y<1,\\ 0 & \text{其他}。\end{cases}$$

由公式 $f_{Y\,|\,X=x}(y)=\dfrac{f(x,y)}{f_X(x)}$ 可得

$$f(x,y)=f_{Y\,|\,X=x}(x)f_X(x)=\begin{cases}\dfrac{1}{1-x}, & 0<x<1,x<y<1,\\ 0, & \text{其他}。\end{cases}$$

则 Y 的密度为

$$f_Y(y) = \int_{-\infty}^{\infty} f(x,y)\mathrm{d}x = \begin{cases} \int_0^y \dfrac{1}{1-x}\mathrm{d}x \\ 0 \end{cases} = \begin{cases} -\ln(1-y), & 0 < y < 1, \\ 0, & \text{其他。} \end{cases}$$

第五节　二维随机向量函数的分布

对二维随机向量 (X,Y),其函数 $Z = g(X,Y)$ 为一维随机变量。在实际应用中,我们往往需要由已知的 (X,Y) 的概率分布去求出其函数 $X = g(X,Y)$ 的概率分布。下面我们分别就 (X,Y) 为离散型和连续型这两种情形来讨论上述问题。

一、二维离散型随机向量函数的分布

设二维离散型随机向量 (X,Y) 的联合分布律为

$$P\{X = x_i, Y = y_j\} = p_{ij}, \ i,j = 1,2,\cdots$$

或表示为概率分布表的形式:

X \ Y	y_1	y_2	y_3	$\cdots$
x_1	p_{11}	p_{12}	p_{13}	$\cdots$
x_2	p_{12}	P_{22}	P_{23}	$\cdots$
$\vdots$	$\vdots$	$\vdots$	$\vdots$	

要求 $Z = g(X,Y)$ 的分布律。

由于 $X = x_i$、$Y = y_j$ 时,$Z = g(x_i, y_j)$,故我们可先列出对应于 (X,Y) 取值的 $Z = g(X,Y)$ 的取值表:

X \ Y	y_1	y_2	y_3	$\cdots$
x_1	$g(x_1, y_1)$	$g(x_1, y_2)$	$g(x_1, y_3)$	$\cdots$
x_2	$g(x_2, y_1)$	$g(x_2, y_2)$	$g(x_2, y_2)$	$\cdots$
$\vdots$	$\vdots$	$\vdots$	$\vdots$	

如果这些 $g(x_i, y_j)$ 的值各不相等,则将它们依值的大小排成一列,并将对应的概率值列于下方,即得到 $Z = g(X,Y)$ 的概率分布律。如果 $Z = g(X,Y)$ 的取值中有某些 $g(x_i, y_j)$ 的值相同,则将对应于这些相同值的概率相加作为 Z 取 $g(x_i, y_j)$ 这个值的概率,从而也就可得到 $Z = g(X,Y)$ 的概率分布。

例 3.8　已知 (X,Y) 的概率分布表为

X \ Y	1	2	3
1	0.25	0.15	0.05
2	0.15	0.30	0.10

试求 (1) $Z_1 = X + Y$；(2) $Z_2 = \min(X,Y)$ 的概率分布律。

解：由 (X,Y) 的概率分布表可得

(X,Y)	(1,1)	(1,2)	(1,3)	(2,1)	(2,2)	(2,3)
$Z_1 = X + Y$	2	3	4	3	4	5
$Z_2 = \min(X,Y)$	1	1	1	1	2	2
p_{ij}	0.25	0.15	0.05	0.15	0.30	0.10

与随机变量函数的分布律求法相同,将 Z 的取值相同的项合并(对应概率值相加)即可。

(1) $Z_1 = X + Y$ 的概率分布律为

Z_1	2	3	4	5
P	0.25	0.30	0.35	0.10

(2) $Z_2 = \min(X,Y)$ 的概率分布律为

Z_2	1	2
P	0.60	0.40

上述方法原则上对求二维离散型随机向量函数的分布律都适用,但有时对于 (X,Y) 的较简单的函数,可利用其函数关系及有关概率意义直接用公式求解。

例 3.9　设 X、Y 为相互独立的随机变量,且分别服从泊松分布 $P(\lambda_1)$、$P(\lambda_2)$,试求 $Z = X + Y$ 的分布律。

解：因 X、Y 为相互独立的随机变量,且 $X \sim P(\lambda_1)$,$Y \sim P(\lambda_2)$,则 (X,Y) 的联合分布律为

$$P\{X=i, Y=j\} = P\{X=i\}P\{Y=j\} = \frac{\lambda_1^i}{i!}e^{-\lambda_1}\frac{\lambda_2^j}{j!}e^{-\lambda_2}, \ i,j = 0,1,2,\cdots,$$

故 $Z = X + Y$ 的分布律为

$$P\{Z=k\} = P\{X+Y=k\} = \sum_{i=0}^{k}P\{X=i, Y=k-i\} = \sum_{i=0}^{k}P\{X=i\}P\{Y=k-i\}$$

$$= \sum_{i=0}^{k}\frac{\lambda_1^i}{i!}e^{-\lambda_1}\frac{\lambda_2^{k-i}}{(k-i)!}e^{-\lambda_2} = \frac{e^{-\lambda_1}e^{-\lambda_2}}{k!}\sum_{i=0}^{k}\frac{k!}{i!\,(k-i)!}\lambda_1^i\lambda_2^{k-i}$$

$$= \frac{e^{-(\lambda_1+\lambda_2)}}{k!}(\lambda_1+\lambda_2)^k = \frac{(\lambda_1+\lambda_2)^k}{k!}e^{-(\lambda_1+\lambda_2)}, \ k=0,1,2\cdots,$$

即

$$Z = X + Y \sim \text{泊松分布 } P(\lambda_1+\lambda_2)。$$

二、二维连续型随机向量函数的分布

(一) 利用分布函数的求解法

对二维连续型随机向量的 (X,Y)，若已知其联合密度 $f(x,y)$，而要求其函数 $Z=g(X,Y)$ 的密度时，一般可先考虑 $Z=g(X,Y)$ 的分布函数

$$F_Z(z)=P\{Z\leqslant z\}=P\{g(X,Y)\leqslant z\}=\iint\limits_{g(x,y)\leqslant z}f(x,y)\mathrm{d}x\mathrm{d}y,$$

再对求出来的 $F_Z(z)$ 求导即得 $Z=g(X,Y)$ 的密度

$$f_Z(z)=F_Z'(z)。$$

例3.10 设随机变量 X 与 Y 相互独立，且均服从 $N(0,1)$ 分布，试求 $Z=\sqrt{X^2+Y^2}$ 的密度 $f_Z(z)$。

解：由 X 与 Y 相互独立，且均服从 $N(0,1)$，则 (X,Y) 的联合密度为

$$f(x,y)=f_X(x)f_Y(y)=\frac{1}{\sqrt{2\pi}}\mathrm{e}^{-\frac{x^2}{2}}\frac{1}{\sqrt{2\pi}}\mathrm{e}^{-\frac{y^2}{2}}=\frac{1}{2\pi}\mathrm{e}^{-\frac{x^2+y^2}{2}}$$

因 $Z=\sqrt{X^2+Y^2}\geqslant 0$，则

当 $z<0$ 时，$F_Z(z)=P(Z\leqslant z)=0$；

当 $z\geqslant 0$ 时，$F_Z(z)=P(Z\leqslant z)=P\{\sqrt{X^2+Y^2}\leqslant z\}=\iint\limits_{\sqrt{x^2+y^2}\leqslant z}\frac{1}{2\pi}\mathrm{e}^{-\frac{x^2+y^2}{2}}\mathrm{d}x\mathrm{d}y$

（作极坐标变换：$x=r\cos\theta,y=r\sin\theta$）

$$=\int_0^{2\pi}\left(\int_0^z\frac{1}{2\pi}\mathrm{e}^{-\frac{r^2}{2}}r\mathrm{d}r\right)\mathrm{d}\theta=\int_0^z\mathrm{e}^{-\frac{r^2}{2}}r\mathrm{d}r=[-\mathrm{e}^{-\frac{r^2}{2}}]_0^z=1-\mathrm{e}^{-\frac{z^2}{2}}。$$

因此，$Z=\sqrt{X^2+Y^2}$ 的密度为

$$f_Z(z)=F_Z'(z)=\begin{cases}z\mathrm{e}^{-\frac{z^2}{2}}, & z\geqslant 0\\0, & z<0\end{cases}。$$

该分布称为**瑞利分布**（Rayleigh distribution），在通信等问题中常应用该分布。

例3.11 在 $[0,1]$ 线段上随机地投掷两点，试求两点间距离 Z 的分布密度。

解：以 X、Y 分别表示两投掷点的坐标，则 (X,Y) 服从二维均匀分布 $U[0,1;0,1]$，其联合密度为

$$f(x,y)=\begin{cases}1, & 0\leqslant x\leqslant 1,\\0, & 其他。\end{cases}$$

应求两点间距离 $Z=|X-Y|$ 的密度函数。

首先考虑 $Z=|X-Y|$ 的分布函数

$$F_Z(z)=P\{Z\leqslant z\}=P\{|X-Y|\leqslant z\}=\iint\limits_{|x-y|\leqslant z}f(x,y)\mathrm{d}x\mathrm{d}y$$

当 $z<0$ 时, $F_Z(z)=0$;

当 $0 \leqslant z \leqslant 1$ 时,如图 3-6 所示,积分区域

$$G = \{(x,y) \mid |x-y| \leqslant z, 0 \leqslant x, y \leqslant 1\}$$

的面积为

$$\mu(G) = 1 - 2 \times \frac{1}{2}(1-z)^2 = 2z - z^2,$$

则

$$F_Z(z) = \iint\limits_{G} \mathrm{d}x\mathrm{d}y = \mu(G) = 2z - z^2;$$

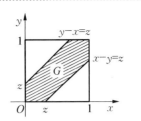

图 3-6 例 3-11 的积分区域

当 $z>1$ 时,积分区域包含整个正方形区域,则

$$F_Z(z) = \int_0^1 \int_0^1 \mathrm{d}x\mathrm{d}y = 1,$$

故

$$F_Z(z) = \begin{cases} 0, & z<0, \\ 2z-z^2, & 0 \leqslant z \leqslant 1, \\ 1, & z>1。 \end{cases}$$

而 $Z=|X-Y|$ 的密度为

$$f_Z(z) = \begin{cases} 2(1-z), & 0 \leqslant z \leqslant 1, \\ 0, & 其他。 \end{cases}$$

例 3.12(最大(小)值分布) 设 X、Y 为相互独立的随机向量,其分布函数分别为 $F_X(x)$、$F_Y(y)$,试求 $M = \max(X,Y)$ 和 $N = \min(X,Y)$ 的分布函数。

解: 对任意 z,易知,$\{\max(X,Y) \leqslant z\}$ 等价于 $\{X, Y$ 均 $\leqslant z\}$,因此 $M = \max(X,Y)$ 的分布函数为

$$F_M(z) = P\{M \leqslant z\} = P\{\max(X,Y) \leqslant z\} = P\{X \leqslant z, Y \leqslant z\}$$
$$= P\{X \leqslant z\}P\{Y \leqslant z\} = F_X(z)F_Y(z)。$$

同理,由于对任意 z,$\{\min(X,Y) > z\}$ 等价于 $\{X, Y$ 均 $> z\}$,则 $N = \min(X,Y)$ 的分布函数为

$$F_N(z) = P\{N \leqslant z\} = 1 - P\{N > z\} = 1 - P\{\min(X,Y) > z\} = 1 - P\{X > z, Y > z\}$$
$$= 1 - P\{X > z\}P\{Y > z\} = 1 - (1 - F_X(z))(1 - F_Y(z))。$$

上述结果还可推广到 $M = \max(X_1, \cdots, X_n)$, $N = \min(X_1, \cdots, X_n)$ 的情形:

设 $X_1, \cdots, X_n$ 为 n 个相互独立的随机变量,其分布函数分别为 $F_{X_1}(x), \cdots, F_{X_n}(x)$,则可同理推得 $M = \max(X_1, \cdots X_n)$ 的分布函数为

$$F_M(z) = F_{X_1}(z)F_{X_2}(z) \cdots F_{X_n}(z),$$

而 $N = \min(X_1, \cdots X_n)$ 的分布函数为

$$F_N(z) = 1 - (1 - F_{X_1}(z))(1 - F_{X_2}(z)) \cdots (1 - F_{X_n}(z))。$$

特别地,若 $X_1, \cdots, X_n$ 为 n 个独立同分布随机变量,其分布函数均为 $F_X(x)$ 时,有

$$F_M(z) = [F_X(z)]^n, \quad F_N(z) = 1 - (1 - F_X(z))^n。$$

(二) 利用变量变换的求解法

除了上述这种通过分布函数求解的很一般的方法,我们通常还利用随机向量相应的变量变换来求 (X,Y) 的函数 $Z=g(X,Y)$ 的概率分布。

设已知 (X,Y) 的联合密度为 $f(x,y)$,试求 $Z=g(X,Y)$ 的密度。

首先,我们作一适当的变量变换:

$$\begin{cases} u=g(x,y) \\ v=h(x,y), \end{cases}$$

其中 $u=g(x,y)$ 对应于 $Z=g(X,Y)$ 的取值变量,而 $v=h(x,y)$ 为任一选取的辅助变换变量,其原则是便于运算且满足以下两个条件:

(1) 存在唯一的逆变换(反函数):

$$\begin{cases} x=x(u,v) \\ y=y(u,v), \end{cases}$$

(2) 存在连续的一阶偏导数,且雅可比(Jacobi)行列式

$$J = \begin{vmatrix} \dfrac{\partial x}{\partial z} & \dfrac{\partial x}{\partial v} \\ \dfrac{\partial y}{\partial z} & \dfrac{\partial y}{\partial v} \end{vmatrix} \neq 0,$$

(通常我们可取 $v=h(x,y)=x$,或 $v=h(x,y)=y$)

则根据二重积分及变量变换的有关性质,$Z=g(X,Y)$ 的分布函数为

$$F_Z(z)=P\{g(X,Y)\leqslant z\}=\iint\limits_{g(x,y)\leqslant z} f(x,y)\mathrm{d}x\mathrm{d}y=\iint\limits_{u\leqslant z} f(x(u,v),y(u,v))|J|\mathrm{d}u\mathrm{d}v$$

$$=\int_{-\infty}^{z}\left[\iint_{-\infty}^{\infty} f(x(u,v),y(u,v))|J|\mathrm{d}v\right]\mathrm{d}u,$$

再由密度的定义,知 $Z=g(X,Y)$ 的密度为

$$f_Z(z)=\int_{-\infty}^{\infty} f(x(z,v),y(z,v))|J|\mathrm{d}v。$$

实际上,此时 $Z=g(X,Y)$、$W=h(X,Y)$ 构成的随机向量 (Z,W) 的联合密度为

$$f_{(Z,W)}(u,v)=f(x(u,v),y(u,v))|J|。$$

上列 $f_Z(z)$ 的公式非常重要,它能使我们较简便地求出所需的 $Z=g(X,Y)$ 密度。在应用该公式时,为对应于公式中的变量符号,常把变换写为

$$\begin{cases} z=g(x,y) \\ v=h(x,y), \end{cases} \quad \text{则} \quad \begin{cases} x=x(z,v) \\ y=y(z,v), \end{cases}$$

而

$$J = \begin{vmatrix} \dfrac{\partial x}{\partial z} & \dfrac{\partial x}{\partial v} \\ \dfrac{\partial y}{\partial z} & \dfrac{\partial y}{\partial v} \end{vmatrix}。$$

例 3.13(和的分布) 设已知(X,Y)的联合密度为$f(x,y)$,试求:

(1) $X+Y$的密度;

(2) 当X、Y相互独立且均服从$N(0,1)$分布时,$X+Y$的密度。

解:(1) 对$Z=X+Y$,因$(X,Y)\sim f(x,y)$,作变量变换:

$$\begin{cases} z=x+y \\ v=x \end{cases} \text{其逆变换为} \begin{cases} x=v \\ y=z-v \end{cases}$$

而

$$J=\begin{vmatrix} \dfrac{\partial x}{\partial z} & \dfrac{\partial x}{\partial v} \\ \dfrac{\partial y}{\partial z} & \dfrac{\partial y}{\partial v} \end{vmatrix}=\begin{vmatrix} 0 & 1 \\ 1 & -1 \end{vmatrix}=-1,$$

则$Z=X+Y$的密度为

$$f_Z(z)=\int_{-\infty}^{\infty}f(x(z,v),y(z,v))\,|J|\,\mathrm{d}v=\int_{-\infty}^{\infty}f(v,z-v)\,\mathrm{d}v=\int_{-\infty}^{\infty}f(x,z-x)\,\mathrm{d}x.$$

由X、Y的对称性(或作变量变换)

$$\begin{cases} z=x+y \\ v=y \end{cases}$$

可推得:

$$f_Z(z)=\int_{-\infty}^{\infty}f(z-y,y)\,\mathrm{d}y。$$

特别地,当X、Y相互独立,且其密度分别为$f_X(x)$、$f_Y(y)$时,

$$f_Z(z)=\int_{-\infty}^{\infty}f_X(x)f_Y(z-x)\,\mathrm{d}x=\int_{-\infty}^{\infty}f_X(z-y)f_Y(y)\,\mathrm{d}y,$$

这通常称为连续型随机变量的**卷积公式**(convolution formula)。

(2) 因X、Y相互独立,且均服从$N(0,1)$分布,故有

$$X\sim f_X(x)=\frac{1}{\sqrt{2\pi}}\mathrm{e}^{-\frac{x^2}{2}},\ Y\sim f_Y(y)=\frac{1}{\sqrt{2\pi}}\mathrm{e}^{-\frac{y^2}{2}}$$

则对于$Z=X+Y$,有

$$f_Z(x)=\int_{-\infty}^{\infty}f_X(x)f_Y(z-x)\,\mathrm{d}x=\int_{-\infty}^{\infty}\frac{1}{\sqrt{2\pi}}\mathrm{e}^{-\frac{x^2}{2}}\frac{1}{\sqrt{2\pi}}\mathrm{e}^{-\frac{(z-x)^2}{2}}\,\mathrm{d}x$$

$$=\frac{1}{2\sqrt{\pi}}\mathrm{e}^{-\frac{z^2}{4}}\int_{-\infty}^{\infty}\frac{1}{\sqrt{2\pi}\left(\frac{1}{\sqrt{2}}\right)}\exp\left\{-\frac{\left(x-\frac{z}{2}\right)^2}{2\left(\frac{1}{\sqrt{2}}\right)^2}\right\}\mathrm{d}x=\frac{1}{2\sqrt{\pi}}\mathrm{e}^{-\frac{z^2}{4}},\ -\infty<z<+\infty$$

即

$$Z=X+Y\sim N(0,2)。$$

一般地,我们可通过类似证明得到以下结果。

定理 3.6 (1) 设随机变量X与Y相互独立,且$X\sim N(\mu_1,\sigma_1^2)$,$Y\sim N(\mu_2,\sigma_2^2)$,则

$$Z = X + Y \sim N(\mu_1 + \mu_2, \sigma_1^2 + \sigma_2^2)。$$

该结论还可推广到 n 个随机变量情形,即:

若随机变量 $X_1, X_2, \cdots, X_n$ 相互独立,且 X_i 服从 $N(\mu_i, \sigma_i^2)$ 分布 $(i = 1, 2, \cdots n)$,则

$$Z = X_1 + \cdots + X_n \sim N(\mu_1 + \cdots + \mu_n, \sigma_1^2 + \cdots + \sigma_n^2)。$$

(证明从略)

例 3.14(商的分布) 设已知 (X, Y) 的联合密度为 $f(x, y)$,试求:

(1) $Z = X/Y$ 的密度;

(2) 当 X、Y 相互独立且均服从 $N(0, 1)$ 分布时,$Z = X/Y$ 的密度。

解:(1) 对 $Z = X/Y$,作变换

$$\begin{cases} z = x/y \\ v = y, \end{cases} \quad \text{其逆变换为} \quad \begin{cases} x = zv \\ y = v, \end{cases}$$

而

$$J = \begin{vmatrix} \dfrac{\partial x}{\partial z} & \dfrac{\partial x}{\partial v} \\ \dfrac{\partial y}{\partial z} & \dfrac{\partial y}{\partial v} \end{vmatrix} = \begin{vmatrix} v & z \\ 0 & 1 \end{vmatrix} = v,$$

则 $Z = X/Y$ 的密度为

$$f_Z(z) = \int_{-\infty}^{\infty} f(x(z,v), y(z,v)) \, |J| \, dv = \int_{-\infty}^{\infty} f(zv, v) \, |v| \, dv = \int_{-\infty}^{\infty} f(zy, y) \, |y| \, dy。$$

特别地,若随机变量 X 与 Y 相互独立,其密度分别为 $f_X(x)$、$f_Y(y)$ 时,有

$$f_Z(z) = \int_{-\infty}^{\infty} f_X(zy) f_Y(y) \, |y| \, dy。$$

(2) 因 X、Y 相互独立,且且均服从 $N(0, 1)$ 分布,故

$$X \sim f_X(x) = \frac{1}{\sqrt{2\pi}} \exp\left\{ -\frac{x^2}{2} \right\}, \quad -\infty < x < +\infty$$

$$Y \sim f_Y(y) = \frac{1}{\sqrt{2\pi}} \exp\left\{ -\frac{y^2}{2} \right\}, \quad -\infty < y < +\infty$$

则对 $Z = X/Y$,有

$$f_Z(z) = \int_{-\infty}^{\infty} f_X(zy) f_Y(y) \, |y| \, dy = \int_{-\infty}^{\infty} \frac{1}{\sqrt{2\pi}} \exp\left\{ -\frac{(zy)^2}{2} \right\} \frac{1}{\sqrt{2\pi}} \exp\left\{ -\frac{y^2}{2} \right\} |y| \, dy$$

$$= \frac{1}{2\pi} \left(\int_0^{\infty} \exp\left\{ -\frac{(z^2+1)}{2} y^2 \right\} y \, dy - \int_{-\infty}^0 \exp\left\{ -\frac{(z^2+1)}{2} y^2 \right\} y \, dy \right)$$

$$= \frac{1}{2\pi} \left(-\frac{1}{(1+z^2)} \exp\left\{ -\frac{(z^2+1)}{2} y^2 \right\} \Big|_0^{\infty} + \frac{1}{(1+z^2)} \exp\left\{ -\frac{(z^2+1)}{2} y^2 \right\} \Big|_{-\infty}^0 \right)$$

$$= \frac{1}{\pi(1+z^2)}, \quad -\infty < z < +\infty。$$

该分布称为**柯西(Cauchy)分布**,它也是常见的连续型分布之一。

当然,本例也可利用求其分布函数的一般方法来解,读者不妨自己练习一下。

在应用求 $Z = g(X, Y)$ 的密度公式

$$f_Z(z) = \int_{-\infty}^{\infty} f(x(z,v), y(z,v)) |J| \, \mathrm{d}v$$

时,应注意,如果 (X, Y) 的联合密度仅在某个区域 G 上非零,即

$$f(x, y) = \begin{cases} >0, & (x, y) \in G \\ 0, & \text{其他,} \end{cases}$$

则我们只需在 G 上考虑变换

$$\begin{cases} z = g(x, y) \\ v = h(x, y) \end{cases}$$

得到 (z, v) 所对应的非零区域 G^*,然后利用该公式在相应于 G^* 的 v 区间上积分得到所求的密度 $f_Z(z)$;而在 $\{z \mid (z, v) \notin G^*\}$ 上,总有 $f_Z(z) = 0$。

例 3.15 设 (X, Y) 的联合密度为

$$f(x, y) = \begin{cases} \mathrm{e}^{-(x+y)}, & x > 0, y > 0, \\ 0, & \text{其他。} \end{cases}$$

试求 $Z = X - Y$ 的密度 $f_Z(z)$。

解一: 对应于 $Z = X - Y$,作变换

$$\begin{cases} z = x - y \\ v = y, \end{cases} \quad (x > 0, y > 0),$$

其逆变换为

$$\begin{cases} x = z + v \\ y = v, \end{cases} \quad (z + v > 0, v > 0),$$

而

$$J = \begin{vmatrix} \dfrac{\partial x}{\partial z} & \dfrac{\partial x}{\partial v} \\ \dfrac{\partial y}{\partial z} & \dfrac{\partial y}{\partial v} \end{vmatrix} = \begin{vmatrix} 1 & 1 \\ 0 & 1 \end{vmatrix} = 1。$$

因仅在 $z + v > 0$、$v > 0$,即 $v > -z$、$v > 0$ 上

$$f(x(z,v), y(z,v)) \neq 0,$$

当 $z < 0$ 时,$f_Z(z) = \displaystyle\int_{-\infty}^{\infty} f(x(z,v), y(z,v)) \mathrm{d}v = \int_{-z}^{+\infty} f(z+v, v) \mathrm{d}v$

$$= \int_{-z}^{+\infty} \mathrm{e}^{-(z+2v)} \mathrm{d}v = \frac{1}{2} \mathrm{e}^z;$$

当 $z \geqslant 0$ 时,$f_Z(z) = \displaystyle\int_{-\infty}^{\infty} f(z+v, v) \mathrm{d}v = \int_0^{+\infty} \mathrm{e}^{-(z+2v)} \mathrm{d}v = \mathrm{e}^{-z} \int_0^{\infty} \mathrm{e}^{-2v} \mathrm{d}v = \frac{1}{2} \mathrm{e}^{-z}。$

故 $Z = X - Y$ 的密度为

$$f_Z(z)=\begin{cases}\dfrac{1}{2}e^z, & z<0\\[2mm]\dfrac{1}{2}e^{-z}, & z\geqslant 0\end{cases}=\frac{1}{2}e^{-|z|},\ -\infty<z<\infty$$

解二：我们再用求分布函数的一般方法来解该题。

$Z=X-Y$ 的分布函数为

$$F_Z(z)=P\{X-Y\leqslant z\}=\iint\limits_{x-y\leqslant z}f(x,y)\mathrm{d}x\mathrm{d}y=\iint\limits_{x-y\leqslant z,x>0,y>0}e^{-(x+y)}\mathrm{d}x\mathrm{d}y,$$

当 $z<0$ 时，积分区域为图 3-7 阴影部分所示的三角形无穷区域，故

$$F_Z(z)=\int_0^{+\infty}\left(\int_{x-z}^{+\infty}e^{-(x+y)}\mathrm{d}y\right)\mathrm{d}x\left(或=\int_{-z}^{+\infty}\left(\int_0^{y+z}e^{-(x+y)}\mathrm{d}x\right)\mathrm{d}y\right)=\int_0^{+\infty}e^{-x}e^{-x+z}\mathrm{d}x=\frac{1}{2}e^z;$$

当 $z\geqslant 0$ 时，积分区域为图 3-8 所示的阴影部分，故

$$F_Z(z)=\int_0^{+\infty}\left(\int_0^{y+z}e^{-(x+y)}\mathrm{d}x\right)\mathrm{d}y=\int_0^{+\infty}e^{-y}(1-e^{-(y+z)})\mathrm{d}y=1-\frac{1}{2}e^{-z}。$$

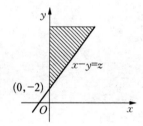 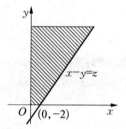

图 3-7　例 3.15 当 $z<0$ 时的积分区域　　　图 3-8　例 3.15 当 $z>0$ 时的积分区域

故 $Z=X-Y$ 的密度为

$$f_1(z)=F_Z'(z)=\begin{cases}\dfrac{1}{2}e^z, & z<0\\[2mm]\dfrac{1}{2}e^{-z}, & z\geqslant 0\end{cases}=\frac{1}{2}e^{-|z|},\ -\infty<z<\infty。$$

　　由上可知，在一般情况下，用积分变量变换来求随机向量函数的分布较为简便，但要注意积分区域的确定。对于相互独立的随机变量，求其和的分布则用卷积公式来解比较便利。最后我们来看个 (X,Y) 的函数 $Z=g(X,Y)$ 在实际应用中的例子。

　　例 3.16　设系统 L 由两个独立的子系统 L_1、L_2 联结而成，联结的方式分别为：(1) 串联；(2) 并联；(3) 备用（子系统 L_1 损坏时，L_2 立即开始工作），如图 3-9 所示。已知 L_1、L_2 的寿命分别为 X、Y，且 X、Y 的密度分别为

$$f_X(x)=\begin{cases}ae^{-ax}, & x>0\\0, & x\leqslant 0,\end{cases}\quad f_Y(y)=\begin{cases}be^{-by}, & y>0\\0, & y\leqslant 0,\end{cases}$$

其中 a、b 均 >0 且 $a\neq b$，试分别就这三种联结方式求出系统 L 的寿命 Z 的密度 $f_Z(z)$。

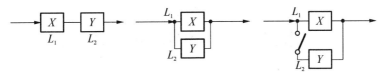

图 3-9 三种联结方式

解:(1) 串联时只要 L_1、L_2 其中之一损坏时,L 就停止工作,则 L 的寿命为

$$Z = \min(X, Y)。$$

易知 X、Y 的分布函数分别为

$$F_X(x) = \int_{-\infty}^{x} f(t) \mathrm{d}t = \begin{cases} 1 - \mathrm{e}^{-ax}, & x > 0 \\ 0, & x \leqslant 0, \end{cases}$$

$$F_Y(y) = \int_{-\infty}^{y} f(t) \mathrm{d}t = \begin{cases} 1 - \mathrm{e}^{-by}, & y > 0 \\ 0, & y \leqslant 0, \end{cases}$$

利用例 3.12 的结果,知 $Z = \min(X, Y)$ 的分布函数为

$$F_Z(z) = 1 - (1 - F_X(z))(1 - F_Y(z)) = \begin{cases} 1 - \mathrm{e}^{-(a+b)z}, & z > 0 \\ 0, & z \leqslant 0。 \end{cases}$$

故 $Z = \min(X, Y)$ 的密度为

$$f_Z(z) = F_Z'(z) = \begin{cases} (a+b)\mathrm{e}^{-(a+b)z}, & z > 0 \\ 0, & z \leqslant 0。 \end{cases}$$

(2) 并联时只有当 L_1、L_2 都损坏时,系统 L 才停止工作,则系统 L 的寿命为

$$Z = \max(X, Y)。$$

再利用例 3.12 的结果,$Z = \max(X, Y)$ 的分布函数为

$$F_Z(z) = F_X(z)F_Y(z) = \begin{cases} (1 - \mathrm{e}^{-az})(1 - \mathrm{e}^{-bz}), & z > 0 \\ 0, & z \leqslant 0。 \end{cases}$$

则 $Z = \max(X, Y)$ 的密度为

$$f_Z(z) = F_Z'(z) = \begin{cases} a\mathrm{e}^{-az} + b\mathrm{e}^{-bz} - (a+b)\mathrm{e}^{-(a+b)z}, & z > 0 \\ 0, & z \leqslant 0。 \end{cases}$$

(3) 备用时,当 L_1 损坏时 L_2 才开始工作,则 L 的寿命为

$$Z = X + Y。$$

利用例 3.13(1) 中的卷积公式,$Z = X + Y$ 的密度为

$$f_Z(z) = \int_{-\infty}^{\infty} f_X(z-y)f_Y(y)\mathrm{d}y = \iint_{z-y>0, y>0} a\mathrm{e}^{-a(z-y)} b\mathrm{e}^{-by}\mathrm{d}y$$

$$= \begin{cases} \int_0^z ab\mathrm{e}^{-az}\mathrm{e}^{(a-b)y}\mathrm{d}y = \begin{cases} \dfrac{ab}{b-a}(\mathrm{e}^{-az} - \mathrm{e}^{-bz}), & z > 0 \\ 0, & z \leqslant 0。 \end{cases} \\ 0 \end{cases}$$

第六节　n 维随机向量

前面我们讨论了二维随机向量及其分布等问题,对于更一般的 n 维随机向量及其分布的讨论,本质上与二维随机向量情形无多大区别。这里我们仅列举一些有关 n 维随机向量的基本概念和重要结果,它们是由二维随机向量相应的概念和结果推广而得的。

一、n 维随机向量及其分布

定义 3.9 设 $\boldsymbol{X}=(X_1,\cdots,X_n)$ 为 n 维随机向量,对任意实数 $x_1,\cdots,x_n$,称 n 元函数

$$F(x_1,\cdots,x_n)=P\{X_1\leqslant x_1,X_2\leqslant x_2,\cdots,X_n\leqslant x_n\}$$

为随机向量 $\boldsymbol{X}=(X_1,\cdots,X_n)$ 的**分布函数**。

下面我们主要讨论 n 维连续型随机向量。

定义 3.10 设 $\boldsymbol{X}=(X_1,\cdots,X_n)$ 为 n 维随机向量,若存在非负函数 $f(x_1,\cdots,x_n)$ 使得对任意实数 $x_1,\cdots,x_n$,有

$$F(x_1,\cdots,x_n)=\int_{-\infty}^{x_1}\int_{-\infty}^{x_2}\cdots\int_{-\infty}^{x_n}f(u_1,u_2,\cdots,u_n)\mathrm{d}u_1\mathrm{d}u_2\cdots\mathrm{d}u_n$$

则称 $\boldsymbol{X}=(X_1,\cdots,X_n)$ 为 n 维连续型随机向量(n-dimensional continuous random vector),称 $F(x_1,\cdots,x_n)$ 为 $\boldsymbol{X}$ 的 n 维联合分布函数(n-dimensional joint distribution function),而称 $f(x_1,\cdots,x_n)$ 为 $\boldsymbol{X}$ 的 n 维联合密度(n-dimensional joint density)。

易知,n 维联合密度 $f(x_1,\cdots,x_n)$ 具有以下性质:

(1) 对任意 $x_1,\cdots,x_n,f(x_1,\cdots,x_n)\geqslant0$;

(2) $\int_{-\infty}^{\infty}\cdots\int_{-\infty}^{\infty}f(x_1,\cdots,x_n)\mathrm{d}x_1\cdots\mathrm{d}x_n=1$;

(3) 设 G 为 n 维空间上的任一区域,则

$$P\{(X_1,\cdots,X_n)\in G\}=\int_G\cdots\int f(x_1,\cdots,x_n)\mathrm{d}x_1\cdots\mathrm{d}x_n;$$

(4) 若 $f(x_1,\cdots,x_n)$ 在点 $(x_1,\cdots,x_n)$ 处连续,则有

$$\frac{\partial^n F(x_1,x_2,\cdots,x_n)}{\partial x_1\partial x_2\cdots\partial x_n}=f(x_1,x_2,\cdots,x_n)。$$

定义 3.11 我们将 $\boldsymbol{X}=(X_1,\cdots,X_n)$ 的任意 $k(1\leqslant k<n)$ 个分量构成的 k 维子向量 $(X_1,\cdots,X_k)$ 所服从的分布函数和密度分别称为 $\boldsymbol{X}=(X_1,\cdots,X_n)$ 的 k 维边缘分布函数(k-dimensional marginal distribution function)和 k 维边缘密度(k-dimensional marginal density)。

例如,称$(X_1,\cdots,X_k)(1\leqslant k<n)$的分布函数

$$F_{12\cdots k}(x_1,\cdots,x_k)=P\{X_1\leqslant x_1,\cdots,X_k\leqslant x_k\}=\lim_{\substack{x_{k+1}\to+\infty\\ \cdots\\ x_n\to+\infty}}F(x_1,\cdots,x_k,x_{k+1},\cdots,x_n)$$

为$(X_1,\cdots,X_k)$的k维边缘分布函数。而其密度

$$f(x_1,\cdots,x_k)=\int_{-\infty}^{\infty}\cdots\int_{-\infty}^{\infty}f(x_1,\cdots x_k,x_{k+1},\cdots)\mathrm{d}x_{k+1}\cdots\mathrm{d}x_n$$

为$(X_1,\cdots,X_k)$的k维边缘密度。特别地,称每个分量$X_i(1\leqslant i\leqslant n)$的分布函数

$$F_i(x_i)=P\{X_i\leqslant x_i\}=\lim_{\substack{x_j\to+\infty\\(j\neq i)}}F(x_1,\cdots,x_{i-1},x_i,\cdots,x_n)$$

为X_i的一维边缘分布函数。相应地,将X_i的密度

$$f_i(x_i)=\int_{-\infty}^{\infty}\cdots\int_{-\infty}^{\infty}f(x_1,\cdots,x_n)\mathrm{d}x_1\cdots\mathrm{d}x_{i-1}\mathrm{d}x_{i+1}\cdots\mathrm{d}x_n$$

称为X_i的一维边缘密度。

对n维随机向量$\boldsymbol{X}=(X_1,\cdots,X_n)$,其函数$Y=g(X_1,\cdots,X_n)$为一维随机变量。若已知$\boldsymbol{X}=(X_1,\cdots,X_n)$的联合密度$f(x_1,\cdots,x_2)$,欲求$Y=g(X_1,\cdots,X_n)$的函数$f_Y(y)$时,同样我们可先考虑$Y$的分布函数

$$F_Y(y)=P\{g(X_1,\cdots,X_n)\leqslant y\}=\int\cdots\int_{g(x_1,\cdots x_n)\leqslant y}f(x_1,\cdots,x_n)\mathrm{d}x_1\cdots\mathrm{d}x_n,$$

算出该n重积分后再对其求导,即得$Y=g(X_1,\cdots,X_n)$的密度

$$f_Y(y)=F_Y'(y)。$$

二、n 维正态随机向量

下面我们来考察最常用的n维随机向量——n维正态随机向量。

> **定义 3.12** 设$\boldsymbol{\mu}=(\mu_1,\cdots,\mu_n)'$为一实值列向量,$\boldsymbol{B}=(b_{ij})_{n\times n}$为一个$n$阶正定对称矩阵,其逆矩阵和行列式分别为$\boldsymbol{B}^{-1},|\boldsymbol{B}|$,若$\boldsymbol{X}=(X_1,\cdots,X_n)$的密度为
> $$f(x_1,\cdots,x_n)=\frac{1}{(2\pi)^{\frac{n}{2}}|\boldsymbol{B}|^{\frac{1}{2}}}\exp\left\{-\frac{1}{2}(\boldsymbol{x}-\boldsymbol{\mu})'\boldsymbol{B}^{-1}(\boldsymbol{x}-\boldsymbol{\mu})\right\}$$
> 其中$\boldsymbol{x}=(x_1,\cdots,x_n)'$,则称$\boldsymbol{X}=(X_1,\cdots,X_n)$为$n$维正态随机向量(n-dimensional normal random vector),并称$\boldsymbol{X}=(X_1,\cdots,X_n)$服从$n$维正态分布(n-dimensional normal distribution),记为
> $$\boldsymbol{X}=(X_1,\cdots,X_n)\sim N(\boldsymbol{\mu},\boldsymbol{B})。$$

在多元统计分析中,n维正态分布起着非常重要的作用。同时,n维正态分布具有一些非常好的性质,这里不加证明地列出一些主要的性质。

定理 3.7 n 维正态随机向量 $\boldsymbol{X}=(X_1,\cdots,X_n)$ 中的任意 k 维子向量 $(X_1,\cdots,X_k)$ $(1\leqslant k<n)$ 也服从 k 维正态分布。特别地,n 维正态随机向量中的每个分量 X_i $(i=1,\cdots,n)$ 都服从一维正态分布。反之,若 X_i $(i=1,\cdots,n)$ 都服从正态分布,且相互独立,则 $\boldsymbol{X}=(X_1,\cdots,X_n)$ 服从 n 维正态分布。

定理 3.8 $\boldsymbol{X}=(X_1,\cdots,X_n)$ 服从 n 维正态分布的充要条件是它的各个分量 X_i $(i=1,\cdots,n)$ 的任意线性组合均服从一维正态分布。即对任意 n 元实值向量 $\boldsymbol{l}=(l_1,\cdots,l_n)'$,有

$$\boldsymbol{X}=(X_1,\cdots,X_n)\sim N(\boldsymbol{\mu},\boldsymbol{B})\Leftrightarrow \boldsymbol{l}'\boldsymbol{X}=\sum_{i=1}^{n}l_iX_i\sim N(\boldsymbol{l}'\boldsymbol{\mu},\boldsymbol{l}'\boldsymbol{B}\boldsymbol{l})(\text{一维正态分布}).$$

定理 3.9(正态变量线性变换的不变性) 若 $\boldsymbol{X}=(X_1,\cdots,X_n)$ 服从 n 维正态分布,设 $Y_1,Y_2,\cdots,Y_k$ 为 $X_1,X_2,\cdots,X_n$ 的线性函数,则 $\boldsymbol{Y}=(Y_1,Y_2,\cdots,Y_k)$ 也服从 k 维正态分布。如用矩阵形式来表示:若 $\boldsymbol{X}=(X_1,\cdots,X_n)\sim N(\boldsymbol{\mu},\boldsymbol{B})$,$\boldsymbol{C}=[c_{ij}]_{k\times n}$ 为 $k\times n$ 阶实数矩阵,则

$$\boldsymbol{Y}=\boldsymbol{C}'\boldsymbol{X}\sim N(\boldsymbol{C}'\boldsymbol{\mu},\boldsymbol{C}\boldsymbol{B}\boldsymbol{C}').$$

三、n 个随机变量的独立性

定义 3.13 设 $X_1,\cdots,X_n$ 为 n 个随机变量,若对任意 $x_1,\cdots,x_n$,有

$$P\{X_1\leqslant x_1,\cdots X_n\leqslant x_n\}=P\{X_1\leqslant x_1\}P\{X_2\leqslant x_2\}\cdots P\{X_n\leqslant x_n\}$$

即

$$F(x_1,\cdots,x_n)=F_1(x_1)F_2(x_2)\cdots F_n(x_n)$$

则称 $X_1,X_2,\cdots,X_n$ 相互独立。

定理 3.10 若 $\boldsymbol{X}=(X_1,\cdots,X_n)$ 为 n 维连续型随机向量,$f_i(x_i)$ 为 X_i 的边缘密度,$i=1,2,\cdots,n$,则 $X_1,\cdots,X_n$ 相互独立的充分必要条件为

$$f(x_1,x_2,\cdots,x_n)=f_1(x_1)f_2(x_2)\cdots f_n(x_n).$$

即此时,边缘密度可唯一地确定其联合密度。

n 个随机变量 $X_1,\cdots,X_n$ 相互独立,可直观地理解为这 n 个随机变量的取值互不影响。由此可直观推定:将这 n 个随机变量任意分组(各组间无相同的随机变量),由各组随机变量所生成的函数也为相互独立的。如 $X_1^2,X_2^2,\cdots,X_n^2$ 也是相互独立的,又如 $X_1^2,X_2^2+X_3^2$,$X_4+\cdots+X_n$ 也是相互独立的,等等,这些结论可严格证明。

例 3.17 设 n 维随机向量 $\boldsymbol{X}=(X_1,X_2,\cdots,X_n)'\sim N(\boldsymbol{\mu},\boldsymbol{B})$,其中

$$\boldsymbol{\mu}=\begin{pmatrix}\mu_1\\\mu_2\\\vdots\\\mu_n\end{pmatrix},\quad \boldsymbol{B}=\begin{pmatrix}\sigma_1^2&&&\\&\sigma_2^2&&\\&&\ddots&\\&&&\sigma_n^2\end{pmatrix}$$

试证：$X_1, X_2, \cdots, X_n$ 相互独立。

（注：本书中，矩阵所含的元素为 0 用空白表示）。

证明：因 B 为对角形矩阵，则 $|B| = \sigma_1^2 \sigma_2^2 \cdots \sigma_n^2$，

$$B^{-1} = \begin{pmatrix} \dfrac{1}{\sigma_1^2} & & & \\ & \dfrac{1}{\sigma_2^2} & & \\ & & \ddots & \\ & & & \dfrac{1}{\sigma_n^2} \end{pmatrix}$$

故 $X = (X_1, \cdots, X_n)$ 的联合密度为

$$f(x_1, \cdots, x_n) = \frac{1}{(2\pi)^{\frac{n}{2}} |B|^{\frac{1}{2}}} \exp\left\{ -\frac{1}{2}(x - \mu)' B^{-1}(x - \mu) \right\}$$

$$= \frac{1}{(2\pi)^{\frac{n}{2}} \sigma_1 \sigma_2 \cdots \sigma_n} \exp\left\{ -\frac{1}{2} \sum_{i=1}^{n} \frac{(x_i - \mu_i)^2}{\sigma_i^2} \right\}$$

而 X_i 的边缘密度为

$$f_i(x_i) = \int_{-\infty}^{\infty} \cdots \int_{-\infty}^{\infty} f(x_1, \cdots, x_n) \mathrm{d}x_1 \cdots \mathrm{d}x_{i-1} \mathrm{d}x_{i+1} \cdots \mathrm{d}x_n$$

$$= \frac{1}{\sqrt{2\pi}\,\sigma_i} \exp\left\{ -\frac{(x_i - \mu_i)^2}{2\sigma_i^2} \right\} \prod_{\substack{j=1 \\ j \neq i}}^{n} \int_{-\infty}^{\infty} \frac{1}{\sqrt{2\pi}\,\sigma_j} \exp\left\{ -\frac{(x_j - \mu_j)^2}{2\sigma_j^2} \right\} \mathrm{d}x_j$$

$$= \frac{1}{\sqrt{2\pi}\,\sigma_i} \exp\left\{ -\frac{(x_i - \mu_i)^2}{2\sigma_i^2} \right\}, \quad (i = 1, 2, \cdots, n),$$

则有

$$f_1(x_1) \cdots f_n(x_n) = \prod_{i=1}^{n} \frac{1}{\sqrt{2\pi}\,\sigma_i} \exp\left\{ -\frac{(x_i - \mu_i)^2}{2\sigma_i^2} \right\}$$

$$= \frac{1}{(2\pi)^{\frac{n}{2}} \sigma_1 \sigma_2 \cdots \sigma_n} \exp\left\{ -\frac{1}{2} \sum_{i=1}^{n} \frac{(x_i - \mu_i)^2}{\sigma_i^2} \right\} = f(x_1, \cdots, x_n)$$

故 $X_1, \cdots, X_n$ 相互独立。（证毕）

知识链接

"数学王子"高斯与正态分布

　　德国著名数学家、天文学家高斯(C.F.Gauss,1777—1855)被认为是历史上最伟大的数学家之一,并有"数学王子"的美誉。

　　1792 年,15 岁的高斯进入卡罗琳学院,在那里,他独立发现了二项式定理的一般形式、数论上的"二次互反律"、素数定理及算术-几何平均数等,发展了数学分析理论。

　　1795 年 18 岁的高斯转入哥廷根大学,其间发现了质数分布定理和最小二乘法,发明了用圆规和直尺绘制正十七边形的尺规作图法。通过对足够多的测量数据误差的处理后,成功地得到高斯钟形曲线即正态分布曲线,该函数被命名为标准正态分布(或高斯分布),并在概率计算中大量使用。其后他在谷神星轨迹的测定、代数学基本定理的证明、非欧几里得几何的创立、微分几何及大地测量学等方面研究都有重大贡献。

　　作为一个伟大的数学家,高斯对科学的贡献不胜枚举。现今德国 10 马克的印有高斯头像的钞票,其上还印有正态分布的密度曲线。这是否意味着在高斯的一切科学贡献中,其对人类文明影响最大的就是源于测量数据误差的正态分布?

习题三

　　1. 从一只装有 3 支蓝笔、2 支红笔、3 支绿笔的盒子中,随机抽取 2 支,若 X、Y 分别表示抽出的蓝笔数和红笔数,试求 (X,Y) 的联合分布律。

　　2. 掷两颗均匀骰子,以 X 表示第一颗骰子所出现的点数,Y 表示两颗骰子中所出现的点数最大者,试求 (X,Y) 的联合分布律和边缘分布律。

　　3. 一射手进行射击,直至击中目标两次。设他每次射击的命中率为 $p(0<p<1)$,现以 X 表示首次击中目标所需射击次数,Y 表示射击总次数。试求:(1) (X,Y) 的联合分布律和边缘分布律;(2) X,Y 的条件分布律。

　　4. 设随机向量 (X,Y) 的联合分布为

X＼Y	1	2
1	1/8	1/4
2	1/8	1/2

　　试问 X 与 Y 是否相互独立? 并求 $P\{XY\leqslant 3\}$、$P\{X+Y>2\}$、$P\{X/Y>1\}$ 的值。

　　5. 设随机向量 (X,Y) 的联合分布为

X＼Y	1	2	3
1	1/6	1/9	1/18
2	1/3	a	b

　　试求 a、b 取何值时,X 与 Y 相互独立?

　　6. 已知非负函数 $g(x)$ 满足 $\int_0^\infty g(x)\mathrm{d}x = 1$,又设

$$f(x,y)=\begin{cases} \dfrac{2g(\sqrt{x^2+y^2})}{\pi\sqrt{x^2+y^2}}, & 0<x,y<+\infty, \\ 0, & \text{其他}. \end{cases}$$

试问 $f(x,y)$ 是否满足二维联合密度的条件?

7. 设 (X,Y) 的联合分布函数为

$$F(x,y)=\begin{cases}1-\mathrm{e}^{-x}-\mathrm{e}^{-y}+\mathrm{e}^{-(x+y)}, & x>0,y>0,\\ 0, & 其他。\end{cases}$$

试问 X 与 Y 是否相互独立?

8. 设 (X,Y) 的联合密度为

$$f(x,y)=\begin{cases}Ax^2+2xy^2, & 0\leqslant x\leqslant 1,0\leqslant y\leqslant 1,\\ 0, & 其他。\end{cases}$$

试求:(1) 常数 A;(2) 边缘密度 $f_X(x),f_Y(y)$。

9. 设 (X,Y) 的联合密度为

$$f(x,y)=\begin{cases}A\sin(x+y), & 0<x<\dfrac{2}{\pi},0<y<\dfrac{2}{\pi},\\ 0, & 其他。\end{cases}$$

试求:(1) 常数 A;(2) 边缘密度 $f_X(x),f_Y(y)$。

10. 设 (X,Y) 的联合密度为

$$F(x,y)=\begin{cases}0, & x<0 \text{ 或 } y<0\\ xy, & 0\leqslant x\leqslant 1 \text{ 且 } 0\leqslant y\leqslant 1,\\ y, & x\geqslant 1 \text{ 且 } 0\leqslant y\leqslant 1,\\ x, & 0\leqslant x<1 \text{ 且 } y\geqslant 1,\\ 1, & x\geqslant 1 \text{ 且 } y\geqslant 1,\end{cases}$$

试求:(1) X、Y 的边缘分布函数和边缘密度;(2) (X,Y) 的联合密度。

11. 设 (X,Y) 在 $y=x^2$ 与 $y=x$ 所围成的区域 G 内服从二维均匀分布,试求 (X,Y) 的联合密度和边缘密度。

12. 设 (X,Y) 的联合密度为

$$f(x,y)=\begin{cases}\lambda_1\lambda_2\mathrm{e}^{-(\lambda_1 x+\lambda_2 y)}, & x>0,y>0,\\ 0, & 其他。\end{cases}$$

试求 (X,Y) 的联合分布函数 $F(x,y)$。

13. 设 (X,Y) 的联合密度为

$$f(x,y)=\begin{cases}A(R-\sqrt{x^2+y^2}), & \sqrt{x^2+y^2}\leqslant R,\\ 0, & 其他。\end{cases}$$

试求:(1) 常数 A;(2) $P\{X^2+Y^2\leqslant r^2\}(r<R)$。

14. (1) 若 (X,Y) 的联合密度为

$$f(x,y)=\begin{cases}\dfrac{1}{81}x^2y^2, & 0<x<3,0<y<3,\\ 0, & 其他。\end{cases}$$

试问 X 与 Y 是否相互独立?

(2) 若 (X,Y) 的联合密度为

$$f(x,y)=\begin{cases}\dfrac{2}{81}x^2y^2, & 0<x<y<3,\\[2mm]0, & \text{其他。}\end{cases}$$

试问 X 与 Y 是否相互独立?

15. 设 (X,Y) 的联合密度为

$$f(x,y)=\begin{cases}\dfrac{3}{16}(4-2x-y), & x>0,y>0,2x+y<4,\\[2mm]0, & \text{其他。}\end{cases}$$

试求:(1) $P\{X+Y<1\}$;(2) 边缘密度 $f_X(x)$、$f_Y(y)$;(3) X 与 Y 是否相互独立?

16. 设 (X,Y) 的联合分布函数为

$$F(x,y)=\dfrac{1}{\pi^2}\left(\dfrac{\pi}{2}+\text{arctg}\,\dfrac{x}{2}\right)\left(\dfrac{\pi}{2}+\text{arctg}\,\dfrac{y}{3}\right),$$

试求:(1) (X,Y) 的联合密度;(2) $P\{0\leqslant X<2,Y<3\}$。

17. 设 (X,Y) 的联合密度为

$$f(x,y)=\begin{cases}x^2+\dfrac{1}{3}xy, & 0\leqslant x\leqslant 1,0\leqslant y\leqslant 2,\\[2mm]0, & \text{其他。}\end{cases}$$

试求:(1) 边缘密度 $f_X(x)$、$f_Y(y)$;(2) X,Y 的条件分布密度;(3) $P\{X<Y\}$、$P\left\{X<\dfrac{1}{2}\,\middle|\,Y<\dfrac{1}{2}\right\}$。

18. 两元件 A、B 的寿命 X、Y 相互独立,且分别服从指数分布 $E(\alpha)$、$E(\beta)$,即

$$f_X(x)=\alpha e^{-\alpha x},(x>0);\quad f_Y(y)=\beta e^{-\beta y},(y>0),$$

其中 α,β 为常数。

(1) 试求 B 元件寿命比 A 元件长的概率;(2) 若 $\alpha>\beta$,试问哪个元件寿命长的可能性大?

19. 两个独立信号可在某一分钟内随机进入收音机,若收到两信号的时间间隔小于 5 秒,则信号相互干扰,试求两信号不相互干扰的概率。

20. 设 (X,Y) 服从二维正态分布 $N\left(1,2,1,\dfrac{1}{4},0\right)$,试求 (X,Y) 的联合密度 $f(x,y)$ 和条件密度 $f_{X|Y=y}(x)$。

21. 设 (X,Y) 的联合密度为

$$f(x,y)=\begin{cases}1, & |y|<x,0<x<1,\\0, & \text{其他。}\end{cases}$$

试求条件密度 $f_{X|Y=y}(x),f_{Y|X=x}(y)$。

22. 设 X 与 Y 相互独立且均服从 $N(0,1)$ 分布,令

$$U=\dfrac{X+Y}{2},\quad V=\dfrac{X-Y}{2},$$

试求 (U,V) 的联合密度 $f(u,v)$。

23. 设 X 与 Y 相互独立,且分布律均为

X	1	2
P	1/2	1/2

Y	1	2
P	1/2	1/2

试问 $X+Y$ 与 $2X$ 的分布律是否相同?

24. 设 X 与 Y 相互独立,且均服从两点分布:

X	0	1
P	p	q

Y	0	1
P	p	q

又设随机变量为

$$Z=\begin{cases}0, & X+Y \text{ 为偶数}, \\ 1, & X+Y \text{ 为奇数},\end{cases}$$

试问 p 为何值时,X 与 Z 相互独立?

25. 设随机变量 X 和 Y 相互独立,且 X 和 Y 的概率分布分别为:

X	0	1	2	3
P	1/2	1/4	1/8	1/8

Y	-1	0	1
P	1/3	1/3	1/3

试求 $P\{X+Y=2\}$ 的值。

26. 设 X 与 Y 相互独立,其分布律均为

$$P\{X=k\}=P\{Y=k\}=\frac{1}{2^k}, \ k=1,2,\cdots,$$

试求 $X+Y$ 的分布律。

27. 设 A,B 为随机事件,且

$$P(A)=\frac{1}{4}, \ P(B|A)=\frac{1}{3}, \ P(A|B)=\frac{1}{2},$$

令

$$X=\begin{cases}1, & A \text{ 发生} \\ 0, & A \text{ 不发生};\end{cases} \qquad Y=\begin{cases}1, & B \text{ 发生}, \\ 0, & B \text{ 不发生}。\end{cases}$$

试求二维随机变量 (X,Y) 的概率分布。

28. 设二维随机变量 (X,Y) 的概率密度为

$$f(x,y)=\begin{cases}Ae^{-Ay}, & 0<x<y, \\ 0, & \text{其他}。\end{cases}$$

试求:(1) 常数 A;(2) X 的概率密度 $f_X(x)$;(3) $P\{X+Y\leqslant 1\}$。

29. 设 X 与 Y 相互独立,且 $X\sim B(n_1,p)$,$Y\sim B(n_2,p)$,试证:$X+Y\sim B(n_1+n_2,p)$。

30. 在 6 件商品中,有 2 件一等品,3 件二等品,1 件等外品。现从中任购 2 件,其中一等品每件 1 元,二等品每件 0.5 元,等外品不付钱。试求应付钱款的概率分布律。

31. 设 (X,Y) 的分布律为

X \ Y	1	2	3	4
0	0.15	0.05	0.10	0.05
1	0.05	0.10	0.10	0.05
2	0.10	0.05	0.05	0.15

试求:(1) $P\{X=0|Y=2\}$,$P\{Y=3|X=2\}$ 的值;(2) $\max(X,Y)$ 的分布律;

(3) $Z=\ln(1+XY)$ 的分布律。

32. 设 X 与 Y 相互独立,且均服从在[0,1]区间上的均匀分布。

试求:(1) $Z=X+Y$ 的密度;(2) $U=X-Y$ 的密度。

33. 设 (X,Y) 服从二维均匀分布 $U[-1,1;-1,1]$,其联合密度为

$$f(x,y)=\begin{cases}\dfrac{1}{4}, & -1\leqslant x,y\leqslant 1,\\[2mm] 0, & 其他。\end{cases}$$

试求 $Z=XY$ 的密度函数。

34. 设 (X,Y) 的联合密度为

$$f(x,y)=\begin{cases}e^{-(x+y)}, & x>0,y>0,\\ 0, & 其他。\end{cases}$$

试求 $Z=\dfrac{X+Y}{2}$ 的密度。

35. 设某种商品一周的需要量为随机变量,其密度为

$$f(t)=\begin{cases}te^{-t}, & t>0,\\ 0, & t\leqslant 0,\end{cases}$$

又各周的需要量是相互独立的,试求两周的需要量的密度。

36. 以 X、Y 分别表示两种不同型号的灯泡寿命,X,Y 相互独立,其密度分别为

$$f_X(x)=\begin{cases}e^{-x}, & x>0,\\ 0, & x\leqslant 0,\end{cases}\qquad f_Y(y)=\begin{cases}2e^{-2y}, & y>0,\\ 0, & y\leqslant 0,\end{cases}$$

试求 $Z=X/Y$ 的密度。

37*. 设 (X,Y) 的联合密度为

$$f(x,y)=\frac{1}{4}(1+xy),\ (|x|<1,|y|<1)。$$

试证:X 与 Y 不独立,而 X^2 与 Y^2 相互独立。

38. 设 (X,Y,Z) 的联合密度为

$$f(x,y,z)=\begin{cases}\dfrac{1}{8\pi^3}(1-\sin x\sin y\sin z), & 0\leqslant x,y,z\leqslant 2\pi,\\[2mm] 0, & 其他。\end{cases}$$

试证:X,Y,Z 两两独立,但不相互独立。

(盛海林)

第四章

随机变量的数字特征

前面两章,我们讨论了随机变量(向量)及其概率分布,并用概率分布律或密度去刻划随机变量(向量)的取值及概率。当我们了解了随机变量的分布律或密度,也就掌握了随机变量的概率特性。但是,对于一般的随机变量,要完全确定其概率分布,即找到它的分布律或密度往往并不容易。而在许多实际问题中,有时并不需要完全知道随机变量的概率分布,而只需了解随机变量的某些特征,如随机变量取值的平均大小和集中程度等就足够了。这些特征,通常可用数值来刻划,这种刻划随机变量某方面特征的数值就称为随机变量的数字特征。有些随机变量,特别是一些常用的随机变量,只要知道它的某几个数字特征,就可完全确定其概率分布。因此,随机变量数字特征不论在理论研究上,还是在实际应用中,都起着非常重要的作用。本章我们将研究一些较常用的数字特征,即数学期望(均值)、方差、协方差、相关系数和矩。

第一节　数学期望及其性质

一、数学期望的定义

(一)离散型随机变量的数学期望

对于取值为有限或可列个数值的离散型随机变量,当给定其概率分布律后,如何去求其平均取值即数学期望呢?先考察一个有关彩票回报的实例。

> **例 4.1** 考察发行额很大的彩票平均回报问题。现发行彩票 10 万张,每张 1 元。设置奖金如表 4-1 所示,共分五等,金额由 10 000 元至 10 元不等。试计算每张彩票平均的获奖金额。
>
> **表 4-1　奖金等级设置与频率**
>
> | 获奖等级 | 一等奖 | 二等奖 | 三等奖 | 四等奖 | 五等奖 | 无奖 |
> |---|---|---|---|---|---|---|
> | 奖金(元) | 10 000 | 5 000 | 1 000 | 100 | 10 | 0 |
> | 个数 | 1 | 2 | 10 | 100 | 1 000 | 98 887 |
> | 中奖频率 | $\dfrac{1}{10^5}$ | $\dfrac{2}{10^5}$ | $\dfrac{10}{10^5}$ | $\dfrac{100}{10^5}$ | $\dfrac{1\,000}{10^5}$ | $\dfrac{98\,887}{10^5}$ |

解：所求每张彩票平均的获奖金额为

$$\frac{10\,000\times1+5\,000\times2+1\,000\times10+100\times100+10\times1\,000+0\times98\,887}{10^5}=\frac{50\,000}{10^5}=0.5$$

即每张彩票平均获奖金额为 0.5 元，平均回报为一半。上式还可表示为

$$10\,000\times\frac{1}{10^5}+5\,000\times\frac{2}{10^5}+1\,000\times\frac{10}{10^5}+100\times\frac{100}{10^5}+10\times\frac{1\,000}{10^5}+0\times\frac{98\,887}{10^5}=0.5$$

即为各等级获奖金额值与其频率的乘积之和。

类似地，对于给定概率分布律的离散型随机变量，求其平均取值时，只需用更稳定的概率取代上式中的频率，由此即可得到下列数学期望的定义。

定义 4.1 设离散型随机变量 X 的概率分布律为

$$P\{X=x_k\}=p_k,\ k=1,2,\cdots$$

若级数 $\sum\limits_{i=1}^{+\infty}x_kp_k$ 绝对收敛，则称 $\sum\limits_{i=1}^{+\infty}x_kp_k$ 为 X 的**数学期望**(mathematical expectation)，记为 $E(X)$。即

$$E(X)=\sum_{k=1}^{+\infty}x_kp_k。$$

对于连续型随机变量 X，由于其概率分布不是通过各点的概率值定义，显然不能像离散型随机变量那样用级数 $\sum\limits_{k=1}^{+\infty}x_kp_k$ 来定义其均值。但是可设想将连续型随机变量 X 的取值区间分成无穷多个小区间 $(x_k,x_k+\Delta x_k]$，设 X 的密度函数为 $f(x)$，则当 Δx_k 很小时，X 在每个小区间上取值的概率为

$$P\{x_k<X\leqslant x_k+\Delta x_k\}=\int_{x_k}^{x_k+\Delta x_k}f(x)\mathrm{d}x\approx f(x_k)\Delta x_k。$$

与前面均值的定义类似可得

$$E(X)\approx\sum_{k=1}^{n}x_kP\{x_k<X\leqslant x_k+\Delta x_k\}\approx\sum_{k=1}^{n}x_kf(x_k)\Delta x_k$$

当 $\max\limits_{k}|\Delta x_k|\to0$ 时，上列右式的极限为 $\int_{-\infty}^{+\infty}xf(x)\mathrm{d}x$，由此就可得到下列连续型随机变量 X 的数学期望(均值)定义。

定义 4.2 设连续型随机变量 X 的概率密度函数为 $f(x)$，若积分 $\int_{-\infty}^{+\infty}xf(x)\mathrm{d}x$ 绝对收敛，则称 $\int_{-\infty}^{+\infty}xf(x)\mathrm{d}x$ 为 X 的**数学期望**(mathematical expectation)，记为 $E(X)$。即

$$E(X)=\int_{-\infty}^{+\infty}xf(x)\mathrm{d}x。$$

数学期望是随机变量取值关于其概率的加权平均值，它反映了随机变量 X 取值的真正"平均"，故也称为**均值**(mean)。

在定义中,我们要求相应的级数绝对收敛,是因为 $E(X)$ 作为刻划随机变量 X 取值平均大小的数值,是不应因随机变量取值次序的不同而改变。即相应的级数不论其求和次序如何改变,其值保持不变。这对应于连续型情形,则要求其相应积分绝对收敛。

当 $\sum\limits_{i=1}^{\infty}|x_i|p_i$(或 $\int_{-\infty}^{\infty}|x|f(x)\mathrm{d}x$)发散时,则称随机变量 X 的数学期望不存在。

确实存在一些随机变量,其数学期望 $E(X)$ 不存在。

例 4.2 若随机变量 X 服从的概率分布律为

$$P\left\{X=\frac{(-2)^k}{k}\right\}=\frac{1}{2^k},\ k=1,2,\cdots,$$

试考察 X 的数学期望。

解: 虽然我们有

$$\sum_{k=1}^{\infty}x_k p_k=\sum_{k=1}^{\infty}\frac{(-2)^k}{k}\frac{1}{2^k}=\sum_{k=1}^{\infty}\frac{(-1)^k}{k}=-\ln 2<+\infty。$$

但是

$$\sum_{k=1}^{\infty}|x_k|p_k=\sum_{k=1}^{\infty}\frac{2^k}{k}\cdot\frac{1}{2^k}=\sum_{k=1}^{\infty}\frac{1}{k}=+\infty。$$

此时,级数 $\sum\limits_{k=1}^{\infty}x_k p_k$ 的值将随着求和次序的改变而发生变化,并非一个完全确定的数值,故随机变量 X 的数学期望 $E(X)$ 不存在。

然而,除了一些特殊的随机变量外,通常我们所接触的常用随机变量,其相应的级数或积分都绝对收敛,即其 $E(X)$ 一般都存在。故除特别要求,我们都将由定义去直接求出其数学期望,而不再考虑其绝对收敛性。

例 4.3 某人向一个目标连续射击,直到击中。已知他每次射击的命中率为 p,求他击中目标时所需射击次数 X 的数学期望。

解: 由题意知,X 服从几何分布 $g(p)$:

$$P\{X=k\}=pq^{k-1},\ k=1,2,\cdots,(q=1-p)$$

则

$$E(X)=\sum_{k=1}^{\infty}kpq^{k-1}=p\sum_{k=1}^{\infty}kq^{k-1}。$$

下面我们先求 $\sum\limits_{k=1}^{\infty}kq^{k-1}$ 的值,因

$$\sum_{k=0}^{\infty}x^k=\frac{1}{1-x},(|x|<1)$$

两边同时求导得

$$\sum_{k=1}^{\infty}kx^{k-1}=\frac{1}{(1-x)^2},$$

令 $x=q$,则

$$\sum_{k=1}^{\infty}kq^{k-1}=\frac{1}{(1-q)^2}=\frac{1}{p^2},$$

故 $$E(X) = p\sum_{k=1}^{\infty} kq^{k-1} = p \cdot \frac{1}{p^2} = \frac{1}{p}。$$

例 4.4 试求超几何分布 $H(n;N,M)$

$$P\{X=k\} = \frac{C_M^k C_{N-M}^{n-k}}{C_N^n}, \quad k=0,1,\cdots,n$$

的数学期望 $E(X)$。

解： $$E(X) = \sum_{k=0}^{n} kP\{X=k\} = \sum_{k=1}^{n} \frac{kC_M^k C_{N-M}^{n-k}}{C_N^n} = \sum_{k=1}^{n} \frac{k\,\dfrac{M!}{k!\,(M-k)!}\,C_{N-M}^{n-k}}{C_N^n}$$

$$= \sum_{k=1}^{n} \frac{\dfrac{M(M-1)!}{(k-1)!\,(M-k)!}\,C_{N-M}^{n-k}}{C_N^n} = M\sum_{k=1}^{n} \frac{C_{M-1}^{k-1} C_{N-M}^{n-k}}{C_{N-1}^{n-1}} \frac{C_{N-1}^{n-1}}{C_N^n}$$

$$= M\sum_{k=1}^{n} \frac{C_{M-1}^{k-1} C_{N-M}^{n-k}}{C_{N-1}^{n-1}} \frac{n}{N} = M\frac{n}{N} = n\frac{M}{N}。$$

解二： $$E(X) = \sum_{k=0}^{n} \frac{kC_M^k C_{N-M}^{n-k}}{C_N^n}$$

由于 kC_M^k 为 $\dfrac{\mathrm{d}}{\mathrm{d}x}(1+x)^M$ 的展开式中 x^{k-1} 项的系数，而 C_{N-M}^{n-k} 为 $(1+x)^{N-M}$ 中 x^{n-k} 项的系数，故 $\sum\limits_{k=0}^{n} kC_M^k C_{N-M}^{n-k}$ 为

$$\left(\frac{\mathrm{d}}{\mathrm{d}x}(1+x)^M\right)(1+x)^{N-M} = M(1+x)^{N-1}$$

的展开式中 $x^{k-1} \cdot x^{n-k} = x^{n-1}$ 项的系数，而在 $M(1+x)^{N-1}$ 中该项系数为 MC_{N-1}^{n-1}，故

$$\sum_{k=0}^{n} kC_M^k C_{N-M}^{n-k} = MC_{N-1}^{n-1},$$

则 $$\sum_{k=0}^{n} k\frac{C_M^k C_{N-M}^{n-k}}{C_N^n} = \frac{MC_{N-1}^{n-1}}{C_N^n} = M\frac{n}{N} = n\frac{M}{N}。$$

例 4.5 甲袋中装有 a 只白球，b 只黑球，乙袋中装有 α 只白球、β 只黑球。现从甲袋中摸出 $n(\leqslant a+b)$ 只球放入乙袋中，求从乙袋中摸出一球为白球（事件 A）的概率。

解： 显然所求概率 $P(A)$ 将依赖于从甲袋中摸出 n 只球中所含的白球数。现令

$$X = \{\text{从甲袋中摸出的球中白球数}\}$$

则 X 为服从超几何分布 $H(n;a+b,a)$ 的随机变量，其取值为 $0,1,\cdots,n$。易知

$$P(A|X=i) = \frac{\alpha+i}{\alpha+\beta+n}, \quad i=0,1,\cdots,n,$$

则由全概率公式，所求概率为

$$P(A) = \sum_{i=0}^{n} P\{A \mid X = i\} P\{X = i\} = \sum_{i=0}^{n} \frac{\alpha + i}{\alpha + \beta + n} P\{X = i\}$$

$$= \frac{\alpha}{\alpha + \beta + n} \sum_{i=0}^{n} P\{X = i\} + \frac{1}{\alpha + \beta + n} \sum_{i=0}^{n} i P\{X = i\}$$

$$= \frac{\alpha}{\alpha + \beta + n} \sum_{i=0}^{n} P\{X = i\} + \frac{1}{\alpha + \beta + n} E(X),$$

因 X 服从超几何分布,由例 4.4 知

$$E(X) = \frac{na}{a + b}, \text{且} \sum_{i=0}^{n} P\{X = i\} = 1,$$

故

$$P(A) = \frac{\alpha}{\alpha + \beta + n} + \frac{1}{\alpha + \beta + n} \frac{na}{a + b} = \frac{1}{\alpha + \beta + n} \left(\alpha + \frac{na}{a + b} \right).$$

二、随机变量函数的数学期望

对随机变量 X 的函数 $Y = g(X)$,由于 $Y = g(X)$ 也为随机变量,则也可利用数学期望定义去求 $E(Y) = E[g(X)]$。当已知随机变量 X 的概率分布时,可先求出 $Y = g(X)$ 的概率分布律或密度,再由 $E(Y)$ 的定义去求之。但实际上,当我们已知 X 的概率分布而要求 $E(Y) = E[g(X)]$ 时,可根据下列定理,直接利用 X 的分布律或密度去求出 $E[g(X)]$,从而避免了求解 $Y = g(X)$ 的概率分布的过程。

定理 4.1　对随机变量 X 的函数 $Y = g(X)$,设 $g(X)$ 的数学期望存在,

(1) 若 X 为离散型随机变量,其分布律为

$$P\{X = x_k\} = p_k, k = 1, 2, \cdots,$$

则

$$E(Y) = E[g(X)] = \sum_{k=1}^{\infty} g(x_k) P\{X = x_k\} = \sum_{k=1}^{\infty} g(x_k) p_k。$$

(2) 若 X 为连续型随机变量,其密度为 $f(x)$,则

$$E(Y) = E[g(X)] = \int_{-\infty}^{\infty} g(x) f(x) \mathrm{d}x。$$

(证明从略)。

例 4.6　在某时期内计算机中发生故障的元件数 X 服从参数为 λ 的泊松分布 $P(\lambda)$

$$P\{X = k\} = \frac{\lambda^k}{k!} e^{-\lambda}, k = 0, 1, 2, \cdots, (\lambda > 0)。$$

而其修理时间 $Y = t_0(1 - e^{-aX})$,其中 $t_0 > 0, a > 0$ 均为常数,求计算机的平均修理时间 $E(Y)$。

解:因 X 服从泊松分布 $P(\lambda)$,则

$$E(Y) = E[t_0(1 - e^{-aX})] = \sum_{k=0}^{\infty} t_0(1 - e^{-ak}) P\{X = k\} = \sum_{k=0}^{\infty} t_0(1 - e^{-ak}) \frac{\lambda^k}{k!} e^{-\lambda}$$

$$= t_0 \mathrm{e}^{-\lambda}\left[\sum_{k=0}^{\infty}\frac{\lambda^k}{k!}-\sum_{k=0}^{\infty}\frac{(\mathrm{e}^{-a}\lambda)^k}{k!}\right]=t_0\mathrm{e}^{-\lambda}[\mathrm{e}^{\lambda}-\exp\{\lambda\mathrm{e}^{-a}\}]=t_0[1-\exp\{\lambda(\mathrm{e}^{-a}-1)\}]。$$

即计算机的平均修理时间为 $t_0[1-\exp\{\lambda(\mathrm{e}^{-a}-1)\}]$。

例 4.7 已知随机变量 $X\sim N(0,1)$，求 $E(X^2)$。

解： 由 $X\sim N(0,1)$ 知 X 的密度为

$$f_X(x)=\frac{1}{\sqrt{2\pi}}\mathrm{e}^{-\frac{x^2}{2}},\quad -\infty<x<+\infty。$$

由定理 4.1 知，

$$E(X^2)=\int_{-\infty}^{\infty}x^2 f_X(x)\mathrm{d}x=\int_{-\infty}^{\infty}x^2\frac{1}{\sqrt{2\pi}}\mathrm{e}^{-\frac{x^2}{2}}\mathrm{d}x$$

$$=-\frac{1}{\sqrt{2\pi}}x\mathrm{e}^{-\frac{x^2}{2}}\Big|_{-\infty}^{+\infty}+\int_{-\infty}^{\infty}\frac{1}{\sqrt{2\pi}}\mathrm{e}^{-\frac{x^2}{2}}\mathrm{d}x=0+1=1。$$

解二： 作为比较，我们直接用定义求 $E(X^2)$。

首先由 X 的密度 $f_X(x)=\frac{1}{\sqrt{2\pi}}\mathrm{e}^{-\frac{x^2}{2}}$ 求出 $Y=X^2$ 的密度（见第二章第四节例 2.18）

$$f_Y(y)=\begin{cases}\frac{1}{\sqrt{2\pi}}y^{-\frac{1}{2}}\mathrm{e}^{-\frac{y}{2}},& y>0\\0,& y\leqslant 0,\end{cases}$$

则

$$E(X^2)=E(Y)=\int_{-\infty}^{\infty}yf_Y(y)\mathrm{d}y=\int_{-\infty}^{\infty}y\frac{1}{\sqrt{2\pi}}y^{-\frac{1}{2}}\mathrm{e}^{-\frac{y}{2}}\mathrm{d}y$$

（作积分变换 $t=y^{\frac{1}{2}}$）

$$=\int_{-\infty}^{\infty}\frac{1}{\sqrt{2\pi}}t^2\mathrm{e}^{-\frac{t^2}{2}}\mathrm{d}t=-\frac{2}{\sqrt{2\pi}}t\mathrm{e}^{\frac{-t^2}{2}}\Big|_{-\infty}^{+\infty}+2\int_{-\infty}^{\infty}\frac{1}{\sqrt{2\pi}}\mathrm{e}^{\frac{-t^2}{2}}\mathrm{d}t$$

$$=0+\int_{-\infty}^{\infty}\frac{1}{\sqrt{2\pi}}\mathrm{e}^{-\frac{t^2}{2}}\mathrm{d}t=1。$$

显然，前一种解法因利用了定理 4.1 而避免了求解 $Y=X^2$ 的密度，故比这个直接用定义求解的解法二要简便。

下面我们再来看一个数学期望在实际应用中的例子。

例 4.8 按季节出售的某种应时果品，每售出一吨可获纯利润 3 万元，如到季末尚有剩余则每吨将亏损 1 万元。设某商店每年该果品的销售量 X 服从均匀分布 $U[2,4]$（单位：吨），问该店应进货多少吨才能获得最大的期望利润？

解： 设该商店应进货 y 吨，显然应有 $y\in[2,4]$，则利润 $Y=g(X,y)$（单位：千元）为

$$Y=g(X,y)=\begin{cases}3X-(y-X),& X\leqslant y\\3y,& X>y。\end{cases}$$

显然 $Y=g(X,y)$ 也为随机变量 X 的函数,故也为随机变量。而

$$X \sim f_X(x) = \frac{1}{2}, \quad (2 \leqslant x \leqslant 4),$$

故　　　　$E[g(X,y)] = \int_{-\infty}^{y} [3x-(y-x)]f_X(x)\mathrm{d}x + \int_{y}^{\infty} 3y f_X(x)\mathrm{d}x$

$$= \int_{2}^{y} (4x-y)\frac{1}{2}\mathrm{d}x + \int_{y}^{4} 3y \cdot \frac{1}{2}\mathrm{d}x = \left(x^2 - \frac{1}{2}yx\right)\Big|_{2}^{y} + \frac{3}{2}yx\Big|_{y}^{4}$$

$$= -y^2 + 7y - 4,$$

令　　　　　　　　　　　$\left[E(g(X,y))\right]' = -2y + 7 = 0,$

解之得　　　　　　　　　　　　$y = 3.5。$

此时,其期望利润为 $E[g(X,y)] = -y^2 + 7y - 4 = 8.25(万元)$。

故当 $y=3.5$ 即进货 3.5 吨时,可获得最大的期望利润 8.25 万元。

定理 4.1 还可推广到随机向量情形。

定理 4.2　对于随机向量 (X,Y) 的函数 $Z = g(X,Y)$,

(1) 若 (X,Y) 为离散型随机向量,其联合分布律为

$$P\{X=x_i, Y=y_j\} = p_{ij}, \ i,j = 1,2,\cdots,$$

则　　　　　　$E(Z) = E[g(X,Y)] = \sum_{i=1}^{\infty} \sum_{j=1}^{\infty} g(x_i, y_j) p_{ij}。$

(2) 若 (X,Y) 为连续型随机向量,其联合密度为 $f(x,y)$,则

$$E(Z) = E[g(X,Y)] = \int_{-\infty}^{\infty} \int_{-\infty}^{\infty} g(x,y) f(x,y)\mathrm{d}x\mathrm{d}y,$$

只要上述相应的级数或积分绝对收敛。

对于二维以上的随机向量的函数也有类似的结果,该定理证明已超出本书范围,这里从略。

例 4.9　设随机变量 X、Y 相互独立,且均服从 $N(0,1)$ 分布,试求 $E(\sqrt{X^2+Y^2})$。

解:因 $X \sim N(0,1)$,$Y \sim N(0,1)$ 且相互独立,则 (X,Y) 联合密度为

$$f(x,y) = \frac{1}{\sqrt{2\pi}}\mathrm{e}^{-\frac{x^2}{2}} \cdot \frac{1}{\sqrt{2\pi}}\mathrm{e}^{-\frac{y^2}{2}} = \frac{1}{2\pi}\mathrm{e}^{-\frac{1}{2}(x^2+y^2)},$$

故　　　$E(\sqrt{X^2+Y^2}) = \int_{-\infty}^{\infty} \int_{-\infty}^{\infty} \sqrt{x^2+y^2}\, f(x,y)\mathrm{d}x\mathrm{d}y$

$$= \int_{-\infty}^{\infty} \int_{-\infty}^{\infty} \sqrt{x^2+y^2}\, \frac{1}{2\pi}\mathrm{e}^{-\frac{1}{2}(x^2+y^2)}\mathrm{d}x\mathrm{d}y$$

(作极坐标变换:$x = r\cos\theta, y = r\sin\theta$)

$$= \frac{1}{2\pi} \int_{0}^{2\pi} \left(\int_{0}^{\infty} r\mathrm{e}^{-\frac{1}{2}r^2} r\mathrm{d}r\right)\mathrm{d}\theta = \int_{0}^{\infty} r^2 \mathrm{e}^{-\frac{r^2}{2}}\mathrm{d}r = r\mathrm{e}^{-\frac{r^2}{2}}\Big|_{0}^{\infty} + \int_{0}^{\infty} \mathrm{e}^{-\frac{r^2}{2}}\mathrm{d}r$$

$$= 0 + \frac{\sqrt{2\pi}}{2} \int_{-\infty}^{\infty} \frac{1}{\sqrt{2\pi}} e^{-\frac{r^2}{2}} \, dr = \frac{\sqrt{2\pi}}{2}。$$

例 4.10 设 $(X,Y) \sim N(\mu_1, \mu_2, \sigma_1^2, \sigma_2^2, \rho)$，求 $E(X), E(Y)$。

解： $E(X) = \int_{-\infty}^{\infty} \int_{-\infty}^{\infty} x f(x,y) \, dx \, dy = \int_{-\infty}^{\infty} x \left[\int_{-\infty}^{\infty} f(x,y) \, dy \right] dx = \int_{-\infty}^{\infty} x f_X(x) \, dx$

$$= \int_{-\infty}^{\infty} x \frac{1}{\sqrt{2\pi}\sigma_1} \exp\left\{ -\frac{(x-\mu_1)^2}{2\sigma_1^2} \right\} dx = \mu_1;$$

同理 $E(Y) = \mu_2$。

即 $N(\mu_1, \mu_2, \sigma_1^2, \sigma_2^2, \rho)$ 中参数 μ_1, μ_2 分别为 X, Y 的数学期望。

例 4.11 设 X, Y 相互独立，且均服从 $N(0,1)$，试求 $Z = \max(X,Y)$ 的数学期望。

解： 由例 3.12 知 $M = \max(X,Y)$ 的分布函数为

$$F_M(x) = F_X(x) F_Y(x) = [F_X(x)]^2,$$

则

$$f_M(x) = F_M'(x) = 2F_X(x) f_X(x) = \frac{1}{\pi} e^{-\frac{x^2}{2}} \int_{-\infty}^{x} e^{-\frac{t^2}{2}} \, dt,$$

故

$$E[\max(X,Y)] = \int_{-\infty}^{\infty} x f_M(x) \, dx = \int_{-\infty}^{\infty} x \frac{1}{\pi} e^{-\frac{x^2}{2}} \left(\int_{-\infty}^{x} e^{-\frac{t^2}{2}} \, dt \right) dx$$

$$= \frac{1}{\pi} \left[\left(-e^{-\frac{x^2}{2}} \int_{-\infty}^{x} e^{-\frac{t^2}{2}} \, dt \right) \Big|_{-\infty}^{\infty} + \int_{-\infty}^{\infty} e^{-x^2} \, dx \right]$$

$$= \frac{1}{\pi} \left[0 + \sqrt{\pi} \int_{-\infty}^{\infty} \frac{1}{\sqrt{\pi}} e^{-x^2} \, dx \right] = \frac{1}{\sqrt{\pi}}。$$

解二： 由题意，(X,Y) 的联合密度为

$$f(x,y) = \frac{1}{\sqrt{2\pi}} e^{-\frac{x^2}{2}} \cdot \frac{1}{\sqrt{2\pi}} e^{-\frac{y^2}{2}} = \frac{1}{2\pi} e^{-\frac{1}{2}(x^2+y^2)},$$

由于

$$\max(x,y) = \begin{cases} x, & x \geqslant y \\ y, & x < y, \end{cases}$$

则 $E[\max(X,Y)] = \int_{-\infty}^{\infty} \int_{-\infty}^{\infty} \max(x,y) f(x,y) \, dx \, dy$

$$= \frac{1}{2\pi} \left[\int_{-\infty}^{\infty} \left(\int_{-\infty}^{x} x e^{-\frac{1}{2}(x^2+y^2)} \, dy \right) dx + \int_{-\infty}^{\infty} \left(\int_{-\infty}^{y} y e^{-\frac{1}{2}(x^2+y^2)} \, dx \right) dy \right]$$

$$= \frac{1}{\pi} \int_{-\infty}^{\infty} \left(\int_{-\infty}^{x} x e^{-\frac{1}{2}(x^2+y^2)} \, dy \right) dx$$

（作极坐标变换：$x = r\cos\theta, y = r\sin\theta$）

$$= \frac{1}{\pi} \int_{-\frac{3\pi}{4}}^{\frac{\pi}{4}} \left(\int_{0}^{\infty} r\cos\theta \, e^{-\frac{r^2}{2}} r \, dr \right) d\theta = \frac{1}{\pi} \left(\int_{-\frac{3\pi}{4}}^{\frac{\pi}{4}} \cos\theta \, d\theta \right) \left(\int_{0}^{\infty} e^{-\frac{r^2}{2}} r^2 \, dr \right)$$

$$= \frac{\sqrt{2}}{\pi} \left(r e^{-\frac{r^2}{2}} \Big|_{0}^{+\infty} + \int_{0}^{\infty} e^{-\frac{r^2}{2}} \, dr \right) = \frac{\sqrt{2}}{\pi} \cdot \frac{\sqrt{2\pi}}{2} \int_{-\infty}^{\infty} \frac{1}{\sqrt{2\pi}} e^{-\frac{r^2}{2}} \, dr = \frac{1}{\sqrt{\pi}}。$$

三、数学期望的性质

数学期望具有以下一些重要性质(设下列等式右边所涉及的数学期望均存在):

> (1) 设 a 为常数,则 $E(a)=a$,$E(X+a)=E(X)+a$,$E(aX)=aE(X)$;
>
> (2) 对任意 X、Y,$E(X+Y)=E(X)+E(Y)$,
>
> 一般地,对任意 n 个随机变量 $X_1,\cdots,X_n$,有
>
> $$E(X_1+X_2+\cdots+X_n)=E(X_1)+E(X_2)+\cdots+E(X_n);$$
>
> (3) 若 X、Y 相互独立,则 $E(XY)=E(X)\cdot E(Y)$,
>
> 一般地,若 $X_1,\cdots,X_n$ 相互独立,则
>
> $$E(X_1X_2\cdots X_n)=E(X_1)E(X_2)\cdots E(X_n);$$
>
> (4) 对常数 a、b,若 $a\leqslant X\leqslant b$,则 $a\leqslant E(X)\leqslant b$;
>
> 特别地,当 $X\geqslant 0$ 时,$E(X)\geqslant 0$。

证明:这里我们仅给出连续型情形的证明,对于离散型情形,读者可自己仿而证之。

(1) 常数 a 可看成特殊的随机变量,即 $X=a$。则其分布律为 $P\{X=a\}=1$,

则 $$E(a)=aP\{X=a\}=a。$$

又设 X 的密度为 $f(x)$,则

$$E(X+a)=\int_{-\infty}^{\infty}(x+a)f(x)\mathrm{d}x=\int_{-\infty}^{\infty}xf(x)\mathrm{d}x+a\int_{-\infty}^{\infty}f(x)\mathrm{d}x=E(X)+a,$$

$$E(aX)=\int_{-\infty}^{\infty}axf(x)\mathrm{d}x=a\int_{-\infty}^{\infty}xf(x)\mathrm{d}x=a\cdot E(X)。$$

(2) 设 (X,Y) 的联合密度为 $f(x,y)$,X、Y 的边缘密度分别为 $f_X(x)$、$f_Y(y)$,故

$$\begin{aligned}
E(X+Y) &=\int_{-\infty}^{\infty}\int_{-\infty}^{\infty}(x+y)f(x,y)\mathrm{d}x\mathrm{d}y\\
&=\int_{-\infty}^{\infty}x\left[\int_{-\infty}^{\infty}f(x,y)\mathrm{d}y\right]\mathrm{d}x+\int_{-\infty}^{\infty}y\left[\int_{-\infty}^{\infty}f(x,y)\mathrm{d}x\right]\mathrm{d}y\\
&=\int_{-\infty}^{\infty}xf_X(x)\mathrm{d}x+\int_{-\infty}^{\infty}yf_Y(y)\mathrm{d}y=E(X)+E(Y),
\end{aligned}$$

对更一般的情形,由数学归纳法即可推得。

(3) 因 X 与 Y 相互独立,则 $f(x,y)=f_X(x)f_Y(y)$,故

$$\begin{aligned}
E(XY) &=\int_{-\infty}^{\infty}\int_{-\infty}^{\infty}xyf(x,y)\mathrm{d}x\mathrm{d}y=\int_{-\infty}^{\infty}\int_{-\infty}^{\infty}xyf_X(x)f_Y(y)\mathrm{d}x\mathrm{d}y\\
&=\left(\int_{-\infty}^{\infty}xf_X(x)\mathrm{d}x\right)\left(\int_{-\infty}^{\infty}yf_Y(y)\mathrm{d}y\right)=E(X)\cdot E(Y),
\end{aligned}$$

对 n 个随机变量乘积的一般情形,用数学归纳法不难推得。

(4) 设 X 的密度为 $f(x)$,因 $a\leqslant X\leqslant b$,则当 $x\notin[a,b]$ 时,$f(x)=0$。

故
$$a=\int_{-\infty}^{\infty}af(x)\mathrm{d}x\leqslant\int_{-\infty}^{\infty}xf(x)\mathrm{d}x\leqslant\int_{-\infty}^{\infty}bf(x)\mathrm{d}x=b,$$

即 $a\leqslant E(X)\leqslant b$ 成立。

特别地,取 $a=0,b=+\infty$ 时,有当 $X\geqslant0$ 时,$E(X)\geqslant0$。(证毕)

在求解数学期望时,如能恰当地利用上述性质,将使求解过程变得更为简捷有效。

例 4.11(续) 若 X、Y 变为均服从一般正态分布 $N(\mu,\sigma^2)$,试求 $E[\max(X,Y)]$。

解: 令
$$X^*=\frac{X-\mu}{\sigma}, Y^*=\frac{Y-\mu}{\sigma}。$$

因为 X、Y 均服从正态分布 $N(\mu,\sigma^2)$,则 $X^*\sim N(0,1)$,$Y^*\sim N(0,1)$,故由例 4.11 知

$$E[\max(X^*,Y^*)]=\frac{1}{\sqrt{\pi}}。$$

而
$$X=\mu+\sigma X^*,Y=\mu+\sigma Y^*,$$

则
$$\max(X,Y)=\mu+\sigma\max(X^*,Y^*)。$$

利用数学期望的性质(1),有

$$E[\max(X,Y)]=E[\mu+\sigma\max(X^*,Y^*)]=E(\mu)+E[\sigma\max(X^*,Y^*)]$$
$$=\mu+\sigma E[\max(X^*,Y^*)]=\mu+\frac{\sigma}{\sqrt{\pi}}。$$

例 4.12 在 N 件产品中有 M 件次品,现从中抽样 n 次,每次抽取一件,令 X 为 n 件抽样产品中所含有次品数,试分别求:(1) 放回抽样,(2) 不放回抽样这两种方式下所抽得的平均次品数。

解: 所求平均次品数即为 $E(X)$。当抽样分别为放回和不放回情形时,X 分别服从二项分布 $B\left(n,\frac{M}{N}\right)$ 和超几何分布 $H(n;N,M)$。

若按 $E(X)$ 的定义直接求解较为繁琐,则可考虑利用数学期望的性质来求。

(1) 当抽样为放回情形时,对应于每次抽样结果,定义其随机变量为

$$X_k=\begin{cases}1,&\text{第 }k\text{ 次抽样抽得次品,}\\0,&\text{第 }k\text{ 次抽样抽得正品;}\end{cases}(k=1,2,\cdots,n)。$$

则 $X=X_1+\cdots+X_n$,且

$$P\{X_k=1\}=\frac{M}{N}, P\{X_k=0\}=1-\frac{M}{N}。$$

$$E(X_k)=1\cdot P\{X_k=1\}+0\cdot P\{X_k=0\}=\frac{M}{N}, k=1,2,\cdots,n,$$

利用数学期望的性质(2),得

$$E(X)=E(X_1+\cdots+X_n)=E(X_1)+\cdots+E(X_n)=\frac{nM}{N}。$$

(2) 当抽样为不放回时,相当于一次抽样 n 件而考察其所含次品数 X 的数学期望问题。设想将 M 件次品排成一列,相应地该试验的结果可视为每次抽取 n 件,考察某件确定的次品是否被抽到的 M 次抽样的综合结果。即若令

$$X_i = \begin{cases} 1, & \text{第 } i \text{ 件次品被抽到}, \\ 0, & \text{第 } i \text{ 件次品未被抽到}; (i=1,2,\cdots,M)。 \end{cases}$$

则 $X = X_1 + \cdots\cdots + X_M$，且

$$P\{X_i=1\} = \frac{C_1^1 C_{N-1}^{n-1}}{C_N^n} = \frac{n}{N}, \quad P\{X_i=0\} = 1 - \frac{n}{N}。$$

而

$$E(X_i) = 1 \cdot P\{X_i=1\} + 0 \cdot P\{X_i=0\} = \frac{n}{N}。$$

利用数学期望的性质，得

$$E(X) = E(X_1+\cdots+X_M) = E(X_1) + \cdots + E(X_M) = M \cdot \frac{n}{N} = \frac{nM}{N}。$$

本例将 X 分解为多个简单随机变量 X_i 之和，然后利用数学期望的有关性质，求出所需的 $E(X)$，这种"分解法"有一定的普遍意义，以后我们还会多次见到。

例 4.13 某地区普查某种疾病，需抽验 N 个人的血液，以往的统计资料表明，每人化验呈阳性的概率为 p。显然若逐个化验，则需化验 N 次。现采用分组检验法：每 k 个人为一组，血液混在一起进行化验，若化验呈阴性，则表明这 k 个人的血液都呈阴性，此时，k 个人只需化验一次；若化验呈阳性，则再对这 k 个人的血液逐个化验，需化验 $(k+1)$ 次。试问，这种分组检验法能否减少检验次数？若能减少，则应如何选 k 值，使其化验次数最少？

解： 因总的化验人数为 N，每组人数为 k，则共可分成 $n = \dfrac{N}{k}$ 组。若令

$$X_i = \{\text{第 } i \text{ 组需化验的次数}\}, \quad i=1,2,\cdots,n。$$

则

$$X = X_1 + X_2 + \cdots\cdots + X_n$$

为分组检验法的总次数。依题意，需比较 $E(X)$ 与 N 的大小。

先考虑 $E(X)$，因每人化验呈阳性的概率为 p，则呈阴性的概率为 $(1-p)$。显然，k 个人的混合血液呈阴性的概率为 $(1-p)^k$，呈阳性的概率为 $1-(1-p)^k$，故 X_i 的分布律为

X_i	1	$k+1$
P	$(1-p)^k$	$1-(1-p)^k$

则 $E(X_i) = 1 \cdot (1-p)^k + (k+1)[1-(1-p)^k] = k+1-k(1-p)^k, \quad (i=1,\cdots,n)$

因此

$$E(X) = E(X_1) + E(X_2) + \cdots + E(X_n)$$

$$= n[k+1-k(1-p)^k] = N\left[1 + \frac{1}{k} - (1-p)^k\right]。$$

要使分组检验法的化验次数少于 N，只需

$$N\left[1 + \frac{1}{k} - (1-p)^k\right] < N,$$

这即

$$1 + \frac{1}{k} - (1-p)^k < 1,$$

也即
$$k^{1/k} < \frac{1}{1-p}。$$

故当 p 给定时,只需选取的 k,满足 $k^{1/k} < \dfrac{1}{1-p}$,即可使化验次数减少,在这些 k 值中得到的最小值 k_0,即为最佳分组法的分组人数。下面列出对不同的 p 值,使 $E(X)$ 达到最小的 k_0 值及每百人需化验的平均次数 m。

表 4 - 2　阳性反应率与对应的最佳分组人数

阳性反应率 p	最佳分组人数 k_0	百人平均检验数 m	阳性反应率 p	最佳分组人数 k_0	百人平均检验数 m
0.300	3	99.0	0.030	6	33.4
0.250	3	91.1	0.020	8	27.4
0.200	3	82.1	0.015	9	23.8
0.180	3	78.2	0.012	10	21.4
0.150	3	71.9	0.010	11	19.6
0.120	4	65.0	0.008	12	17.5
0.100	4	59.4	0.005	15	13.9
0.080	4	53.4	0.002	23	8.8
0.050	5	42.6	0.001	32	6.3

显然,随着 p 值的逐步下降,分组检验法使化验的次数也显著降低。由于 p 值可由以往资料进行估算,故该方法在实际中有着良好的应用。我国某医疗机构在一次普查中,就曾采用了上述这种分组检验法,结果每百人的平均检验次数为 21,减少工作量达 79%。由此可看到概率论的研究对实际应用具有重要的指导意义。

四、条件数学期望

在第三章第四节中我们介绍了条件分布。由于条件分布也满足通常的概率分布的基本性质,故也可视为普通的概率分布,从而也有其相应的数学期望,这就是条件数学期望。

定义 4.3　设 (X,Y) 为二维离散型随机向量,其联合分布律为
$$P\{X=x_i, Y=y_j\}=p_{ij}, \; i,j=1,2,\cdots,$$

相应的,其分量 X、Y 的边缘分布律分别为
$$P\{X=x_i\} = \sum_{j=1}^{\infty} p_{ij} = p_{i\cdot}, \; i=1,2,\cdots,$$
$$P\{Y=y_j\} = \sum_{i=1}^{\infty} p_{ij} = p_{\cdot j}, \; j=1,2,\cdots。$$

则在给定 $Y=y_j$ 条件下,X 的条件数学期望(conditional expectation)为($p_{\cdot j} > 0$)

$$E(X \mid Y = y_j) = \sum_{i=1}^{\infty} x_i P\{X = x_i \mid Y = y_j\} = \frac{\sum\limits_{i=1}^{\infty} x_i p_{ij}}{p_{\cdot j}}$$

也称为 X 关于 $Y = y_j$ 的条件数学期望。

若 (X, Y) 为二维连续型随机向量，其联合密度为 $f(x, y)$，相应的，其分量 X，Y 的边缘密度分别为 $f_X(x)$、$f_Y(y)$，则在给定 $Y = y$ 条件下，X 的条件数学期望为（$f_Y(y) > 0$）

$$E(X \mid Y = y) = \int_{-\infty}^{+\infty} x f_{X|Y=y}(x) \mathrm{d}x = \frac{\int_{-\infty}^{+\infty} x f(x, y) \mathrm{d}x}{f_Y(y)}$$

这里要求所涉及的级数、积分都绝对收敛。

同样可类似地定义在给定 $X = x$ 条件下，Y 的条件数学期望 $E(Y \mid X = x)$：

(1) (X, Y) 为离散型随机向量时，

$$E(Y \mid X = x_i) = \sum_{j=1}^{\infty} y_j P\{Y = y_j \mid X = x_i\} = \frac{\sum\limits_{j=1}^{\infty} y_j p_{ij}}{p_{i\cdot}}。$$

(2) (X, Y) 为连续型随机向量时，

$$E(Y \mid X = x) = \int_{-\infty}^{+\infty} y f_{Y|X=x}(y) \mathrm{d}y = \frac{\int_{-\infty}^{+\infty} y f(x, y) \mathrm{d}y}{f_X(x)}。$$

条件数学期望具有下列与普通数学期望同样的性质。

(1) 对常数 a、b，$E(aX_1 + bX_2 \mid Y = y) = aE(X_1 \mid Y = y) + bE(X_2 \mid Y = y)$；

(2) 若 $a \leqslant X \leqslant b$，则 $a \leqslant E(X \mid Y = y) \leqslant b$；

(3) 若 (X, Y) 为离散型随机向量时，

$$E(g(X) \mid Y = y_j) = \sum_{i=1}^{\infty} g(x_i) P\{X = x_i \mid Y = y_j\} = \frac{\sum\limits_{i=1}^{\infty} g(x_i) p_{ij}}{p_{\cdot j}}；$$

若 (X, Y) 为连续型随机向量时，

$$E(g(X) \mid Y = y) = \int_{-\infty}^{+\infty} g(x) f_{X|Y=y}(x) \mathrm{d}x = \frac{\int_{-\infty}^{+\infty} g(x) f(x, y) \mathrm{d}x}{f_Y(y)}；$$

此外，条件数学期望 $E(X \mid Y = y)$ 当 y 确定时是常数；而当 y 为自变量时，它为 y 的函数，不妨记为 $G(y)$。如果以随机变量 Y 代替 y，则 $G(Y) = E(X \mid Y)$ 作为随机变量的函数，也是随机变量，因而也有相应的数学期望 $E[G(y)] = E[E(X \mid Y)]$，对此我们有

(4) $E[E(X \mid Y)] = E(X)$。

前三条性质的证明与普通数学期望相应的性质证明一样。这里我们仅对（4）给出连续型情形时的证明。

证明:设(X,Y)的联合密度为$f(x,y)$,则

$$E(X \mid Y=y)=\int_{-\infty}^{+\infty} xf_{X|Y=y}(x)\mathrm{d}x=\frac{\int_{-\infty}^{+\infty} xf(x,y)\mathrm{d}x}{f_Y(y)}$$

这为$G(Y)=E(X|Y)$在$Y=y$时的值,故

$$E[E(X \mid Y)]=\int_{-\infty}^{+\infty} E(X \mid Y=y)f_Y(y)\mathrm{d}y=\int_{-\infty}^{+\infty}\left[\frac{\int_{-\infty}^{+\infty} xf(x,y)\mathrm{d}x}{f_Y(y)}\right]f_Y(y)\mathrm{d}y$$

$$=\int_{-\infty}^{+\infty}\int_{-\infty}^{+\infty} xf(x,y)\mathrm{d}x\mathrm{d}y=E(X)。 (证毕)$$

由性质(4),当Y为离散型随机变量时,

$$E(X)=\sum_{j=1}^{\infty} E(X \mid Y=y_j)P\{Y=y_j\},$$

这又称为**全期望公式**。而当Y为连续型随机变量时,

$$E(X)=\int_{-\infty}^{+\infty} E(X \mid Y=y)f_Y(y)\mathrm{d}y。$$

在求数学期望$E(X)$时,有时往往"条件化"的数学期望较易求得,此时就可用上述公式来求无条件期望$E(X)$。

例 4.14 设(X,Y)服从二维正态分布$N(\mu_1,\mu_2,\sigma_1^2,\sigma_2^2,\rho)$,试求$E(X|Y=y)$和$E[E(X|Y)]$。

解:由第三章第四节例 3.5 知

$$X|_{Y=y}\sim N\left(\mu_1+\rho\frac{\sigma_1}{\sigma_2}(y-\mu_2),\sigma_1^2(1-\rho^2)\right)$$

再由正态分布参数的意义,知

$$E(X|Y=y)=\mu_1+\rho\frac{\sigma_1}{\sigma_2}(y-\mu_2)$$

它为y的线性函数,该式在统计的线性回归中具有重要意义。

此时若以Y代替y得$E(X|Y)=\mu_1+\rho\dfrac{\sigma_1}{\sigma_2}(Y-\mu_2)$为$Y$的函数,则

$$E[E(X|Y)]=E[\mu_1+\rho\frac{\sigma_1}{\sigma_2}(Y-\mu_2)]=\mu_1+\rho\frac{\sigma_1}{\sigma_2}(E(Y)-\mu_2)=\mu_1(=E(X))。$$

在考虑两个相互影响的随机变量X、Y时,常常需要由其中一个随机变量Y的取值$Y=y$去预测另一个随机变量X的取值,这称为"预测问题"。因条件数学期望$E(X|Y=y)$是在已知$Y=y$的条件下X取值的平均,故把它作为X的一个预测值是较为自然的,因此条件数学期望在预测等问题中起着重要的作用。

例 4.15 某个迷路的游人来到山中一个三岔路口,若他走甲道则在 3 小时后即可走出此山;若选乙道则在 2 小时后返回此岔路口;若沿丙道走则将在 5 小时后才走出此山。设游人在任意时刻都等可能地任选其中一条道,问该游人平均要走多少小时才能走出此山?

解:令 $X=\{$该游人走出此山所需要的时间(单位:小时)$\}$,并定义

$$Y=\begin{cases} 1, & \text{游人选甲道,} \\ 2, & \text{游人选乙道,} \\ 3, & \text{游人选丙道,} \end{cases}$$

由题意得: $P\{Y=1\}=P\{Y=2\}=P\{Y=3\}=1/3$

且 $E(X|Y=1)=3,E(X|Y=2)=2+E(X),E(X|Y=3)=5,$

再由全期望公式得

$$E(X)=E(X|Y=1)\,P\{Y=1\}+E(X|Y=2)\,P\{Y=2\}+E(X|Y=3)\,P\{Y=3\}$$

$$=(3+2+E(X)+5)\frac{1}{3}=(10+E(X))\frac{1}{3}$$

解之得,$E(X)=5$(小时)。

即该游人平均要走 5 小时才能走出此山。

第二节 方差及其性质

一、方差的定义

数学期望是随机变量的重要数字特征,它体现了随机变量取值的平均程度。但有时我们不仅需要了解随机变量取值的平均,还要知道随机变量取值的分散程度即离散程度。例如,有甲、乙两台自动打包机,每包标准重量为 100 kg。若以 X、Y 表示这两台自动打包机所打的每包重量,由以往打包结果知,X、Y 的分布律为

<table>
<tr><td colspan="4">表 4-3 X 的概率分布表</td></tr>
<tr><td>X</td><td>99</td><td>100</td><td>101</td></tr>
<tr><td>P</td><td>0.2</td><td>0.6</td><td>0.2</td></tr>
</table>

<table>
<tr><td colspan="6">表 4-4 Y 的概率分布表</td></tr>
<tr><td>Y</td><td>98</td><td>99</td><td>100</td><td>101</td><td>102</td></tr>
<tr><td>P</td><td>0.15</td><td>0.2</td><td>0.3</td><td>0.2</td><td>0.15</td></tr>
</table>

易知 $E(X)=E(Y)=100$,即它们所打包的平均重量均为 $100(g)$。显然,由此难以比较这两台打包机的优劣。但由分布律可看出,X 的取值较 Y 的取值更集中于均值 100,这表明甲打包机的质量优于乙打包机,那么应如何表征这种随机变量取值偏离其均值的程度呢? 我们自然会想到利用 $E[|X-E(X)|]$,即用随机变量的取值偏离均值的绝对值的平均大小来表示。但因绝对值不便于计算,故我们通常将绝对值改为平方来考虑,即用 $E[(X-E(X))^2]$ 来衡量随机变量的取值与其均值 $E(X)$ 的偏离程度。

定义 4.4　对随机变量 X,若 $E\{|X-E(X)|^2\}$ 存在,则称 $E\{(X-E(X))^2\}$ 为随机变量 X 的**方差**(variance),记为 $D(X)$(或 $\mathrm{Var}(X)$)。即

$$D(X)=E\{(X-EX)^2\}。$$

而称

$$\sigma(X)=\sqrt{D(X)}$$

为 X 的**标准差**(standard deviation)或**均方差**(mean square deviation)。

由定义 4.4,方差 $D(X)$ 实际上为随机变量 X 的函数 $g(X)=(X-E(X))^2$ 的数学期望,故当 X 为离散型随机变量时,设其分布律为 $P\{X=x_k\}=p_k,k=1,2,\cdots,$则

$$D(X)=E[(X-E(X))^2]=\sum_{k=1}^{+\infty}(x_k-E(X))^2 p_k。$$

而当 X 为连续型随机变量时,设其密度为 $f(x)$,则

$$D(X)=E[(X-E(X))^2]=\int_{-\infty}^{+\infty}(x-E(X))^2 f(x)\mathrm{d}x。$$

显然,由方差的定义知,方差是一个非负数,该常数的大小刻划了随机变量 X 的取值偏离其均值的分散程度。方差越大,X 的取值越分散;方差越小,则 X 的取值越集中。但方差的量纲与 X 的量纲不同,如果希望量纲一致,则可用标准差来反映 X 取值的分散程度。

在前面提到的打包机例子中,由方差定义知

$$D(X)=\sum_{k=1}^{3}(x_k-E(X))^2 p_k=(-1)^2\times 0.2+0^2\times 0.6+1^2\times 0.2=0.4,$$

$$D(Y)=\sum_{k=1}^{5}(y_k-E(Y))^2 p_k=(-2)^2\times 0.15+(-1)^2\times 0.2+0^2\times 0.3$$
$$+1^2\times 0.2+2^2\times 0.15=1.6。$$

由于 $D(X)<D(Y)$,这表明甲打包机所打包的重量较乙打包机而言更集中于均值 $100(\mathrm{g})$,这表明甲打包机的质量优于乙打包机。

定理 4.3　对于方差 $D(X)$,有下列**方差重要公式**:
$$D(X)=E(X^2)-[E(X)]^2$$

证明:利用数学期望的性质可得

$$D(X)=E[(X-E(X))^2]=E[X^2-2X\cdot E(X)+E(X)^2]$$
$$=E(X^2)-2E(X)\cdot E(X)+E(X)^2$$
$$=E(X^2)-[E(X)]^2。（证毕）$$

二、方差的性质

方差具有以下一些重要性质(设下列等式右边的方差均存在)。

(1) 对任意常数 a，$D(a)=0$，$D(aX)=a^2D(X)$，$D(X+a)=D(X)$；

(2) 对任意随机变量 X、Y

$$D(X\pm Y)=D(X)+D(Y)\pm 2E[(X-E(X))(Y-E(Y))];$$

特别地，当 X、Y 相互独立时，$D(X\pm Y)=D(X)+D(Y)$；

一般地，如果 n 个随机变量 $X_1,X_2,\cdots,X_n$ 相互独立，则有

$$D(X_1+X_2+\cdots+X_n)=D(X_1)+D(X_2)+\cdots+D(X_n);$$

（3）**（契贝晓夫(Чебы шёв)不等式）**

设随机变量 X 的 $E(X)$、$D(X)$ 均存在，则对任意 $\varepsilon>0$，有

$$P\{|X-E(X)|\geqslant\varepsilon\}\leqslant\frac{D(X)}{\varepsilon^2};$$

(4) $D(X)=0$ 的充要条件为 X 以概率1取常数 a，即 $P\{X=a\}=1$，这里 $a=E(X)$。

证明：(1) 对任意常数 a，$D(a)=E(a^2)-(E(a))^2=a^2-a^2=0$，

又 $D(aX)=E[(aX-E(aX))^2]=E[(aX-aE(X))^2]=a^2E[(X-E(X))^2]=a^2D(X)$；

$D(X+a)=E[(X+a-E(X+a))^2]=E[(X+a-E(X)-a)^2]=E[(X-E(X))^2]=D(X)$；

$(2)D(X\pm Y)=E[(X\pm Y-E(X\pm Y))^2]=E\{[(X-E(X))\pm(Y-E(Y))]^2\}$

$\qquad=E\{(X-E(X))^2\pm 2(X-E(X))(Y-E(Y))+(Y-E(Y))^2\}$

$\qquad=D(X)+D(Y)\pm 2E[(X-E(X))(Y-E(Y))]$，

特别地，当 X、Y 相互独立时，有 $E(XY)=E(X)\cdot E(Y)$，则

$E[(X-E(X))(Y-E(Y))]=E[XY-X\cdot E(Y)-Y\cdot E(X)+E(X)\cdot E(Y)]$

$\qquad=E(XY)-E(X)\cdot E(Y)-E(X)\cdot E(Y)+E(X)\cdot E(Y)$

$\qquad=E(XY)-E(X)\cdot E(Y)=0$，

故 $\qquad\qquad\qquad D(X\pm Y)=D(X)+D(Y)$。

对 n 个随机变量的一般情形，可由数学归纳法推得。

（3）这里我们仅给出随机变量 X 为连续型时的证明（离散型的情形可类似证明）。设 X 的密度为 $f(x)$，则

$$P\{|X-E(X)|\geqslant\varepsilon\}=\int_{|x-EX|\geqslant\varepsilon}f(x)\mathrm{d}x\leqslant\int_{|x-EX|\geqslant\varepsilon}\frac{(x-E(X))^2}{\varepsilon^2}f(x)\mathrm{d}x$$

$$\leqslant\frac{1}{\varepsilon^2}\int_{-\infty}^{\infty}(x-E(X))^2f(x)\mathrm{d}x=\frac{D(X)}{\varepsilon^2}。$$

（4）（充分性）由 $P\{X=a\}=1$ 且 $a=E(X)$ 知

$$D(X)=E[(X-E(X))^2]=(a-E(X))^2\cdot P\{X=a\}=0。$$

（必要性）由 $D(X)=0$ 知，对任意的 $n=1,2,\cdots$，有

$$P\left\{|X-E(X)|\geqslant\frac{1}{n}\right\}\leqslant D(X)\Big/\left(\frac{1}{n}\right)^2=0，$$

$$0 \leqslant P\{|X-E(X)| \neq 0\} = P\{|X-E(X)| > 0\} = P\left\{\bigcup_{n=1}^{\infty}\left(|X-E(X)|\right) \geqslant \frac{1}{n}\right\}$$

$$\leqslant \sum_{n=1}^{\infty} P\left\{|X-E(X)| \geqslant \frac{1}{n}\right\} = 0,$$

则 $$P\{|X-E(X)| \neq 0\} = 0,$$

故 $$P\{X=E(X)\} = 1 - P\{|X-E(X)| \neq 0\} = 1。（证毕）$$

上述性质中,性质(3)契贝晓夫不等式还可表为下列等价形式:

$$P\{|X-E(X)| < \varepsilon\} \geqslant 1 - \frac{D(X)}{\varepsilon^2}。$$

契贝晓夫不等式表明,当方差 $D(X)$ 越小时,事件 $\{|X-E(X)| \geqslant \varepsilon\}$ 发生的可能性越小,即 X 的取值越集中在 $E(X)=\mu$ 的附近。这进一步表明方差 $D(X)$ 确实刻划了随机变量取值的分散程度。同时契贝晓夫不等式还使我们在仅知道 X 的均值和方差时,估计出 X 与其均值 $E(X)$ 的偏差不小于 ε 的概率。

例如,对 $E(X)=\mu$,$\sqrt{D(X)}=\sigma$,取 $\varepsilon = 2\sigma$、3σ 时,可得

$$P\{\mu - 2\sigma < X < \mu + 2\sigma\} = P\{|X-\mu| < 2\sigma\} \geqslant 1 - \frac{\sigma^2}{(2\sigma^2)} = 0.75,$$

$$P\{\mu - 3\sigma < X < \mu + 3\sigma\} = P\{|X-\mu| < 3\sigma\} \geqslant 1 - \frac{\sigma^2}{(3\sigma)^2} = \frac{8}{9} \approx 0.89。$$

上述估计对服从任何分布的 X 皆适用。同时,契贝晓夫不等式在大数定律(第五章第三节)的证明中起着重要作用,应用也较普遍。

例 4.16 利用方差性质求二项分布 $B(n,p)$ 的方差 $D(X)$。

解: 设 X 服从二项分布 $B(n,p)$,则 X 可视为 n 重贝努里试验中事件 A 发生的次数。若令

$$X_i = \begin{cases} 1, & \text{第 } i \text{ 次试验中事件 } A \text{ 发生,} \\ 0, & \text{第 } i \text{ 次试验中事件 } A \text{ 未发生} \end{cases} \quad (i=1,2,\cdots,n);$$

则 $X_1, X_2, \cdots, X_n$ 相互独立,且 $X = X_1 + \cdots + X_n$。

显然随机变量 $X_i (i=1,2,\cdots,n)$ 服从 0-1 分布:

表 4-5 0-1分布的分布律

X	0	1
P	q	p

且 $D(X_i) = pq$,$(i=1,2,\cdots,n)$。利用方差性质

$$D(X) = D(X_1 + \cdots + X_n) = D(X_1) + \cdots + D(X_n) = npq。$$

例 4.17 已知正常成年男子的每毫升血液中白细胞数为均值 $\mu = 7\,300$,方差 $\sigma^2 = 700^2$ 的随机变量 X,试估计白细胞数 X 在 5 900~8 700 的概率。

解: 对白细胞 X,已知 $\mu = 7\,300$,$\sigma^2 = 700^2$,则由契贝晓夫不等式(方差性质(3))

$$P\{5\ 900 < X < 8\ 700\} = P\{-1\ 400 < X-7\ 300 < 1\ 400\} = P\{|X-7\ 300| < 1\ 400\}$$

$$\geqslant 1 - \frac{700^2}{1\ 400^2} = \frac{3}{4} = 0.75,$$

故白细胞数 X 在 $5\ 900 \sim 8\ 700$ 的概率不小于 0.75。

在已知随机变量 X 的均值 $E(X)$ 和方差 $D(X)(>0)$ 时,我们常考虑 X 的标准化随机变量

$$X^* = \frac{X-E(X)}{\sqrt{D(X)}}$$

对标准化随机变量 X^*,有

$$E(X^*) = E\left(\frac{X-E(X)}{\sqrt{D(X)}}\right) = \frac{1}{\sqrt{D(X)}}(E(X)-E(X)) = 0,$$

$$D(X^*) = D\left(\frac{X-E(X)}{\sqrt{D(X)}}\right) = \frac{1}{D(X)}D(X-E(X)) = \frac{D(X)}{D(X)} = 1.$$

即对于标准化随机变量 X^*,其数学期望等于 0,其方差总为 1。

例如,若 $X \sim N(\mu, \sigma^2)$,此时 $E(X) = \mu$,$D(X) = \sigma^2$,则其标准化随机变量

$$X^* = \frac{X-E(X)}{\sqrt{D(X)}} \sim N(0,1)。$$

第三节　常用分布的数学期望和方差

由于数学期望和方差是由其随机变量的概率分布唯一确定的,故也称为相应分布的数学期望和方差。下面我们利用其定义来求常用分布的数学期望和方差。

一、常用离散型分布的数学期望与方差

(一) 0-1分布(两点分布)

设随机变量 X 服从 0-1 分布,则其分布律为

表 4-6　两点分布的分布律

X	0	1
P	q	p

则
$$E(X) = 0 \times q + 1 \times p = p。$$

又
$$E(X^2) = 0^2 \times q + 1^2 \times p = p,$$

故
$$D(X) = E(X^2) - (E(X))^2 = p - p^2 = p(1-p) = pq。$$

（二）二项分布 $B(n,p)$

设随机变量 X 服从二项分布 $B(n,p)$，则其分布律为

$$P\{X=k\}=C_n^k p^k q^{n-k}, \ k=0,1,\cdots,n,(q=1-p)$$

则

$$E(X)=\sum_{k=0}^{n} k p_k = \sum_{k=1}^{n} k C_n^k p^k q^{n-k} = \sum_{k=1}^{n} \frac{k \cdot n!}{k!\,(n-k)!} p^k q^{n-k}$$

$$=np \sum_{k=1}^{n} \frac{(n-1)!}{(k-1)!\,(n-k)!} p^{k-1} q^{(n-1)-(k-1)}$$

$$=np\,(p+q)^{n-1}=np。$$

而

$$E(X^2)=\sum_{k=0}^{n} k^2 C_n^k p^k q^{n-k} = \sum_{k=1}^{n}[k(k-1)+k]\frac{n!}{k!\,(n-k)!} p^k q^{n-k}$$

$$=\sum_{k=1}^{n} k(k-1)\frac{n!}{k!\,(n-k)!} p^k q^{n-k} + \sum_{k=1}^{n} k \frac{n!}{k!\,(n-k)!} p^k q^{n-k}$$

$$=\sum_{k=2}^{n} p^2 \frac{n(n-1)(n-2)!}{(k-2)!\,(n-k)!} p^{k-2} q^{n-k} + E(X)$$

$$=p^2 n(n-1)\sum_{k=2}^{n} C_{n-2}^{k-2} p^{k-2} q^{n-k} + np$$

$$=p^2 n(n-1)(p+q)^{n-2}+np=(n^2-n)p^2+np$$

故 $\ D(X)=E(X^2)-(E(X))^2=(n^2-n)p^2+np-(np)^2=np(1-p)=npq。$

这里我们用定义求出了二项分布的数学期望和方差，对比前面例 4.12 和例 4.16 中分别利用数学期望和方差的性质的求解法可知，适当应用数学期望和方差的性质去求解，往往会大大简化其计算。

（三）泊松分布 $P(\lambda)$

设随机变量 X 服从泊松分布 $P(\lambda)$，则其分布律为

$$P\{X=k\}=\frac{\lambda^k}{k!}e^{-\lambda}, \ k=0,1,\cdots,(\lambda>0)$$

则

$$E(X)=\sum_{k=1}^{\infty} k p_k = \sum_{k=1}^{\infty} k \frac{\lambda^k}{k!}e^{-\lambda}=\lambda\,e^{-\lambda}\,e^{\lambda}=\lambda。$$

又

$$E(X^2)=\sum_{k=0}^{n} k^2 \frac{\lambda^k}{k!}e^{-\lambda}=e^{-\lambda}\sum_{k=1}^{\infty}[k(k-1)+k]\frac{\lambda^k}{k!}$$

$$=e^{-\lambda}\left[\sum_{k=2}^{\infty} \frac{\lambda^{k-2}}{(k-2)!}\lambda^2 + \sum_{k=1}^{\infty} \frac{\lambda^{k-1}}{(k-1)!}\lambda\right]$$

$$=e^{-\lambda}[\lambda^2 e^{\lambda}+\lambda\,e^{\lambda}]=\lambda^2+\lambda,$$

故

$$D(X)=E(X^2)-(E(X))^2=\lambda^2+\lambda-\lambda^2=\lambda。$$

即泊松分布 $P(\lambda)$ 的方差与期望均等于其参数 λ。由此可知,泊松分布的参数 λ 就是泊松分布的数学期望或者方差。这样,泊松分布的分布律由其数学期望或者方差 λ 唯一确定。

二、常用连续型分布的数学期望与方差

(一) 均匀分布 $U[a,b]$

设随机变量 X 服从 $[a,b]$ 上的均匀分布,其密度为

$$f(x)=\begin{cases}\dfrac{1}{b-a}, & a\leqslant x\leqslant b \\ 0, & 其他,\end{cases}$$

则

$$E(X)=\int_{-\infty}^{\infty}xf(x)\mathrm{d}x=\int_{a}^{b}x\,\frac{1}{b-a}\mathrm{d}x=\frac{1}{b-a}\int_{a}^{b}x\mathrm{d}x$$

$$=\frac{1}{2}\,\frac{b^2-a^2}{b-a}=\frac{1}{2}(b+a)。$$

即 $E(X)$ 恰为区间 $[a,b]$ 的中点。

而

$$E(X^2)=\int_{-\infty}^{\infty}x^2f(x)\mathrm{d}x=\int_{a}^{b}x^2\,\frac{1}{b-a}\mathrm{d}x=\frac{1}{b-a}\,\frac{b^3-a^3}{3}=\frac{1}{3}(b^2+ab+a^2),$$

故

$$D(X)=E(X^2)-(E(X))^2=\frac{1}{3}(b^2+ab+a^2)-\left(\frac{a+b}{2}\right)^2=\frac{1}{12}(b-a)^2。$$

(二) 正态分布 $N(\mu,\sigma^2)$

设随机变量 X 服从正态分布 $N(\mu,\sigma^2)$,其密度为

$$f(x)=\frac{1}{\sqrt{2\pi}\sigma}\exp\left\{-\frac{(x-\mu)^2}{2\sigma^2}\right\}, \quad -\infty<x<+\infty$$

则

$$E(X)=\int_{-\infty}^{\infty}xf(x)\mathrm{d}x=\int_{-\infty}^{\infty}x\,\frac{1}{\sqrt{2\pi}\sigma}\exp\left\{-\frac{(x-\mu)^2}{2\sigma^2}\right\}\mathrm{d}x$$

$$\left(作积分变换\ t=\frac{x-\mu}{\sigma}\right)$$

$$=\frac{1}{\sqrt{2\pi}}\int_{-\infty}^{\infty}(\sigma t+\mu)\mathrm{e}^{-\frac{t^2}{2}}\mathrm{d}t=\frac{\sigma}{\sqrt{2\pi}}\int_{-\infty}^{\infty}t\mathrm{e}^{-\frac{t^2}{2}}\mathrm{d}t+\frac{\mu}{\sqrt{2\pi}}\int_{-\infty}^{\infty}\mathrm{e}^{-\frac{t^2}{2}}\mathrm{d}t$$

$$=\frac{\sigma}{\sqrt{2\pi}}(-\mathrm{e}^{-\frac{t^2}{2}}\mid_{-\infty}^{\infty})+\mu=\mu。$$

这表明正态分布 $N(\mu,\sigma^2)$ 中的参数 μ 就是 X 的数学期望。

又 $D(X) = E[(X - E(X))^2] = \int_{-\infty}^{\infty} (x - \mu)^2 \dfrac{1}{\sqrt{2\pi}\,\sigma} \exp\left\{-\dfrac{(x-\mu)^2}{2\sigma^2}\right\} \mathrm{d}x$

$\left(\text{作积分变换 } t = \dfrac{x-\mu}{\sigma}\right)$

$= \dfrac{\sigma}{\sqrt{2\pi}} \int_{-\infty}^{\infty} t^2 \mathrm{e}^{-\frac{t^2}{2}} \mathrm{d}t = \dfrac{\sigma^2}{\sqrt{2\pi}} \left(t\mathrm{e}^{-\frac{t^2}{2}}\Big|_{-\infty}^{\infty} + \int_{-\infty}^{\infty} \mathrm{e}^{-\frac{t^2}{2}} \mathrm{d}t\right)$

$= \sigma^2 \int_{-\infty}^{\infty} \dfrac{1}{\sqrt{2\pi}} \mathrm{e}^{-\frac{t^2}{2}} \mathrm{d}t = \sigma^2$

即正态分布 $N(\mu, \sigma^2)$ 中的参数 μ、σ^2 就是 X 的数学期望、方差。由此可知,正态分布 $N(\mu, \sigma^2)$ 完全由其数学期望 μ 和方差 σ^2 所确定。

(三) 指数分布 $E(\lambda)$

设随机变量 X 服从指数分布 $E(\lambda)$,其密度为

$$f(x) = \begin{cases} \lambda \mathrm{e}^{-\lambda x}, & x \geqslant 0 \\ 0, & x < 0 \end{cases}$$

则 $E(X) = \int_{-\infty}^{\infty} x f(x) \mathrm{d}x = \int_{0}^{+\infty} x\lambda \mathrm{e}^{-\lambda x} \mathrm{d}x = -x\mathrm{e}^{-\lambda x}\Big|_{0}^{+\infty} + \int_{0}^{+\infty} \mathrm{e}^{-\lambda x} \mathrm{d}x = -\dfrac{1}{\lambda}\mathrm{e}^{-\lambda x}\Big|_{0}^{+\infty} = \dfrac{1}{\lambda}$。

而 $E(X^2) = \int_{-\infty}^{\infty} x^2 f(x) \mathrm{d}x = \int_{0}^{+\infty} x^2 \lambda \mathrm{e}^{-\lambda x} \mathrm{d}x$

$= \left(-x^2\mathrm{e}^{-\lambda x} - \dfrac{2}{\lambda}x\mathrm{e}^{-\lambda x} - \dfrac{2}{\lambda^2}\mathrm{e}^{-\lambda x}\right)\Big|_{0}^{\infty} = \dfrac{2}{\lambda^2}$,

故 $\qquad D(X) = E(X^2) - (EX)^2 = \dfrac{2}{\lambda^2} - \left(\dfrac{1}{\lambda}\right)^2 = \dfrac{1}{\lambda^2}$。

(四) Γ 分布 $Ga(\lambda, r)$

设随机变量 X 服从 Γ 分布 $Ga(\lambda, r)$,其密度为

$$f(x) = \begin{cases} \dfrac{\lambda^r}{\Gamma(r)} x^{r-1} \mathrm{e}^{-\lambda x}, & x \geqslant 0 \\ 0, & x < 0, \end{cases} \quad (r, \lambda > 0)$$

则 $\quad E(X) = \int_{-\infty}^{\infty} x f(x) \mathrm{d}x = \int_{0}^{\infty} x \dfrac{\lambda^r}{\Gamma(r)} x^{r-1} \mathrm{e}^{-\lambda x} \mathrm{d}x \,(\text{作积分变换 } y = \lambda x)$

$= \dfrac{1}{\lambda\Gamma(r)} \int_{0}^{\infty} y^{(r+1)-1} \mathrm{e}^{-y} \mathrm{d}y = \dfrac{1}{\lambda\Gamma(r)} \Gamma(r+1) = \dfrac{r}{\lambda}$。

而 $\quad E(X^2) = \int_{-\infty}^{\infty} x^2 f(x) \mathrm{d}x = \int_{0}^{\infty} x^2 \dfrac{\lambda^r}{\Gamma(r)} x^{r-1} \mathrm{e}^{-\lambda x} \mathrm{d}x \,(\text{作积分变换 } y = \lambda x)$

$$= \frac{1}{\lambda^2 \Gamma(r)} \int_0^\infty y^{(r+2)-1} \mathrm{e}^{-y} \mathrm{d}y = \frac{1}{\lambda^2 \Gamma(r)} \Gamma(r+2) = \frac{r(r+1)}{\lambda^2},$$

故

$$D(X) = E(X^2) - (E(X))^2 = \frac{r(r+1)}{\lambda^2} - \frac{r^2}{\lambda^2} = \frac{r}{\lambda^2}.$$

第四节 协方差和相关系数及其他

除了前面介绍的数学期望 $E(X)$ 和方差 $D(X)$ 外,我们还有其他一些重要的数字特征。本节将介绍其中的矩、协方差和相关系数、变异系数和分位数等,并简单介绍一下随机向量的数字特征。

一、矩

> **定义 4.5** 对随机变量 X 和非负整数 k,若 $E(X^k)$ 存在,则称 $E(X^k)$ 为 X 的 k 阶原点矩(k-origin moment),简称 k 阶矩;若 $E[(X - E(X))^k]$ 存在,则称 $E[(X - E(X))^k]$ 为 X 的 k 阶中心矩(k-central moment)。

显然,X 的均值 $E(X)$ 即为其一阶矩,而方差 $D(X)$ 为其二阶中心矩,故 X 的 k 阶矩和 k 阶中心矩就是其均值和方差的推广。又因 X 的矩(或中心矩)为 X 的函数的数学期望,故可由相应的公式去求。

当 X 为离散型随机变量时,设其分布律为 $P\{X = x_i\} = p_i, i = 1, 2, \cdots$,则

$$E(X^k) = \sum_{i=1}^\infty x_i^k P\{X = x_i\} = \sum_{i=1}^\infty x_i^k \cdot p_i;$$

当 X 为连续型随机变量时,设其密度为 $f(x)$,则

$$E(X^k) = \int_{-\infty}^\infty x^k f(x) \mathrm{d}x.$$

在已知 X 的均值 $E(X)$ 和方差 $D(X)$,而要求 X 的二阶矩 $E(X^2)$ 时,还常用下列公式:

$$E(X^2) = D(X) + (E(X))^2.$$

这可由方差的重要公式推得。

例 4.18 设 $X \sim N(0,1)$,求 $E(X^k)$,其中 k 为任意正整数。

解: 因 $X \sim N(0,1)$,其密度为

$$f(x) = \frac{1}{\sqrt{2\pi}} \mathrm{e}^{-\frac{x^2}{2}}, \quad -\infty < x < +\infty$$

则

$$E(X^k) = \int_{-\infty}^\infty x^k \frac{1}{\sqrt{2\pi}} \mathrm{e}^{-\frac{x^2}{2}} \mathrm{d}x = \frac{1}{\sqrt{2\pi}} \int_{-\infty}^\infty x^k \mathrm{e}^{-\frac{x^2}{2}} \mathrm{d}x.$$

当 k 为奇数时,上述积分为奇函数 $x^k e^{-\frac{x^2}{2}}$ 在对称区间上的积分,故 $E(X^k)=0$。

当 k 为偶数时,被积函数为偶函数,故

$$E(X^k)=\frac{2}{\sqrt{2\pi}}\int_0^\infty x^k e^{-\frac{x^2}{2}} dx \left(\text{作积分变换 } t=\frac{x^2}{2}\right)$$

$$=\frac{2^{\frac{k}{2}}}{\sqrt{\pi}}\int_0^\infty t^{\frac{k+1}{2}-1} e^{-t} dt=\frac{1}{\sqrt{\pi}}2^{\frac{k}{2}}\Gamma\left(\frac{k+1}{2}\right)=\frac{1}{\sqrt{\pi}}2^{\frac{k}{2}}\frac{k-1}{2}\frac{k-3}{2}\cdots\frac{3}{2}\frac{1}{2}\Gamma\left(\frac{1}{2}\right)$$

$$=\frac{1}{\sqrt{\pi}}(k-1)!!\ \Gamma\left(\frac{1}{2}\right)=(k-1)!!$$

因此
$$E(X^k)=\begin{cases}(k-1)!!, & k \text{ 为偶数}\\ 0, & k \text{ 为奇数}\end{cases}$$

二、协方差

定义 4.6 对随机变量 X 与 Y,若 $E[(E-E(X))(Y-E(Y))]$ 存在,则称它为 X 与 Y 的**协方差** (covariance),记为 $\mathrm{Cov}(X,Y)$ 或 σ_{XY}。即

$$\mathrm{Cov}(X,Y)=E[(X-E(X))(Y-E(Y))]。$$

我们知道,二维随机向量 (X,Y) 的性质一般不能由其分量 X、Y 的各自性质所决定,还有赖于 X 与 Y 之间的相互关系。而协方差 $\mathrm{Cov}(X,Y)$ 正是刻划 X 与 Y 间相互联系的一个重要数字特征。例如,当 X 与 Y 相互独立时,我们有

$$\mathrm{Cov}(X,Y)=E[(X-E(X))(Y-E(Y))]=E(X-E(X))\cdot E(Y-E(Y))=0$$

这表明,当协方差 $\mathrm{Cov}(X,Y)$ 非零时,X 与 Y 必定不相互独立,而存在某种联系。

在求 $\mathrm{Cov}(X,Y)$ 时,我们常用下列公式

$$\mathrm{Cov}(X,Y)=E(XY)-E(X)\cdot E(Y)。$$

事实上,
$$\begin{aligned}\mathrm{Cov}(X,Y)&=E[(X-E(X))(Y-E(Y))]\\&=E[XY-X\cdot E(Y)-Y\cdot E(X)+E(X)\cdot E(Y)]\\&=E(XY)-E(X)\cdot E(Y)。\end{aligned}$$

特别地
$$\mathrm{Cov}(X,X)=E[(X-E(X))^2]=D(X),$$

即方差为一个特殊的协方差 $\mathrm{Cov}(X,X)$。

在协方差公式中,$E(XY)$ 称为 X 和 Y 的二阶混合矩。

定义 4.7 对随机变量 X,Y,若

$$E(X^k Y^l), k,l=1,2,\cdots$$

存在,则称它为 X 和 Y 的 $(k+l)$ 阶混合矩(mixed moments of order $(k+l)$)。若

$$E[(X-E(X))^k(Y-E(Y))^l], \quad k,l=1,2,\cdots$$

存在,则称它为 X 和 Y 的 $(k+l)$ 阶混合中心矩(mixed central moments of order $(k+l)$)。

显然协方差 $\mathrm{Cov}(X,Y)$ 是 X 和 Y 的二阶混合中心矩。

有了协方差 $\mathrm{Cov}(X,Y)$ 概念,方差的性质(2)(本章第二节)即可写为

$$D(X\pm Y)=D(X)+D(Y)\pm 2\mathrm{Cov}(X,Y)。$$

而对于 n 个随机变量 $X_1,X_2,\cdots,X_n$,我们有

$$D(X_1+\cdots+X_n)=\sum_{i=1}^{n}D(X_i)+2\sum_{1\leqslant i<j\leqslant n}\mathrm{Cov}(X_i,X_j)。$$

协方差具有以下一些性质:

(1) $\mathrm{Cov}(X,Y)=\mathrm{Cov}(Y,X)$;

(2) 对常数 a、b,$\mathrm{Cov}(aX,bY)=ab\mathrm{Cov}(Y,X)$;

(3) $\mathrm{Cov}(X_1+X_2,Y)=\mathrm{Cov}(X_1,Y)+\mathrm{Cov}(X_2,Y)$;

(4) 当 X 与 Y 相互独立时,$\mathrm{Cov}(X,Y)=0$,但反之却未必成立;

(5) $[\mathrm{Cov}(X,Y)]^2\leqslant D(X)\cdot D(Y)$。

上述性质(1)~(4)的证明较简单,读者可自己推导。而性质(5)可由下列柯西—许瓦兹引理导出。

定理 4.4(柯西-许瓦兹(Cauchy-Schwarz)引理)

对随机变量 X,Y,只要 $E(X^2)$、$E(Y^2)$ 存在,则有

$$[E(XY)]^2\leqslant E(X^2)\cdot E(Y^2)。$$

而 $[E(XY)]^2=E(X^2)\cdot E(Y^2)$ 成立的充要条件为存在某常数 t_0 使得 $E[(t_0X-Y)^2]=0$。

证明: 对任意实数 t,定义

$$u(t)=E[(tX-Y)^2]=t^2E(X^2)-2t\cdot E(XY)+E(Y^2),$$

因 $(tX-Y)^2\geqslant 0$,故 $u(t)=E[(tX-Y)^2]\geqslant 0$,则 $u(t)=0$ 的判别式

$$[E(XY)]^2-E(X^2)\cdot E(Y^2)\leqslant 0。$$

此即所需证的不等式。又不等式中等号成立即判别式为 0,这也就等价于方程 $u(t)=0$ 有一重根 t_0,即存在某实数 t_0,使得

$$E[(t_0X-Y)^2]=u(t_0)=0。（证毕）$$

对 $\widetilde{X}=X-E(X)$,$\widetilde{Y}=Y-E(X)$ 应用柯西—许瓦兹引理即得性质(5)。

例 4.19　设 (X,Y) 服从二维正态分布 $N(\mu_1,\mu_2,\sigma_1^2,\sigma_2^2,\rho)$,试求 $\mathrm{Cov}(X,Y)$。

解: $\mathrm{Cov}(X,Y)=E[(X-E(X))(Y-E(Y))]=\displaystyle\int_{-\infty}^{\infty}\int_{-\infty}^{\infty}(x-\mu_1)(y-\mu_2)f(x,y)\mathrm{d}x\mathrm{d}y,$

其中 $f(x,y)=\dfrac{1}{2\pi\sigma_1\sigma_2\sqrt{1-\rho^2}}\exp\left\{-\dfrac{1}{2(1-\rho^2)}\left[\left(\dfrac{x-\mu_1}{\sigma_1}\right)^2\right.\right.$

$$\left.\left.-2\rho\left(\dfrac{x-\mu_1}{\sigma_1}\right)\left(\dfrac{y-\mu_2}{\sigma_2}\right)+\left(\dfrac{y-\mu_2}{\sigma_2}\right)^2\right]\right\}.$$

现作变量变换

$$\begin{cases} u=\dfrac{x-\mu_1}{\sigma_1}, \\ v=\dfrac{y-\mu_2}{\sigma_2}, \end{cases} \quad 则 \quad \begin{cases} x=\sigma_1 u+\mu_1, \\ y=\sigma_2 v+\mu_2, \end{cases}$$

而雅可比(Jacobi)行列式 $J=\sigma_1\sigma_2$,则

$$\mathrm{Cov}(X,Y)=\dfrac{\sigma_1\sigma_2}{2\pi\sqrt{1-\rho^2}}\int_{-\infty}^{\infty}\int_{-\infty}^{\infty}uv\exp\left\{-\dfrac{1}{2(1-\rho^2)}\left[(u-\rho v)^2+(1-\rho^2)v^2\right]\right\}\mathrm{d}u\,\mathrm{d}v$$

$$=\dfrac{\sigma_1\sigma_2}{2\pi\sqrt{1-\rho^2}}\int_{-\infty}^{\infty}v\mathrm{e}^{-\frac{v^2}{2}}\left(\int_{-\infty}^{\infty}u\cdot\exp\left\{-\dfrac{(u-\rho v)^2}{2(1-\rho^2)}\right\}\mathrm{d}u\right)\mathrm{d}v$$

因为

$$\dfrac{1}{\sqrt{2\pi}\sqrt{1-\rho^2}}\int_{-\infty}^{\infty}u\cdot\exp\left\{-\dfrac{(u-\rho v)^2}{2(1-\rho^2)}\right\}\mathrm{d}u$$

为 $N(\rho v,1-\rho^2)$ 的数学期望,其值等于 ρv,故

$$\mathrm{Cov}(X,Y)=\dfrac{\sigma_1\sigma_2}{\sqrt{2\pi}}\int_{-\infty}^{\infty}\rho v^2\mathrm{e}^{-\frac{v^2}{2}}\mathrm{d}v=\rho\sigma_1\sigma_2.$$

例 4.20(配对问题) 现有 n 个人将各自的帽子放在一起,充分混合后每人再随机地选取一顶,试求选中自己帽子数的期望值和方差。

解:令 $X=\{n$ 人中选中自己帽子的人数$\}$,定义

$$X_i=\begin{cases} 1, & 第\ i\ 人选中帽子, \\ 0, & 第\ i\ 人未选中帽子; \end{cases} \quad (i=1,2,\cdots,n)$$

则 $X=X_1+X_2+\cdots+X_n$。

而 $$P\{X_i=1\}=\dfrac{(n-1)!}{n!}=\dfrac{1}{n},\ P\{X_i=0\}=1-\dfrac{1}{n}.$$

$$E(X_i)=P\{X_i=1\}=\dfrac{1}{n},$$

则 $$D(X_i)=E(X_i^2)-(E(X_i))^2=\dfrac{1}{n}-\left(\dfrac{1}{n}\right)^2=\dfrac{1}{n}\left(1-\dfrac{1}{n}\right).$$

又 $$X_iX_j=\begin{cases} 1, & 第\ i\ 人及第\ j\ 人均选中帽子 \\ 0, & 其他, \end{cases} \quad (i,j=1,2,\cdots,n)$$

$$E(X_iX_j)=P\{X_iX_j=1\}=\dfrac{(n-2)!}{n!}=\dfrac{1}{n(n-1)},$$

则　　$\mathrm{Cov}(X_i, X_j) = E(X_i X_j) - E(X_i) \cdot E(X_j) = \dfrac{1}{n(n-1)} - \dfrac{1}{n^2} = \dfrac{1}{n^2(n-1)}$。

故　　$EX = E(X_i + \cdots + X_n) = E(X_1) + E(X_2) + \cdots + E(X_n) = n \cdot \dfrac{1}{n} = 1$,

$$D(X) = D\left(\sum_{i=1}^{n} X_i\right) = \sum_{i=1}^{n} D(X_i) + 2\sum_{1 \leqslant i < j \leqslant n} \mathrm{Cov}(X_i, X_j)$$

$$= n \cdot \frac{1}{n}\left(1 - \frac{1}{n}\right) + 2C_n^2 \frac{1}{n^2(n-1)} = 1。$$

即配对数(选中帽子的人数)的期望值和方差都等于 1。

三、相关系数

定义 4.8　对随机变量 X、Y,设 $D(X) > 0$、$D(Y) > 0$ 及 $\mathrm{Cov}(X, Y)$ 均存在,则称

$$\rho_{XY} = \frac{\mathrm{Cov}(X, Y)}{\sqrt{D(X)}\,\sqrt{D(Y)}}$$

为 X 与 Y 的**相关系数**(correlation coefficient),有时简记为 ρ。

若考虑 X、Y 的标准化随机变量:

$$X^* = \frac{X - E(X)}{\sqrt{D(X)}}, \quad Y^* = \frac{Y - E(Y)}{\sqrt{D(Y)}},$$

则　　　　$E(X^*) = E(Y^*) = 0, \quad D(X^*) = D(Y^*) = 1$,

而　　　　$\mathrm{Cov}(X^*, Y^*) = E(X^* Y^*) - E(X^*) \cdot E(Y^*) = E(X^* Y^*)$

$$= E\left[\frac{X - E(X)}{\sqrt{D(X)}} \cdot \frac{Y - E(Y)}{\sqrt{D(Y)}}\right] = \frac{\mathrm{Cov}(X, Y)}{\sqrt{D(X)}\sqrt{D(Y)}} = \rho_{XY}。$$

即相关系数 ρ_{XY} 就是标准化随机变量的协方差,故有时也称为**标准协方差**(standard covariance)。

相关系数 ρ_{XY} 具有下列重要性质:

(1) $|\rho_{XY}| \leqslant 1$;

(2) $|\rho_{XY}| = 1$ 的充分必要条件是存在常数 a、b 使得 $P\{Y = aX + b\} = 1$,即 X 与 Y 具有线性关系的概率为 1。

证明:(1) 由协方差的性质(5)可得

$$\rho_{XY}^2 = \left[\frac{\mathrm{Cov}(X, Y)}{\sqrt{D(X)}\sqrt{D(Y)}}\right]^2 = \frac{[\mathrm{Cov}(X, Y)]^2}{D(X) \cdot D(Y)} \leqslant 1,$$

即 $|\rho_{XY}| \leqslant 1$。

(2) $|\rho_{XY}| = 1$ 即 $[\mathrm{Cov}(X,Y)]^2 = D(X) \cdot D(Y)$，则有

$$[E[(X-EX)(Y-EY)]]^2 = E[(X-EX)^2] \cdot E[(Y-EY)^2]。$$

对 $\widetilde{X} = X - E(X)$，$\widetilde{Y} = Y - E(Y)$ 应用柯西-许瓦兹引理知，这等价于存在某个数 t_0，使得

$$E\{[t_0(X-E(X))-(Y-E(Y))]^2\} = 0。$$

由于 $E[t_0(X-E(X))-(Y-E(Y))] = t_0(E(X)-E(X))-(E(Y)-E(Y)) = 0$，

则　　$D[t_0(X-E(X))-(Y-E(Y))] = E\{[t_0(X-E(X))-(Y-E(Y))]^2\} = 0。$

再由方差的性质（4）知，这等价于

$$P\{t_0(X-EX)-(Y-EY)=0\} = 1，$$

也即　　　　　　　　　　$P\{Y = aX + b\} = 1，$

其中 $a = t_0$、$b = E(Y) - t_0 E(X)$ 均为常数。（证毕）

定义 4.9　如果 X 与 Y 的相关系数 $\rho_{XY} = 0$，则称 X 与 Y **不相关**（non-correlation）。

容易证明，X 与 Y 不相关有以下几个等价条件：

(1) $\rho_{XY} = 0$；

(2) $\mathrm{Cov}(X,Y) = 0$；

(3) $E(XY) = E(X) \cdot E(Y)$；

(4) $D(X \pm Y) = D(X) + D(Y)$。

上述性质表明，相关系数 ρ_{XY} 是刻划 X 与 Y 间线性相关程度的数字特征。一般地，$|\rho|$ 越大，表明 X 与 Y 间线性关系越密切。当 $|\rho| = 1$ 时，X 与 Y 间存在线性关系 $Y = aX + b$ 的概率为 1，即在概率意义上认为 X 与 Y 线性相关；反之，当 $|\rho|$ 越小时，X 与 Y 之间的线性关系越弱，当 $\rho = 0$ 时，我们称 X 与 Y 不相关，此时，X 与 Y 间不存在线性关系。（但可能存在其他曲线关系）

这些条件相互等价的证明都较简单，此处从略。

由前面协方差性质（4）知，若 X 与 Y 相互独立，则 X 与 Y 一定不相关，反之却未必成立。这表明，虽然独立性和不相关性都描述了 X 与 Y 间联系的"薄弱"性，但却是两个不同的概念。由独立性可推出不相关性。但反过来却未必成立。因为 X 与 Y 不相关，只表示 X 与 Y 之间没有线性关系，但可能存在其他关系，故未必相互独立。

不过对于服从二维正态分布 $N(\mu_1, \mu_2, \sigma_1^2, \sigma_2^2, \rho)$ 的 (X, Y)，X 与 Y 的不相关性和独立性是等价的。因为根据例 4.19 知

$$\mathrm{Cov}(X,Y) = \rho\sigma_1\sigma_2，$$

而 $D(X) = \displaystyle\int_{-\infty}^{\infty}\int_{-\infty}^{\infty}(x-\mu_1)^2 f(x,y)\,\mathrm{d}x\,\mathrm{d}y = \int_{-\infty}^{\infty}(x-\mu_1)^2\left[\int_{-\infty}^{\infty}f(x,y)\,\mathrm{d}y\right]\mathrm{d}x$

$$= \int_{-\infty}^{\infty} (x-\mu_1)^2 f_X(x) \mathrm{d}x = \int_{-\infty}^{\infty} (x-\mu_1)^2 \frac{1}{\sqrt{2\pi}\sigma_1} \exp\left\{-\frac{(x-\mu_1)^2}{2\sigma_1^2}\right\} \mathrm{d}x$$

$$= \sigma_1^2。$$

同理可得 $D(Y) = \sigma_2^2$，则

$$\rho_{XY} = \frac{\mathrm{Cov}(X,Y)}{\sqrt{D(X)}\sqrt{D(Y)}} = \frac{\rho\sigma_1\sigma_2}{\sigma_1\sigma_2} = \rho。$$

而由第三章第三节定理 3.5 知，X 与 Y 的独立性等价于 $\rho=0$，即 X 与 Y 的不相关性。至此，我们已明确了二维正态分布 $N(\mu_1,\mu_2,\sigma_1^2,\sigma_2^2,\rho)$ 的各个参数的意义，而二维正态分布完全由 X、Y 各自的均值、方差和 X 与 Y 的相关系数所唯一确定。

例 4.21 设随机变量 ϑ 服从 $[0,2\pi]$ 上的均匀分布：

$$f_\vartheta(x) = \begin{cases} \dfrac{1}{2\pi}, & 0 \leqslant x \leqslant 2\pi \\ 0, & \text{其他}, \end{cases}$$

又 $X = \sin\vartheta$，$Y = \sin(\vartheta+a)$，其中 $a \in [0,2\pi]$ 为常数。

试求相关系数 ρ_{XY}，并讨论 X 与 Y 的相关性及独立性。

解：
$$E(X) = E(\sin\vartheta) = \int_0^{2\pi} \sin x \frac{1}{2\pi} \mathrm{d}x = 0,$$

$$E(Y) = E(\sin(\vartheta+a)) = \int_0^{2\pi} \sin(x+a)\frac{1}{2\pi}\mathrm{d}x = 0,$$

$$E(X^2) = E(\sin^2\vartheta) = \int_0^{2\pi} \sin^2 x \frac{1}{2\pi}\mathrm{d}x = \frac{1}{2\pi}\int_0^{2\pi}\frac{1}{2}(1-\cos 2x)\mathrm{d}x = \frac{1}{2},$$

$$E(Y^2) = E(\sin^2(\vartheta+a)) = \int_0^{2\pi}\sin^2(x+a)\frac{1}{2\pi}\mathrm{d}x = \frac{1}{2\pi}\int_0^{2\pi}\frac{1}{2}(1-\cos 2(x+a))\mathrm{d}x = \frac{1}{2},$$

$$E(XY) = E[\sin\vartheta\sin(\vartheta+a)] = \int_0^{2\pi}\sin x\sin(x+a)\frac{1}{2\pi}\mathrm{d}x$$

$$= \frac{1}{2\pi}\int_0^{2\pi}\frac{1}{2}[\cos a - \cos(2x+a)]\mathrm{d}x = \frac{1}{2}\cos a,$$

故
$$\rho_{XY} = \frac{\mathrm{Cov}(X,Y)}{\sqrt{D(X)}\sqrt{D(Y)}} = \frac{1/2 \cdot \cos a}{\sqrt{1/2} \cdot \sqrt{1/2}} = \cos a。$$

下面讨论 X 与 Y 的相关性及独立性。

当 $a=0、\pi、2\pi$ 时，$|\rho_{XY}|=1$，X 与 Y 以概率 1 存在线性关系。

实际上，当 $\rho_{XY}=1$，即 $a=0、2\pi$ 时，$Y=\sin(\vartheta+a)=\sin\vartheta=X$；

而 $\rho_{XY}=-1$ 时，即 $a=\pi$ 时，$Y=\sin(\vartheta+a)=-\sin\vartheta=-X$；即 X、Y 确实是完全线性相关。

当 $a=\dfrac{\pi}{2}、\dfrac{3\pi}{2}$ 时，$\rho=0$，即 X 与 Y 不相关。但此时 X 与 Y 并不相互独立，因为此时

$$X^2+Y^2 = \sin^2\vartheta+\sin^2(\vartheta+a) = \sin^2\vartheta+\cos^2\vartheta = 1,$$

这表明,当 $a=\dfrac{\pi}{2}$ 或 $\dfrac{3\pi}{2}$ 时,虽然 X 与 Y 间不存在线性关系,却有上述函数关系,故此时 X 与 Y 并不相互独立。

四、变异系数与分位数等

定义 4.10 设随机变量 X 的二阶矩存在,而且 $E(X)\neq 0$,则称

$$CV(X)=\frac{\sqrt{D(X)}}{E(X)}$$

为 X 的**变异系数**(coefficient of variation)。

前面我们知道,方差和标准差是反映随机变量取值的离散程度即波动程度的数字特征,而变异系数则是以数学期望为单位去度量随机变量取值的波动程度。由于标准差与数学期望的量纲一致,故变异系数是一个无量纲的数字特征,它消除了量纲对波动的影响,反映了随机变量取值的相对波动程度。

定义 4.11 设连续型随机变量 X 的分布函数和密度函数分别为 $F(x)$ 与 $f(x)$,对任意的 $0<\alpha<1$,称满足下列条件

$$1-F(x_\alpha)=\int_{x_\alpha}^{+\infty} f(x)\mathrm{d}x=\alpha$$

的实数 x_α 为此分布的**上侧 α 分位数**(upper α quantile)。如图 4.1 所示。

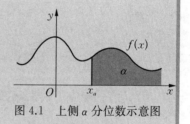

图 4.1 上侧 α 分位数示意图

由图 4.1 可知,上侧 α 分位数 x_α 将其分布密度曲线 $f(x)$ 与 x 轴所夹的区域分成两块,其右侧部分的面积恰好是 α。

特别地,当 $\alpha=1/2$ 时,$x_{1/2}$ 称为分布的**中位数**(median);当 $\alpha=1/4$ 时,$x_{1/4}$ 称为分布的**上四分位数**(upper quartile);当 $\alpha=3/4$ 时,$x_{3/4}$ 称为分布的**下四分位数**(lower quartile)。在实际应用中,中位数是一个很常用的数字特征,与数学期望相比,其适用范围更广,而且基本不受"异常点"的影响,稳健性好;但其数学性质不如数学期望好,数学上的处理不够方便,而且不能反映全部数据的信息。

显然,分布的上侧 α 分位数可用来表示概率分布中定位的特征,例如中位数的作用与数学期望类似,刻划了分布的中心位置。两个分位数之差也可用来刻划分布的离散程度,例如我们将上、下四分位数之差

$$Q_d=x_{1/4}-x_{3/4}$$

称为**四分位间距**(quartile range)**或内矩**,其值越小,表明其分布越集中;反之,则表明分布越分散。

标准正态分布的上侧 α 分位数一般记为 z_α（或者 u_α），即 z_α 是满足

$$1-\Phi(z_\alpha)=\int_{z_\alpha}^{+\infty}\varphi(x)\mathrm{d}x=\alpha$$

的实数点。从而

$$\Phi(z_\alpha)=1-\alpha$$

查书后的附表 3 的 $\Phi(x)$ 值即可以得到上侧 α 分位数 z_α 之值。

例如，给定 $\alpha=0.05$，由 $\Phi(z_{0.05})=1-0.05=0.95$，查本书附表 3 中概率为 0.95 的分位数值，即得 $z_{0.05}=1.645$。

对于一般正态变量 $X\sim N(\mu,\sigma^2)$，若要求 $P\{X>x_\alpha\}=\alpha$ 的分位数值 $x_0(x_0>0)$，可先由 $\Phi(z_\alpha)=1-\alpha$ 查附表 3 得 z_α，再由 $\dfrac{x_0-\mu}{\sigma}=z_\alpha$ 即可求得分位数值 $x_0=\mu+z_\alpha\sigma$。

例 4.22　某省高考采用标准化计分方法，并认为考生成绩 X 近似服从正态分布 $N(500,100^2)$。如果该省的本科生录取率为 42.8%，问该省的本科生录取分数线应该划定在多少分以上？

解：设录取分数线应该划定在 x_0 分以上，则应有 $P\{X>x_0\}=0.428$。

因为 $X\sim N(\mu,\sigma^2)$，其中 $\mu=500,\sigma^2=100^2$，则

$$P\{X>x_0\}=1-P\{X\leqslant x_0\}=1-F(x_0)=1-\Phi\left(\frac{x_0-\mu}{\sigma}\right)=0.428$$

从而有

$$\Phi\left(\frac{x_0-\mu}{\sigma}\right)=1-0.428=0.572$$

查表得 $\dfrac{x_0-\mu}{\sigma}=0.18$，故 $x_0=\mu+0.18\sigma=500+0.18\times100=518$。

即该省的本科生录取分数线应该划定在 518 分以上。

解二：设录取分数线应该划定在 x_0 分以上，x_0 应由 $P\{X>x_0\}=0.428$ 来确定，其中考生成绩 $X\sim N(\mu,\sigma^2)$。由于 $\Phi(z_\alpha)=1-0.428=0.572$，查标准正态分布表（附表 3）得 $z_\alpha=0.18$，则有

$$x_0=\mu+z_\alpha\sigma=500+0.18\times100=518(\text{分})$$

第五节　随机向量的数字特征

对 n 维随机向量 $\boldsymbol{X}=(X_1,\cdots,X_n)'$，可类似地定义其数字特征：数学期望向量、协方差矩阵和相关系数矩阵等。

定义 4.12　我们称 $E(\boldsymbol{X})=(E(X_1),E(X_2),\cdots,E(X_n))'$ 为 $\boldsymbol{X}=(X_1,\cdots,X_n)'$ 的**数学期望向量** (mathematical expectation vector)，而称 n 阶方阵

$$\text{Cov}(\boldsymbol{X}) = \begin{bmatrix} D(X_1) & \text{Cov}(X_1, X_2) & \cdots & \text{Cov}(X_1, X_n) \\ \text{Cov}(X_2, X_1) & D(X_2) & \cdots & \text{Cov}(X_2, X_n) \\ \vdots & \vdots & & \vdots \\ \text{Cov}(X_n, X_1) & \text{Cov}(X_n, X_2) & \cdots & D(X_n) \end{bmatrix} = \left[\text{Cov}(X_i, X_j)\right]_{n \times n}$$

为 $\boldsymbol{X} = (X_1, \cdots, X_n)'$ 的**协方差矩阵**(covariance matrix)。称

$$\boldsymbol{P} = \begin{bmatrix} 1 & \rho_{X_1, X_2} & \cdots & \rho_{X_1, X_n} \\ \rho_{X_2, X_1} & 1 & \cdots & \rho_{X_2, X_n} \\ \vdots & \vdots & & \vdots \\ \rho_{X_n, X_1} & \rho_{X_n, X_2} & \cdots & 1 \end{bmatrix} = \left[\rho_{X_i, X_j}\right]_{n \times n}$$

为 $\boldsymbol{X} = (X_1, \cdots, X_n)'$ 的**相关系数矩阵**(correlation matrix)。

易知协方差矩阵 $\text{Cov}(\boldsymbol{X})$ 和相关系数矩阵 $\boldsymbol{P}$ 为非负定的对称方阵。

从定义可知，n 维随机向量 $\boldsymbol{X}$ 的协方差矩阵 $\text{Cov}(\boldsymbol{X})$，以各分量的方差为其对角线元素，以各分量间的协方差为其非对角线元素。而 n 维随机向量 $\boldsymbol{X}$ 的相关系数矩阵 $\boldsymbol{P}$ 则以 1 为其对角线元素，以各分量间的相关系数为其非对角线元素。

当各分量 $X_1, \cdots, X_n$ 两两互不相关时，即对 $i \neq j, i, j = 1, 2, \cdots, n$，

$$\text{Cov}(X_i, X_j) = \rho_{X_i, X_j} = 0$$

协方差矩阵 $\text{Cov}(\boldsymbol{X})$ 为对角方阵，即（注意，本书中矩阵所含的 0 元素用空白表示）

$$\text{Cov}(\boldsymbol{X}) = \begin{bmatrix} D(X_1) & & & \\ & D(X_2) & & \\ & & \ddots & \\ & & & D(X_n) \end{bmatrix}$$

而相关系数矩阵 $\boldsymbol{P}$ 则变为 n 阶单位矩阵 $\boldsymbol{I}_{n \times n}$。

作为一个简单的例子，我们来考虑二维正态随机向量 $\boldsymbol{X} = (X_1, X_2)'$。设

$$\boldsymbol{X} = (X_1, X_2)' \sim N(\mu_1, \mu_2, \sigma_1^2, \sigma_2^2, \rho),$$

其密度为

$$f(x_1, x_2) = \frac{1}{2\pi\sigma_1\sigma_2\sqrt{1-\rho_2}}$$

$$\exp\left\{-\frac{1}{2(1-\rho_2)}\left[\left(\frac{x_1-\mu_1}{\sigma_1}\right)^2 - 2\rho\left(\frac{x_1-\mu_1}{\sigma_1}\right)\left(\frac{x_2-\mu_2}{\sigma_2}\right) + \left(\frac{x_2-\mu_2}{\sigma_2}\right)^2\right]\right\},$$

现令 $\boldsymbol{B} = \text{Cov}(\boldsymbol{X})$，由第三章第三节知，

$$X_1 \sim N(\mu_1, \sigma_1^2), \quad X_2 \sim N(\mu_2, \sigma_2^2),$$

再由例 4.19 知， $\text{Cov}(X_1, X_2) = \rho\sigma_1\sigma_2$。

则 $\boldsymbol{X}=(X_1,X_2)'$ 的数学期望向量为 $\boldsymbol{\mu}=(\mu_1,\mu_2)'$，$\boldsymbol{X}$ 的协方差矩阵为

$$\boldsymbol{B}=\mathrm{Cov}(\boldsymbol{X})=\begin{bmatrix} D(X_1) & \mathrm{Cov}(X_1,X_2) \\ \mathrm{Cov}(X_1,X_2) & D(X_2) \end{bmatrix}=\begin{bmatrix} \sigma_1^2 & \rho\sigma_1\sigma_2 \\ \rho\sigma_1\sigma_2 & \sigma_2^2 \end{bmatrix}$$

而其相关系数矩阵为

$$\boldsymbol{P}=\begin{bmatrix} 1 & \rho_{X_1X_2} \\ \rho_{X_1X_2} & 1 \end{bmatrix}=\begin{bmatrix} 1, & \rho \\ \rho, & 1 \end{bmatrix}$$

又 $|\boldsymbol{B}|=\sigma_1^2\sigma_2^2(1-\rho^2)$，则

$$\boldsymbol{B}^{-1}=\frac{1}{|\boldsymbol{B}|}=\begin{bmatrix} \sigma_2^2 & -\rho\sigma_1\sigma_2 \\ -\rho\sigma_1\sigma_2 & \sigma_2^1 \end{bmatrix}$$

令 $\boldsymbol{x}=(x_1,x_2)'$，则

$$(\boldsymbol{x}-\boldsymbol{\mu})'\boldsymbol{B}^{-1}(\boldsymbol{x}-\boldsymbol{\mu})=\frac{1}{|\boldsymbol{B}|}(x_1-\mu_1,x_2-\mu_2)\begin{bmatrix} \sigma_2^2 & -\rho\sigma_1\sigma_2 \\ -\rho\sigma_1\sigma_2 & \sigma_2^1 \end{bmatrix}\begin{pmatrix} x_1-\mu_1 \\ x_2-\mu_2 \end{pmatrix}$$

$$=\frac{1}{(1-\rho^2)}\left[\left(\frac{x_1-\mu_1}{\sigma_1}\right)^2-2\rho\left(\frac{x_1-\mu_1}{\sigma_1}\right)\left(\frac{x_2-\mu_2}{\sigma_2}\right)+\left(\frac{x_2-\mu_2}{\sigma_2}\right)^2\right]$$

故密度 $f(x_1,x_2)$ 可表为下列矩阵形式：

$$f(\boldsymbol{x})=\frac{1}{2\pi\cdot|\boldsymbol{B}|^{\frac{1}{2}}}\exp\left\{-\frac{1}{2}(\boldsymbol{x}-\boldsymbol{\mu})'\boldsymbol{B}^{-1}(\boldsymbol{x}-\boldsymbol{\mu})\right\}$$

这与第三章第五节中 n 维正态随机向量所服从的密度矩阵形式完全一致，且其中的 $\boldsymbol{\mu}$、$\boldsymbol{B}$ 分别为 X 的数学期望向量和协方差矩阵。

对于 n 维正态随机向量，除了第三章第六节列出的三条重要性质（定理 3.7～定理 3.9）外，我们还有以下重要结果。

定理 4.5 若 $\boldsymbol{X}=(X_1,\cdots,X_n)'$ 为 n 维正态随机向量，则 $\boldsymbol{X}$ 的分量 $X_1,\cdots,X_n$ 相互独立的充要条件为 $X_1,\cdots,X_n$ 两两互不相关，即其协方差矩阵 $\boldsymbol{B}=\mathrm{Cov}(\boldsymbol{X})$ 为对角矩阵。

（证明从略）

例 4.23 设二维随机向量 (X,Y) 服从二维正态分布，$X\sim N(3,1)$，$Y\sim N(2,4)$，X 与 Y 的相关系数 $\rho=0$，试求 $Z=5X-2Y$ 服从的分布和 $E(XY)$。

解： 因为 (X,Y) 服从二维正态分布，$Z=5X-2Y$，则 Z 服从正态分布。又

$$X\sim N(3,1),\ Y\sim N(2,4)$$

故有 　　　　　　$E(X)=3,D(X)=1;\ E(Y)=2,D(Y)=4。$

则 　　　　$E(Z)=E(5X-2Y)=5E(X)-2\,E(Y)=5\times3-2\times2=11,$

因 X 与 Y 的相关系数 $\rho=0$，则 $\mathrm{Cov}(X,Y)=0$。

$$D(Z)=D(5X-2Y)=5^2 D(X)+2^2 D(Y)-2\text{Cov}(5X,2Y)=25\times 1+4\times 4=41,$$

故 $Z=5X-2Y$ 服从正态分布 $N(11,41)$。

又因为 X 与 Y 的相关系数 $\rho=0$,由不相关的等价条件知,

$$E(XY)=E(X)E(Y)=3\times 2=6.$$

第六节　特征函数

前面我们讨论了几个重要的数字特征。除了一些特殊分布(如泊松分布、正态分布等)可由其数字特征唯一确定外,一般而言,数字特征只能反映分布的某些特征。而本节将介绍的特征函数,不仅可唯一地确定其相应的概率分布,而且由于其良好的数学分析性质,使得它在矩的计算、求独立随机变量和的分布及极限理论等很多方面成为一种极为重要而有效和工具。下面我们简单介绍一下特征函数的定义及主要性质。

一、特征函数的定义

首先我们引入复随机变量的概念。

定义 4.13　设 X、Y 为同一样本空间上的实值随机变量,则称 $Z=X+\mathrm{i}Y$ 为**复随机变量**(complex random variable),其中 $\mathrm{i}=\sqrt{-1}$ 为纯虚数。当 $E(X)$、$E(Y)$ 均存在时,称 $E(X)+\mathrm{i}E(Y)$ 为复随机变量 $Z=X+\mathrm{i}Y$ 的数学期望,即 $E(Z)=E(X)+\mathrm{i}E(Y)$。

显然,每个复随机变量 $Z=X+\mathrm{i}Y$ 对应于二维随机向量 (X,Y)。因此对复随机变量的研究可归纳为对 (X,Y) 的研究,从而建立一系列平行于实随机变量的概念和结果,此处不一一列举。下面考虑随机变量的特征函数。

定义 4.14　对随机变量 X,称

$$\varphi(t)=E(\mathrm{e}^{\mathrm{i}tX}),\quad -\infty<t<+\infty$$

为 X 的**特征函数**(characteristic function)。

由欧拉(Euler)公式,我们知

$$\mathrm{e}^{\mathrm{i}tX}=\cos(tX)+\mathrm{i}\sin(tX)$$

为复随机变量,且因

$$|\mathrm{e}^{\mathrm{i}tX}|=\sqrt{\cos^2(tX)+\sin^2(tX)}=1$$

故　　　　　$$\varphi(t)=E(\mathrm{e}^{\mathrm{i}tX})=E[\cos(tX)]+\mathrm{i}E[\sin(tX)]$$

对一切 $t\in \mathbf{R}$ 均有定义($\mathbf{R}$ 为实数域)。

由上述定义,当 X 为离散型随机变量时,设其分布律为 $P\{X=x_k\}=p_k,k=1,2,\cdots$,则

其特征函数

$$\varphi(t) = E(e^{itX}) = \sum_{k=1}^{\infty} e^{itx_k} p_k。$$

当 X 为连续型随机变量时,设其密度函数为 $f(x)$,则其特征函数

$$\varphi(t) = E(e^{itX}) = \int_{-\infty}^{\infty} e^{itx} f(x) dx。$$

此时,特征函数 $\varphi(t)$ 为 X 的密度函数 $f(x)$ 的傅立叶(Fourier)变换。

因特征函数由随机变量的分布完全确定,故也称为相应分布的特征函数。

例 4.24　求二项分布 $B(n,p)$ 的特征函数。

解:设 X 服从二项分布 $B(n,p)$:

$$P\{X=k\} = C_n^k p^k q^{n-k}, \ k=0,1,\cdots,n,(q=1-p)$$

则其特征函数为

$$\varphi(t) = E(e^{itX}) = \sum_{k=0}^{\infty} e^{itk} C_n^k p^k q^{n-k} = \sum_{k=0}^{\infty} C_k^n (e^{it} p)^k q^{n-k} = (e^{it} p + q)^n。$$

例 4.25　求均匀分布 $U[a,b]$ 的特征函数。

解:设 X 服从 $[a,b]$ 上的均匀分布:

$$f(x) = \begin{cases} \dfrac{1}{b-a}, & a \leqslant x \leqslant b, \\ 0, & 其他, \end{cases}$$

则其特征函数为

$$\varphi(t) = E(e^{itX}) = E[\cos(tX)] + iE[\sin(tX)] = \int_a^b \cos tx \frac{1}{b-a} dx + i \int_a^b \sin tx \frac{1}{b-a} dx$$

$$= \frac{1}{b-a} \left[\frac{1}{t}(\sin bt - \sin at) - \frac{i}{t}(\cos bt - \cos at) \right]$$

$$= \frac{1}{it(b-a)} [(\cos bt + i\sin bt) - (\cos at + i\sin at)]$$

$$= \frac{1}{it(b-a)} (e^{ibt} - e^{iat})。$$

例 4.26　求正态分布 $N(\mu, \sigma^2)$ 的特征函数。

解:设 $X \sim N(\mu, \sigma^2)$,则其密度为

$$f(x) = \frac{1}{\sqrt{2\pi}\sigma} \exp\left\{ -\frac{(x-\mu)^2}{2\sigma^2} \right\}, \ -\infty < x < +\infty,$$

故其特征函数为

$$\varphi(t) = E(e^{itX}) = \int_{-\infty}^{\infty} \exp\{itx\} \frac{1}{\sqrt{2\pi}\sigma} \exp\left\{ -\frac{(x-\mu)^2}{2\sigma^2} \right\} dx$$

$$= \frac{1}{\sqrt{2\pi}\sigma} \int_{-\infty}^{\infty} \exp\left\{-\frac{1}{2\sigma^2}\left[x-(\mu-\mathrm{i}\sigma^2 t)\right]^2\right\} \exp\left\{\mathrm{i}\mu t - \frac{1}{2}\sigma^2 t^2\right\}\mathrm{d}x$$

作积分变换 $z = \dfrac{x-(\mu-\mathrm{i}\sigma^2 t)}{\sigma}$，则

$$\varphi(t) = \frac{1}{\sqrt{2\pi}}\exp\left\{\mathrm{i}\mu t - \frac{1}{2}\sigma^2 t^2\right\}\int_{-\infty-\mathrm{i}t\sigma}^{+\infty-\mathrm{i}t\sigma}\exp\left\{-\frac{z^2}{2}\right\}\mathrm{d}z = \exp\left\{\mathrm{i}\mu t - \frac{1}{2}\sigma^2 t^2\right\}$$

其中利用了复函数围道积分的结果：$\displaystyle\int_{-\infty-\mathrm{i}t\sigma}^{+\infty-\mathrm{i}t\sigma}\exp\left\{-\frac{z^2}{2}\right\}\mathrm{d}z = \sqrt{2\pi}$。

随机变量的特征函数总是存在的。即使随机变量的数学期望和方差都不存在，但其特征函数存在。

例 4.27 设随机变量 X 服从柯西分布，其密度函数为

$$f(x) = \frac{1}{\pi}\cdot\frac{1}{1+x^2}, \quad -\infty < x < +\infty$$

试证明，柯西分布的数学期望和方差都不存在，而其特征函数存在。

证明： 由于

$$\int_{-\infty}^{+\infty}|x|f(x)\mathrm{d}x = \frac{1}{\pi}\int_{-\infty}^{+\infty}\left|\frac{x}{1+x^2}\right|\mathrm{d}x = \frac{2}{\pi}\int_{0}^{+\infty}\frac{x}{1+x^2}\mathrm{d}x = \frac{2}{\pi}\lim_{u\to\infty}\ln(1+u^2) = \infty,$$

即 $\displaystyle\int_{-\infty}^{+\infty}xf(x)\mathrm{d}x$ 不绝对收敛，故柯西分布的数学期望不存在，方差也就不存在。

而柯西分布的特征函数为

$$\varphi(t) = E(\mathrm{e}^{\mathrm{i}tX}) = \frac{1}{\pi}\int_{-\infty}^{\infty}\mathrm{e}^{\mathrm{i}tx}\cdot\frac{1}{1+x^2}\mathrm{d}x = \mathrm{e}^{-|t|}, \quad -\infty < x < +\infty,$$

故柯西分布的特征函数存在。（证毕）

由于随机变量的特征函数计算涉及复函数和级数（或积分），在此我们不一一计算了，而将常用分布的特征函数列为表 4-7，以备查用。

表 4-7 常用分布的特征函数表

分布	特征函数	分布	特征函数
退化（单点）分布	$\mathrm{e}^{\mathrm{i}tx_0}$	均匀分布 $U[a,b]$	$\dfrac{\mathrm{e}^{\mathrm{i}tb}-\mathrm{e}^{\mathrm{i}ta}}{\mathrm{i}t(b-a)}$
0-1（两点）分布	$q+p\mathrm{e}^{\mathrm{i}t}$	标准均匀分布 $U[0,1]$	$\dfrac{\mathrm{e}^{\mathrm{i}t}}{\mathrm{i}t}$
二项分布 $B(n,p)$	$(q+p\mathrm{e}^{\mathrm{i}t})^n$	正态分布 $N(\mu,\sigma^2)$	$\exp\left\{\mathrm{i}\mu t - \dfrac{1}{2}\sigma^2 t^2\right\}$
泊松分布 $P(\lambda)$	$\exp\{\lambda(\mathrm{e}^{\mathrm{i}t}-1)\}$	标准正态分布 $N(0,1)$	$\mathrm{e}^{-\frac{1}{2}t^2}$

分布	特征函数	分布	特征函数
几何分布 $g(p)$	$\dfrac{p\mathrm{e}^{it}}{1-q\mathrm{e}^{it}}$	Γ 分布 $G(\lambda,r)$	$\left(1-\dfrac{it}{\lambda}\right)^{-r}$
指数分布 $E(\lambda)$	$\left(1-\dfrac{it}{\lambda}\right)^{-1}$	χ^2 分布 $\chi^2(n)$	$(1-2it)^{-\frac{n}{2}}$

二、特征函数的性质

随机变量的特征函数 $\varphi(t)$ 具有很多良好的性质,这里我们仅列举一些较重要的性质。

(1) $|\varphi(t)|\leqslant\varphi(0)=1$。

(2) $\varphi(-t)=\overline{\varphi(t)}$,其中 $\overline{\varphi(t)}$ 表示 $\varphi(t)$ 的共轭复数。

(3) 对常数 a,b,$Y=aX+b$ 的特征函数为 $\varphi_Y(t)=\mathrm{e}^{itb}\varphi_X(at)$。

(4) 若 X_1,X_2 相互独立,则 X_1+X_2 的特征函数为

$$\varphi_{X_1+X_2}(t)=\varphi_{X_1}(t)\varphi_{X_2}(t)。$$

该性质可推广到有限个随机变量的情形。即若 $X_1,\cdots,X_n$ 相互独立,则

$$\varphi_{X_1+\cdots+X_n}(t)=\varphi_{X_1}(t)\varphi_{X_2}(t)\cdots\varphi_{X_n}(t)。$$

(5) 若 $E(X^l)$ 存在,则 X 的特征函数 $\varphi(t)$ 可 l 次求导,而且对于 $1\leqslant k\leqslant l$,有

$$E(X^k)=\varphi^{(k)}(0)/\mathrm{i}^k$$

其中 $\mathrm{i}=\sqrt{-1}$,$\varphi^{(k)}(0)$ 为 $\varphi(t)$ 的 k 阶导数在 $t=0$ 的值。

特别地, $\qquad E(X)=\varphi'(0)/i$, $D(X)=[\varphi'(0)]^2-\varphi''(0)$。

证明:(1) 仅对连续型随机变量证明。设随机变量 X 的密度为 $f(t)$,则有

$$|\varphi(t)|=|E(\mathrm{e}^{itX})|=\left|\int_{-\infty}^{\infty}\mathrm{e}^{itx}f(x)\mathrm{d}x\right|\leqslant\int_{-\infty}^{\infty}|\mathrm{e}^{itx}|f(x)\mathrm{d}x=\int_{-\infty}^{\infty}f(x)\mathrm{d}x=\varphi(0)=1。$$

(2) 由于 $\varphi(t)=E(\mathrm{e}^{itX})=E[\cos(tX)]+iE[\sin(tX)]$,则

$$\varphi(-t)=E(\mathrm{e}^{-itX})=E[\cos(-tX)]+iE[\sin(-tX)]=E[\cos(tX)]-iE[\sin(tX)]=\overline{\varphi(t)}。$$

(3) $\varphi_Y(t)=E(\mathrm{e}^{itY})=E[\mathrm{e}^{it(aX+b)}]=\mathrm{e}^{itb}E[\mathrm{e}^{iatX}]=\mathrm{e}^{itb}\varphi_X(at)$。

(4) $\varphi_{X+Y}(t)=E[\mathrm{e}^{it(X+Y)}]=E(\mathrm{e}^{itX}\mathrm{e}^{itY})=E(\mathrm{e}^{itX})E(\mathrm{e}^{itY})=\varphi_X(t)\varphi_Y(t)$。

(5) 仅对连续型随机变量证明。设随机变量 X 的密度为 $f(t)$,则有

$$\varphi(t)=\int_{-\infty}^{\infty}\mathrm{e}^{itx}f(x)\mathrm{d}x, t\in\mathbf{R}。$$

由该式知 $\varphi(t)$ 的被积函数为 $\mathrm{e}^{itx}f(x)$,对 t 的 k 阶导数为

$$\mathrm{i}^k x^k \mathrm{e}^{itx}f(x)。$$

若 $E(X^l)$ 存在,则

$$\int_{-\infty}^{\infty} \mid i^k x^k \mathrm{e}^{itx} f(x) \mid \mathrm{d}x = \int_{-\infty}^{\infty} \mid x^k \mid f(x)\mathrm{d}x < \infty。$$

于是含参变量 t 的积分 $\int_{-\infty}^{\infty} \mathrm{e}^{itx} f(x)\mathrm{d}x$ 可以对 t 求导 l 次。对于 $1 \leqslant k \leqslant l$,有

$$\varphi^{(k)}(t) = \int_{-\infty}^{\infty} i^k x^k \mathrm{e}^{itx} f(x) = i^k \int_{-\infty}^{\infty} x^k \mathrm{e}^{itx} f(x) = i^k E(X^k \mathrm{e}^{itX})。$$

令 $t=0$,可得 $\varphi^{(k)}(0) = i^k E(X^k)$。故有

$$E(X^k) = \varphi^{(k)}(0)/i^k。$$

而当 $k=1,2$ 时,由于 $i=\sqrt{-1}$,即有

$$E(X) = \varphi'(0)/i, \ D(X) = [\varphi'(0)]^2 - \varphi''(0)。(证毕)$$

利用上述性质,我们就可以有效地解决一些问题。例如,利用性质(4),我们只要对特征函数进行求导,即可求得 X 的各阶矩。而以往求 X 的高阶矩因涉及其积分(或求级数和)而颇为不易。

例 4.28 设 X 服从几何分布:

$$P\{X = k\} = q^{k-1}p, \ k = 1,2,\cdots,$$

试利用其特征函数求 $E(X)$、$D(X)$。

解: X 的特征函数为:

$$\varphi(t) = E(\mathrm{e}^{itX}) = \sum_{k=1}^{\infty} \mathrm{e}^{itk} P\{X=k\} = \sum_{k=1}^{\infty} \mathrm{e}^{itk} q^{k-1} p = p\mathrm{e}^{it} \sum_{k=1}^{\infty} (\mathrm{e}^{it}q)^{k-1} = \frac{p\mathrm{e}^{it}}{1-q\mathrm{e}^{it}},$$

则

$$\varphi'(t) = \left(\frac{p\mathrm{e}^{it}}{1-q\mathrm{e}^{it}}\right)' = \frac{ip\mathrm{e}^{it}(1-q\mathrm{e}^{it}) - p\mathrm{e}^{it}(-iq\mathrm{e}^{it})}{(1-q\mathrm{e}^{it})^2} = \frac{ip\mathrm{e}^{it}}{(1-q\mathrm{e}^{it})^2},$$

$$\varphi''(t) = \left(\frac{ip\mathrm{e}^{it}}{(1-q\mathrm{e}^{it})^2}\right)' = \frac{i^2 p\mathrm{e}^{it}(1-q\mathrm{e}^{it})^2 - ip\mathrm{e}^{it}2(1-q\mathrm{e}^{it})(-iq\mathrm{e}^{it})}{(1-q\mathrm{e}^{it})^4} = \frac{-p\mathrm{e}^{it}(1+q\mathrm{e}^{it})}{(1-q\mathrm{e}^{it})^3}。$$

由性质(4)知

$$E(X) = \varphi'(0)/i = \frac{p}{(1-q)^2} = \frac{1}{p},$$

$$D(X) = [\varphi'(0)]^2 - \varphi''(0) = \left[\frac{ip}{(1-q)^2}\right]^2 + \frac{p(1+q)}{(1-q)^3} = -\frac{1}{p^2} + \frac{1+q}{p^2} = \frac{q}{p^2}。$$

例 4.29 设 $X \sim N(\mu, \sigma^2)$,试利用 X 的特征函数求 $E(X), D(X)$。

解: X 的特征函数为 $\varphi(t) = \exp\left\{i\mu t - \frac{1}{2}\sigma^2 t^2\right\}$,则

$$\varphi'(t) = (i\mu - \sigma^2 t)\exp\left\{i\mu t - \frac{1}{2}\sigma^2 t^2\right\},$$

$$\varphi''(t) = \left[(i\mu - \sigma^2 t)^2 - \sigma^2\right]\exp\left\{i\mu t - \frac{1}{2}\sigma^2 t^2\right\},$$

故
$$E(X) = \varphi'(0)/i = \mu,$$
$$D(X) = [\varphi'(0)]^2 - \varphi''(0) = -\mu^2 - [-\mu^2 - \sigma^2] = \sigma^2.$$

由上述两例可知,利用特征函数求 $E(X),D(X)$ 较以往的求法更为简便。

定理 4.6 随机变量的特征函数 $\varphi(t)$ 是非负定的一致连续函数且 $\varphi(0)=1$。反之,若 $\varphi(t)$ 是非负定的连续函数且 $\varphi(0)=1$,则 $\varphi(t)$ 必为特征函数。(证明从略)。

定理 4.7(唯一性定理) 任何随机变量的分布函数都唯一地确定一个特征函数;反之,由随机变量的特征函数也可唯一地确定该随机变量的分布函数。(证明从略)。

由定理 4.7 知,特征函数与分布函数形成一一对应关系。如果知道某随机变量的特征函数,就可利用特征函数与分布的对应关系(见表 4-7)求得该随机变量服从的分布,这往往是求随机变量分布的一个很有效的途径。

由前面可知,当 X 为连续型随机变量时,设其密度函数为 $f(x)$,则

$$\varphi(t) = \int_{-\infty}^{\infty} e^{itx} f(x)\mathrm{d}x。$$

即特征函数 $\varphi(t)$ 为 X 的密度函数 $f(x)$ 的傅立叶(Fourier)的变换。反之,我们有如下定理结果。

定理 4.8 若 X 为连续型随机变量,其密度函数为 $f(x)$,其特征函数为 $\varphi(t)$,则密度函数 $f(x)$ 是特征函数为 $\varphi(t)$ 的傅立叶逆变换,即

$$f(x) = \frac{1}{2\pi}\int_{-\infty}^{\infty} e^{-itx}\varphi(t)\mathrm{d}t$$

(证明从略)。

这表明,密度函数 $f(x)$ 与特征函数为 $\varphi(t)$ 是一对互逆的变换。

例 4.30 试证明:(1) 若 $X_1,\cdots,X_n$ 相互独立且 $X_k \sim N(\mu_k,\sigma_k^2)$, $k=1,2,\cdots,n$,则

$$X_1 + X_2 + \cdots + X_n \sim N(\mu_1 + \cdots + \mu_n, \sigma_1^2 + \cdots + \sigma_n^2)。$$

(2) 若 $X_1,\cdots,X_m$ 相互独立,且 $X_k \sim \chi^2(n_k)$, $k=1,2,\cdots,m$,则

$$X_1 + X_2 + \cdots + X_m \sim \chi^2(n_1 + \cdots + n_m)。$$

证明:(1) 因 $X_k \sim N(\mu_k,\sigma_k^2)$,则其特征函数为

$$\varphi_{X_k}(t) = \exp\left\{i\mu_k t - \frac{1}{2}\sigma_k^2 t^2\right\}, \ k=1,2,\cdots,n。$$

由特征函数的性质,因 $X_1,\cdots,X_n$ 相互独立,则 $X_1 + \cdots + X_n$ 的特征函数为

$$\varphi_{X_1+\cdots+X_n}(t)=\varphi_{X_1}(t)\varphi_{X_2}(t)\cdots\varphi_{X_n}(t)=\prod_{k=1}^{n}\exp\left\{i\mu_k t-\frac{1}{2}\sigma_k^2 t^2\right\}$$

$$=\exp\left\{i(\mu_1+\cdots+\mu_n)t-\frac{1}{2}(\sigma_1^2+\cdots+\sigma_n^2)t^2\right\}。$$

而这正是 $N(\mu_1+\cdots+\mu_n,\sigma_1^2+\cdots+\sigma_n^2)$ 的特征函数。由定理 4.7(唯一性定理)知,

$$X_1+\cdots+X_n\sim N(\mu_1+\cdots+\mu_n,\sigma_1^2+\cdots+\sigma_n^2)。$$

(2) 因 $X_k\sim\chi^2(n_k)$,则其特征函数为:

$$\varphi_{X_k}(t)=(1-2it)^{-\frac{n_k}{2}},\ (k=1,\cdots,m)$$

又因 $X_1,\cdots,X_m$ 相互独立,故 $X_1+\cdots+X_m$ 的特征函数为

$$\varphi_{X_1+\cdots+X_m}(t)=\varphi_{X_1}(t)\varphi_{X_2}(t)\cdots\varphi_{X_m}(t)=\prod_{k=1}^{m}(1-2it)^{-\frac{n_k}{2}}=(1-2it)^{-\frac{1}{2}(n_1+\cdots+n_m)},$$

这正是 $\chi^2(n_1+\cdots+n_m)$ 的特征函数。由定理 4.7(唯一性定理)知

$$X_1+\cdots+X_m\sim\chi(n_1+\cdots+n_m)。\ (证毕)$$

完全类似地可证明,一些相互独立的二项分布、泊松分布的随机变量之和的分布类型不变。这个性质称为"可加性"。显然,利用特征函数的性质和唯一性定理,就可以方便地得到独立随机变量之和的分布了,这比第三章中计算相互独立的随机变量之和的分布的方法更为简便。

知识链接

K.皮尔逊——现代统计学的创立者

K.皮尔逊(Karl Pearson,1857—1936),英国著名统计学家和生物学家,现代统计学的奠基人。

K.皮尔逊首先探求处理数据方法,首创了频数分布表与图;提出了多种概率分布曲线及其表达式,推进了频数分布曲线理论的发展和应用。1900 年他独立地重新发现了卡方(χ^2)分布,提出了有名的卡方(χ^2)检验法;他还提出和研究了复相关、偏相关、相关比等概念和方法,不仅发展了高尔登的相关和回归理论,并为之建立了数学基础;同时他还提出了似然函数、矩估计方法,推导出概差并编制了各种概差计算表。统计学上的一些术语,如"总体"、"众数"、"标准差"、"变异系数"等都出自 K.皮尔逊。

同时他还不断运用统计方法对生物学、遗传学、优生学做出新的贡献,并把生物统计方法提炼成一般处理统计资料的通用方法,发展了统计方法论,被誉为"现代统计学之父"。

 习题四

1. 设随机变量 X 的分布律为

X	-2	0	2	3
P	0.3	0.1	0.4	0.2

试求:$E(X),E(X^2),E(3X^2+7)$。

2. 设随机变量 X 的密度为

$$f(x)=\begin{cases}1+x, & -1\leqslant x<0,\\ 1-x, & 0\leqslant x<1,\\ 0, & \text{其他},\end{cases}$$

试求:$E(X)$ 和 $D(X)$。

3. 设 X 的密度为

$$f(x)=\begin{cases}a+bx^2, & 0\leqslant x<0,\\ 0, & \text{其他},\end{cases}$$

又已知 $EX=\dfrac{3}{5}$,试求 a、b 的值。

4. 设连续型随机变量 X 的分布函数为

$$F(x)=\begin{cases}0, & x<-1,\\ a+b\arcsin x, & -1\leqslant x<1,\\ 1, & x\geqslant 1,\end{cases}$$

试求:(1) 常数 a、b 的值;(2) $E(X)$ 和 $D(X)$。

5. 设轮船横向摇摆的随机振幅 X 服从的密度为

$$f(x)=Ax\exp\left\{-\frac{x^2}{2\sigma^2}\right\}, (x>0)。$$

试求:(1) 常数 A;(2) 遇到大于其振幅均值 $E(X)$ 的概率。

6. 设随机变量 X 服从柯西分布,其密度为

$$f(x)=\frac{a}{\pi(a^2+x^2)}, (a>0 \text{ 为常数})。$$

证明 X 的数学期望不存在。

7. 设袋中装有编号为 $1,2,\cdots,n$ 的球,编号为 k 的球有 k 只 $(k=1,2,\cdots,n)$。现从中随机摸出一球,求所得球号码的数学期望。

8. 袋中装有 N 只球,其中白球数为随机变量 X,只知其数学期望为 n,试求从袋中摸一球为白球的概率。

9. 将 M 个球,随机放入 N 个盒子中,设 X 表示有球的盒的个数,求 $E(X)$。

10. 设 X 为只取非负整数的随机变量,证明

$$E(X)=\sum_{k=0}^{\infty}P\{X\geqslant k\}。$$

11. 设随机变量 X 服从 Laplace 分布,其密度为

$$f(x)=\frac{1}{2\lambda}\mathrm{e}^{-\frac{|x-\mu|}{\lambda}}, (\lambda>0 \text{ 为常数})。$$

试求 $E(X)$ 和 $D(X)$。

12. 某人有 n 把外形相似的钥匙，其中只有一把可开门。今任取一把去试开，试就下列两种情况

(1) 不能打开者除去；(2) 不能打开者不除去。

分别求出打开此门所需试开次数 X 的期望值和方差。

13. 设随机变量 X 的密度函数为 $f(x) = e^{-x}$，$(x>0)$，试求：(1) $Y = 2X$；(2) $Y = e^{-2X}$ 的数学期望。

14. 对球的直径作近似测量，其值均匀分布在区间 $[a, b]$ 上，试求球的体积的数学期望。

15. 设随机变量的 X 概率分布律为 $P\{X=k\} = \dfrac{1}{2^k}$，$(k=1,2,\cdots)$，试求 $E\left[\sin\left(\dfrac{\pi}{2}X\right)\right]$。

16. 设 X 服从几何分布 $g(p): P\{X=k\} = pq^{k-1}$，$(k=1,2,\cdots)$，试求 $D(X)$。

17. 公共汽车起点站于每小时 10 分、30 分、55 分发车，设乘客不知发车时间而在每小时内的任意时刻到达车站，求该乘客候车时间的数学期望值。

18. 点随机地落在中心在原点、半径为 R 的圆周上，且对弧长是均匀分布的，求落点横坐标的均值和方差。

19. 设随机变量 X 概率分布为 $P\{X=k\} = \dfrac{C}{k!}$，$k=0,1,2,\cdots$，试求 $E(X^2)$。

20. 设 (X,Y) 的联合分布律如下所示：

X \ Y	1	2	3
-1	0.2	0.1	0
0	0.1	0	0.3
1	0.1	0.1	0.1

试求：(1) $E(X)$，$E(Y)$；(2) 设 $X=Y/X$，求 $E(Z)$；(3) 设 $Z=(X-Y)^2$，求 $E(Z)$。

21. 一电路的电流 X(安)和电阻 Y(欧)是两个相互独立的随机变量，其密度分别为

$$f(x) = \begin{cases} 3x^2, & 0 \leqslant x \leqslant 1, \\ 0, & \text{其他}, \end{cases} \qquad f(y) = \begin{cases} \dfrac{1}{10}, & 0 \leqslant y \leqslant 10, \\ 0, & \text{其他}, \end{cases}$$

试求电压 $Z=XY$ 的数学期望。

22. 设 (X,Y) 的联合密度为

$$f(x,y) = \begin{cases} \dfrac{1}{\pi R^2}, & 0 \leqslant x^2+y^2 \leqslant R^2, \\ 0, & \text{其他}, \end{cases}$$

试求 $Z = \sqrt{X^2+Y^2}$ 的数学期望。

23. 现有两个独立工作的电子装置，其寿命 $X_k(k=1,2)$ 均服从密度为

$$f(x) = \begin{cases} \dfrac{1}{\theta} e^{-\frac{x}{\theta}}, & x>0, \\ 0, & \text{其他}, \end{cases}$$

的指数分布，其中 $\theta>0$ 为参数。试分别就以下两种情形求出整机寿命的数学期望。

(1) 两装置串联成一整机；(2) 两装置并联成一整机。

24. 设某种商品每周的需求量 X 服从区间 $[10,30]$ 上均匀分布的随机变量，而经销商店进货数量为区间 $[10,30]$ 中的某一整数，已知商店每销售一单位的商品获利 500 元。若商品供大于求，则降价处理，每处理 1 单位商品亏损 180 元；若商品供不应求，则从外部调剂供应，此时每 1 单位商品仅获利 300 元。为使商

店获利的期望值不少于 9 280 元,试确定最少进货量。

25. 设 $X_1,\cdots,X_n$ 为相互独立的随机变量,且 $E(X_k)=\mu,D(X_k)=\sigma^2,(k=1,\cdots,n)$。令

$$\overline{X}=\frac{1}{n}\sum_{i=1}^{n}X_i, S^2=\frac{1}{n-1}\sum_{i=1}^{n}(X_i-\overline{X})^2,$$

证明:(1) $E(\overline{X})=\mu,D(\overline{X})=\frac{\sigma^2}{n}$;(2) $S^2=\frac{1}{n-1}\Big(\sum_{i=1}^{n}X_i^2-n\overline{X}^2\Big)$;(3) $E(S^2)=\sigma^2$。

26. 设盒中有 n 张卡片,其编号分别为 $1,2,\cdots,n$。现从中有放回地取 k 次,每次取一张,求所抽卡片号码之和的期望值和方差。

27*. 上题中,若抽样为无放回的,试求出相应的期望值和方差。

28*. 设对某目标进行连续射击,直至命中 n 次。若每次射击的命中率为 p,求射击总次数 X 的数学期望。

29. 一民航送客车乘有 10 位旅客,自机场开出,旅客有 7 个车站可下车。设旅客在各站下车是等可能的且是否下车各自独立,而送客车只有在人下车的站停车,试求停车次数的期望值。(提示:根据第 i 站是否有人下车来设 $X_i=1$ 或 0)。

30. 设 $g(x)\geqslant 0$,又对随机变量 $X,E[g(X)]<\infty$。试证:对任何正数 ε 有

$$P\{g(X)\geqslant\varepsilon\}\leqslant\frac{E[g(X)]}{\varepsilon}。$$

31. 设随机变量 X 与 Y 相互独立,且 $E(X)=5,D(X)=4,E(Y)=10,D(Y)=9$,令 $Z=3X+2Y$,试利用契贝晓夫不等式去估计 $P\{0\leqslant Z\leqslant 70\}$。

32. 利用契贝晓夫不等式确定,在投掷一枚均匀硬币时需掷多少次,才能保证"正面向上"的频率在 0.4 与 0.6 之间的概率不小于 90%?

33. 设随机变量 X 与 Y 相互独立,且

$$E(X)=E(Y)=0,D(X)=D(Y)=1,$$

试求 $E[(X+Y)^2]$、$D(3X+5Y+2)$。

34. 设随机变量 X 的密度为

$$f(x)=\begin{cases}\dfrac{nx_0^n}{x^{n+1}}, & x\geqslant x_0,\\[2mm] 0, & x<x_0,\end{cases}\quad (n>0,x_0>0)$$

试求 X 的 k 阶矩 $E(X^k)(0<k<n)$。

35. 设随机变量 X 与 Y 的联合概率分布律如下所示。

X \ Y	-1	0	1
-1	$\frac{1}{8}$	$\frac{1}{8}$	$\frac{1}{8}$
0	$\frac{1}{8}$	0	$\frac{1}{8}$
1	$\frac{1}{8}$	$\frac{1}{8}$	$\frac{1}{8}$

试证明:X 与 Y 不相关,但不相互独立。

36. 已知 $D(X)=25,D(Y)=36,\rho_{XY}=0.4$,试求 $D(X+Y)$ 和 $D(X-Y)$。

37. 设 (X,Y) 服从二维均匀分布 $U[a,b;c,d]$,其联合密度为

$$f(x,y) = \begin{cases} \dfrac{1}{(b-a)(d-c)}, & a \leqslant x \leqslant b, c \leqslant y \leqslant d, \\ 0, & \text{其他}, \end{cases}$$

试求 (X,Y) 的数学期望和协方差矩阵。

38. 设 X 与 Y 相互独立,且均服从正态分布 $N(0,\sigma^2)$,又 $U = \alpha X + \beta Y, V = \alpha X - \beta Y, (\alpha, \beta$ 为常数),试求 ρ_{UV}。

39. 设对随机变量 X、Y,$U = aX + b, V = cY + d$,其中 a 与 c 同号,试证明 $\rho_{UV} = \rho_{XY}$。

40. 设随机变量 X 的分布函数为

$$F(x) = \begin{cases} 0, & x < -a \\ \dfrac{x+a}{2a}, & -a \leqslant x \leqslant a \\ 1, & x > a, (a > 0 \text{ 为常数}) \end{cases}$$

试求 X 的特征函数 $\varphi(t)$。

41. 已知随机变量 $X \sim \chi^2(n)$ 分布,试利用其特征函数 $\varphi(t) = (1-2it)^{-\frac{n}{2}}$ 来求 $E(X), D(X)$。

42. 设随机变量 $X \sim$ 正态分布 $N(\mu, \sigma^2)$,试利用特征函数来确定 $Y = aX + b$ 的分布。

43. 设 X_k 服从 Γ 分布 $Ga(\lambda, r_k), k = 1, 2$,且 X_1 与 X_2 相互独立,试用特征函数证明 $X_1 + X_2$ 服从 Γ 分布 $Ga(\lambda, r_1 + r_2)$。

44. 若随机变量 X 的特征函数为 $\varphi(t) = \dfrac{e^{it}(1 - e^{int})}{n(1 - e^{it})}$,证明 X 的概率分布为

$$P\{X_k = k\} = \frac{1}{n}, \quad k = 1, 2, \cdots, n_\circ$$

45. 设某种元件的寿命服从指数分布 $E(\lambda)$,其密度为(单位:小时)

$$f(x) = \begin{cases} \lambda e^{-\lambda x}, & x \geqslant 0 \\ 0, & x < 0, \end{cases}$$

已知它已使用了 n 小时,问期望它能再继续使用多长时间?

46. 已知某货站每天到达货物件数 Y 的分布为

Y	10	11	12	13	14	15
P	0.05	0.1	0.1	0.2	0.35	0.2

若每天到达货物的次品率为 0.1,试求每天到达货物的次品件数 X 的期望值 $E(X)$。

(言方荣)

第五章

极限理论

概率论和数理统计是从数量侧面研究随机现象的统计规律性的数学学科,而随机现象的统计规律性只有在大量的重复试验或观察中才能显示出来。本章所讨论的极限理论正是对这种"大量"的随机现象进行研究的理论,其内容非常丰富,在概率论和数据统计中有着极其广泛的应用。这里我们只介绍极限理论中的最基本的两种类型——大数定律和中心极限定理。

第一节 随机变量序列的收敛性

大数定律和中心极限定理的研究是在随机变量序列收敛性的基础上进行的。随机变量序列的收敛性有多种,这里我们将介绍最常用的两种:依概率收敛和按分布收敛。随机变量序列的依概率收敛主要用于大数定律,而随机变量序列按分布收敛则用于中心极限定理。

定义 5.1 设 $X_1, X_2, \cdots, X_n, \cdots$ 为随机变量序列,若存在随机变量 X,使得对于任意给定的 $\varepsilon > 0$,有 $\lim\limits_{n \to \infty} P\{|X_n - X| \geqslant \varepsilon\} = 0$,或等价地

$$\lim_{n \to \infty} P\{|X_n - X| < \varepsilon\} = 1,$$

则称随机变量序列 $\{X_n\}$ **依概率收敛**(convergence in probability)于随机变量 X,记为 $X_n \xrightarrow{P} X$。特别地,X 可为一个常数。

由定义 5.1,随机变量序列 $\{X_n\}$ 依概率收敛于 X,表明当 $n \to \infty$ 时,X_n 的取值与 X 的取值偏差较大的概率趋于 0。显然,这种依概率收敛与数学分析中的序列收敛有着显著的区别。

下面我们不加证明地给出依概率收敛的一个重要性质:

定理 5.1 对随机变量序列 $\{X_n\}$、$\{Y_n\}$,若 $X_n \xrightarrow{P} a$,$Y_n \xrightarrow{P} b$(a、b 为常数),又 $f(x, y)$ 在点 (a, b) 连续,则

$$f(X_n, Y_n) \xrightarrow{P} f(a, b)。$$

由该性质可知,当 $X_n \xrightarrow{P} a$,$Y_n \xrightarrow{P} b$ 时,有

$$X_n \pm Y_n \xrightarrow{P} a \pm b, \quad X_n Y_n \xrightarrow{P} ab。$$

定义 5.2 设随机变量 $X, X_1, X_2, \cdots$ 的分布函数分别为 $F(x), F_1(x), F_2(x), \cdots$,如果对于 $F(x)$ 的任意连续点 x,都成立

$$\lim_{n \to \infty} F_n(x) = F(x),$$

则称随机变量序列 $\{X_n\}$ **按分布收敛**(convergence according to distribution)于 X,记为 $X_n \xrightarrow{L} X$。也称分布函数序列 $\{F_n(x)\}$ **弱收敛**(weak convergence)于 $F(x)$,记为 $F_n(x) \xrightarrow{W} F(x)$。

按分布收敛和依概率收敛一般是不等价的,下列结果表明依概率收敛通常要强于按分布收敛。

定理 5.2 对随机变量序列 $\{X_n\}$ 和 X,若 $X_n \xrightarrow{P} X$,则必有 $X_n \xrightarrow{L} X$。(证明从略)

但是,当 X 为仅取常数 C 的退化分布时($P\{X=C\}=1$)时,按分布收敛与依概率收敛是等价的。

定理 5.3 对随机变量序列 $\{X_n\}$ 和常数 C,$X_n \xrightarrow{P} C$ 的充分必要条件是 $X_n \xrightarrow{L} C$。
(证明从略)

由下列定理结果,我们往往可以利用随机变量序列的特征函数来考察其是否按分布收敛。

定理 5.4 分布函数序列 $\{F_n(x)\}$ 弱收敛于 $F(x)$ 的充分必要条件是 $\{F_n(x)\}$ 的特征函数序列 $\{\varphi_n(t)\}$ 收敛于 $F(x)$ 的特征函数 $\varphi(t)$。即 $F_n(x) \xrightarrow{W} F(x) \Leftrightarrow \varphi_n(t) \to \varphi(t)$。
(证明从略)

第二节 概率不等式

这里介绍的马尔可夫不等式等一系列概率不等式,既可用于对一些较难计算的概率的估算,用于本章后面的大数定律与中心极限定理等收敛定理的证明等,同时在机器学习和人工智能的应用中也起着非常重要的基础理论的作用。

定理 5.5(马尔可夫(марков)不等式) 设 X 为一个非负随机变量,其数学期望 $E(X)$ 存在,则对任意 $a > 0$ 有

$$P\{X > a\} \leqslant \frac{E(X)}{a}。$$

证明:这里仅对 X 为连续型随机变量情形给予证明。

设 $f(x)$ 为 X 的密度函数,因为 $X>0$,则

$$E(X) = \int_0^\infty x f(x)\mathrm{d}x = \int_0^a x f(x)\mathrm{d}x + \int_a^\infty x f(x)\mathrm{d}x$$

$$\geqslant \int_a^\infty x f(x)\mathrm{d}x \geqslant a \int_a^\infty f(x)\mathrm{d}x = aP\{X>a\}$$

故 $$P\{X>a\} \leqslant \frac{E(X)}{a}。（证毕）$$

定理 5.6(契贝晓夫(чебыщев)不等式) 令 $E(X)=\mu$,$D(X)=\sigma^2$,则

$$P\{|X-\mu| \geqslant \varepsilon\} \leqslant \frac{\sigma^2}{\varepsilon^2}。$$

证明:利用马尔可夫不等式可得

$$P\{|X-\mu| \geqslant \varepsilon\} = P\{|X-\mu|^2 \geqslant \varepsilon^2\} \leqslant \frac{E(|X-\mu|^2)}{\varepsilon^2} = \frac{\sigma^2}{\varepsilon^2}。（证毕）$$

特别地,对于 $Z = \dfrac{X-\mu}{\sigma}$,有 $P\{|Z| \geqslant k\} \leqslant \dfrac{1}{k^2}$。这只需在切比晓夫不等式中,令 $\varepsilon = k\sigma$ 即得。例如:$P\{|Z| \geqslant 2\} \leqslant \dfrac{1}{4}$,$P\{|Z| \geqslant 3\} \leqslant \dfrac{1}{9}$。

例 5.1 设 $X_1,\cdots,X_n$ 为相互独立的随机变量,且均服从参数值为 p 的 $0-1$ 分布,则 $E(X_i)=p$,$D(X_i)=p(1-p)$。对于 $\overline{X}_n = \dfrac{1}{n}\sum\limits_{i=1}^n X$,有

$$E(\overline{X}_n) = p;\quad D(\overline{X}_n) = \frac{D(X_1)}{n} = \frac{p(1-p)}{n}。$$

从而, $$P\{|\overline{X}_n - p| \geqslant \varepsilon\} \leqslant \frac{D(\overline{X}_n)}{\varepsilon^2} = \frac{p(1-p)}{n\varepsilon^2} \leqslant \frac{1}{4n\varepsilon^2}。$$

上式利用了不等式 $p(1-p) \leqslant 1/4$。对于 $\varepsilon = 0.2$ 和 $n=100$,所求的界为 $0.062\ 5$。

该例可用于假设检验的预测方法中。以神经网络为例,如果预测错误则令 $X_i=1$,反之则令 $X_i=0$,从而每个 X_i 可认为服从未知均值 p 的 $0-1$ 分布,$\overline{X}_n = \dfrac{1}{n}\sum\limits_{i=1}^n X_i$ 是观察到的误差率。要想检测真实误差率 p,从直觉上判断,$\overline{X}_n$ 应与 p 非常接近,由该不等式就可估算 $\overline{X}_n$ 不在 p 附近的范围内的概率。

为证明霍夫丁不等式,先介绍有关数学期望的两个不等式和霍夫丁引理。

定理 5.7(柯西-许瓦兹(Cauchy-Schwartz)不等式) 如果 X 和 Y 具有有限方差,则

$$E(|XY|) \leqslant \sqrt{E(X^2)E(Y^2)}。$$

证明：对于任意 t，设 $f(t)=E(Y-tX)^2=E(Y^2)-2tE(XY)+t^2E(X^2)\geqslant 0$
为求该不等式的最优解，令 $f'(t)=2tE(X^2)-2E(XY)=0$，解之得

$$t=E(XY)/E(X^2)。$$

将 t 的值代入 $f(t)$ 得：

$$E(Y^2)-2[E(XY)/E(X^2)]E(XY)+[E(XY)/E(X^2)]^2E(X^2)\geqslant 0$$

则
$$[E(XY)]^2\leqslant E(X^2)E(Y^2)，$$

即
$$E(|XY|)\leqslant\sqrt{E(X^2)E(Y^2)}。$$

定义 5.3 如果对任意 x,y，以及 $\alpha\in[0,1]$，函数 $g(x)$ 满足

$$g(\alpha x+(1-\alpha)y)\leqslant\alpha g(x)+(1-\alpha)g(y)，$$

则称函数 $g(x)$ 是**凸函数**。如果 $-g(x)$ 是凸函数，则 $g(x)$ 是**凹函数**。

如果对于所有 x，函数 $g(x)$ 是二阶可导，且 $g''(x)\geqslant 0$，则可证明 $g(x)$ 是凸函数，$g(x)$ 位于与其相切于任一点的直线的上方，该直线称为切线。

例如 $g(x)=x^2$，$g(x)=\mathrm{e}^x$ 为凸函数；而 $g(x)=-x^2$，$g(x)=\log(x)$ 则为凹函数。

定理 5.8（詹森（Jensen）不等式） 如果 g 为凸函数，则 $E[g(X)]\geqslant g(E(X))$；如果 g 为凹函数，则 $E[g(X)]\leqslant g(E(X))$。

证明：令直线 $L(x)=a+bx$ 与 $g(x)$ 相切于点 $E(X)$，因为 g 是凸函数，它位于直线 $L(x)$ 的上方，所以

$$E[g(X)]>E[L(X)]=E(a+bX)=a+bE(X)=L(E(X))=g(E(X))$$

由詹森不等式可知 $E(X^2)\geqslant(E(X))^2$；如果 X 为正，则 $E[(1/X)]\geqslant 1/E(X)$；因为对数函数是凹函数，所以 $E[\log(X)]\leqslant\log(E(X))$。

引理 5.1（霍夫丁（Hoeffding）引理） 若 $E(X)=0$，且 $a\leqslant X\leqslant b$，则对于任意实数 λ，都有

$$E(\mathrm{e}^{\lambda X})\leqslant\exp\left\{\frac{\lambda^2(b-a)^2}{8}\right\}。$$

证明：因为是 $a\leqslant X\leqslant b$，可将 X 写成 a,b 的凸组合，即 $X=\alpha b+(1-\alpha)a$，其中，$\alpha=(X-a)/(b-a)$，所以根据 $\mathrm{e}^{\lambda x}$ 的凸性得到

$$\mathrm{e}^{\lambda X}\leqslant\frac{b-X}{b-a}\mathrm{e}^{\lambda a}+\frac{X-a}{b-a}\mathrm{e}^{\lambda b}$$

则
$$E(\mathrm{e}^{\lambda X})\leqslant\frac{b-E(X)}{b-a}\mathrm{e}^{\lambda a}+\frac{E(X)-a}{b-a}\mathrm{e}^{\lambda b}=\exp\left\{\ln\left(\frac{b-0}{b-a}\mathrm{e}^{\lambda a}+\frac{0-a}{b-a}\mathrm{e}^{\lambda b}\right)\right\}$$

$$=\exp\left\{\lambda a+\ln\left(1+\frac{b}{b-a}-\frac{a}{b-a}\mathrm{e}^{\lambda(b-a)}\right)\right\}=\exp\{-p+\ln(1-p+p\mathrm{e}^h)\}$$

其中，$p=-\dfrac{a}{b-a}$，$h=\lambda(b-a)$。

再设 $L(h) = -p + \ln(1-p+p\mathrm{e}^h)$，可得

$$L'(h) = -p + \frac{p\mathrm{e}^h}{1-p+p\mathrm{e}^h}, \quad L''(h) = \frac{p(1-p)\mathrm{e}^h}{(1-p+p\mathrm{e}^h)^2}$$

显然，$L(0) = L'(0) = 0$。下面证明 $L''(h) \leqslant 1/4$。

当 $p \leqslant 0$ 时，显然 $L''(h) \leqslant 0$ 成立。

当 $p > 0$ 时，$(1-p+p\mathrm{e}^h)^2 \geqslant 4p(1-p)\mathrm{e}^h$，故 $L''(h) \leqslant 1/4$ 成立。即证 $L''(h) \leqslant 1/4$。

对 $L(h)$ 用泰勒公式展开得

$$L(h) = L(0) + L'(0) + \frac{L''(x)(h-x)^2}{2} \leqslant \frac{(h-x)^2}{8} \leqslant \frac{\lambda^2(b-a)^2}{8}.$$

故

$$E(\mathrm{e}^{\lambda X}) = \exp\{L(h)\} \leqslant \exp\left\{\frac{\lambda^2(b-a)^2}{8}\right\}. \quad (证毕)$$

定理 5.9(霍夫丁(Hoeffding)不等式) 设 $X_1, \cdots, X_n$ 为相互独立的随机变量，且 $a_i \leqslant X_i \leqslant b_i$，$S_n = \sum_{i=1}^{n} X_i$。令 $\varepsilon > 0$，则对于任意 $t > 0$ 有

$$P\{S_n - E(S_n) \geqslant t\} \leqslant \exp\left\{-\frac{2t^2}{\sum_{i=1}^{n}(b_i-a_i)^2}\right\}$$

证明：

$$
\begin{aligned}
P\{S_n - E(S_n) \geqslant t\} &= P\{\mathrm{e}^{s[S_n-E(S_n)]} \geqslant \mathrm{e}^{st}\} \\
&\leqslant \mathrm{e}^{-st} E(\mathrm{e}^{s[S_n-E(S_n)]}) \\
&= \mathrm{e}^{-st} \prod_{i=1}^{n} E(\mathrm{e}^{s[X_i-E(X_i)]}) \\
&\leqslant \mathrm{e}^{-st} \exp\left\{\sum_{i=1}^{n} \frac{s^2(b_i-a_i)^2}{8}\right\} \\
&= \exp\left\{\frac{s^2}{8}\sum_{i=1}^{n}(b_i-a_i)^2 - st\right\}
\end{aligned}
$$

为了得到最好的概率上限，设 $g(s) = \dfrac{s^2}{8}\sum_{i=1}^{n}(b_i-a_i)^2 - st$，令 $g'(s) = 0$，解之得

$$s = \frac{4t}{\sum_{i=1}^{n}(b_i-a_i)^2}$$

时，$g(s)$ 达到最小值，代入上式即得

$$P\{S_n - E(S_n) \geqslant t\} \leqslant \exp\left\{-\frac{2t^2}{\sum_{i=1}^{n}(b_i-a_i)^2}\right\}. \quad (证毕)$$

定理 5.10 令 $X_1, X_2, \cdots, X_n$ 服从参数为 p 的 $0-1$ 分布,则对于任意 $\varepsilon > 0$ 有

$$P\{\,|\,\overline{X}_n - p\,| > \varepsilon\} \leqslant 2e^{-2n\varepsilon^2}$$

其中,$\overline{X}_n = \dfrac{1}{n}\sum_{i=1}^{n}X_i$。

证明:设 $Y_i = \dfrac{X_i - p}{n}$,则 $E(Y_i) = 0, i = 1, 2, \cdots, n$。

令 $a = -\dfrac{p}{n}, b = \dfrac{1-p}{n}$,则 $a < Y_i < b$ 且 $(b-a)^2 = \dfrac{1}{n^2}$,根据定理 5.9 得

$$P\{\overline{X}_n - p > \varepsilon\} = P\Big\{\sum_{i=1}^{n}Y_i \geqslant \varepsilon\Big\} \leqslant 2e^{-t\varepsilon}e^{t^2/(8n)}$$

上式对于任意 $t > p$ 均满足,取 $t = 4n\varepsilon$ 得 $P\{\overline{X}_n - p > \varepsilon\} \leqslant e^{-2n\varepsilon^2}$。类似地,可证明

$$P\{\overline{X}_n - p > -\varepsilon\} \leqslant e^{-2n\varepsilon^2},$$

合并即得 $P\{\,|\,\overline{X}_n - p\,| > \varepsilon\} \leqslant e^{-2n\varepsilon^2}$。(证毕)

例 5.2 设 $X_1, X_2, \cdots, X_n$ 服从参数为 p 的伯努利分布,令 $n = 100, \varepsilon = 0.2$,由契贝晓夫不等式可得

$$P\{\,|\,\overline{X}_n - p\,| > \varepsilon\} \leqslant \dfrac{1}{4n\varepsilon^2} = 0.062\ 5$$

由霍夫丁不等式得

$$P\{\,|\,\overline{X}_n - p\,| > \varepsilon\} \leqslant e^{-2n\varepsilon^2} = 0.006\ 7$$

这比 $0.062\ 5$ 要小很多。

霍夫丁不等式提供了一种建立二项式分布参数 p 的置信区间的简单方法。有关置信区间的内容将在后面(见第六章)讨论,这里仅给出简单的思想,对确定的 $\alpha > 0$,令

$$2e^{-2n\varepsilon^2} = \alpha, \text{即}\ \varepsilon_n = \sqrt{\dfrac{1}{2n}\ln\Big(\dfrac{2}{\alpha}\Big)}$$

由霍夫丁不等式可知

$$P\{\,|\,\overline{X}_n - p\,| > \varepsilon\} \leqslant 2e^{-2n\varepsilon^2} = \alpha$$

令 $C = (\overline{X}_n - \varepsilon_n, \overline{X}_n + \varepsilon_n)$,则

$$P\{p \in C\} = P\{\overline{X}_n - \varepsilon < p < \overline{X}_n + \varepsilon\} = P\{\,|\,\overline{X}_n - p\,| < \varepsilon\} = 1 - P\{\,|\,\overline{X}_n - p\,| \geqslant \varepsilon\} \geqslant 1 - \alpha。$$

也即随机区间 C 包括参数真值 p 的概率为 $1 - \alpha$,故 $C = (\overline{X}_n - \varepsilon_n, \overline{X}_n + \varepsilon_n)$ 为 p 的置信度为 $1 - \alpha$ 的置信区间。

霍夫丁不等式(Hoeffding's inequality)是机器学习的基础理论,通过它可以推导出机器学习在理论上的可行性。

第三节　大数定律

在第一章,我们曾指出,随机事件出现的频率,随着试验次数的增大,将稳定在某个常数(即该事件出现的概率值 p)附近摆动,这就是随机事件的"频率稳定性"。前面我们仅直观地描述了这种频率稳定性,而下面介绍的大数定律将给出这种"频率稳定性"的确切含义和理论根据。

在第四章第二节方差性质(3)中我们给出了契贝晓夫不等式:对任意 $\varepsilon>0$,

$$P\{|X-EX|\geqslant\varepsilon\}\leqslant\frac{D(X)}{\varepsilon^2}。$$

现在我们就利用该不等式来推导出下列大数定律。

定理 5.11(马尔可夫(марков)大数定律)

设随机变量数为 $\{X_n\}$ 满足马尔可夫条件:

$$\lim_{n\to\infty}\frac{1}{n^2}D\left(\sum_{k=1}^{n}X_k\right)=0,$$

则对任意 $\varepsilon>0$,有

$$\lim_{n\to\infty}P\left\{\left|\frac{1}{n}\sum_{k=1}^{n}X_k-\frac{1}{n}\sum_{k=1}^{n}E(X_k)\right|\geqslant\varepsilon\right\}=0,$$

即

$$\frac{1}{n}\sum_{k=1}^{n}X_k-\frac{1}{n}\sum_{k=1}^{n}E(X_k)\xrightarrow{P}0。$$

证明: 对任意给定的 $\varepsilon>0$,由契贝晓夫不等式和马尔可夫条件得

$$0\leqslant P\left\{\left|\frac{1}{n}\sum_{k=1}^{n}X_k-\frac{1}{n}\sum_{k=1}^{n}E(X_k)\right|\geqslant\varepsilon\right\}=P\left\{\left|\frac{1}{n}\sum_{k=1}^{n}X_k-E\left(\frac{1}{n}\sum_{k=1}^{n}X_k\right)\right|\geqslant\varepsilon\right\}$$

$$\leqslant\frac{D\left(\dfrac{1}{n}\sum_{k=1}^{n}X_k\right)}{\varepsilon^2}=\frac{\dfrac{1}{n^2}D\left(\sum_{k=1}^{n}X_k\right)}{\varepsilon^2}\to0,(n\to+\infty\ \text{时}),$$

故

$$\lim_{n\to+\infty}P\left\{\left|\frac{1}{n}\sum_{k=1}^{n}X_k-\frac{1}{n}\sum_{k=1}^{n}E(X_k)\right|\geqslant\varepsilon\right\}=0。（证毕）$$

这样,我们证明了,只要随机变量序列 $\{X_n\}$ 满足马尔可夫条件,则当 n 增大时,其随机变量的算术平均值 $\dfrac{1}{n}\sum_{k=1}^{n}X_k$ 与其相应的数学期望的算术平均值 $\dfrac{1}{n}\sum_{k=1}^{n}E(X_k)$（为数列）之差将依概率收敛于 0。

定义 5.4 对任意随机变量序列 $\{X_n\}$，若

$$\lim_{n\to\infty} P\left\{\left|\frac{1}{n}\sum_{k=1}^{n}X_k - \frac{1}{n}\sum_{k=1}^{n}E(X_k)\right| \geq \varepsilon\right\} = 0,$$

或等价地

$$\lim_{n\to\infty} P\left\{\left|\frac{1}{n}\sum_{k=1}^{n}X_k - \frac{1}{n}\sum_{k=1}^{n}E(X_k)\right| < \varepsilon\right\} = 1,$$

则称 $\{X_n\}$ 服从**大数定律**(law of large numbers)。

由上述马尔可夫大数定律还可推出其他一些形式的大数定律。

定理 5.12(契贝晓夫(чебышев)大数定律)

设 $\{X_n\}$ 为两两互不相关的随机变量序列，又存在常数 $C>0$，使得对每个随机变量 X_k，$D(X_k) \leq C$，$k=1,2,\cdots$，则 $\{X_n\}$ 服从大数定律，即对任意 $\varepsilon>0$，有

$$\lim_{n\to\infty} P\left\{\left|\frac{1}{n}\sum_{k=1}^{n}X_k - \frac{1}{n}\sum_{k=1}^{n}E(X_k)\right| \geq \varepsilon\right\} = 0。$$

即

$$\frac{1}{n}\sum_{k=1}^{n}X_k - \frac{1}{n}\sum_{k=1}^{n}E(X_k) \xrightarrow{P} 0。$$

证明： 由马尔可夫大数定律知，只需验证 $\{X_n\}$ 满足马尔可夫条件。

因 $X_1, X_2, \cdots, X_n, \cdots$ 两两互不相关，则 $\mathrm{Cov}(X_i, X_j)=0$，$i \neq j$，$i,j=1,2,\cdots$。

又对每个随机变量 X_k，$D(X_k) \leq C$，$k=1,2,\cdots$，则

$$\frac{1}{n^2}D\left(\sum_{k=1}^{n}X_k\right) = \frac{1}{n^2}\left[\sum_{k=1}^{n}D(X_k) + 2\sum_{1\leq i<j\leq n}\mathrm{Cov}(X_i, X_j)\right] = \frac{1}{n^2}\sum_{k=1}^{n}D(X_k)$$

$$\leq \frac{1}{n^2} \cdot nC = \frac{C}{n} \to 0,（当 n\to +\infty 时）$$

故 $\{X_n\}$ 服从大数定律。（证毕）

由于独立性可推出互不相关性，因此当 $\{X_n\}$ 为独立随机变量序列且其方差 $D(X_n)$ 一致有界时，$\{X_n\}$ 也必定服从大数定律。特别地，我们有如下定理。

定理 5.13(独立同分布大数定律)

若 $X_1, X_2, \cdots, X_n, \cdots$ 为相互独立且服从同一分布的随机变量序列，其 $E(X_k)=\mu$，$D(X_k)=\sigma^2$ 均存在，则 $\{X_n\}$ 服从大数定律。即对任意 $\varepsilon>0$，有

$$\lim_{n\to\infty} P\left\{\left|\frac{1}{n}\sum_{k=1}^{n}X_k - \mu\right| \geq \varepsilon\right\} = 0。$$

即

$$\frac{1}{n}\sum_{k=1}^{n}X_k \xrightarrow{P} \mu(=E(X_k))。$$

该定理实际上是契贝晓夫大数定律的特殊情形，这只需注意到 $\frac{1}{n}\sum_{k=1}^{n}E(X_k)=\mu$ 即可。

另外，辛钦(Хинчин)还证明了，对于独立同分布的随机变量序列 $\{X_k\}$，只要其均值 $E(X_k)=$

μ 存在，$\{X_n\}$ 就服从大数定律。即上述定理 5.13 中，$D(X_k)=\sigma^2$ 存在的条件亦可省去。

当我们对随机现象进行观察或试验时，可把每次观察或试验的结果对应于一个随机变量，这样当观察或试验不断相互独立地进行时，就可得到独立同分布的随机变量序列 X_1，$X_2,\cdots$。而定理 5.13 表明，n 足够大时，随机变量在 n 次观察或试验中的算术平均值 $\dfrac{1}{n}\sum\limits_{k=1}^{n}X_k$ 将依概率收敛于其均值 μ。

定理 5.14(贝努里(Bernoulli)大数定律)

设 μ_n 为 n 重贝努里试验中事件 A 发生的次数，p 为事件 A 在每次试验中发生的概率，则对任意 $\varepsilon>0$，有

$$\lim_{n\to\infty}P\left\{\left|\frac{\mu_n}{n}-p\right|\geqslant\varepsilon\right\}=0。$$

即事件 A 发生的频率 $\dfrac{\mu_n}{n}\xrightarrow{P}p$。

证明： 令

$$X_k=\begin{cases}1, & \text{第 }k\text{ 次试验中事件 }A\text{ 发生}\\0, & \text{第 }k\text{ 次试验中事件 }A\text{ 未发生,}\end{cases}\quad(k=1,2,\cdots)$$

显然，$\mu_n=X_1+\cdots+X_n$，且 $X_1,X_2,\cdots,X_k,\cdots$ 相互独立，皆服从 0-1 分布：

$$P\{X_k=1\}=p,\ P\{X_k=0\}=q。$$

则

$$E(X_k)=p,D(X_k)=pq,k=1,2,\cdots。$$

又

$$\frac{1}{n}\sum_{k=1}^{n}X_k-\frac{1}{n}\sum_{k=1}^{n}E(X_k)=\frac{\mu_n}{n}-p。$$

由独立同分布大数定律知，$\{X_n\}$ 服从大数定律。故

$$\lim_{n\to\infty}P\left\{\left|\frac{\mu_n}{n}-p\right|\geqslant\varepsilon\right\}=\lim_{n\to\infty}P\left\{\left|\frac{1}{n}\sum_{k=1}^{n}X_k-\frac{1}{n}\sum_{k=1}^{n}E(X_k)\right|\geqslant\varepsilon\right\}=0。\quad（证毕）$$

贝努里大数定律以严格的数学形式描述了"频率的稳定性"，从而为概率的统计定义提供了理论根据。它表明，在 n 重贝努里试验中，事件 A 发生的频率 $\dfrac{\mu_n}{n}$ 随着 n 的增大将依概率收敛于事件 A 发生的概率 p。即当 n 足够大时，事件 A 发生的频率与其概率出现较大偏差的可能性很小，这正是"频率的稳定性"。这样在解决实际问题时，在试验或观察次数很大时，用事件 A 的频率作为其概率的近似值也是完全合理的。

例 5.3 设 $X_1,X_2,\cdots,X_n,\cdots$ 为相互独立的随机变量序列，且 $X_k,(k=1,2,\cdots)$ 的分布律为

X_k	$\sqrt[3]{k}$	$-\sqrt[3]{k}$
P	1/2	1/2

试证明 $\{X_k\}$ 服从大数定律。

证明:因 X_k 的分布律为$(k=1,2,\cdots)$

X_k	$\sqrt[3]{k}$	$-\sqrt[3]{k}$
P	1/2	1/2

则
$$E(X_k)=\sqrt[3]{k}\times\frac{1}{2}-\sqrt[3]{k}\times\frac{1}{2}=0,$$

$$D(X_k)=E(X_k^2)=(\sqrt[3]{k})^2\times\frac{1}{2}+(-\sqrt[3]{k})^2\times\frac{1}{2}=k^{\frac{2}{3}},\ k=1,2,\cdots。$$

又因 $\{X_n\}$ 为相互独立的随机变量序列,则

$$\frac{1}{n^2}D\Big(\sum_{k=1}^{n}X_k\Big)=\frac{1}{n^2}\sum_{k=1}^{n}D(X_k)=\frac{1}{n^2}\sum_{k=1}^{n}k^{\frac{2}{3}}\leqslant\frac{1}{n^2}n\cdot n^{\frac{2}{3}}=\frac{1}{n^{1/3}}\to 0,(n\to+\infty)。$$

即 $\{X_n\}$ 满足马尔可夫条件,由定理 5.11 知 $\{X_k\}$ 服从大数定律。(证毕)

第四节　中心极限定理

前面叙述的大数定律实际上讨论了 $Y_n=\frac{1}{n}\sum_{k=1}^{n}X_k$ 所对应的中心化随机变量

$$\widetilde{Y}_n=Y_n-E(Y_n)=\frac{1}{n}\sum_{k=1}^{n}X_k-\frac{1}{n}\sum_{k=1}^{n}E(X_k)$$

在一定条件下依概率收敛于 0 的问题,而下面介绍的中心极限定理将讨论对于相互独立的随机变量序列 $\{X_n\}$,其 $Y_n=\frac{1}{n}\sum_{k=1}^{n}X_k$ 的标准化随机变量

$$Y_n^*=\frac{Y_n-E(Y_n)}{\sqrt{D(Y_n)}}=\frac{\sum\limits_{k=1}^{n}(X_k-E(X_k))}{\sqrt{\sum\limits_{k=1}^{n}D(X_k)}}$$

在什么条件下其极限分布是正态分布的问题。

在第二章第三节讨论正态分布时,我们曾指出,如果随机变量是受许多独立的随机因素的影响而形成,而且每个因素的影响又是微小的,都起不到主导作用,那么这样的随机变量一般都近似地服从正态分布。例如,测量的总误差这个随机变量就是在测量过程中,由温度、湿度、气压等对测量仪器的影响,以及测量者观察时的视差和心理、生理状态等许多因素综合影响而造成的。显然,每个因素产生的误差都是微小的、随机的,它们的总和所形成的测量总误差就服从正态分布。中心极限定理的理论就为上述事实提供了严格的理论依据,其内容也非常丰富,这里我们只介绍其中最常用的中心极限定理。

定义 5.5 设 $X_1, X_2, \cdots, X_n, \cdots$ 为相互独立的随机变量序列，又 $E(X_k) = \mu_k, D(X_k) = \sigma_k^2 (k=1, 2, \cdots)$ 均存在。考虑随机变量

$$Y_n^* = \frac{\sum_{k=1}^n X_k - \sum_{k=1}^n E(X_k)}{\sqrt{\sum_{k=1}^n D(X_k)}} = \frac{\sum_{k=1}^n X_k - \sum_{k=1}^n \mu_k}{\sqrt{\sum_{k=1}^n \sigma_k^2}}, (n=1,2,\cdots)$$

的分布函数 $F_n(x)$，若对 $x \in (-\infty, +\infty)$，一致地有

$$\lim_{n \to \infty} F_n(x) = \lim_{n \to \infty} P\{Y_n^* \leqslant x\} = \frac{1}{\sqrt{2\pi}} \int_{-\infty}^x e^{-\frac{t^2}{2}} dt = \Phi(x)$$

则称 $\{X_k\}$ 服从**中心极限定理**(central limit theorem)。此时

$$Y_n^* = \frac{\sum_{k=1}^n X_k - \sum_{k=1}^n \mu_k}{\sqrt{\sum_{k=1}^n \sigma_k^2}}$$

以正态分布 $N(0,1)$ 为其极限分布。

定理 5.15(独立同分布的中心极限定理)

设随机变量序列 $\{X_n\}$ 相互独立且服从同一分布，又 $E(X_k) = \mu, D(X_k) = \sigma^2 (k=1,2,\cdots)$ 均存在，则其随机变量之和的标准化随机变量

$$Y_n^* = \frac{\sum_{k=1}^n X_k - n\mu}{\sqrt{n}\sigma}$$

的分布函数 $F_n(x)$ 对任意实数 x，一致地有

$$\lim_{n \to \infty} F_n(x) = \lim_{n \to \infty} P\left\{ \frac{\sum_{k=1}^n X_k - n\mu}{\sqrt{n}\sigma} \leqslant x \right\} = \frac{1}{\sqrt{2\pi}} \int_{-\infty}^x e^{-\frac{t^2}{2}} dt = \Phi(x).$$

即 $\{X_n\}$ 服从中心极限定理。

该定理又称为**林德贝格-勒维(Lindeberg-Levy)中心极限定理**。

证明:显然要证明定理结果，只需证明 $\{Y_n^*\}$ 的分布函数 $F_n(x) \xrightarrow{W} \Phi(x)$，$\Phi(x)$ 为标准正态分布的分布函数。而根据定理 5.4，这只要证明 $\{Y_n^*\}$ 的特征函数收敛于标准正态分布 $N(0,1)$ 的特征函数。

设 $X_n - \mu$ 的特征函数为 $\varphi(t)$，则 Y_n^* 的特征函数为

$$\varphi_n(t) = \left[\varphi\left(\frac{t}{\sigma\sqrt{n}} \right) \right]^n。$$

因为 $E(X_n - \mu) = 0, D(X_n - \mu) = \sigma^2$，根据特征函数的性质有

$$\varphi'(0)=0,\varphi''(0)=-\sigma^2 \text{。}$$

则 $\varphi(t)$ 有泰勒展开式

$$\varphi(t)=\varphi(0)+\varphi'(0)t+\varphi''(0)\frac{t^2}{2}+o(t^2)=1-\frac{1}{2}\sigma^2 t^2+o(t^2)\text{。}$$

于是,对于任意的 t,我们有

$$\lim_{n\to\infty}\varphi_n(t)=\lim_{n\to\infty}\left[\varphi\left(\frac{t}{\sigma\sqrt{n}}\right)\right]^n=\lim_{n\to\infty}\left[1-\frac{1}{2}\sigma^2\left(\frac{t}{\sigma\sqrt{n}}\right)^2+o(t^2)\right]^n$$

$$=\lim_{n\to\infty}\left(1-\frac{t^2}{2n}+o(t^2)\right)^n=e^{-\frac{t^2}{2}}\text{。}$$

而 $e^{-\frac{t^2}{2}}$ 正是标准正态分布 $N(0,1)$ 的特征函数,由定理 4.7 即得定理结果。(证毕)

在上一节,定理 5.13(独立同分布大数定律)告诉我们,对独立同分布的随机变量序列 $\{X_n\}$,$\frac{1}{n}\sum_{k=1}^{n}X_k$ 将依概率收敛于其均值 μ。即

$$\lim_{n\to\infty}P\left\{\left|\frac{1}{n}\sum_{k=1}^{n}X_k-\mu\right|<\varepsilon\right\}=1\text{。}$$

这实际上定性地描述了 $\frac{1}{n}\sum_{k=1}^{n}X_k$ 在 $n\to\infty$ 时的趋势,但并没给出当 n 很大时,对确定的 $\varepsilon>0$,$P\left\{\left|\frac{1}{n}\sum_{k=1}^{n}X_k-\mu\right|<\varepsilon\right\}$ 到底有多大。而中心极限定理却能给出其概率近似值的回答。当 n 很大时,由上述定理 5.15 知

$$P\left\{\left|\frac{1}{n}\sum_{k=1}^{n}X_k-\mu\right|<\varepsilon\right\}=P\left\{\left|\frac{\sum_{k=1}^{n}X_k-n\mu}{\sqrt{n}\sigma}\right|<\frac{\sqrt{n}\varepsilon}{\sigma}\right\}$$

$$\approx\Phi\left(\frac{\sqrt{n}\varepsilon}{\sigma}\right)-\Phi\left(-\frac{\sqrt{n}\varepsilon}{\sigma}\right)=2\Phi\left(\frac{\sqrt{n}\varepsilon}{\sigma}\right)-1$$

从而得到了所求概率的近似值。由此可知,中心极限定理比大数定律更精确,也更为有用。

在实际工作中,只要 n 足够大,便可把独立同分布随机变量之和当作正态分布来处理。

实际上,由中心极限定理可知,此时 $\sum_{k=1}^{n}X_k$ 近似地服从正态分布 $N(n\mu,n\sigma^2)$。这种做法在统计工作中尤为普遍。

作为上述定理 5.15 的特例,我们有下列贝努里情形的中心极限定理。

定理 5.16(贝努里情形中心极限定理)

设 μ_n 为 n 重贝努里实验中事件 A 发生的次数,p 为每次试验中事件 A 发生的概率,则对 $x\in(-\infty,+\infty)$,一致地有

$$\lim_{n \to \infty} P\left\{\frac{\mu_n - np}{\sqrt{npq}} \leqslant x\right\} = \int_{-\infty}^{x} \frac{1}{\sqrt{2\pi}} e^{\frac{t^2}{2}} \mathrm{d}t = \Phi(x)。$$

证明：

$$令 X_k = \begin{cases} 1, & 第 k 次试验中事件 A 发生, \\ 0, & 第 k 次试验中事件 A 未发生, \end{cases} \quad (k=1,2,\cdots n)$$

则 $\mu_n = X_1 + X_2 + \cdots + X_n$，且 $X_1, \cdots, X_n, \cdots$ 独立同分布，皆服从 0-1 分布，而 $E(X_k) = p, D(X_k) = pq, k=1,2,\cdots$，对 $\{X_k\}$ 应用定理 5.15 即得定理结果。（证毕）

该定理为贝努里情形中心极限定理，又称为**德莫佛-拉普拉斯(De Moivre-Laplace)中心极限定理**。

我们知道，上述定理中的 μ_n 是服从二项分布 $B(n,p)$ 的随机变量，当 n 很大时，要求出

$$P\{x_1 \leqslant \mu_n \leqslant x_2\} = \sum_{x_1 \leqslant k \leqslant x_2} C_n^k p^k q^{n-k}$$

其计算量是非常大的。而贝努里情形的中心极限定理告诉我们，服从二项分布 $B(n,p)$ 的随机变量 μ_n，将以正态分布 $N(np, (\sqrt{npq})^2)$ 为其极限分布。这样，当 n 很大时，

$$P\{x_1 \leqslant \mu_n \leqslant x_2\} = P\left\{\frac{x_1 - np}{\sqrt{npq}} \leqslant \frac{\mu_n - np}{\sqrt{npq}} \leqslant \frac{x_2 - np}{\sqrt{npq}}\right\}$$

$$\approx \Phi\left(\frac{x_2 - np}{\sqrt{npq}}\right) - \Phi\left(\frac{x_1 - np}{\sqrt{npq}}\right)$$

由此只需查 $N(0,1)$ 分布表(附表3)，即可求得 $P\{x_1 \leqslant \mu_n \leqslant x_2\}$ 颇为精确的近似值。

例 5.4 用电子计算机做加法时，对每个加数依四舍五入原则取整。设所有整数的舍入误差是相互独立的，且均服从 $[-0.5, 0.5]$ 上的均匀分布。问(1)若有 1 200 个数相加，则其误差总和的绝对值超过 15 的概率是多少？(2)最多可有多少个数相加，使得误差总和的绝对值小于 10 的概率达到 90% 以上？

解：令 $\qquad X_k = \{$第 k 个加数的取整舍入误差$\}, k=1,2,\cdots,$

则 $\{X_k\}$ 为相互独立的随机变量序列，且均服从 $[-0.5, 0.5]$ 上的均匀分布 $U[-0.5, 0.5]$。则

$$E(X_k) = \mu = \int_{-0.5}^{0.5} x \, \mathrm{d}x = 0, \ D(X_k) = \sigma^2 = \int_{-0.5}^{0.5} x^2 \, \mathrm{d}x = \frac{1}{12}。$$

(1) 因 $n=1\,200$ 很大，由独立同分布中心极限定理，对误差总和 $\sum_{k=1}^{1\,200} X_k$，有

$$P\left\{\left|\sum_{k=1}^{1\,200} X_k\right| > 15\right\} = P\left\{\left|\frac{\sum_{k=1}^{1\,200} X_k}{\sqrt{1\,200/12}}\right| > \frac{15}{\sqrt{1\,200/12}}\right\} = 2P\left\{\frac{\sum_{k=1}^{1\,200} X_k}{\sqrt{1\,200/12}} > 1.5\right\}$$

$$\approx 2(1 - \Phi(1.5)) = 2(1 - 0.933\,2) = 0.133\,6。$$

即误差总和的绝对值超过 15 的概率达 13.36%。

(2) 依题意,设最多可有 n 个数相加,则应求出最大的 n,使得

$$P\left\{\left|\sum_{k=1}^{n} X_k\right| < 10\right\} \geqslant 0.9。$$

由定理 5.15 可知

$$P\left\{\left|\sum_{k=1}^{n} X_k\right| < 10\right\} = P\left\{\left|\frac{\sum_{k=1}^{n} X_k}{\sqrt{n/12}}\right| < \frac{10}{\sqrt{n/12}}\right\} \approx 2\Phi\left(\frac{10}{\sqrt{n/12}}\right) - 1 \geqslant 0.9,$$

即

$$\Phi\left(\frac{10}{\sqrt{n/12}}\right) \geqslant 0.95。$$

查附表 3 得,

$$\frac{10}{\sqrt{n/12}} \geqslant 1.64,$$

即

$$n \leqslant 12\left(\frac{10}{1.64}\right)^2 \approx 446.16。$$

故取 n 等于 446,即最多可有 446 个数相加。

例 5.5 某车间有相互独立的同类机床 200 台,每台发生故障的概率为 0.02。设每台机床的故障需一名维修人员来排除。

试求(1) 若配备 4 名维修员,则机床发生故障时得不到及时排除的概率是多少?(2) 要保证机床发生故障时能得到及时排除的概率达到 99.9%,需配备多少名维修人员?

解:维修人员能否及时排除故障,取决于同一时刻发生故障的机床数 X。依题意,我们将 200 台机床是每台机床是否发生故障视为次数 $n=200$ 的贝努里试验,则

$$X \sim B(200, 0.02)。$$

由于 $n=200$ 很大,则可利用贝努里情形的中心极限定理来解题。

(1) 所求概率为

$$P\{X \geqslant 5\} = P\left\{\frac{X - 200 \times 0.02}{\sqrt{200 \times 0.02 \times 0.98}} \geqslant \frac{5 - 200 \times 0.02}{\sqrt{200 \times 0.02 \times 0.98}}\right\} \approx 1 - \Phi\left(\frac{1}{\sqrt{3.92}}\right)$$

$$= 1 - \Phi(0.505\ 1) = 0.305,$$

即所求概率约为 30.5%。

(2) 依题意,应求出最小的 n,使得 $P\{X \leqslant n\} \geqslant 0.999$。由中心极限定理得,

$$P\{X \leqslant n\} = P\left\{\frac{X - 200 \times 0.02}{\sqrt{200 \times 0.02 \times 0.98}} \leqslant \frac{n - 200 \times 0.02}{\sqrt{200 \times 0.02 \times 0.98}}\right\} \approx \Phi\left(\frac{n-4}{\sqrt{3.92}}\right) \geqslant 0.999,$$

查附表 3 得:

$$\frac{n-4}{\sqrt{3.92}} \geqslant 3.09,$$

即 $n \geqslant 10.12$。故取 $n=11$,即需配备 11 名维修人员即可。

这里我们利用中心极限定理同样解决了本书开始时提出的"机床维修问题",其结果与例 1.31 中用泊松近似公式所解出的结果一致的。

上述讨论的中心极限定理及其应用都要求随机变量序列$\{X_k\}$不仅相互独立,而且要服从同一分布。但在很多实际问题中,随机变量序列未必服从同一分布,此时,我们往往应用下列中心极限定理。

定理 5.17(李雅普诺夫(Ляпунов)中心极限定理)

设$\{X_k\}$为独立随机变量序列,又$E(X_k)=\mu_k$,$D(X_k)=\sigma_k^2$,$(k=1,2,\cdots)$均存在,且存在$\delta>0$,使得

$$\frac{\sum\limits_{k=1}^{n}E\{|X_k-\mu_k|^{2+\delta}\}}{\left(\sqrt{\sum\limits_{k=1}^{n}\sigma_k^2}\right)^{2+\delta}}\to 0,(n\to\infty)$$

则对$x\in(-\infty,+\infty)$,一致地有

$$\lim_{n\to\infty}P\left\{\frac{\sum\limits_{k=1}^{n}(X_k-\mu_k)}{\sqrt{\sum\limits_{k=1}^{n}\sigma_k^2}}\leqslant x\right\}=\int_{-\infty}^{x}\frac{1}{\sqrt{2\pi}}e^{-\frac{t^2}{2}}dt=\Phi(x),$$

即$\{X_k\}$服从中心极限定理。

定理证明已超出本书范围,这里从略。该定理条件将保证$\dfrac{X_k-\mu_k}{\sqrt{\sum\limits_{k=1}^{n}\sigma_k^2}}$ $(k=1,2,\cdots,)$"均匀地小",即没有起主导作用的项。这表明由大量微小而相互独立的随机因素共同影响所形成的随机变量将近似服从正态分布$\left(\text{即} \sum\limits_{k=1}^{n}X_k \text{近似服从} N\left(\sum\limits_{k=1}^{n}\mu_k,\sum\limits_{k=1}^{n}\sigma_k^2\right)\right)$。由此我们也就明白,为何前面所提的由许多微小误差的总和形成的测量总误差将近似地服从正态分布。

例 5.6 设$X_1,X_2,\cdots,X_k,\cdots$为相互独立的随机变量序列,且$X_k(k=1,2,\cdots)$的分布律为

X_k	$\sqrt{k}$	$-\sqrt{k}$
P	$1/2$	$1/2$

试证明$\{X_k\}$服从中心极限定理。即对$x\in(-\infty,+\infty)$,一致地有

$$\lim_{n\to\infty}P\left\{\frac{\sum\limits_{k=1}^{n}(X_k-\mu_k)}{\sqrt{\sum\limits_{k=1}^{n}\sigma_k^2}}\leqslant x\right\}=\int_{-\infty}^{x}\frac{1}{\sqrt{2\pi}}e^{-\frac{t^2}{2}}dt=\Phi(x).$$

证明: 因$\{X_k\}$为相互独立随机变量序列,且$X_k(k=1,2,\cdots)$的分布律为

X_k	$\sqrt{k}$	$-\sqrt{k}$
P	$1/2$	$1/2$

则有
$$\mu_k = E(X_k) = \sqrt{k} \times \frac{1}{2} + (-\sqrt{k}) \times \frac{1}{2} = 0,$$

$$\sigma_k^2 = D(X_k) = E(X_k^2) = (\sqrt{k})^2 \times \frac{1}{2} = k,$$

又 $\quad E\{|X_k - \mu_k|^{2+\delta}\} = E\{|X_k|^{2+\delta}\} = |\sqrt{k}|^{2+\delta} \cdot \frac{1}{2} + |-\sqrt{k}|^{2+\delta} \cdot \frac{1}{2} = k^{1+\frac{\delta}{2}},$

故
$$\frac{\sum_{k=1}^{n} E\{|X_k - \mu_k|^{2+\delta}\}}{\left(\sqrt{\sum_{k=1}^{n} \sigma_k^2}\right)^{2+\delta}} = \frac{\sum_{k=1}^{n} k^{1+\frac{\delta}{2}}}{\left(\sqrt{\sum_{k=1}^{n} k}\right)^{2+\delta}} = \left(\frac{2}{n(n+1)}\right)^{1+\frac{\delta}{2}} \sum_{k=1}^{n} k^{1+\frac{\delta}{2}}$$

取 $\delta = 2$，则当 $n \to 0$ 时

$$\frac{\sum_{k=1}^{n} E\{|X_k - \mu_k|^{2+\delta}\}}{\left(\sqrt{\sum_{k=1}^{n} \sigma_k^2}\right)^{2+\delta}} = \left(\frac{2}{n(n+1)}\right)^2 \sum_{k=1}^{n} k^2 = \frac{4}{n^2(n+1)^2} \frac{n(n+1)(2n+1)}{6} = \frac{2(2n+1)}{3n(n+1)} \to 0,$$

即满足定理 5.17 的条件，故 $\{X_k\}$ 服从中心极限定理。（证毕）

贝叶斯与贝叶斯方法

英国统计学家 $T \cdot$ 贝叶斯（Thomas Bayes，1702—1763）生前是位受人尊敬英格兰长老会牧师。为了试图证明上帝的存在，他研究并发现了概率统计学一些重要原理。1742 年当选为英国皇家学会会员。

贝叶斯将归纳理论法用于概率论的基础理论，创立了贝叶斯统计理论，对于统计决策函数、统计推断、统计的估算等做出了重大贡献。1758 年他发表了重要著作《机会的学说概论》。1763 年他在发表的《论机会学说问题的求解》中提出了一种归纳推理的理论，其中的"贝叶斯定理"给出了在已知结果 E 后，对所有原因 C 计算其条件概率（后验概率）公式，可以看作最早的一种统计推断程序，以后被发展为一种系统的统计推断方法，称为贝叶斯方法。

如今在概率论与数理统计学中以贝叶斯命名的有：贝叶斯公式、贝叶斯风险、贝叶斯决策函数、贝叶斯决策规则、贝叶斯估计量、贝叶斯方法、贝叶斯统计等等，贝叶斯思想和方法对概率统计的发展产生了深远的影响，在当今的许多领域都获得了广泛的应用。

 **习题五**

1. 设 $\{X_k\}$ 为相互独立的随机变量序列，且 X_k 的分布律为（$k=1,2,\cdots$）：

X_k	-2^k	0	2^k
P	$\dfrac{1}{2^{2k+1}}$	$1-\dfrac{1}{2^{2k}}$	$\dfrac{1}{2^{2k+1}}$

试证 $\{X_k\}$ 服从大数定律。

2. 设对随机变量序列 $\{X_k\}$，$D(X_k)\leqslant C$，（$k=1,2,\cdots$），且 $\mathrm{Cov}(X_i,X_j)\leqslant 0$（$i\neq j$，$i,j=1,2,\cdots$），试证 $\{X_k\}$ 服从大数定律。

3. 一部件包含 10 个部分，每部分的长度均为随机变量，它们相互独立且服从同一分布，其数学期望为 2（mm），标准差为 0.05（mm）。规定部件总长度为 20 ± 0.1（mm）时产品合格，试求产品合格的概率。

4. 某炮群对空中目标进行 80 次射击中，炮弹命中颗数的目标期望值为 2，标准差为 1.2。求当射击 80 次时，命中目标的炮弹颗数在 130 颗到 190 颗范围内的概率近似值。

5. 试利用（1）契贝晓夫不等式；（2）中心极限定理；分别确定投掷一枚均匀硬币的次数，使得出现正面向上的次数在 0.4 到 0.6 之间的概率不小于 0.9。

6. 根据孟德尔遗传理论，红、黄两种番茄杂交第二代红果植株和黄果植株的比例为 3:1。现在种植杂交种 400 株，试求黄果植株在 84 和 117 之间的概率。

7. 设在 n 重伯努利试验中，每次试验事件 A 发生的概率都是 0.7。

（1）设 X 表示 1 000 次独立试验中事件 A 发生的次数，试用中心极限定理求 $P\{650<X\leqslant750\}$；

（2）要使在 n 次试验中，A 发生的频率在 0.68 与 0.72 之间的概率至少为 0.9，问至少要做的试验次数 n 为多少？

8. 某车间有 200 台车床各自独立的工作，由于种种因素，每台车床只有 60% 的时间在开动，开动时每台需耗电 1 千瓦。问至少供应多少千瓦的电，才能以 99.9% 的概率保证该车间不会因电力不足而影响生产？

9. 一生产线生产的产品成箱包装，每箱的重量是随机的。假设每箱平均重 50 千克，标准差为 5 千克。若用最大载重量为 5 吨的汽车承运，试利用中心极限定理说明每辆车最多可以装多少箱，才能保障不超载的概率大于 0.977。

10. 一复杂系统由 n 个相互独立起作用的部件组成，每个部件的可靠性（即部件正常工作的概率）为 0.9，且必须至少有 80% 的部件工作才能使整个系统工作。试问：（1）n 至少为多大时，才能使系统的可靠性不低于 0.95？（2）若该系统由 85 个部件组成，则该系统的可靠性是多少？

11. 现有一批种子，其中良种占 $\dfrac{1}{6}$，今任取 6 000 颗种子，试以 0.99 的概率推断，在这 6 000 颗种子中，良种所占的比例与 $\dfrac{1}{6}$ 的差多少？

12. 某保险公司有 10 000 人参加人身保险，每人每年付 12 元保险费在一年内一个人死亡的频率为 0.006，死亡时，其家属可向保险公司领得 1 000 元。试问：（1）保险公司亏本的概率约多大？（2）保险公司每年的利润大于 40 000 元的概率为多少？

13. 甲、乙两影院在竞争 1 000 名观众，假定每个观众任选一个影院且观众间的选择彼此独立。试问每个影院至少应设多少座位，才能保证因缺少座位而使观众离去的概率小于 1%？

（高祖新）

第六章

数理统计的基本概念

前面第一章至第五章介绍了概率论内容,本章起我们将介绍数理统计的内容。

概率论和数理统计都是研究随机现象的统计规律性,但概率论是在已知随机变量服从某种概率分布条件下来研究该随机变量的性质、数字特征(如数学期望、方差)和它的应用等;而数理统计则是在概率论的基础上,通过对试验数据的统计分析,从而获得能够刻划研究对象的某个随机变量的具体分布和数字特征等,并用来推断研究对象整体即总体所具有的数量特征和统计规律。

在统计研究中,如果统计数据是研究对象的全体即总体的全面调查资料,则可直接计算总体的特征指标(如总体的均值、标准差)等来描述总体的特征和规律。但一般而言,我们往往只能从总体中抽取部分个体而得到一个样本作为总体的代表,该抽取过程称为**抽样**(sampling);再根据概率和抽样分布的原理,利用从样本中所获得的信息来估计和推断总体的数量特征即统计规律性,这称为**统计推断**(statistical inference)。统计推断是统计研究的基本内容,包括抽样分布、参数估计和假设检验等内容。

本章首先介绍一些数理统计的基本概念,再介绍有关抽样分布等知识,从而为后面介绍参数估计与假设检验奠定理论基础。

第一节 总体、样本和统计量

一、总体与样本

定义 6.1 在统计研究中,我们将统计所要研究的对象的全体称为**总体**(population),总体中每个元素称为**个体**(individual),总体所含个体的个数为总体的**容量**(population size)。容量有限的总体称为**有限总体**(finite population),容量无限的总体称为**无限总体**(infinite population)。总体的特征指标称为**总体的参数**(parameter)。

显然个体是统计研究中最基本的单位,而总体则是根据研究目的确定的、具有共同性质的全部个体所组成。例如,调查某地在校大学生的身高,该地所有在校大学生的身高值就构成总体,而该地每一个在校大学生的身高就是个体,该地所有在校大学生的平均身高值即总体均值就是总体的一个重要参数。

在实际应用中,由于种种微小的偶然因素的影响,各个个体不尽相同而具有随机性,但有确定的概率分布,因此研究对象的数量指标就是一个随机变量 X,总体是这个随机变量 X 可能取值的全体,就可用随机变量 X 来代表总体,例如服从正态分布的总体称为正态总体;个体则是随机变量的一个可能取值,参数则是总体 X 的数字特征。

在概率论研究中,我们总是根据已知的总体(即随机变量)所服从的分布及其参数,来研究随机试验出现各种结果可能性的大小。而在实际问题中,随机试验的总体情况包括参数往往是未知的,反而需要通过研究对其进行估计推断。此时我们一般采用抽样的方法:从总体中抽取部分个体进行观察试验,得到抽样数据,再应用概率论原理,对总体情况做出估计推断。

> **定义 6.2**　为推断总体的有关统计特征,从总体中随机抽取的部分个体称为**样本**(sample);样本中所含个体的个数称为**样本容量**(sample size),用 n 表示,当 $n \geqslant 30$ 时,称为**大样本**(large sample),否则称为**小样本**(small sample)。

为了使样本能够良好地反映总体特征,我们通常要求样本满足一定条件。

> **定义 6.3**　如果样本 $X_1, X_2, \cdots, X_n$ 满足下列条件:
> (1) 独立性:$X_1, X_2, \cdots, X_n$ 相互独立;
> (2) 代表性:$X_1, X_2, \cdots, X_n$ 与总体 X 服从相同的概率分布。
> 则称该样本为**简单随机样本**(simple random sample)。抽得简单随机样本的抽样称为**简单随机抽样**(simple random sampling)或**随机抽样**(simple random sampling)。

实际抽样的方法很多,除了随机抽样外,还有分层抽样、整群抽样、系统抽样、两阶段抽样、重点抽样、配额抽样、方便抽样等等。不同抽样方法,得到的样本不一定是简单随机样本。为讨论方便,今后所提到的样本都指的是简单随机样本,即每个个体都能反映总体特性而且个体之间相互独立。例如,在产品质量抽样检查中,抽样样品只能随机抽取,不能有意识地选优,否则就违反了随机性原则,个体不具有代表性。在研究某地在校大学生的身高时,随机抽取该地区在校大学生 50 名来进行调查,分别测其身高,这 50 名在校大学生的身高就构成一个样本,样本容量就是 50。

在总体 X 中抽取 n 个个体得到一个样本容量是 n 的样本,用 $X_1, X_2, \cdots, X_n$ 表示,由于 $X_1, X_2, \cdots, X_n$ 是从总体 X 中随机抽取的可能结果,因而是 n 个随机变量;而在一次抽样后,则是一组具体的数值,称为一组样本值,记为 $x_1, x_2, \cdots, x_n$,样本值就是表示样本的随机变量的一组观测值。

当样本 $(X_1, X_2, \cdots, X_n)$ 作为 n 个随机变量时,其分布可以由总体 X 的分布完全确定。若 X 的分布函数为 $F(x)$,则样本 $(X_1, X_2, \cdots, X_n)$ 的分布函数是

$$F_n(x_1, x_2, \cdots, x_n) = \prod_{i=1}^{n} F(x_i)。$$

当总体 X 是离散分布情形时,则样本 $(X_1, X_2, \cdots, X_n)$ 的联合概率为

$$P\{X_1 = x_1, X_2 = x_2, \cdots, X_n = x_n\} = \prod_{i=1}^{n} P\{X_i = x_i\}。$$

当总体 X 是连续分布情形时,设 X 的密度函数为 $f(x)$,则样本$(X_1, X_2, \cdots, X_n)$的概率密度函数为

$$f_n(x_1, x_2, \cdots, x_n) = \prod_{i=1}^{n} f(x_i)。$$

抽样的总体是无限总体或者样本容量 n 与总体容量 N 之比 n/N 充分小,是保证样本是随机样本的前提。在实际抽样时,为了保证样本的独立同分布的特性,常常采用抽签法、随机数表或蒙特卡洛模拟等方法。

二、经验分布函数

定义 6.4　设 $X_1, X_2, \cdots, X_n$ 是来自总体 X 的样本容量为 n 的样本,若将样本观测值 $x_1, x_2, \cdots, x_n$ 从小到大排列为 $x_{(1)} \leqslant x_{(2)} \leqslant \cdots \leqslant x_{(n)}$,则 $X_{(1)}, X_{(2)}, \cdots, X_{(n)}$ 称为**顺序统计量**(sequential sample)。而称

$$F_n(x) = \begin{cases} 0, & x < x_{(1)} \\ \dfrac{k}{n}, & x_{(k)} \leqslant x < x_{(k+1)}, k = 1, 2, \cdots, n-1。 \\ 1, & x \geqslant x_{(n)} \end{cases}$$

为总体 X 的**经验分布函数**(empirical distribution function)。

由定义知,当 $x \in [x_{(k)}, x_{(k+1)})$ 时,$(-\infty, x]$ 中包括样本点(观测值)的个数为 k,即 $F_n(x)$ 是样本点的累积频率。

显然,经验分布函数 $F_n(x)$ 是一个单调不减右连续函数,而且满足

$$0 \leqslant F_n(x) \leqslant 1; \lim_{x \to -\infty} F_n(x) = F_n(-\infty) = 0, \lim_{x \to +\infty} F_n(x) = F(+\infty) = 1。$$

即 $F_n(x)$ 是一个分布函数。而根据定义可推知,$F_n(x)$ 就是服从下列离散型分布概率律的随机变量 X 的分布函数:

X	$x_{(1)}$	$x_{(2)}$	$\cdots$	$x_{(n)}$
P	$\dfrac{1}{n}$	$\dfrac{1}{n}$	$\cdots$	$\dfrac{1}{n}$

即

X	x_1	x_2	$\cdots$	x_n
P	$\dfrac{1}{n}$	$\dfrac{1}{n}$	$\cdots$	$\dfrac{1}{n}$

这也反映了样本抽取是随机的、平等的,而且经验分布函数的 k 阶矩就是样本的 k 阶矩。

经验分布函数 $F_n(x)$ 是事件 $\{X \leqslant x\}$ 发生的频率,总体分布 $F(x)$ 是事件 $\{X \leqslant x\}$ 发生的概率,对于固定的 x,有

$$P\left\{F_n(x) = \frac{k}{n}\right\} = P\{nF_n(x) = k\} = C_n^k [F(x)]^k [1 - F(x)]^{n-k}, k = 0, 1, 2, \cdots, n。$$

根据贝努里大数定律,当 n 充分大时,$F_n(x)$ 依概率收敛于 $F(x)$,即对任意 $\varepsilon > 0$,有

$$\lim_{n \to \infty} P\{|F_n(x) - F(x)| < \varepsilon\} = 1。$$

1933 年格里汶科(Glivenko)对于经验分布函数证明了以下更为深刻的结果。

定理 6.1(格里汶科定理)　对于任一实数 x,当 $n \to \infty$ 时,$F_n(x)$ 以概率 1 一致收敛于 $F(x)$,即

$$P\{\lim_{n \to \infty} \sup_{-\infty < x < \infty} |F_n(x) - F(x)| = 0\} = 1。$$

(证明从略)

根据定理 6.1,对于任一实数 x,当 n 充分大时,经验分布函数的任一观测值 $F_n(x)$ 与总体分布函数 $F(x)$ 只有微小的差异,即经验分布函数 $F_n(x)$ 为总体分布函数 $F(x)$ 的优良估计,这也是我们根据样本来推断总体的理论依据之所在。

三、统计量

样本是对总体进行统计推断的基本依据。但在抽取样本后,一般不直接利用样本进行估计推断,而是对样本进行信息提炼和处理,即针对不同问题构造样本的不同函数来进行统计处理。

定义 6.5　我们将样本 $X_1, X_2, \cdots, X_n$ 的不含任何未知参数的函数 $\varphi(X_1, X_2, \cdots, X_n)$ 称为**统计量**(statistic)。

注意,统计量完全依赖于样本,不应含有分布的任何未知参数。

例如,设总体 $X \sim N(\mu, \sigma^2)$,其中参数 μ 已知,σ^2 未知,$X_1, X_2, \cdots, X_n$ 是总体 X 的一个样本,则 $X_1^* = \min\{X_1, X_2, \cdots, X_n\}$,$\sum_{i=1}^{n}(X_i - \mu)^2$ 是统计量,而 $\sum_{i=1}^{n} \dfrac{(X_i - \mu)^2}{\sigma^2}$ 就不是统计量,因为其中含有未知参数 σ^2。 由于样本是随机变量,故统计量也是随机变量。

下列图 6-1 给出了总体、参数与样本、统计量等基本概念之间的关系。

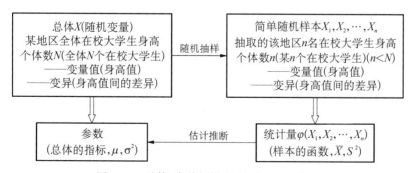

图 6-1　总体、参数与样本、统计量间的关系

一般地,若 $X_1, X_2, \cdots, X_n$ 是来自总体 X 的样本,则常用的样本统计量主要有:

样本均值(sample mean)：$\overline{X} = \dfrac{1}{n}\sum\limits_{i=1}^{n}X_i$

样本方差(sample variance)：$S^2 = \dfrac{1}{n-1}\sum\limits_{i=1}^{n}(X_i - \overline{X})^2 = \dfrac{1}{n-1}\left(\sum\limits_{i=1}^{n}X_i^2 - n(\overline{X})^2\right)$

样本标准差(sample standard deviation)：$S = \sqrt{S^2} = \sqrt{\dfrac{1}{n-1}\sum\limits_{i=1}^{n}(X_i - \overline{X})^2}$

样本变异系数(sampl coefficient of variation)：$CV = \dfrac{S}{|\overline{X}|} \times 100\%$

样本标准误(sampl standard error)：$S_{\overline{x}} = \dfrac{S}{\sqrt{n}}$

样本 k 阶矩(sampl k-origin moment)：$A_k = \dfrac{1}{n}\sum\limits_{i=1}^{n}X_i^k, k = 1, 2, \cdots$

样本 k 阶中心矩 (sampl k−central moment)：$B_k = \dfrac{1}{n}\sum\limits_{i=1}^{n}(X_i - \overline{X})^k, k = 1, 2, \cdots$

其中统计量样本均值 $\overline{X}$ 刻划了样本的平均(集中)程度,可用于估计总体 X 的均值 μ；样本方差 S^2 和样本标准差 S 刻划了样本的离散(变异)程度,并可分别用于估计总体 X 的方差 σ^2 和标准差 σ；变异系数 CV 可用于比较不同均值样本变异程度；标准误 $S_{\overline{x}}$ 反映了样本均值的变异程度；样本 k 阶矩 A_k 和样本中心矩 B_k 分别用于估计总体 X 的 k 阶矩 μ_k 和总体中心矩 v_k；另外还有反映总体曲线形状的统计量样本偏度、样本峰度等。

当泛指一次抽样结果时,样本 $X_1, X_2, \cdots, X_n$ 是 n 个随机变量,则样本均值 $\overline{X}$、样本方差 S^2 等统计量也都是随机变量；当特指一次具体的抽样结果时,样本值 $x_1, x_2, \cdots, x_n$ 是 n 个具体的数值,从而其样本均值 $\overline{x}$ 与样本方差 S^2

$$\overline{x} = \dfrac{1}{n}\sum\limits_{i=1}^{n}x_i, \quad S^2 = \dfrac{1}{n-1}\sum\limits_{i=1}^{n}(x_i - \overline{x})^2$$

等也都是具体的数值。例如样本标准差反映了每个样本数据偏离其样本均值的绝对偏差,变异系数反映了样本数据偏离其样本均值的相对偏差,而标准误是用来衡量以样本均值来推断估计总体均值时的平均误差等。

后面在不引起混淆的情况下,我们对样本和统计量赋予双重意义：泛指时为随机变量,特指时为相应观测值。

第二节 抽样分布

定义 6.6 将统计量作为随机变量所服从的概率分布称为**抽样分布**(sampling distribution)。

抽样分布是统计推断的基础。这里我们主要讨论与常用统计量样本均值与样本方差相关的常用抽样分布。在大多数情形,统计量服从正态分布或以正态分布为渐近分布,所以正态分布是最常用的抽样分布。此外，χ^2 分布、t 分布、F 分布等抽样分布也起着重要作用。

一、样本均值的抽样分布

定理 6.2　设 $(X_1, X_2, \cdots, X_n)$ 是来自正态总体 $N(\mu, \sigma^2)$ 的简单随机样本，$a_1, a_2, \cdots, a_n$ 是已知常数。则统计量 $U = \sum\limits_{i=1}^{n} a_i X_i$ 也是正态随机变量，且其数学期望与方差分别为

$$E(U) = \mu \sum_{i=1}^{n} a_i, \quad D(U) = \sigma^2 \sum_{i=1}^{n} a_i^2$$

这即

$$U = \sum_{i=1}^{n} a_i X_i \sim N\left(\mu \sum_{i=1}^{n} a_i, \sigma^2 \sum_{i=1}^{n} a_i^2\right)。$$

特别地取 $a_i = \dfrac{1}{n}, i = 1, 2, \cdots, n$，此时 $U = \overline{X}$，且有 $E(X) = \mu, D(\overline{X}) = \dfrac{1}{n}\sigma^2$。即

$$\overline{X} \sim N\left(\mu, \frac{\sigma^2}{n}\right)。$$

（证明从略）

样本均值 $\overline{X}$ 的标准差为 $\sigma(\overline{X}) = \dfrac{\sigma}{\sqrt{n}}$，称为**总体标准误**（population standard error）。

将样本均值 $\overline{X}$ 标准化后，定理 6.2 的结果即化为

$$Z = \frac{\overline{X} - \mu}{\sigma(\overline{X})} = \frac{\overline{X} - \mu}{\sigma / \sqrt{n}} \sim N(0, 1)。$$

当总体的分布不是正态分布和近似正态分布时，只要抽样个数 n 比较大时，由中心极限定理知，样本均值 $\overline{X}$ 的渐近分布仍为正态分布 $N\left(\mu, \dfrac{\sigma^2}{n}\right)$，这即下列定理结果。

定理 6.3　若总体 X 的均值 μ 和方差 σ^2 有限，则当样本容量 n 充分大时，不管总体服从什么分布，其样本均值 $\overline{X}$ 近似服从均值是 μ、方差为 $\dfrac{\sigma}{\sqrt{n}}$ 的正态分布，即

$$\overline{X} = \frac{1}{n} \sum_{i=1}^{n} X_i \sim N\left(\mu, \frac{\sigma^2}{n}\right) \text{（近似）}$$

（证明从略）

上述定理表明若用样本均值 $\overline{X}$ 去估计总体均值 μ 时，平均而言是没有偏差（无偏性），而且当 n 越来越大时，$\overline{X}$ 的离散程度越来越小，即用 $\overline{X}$ 估计 μ 越来越准确。实际计算时，当总分布未知时，对大样本情形（$n \geqslant 30$），就可以应用上述定理。

例 6.1 在天平上重复称一重为 a 的物品,假设各次称量结果相互独立且同服从正态分布 $N(a,0.2^2)$,若以 $\overline{X}_n$ 表示 n 次称量结果的算术平均值,则为使 $P\{|\overline{X}_n - a| < 0.1\} = 0.95$,$n$ 至少为多少次?

解: 设应抽取样本容量为 n,设称量结果的总体为 X,则 $X \sim N(a,0.2^2)$,且有

$$\overline{X}_n \sim N\left(a, \frac{0.2^2}{n}\right), \quad Z = \frac{\overline{X}_n - a}{0.2/\sqrt{n}} \sim N(0,1),$$

由分位数意义可知 $P\{|Z| < z_{\alpha/2}\} = 1 - \alpha = 0.95$,则 $\alpha = 0.05$,而 $z_{\alpha/2} = 1.96$,因此

$$P\left\{\left|\frac{\overline{X}_n - a}{0.2/\sqrt{n}}\right| < z_{0.025}\right\} = 0.95, \quad \text{即 } P\left\{|\overline{X}_n - a| < \frac{0.2}{\sqrt{n}} \times 1.96\right\} = 0.95$$

由题意可知,n 应满足

$$\frac{0.2}{\sqrt{n}} \times 1.96 \leqslant 0.1, \quad \text{即 } n \geqslant \left(\frac{0.2 \times 1.96}{0.1}\right)^2 = 15.37,$$

因此可取 $n = 16$,此时必有 $P\{|\overline{X}_n - a| < 0.1\} = 0.95$,故 n 至少为 16 次。

二、χ^2 分布

此分布曾在前面作为 Γ 分布的特例(第二章第三节)而引进,现在进一步研究它。

定义 6.7 设随机变量 $X_1, X_2, \cdots, X_n$ 相互独立,且都服从标准正态分布 $N(0,1)$,则称统计量

$$\chi_n^2 = X_1^2 + X_2^2 + \cdots + X_n^2$$

服从参数为 n 的 χ^2 **分布**(Chi-square distribution)或**卡方分布**,并记为 $\chi^2 \sim \chi^2(n)$。其中参数 n 称为**自由度**(degree of freedom),表示相互独立的标准正态变量的个数。

定理 6.4 由定义 6.7 所定义的 $\chi^2(n)$ 分布的密度函数为

$$f(x) = \begin{cases} \dfrac{1}{2^{\frac{n}{2}} \Gamma\left(\dfrac{n}{2}\right)} x^{\frac{n}{2}-1} \mathrm{e}^{-\frac{x}{2}}, & x > 0 \\ 0, & x \leqslant 0 \end{cases}$$

其中 $\Gamma(a) = \displaystyle\int_0^\infty x^{a-1} \mathrm{e}^{-x} \mathrm{d}x$ 是 Gamma 函数,$\Gamma(n) = n!$。

证明: 用数学归纳法证明。

当 $n = 1$ 时,$\chi_1^2 = X_1^2$,在第二章例 2.19 中已证明其密度函数是

$$f_1(x) = \begin{cases} \dfrac{1}{2^{\frac{1}{2}} \Gamma\left(\dfrac{1}{2}\right)} x^{\frac{1}{2}-1} \mathrm{e}^{-\frac{x}{2}}, & x > 0 \\ 0, & x \leqslant 0 \end{cases}$$

所以定理结果式成立。

现设 $n=k$ 时定理结果成立，即 $\chi_k^2=\sum\limits_{i=1}^{k}X_i^2$ 的分布密度为

$$f_k(x)=\begin{cases}\dfrac{1}{2^{\frac{k}{2}}\Gamma\left(\dfrac{k}{2}\right)}x^{\frac{k}{2}-1}\mathrm{e}^{-\frac{x}{2}}, & x>0\\[4mm] 0, & x\leqslant 0\end{cases}$$

则当 $n=k+1$ 时，$\chi_{k+1}^2=\sum\limits_{i=1}^{k+1}X_i^2=\sum\limits_{i=1}^{k}X_i^2+X_{k+1}^2$。

由于 χ_{k+1}^2 的值非负，故当 $y<0$ 时，其分布密度为 0。

当 $y\geqslant 0$ 时，其分布密度为

$$f_{k+1}(y)=\int_0^y f_k(t)f_1(y-t)\mathrm{d}t=\int_0^y\frac{t^{\frac{k}{2}-1}\mathrm{e}^{-\frac{t}{2}}(y-t)^{\frac{1}{2}-1}\mathrm{e}^{-\frac{y-t}{2}}}{2^{\frac{k}{2}}\Gamma\left(\dfrac{k}{2}\right)2^{\frac{1}{2}}\Gamma\left(\dfrac{1}{2}\right)}\mathrm{d}t$$

$$=\frac{\mathrm{e}^{-\frac{y}{2}}}{2^{\frac{k+1}{2}}\Gamma\left(\dfrac{k}{2}\right)\Gamma\left(\dfrac{1}{2}\right)}\int_0^y t^{\frac{k}{2}-1}(y-t)^{\frac{1}{2}-1}\mathrm{d}t\left(\text{作积分变换}\ u=\frac{t}{y}\right)$$

$$=\frac{\mathrm{e}^{-\frac{y}{2}}y^{\frac{k+1}{2}-1}}{2^{\frac{k+1}{2}}\Gamma\left(\dfrac{k}{2}\right)\Gamma\left(\dfrac{1}{2}\right)}\int_0^1 u^{\frac{k}{2}-1}(1-u)^{\frac{1}{2}-1}\mathrm{d}u$$

$$=\frac{\mathrm{e}^{-\frac{y}{2}}y^{\frac{k+1}{2}-1}}{2^{\frac{k+1}{2}}\Gamma\left(\dfrac{k}{2}\right)\Gamma\left(\dfrac{1}{2}\right)}B\left(\frac{k}{2},\frac{1}{2}\right)=\frac{1}{2^{\frac{k+1}{2}}\Gamma\left(\dfrac{k+1}{2}\right)}\mathrm{e}^{-\frac{y}{2}}y^{\frac{k+1}{2}-1}$$

其中 $B\left(\dfrac{k}{2},\dfrac{1}{2}\right)=\int_0^1 u^{\frac{k}{2}-1}(1-u)^{\frac{1}{2}-1}\mathrm{d}u$ 是 Beta 函数的值，且有

$$B\left(\frac{k}{2},\frac{1}{2}\right)=\frac{\Gamma\left(\dfrac{k}{2}\right)\Gamma\left(\dfrac{1}{2}\right)}{\Gamma\left(\dfrac{k+1}{2}\right)}。$$

所以定理结果式对 $n=k+1$ 时也成立。由此定理结果得证。（证毕）

$\chi^2(n)$ 分布的密度曲线图形如图 6-2 所示。

从图 6-2 中可看到，$\chi^2(n)$ 分布曲线是高峰偏向左侧的不对称的偏态曲线，而且只在第一象限取值，并随着 n 的增大逐渐趋于对称。实际上当 $n\to\infty$ 时，χ^2

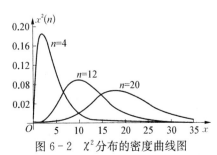

图 6-2　χ^2 分布的密度曲线图

分布的极限分布为正态分布。

χ^2 分布具有下列性质：

(1) 若 $\chi_1^2 \sim \chi^2(n_1), \chi_2^2 \sim \chi^2(n_2)$，且 χ_1^2 与 χ_2^2 独立,则有 $\chi_1^2 + \chi_2^2 \sim \chi^2(n_1 + n_2)$。

(2) 若 $\chi^2 \sim \chi^2(n)$，则 $E(\chi^2) = n, D(\chi^2) = 2n$。

证明:性质(1)易由定义 6.7 推得。下面仅对性质(2)给出证明。

设 $\chi^2 = X_1^2 + X_2^2 + \cdots + X_n^2$,因 $X_i \sim N(0,1)$ 且相互独立,$i = 1, 2, \cdots, n$,故

$$E(X_i^2) = D(X_i) = 1; D(X_i^2) = E(X_i^4) - [E(X_i^2)]^2 = 3 - 1 = 2, \quad i = 1, 2, \cdots, n。$$

则
$$E(\chi^2) = E\Big(\sum_{i=1}^n X_i^2\Big) = \sum_{i=1}^n E(X_i^2) = n,$$

$$D(\chi^2) = D\Big(\sum_{i=1}^n X_i^2\Big) = \sum_{i=1}^n D(X_i^2) = 2n。\quad （证毕）$$

下面我们不加证明地引进一个比性质(1)更为深刻的结论。

定理 6.5（柯赫伦(Cochran)定理） 设 $X_1, X_2, \cdots, X_n$ 是相互独立且同服从于 $N(0,1)$ 分布的随机变量, 又设

$$Q_1 + Q_2 + \cdots + Q_k = \sum_{i=1}^n X_i^2,$$

其中 $Q_i(i = 1, 2, \cdots\cdots, k)$ 是秩为 n_i 的 $X_1, X_2, \cdots, X_n$ 的非负二次型,则 $Q_i(i = 1, 2, \cdots\cdots, k)$ 相互独立且分别服从于自由度为 n_i 的 χ^2 分布的充要条件是

$$n_1 + n_2 + \cdots + n_k = n。$$

此定理在方差分析中起重要作用。

实际应用中,我们有时还需用到 χ^2 分布的 α 分位数。

定义 6.8 对于给定的 $\alpha(0 < \alpha < 1)$,我们称满足

$$P\{\chi^2 > \chi_\alpha^2(n)\} = \alpha \text{ 或 } \int_{\chi_\alpha^2(n)}^{+\infty} f(x)\mathrm{d}x = \alpha$$

的点 $\chi_\alpha^2(n)$ 为 χ^2 分布的**上侧 α 分位数**或**临界值**。(参见图 6-3)

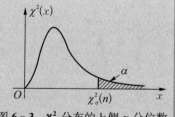

图 6-3 χ^2 分布的上侧 α 分位数

对于不同的自由度 n 和 α,书后附表 5 中编制的 χ^2 分布表列出了相应的 $\chi_\alpha^2(n)$ 的值,可用于有关 χ^2 分布的概率计算问题。

例如,$\alpha = 0.05, n = 10$ 时,查附表 5(χ^2 分布表)得:$\chi_{0.05}^2(10) = 18.307$。

例 6.2 设 X_1, X_2, X_3, X_4 是来自正态总体 $N(0, 2^2)$ 的简单随机样本,而

$$Y = a(X_1 - 2X_2)^2 + b(3X_3 - 4X_4)^2。$$

试问,当 a,b 取何值时,统计量 Y 服从 χ^2 分布? 其自由度为多少?

解:由题意知,$X_i \sim N(0,2^2)(i=1,2,3,4)$,且 X_1,X_2,X_3,X_4 相互独立。则

$$X_1 - 2X_2 \sim N(0,20), \frac{X_1 - 2X_2}{2\sqrt{5}} \sim N(0,1)。$$

$$3X_3 - 4X_4 \sim N(0,100), \frac{3X_3 - 4X_4}{10} \sim N(0,1)。$$

由 χ^2 分布的定义知

$$Y = \left(\frac{X_1 - 2X_2}{2\sqrt{5}}\right)^2 + \left(\frac{3X_3 - 4X_4}{10}\right)^2 = \frac{1}{20}(X_1 - 2X_2)^2 + \frac{1}{100}(3X_3 - 4X_4)^2 \sim \chi^2(2)$$

对照题中的 Y 表达式,即得 $a = \frac{1}{20}, b = \frac{1}{100}$,所求自由度为 2。

例 6.3 设从正态总体 $N(\mu,\sigma^2)$ 中随机抽取一个样本容量为 16 的样本,试求概率 $P\left\{\frac{S^2}{\sigma^2} > 1.666\right\}$。

解:由定理 6.4 知 $\frac{(n-1)S^2}{\sigma^2} \sim \chi^2(n-1)$,其中自由度 $n-1=15$。故

$$P\left\{\frac{S^2}{\sigma^2} > 1.666\right\} = P\left\{\frac{(n-1)S^2}{\sigma^2} > (n-1) \cdot 1.666\right\} = P\left\{\frac{15S^2}{\sigma^2} > 24.99\right\} = \alpha。$$

由上侧分位数的意义知,有 $\chi_\alpha^2(15)=24.99$。对 $n=15$,查 $\chi^2(15)$ 分布表(附表 5)得

$$\alpha = P\left\{\frac{15S^2}{\sigma^2} > 24.99\right\} = 0.05,$$

即所求概率为 0.05。

另外,对 χ^2 分布,当自由度 n 很大时,有

$$\sqrt{2\chi^2} \sim N(\sqrt{2n-1},1),\quad(近似)$$

故附表 5 中编制的 $\chi_\alpha^2(n)$ 表仅列出 $n \leqslant 45$ 相应的值,对 $n > 45$,有

$$\chi_\alpha^2(n) \approx \frac{1}{2}(z_\alpha + \sqrt{2n-1})^2。$$

式中 z_α 是标准正态分布 $N(0,1)$ 的上侧 α 分位数,满足 $P\{Z > z_\alpha\} = \alpha$,即 $\Phi(z_\alpha) = 1 - \alpha$,其值可由正态分布表(附表 3)查得。

例如,$\alpha = 0.05, n = 50$ 时,有

$$\chi_{0.05}^2(50) \approx \frac{1}{2}(z_{0.05} + \sqrt{2 \times 50 - 1})^2 = \frac{1}{2}(1.64 + \sqrt{99})^2 = 67.163。$$

三、t 分布

定义 6.9 设随机变量 X 服从 $N(0,1)$，Y 服从 $\chi^2(n)$ 分布，且 X 与 Y 相互独立，则

$$T = \frac{X}{\sqrt{Y/n}}$$

所服从的分布为自由度是 n 的 **t 分布**（t distribution）或**学生分布**（student distribution），记为 $T \sim t(n)$。并将服从 t 分布的统计量称为 **t 统计量**。

定理 6.6 由定义 6.9 所定义的统计量 T 的密度函数为

$$f(x) = \frac{\Gamma\left(\dfrac{n+1}{2}\right)}{\sqrt{n\pi}\,\Gamma\left(\dfrac{n}{2}\right)}\left(1 + \frac{x^2}{n}\right)^{-\frac{n+1}{2}}, \quad -\infty < x < +\infty。$$

证明： 由定义 6.9，需考察 $T = \dfrac{X}{\sqrt{Y/n}}$ 的密度。

现令 $Z = \sqrt{Y/n}$，则 $T = \dfrac{X}{\sqrt{Y/n}} = \dfrac{X}{Z}$。先计算 Z 的分布密度函数 $f_Z(z)$。

首先由于 Z 的值是非负的，所以当 $z < 0$ 时，$f_Z(z) = 0$。

当 $z \geqslant 0$ 时，Z 的分布函数为

$$F_Z(z) = P\left\{\sqrt{\frac{Y}{n}} \leqslant z\right\} = P\{Y \leqslant nz^2\} = F_Y(nz^2),$$

故 Z 的密度函数为

$$f_Z(z) = F_Z'(z) = f_Y(nz^2) \cdot 2nz = \frac{1}{2^{\frac{n}{2}}\Gamma\left(\dfrac{n}{2}\right)}(nz^2)^{\frac{n}{2}-1}\mathrm{e}^{-\frac{nz^2}{2}} 2nz$$

$$= \frac{1}{2^{\frac{n}{2}-1}\Gamma\left(\dfrac{n}{2}\right)}n^{\frac{n}{2}}z^{n-1}\mathrm{e}^{-\frac{nz^2}{2}}。$$

再考虑 $T = \dfrac{X}{Z}$ 的密度函数。由于其中 X 与 Z 相互独立，则利用独立随机变量之商的密度公式（参见第三章例 3.14）可得，T 的分布密度为

$$f(x) = \int_{-\infty}^{\infty}|z|f_X(zx)f_Z(z)\mathrm{d}z = \int_0^{\infty}z\frac{1}{\sqrt{2\pi}}\mathrm{e}^{-\frac{z^2x^2}{2}}\frac{1}{2^{\frac{n}{2}-1}\Gamma\left(\dfrac{n}{2}\right)}n^{\frac{n}{2}}z^{n-1}\mathrm{e}^{-\frac{1}{2}nz^2}\mathrm{d}z$$

$$= \frac{n^{\frac{n}{2}}}{\sqrt{\pi}\, 2^{\frac{n-1}{2}} \Gamma\left(\dfrac{n}{2}\right)} \int_0^\infty z^n e^{-\frac{z^2}{2}(n+x^2)} dz \quad (\text{作积分变换 } u = \frac{z^2}{2}(n+x^2))$$

$$= \frac{n^{\frac{n}{2}}}{\sqrt{\pi}\, 2^{\frac{n-1}{2}} \Gamma\left(\dfrac{n}{2}\right)} \int_0^\infty \left[\frac{2u}{n+x^2}\right]^{\frac{n-1}{2}} \frac{1}{n+x^2} e^{-u} du$$

$$= \frac{n^{\frac{n}{2}}}{\sqrt{\pi}\, 2^{\frac{n-1}{2}} \Gamma\left(\dfrac{n}{2}\right)} \cdot \frac{2^{\frac{n-1}{2}}}{(n+x^2)^{\frac{n+1}{2}}} \Gamma\left(\frac{n+1}{2}\right)$$

$$= \frac{\Gamma\left(\dfrac{n+1}{2}\right)}{\sqrt{n\pi}\, \Gamma\left(\dfrac{n}{2}\right)} \cdot \left(1 + \frac{x^2}{n}\right)^{-\frac{n+1}{2}} 。\quad (\text{证毕})$$

$t(n)$ 分布的密度函数曲线图象如图 6-4 所示,它随 n 取值的不同而不同。

从图 6-4 中可看到,由于其密度函数是关于 x 的偶函数,故 t 分布的密度曲线是关于 Y 轴对称的"钟形"曲线,均值是 0,而且随着自由度 n 的逐渐增大,$t(n)$ 逐渐接近于标准正态分布 $N(0,1)$ 的图形。事实上,利用 Γ 函数的性质可得

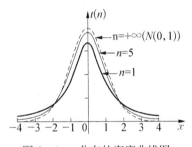

图 6-4 t 分布的密度曲线图

$$\lim_{n\to\infty} f(x) = \frac{1}{\sqrt{2\pi}} e^{-\frac{x^2}{2}} 。$$

即当 n 足够大时,t 分布近似于 $N(0,1)$ 分布,因此,对大样本情形 $n \geq 30$,t 分布可用标准正态分布近似。但对于较小的 n,t 分布与 $N(0,1)$ 之间存在着较大的差异,而且有

$$P\{|T| \geq t_0\} \geq P\{|Z| \geq t_0\}$$

其中 $Z \sim N(0,1)$。即在 t 分布的尾部比在标准正态分布的尾部有着更大的概率。

定义 6.10 对于给定的 $\alpha (0 < \alpha < 1)$,我们称满足

$$P\{t(n) > t_\alpha(n)\} = \alpha \quad \text{或} \quad \int_{t_\alpha(n)}^{+\infty} f(x) dx = \alpha$$

的点 $t_\alpha(n)$ 为 $t(n)$ 分布的**上侧 α 分位数**或**临界值**。(参见图 6-5)
由于的对称性,t 分布也有双侧分位数,我们将满足

$$P\{|t(n)| > t_{\alpha/2}(n)\} = \alpha$$

的 $t_{\alpha/2}(n)$ 称为 t 分布双侧分位数。

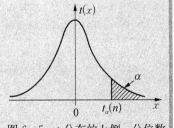

图 6-5 t 分布的上侧 α 分位数

为方便有关 t 分布的计算,书后附表 6 中编制了 t 分布表,对于自由度 $n(n \leq 45)$ 和较小

的 α 值,列出了相应的 $t_\alpha(n)$ 的值。对较大的 α 值,可由 t 分布的对称性得:

$$t_\alpha(n) = -t_{1-\alpha}(n)。$$

而当 $n > 45$ 时,$t_\alpha(n)$ 可用标准正态分布 $N(0,1)$ 的分位数 z_α 来近似:

$$t_\alpha(n) \approx z_\alpha。$$

例如,对 $\alpha = 0.05, n = 10$ 时,直接查 t 分布表(附表 6)得:

$$t_{0.05}(10) = 1.812, t_{0.05/2}(10) = 2.228。$$

对 $\alpha = 0.95, n = 10$ 时,$t_{0.95}(10) = -t_{0.05}(10) = -1.812$。

对 $\alpha = 0.05, n = 50$ 时,$t_{0.05}(50) \approx z_{0.05} = 1.64$。

例 6.4 设 X_1, X_2, X_3, X_4 为来自总体 $N(1, \sigma^2)$ $(\sigma > 0)$ 的简单随机样本,试问:统计量 $\dfrac{X_1 - X_2}{|X_3 + X_4 - 2|}$ 服从什么分布?

解: 由题意知,$X_i \sim N(1, \sigma^2)(i = 1, 2, 3, 4)$,且 X_1, X_2, X_3, X_4 相互独立。则

$$X = \frac{X_1 - X_2}{\sqrt{2}\sigma} \sim N(0,1); \quad Y = \frac{X_3 + X_4 - 2}{\sqrt{2}\sigma} \sim N(0,1);$$

而且相互独立。而 $Y^2 \sim \chi^2(1)$,而且与 X 相互独立。故由 t 分布定义知

$$\frac{X_1 - X_2}{|X_3 + X_4 - 2|} = \frac{\dfrac{X_1 - X_2}{\sqrt{2}\sigma}}{\sqrt{\left(\dfrac{X_3 + X_4 - 2}{\sqrt{2}\sigma}\right)^2}} = \frac{X}{\sqrt{Y^2/1}} \sim t(1)。$$

四、F 分布

定义 6.11 设随机变量 $U \sim \chi^2(n_1)$,$V \sim \chi^2(n_2)$,且 U 与 V 相互独立,则称

$$F = \frac{U/n_1}{V/n_2}$$

服从自由度是 (n_1, n_2) 的 F 分布(F distribution),并记为 $F \sim F(n_1, n_2)$。其中 n_1, n_2 分别称为 F 分布的第一(分子)自由度、第二(分母)自由度。

定理 6.7 由定义 6.11 所定义的 $F(n_1, n_2)$ 分布的密度函数是

$$f(x) = \begin{cases} \dfrac{\Gamma\left(\dfrac{n_1 + n_2}{2}\right)}{\Gamma\left(\dfrac{n_1}{2}\right)\Gamma\left(\dfrac{n_2}{2}\right)} \left(\dfrac{n_1}{n_2}\right)^{\frac{n_1}{2}} x^{\frac{n_1 - 1}{2}} \left(1 + \dfrac{n_1}{n_2}x\right)^{-\frac{n_1 + n_2}{2}}, & x > 0 \\ 0, & x \leqslant 0 \end{cases}$$

证明:令 $X_1 = U/n_1$，$X_2 = V/n_2$，先计算 $X_i (i=1,2)$ 的密度函数。

$$f_{X_i}(z) = f_{\chi^2}(n_i z)(n_i z)' = \begin{cases} \left(\dfrac{n_i}{2}\right)^{\frac{n_i}{2}} \dfrac{z^{\frac{n_i}{2}-1} \mathrm{e}^{-\frac{n_i z}{2}}}{\Gamma\left(\dfrac{n_i}{2}\right)}, & z > 0 \\ 0, & z \leqslant 0 \end{cases} \quad i = 1,2$$

因 U 与 V 独立，故 X_1 与 X_2 独立。由 F 的表达式得 $F = X_1/X_2$，再由随机变量的商的密度公式(参见第三章例 3.14)可得 F 的密度函数为

$$f(x) = \int_{-\infty}^{\infty} |z| f_{X_1}(xz) f_{X_2}(z) \mathrm{d}z = \int_0^{\infty} z \left(\dfrac{n_1}{2}\right)^{\frac{n_1}{2}} \dfrac{(xz)^{\frac{n_1}{2}-1} \mathrm{e}^{-\frac{n_1 xz}{2}}}{\Gamma\left(\dfrac{n_1}{2}\right)} \left(\dfrac{n_2}{2}\right)^{\frac{n_2}{2}} \dfrac{z^{\frac{n_2}{2}-1} \mathrm{e}^{-\frac{n_2 z}{2}}}{\Gamma\left(\dfrac{n_2}{2}\right)} \mathrm{d}z$$

$$= \dfrac{\left(\dfrac{n_1}{2}\right)^{\frac{n_1}{2}} \left(\dfrac{n_2}{2}\right)^{\frac{n_2}{2}}}{\Gamma\left(\dfrac{n_1}{2}\right) \Gamma\left(\dfrac{n_2}{2}\right)} \int_0^{\infty} z (zx)^{\frac{n_1}{2}-1} z^{\frac{n_2}{2}-1} \mathrm{e}^{-\frac{n_1 xz}{2}} \mathrm{e}^{-\frac{n_2 z}{2}} \mathrm{d}z$$

$$= \dfrac{\left(\dfrac{n_1}{2}\right)^{\frac{n_1}{2}} \left(\dfrac{n_2}{2}\right)^{\frac{n_2}{2}}}{\Gamma\left(\dfrac{n_1}{2}\right) \Gamma\left(\dfrac{n_2}{2}\right)} x^{\frac{n_1}{2}-1} \int_0^{\infty} z^{\frac{n_1+n_2}{2}-1} \mathrm{e}^{-\frac{(n_2+n_1 x)z}{2}} \mathrm{d}z$$

(作积分变换 $u = \dfrac{1}{2}(n_2 + n_1 x)z$)

$$= \dfrac{\left(\dfrac{n_1}{2}\right)^{\frac{n_1}{2}} \left(\dfrac{n_2}{2}\right)^{\frac{n_2}{2}} 2^{\frac{n_1+n_2}{2}} x^{\frac{n_1}{2}-1}}{\Gamma\left(\dfrac{n_1}{2}\right) \Gamma\left(\dfrac{n_2}{2}\right) (n_2 + n_1 x)^{\frac{n_1+n_2}{2}}} \int_0^{\infty} u^{\frac{n_1+n_2}{2}-1} \mathrm{e}^{-u} \mathrm{d}u$$

$$= \dfrac{\Gamma\left(\dfrac{n_1+n_2}{2}\right) n_1^{\frac{n_1}{2}} n_2^{\frac{n_2}{2}} x^{\frac{n_1}{2}-1}}{\Gamma\left(\dfrac{n_1}{2}\right) \Gamma\left(\dfrac{n_2}{2}\right) n_2^{\frac{n_1+n_2}{2}} \left(1 + \dfrac{n_1}{n_2}x\right)^{\frac{n_1+n_2}{2}}}$$

$$= \dfrac{\Gamma\left(\dfrac{n_1+n_2}{2}\right)}{\Gamma\left(\dfrac{n_1}{2}\right) \Gamma\left(\dfrac{n_2}{2}\right)} \left(\dfrac{n_1}{n_2}\right)^{\frac{n_1}{2}} x^{\frac{n_1}{2}-1} \left(1 + \dfrac{n_1}{n_2}x\right)^{-\frac{n_1+n_2}{2}}, \quad (x > 0) \text{（证毕）}$$

$F(n_1, n_2)$ 分布的密度函数曲线的图形如图 6-6 所示。

从图 6-6 可看到，F 分布的密度曲线随自由度 (n_1, n_2) 的取值不同而对应不同的曲线，且只在第一象限取值。注意，F 分布总是不对称的正偏态分布，而且不以正态分布为其极限分布。

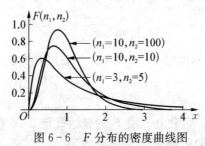

图 6-6　F 分布的密度曲线图

定义 6.12　对于给定的 $\alpha(0 < \alpha < 1)$，我们称满足

$$P\{F > F_\alpha(n_1, n_2)\} = \alpha \quad \text{或} \quad \int_{F_\alpha(n_1, n_2)}^{+\infty} f(x)\,\mathrm{d}x = \alpha$$

的点 $F_\alpha(n_1, n_2)$ 为 $F(n_1, n_2)$ 分布的**上侧 α 分位数**或**临界值**。（参见图 6-7）

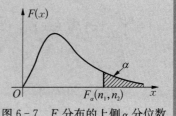

图 6-7　F 分布的上侧 α 分位数

利用书后附表 7 中 $F(n_1, n_2)$ 分布表，我们就可得到对于常用的 $\alpha(\alpha = 0.05, 0.025)$ 和不同自由度 (n_1, n_2) 的相应 $F_\alpha(n_1, n_2)$ 值。

注意，F 分布中的两个自由度 n_1 与 n_2 不可倒置。实际上，对于 F 分布，我们有以下结果。

定理 6.8　如果随机变量 $X \sim F(n_1, n_2)$，则随机变量

$$\frac{1}{X} \sim F(n_2, n_1) \, 。$$

该定理的证明留作课后练习。

利用定理 6.8 的性质，我们有

$$F_{1-\alpha}(n_1, n_2) = \frac{1}{F_\alpha(n_2, n_1)} \, 。$$

事实上，若 $F \sim F(n_1, n_2)$，按定义 6.12

$$1 - \alpha = P\{F > F_{1-\alpha}(n_1, n_2)\} = P\left\{\frac{1}{F} < \frac{1}{F_{1-\alpha}(n_1, n_2)}\right\} = 1 - P\left\{\frac{1}{F} \geqslant \frac{1}{F_{1-\alpha}(n_1, n_2)}\right\}$$

则

$$P\left\{\frac{1}{F} > \frac{1}{F_{1-\alpha}(n_1, n_2)}\right\} = P\left\{\frac{1}{F} \geqslant \frac{1}{F_{1-\alpha}(n_1, n_2)}\right\} = \alpha$$

再由 $\dfrac{1}{F} \sim F(n_2, n_1)$ 和上侧 α 分位数的定义知

$$P\left\{\frac{1}{F} > F_\alpha(n_2, n_1)\right\} = \alpha$$

比较上述两式便得

$$F_{1-\alpha}(n_1,n_2)=\frac{1}{F_\alpha(n_2,n_1)}。$$

该公式常用来求 F 分布表中未列出的一些上侧 α 分位点。即利用 F 分布表中 $\alpha=0.05,0.025$ 的 F 分布的上侧 α 分位数 $F_\alpha(n_1,n_2)$ 来得到相应于 $\alpha=0.95,0.975$ 的 F 分布的上侧 α 分位数。

例如,对 $n_1=10,n_2=5$,试求 $F_{0.95}(10,5)$。

首先由查表得:$F_{0.05}(5,10)=3.33$。则

$$F_{0.95}(10,5)=F_{1-0.05}(10,5)=\frac{1}{F_{0.05}(5,10)}=\frac{1}{3.33}=0.30。$$

五、正态总体下的抽样定理

定理 6.9　设 $X_1,X_2,\cdots,X_n$ 是来自正态总体 $N(\mu,\sigma^2)$ 的一个样本,记

$$\overline{X}=\frac{1}{n}\sum_{i=1}^n X_i,\quad S_n^2=\frac{1}{n}\sum_{i=1}^n(X_i-\overline{X})^2$$

则有(1) $\overline{X}$ 与 S_n^2 独立;(2) $\overline{X}\sim N\left(\mu,\dfrac{\sigma^2}{n}\right)$;(3) $\dfrac{nS_n^2}{\sigma^2}\sim\chi^2(n-1)$。

证明:记 $\boldsymbol{A}=(a_{ij})_{n\times n}$ 是一 $n\times n$ 矩阵,使得它的第一行是 $\left[\dfrac{1}{\sqrt{n}},\dfrac{1}{\sqrt{n}},\cdots,\dfrac{1}{\sqrt{n}}\right]$,且

$$A=(a_{ij})_{n\times n}=\begin{bmatrix}\dfrac{1}{\sqrt{n}} & \dfrac{1}{\sqrt{n}} & \dfrac{1}{\sqrt{n}} & \cdots & \dfrac{1}{\sqrt{n}} \\[2mm] \dfrac{1}{\sqrt{2\times1}} & \dfrac{-1}{\sqrt{2\times1}} & 0 & \cdots & 0 \\[2mm] \dfrac{1}{\sqrt{3\times2}} & \dfrac{1}{\sqrt{3\times2}} & \dfrac{-2}{\sqrt{3\times2}} & \cdots & 0 \\[2mm] \vdots & \vdots & \vdots & \ddots & \vdots \\[2mm] \dfrac{1}{\sqrt{n(n-1)}} & \dfrac{1}{\sqrt{n(n-1)}} & \dfrac{1}{\sqrt{n(n-1)}} & \cdots & \dfrac{-(n-1)}{\sqrt{n(n-1)}} \end{bmatrix}$$

对 $\boldsymbol{X}=(X_1,X_2,\cdots,X_n)'$(其中"'"表示对向量或矩阵的转置)作正交变换

$$\boldsymbol{Y}=\begin{bmatrix}Y_1\\Y_2\\\vdots\\Y_n\end{bmatrix}=\boldsymbol{A}\begin{bmatrix}X_1\\X_2\\\vdots\\X_n\end{bmatrix}=\boldsymbol{AX}$$

则有

$$Y_1 = \sum_{j=1}^{n} a_{1j} X_j = \frac{1}{\sqrt{n}} \sum_{j=1}^{n} X_j = \sqrt{n} \overline{X}$$

$$Y_1^2 + Y_2^2 + \cdots + Y_n^2 = \boldsymbol{Y}'\boldsymbol{Y} = \boldsymbol{X}'\boldsymbol{A}'\boldsymbol{A}\boldsymbol{X} = \boldsymbol{X}'\boldsymbol{X} = X_1^2 + X_2^2 + \cdots + X_n^2 = \sum_{i=1}^{n} (X_i - \overline{X})^2 + n\overline{X}^2$$

故

$$Y_2^2 + Y_3^2 + \cdots + Y_n^2 = \sum_{i=1}^{n} (X_i - \overline{X})^2 = nS_n^2 。$$

而

$$(X_1 - \mu)^2 + (X_2 - \mu)^2 + \cdots (X_n - \mu)^2 = \sum_{k=1}^{n} X_k^2 - 2n\mu\overline{X} + n\mu^2$$

$$= \sum_{k=1}^{n} Y_k^2 - 2\sqrt{n}\mu Y_1 + n\mu^2 = (Y_1 - \sqrt{n}\mu)^2 + Y_2^2 + \cdots + Y_n^2,$$

由于 $Y_i = \sum_{j=1}^{n} a_{ij} X_j, (i=1,2,\cdots,n)$ 是 $X_1, X_2, \cdots, X_n$ 的线性函数,所以 $Y_1, Y_2, \cdots, Y_n$ 仍是正态变量,且

$$E(Y_1) = E\Big(\sum_{j=1}^{n} a_{1j} X_j\Big) = \frac{1}{\sqrt{n}} \sum_{j=1}^{n} E(X_j) = \sqrt{n}\mu,$$

$$E(Y_k) = E\Big(\sum_{j=1}^{n} a_{kj} X_j\Big) = \sum_{j=1}^{n} a_{kj} E(X_j) = \mu \sum_{j=1}^{n} a_{kj} = 0, \ k=2,3,\cdots,n。$$

$$D(Y_k) = D\Big(\sum_{j=1}^{n} a_{kj} X_j\Big) = \sum_{j=1}^{n} a_{kj}^2 D(X_j) = \sigma^2 \sum_{j=1}^{n} a_{kj}^2 = \sigma^2, \ k=1,2,\cdots,n。$$

又因为

$$\mathrm{Cov}(Y_i, Y_j) = \mathrm{Cov}\Big(\sum_{k=1}^{n} a_{ik} X_k, \sum_{l=1}^{n} a_{jl} X_l\Big) = \sum_{k=1}^{n} \sum_{l=1}^{n} a_{ik} a_{jl} \mathrm{Cov}(X_k, X_l) = \sum_{k=1}^{n} a_{ik} a_{jk} \sigma^2$$

$(i \neq j, \ i,j=1,2,\cdots,n)。$

知 $Y_1, Y_2, \cdots, Y_n$ 相互独立,从而 Y_1 与 $nS_n^2 = Y_2^2 + Y_3^2 + \cdots + Y_n^2$ 也相互独立,且有

$$Y_1 \sim N(\sqrt{n}\mu, \sigma^2), \ Y_k \sim N(0, \sigma^2), (k=2,3,\cdots,n)。$$

又因 $\overline{X} = \frac{1}{\sqrt{n}} Y_1$,故 $\overline{X}$ 与 nS_n^2 独立,且有

$$\overline{X} \sim N\Big(\mu, \frac{\sigma^2}{n}\Big)。$$

这即结论(1)与结论(2)成立。同时我们还有

$$\frac{nS_n^2}{\sigma^2} = \sum_{k=2}^{n} \Big(\frac{Y_k}{\sigma}\Big)^2 \sim \chi^2(n-1)。$$

即结论(3)也成立。(证毕)

对于样本方差 $S^2 = \dfrac{1}{n-1} \sum\limits_{i=1}^{n} (X_i - \overline{X})^2$ 的抽样分布,当总体服从正态分布 $N(\mu, \sigma^2)$ 时,我们易推得下列重要定理:

> **定理 6.10**　设 $X_1, X_2, \cdots, X_n$ 是来自正态总体 $N(\mu, \sigma^2)$ 的样本,则
>
> (1) 样本均值 $\overline{X}$ 与样本方差 S^2 相互独立;
>
> (2) $\dfrac{(n-1)S^2}{\sigma^2} \sim \chi^2(n-1)$。

只需注意到 $S_n^2 = \dfrac{n-1}{n} S^2$,利用定理 6.9 即得。

前面我们讨论了总体方差已知时,样本均值的抽样分布。但在实际应用中,总体的方差(及标准差)往往是未知的,此时需用样本方差 S^2 代替总体方差 σ^2,或用样本标准差 S 代替总体标准差 σ,对此,我们有:

> **定理 6.11**　设 $X_1, X_2, \cdots, X_n$ 是来自正态总体 $N(\mu, \sigma^2)$ 的样本,$\overline{X}$ 与 S^2 分别是样本均值与样本方差,则
>
> $$T = \frac{\overline{X} - \mu}{S/\sqrt{n}} \sim t(n-1)。$$

通常我们称 $\dfrac{S}{\sqrt{n}}$ 为 **样本标准误**(sample standard error),记为 $S_{\overline{X}}$,即 $S_{\overline{X}} = \dfrac{S}{\sqrt{n}}$。

证明: 由定理 6.9 和定理 6.10 知

$$Z = \frac{\overline{X} - \mu}{\sigma/\sqrt{n}} \sim N(0,1), \quad Y = \frac{(n-1)S^2}{\sigma^2} \sim \chi^2(n-1),$$

且两者相互独立,则

$$T = \frac{Z}{\sqrt{Y/(n-1)}} = \frac{\dfrac{\overline{X} - \mu}{\sigma/\sqrt{n}}}{\sqrt{\dfrac{(n-1)S^2}{\sigma^2}/(n-1)}} = \frac{(\overline{X} - \mu)}{S/\sqrt{n}} \sim t(n-1)。 \quad （证毕）$$

在研究两个正态总体均值的统计推断时,我们需要考察分别来自两个正态总体的样本均值之差的分布。对此,我们有如下定理。

> **定理 6.12**　设 $X_1, \cdots, X_{n_1}$ 与 $Y_1, \cdots, Y_{n_2}$ 是分别来自正态 $N(\mu_1, \sigma^2)$ 和 $N(\mu_2, \sigma^2)$ 的两个相互独立样本,它们的样本均值和样本方差分别为 $\overline{X}$、$\overline{Y}$ 和 S_x^2、S_y^2:

$$\overline{X} = \frac{1}{n_1} \sum_{i=1}^{n_1} X_i, S_x^2 = \frac{1}{n_1 - 1} \sum_{i=1}^{n_1} (X_i - \overline{X})^2;$$

$$\overline{Y} = \frac{1}{n_2} \sum_{i=1}^{n_2} Y_i, S_y^2 = \frac{1}{n_2 - 1} \sum_{i=1}^{n_2} (Y_i - \overline{Y})^2。$$

则

$$T = \frac{(\overline{X} - \overline{Y}) - (\mu_1 - \mu_2)}{S_w \sqrt{\frac{1}{n_1} + \frac{1}{n_2}}} \sim t(n_1 + n_2 - 2)$$

其中 $S_w^2 = \dfrac{(n_1 - 1)S_x^2 + (n_2 - 1)S_y^2}{n_1 + n_2 - 2}$。但这里要注意,它要求两个正态总体分布的方差相等。

证明: 由定理 6.9 易得

$$\overline{X} - \overline{Y} \sim N\left(\mu_1 - \mu_2, \frac{\sigma^2}{n_1} + \frac{\sigma^2}{n_2}\right),$$

则有

$$Z = \frac{(\overline{X} - \overline{Y}) - (\mu_1 - \mu_2)}{\sigma \sqrt{\frac{1}{n_1} + \frac{1}{n_2}}} \sim N(0,1)。$$

又根据定理 6.10,有

$$\frac{(n_1 - 1)S_x^2}{\sigma^2} \sim \chi^2(n_1 - 1), \quad \frac{(n_2 - 1)S_y^2}{\sigma^2} \sim \chi^2(n_2 - 1)$$

且它们相互独立。根据 χ^2 分布的可加性,可知

$$V = \frac{(n_1 - 1)S_x^2}{\sigma^2} + \frac{(n_2 - 1)S_y^2}{\sigma^2} \sim \chi^2(n_1 + n_2 - 2)$$

可以证明 Z 与 V 相互独立。而由 t 分布的定义知

$$T = \frac{Z}{\sqrt{V/(n_1 + n_2 - 2)}} = \frac{(\overline{X} - \overline{Y}) - (\mu_1 - \mu_2)}{S_w \sqrt{\frac{1}{n_1} + \frac{1}{n_2}}} \sim t(n_1 + n_2 - 2)$$

其中 $S_w^2 = \dfrac{(n_1 - 1)S_x^2 + (n_2 - 1)S_y^2}{n_1 + n_2 - 2}$。(证毕)

在将要介绍的假设检验、方差分析等重要章节中,我们需要考虑分别来自正态总体的两个样本方差比的分布,对此,我们有下列定理。

定理 6.13 设 $X_1, \cdots, X_{n_1}$ 与 $Y_1, \cdots, Y_{n_2}$ 是分别来自正态 $N(\mu_1, \sigma_1^2)$ 和 $N(\mu_2, \sigma_2^2)$ 的两个相互独立的样本,S_x^2、S_y^2 分别是它们的样本方差:

$$S_x^2 = \frac{1}{n_1-1}\sum_{i=1}^{n_1}(X_i-\overline{X})^2; S_y^2 = \frac{1}{n_2-1}\sum_{i=1}^{n_2}(Y_i-\overline{Y})^2.$$

则

$$F = \frac{S_x^2/\sigma_1^2}{S_y^2/\sigma_2^2} \sim F(n_1-1,n_2-1).$$

特别地,如果 $\sigma_1^2=\sigma_2^2$,则

$$F = \frac{S_x^2}{S_y^2} \sim F(n_1-1,n_2-1).$$

证明:根据定理 6.10,有

$$\frac{(n_1-1)S_x^2}{\sigma^2} \sim \chi^2(n_1-1), \quad \frac{(n_2-1)S_y^2}{\sigma^2} \sim \chi^2(n_2-1).$$

因为两个样本相互独立,故其各自的样本方差 S_x^2、S_y^2 也相互独立。由 F 分布的定义知

$$F = \frac{\dfrac{(n_1-1)S_x^2}{\sigma_1^2}\Big/(n_1-1)}{\dfrac{(n_2-1)S_y^2}{\sigma_2^2}\Big/(n_2-1)} = \frac{S_x^2/\sigma_1^2}{S_y^2/\sigma_2^2} \sim F(n_1-1,n_2-1)$$

如果 $\sigma_1^2=\sigma_2^2$,则有

$$F = \frac{S_x^2}{S_y^2} \sim F(n_1-1,n_2\ \ 1)。（证毕）$$

知识链接

戈塞特与 t 分布

W.S.戈塞特(Willia Sealy Gosset,1876—1937)是小样本统计理论和方法的开创者,推断统计学的先驱。他在牛津大学攻读化学和数学,毕业后在酿酒厂担任酿造化学技师,从事统计和实验工作。

1905 年,戈塞特利用酒厂里大量的小样本数据发表了第一篇论文《误差法则在酿酒过程中的应用》。经过多年的潜心研究,戈塞特终于在 1908 年以"Student"的笔名在《生物统计学》杂志发表了著名论文《均值的可能误差》,提出了一种统计量的抽样分布——t 分布,引入了小样本估计。因此,t 分布又被称为"Student(学生)分布"。

戈塞特在 1907—1937 年间,发表了 22 篇统计学论文,引入了均值、方差、方差分析、样本等概率统计的一些基本概念和术语,研究与建立了相关系数的抽样分布、泊松分布应用中的样本误差问题等,被现代数理统计学的主要奠基人 R.A.费希尔誉为"统计学中的法拉第"。

习题六

1. 设一个来自总体 X 的样本为:$3,2,3,4,2,3,5,7,9,3$。试求其经验分布函数 $F_{10}(x)$。

2. 总体 $X \sim N(\mu,\sigma^2)$，其中 μ 未知，$\sigma^2 = \sigma_0^2$ 为已知参数，$X_1,X_2,\cdots,X_n$ 是从总体抽取的一组样本,则下列各式中哪些属于统计量?

$$(1)\ \sum_{i=1}^{n}(X_i-\sigma_0)^2; \qquad (2)\ \sum_{i=1}^{n}(X_i-\mu); \qquad (3)\ \sum_{i=1}^{n}(X_i-\bar{X})^2;$$

$$(4)\ \frac{1}{n}(X_1^2+X_2^2+\cdots+X_n^2); \qquad (5)\ \mu^2+\frac{1}{3}(X_1+X_2+X_3); \qquad (6)\ \frac{1}{\sigma_0^2}\sum_{i=1}^{n}X_i^2.$$

3. 从总体中抽取容量为 60 的样本,它的频数分布为

x_i	1	3	6	26
m_i(频数)	8	40	10	2

试求其样本均值和样本方差。

4. 在总体 $N(52,6.3^2)$ 中随机地抽一容量为 36 的样本,求样本均值 $\bar{X}$ 落在 50.8 到 53.8 之间的概率。

5. 求总体 $X \sim N(20,3)$ 的容量分别为 10 和 15 的两独立样本均值差的绝对值大于 0.3 的概率。

6. 设 $X_1,X_2,\cdots,X_{10}$ 为来自正态总体 $N(0,0.3^2)$ 的一个样本,试求概率 $P\left\{\sum_{i=1}^{10}X_i^2>1.44\right\}$。

7. 设 $X_1,X_2,\cdots,X_n$ 为来自参数为 λ 的泊松分布总体的一个样本,$\bar{X}$ 是样本均值,试求 $E(\bar{X})$ 和 $D(\bar{X})$。

8. 设某厂生产的灯泡的使用寿命 $X \sim N(1\,000,\sigma^2)$(单位:小时),现抽取一个样本容量为 9 的样本,其标准差为 $S=100$,试求 $P(\bar{X}<940)$ 的值。

9. 设总体 X 的分布函数为 $F(x)$,概率密度函数为 $f(x)$,$(X_1,X_2,\cdots,X_n)$ 为来自总体 X 的一个样本,记 $Z=\min_{1\leqslant i\leqslant n}\{X_i\}$,$T=\max_{1\leqslant i\leqslant n}\{X_i\}$,分别求 Z 与 T 的分布函数与密度函数。

10. 从同一总体中抽得的两个样本,其容量为 n_1 和 n_2,已经分别算出这两个样本的均值 $\bar{X}_1$ 和 $\bar{X}_2$,样本方差 S_1^2 和 S_2^2。现将这两个样本合并在一起,试求样本容量为 n_1+n_2 的联合样本的均值和方差。

11. 设 $X_1,X_2,\cdots,X_n$ 是分布为 $N(\mu,\sigma^2)$ 的正态总体的一个样本,试求 $Y=\frac{1}{\sigma^2}\sum_{i=1}^{n}(X_i-\mu)^2$ 的概率分布。

12. 已知 $X \sim t(n)$,求证 $X^2 \sim F(1,n)$。

13. 总体 $X \sim N(1,2^2)$,X_1,X_2,X_3,X_4 为总体 X 的一个样本,则 $Z=\dfrac{(X_1-X_2)^2}{(X_3-X_4)^2}$ 服从什么分布?(并说明自由度)

14. 设总体 $X \sim N(0,2^2)$,$X_1,X_2,\cdots,X_{10}$ 为来自总体 X 的样本.令 $Y=\left(\sum_{i=1}^{5}X_i\right)^2+\left(\sum_{j=6}^{10}X_j\right)^2$。试确定常数 C,使 CY 服从 χ^2 分布,并指出其自由度。

15. 设 $X_1,X_2,\cdots,X_n,X_{n+1},\cdots,X_{n+m}$ 是分布为 $N(0,\sigma^2)$ 的正态总体容量为 $n+m$ 的一个样本,试求下列统计量的概率分布:

$$(1)\ Y_1=\frac{\sqrt{m}\sum_{i=1}^{n}X_i}{\sqrt{n}\sqrt{\sum_{i=n+1}^{n+m}X_i^2}}; \qquad (2)\ Y_2=\frac{m\sum_{i=1}^{n}X_i^2}{n\sum_{i=n+1}^{n+m}X_i^2}.$$

16. 设 $x_1, x_2, \cdots, x_n$ 是一个样本值，令 $\bar{x} = 0, \bar{x}_k = \dfrac{1}{k} \sum\limits_{i=1}^{k} x_i$，证明递推公式：

$$\bar{x}_k = \bar{x}_{k-1} + \frac{1}{k}(x_k - \bar{x}_{k-1}), \ k = 1, 2, \cdots, n_{\circ}$$

17. 设 $X_1, X_2, \cdots, X_4$ 与 $Y_1, Y_2, \cdots, Y_5$ 分别是来自正态 $N(0,1)$ 的总体 X 与 Y 的样本，

$$Z = \sum_{i=1}^{4} (X_i - \bar{X})^2 + \sum_{i=1}^{5} (Y_i - \bar{Y})^2,$$

试求 $E(Z)$。

（言方荣）

第七章

参数估计

在实际应用中,有时总体的分布类型已知,但含有未知参数,需要通过样本观测值来统计推断总体中的未知参数,这类问题称为参数估计问题。

参数估计(parameter estimation)是统计推断的基本问题之一,它是当总体的分布形式已知,但其所含参数的真值未知时,根据样本提供的信息,构造样本的函数即统计量,来对总体未知参数所做的估计或推断。

参数估计通常分为两类:一是点估计,就是以某个适当统计量的观测值作为未知参数的估计值,如采用某次抽样调查所得的 50 例健康男子血清总胆固醇的均值 4.80(mmol/L)作为健康男子血清总胆固醇的总体均值的估计值;二是区间估计,就是在给定的概率($1-\alpha$)下,用两个统计量的观测值所确定的区间来估计未知参数的大致范围。

第一节　参数的点估计

定义 7.1　在参数估计中,用来估计总体参数的样本统计量称为估计量(estimate)。用一个样本估计量 $\hat{\theta} = \hat{\theta}(X_1, X_2, \cdots, X_n)$ 对总体未知参数 θ 所做的一个数值点的估计称为参数的点估计(point estimate)。对应于样本的一组观测值 $x_1, \cdots, x_n$,估计量 $\hat{\theta}$ 的相应取值 $\hat{\theta}(x_1, \cdots, x_n)$ 称为总体参数的一个估计值(estimate value)。

估计量作为样本统计量是一个随机变量,同一个估计量,当样本取不同值时所得到的估计值往往是不相同的。以后在不致混淆的情况下,估计量 $\hat{\theta}(X_1, X_2, \cdots, X_n)$ 与估计值 $\hat{\theta}(x_1, x_2, \cdots, x_n)$ 都称为 θ 的估计,并都简记为 $\hat{\theta}$。

用于求参数点估计的方法有矩估计法、极大似然估计法、顺序统计量估计法和最小二乘法等。这里我们只介绍最常用的矩估计法和极大似然估计法,最小二乘法将在第十章相关与回归分析一章中介绍。

一、矩估计法

在统计学中,**矩**(moment)是以均值为基础而定义的数字特征,其中均值是一阶矩,方差是二阶中心矩。由大数定律可知,样本矩将依概率收敛于相应的总体矩,样本矩的连续函数将依概率收敛于相应总体矩的连续函数,由此皮尔逊(K.Pearson)提出了最古老的点估计法之一——矩估计法。

> **定义 7.2** 用样本矩作为相应总体矩的估计量,用样本矩的连续函数作为相应总体矩连续函数的估计量,从而得到总体未知参数的估计量的方法称为**矩估计法**(methods of moment esimate)。用矩估计法得到的估计量称为**矩估计量**(moment esimate),矩估计量的观察值称为**矩估计值**(moment esimate value)。

例如在实际应用中,不管总体 X 服从什么分布,样本均值 $\overline{X}$、样本方差 S^2、样本标准差 S 就可分别作为总体均值 μ、总体方差 σ^2、总体标准差 σ 的矩估计量:

$$\hat{\mu} = \overline{X} = \frac{1}{n}\sum_{i=1}^{n} X_i\,;\ \hat{\sigma}^2 = S^2 = \frac{1}{n-1}\sum_{i=1}^{n}(X_i - \overline{X})^2\,;\ \hat{\sigma} = S = \sqrt{\frac{1}{n-1}\sum_{i=1}^{n}(X_i - \overline{X})^2}\,。$$

> **例 7.1** 对一批铅作业工人,从中任选 7 人进行血铅值检测,测得其血铅值为(单位:μmol/L):
>
> 0.91 0.87 2.13 0.97 1.64 1.21 2.08
>
> 假定该批工人的血铅值服从正态分布 $N(\mu, \sigma^2)$,其中 μ, σ^2 分别是总体的均值和方差。
>
> 试根据该 7 名工人的血铅观测值来推断该批铅作业工人的总体均值 μ 和总体方差 σ^2。
>
> **解:** 即求总体的均值 μ 和方差 σ^2 的矩估计值。由 7 名工人的血铅值实测值计算得:
>
> $$\hat{\mu} = \overline{x} = \frac{1}{n}\sum_{i=1}^{n} x_i = 1.401,\ \hat{\sigma}^2 = S^2 = \frac{1}{n-1}\sum_{i=1}^{n}(x_i - \overline{x})^2 = 0.299$$
>
> 故该批铅作业工人的总体均值 μ 和总体方差 σ^2 的估计值分别为 1.401 和 0.299。

【**SPSS 软件应用**】首先建立对应的 SPSS 数据集〈工人的血铅值〉,包括一个数值变量:Blood_lead(血铅值),如图 7-1 所示。

在 SPSS 中,选择菜单

【Analyze】→【Descriptive Statistics】→【Descriptive】;

选定变量:Blood_lead(血铅值)→Variable(s);

点击选项【Options】,保留已有选项,再选定:

$\checkmark$ Variance,点击 $\boxed{\text{Continue}}$;点击 $\boxed{\text{OK}}$。即可得如图 7-2 所示的 SPSS 结果。

	Blood_lead	var
1	.91	
2	.87	
3	2.13	
4	.97	
5	1.64	
6	1.21	
7	2.08	
8		

图 7-1 数据集〈工人的血铅值〉

Descriptive Statistics

	N	Minimum	Maximum	Mean	Std.Deviation	Variance
血铅值	7	.87	2.13	1.401 4	.5469 7	.299
Valid N (listwise)	7					

图 7-2 例 7.1 的 SPSS 输出结果

由图 7-2 的结果知,样本均值(Mean)为 1.401 4,样本方差(Variance)为 0.299,分别为铅作业工人的总体均值 μ 和总体方差 σ^2 的点估计值。

对于更一般的情形,设总体 X 为连续型随机变量,其密度函数为 $f(x;\theta_1,\theta_2,\cdots,\theta_r)$,或设 X 为离散型随机变量,其概率分布律为 $P\{X=x\}=P(x;\theta_1,\theta_2,\cdots,\theta_r)$,其中 $\theta_1,\theta_2,\cdots,$ θ_r 为未知的待估计总体参数,而 $(X_1,X_2,\cdots,X_n)$ 为抽自总体 X 的样本。根据矩估计法,我们用样本 k 阶矩

$$A_k=\frac{1}{n}\sum_{i=1}^{n}X_i^k,\ k=1,2,\cdots,r$$

替代相应总体 k 阶矩矩

$$E(X^k)=\int_{-\infty}^{+\infty}x^kf(x,\theta_1,\theta_2,\cdots,\theta_r)\mathrm{d}x,\ k=1,2,\cdots,r;\ (X\ 为连续型)$$

或 $\quad E(X^k)=\sum_{x\in R_x}x^kP(x,\theta_1,\theta_2,\cdots,\theta_r),\ k=1,2,\cdots,r;\ (X\ 为离散型)$

来得到下列矩估计方程

$$\begin{cases} E(X)=\dfrac{1}{n}\sum_{i=1}^{n}X_i \\[2mm] E(X^2)=\dfrac{1}{n}\sum_{i=1}^{n}X_i^2 \\[1mm] \vdots \\[1mm] E(X^r)=\dfrac{1}{n}\sum_{i=1}^{n}X_i^r \end{cases}$$

上式是关于未知参数 $\theta_1,\theta_2,\cdots,\theta_r$ 的 r 元联立方程组,设其解为 $\hat{\theta}_1,\hat{\theta}_2,\cdots,\hat{\theta}_r$,显然,这些解是样本 $X_1,X_2,\cdots,X_n$ 的函数,即为未知参数 $\theta_1,\theta_2,\cdots,\theta_r$ 的矩估计量,其观测值称为矩估计值。求解上述矩估计方程,就可求出未知参数 $\theta_1,\theta_2,\cdots,\theta_r$ 的矩估计量。

例 7.2 设总体 X 服从正态分布 $N(\mu,\sigma^2)$,$X_1,X_2,\cdots,X_n$ 为抽自总体 X 的样本,试求未知参数 μ 和 σ^2 的矩估计量。

解: 对于正态总体 $N(\mu,\sigma^2)$,$E(X)=\mu$,而

$$E(X^2)=D(X)+(E(X))^2=\sigma^2+\mu^2$$

则矩估计方程为

$$\begin{cases} \mu=\dfrac{1}{n}\sum_{i=1}^{n}X_i \\[3mm] \sigma^2+\mu^2=\dfrac{1}{n}\sum_{i=1}^{n}X_i^2 \end{cases}$$

解上述方程组得到 μ 和 σ^2 的矩估计量为

$$\hat{\mu}=\frac{1}{n}\sum_{i=1}^{n}X_i=\overline{X}$$

$$\hat{\sigma}^2=\frac{1}{n}\sum_{i=1}^{n}X_i^2-\left(\frac{1}{n}\sum_{i=1}^{n}X_i\right)^2=\frac{1}{n}\sum_{i=1}^{n}(X_i-\overline{X})^2。$$

例7.3 设在 n 次独立重复试验中事件 A 发生 k 次,求事件 A 发生的概率 p 的矩估计量。

解:由于在 n 次独立重复试验中,事件 A 发生 k 次,设

$$X_i = \{第 i 次试验中事件 A 发生的次数\}, i = 1, 2, \cdots, n;$$

显然 X_i 相互独立且均服从 $0-1$ 分布,则 $X_1, X_2, \cdots, X_n$ 即为来自总体 X 的一个样本,而总体 X 服从 $0-1$ 分布:

$$P\{X=1\} = P(A) = p, \quad P\{X=0\} = P(\overline{A}) = 1-p。$$

且有 $\sum_{i=1}^{n} X_i = k$。

则 p 的矩估计方程为

$$E(X) = p = \overline{X} = \frac{1}{n} \sum_{i=1}^{n} X_i,$$

解之得

$$\hat{p} = \frac{1}{n} \sum_{i=1}^{n} X_i = \frac{k}{n}。$$

即用事件 A 发生的频率 $\dfrac{k}{n}$ 作为事件 A 发生的概率 p 的矩估计量。

例7.4 设 $(X_1, Y_1), (X_2, Y_2), \cdots, (X_n, Y_n)$ 为来自二元总体 (X, Y) 的一个样本。试求相关系数 ρ_{XY} 的矩估计量。

解:对于二元样本 $(X_1, Y_1), (X_2, Y_2), \cdots, (X_n, Y_n)$,记

$$\overline{X} = \frac{1}{n} \sum_{i=1}^{n} X_i, \quad S_X^2 = \frac{1}{n} \sum_{i=1}^{n} (X_i - \overline{X})^2; \quad \overline{Y} = \frac{1}{n} \sum_{i=1}^{n} Y_i, \quad S_Y^2 = \frac{1}{n} \sum_{i=1}^{n} (Y_i - \overline{Y})^2;$$

$$S_{XY} = \frac{1}{n} \sum_{i=1}^{n} (X_i - \overline{X})(Y_i - \overline{Y})。$$

因为

$$\rho_{XY} = \frac{\mathrm{Cov}(X, Y)}{\sqrt{D(X)} \, \sqrt{D(Y)}},$$

即相关系数 ρ_{XY} 是总体中心距 $D(X)$、$D(Y)$、$\mathrm{Cov}(X, Y)$ 的函数,而

$$\hat{D}(X) = S_X^2, \quad \hat{D}(Y) = S_Y^2, \quad \hat{\mathrm{Cov}}(X, Y) = S_{XY}，$$

于是 ρ_{XY} 的估计量是

$$\hat{\rho}_{XY} = \frac{\hat{\mathrm{Cov}}(X, Y)}{\sqrt{\hat{D}(X)} \, \sqrt{\hat{D}(Y)}} = \frac{S_{XY}}{S_X S_Y}。$$

二、极大似然估计法

前面介绍的矩估计法,其优点在于并不需要知道总体的分布形式,适用范围广。然而,当总体的分布类型已知时,如果我们仍用矩估计法,那将浪费很多已知的信息。而极大似然

估计法充分利用了分布类型已知的条件,所得估计量一般都具有较优良的性质。

(一) 总体为离散型随机变量

设总体 X 为离散型随机变量,其分布律 $P\{X=x\}=P(x,\theta)$ 已知,其中 θ 为未知参数, $x_1,x_2,\cdots,x_n$ 为来自总体 X 的一组样本观测值。

如果在一次试验或观测中某事件居然发生了,说明此事件为大概率事件。下面我们就从这一基本原理出发来寻找参数的估计量或估计值。

由于样本 $X_1,X_2,\cdots,X_n$ 可以看作 n 个相互独立且与总体 X 同分布的随机变量,而 $(x_1,x_2,\cdots,x_n)$ 就是 n 维随机变量 $(X_1,X_2,\cdots,X_n)$ 在一次观测或试验中所得到的观测值,这表明事件 $\{X_1=x_1,X_2=x_2,\cdots,X_n=x_n\}$ 在一次试验中发生了,说明该事件是大概率事件,其概率

$$P\{X_1=x_1,X_2=x_2,\cdots,X_n=x_n\}=P\{X_1=x_1\}P\{X_2=x_2\}\cdots P\{X_n=x_n\}$$

$$=P(x_1,\theta)P(x_2,\theta)\cdots P(x_n,\theta)=\prod_{i=1}^{n}P(x_i,\theta)$$

应该很大。又因为该概率是参数 θ 的函数,其值大小依赖于 θ。若存在一个 $\hat{\theta}$,使该概率值达到最大,我们就以 $\hat{\theta}$ 作为 θ 的估计值,显然这是合理的。

由于离散型 X 的分布律 $P\{X=x\}=P(x,\theta)$ 形式已知,θ 为未知参数,$x_1,x_2,\cdots,x_n$ 为样本观测值,故 $\prod_{i=1}^{n}P(x_i,\theta)$ 仅是 θ 的函数,记作 $L(\theta)$,即

$$L(\theta)=\prod_{i=1}^{n}P(x_i,\theta),$$

通常我们称 $L(\theta)$ 为**似然函数**(Likelihood function)。

定义 7.3 若 $\theta=\hat{\theta}$ 时,似然函数达到最大值,即

$$L(\hat{\theta})=\max_{\theta}\{L(\theta)\}$$

则称 $\hat{\theta}=\hat{\theta}(x_1,x_2,\cdots,x_n)$ 为参数 θ 的**极大似然估计值**(maximum likelihood estimate value),称 $\hat{\theta}=\hat{\theta}(X_1,X_2,\cdots,X_n)$ 为 θ 的**极大似然估计量**(maximum likelihood estimate)。

设 $L(\theta)$ 是 θ 的可导函数,要使 $L(\hat{\theta})$ 为最大值,$\hat{\theta}$ 应为方程

$$\frac{dL(\theta)}{d\theta}=0$$

的解。又由于 $\ln L(\theta)$ 是 $L(\theta)$ 的单调函数,$L(\theta)$ 与 $\ln L(\theta)$ 有相同的最大值点。故 $\hat{\theta}$ 一般还可由方程

$$\frac{d\ln L(\theta)}{d\theta}=0$$

解出。这两个方程分别称为**似然方程**(likelihood equation)和**对数似然方程**(logarithm likelihood equation)。

例7.5　设某车间生产一批产品,其次品率为 p,今从中抽取 n 件,发现其中有 m 件次品。试用极大似然估计法估计其次品率 p。

解:用 X_i 表示第 i 次抽取到的次品数,$i = 1, 2, \cdots, n$,显然有

$$X_i = \begin{cases} 1, & \text{第 } i \text{ 次抽到次品} \\ 0, & \text{第 } i \text{ 次抽到正品} \end{cases}$$

则 X_i 服从 $0-1$ 分布,且概率分布

$$P(x_i, p) = p^{x_i}(1-p)^{1-x_i} \quad (x_i = 0, 1; i = 1, 2, \cdots, n)$$

于是似然函数

$$L(p) = \prod_{i=1}^{n} p^{x_i}(1-p)^{1-x_i} = p^{\sum_{i=1}^{n} x_i}(1-p)^{n-\sum_{i=1}^{n} x_i}$$

由题意,n 次抽取中有 m 件次品,故 $m = \sum_{i=1}^{n} x_i$,于是

$$L(p) = p^m (1-p)^{n-m}$$

对上式两边取对数,得

$$\ln L(p) = m \ln p + (n-m) \ln(1-p),$$

上式两边对 p 求导,并令其导数为零,得似然方程

$$\frac{\mathrm{d} \ln L(p)}{\mathrm{d} p} = \frac{m}{p} - \frac{n-m}{1-p} = 0,$$

解之,即可得到参数 p 的极大似然估计值为

$$\hat{p} = \frac{m}{n} = \frac{1}{n} \sum_{i=1}^{n} x_i。$$

故 $\hat{p} = \dfrac{1}{n} \sum_{i=1}^{n} X_i = \overline{X}$ 为参数 p 的极大似然估计量。

例7.6　设总体 X 的概率分布为

X	0	1	2	3
P	θ^2	$2\theta(1-\theta)$	θ^2	$1-2\theta$

其中 $\theta \left(0 < \theta < \dfrac{1}{2}\right)$ 是未知参数,已知从总体 X 中抽得的样本值为:

$$3 \quad 1 \quad 3 \quad 0 \quad 3 \quad 1 \quad 2 \quad 3。$$

试求,(1) θ 的矩估计值;(2) θ 的极大似然估计值。

解:对一个未知参数 θ,求矩估计只需求出 $E(X)$。而求极大似然估计只要写出似然函数,再求 θ 的估计值即可。

(1) 因 $E(X) = 0 \cdot \theta^2 + 1 \cdot 2\theta(1-\theta) + 2 \cdot \theta^2 + 3 \cdot (1-2\theta) = 3 - 4\theta$,

而样本均值 $\bar{x} = \dfrac{1}{8}(3+1+3+0+3+1+2+3) = 2$。令

$$E(X) = \bar{x}, \quad \text{即} \ 3 - 4\theta = 2,$$

解得 θ 的矩估计值为 $\hat{\theta} = \dfrac{1}{4}$。

(2) 对于给定的样本值,似然函数为

$$L(\theta) = \prod_{i=1}^{8} P\{X = x_i\} = 4\theta^6 (1-\theta)^2 (1-2\theta)^4,$$

$$\ln L(\theta) = \ln 4 + 6\ln\theta + 2\ln(1-\theta) + 4\ln(1-2\theta)。$$

令 $\dfrac{\mathrm{d}\ln L(\theta)}{\mathrm{d}\theta} = 0$,即

$$\frac{\mathrm{d}\ln L(\theta)}{\mathrm{d}\theta} = \frac{6}{\theta} - \frac{2}{1-\theta} - \frac{8}{1-2\theta} = \frac{6 - 28\theta + 24\theta^2}{\theta(1-\theta)(1-2\theta)} = 0$$

解之得

$$\theta_1 = \frac{7+\sqrt{13}}{12}, \ \theta_2 = \frac{7-\sqrt{13}}{12}。$$

因 $\dfrac{7+\sqrt{13}}{12} > \dfrac{1}{2}$ 不合题意,所以 θ 的极大似然估计值为 $\hat{\theta} = \dfrac{7-\sqrt{13}}{12}$。

(二) 总体为连续型随机变量

设总体 X 为连续型随机变量,其分布密度函数 $f(x, \theta)$ 形式已知,而 θ 为未知参数,x_1, $x_2, \cdots, x_n$ 为样本观测值,称

$$L(\theta) = \prod_{i=1}^{n} f(x_i, \theta) = f(x_1, \theta) f(x_2, \theta) \cdots f(x_n, \theta)$$

为似然函数。当 $\theta = \hat{\theta}$ 时,若似然函数取得最大值,即

$$L(\hat{\theta}) = \max_{\theta}\{L(\theta)\}$$

则称 $\hat{\theta} = \hat{\theta}(x_1, x_2, \cdots, x_n)$ 为参数 θ 的极大似然估计值,称 $\hat{\theta} = \hat{\theta}(X_1, X_2, \cdots, X_n)$ 为 θ 的极大似然估计量。当 $L(\theta)$ 可导时,$\hat{\theta}$ 可由似然方程

$$\frac{\mathrm{d}L(\theta)}{\mathrm{d}\theta} = 0 \quad \text{或} \frac{\mathrm{d}\ln L(\theta)}{\mathrm{d}\theta} = 0$$

解出。

当总体 X 的分布密度 $f(x; \theta_1, \theta_2, \cdots, \theta_s)$ 中含有 s 个未知参数 $\theta_1, \theta_2, \cdots, \theta_s$ 时,其似然函数仍为

$$L(\theta_1, \theta_2, \cdots, \theta_s) = \prod_{i=1}^{n} f(x_i; \theta_1, \theta_2, \cdots, \theta_s)$$

它是参数 $\theta_1, \theta_2, \cdots, \theta_s$ 的多元函数。当 $L(\theta_1, \theta_2, \cdots, \theta_s)$ 或 $\ln L(\theta_1, \theta_2, \cdots, \theta_s)$ 偏导数都存在时，可由似然估计方程组

$$\frac{\partial L(\theta_1, \theta_2, \cdots, \theta_s)}{\partial \theta_i} = 0 \quad (i = 1, 2, \cdots, s)$$

或

$$\frac{\partial \ln L(\theta_1, \theta_2, \cdots, \theta_s)}{\partial \theta_i} = 0 \quad (i = 1, 2, \cdots, s)$$

求出 $\theta_1, \theta_2, \cdots, \theta_s$ 的解，即为其极大似然估计量。

例 7.7 设 $X_1, X_2, \cdots, X_n$ 是来自正态总体 $N(\mu, \sigma^2)$ 的样本，试求未知参数 μ 和 σ^2 的极大似然估计量。

解： 设 $x_1, x_2, \cdots, x_n$ 为正态总体 $N(\mu, \sigma^2)$ 的一组样本观察值，由于 X 的分布密度为

$$f(x; \mu, \sigma^2) = \frac{1}{\sqrt{2\pi}\,\sigma} \exp\left\{-\frac{(x-\mu)^2}{2\sigma^2}\right\}$$

故其似然函数为

$$L(\mu, \sigma^2) = \prod_{i=1}^{n} \frac{1}{\sqrt{2\pi}\,\sigma} \exp\left\{-\frac{(x_i-\mu)^2}{2\sigma^2}\right\} = \frac{1}{(2\pi)^{\frac{n}{2}}\sigma^n} \exp\left\{-\frac{1}{2\sigma^2}\sum_{i=1}^{n}(x_i-\mu)^2\right\}.$$

对上述似然函数取对数得

$$\ln L(\mu, \sigma^2) = -\frac{n}{2}\ln(2\pi\sigma^2) - \frac{1}{2\sigma^2}\sum_{i=1}^{n}(x_i-\mu)^2.$$

对上式中的 μ 和 σ^2 分别求偏导，令其为 0，得似然方程

$$\begin{cases} \dfrac{\partial \ln L}{\partial \mu} = \dfrac{1}{\sigma^2}\sum_{i=1}^{n}(x_i-\mu) = 0 \\[3mm] \dfrac{\partial \ln L}{\partial \sigma^2} = -\dfrac{n}{2\sigma^2} + \dfrac{1}{2\sigma^4}\sum_{i=1}^{n}(x_i-\mu)^2 = 0 \end{cases}$$

解之即可得 μ 和 σ^2 的极大似然估计值为

$$\hat{\mu} = \frac{1}{n}\sum_{i=1}^{n}x_i = \bar{x}, \quad \hat{\sigma}^2 = \frac{1}{n}\sum_{i=1}^{n}(x_i-\bar{x})^2$$

故其极大似然估计量为

$$\hat{\mu} = \frac{1}{n}\sum_{i=1}^{n}X_i = \bar{X}, \quad \hat{\sigma}^2 = \frac{1}{n}\sum_{i=1}^{n}(X_i-\bar{X})^2.$$

可见，对正态总体 X，其均值 μ 的极大似然估计量仍为其样本均值；方差 σ^2 的极大似然估计量仍为样本的二阶中心矩 S_n^2。但是统计上通常用样本方差 $S^2 = \dfrac{1}{n-1}\sum_{i=1}^{n}(X_i-\bar{X})^2$ 来估计总体方差 σ^2，其原因在于样本方差 S^2 是总体方差的无偏估计量，参见本章第二节的例 7.11。

在上面求 σ^2 的极大似然估计时,是用对数似然函数 $\ln L$ 关于 σ^2 求导的。如果我们求 σ 的极大似然估计,则应将对数似然函数关于 σ 求导,此时得

$$\frac{\partial \ln L}{\partial \sigma} = -\frac{n}{\sigma} + \frac{1}{\sigma^3} \sum_{i=1}^{n} (x_i - \mu)^2 = 0$$

$$\hat{\sigma}^2 = \frac{1}{n} \sum_{i=1}^{n} (x_i - \hat{\mu})^2 = \frac{1}{n} \sum_{i=1}^{n} (x_i - \overline{x})^2 = S_n^2,$$

故 $\quad \hat{\sigma} = S_n = \sqrt{\frac{1}{n} \sum_{i=1}^{n} (X_i - \overline{X})^2}$。

可见 $\hat{\sigma}^2 = \hat{\sigma}^2$。一般地有下列极大似然估计的不变性原则。

定理 7.1(极大似然估计的不变性原则) 设 $\hat{\theta}$ 是 θ 的极大似然估计,$u = \varphi(\theta)$ 具有单值反函数,则 $\varphi(\hat{\theta})$ 是 $\varphi(\theta)$ 的极大似然估计,即 $\widehat{\varphi(\theta)} = \varphi(\hat{\theta})$。

(证明从略)

因 $u = \sqrt{\sigma^2} = \varphi(\sigma^2)$ 是单值反函数 $\sigma^2 = u^2 (u \geqslant 0)$,利用此定理,再由例 7.7 可得标准差 σ 的极大似然估计 $\hat{\sigma} = \sqrt{\frac{1}{n} \sum_{i=1}^{n} (X_i - \overline{X})^2}$。

例 7.8 设总体 X 在 $[\theta_1, \theta_2]$ 上服从均匀分布,求 θ_1 与 θ_2 的极大似然估计量。

解: 由 X 的密度函数

$$f(x; \theta_1, \theta_2) = \begin{cases} \dfrac{1}{\theta_2 - \theta_1}, & x \in [\theta_1, \theta_2] \\ 0, & \text{其他} \end{cases}$$

知 θ_1 与 θ_2 的似然函数为

$$L(\theta_1, \theta_2) = \begin{cases} \left(\dfrac{1}{\theta_2 - \theta_1} \right)^n, & \theta_1 \leqslant x_i \leqslant \theta_2, i = 1, 2, \cdots, n \\ 0, & \text{其他} \end{cases}$$

似然方程为

$$\begin{cases} \dfrac{\partial \ln L}{\partial \theta_1} = \dfrac{n}{\theta_2 - \theta_1} = 0 \\ \dfrac{\partial \ln L}{\partial \theta_2} = -\dfrac{n}{\theta_2 - \theta_1} = 0 \end{cases}$$

该方程组无解,即从似然方程不可能解得 θ_1 与 θ_2 的极大似然估计量。

现在我们可直接从极大似然估计原理出发来确定 θ_1 与 θ_2 的极大似然估计量。我们知道,欲使似然函数非零,必须要求

$$\theta_1 \leqslant x_{(1)} = \min(x_1, x_2, \cdots, x_n), \quad \max(x_1, x_2, \cdots, x_n) = x_{(n)} \leqslant \theta_2.$$

由于

$$L(\theta_1,\theta_2) = \left(\frac{1}{\theta_2-\theta_1}\right)^n \leqslant \left(\frac{1}{x_{(n)}-x_{(1)}}\right)^n,$$

今取

$$\hat{\theta}_1 = x_{(1)} = \min(x_1,x_2,\cdots,x_n),\ \hat{\theta}_2 = x_{(n)} = \max(x_1,x_2,\cdots,x_n),$$

则有

$$L(\theta_1,\theta_2) \leqslant L(\hat{\theta}_1,\hat{\theta}_2),$$

故 θ_1 与 θ_2 的极大似然估计量分别是

$$\hat{\theta}_1 = \min(X_1,X_2,\cdots,X_n),\ \hat{\theta}_2 = \max(X_1,X_2,\cdots,X_n)。$$

例 7.9(钓鱼问题)　设湖中有鱼 N 条,现钓出 r 条,做上记号后放回湖中。一段时间后,再钓出 s 条(设 $s \geqslant r$),结果其中 t 条($0 \leqslant t \leqslant r$)标有记号。试由此估计湖中鱼数 N。

解:这是个典型的统计估值问题。根据题意,钓出 s 条,其中标有记号的鱼数应是一个随机变量,记为 X。显然 X 只可能取 $0,1,\cdots,r$ 这 $r+1$ 个值,现 $X=t$,且

$$P\{X=t\} = \frac{C_r^t C_{N-r}^{s-t}}{C_N^s} = L(t,N)$$

此中 N 为未知参数。今钓出 s 条即出现 t 条,那么我们认为 N 应该使得 $P\{X=t\}$ 最大,即取 $\hat{N}$,使得 $L(t,\hat{N}) = \max\limits_N\{L(t,N)\}$。为具体决定 N,我们考虑比值

$$R(t,N) = \frac{L(t,N)}{L(t,N-1)} = \frac{C_r^t C_{N-r}^{s-t}}{C_N^s} \Big/ \frac{C_r^t C_{N-1-r}^{s-t}}{C_{N-1}^s} = \frac{C_{N-r}^{s-t} C_{N-1}^s}{C_{N-1-r}^{s-t} C_N^s}$$

$$= \frac{(N-r)(N-s)}{N(N-r-s+t)} = \frac{N^2-Nr-Ns+rs}{N^2-Nr-Ns+Nt}$$

从上式可知,当 $rs < Nt$ 时,$R(t,N) < 1$;当 $rs > Nt$ 时,$R(t,N) > 1$。即当 $N < \dfrac{rs}{t}$ 时,$L(t,N)$ 是 N 的上升函数;$\hat{N} > \dfrac{rs}{t}$ 时,$L(t,N)$ 是 N 的下降函数。由于 N 是个整数,故取 $\hat{N} = \left[\dfrac{rs}{t}\right]$($\dfrac{rs}{t}$ 的整数部分)作为 N 的极大似然估计。

从直观上看,湖中有标记的鱼的比例和钓出的 s 条鱼中有标记的鱼所占的比例大致应相同,即 $\dfrac{r}{N} \approx \dfrac{t}{s}$,因而有 $\hat{N} \approx \dfrac{rs}{t}$。上面的极大似然估计正好与此直观的结果相符。

第二节　估计量的评价标准

为了估计同一总体参数,不同的估计法可能得到不同的估计量。例如若总体 X 服从均匀分布 $U[\theta_1,\theta_2]$,对其样本 $X_1,\cdots,X_n$,用矩估计法可得:$\hat{\theta}_1 = \overline{X} - \sqrt{3}S,\hat{\theta}_2 = \overline{X} + \sqrt{3}S$;若用极大似然估计法又可得:$\hat{\theta}_1 = \min(X_1,X_2,\cdots,X_n),\hat{\theta}_2 = \max(X_1,X_2,\cdots,X_n)$。那么,究竟哪一个估计量更好呢? 这就产生了如何评判估计量是否优良的判别标准问题。

总的直观想法是,希望未知参数 θ 与它的估计量 $\hat{\theta}(X_1, X_2, \cdots X_n)$ 在某种意义下最为"接近",由此产生多种评价准则。这里只介绍最常用的四种准则:无偏性、有效性、一致性和均方误差准则。

一、无偏性准则

估计量作为一个统计量,对于不同的样本有不同的取值即估计值。而要确定一个估计量 $\hat{\theta}$ 的好坏,就不能仅凭某一次抽样观察的估计值来衡量,而需要在多次观测中得到的结果无系统误差,这要求在大量重复抽样中,该估计量的所有估计值的平均与被估计参数 θ 的真值相同。即平均而言,估计是无偏的。这就是估计的无偏性准则,其具体定义如下所示。

定义 7.4 若参数 θ 的估计量 $\hat{\theta} = \hat{\theta}(X_1, X_2, \cdots X_n)$ 满足

$$E(\hat{\theta}) = \theta$$

则称 $\hat{\theta}$ 是 θ 的**无偏估计量**或**无偏估计**(unbiased estimation)。否则称为**有偏估计**,且称

$$b_n = E(\hat{\theta}) - \theta$$

为**估计量 $\hat{\theta}$ 的偏差**。若 $E(\hat{\theta}) \neq \theta$,但满足

$$\lim_{n \to \infty} E(\hat{\theta}) = \theta,$$

则称 $\hat{\theta}$ 是 θ 的**渐近无偏估计**(asymptotic unbiased estimation)。

例 7.10 设总体 X 的 k 阶矩 $\mu_k = E(X^k)$ 存在有限。又设 $(X_1, \cdots, X_n)$ 是来自总体 X 的样本。试证明其 k 阶样本矩 $A_k = \dfrac{1}{n} \sum_{i=1}^{n} X_i^k$ 是其对应总体矩 μ_k 的无偏估计。

证明: $X_1, \cdots, X_n$ 作为来自总体 X 的样本,则其每个 X_i 与 X 服从同一分布,故有

$$E(X_i^k) = E(X^k) = \mu_k, \quad i = 1, 2, \cdots, n,$$

则

$$E(A_k) = E\left(\frac{1}{n} \sum_{i=1}^{n} X_i^k\right) = \frac{1}{n} \sum_{i=1}^{n} E(X_i^k) = \mu_k。$$

特别地,对任何总体 X 只要其数学期望 $\mu = E(X)$ 存在,$\overline{X}$ 总是其数学期望 μ 的无偏估计。

例 7.11 设总体 X 的方差 σ^2 是存在有限的,试证明样本方差 $S^2 = \dfrac{1}{n-1} \sum_{i=1}^{n} (X_i - \overline{X})^2$

是总体方差 σ^2 的无偏估计量。

证明: 对样本方差 S^2,我们有

$$E(S^2) = E\left[\frac{1}{n-1} \sum_{i=1}^{n} (X_i - \overline{X})^2\right] = \frac{1}{n-1} E\left(\sum_{i=1}^{n} X_i^2 - n\overline{X}^2\right) = \frac{1}{n-1}\left(\sum_{i=1}^{n} E(X_i^2) - nE(\overline{X}^2)\right)$$

$$= \frac{1}{n-1} \Big\{ \sum_{i=1}^{n} \big[(D(X_i) + (E(X_i))^2 \big] - n \big[D(\overline{X}) + (E(\overline{X}))^2 \big] \Big\}$$

$$= \frac{1}{n-1} \Big[\sum_{i=1}^{n} (\sigma^2 + \mu^2) - n \Big(\frac{\sigma^2}{n} + \mu^2 \Big) \Big]$$

$$= \frac{1}{n-1} (n-1)\sigma^2 = \sigma^2 \text{。（证毕）}$$

故样本方差是总体方差 σ^2 的无偏估计量，即样本方差的理论平均值等于总体方差 σ^2。

而样本二阶中心矩 $S_n^2 = \frac{1}{n} \sum_{i=1}^{n} (X_i - \overline{X})^2$ 不是总体方差 σ^2 的无偏估计量，事实上

$$E(S_n^2) = E\Big(\frac{1}{n} \sum_{i=1}^{n} (X_i - \overline{X})^2 \Big) = \frac{n-1}{n} \sigma^2 \neq \sigma^2 \text{。}$$

由上可知，不论总体 X 服从什么分布，只要其数学期望 μ 及方差 σ^2 存在，则样本均值 $\overline{X}$、样本方差 S^2 分别是总体均值 μ、总体方差 σ^2 的无偏估计量。

定义 7.5 对于参数 θ 的任一实值函数 $g(\theta)$，如果 $g(\theta)$ 的无偏估计存在，则称 $g(\theta)$ 为**可估函数** (estimable function)。

注意，若 $g(\theta)$ 为 θ 的实值函数，当 $E(\hat{\theta}) = \theta$ 时，不一定有 $E[g(\hat{\theta})] = g(\theta)$。 也就是说，当 $\hat{\theta}$ 为 θ 的无偏估计时，$g(\hat{\theta})$ 不一定是 $g(\theta)$ 的无偏估计。

例如，$\overline{X}$ 是 μ 的无偏估计，但若 $D(X) \neq 0$，$\overline{X}^2$ 不是 μ^2 的无偏估计，因为

$$E(\overline{X}^2) = D(\overline{X}) + (E(\overline{X}))^2 = \frac{1}{n} D(X) + \mu^2 \neq \mu^2 \text{。}$$

但这并不等于说 μ^2 的无偏估计不存在。例如 $T = \overline{X}^2 - \frac{1}{n} S^2$ 就是 μ^2 的一个无偏估计，读者可以自己验证。

二、有效性准则

在实际应用中，我们不仅希望估计量是无偏的，更希望估计量 $\hat{\theta}$ 与被估计的总体参数 θ 间的偏差尽可能小，通常我们用均方误差来表示估计量偏差的大小。

定义 7.6 设 $\hat{\theta} = \hat{\theta}(X_1, X_2, \cdots X_n)$ 为总体参数 θ 的估计量，称 $E[(\hat{\theta} - \theta)^2]$ 为估计量 $\hat{\theta}$ 的**均方误差** (mean square error)，记为 $\mathrm{Mse}(\hat{\theta})$，即

$$\mathrm{Mse}(\hat{\theta}) = E[(\hat{\theta} - \theta)^2] \text{。}$$

当估计量 $\hat{\theta}$ 是总体参数 θ 的无偏估计，即 $E(\hat{\theta}) = \theta$ 时，有

$$\mathrm{Mse}(\hat{\theta}) = E[(\hat{\theta} - \theta)^2] = E[(\hat{\theta} - E(\hat{\theta}))^2] = D(\hat{\theta}) \text{，}$$

此时方差 $D(\hat{\theta})$ 越小，估计量 $\hat{\theta}$ 的可能值就越集中在总体参数 θ 的附近，对总体参数的估计

和推断也就越有效。

> **定义 7.7** 设 $\hat{\theta}_1 = \hat{\theta}_1(X_1,\cdots,X_n)$ 和 $\hat{\theta}_2 = \hat{\theta}_2(X_1,\cdots,X_n)$ 为未知参数 θ 的两个无偏估计量,若
> $$D(\hat{\theta}_1) < D(\hat{\theta}_2),$$
> 则称 $\hat{\theta}_1$ 比 $\hat{\theta}_2$ **有效**(effective)。

例 7.12 设 $X_1,\cdots,X_n$ 是来自总体 X 的一个样本,证明样本均值

$$\overline{X} = \frac{1}{n}\sum_{i=1}^{n}X_i$$

比总体均值 μ 的另一无偏估计量 X_1 更有效。

证明: 由于 X_1 与总体 X 服从同一分布,则

$$E(X_1) = \mu,\ D(X_1) = \sigma^2.$$

即 X_1 是 μ 的无偏估计量。

再由前面例 7.10 知,$\overline{X}$ 也是 μ 的无偏估计量,而由第六章第二节的定理 6.2 知

$$D(\overline{X}) = \frac{\sigma^2}{n}.$$

故只要 $n > 1$,就有

$$D(\overline{X}) = \frac{\sigma^2}{n} < D(X_1) = \sigma^2,$$

因此 $\overline{X}$ 比 X_1 更有效。(证毕)

这说明用 $\overline{X}$ 和 X_1 来估计 μ 时,虽都是无偏的,但 $\overline{X}$ 的值在 μ 附近更集中些(因为方差小)。从这个意义上讲,我们说 $\overline{X}$ 作为 μ 的估计量比 X_1 更有效。

可以证明,在总体均值 μ 的形如 $\sum_{i=1}^{n}c_iX_i$(其中 $c_i \geqslant 0,\sum_{i=1}^{n}c_i=1$)的无偏估计量中,样本均值 $\overline{X}$ 的方差最小,故 $\overline{X}$ 是 μ 的最有效的无偏估计量。

例 7.13 设总体 X 服从在均匀分布 $U(0,\theta]$,$(X_1,\cdots,X_n)$ 是来自总体 X 的样本。令

$$X_{(n)} = \max(X_1,X_2,\cdots X_n),\ X_{(1)} = \min(X_1,X_2,\cdots X_n),$$

试证:$\hat{\theta}_1 = \frac{n+1}{n}X_{(n)}$,$\hat{\theta}_2 = (n+1)X_{(1)}$ 都是 θ 的无偏估计,并且 $\hat{\theta}_1$ 较 $\hat{\theta}_2$ 有效。

证明: 总体 X 的密度函数 $f(x)$ 和分布函数 $F(x)$ 分别是

$$f(x) = \begin{cases} \frac{1}{\theta}, & 0 < x \leqslant \theta \\ 0, & 其他 \end{cases},\ F(x) = \begin{cases} 0, & x < 0 \\ \frac{x}{\theta}, & 0 \leqslant x < \theta \\ 1, & x \geqslant \theta \end{cases}$$

由第三章例 3.12 的结果可推知

$$X_{(n)} \sim f_n(x) = \begin{cases} \dfrac{n}{\theta^n} x^{n-1}, & 0 < x \leqslant \theta; \\ 0, & \text{其他} \end{cases}$$

$$X_{(1)} \sim f_{(1)}(x) = \begin{cases} \dfrac{n}{\theta} \left(1 - \dfrac{x}{\theta}\right)^{n-1}, & 0 < x \leqslant \theta \\ 0, & \text{其他} \end{cases}。$$

则

$$E(X_{(n)}) = \int_0^\theta x \, \frac{nx^{n-1}}{\theta^n} \, \mathrm{d}x = \frac{n\theta}{n+1},$$

$$E(X_{(1)}) = \int_0^\theta x \, \frac{n}{\theta} \left(1 - \frac{x}{\theta}\right)^{n-1} \mathrm{d}x = \frac{\theta}{n+1}。$$

故

$$E(\hat{\theta}_1) = E\left[\frac{n+1}{n} X_{(n)}\right] = \theta, \quad E(\hat{\theta}_2) = E[(n+1)X_{(1)}] = \theta。$$

即 $\hat{\theta}_1$ 与 $\hat{\theta}_2$ 均是 θ 的无偏估计。

又

$$E(X_{(n)}^2) = \int_0^\theta x^2 \, \frac{nx^{n-1}}{\theta^n} \, \mathrm{d}x = \frac{n\theta^2}{n+2},$$

$$E(X_{(1)}^2) = \int_0^\theta x^2 \, \frac{n}{\theta} \left(1 - \frac{x}{\theta}\right)^{n-1} \mathrm{d}x = \frac{2\theta^2}{(n+1)(n+2)};$$

$$D(X_{(n)}) = E(X_{(n)}^2) - [E(X_{(n)})]^2 = \frac{n\theta^2}{(n+2)(n+1)^2},$$

$$D(X_{(1)}) = E(X_{(1)}^2) - [E(X_{(1)})]^2 = \frac{n\theta^2}{(n+2)(n+1)^2}。$$

则

$$D(\hat{\theta}_1) = D\left[\frac{n+1}{n} X_{(n)}\right] = \frac{(n+1)^2}{n^2} \cdot \frac{n\theta^2}{(n+2)(n+1)^2} = \frac{\theta^2}{n(n+2)};$$

$$D(\hat{\theta}_2) = D[(n+1)X_{(1)}] = (n+1)^2 \cdot \frac{n\theta^2}{(n+2)(n+1)^2} = \frac{n\theta^2}{n+2};$$

$$\frac{D(\hat{\theta}_1)}{D(\hat{\theta}_2)} = \frac{1}{n^2}。$$

可见 $D(\hat{\theta}_1) \leqslant D(\hat{\theta}_2)$。当 $n \geqslant 2$ 时，$D(\hat{\theta}_1) < D(\hat{\theta}_2)$，即 $\hat{\theta}_1$ 较 $\hat{\theta}_2$ 有效。

三、一致性准则

在样本容量 n 一定的条件下，我们讨论了估计量的无偏性、有效性。当样本容量 n 无限增大时，估计量 $\hat{\theta}(X_1, X_2, \cdots, X_n)$ 接近待估计参数真值的可能性会更大，估计也就越精确，这就是估计量的一致性。

定义 7.8 设 $\hat{\theta}_n = \hat{\theta}(X_1, X_2, \cdots, X_n)$ 是参数 θ 的估计量,如果对任意给定的 $\varepsilon > 0$,均有

$$\lim_{n \to \infty} P\{|\hat{\theta}_n - \theta| < \varepsilon\} = 1$$

即 $\hat{\theta}_n$ 依概率收敛于 θ,则称 $\hat{\theta}_n$ 是参数 θ 的**一致估计量**(uniform estimate),也称**相容估计量**或**相合估计量**。

若总体 X 的数学期望 μ 和方差 σ^2 存在,则由切比雪夫大数定律有

$$\lim_{n \to \infty} P\left\{\left|\frac{1}{n}\sum_{i=1}^{n} X_i - \mu\right| < \varepsilon\right\} = 1$$

这就说明,样本均值 $\overline{X}$ 是总体均值 μ 的一致估计量。同理易知,样本的 k 阶矩 $A_k = \frac{1}{n}\sum_{i=1}^{n} X_i^k$ 是总体 k 阶矩 $\mu_k = E(X^k)$ 的一致估计量。

可以证明,对一般总体 X,样本均值 $\overline{X}$、样本方差 S^2 分别是总体均值 μ、方差 σ^2 的无偏一致估计量。

利用契贝晓夫不等式,若能证明 $\hat{\theta}_n$ 与 θ 的均方误差 $E[(\hat{\theta}_n - \theta)^2] \to 0 (n \to \infty)$,或当 $\hat{\theta}_n$ 为 θ 的无偏估计时,有 $D[(\hat{\theta}_n)] \to 0 (n \to \infty)$,便能证明 $\hat{\theta}_n$ 是 θ 的一致估计。

关于参数 θ 的函数 $g(\theta)$ 的估计的一致性,有下面的结果。

定理 7.2 如果 $\hat{\theta}_n$ 是 θ 的一致估计量,且 $g(x)$ 在 $x = \theta$ 连续,则 $g(\hat{\theta}_n)$ 是 $g(\theta)$ 的一致估计量。

证明: 由于 $g(x)$ 在 $x = \theta$ 点连续,所以对任意 $\varepsilon > 0$,存在 $\delta > 0$,使得当 $|x - \theta| < \delta$ 时,有

$$|g(x) - g(\theta)| < \varepsilon$$

从而 $\qquad P\{|g(\hat{\theta}_n) - g(\theta)| \geqslant \varepsilon\} \leqslant P\{|\hat{\theta}_n - \theta| \geqslant \delta\}$

又因 $\hat{\theta}_n$ 是 θ 的一致估计量,所以

$$0 \leqslant \lim_{n \to \infty} P\{|g(\hat{\theta}_n) - g(\theta)| \geqslant \varepsilon\} \leqslant \lim_{n \to \infty} P\{|\hat{\theta}_n - \theta| \geqslant \delta\} = 0,$$

故有 $\qquad \lim_{n \to \infty} P\{|g(\hat{\theta}_n) - g(\theta)| \geqslant \varepsilon\} = 0,$

即 $g(\hat{\theta}_n)$ 是 $g(\theta)$ 的一致估计量。(证毕)

一致性是对一个估计量的基本要求,如果估计量不具有一致性,那么不论将样本容量 n 取得多么大,都不能将 θ 估计得足够准确,这样的估计量是不可取的。

例 7.14 设 $X_1, X_2, \cdots, X_n$ 是来自正态总体 $N(0, \sigma^2)$ 的样本,其中 $\sigma^2 (> 0)$ 未知,令 $\hat{\sigma}^2 = \frac{1}{n}\sum_{i=1}^{n} X_i^2$,试证 $\hat{\sigma}^2$ 是 σ^2 的一致估计。

证明：易知 $E(\hat{\sigma}^2) = E\left(\dfrac{1}{n}\sum_{i=1}^{n} X_i^2\right) = \dfrac{1}{n}\sum_{i=1}^{n} E(X_i^2) = \dfrac{1}{n}\sum_{i=1}^{n} [D(X_i) + (E(X_i))^2] = \sigma^2$。

又
$$\frac{1}{\sigma^2}\sum_{i=1}^{n} X_i^2 = \sum_{i=1}^{n}\left(\frac{X_i}{\sigma}\right)^2 \sim \chi^2(n),$$

则由 χ^2 分布的性质

$$D\left(\frac{1}{\sigma^2}\sum_{i=1}^{n} X_i^2\right) = 2n,$$

故
$$D(\hat{\sigma}^2) = D\left(\frac{1}{n}\sum_{i=1}^{n} X_i^2\right) = \frac{\sigma^4}{n^2} D\left(\frac{1}{\sigma^2}\sum_{i=1}^{n} X_i^2\right) = \frac{\sigma^4}{n^2} \cdot 2n = \frac{2\sigma^4}{n}。$$

由契贝晓夫不等式，当 $n \to \infty$，对任给 $\varepsilon > 0$，

$$P\{|\hat{\sigma}^2 - \sigma^2| \geqslant \varepsilon\} \leqslant \frac{D(\hat{\sigma}^2)}{\varepsilon^2} = \frac{2\sigma^4}{n\varepsilon^2} \to \infty,$$

即 $\hat{\sigma}^2$ 是 σ^2 的一致估计。

四、均方误差准则

一致估计是在大样本下评价估计量的标准，而对于样本量不大的小样本的估计量进行评价时，对无偏估计可用方差来比较其有效性，对有偏估计则需要用均方误差来进行比较。均方误差是评价估计的最一般的标准，当然我们希望估计量的均方误差越小越好。

定义 7.9 设 $\hat{\theta}_1 = \hat{\theta}_1(X_1, \cdots, X_n)$ 和 $\hat{\theta}_2 = \hat{\theta}_2(X_1, \cdots, X_n)$ 为参数 θ 的两个估计量，若对于任意的 θ 有

$$\text{Mse}(\hat{\theta}_1) \leqslant \text{Mse}(\hat{\theta}_2),$$

而且至少有一点使得不等号成立，则称 $\hat{\theta}_1$ 优于 $\hat{\theta}_2$，这就是均方误差准则。

我们注意到

$$
\begin{aligned}
\text{Mse}(\hat{\theta}) &= E[(\hat{\theta} - \theta)^2] = E\{[(\hat{\theta} - E(\hat{\theta})) + (E(\hat{\theta}) - \theta)]^2\} \\
&= E[(\hat{\theta} - E(\hat{\theta}))^2] + 2E[(\hat{\theta} - E(\hat{\theta}))(E(\hat{\theta}) - \theta)] + E[(E(\hat{\theta}) - \theta)^2] \\
&= D(\hat{\theta}) + (E(\hat{\theta}) - \theta)^2
\end{aligned}
$$

则当估计量 $\hat{\theta}$ 是总体参数 θ 的无偏估计，即 $E(\hat{\theta}) = \theta$ 时，就有 $\text{Mse}(\hat{\theta}) = D(\hat{\theta})$。均方误差准则常用于有偏估计之间，或者有偏估计与无偏估计的比较。若两个都是无偏估计的比较，则等价于有效性准则。

例 7.15 设 $X_1, X_2, \cdots, X_n$ 是来自正态总体 $N(\mu, \sigma^2)$ 的一个样本，由前面的讨论知，样本方差 S^2 是参数 σ^2 的无偏估计，而样本二阶中心矩 $S_n^2 = \dfrac{1}{n}\sum_{i=1}^{n}(X_i - \overline{X})^2$ 是 σ^2 的有偏估计。现根据均方误差准则对这两个估计量进行比较。

解: 对于样本方差 S^2, 因为

$$\chi^2 = \frac{(n-1)S^2}{\sigma^2} \sim \chi^2(n-1), \quad D(\chi^2) = 2(n-1),$$

则

$$D\left(\frac{(n-1)S^2}{\sigma^2}\right) = \frac{(n-1)^2}{\sigma^4}D(S^2) = 2(n-1),$$

故

$$D(S^2) = \frac{2\sigma^4}{n-1}。$$

又由于 S^2 是参数 σ^2 的无偏估计, 则

$$\mathrm{Mse}(S^2) = D(S^2) = \frac{2\sigma^4}{n-1}。$$

对于样本二阶中心矩 $S_n^2 = \frac{1}{n}\sum_{i=1}^{n}(X_i - \overline{X})^2$, 有 $S_n^2 = \frac{n-1}{n}S^2$, 则

$$\mathrm{Mse}(S_n^2) = E[(S_n^2 - \sigma^2)^2] = E[(S_n^2)^2] - 2\sigma^2 E(S_n^2) + \sigma^4$$

$$= E\left[\left(\frac{n-1}{n}S^2\right)^2\right] - 2\sigma^2 E\left(\frac{n-1}{n}S^2\right) + \sigma^4$$

$$= \frac{(n-1)^2}{n^2}[D(S^2) + (E(S^2))^2] - \frac{2(n-1)}{n}\sigma^2 E(S^2) + \sigma^4$$

$$= \frac{2n-1}{n^2}\sigma^4。$$

显然, 只要 $n \geqslant 2$, 就有 $\dfrac{2}{n-1} > \dfrac{2n-1}{n^2}$, 即 $\mathrm{Mse}(S_n^2) < \mathrm{Mse}(S^2)$。

由均方误差准则可知, 用这两个估计量作为 σ^2 的估计, 有偏估计 S_n^2 优于无偏估计 S^2。

在实用中, 一个均方误差较小的有偏估计, 有时比方差很大的无偏估计应用效果更好。

第三节　正态总体参数的区间估计

一、区间估计的概念

参数的点估计直接用估计量 $\hat{\theta}$ 来估计未知参数 θ 的值, 方法简单, 可以估计参数 θ 值的大小, 但没有考虑到抽样误差的影响, 估计的正确程度很难评价。因为估计值随样本而变, 对同一估计量 $\hat{\theta}$ 来说, 不同的样本观察值得出的估计值不尽相同。这样, 估计量 $\hat{\theta}$ 与参数 θ 之间会有一定的偏差, 所以需要估计出参数 θ 所在的范围及这个范围包含参数 θ 值的可靠程度。这样的范围通常用区间的形式给出, 而用区间对参数 θ 所在的范围进行估计称为**区间估计**(interval estimation)。

定义 7.10 设 θ 为总体的未知参数,若由样本确定的两个统计量 $\hat{\theta}_1 = \hat{\theta}_1(X_1, X_2, \cdots, X_n)$ 和 $\hat{\theta}_2 = \hat{\theta}_2(X_1, X_2, \cdots, X_n)$,且 $\hat{\theta}_1 < \hat{\theta}_2$,对于预先给定的 α 值($0 < \alpha < 1$),满足

$$P\{\hat{\theta}_1 < \theta < \hat{\theta}_2\} = 1 - \alpha,$$

则称随机区间 $(\hat{\theta}_1, \hat{\theta}_2)$ 为参数 θ 的置信水平(confidence level)为 $1 - \alpha$ 或 $(1 - \alpha) * 100\%$ 的**置信区间**(confidence interval)。其中 $\hat{\theta}_1$ 和 $\hat{\theta}_2$ 分别称为置信水平为 $1 - \alpha$ 的**置信下限**(confidence lower limit)和**置信上限**(confidence upper limit)。称置信区间的平均长度 $E(\hat{\theta}_1 - \hat{\theta}_2)$ 为置信区间的**精确度**(accuracy),并称区间的平均长度的一半为置信区间的**误差限**(error limit)。

英国统计学家奈曼(J. Neyman)提出了奈曼原则:在保证置信水平达到一定水平的前提下,尽可能提高其精确度。但在样本量确定时,置信水平和精确度是相互制约的;只有增大样本容量,才可能同时提高置信水平和精确度。

注意到置信区间 $(\hat{\theta}_1, \hat{\theta}_2)$ 是个随机区间,在 n 不变的每次抽样中,对于给定的一个样本值 $(x_1, x_2, \cdots, x_n)$,就得到一个确定的区间 $(\hat{\theta}_1(x_1, x_2, \cdots, x_n), \hat{\theta}_2(x_1, x_2, \cdots, x_n))$;重复多次抽样,就得到多个不同的区间。置信水平 $1 - \alpha$ 或 $(1 - \alpha) * 100\%$ 表示,在所有这些区间中,大约有 $(1 - \alpha) * 100\%$ 个区间包含参数 θ 真值,而不包含参数 θ 真值的区间大约占 $\alpha * 100\%$。如图 7-3 所示,例如对 $\alpha = 0.05$,置信水平为 0.95 即 95%,其意义为:对同一个置信区间公式 $(\hat{\theta}_1, \hat{\theta}_2)$,若反复抽样 1 000 次,则可得到 1 000 个确定的区间(图 7-3 中的短横线),其中大约有 950 个区间包含参数真值 θ(图中竖线的位置),而不包含参数真值 θ 的区间大约有 50 个,即区间 $(\hat{\theta}_1, \hat{\theta}_2)$ 包含参数 θ 的可靠性为 95%。一般 α 取 0.05,或者 0.10、0.01。

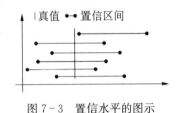

图 7-3 置信水平的图示

二、正态总体均值的区间估计

设 $X_1, X_2, \cdots, X_n$ 为来自正态总体 $N(\mu, \sigma^2)$ 的一个样本,$\overline{X}$ 和 S^2 分别是样本均值和样本方差。现考察正态总体均值 μ 的区间估计。

(一) 方差已知时总体均值的区间估计

由于样本均值 $\overline{X} \sim N\left(\mu, \dfrac{\sigma^2}{n}\right)$,从而随机变量

$$Z = \frac{\overline{X} - \mu}{\sigma / \sqrt{n}} \sim N(0, 1).$$

于是,对于给定的 $1 - \alpha$,查标准正态分布的双侧分位数 $z_{\alpha/2}$,使下式成立:

$$P\{|Z| < z_{\alpha/2}\} = 1 - \alpha,$$

如图 7-4 所示。

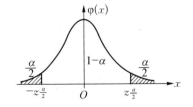

图 7-4 标准正态分布的双侧分位数

即 $$P\left\{\left|\frac{\overline{X}-\mu}{\sigma/\sqrt{n}}\right|<z_{\alpha/2}\right\}=1-\alpha,$$

也即 $$P\left\{\overline{X}-z_{\alpha/2}\frac{\sigma}{\sqrt{n}}<\mu<\overline{X}+z_{\alpha/2}\frac{\sigma}{\sqrt{n}}\right\}=1-\alpha.$$

于是总体均值 μ 的 $1-\alpha$ 或 $(1-\alpha)*100\%$ 置信区间为

$$\left(\overline{X}-z_{\alpha/2}\frac{\sigma}{\sqrt{n}},\ \overline{X}+z_{\alpha/2}\frac{\sigma}{\sqrt{n}}\right),$$

也可写成 $\overline{X}\pm z_{\alpha/2}\dfrac{\sigma}{\sqrt{n}}$。

在统计计算中,由于 α 常取 0.05 和 0.01,因此下面几个标准正态分布的分位数应熟记:

$$z_{0.05}=1.64,\ z_{0.05/2}=1.96,\ z_{0.01/2}=2.58。$$

例7.16 设某地区男大学生身高的总体 $X\sim N(\mu,12^2)$(单位:cm),(1)现抽查 20 名该地区男大学生,测得其平均身高为 169.7 cm,试求其平均身高 μ 的 99% 置信区间。(2)若要使其平均身高的 95% 置信区间的长度小于 6,问应抽查多少名男大学生的身高?

解: 已知男大学生身高 X 为正态总体 $N(\mu,12^2)$,其方差为 $\sigma^2=12^2$。

(1)已知 $\overline{x}=169.7$,$\sigma=12$,$n=20$。又对 $1-\alpha=0.99$,查表得 $z_{0.01/2}=2.58$。

则所求置信区间为

$$\overline{x}\pm z_{\alpha/2}\frac{\sigma}{\sqrt{n}}=169.7\pm2.58\times\frac{12}{\sqrt{20}}=169.7\pm6.92。$$

即总体均值 μ 的 99% 置信区间为(162.78,176.62)。

(2)对 $1-\alpha=0.95$,查表得 $z_{\alpha/2}=1.96$。而其平均身高的置信区间为

$$\left(\overline{X}-z_{\alpha/2}\frac{\sigma}{\sqrt{n}},\ \overline{X}+z_{\alpha/2}\frac{\sigma}{\sqrt{n}}\right),$$

要求其置信区间长度

$$L=2z_{\alpha/2}\frac{\sigma}{\sqrt{n}}<6,\text{即}\ 2\times1.96\times\frac{\sigma}{\sqrt{n}}<6。$$

所以 $$n>\left(\frac{2\times1.96\times12}{6}\right)^2=\frac{2^2\times1.96^2\times144}{6^2}=61.47。$$

故至少应抽查 62 名男大学生的身高。

(二)方差未知时总体均值的区间估计

当总体方差未知时,可用总体方差 σ^2 的无偏估计量样本方差 S^2 来代替 σ^2,即将随机变量 $\dfrac{\overline{X}-\mu}{\sigma/\sqrt{n}}$ 换成 $\dfrac{\overline{X}-\mu}{S/\sqrt{n}}$。则由第六章第二节定理 6.11 可知

$$T = \frac{\overline{X} - \mu}{S/\sqrt{n}} \sim t(n-1)$$

对于给定的置信水平$(1-\alpha)$及自由度$df = n-1$，查t分布的分位数$t_{\alpha/2}(n-1)$，使

$$P\{|T| < t_{\alpha/2}(n-1)\} = 1-\alpha，即 P\left\{\left|\frac{\overline{X} - \mu}{S/\sqrt{n}}\right| < t_{\alpha/2}(n-1)\right\} = 1-\alpha，$$

从而 $$P\left\{\overline{X} - t_{\alpha/2}(n-1)\frac{S}{\sqrt{n}} < \mu < \overline{X} + t_{\alpha/2}(n-1)\frac{S}{\sqrt{n}}\right\} = 1-\alpha。$$

于是总体均值μ的$1-\alpha$或$(1-\alpha)*100\%$的置信区间为

$$\left(\overline{X} - t_{\alpha/2}(n-1)\frac{S}{\sqrt{n}}, \overline{X} + t_{\alpha/2}(n-1)\frac{S}{\sqrt{n}}\right),$$

也可写成$\overline{X} \pm t_{\alpha/2}(n-1)\frac{S}{\sqrt{n}}$。

例7.17 设有一组共12例儿童的每100 ml血所含钙的实测数据为(单位:微克):

54.8　72.3　53.6　64.7　43.6　58.3　63.0　49.6　66.2　52.5　61.2　69.9

已知该含钙量服从正态分布,试求该组儿童的每100 ml血平均含钙量的90%置信区间。

解: 由实测数据得:$\overline{x} = 59.14$, $S^2 = 74.15$, $S = \sqrt{S^2} = 8.61$。

对$1-\alpha = 0.90$,查t分布表得$t_{\alpha/2}(n-1) = t_{0.05}(11) = 1.796$。则

$$\overline{x} \pm t_{\alpha/2}(n-1)\frac{S}{\sqrt{n}} = 59.14 \pm 1.796 \times \frac{8.61}{\sqrt{12}} = 59.14 \pm 4.46,$$

故所求平均含钙量μ的90%置信区间为$(54.68, 63.60)$。

【**SPSS软件应用**】建立SPSS数据集〈儿童血钙数据〉,包括数值变量:Blood_Ca(血钙量)。如图7-5所示。

	Blood_Ca	v
1	54.8	
2	72.3	
3	53.6	
4	64.7	
5	43.6	
6	58.3	
7	63.0	

图7-5　数据集〈儿童血钙数据〉

在SPSS中,选择菜单【Analyze】→【Descriptive Statistics】→【Explore(探索性)】,在对话框【Explore】中选定:Blood_Ca→Dependent List

点击选项【Statistics】,设定:√ Descriptives/Confidence Interval for Mean: 90 %
点击Continue,点击OK。即可得如图7-6的SPSS的输出结果。

Descriptives			Statistic	Std. Error
血钙量	Mean		59.142	2.4859
	90% Confidence Interval for Mean	Lower Bound	54.677	
		Upper Bound	63.606	
	5% Trimmed Mean		59.274	
	Median		59.750	
	Variance		74.151	

图 7-6 例 7.17 的 SPSS 输出的常用描述统计量

由图 7-6 知,所求 90％置信区间(90％ Confidence Interval for Mean)为(54.677, 63.606)。

上述计算对大、小样本的情形都适用。但在大样本情况下,由于 t 分布接近标准正态分布,因此总体均值 μ 的 $1-\alpha$ 或 $(1-\alpha) * 100\%$ 的置信区间也可用下列公式进行近似计算。

$$\overline{X} \pm z_{\alpha/2} \frac{S}{\sqrt{n}}, \ \text{即} \ \left(\overline{X} - z_{\alpha/2} \frac{S}{\sqrt{n}}, \ \overline{X} + z_{\alpha/2} \frac{S}{\sqrt{n}}\right)。$$

对非正态总体,当总体标准差未知时,可用总体方差 σ^2 的无偏估计量——样本方差 S^2 来代替 σ^2。当 n 充分大时,近似有

$$\frac{\overline{X} - \mu}{S/\sqrt{n}} \sim N(0,1),$$

于是,总体均值 μ 的 $1-\alpha$ 或 $(1-\alpha) * 100\%$ 的置信区间为

$$\overline{X} \pm z_{\alpha/2} \frac{S}{\sqrt{n}}, \ \text{即} \ \left(\overline{X} - z_{\alpha/2} \frac{S}{\sqrt{n}}, \ \overline{X} + z_{\alpha/2} \frac{S}{\sqrt{n}}\right)。$$

例 7.18 某旅游公司为调查某地旅游者的消费水平,随机访问了该地 81 名旅游者,得其平均消费额为 $\overline{x} = 1180.8$,样本标准差为 $S=840.77$,试求该地区旅游者的平均消费水平 μ 的 95％置信区间。

解: 已知 $\overline{x} = 1\,180.8$,$S=840.77$,而且 $n=81$ 为大样本情形。

对 $1-\alpha = 0.95$,查表得:$z_{\alpha/2} = z_{0.025} = 1.96$,则

$$\overline{x} \pm z_{\alpha/2} \frac{S}{\sqrt{n}} = 1\,180.8 \pm 1.96 \frac{840.77}{\sqrt{81}} = 1\,180.8 \pm 183.10,$$

即该地区旅游者的平均消费水平 μ 的 95％置信区间为(997.7, 1 363.9)。

三、正态总体方差的区间估计

设 $x_1, x_2, \cdots, x_n$ 为来自正态总体 $N(\mu, \sigma^2)$ 的一组样本值,参数 μ 和 σ^2 未知,要求根据样本值确定方差 σ^2 的 $(1-\alpha) * 100\%$ 的置信区间。

由于样本方差 S^2 是 σ^2 的无偏估计量,并且由第六章第二节定理 6.10 可知

$$\chi^2 = \frac{(n-1)S^2}{\sigma^2} \sim \chi^2(n-1)$$

由 χ^2 分布曲线形状的非对称性,对于给定的置信水平 $1-\alpha$ 及自由度 $df=n-1$,查 χ^2 分布的上侧分位数表(附表5),得 $\chi^2_{1-\alpha/2}(n-1)$ 和 $\chi^2_{\alpha/2}(n-1)$,使得

$$P\left\{\chi^2_{1-\alpha/2} < \frac{(n-1)S^2}{\sigma^2} < \chi^2_{\alpha/2}\right\} = 1-\alpha,$$

即 $P\left\{\frac{(n-1)S^2}{\chi^2_{\alpha/2}} < \sigma^2 < \frac{(n-1)S^2}{\chi^2_{1-\alpha/2}}\right\} = 1-\alpha$。

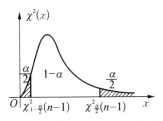

图 7-7 χ^2 分布的双侧分位数

如图 7-7 所示。

故总体方差 σ^2 的 $1-\alpha$ 或 $(1-\alpha)*100\%$ 的置信区间为

$$\left(\frac{(n-1)S^2}{\chi^2_{\alpha/2}}, \frac{(n-1)S^2}{\chi^2_{1-\alpha/2}}\right)。$$

例7.19 某公司生产金属丝,产品指标为折断力。折断力的方差为公司生产精度的表征,方差越小,表明精度越高。现从该公司生产的一批产品中抽取10根做折断力试验,测得结果如下(单位:kg):

578 572 570 568 574 565 581 596 584 570

试求折断力方差的 90% 置信区间。

解: 由样本值计算得 $S^2 = 85.51$,$n = 10$。对 $1-\alpha = 0.9$,查 $\chi^2(9)$ 分位数表得

$$\chi^2_{0.1/2}(9) = \chi^2_{0.05}(9) = 16.919,\quad \chi^2_{1-0.1/2}(9) = \chi^2_{0.95}(9) = 3.325。$$

于是 $\frac{(n-1)S^2}{\chi^2_{\alpha/2}} = \frac{9 \times 85.51}{16.916} = 45.495,\quad \frac{(n-1)S^2}{\chi^2_{1-\alpha/2}} = \frac{9 \times 85.21}{3.325} = 231.456。$

所以总体方差的 90% 置信区间为(45.495,231.456)。

四、两个正态总体均值之差的区间估计

设 $X_1, X_2, \cdots, X_{n_1}$ 是来自第一个总体 $N(\mu_1, \sigma_1^2)$ 的样本;$Y_1, Y_2, \cdots, Y_{n_2}$ 是来自第二个总体 $N(\mu_2, \sigma_2^2)$ 的样本,两个样本相互独立,其样本均值分别为 $\overline{X}$、$\overline{Y}$,样本方差分别为 S_1^2、S_2^2。现对已给置信度 $1-\alpha$,需要求两个总体均值之差 $\mu_1-\mu_2$ 的置信度为 $1-\alpha$ 的置信区间。

(一)总体方差均已知

当总体方差 σ_1^2, σ_2^2 均已知时,因 $\overline{X}$,$\overline{Y}$ 分别为 μ_1, μ_2 的无偏估计,故 $\overline{X} - \overline{Y}$ 是 $\mu_1-\mu_2$ 的无偏估计。显然,$\overline{X}$ 与 $\overline{Y}$ 相互独立,且有

$$\overline{X} \sim N\left(\mu_1, \frac{\sigma_1^2}{n_1}\right),\quad \overline{Y} \sim N\left(\mu_2, \frac{\sigma_2^2}{n_2}\right)。$$

则
$$\overline{X} - \overline{Y} \sim N\left(\mu_1 - \mu_2, \frac{\sigma_1^2}{n_1} + \frac{\sigma_2^2}{n_2}\right),$$

故
$$Z = \frac{\overline{X} - \overline{Y} - (\mu_1 - \mu_2)}{\sqrt{\dfrac{\sigma_1^2}{n_1} + \dfrac{\sigma_2^2}{n_2}}} \sim N(0,1)。$$

由此即可推得 $\mu_1 - \mu_2$ 的置信度为 $1-\alpha$ 的置信区间

$$\left(\overline{X} - \overline{Y} - z_{\alpha/2}\sqrt{\frac{\sigma_1^2}{n_1} + \frac{\sigma_2^2}{n_2}}, \ \overline{X} - \overline{Y} + z_{\alpha/2}\sqrt{\frac{\sigma_1^2}{n_1} + \frac{\sigma_2^2}{n_2}}\right),$$

也可记为 $\overline{X} - \overline{Y} \pm z_{\alpha/2}\sqrt{\dfrac{\sigma_1^2}{n_1} + \dfrac{\sigma_2^2}{n_2}}$。

（二）总体方差均未知（大样本情形）

当总体方差 σ_1^2, σ_2^2 均未知时，对于大样本情形，即在 n_1 与 n_2 都很大时，由第五章的中心极限定理可知

$$\overline{X} \sim N\left(\mu_1, \frac{\sigma_1^2}{n_1}\right)（近似），\quad \overline{Y} \sim N\left(\mu_2, \frac{\sigma_2^2}{n_2}\right)（近似）。$$

又 $\overline{X}$ 与 $\overline{Y}$ 独立，从而有

$$\frac{\overline{X} - \overline{Y} - (\mu_1 - \mu_2)}{\sqrt{\dfrac{\sigma_1^2}{n_1} + \dfrac{\sigma_2^2}{n_2}}} \sim N(0,1)（近似）$$

此时，未知的 σ_1^2 与 σ_2^2 可分别用对应的样本方差 S_1^2 与 S_2^2 代之。

由此即可推得 $\mu_1 - \mu_2$ 的置信度为 $1-\alpha$ 的置信区间

$$\left(\overline{X} - \overline{Y} - z_{\alpha/2}\sqrt{\frac{S_1^2}{n_1} + \frac{S_2^2}{n_2}}, \ \overline{X} - \overline{Y} + z_{\alpha/2}\sqrt{\frac{S_1^2}{n_1} + \frac{S_2^2}{n_2}}\right),$$

也可记为 $\overline{X} - \overline{Y} \pm z_{\alpha/2}\sqrt{\dfrac{S_1^2}{n_1} + \dfrac{S_2^2}{n_2}}$。

（三）总体方差均未知但相等

当总体方差 σ_1^2 与 σ_2^2 均未知，但有 $\sigma_1^2 = \sigma_2^2 = \sigma^2$，$\sigma^2$ 未知。此时由第六章定理 6.12 知

$$T = \frac{\overline{X} - \overline{Y} - (\mu_1 - \mu_2)}{S_w\sqrt{\dfrac{1}{n_1} + \dfrac{1}{n_2}}} \sim t(n_1 + n_2 - 2),$$

其中 $S_w = \sqrt{\dfrac{(n_1-1)S_1^2 + (n_2-2)S_2^2}{n_1+n_2-2}}$。

由此即可推得 $\mu_1 - \mu_2$ 的置信度为 $1-\alpha$ 的置信区间

$$\left(\bar{X} - \bar{Y} - t_{\alpha/2}(n_1+n_2-2)S_w\sqrt{\frac{1}{n_1}+\frac{1}{n_2}},\ \bar{X} - \bar{Y} + t_{\alpha/2}(n_1+n_2-2)S_w\sqrt{\frac{1}{n_1}+\frac{1}{n_2}} \right)$$

也可记为 $\bar{X} - \bar{Y} \pm t_{\alpha/2}(n_1+n_2-2)S_w\sqrt{\dfrac{1}{n_1}+\dfrac{1}{n_2}}$。

例 7.20　为比较 Ⅰ、Ⅱ 两种型号步枪子弹的枪口速度,现随机抽取并测试 Ⅰ 型子弹 10 发,测得其枪口速度的平均值 $\bar{x}=500(\text{m/s})$,标准差 $S_1=1.04(\text{m/s})$;再随机抽取并测试 Ⅱ 型子弹 20 发,得到其枪口速度的平均值 $\bar{y}=496(\text{m/s})$,标准差 $S_2=1.17(\text{m/s})$。假设两个总体都近似服从正态分布,且由生产过程可认为它们的方差相等。试求这两个总体均值之差 $\mu_1-\mu_2$ 的置信度为 0.95 的置信区间。

解:由题意可认为分别来自两个正态总体的子弹是相互独立的。又由假设知两总体的方差相等,但数值未知,故可用来求总体均值之差的置信区间公式为

$$\bar{x} - \bar{y} \pm t_{\alpha/2}(n_1+n_2-2)S_w\sqrt{\frac{1}{n_1}+\frac{1}{n_2}}。$$

由题目已知:$n_1=10,\bar{x}=500,S_1=1.04;n_2=20,\bar{y}=496,S_2=1.17$。则

$$S_w^2 = \frac{(n_1-1)S_1^2 + (n_2-2)S_2^2}{n_1+n_2-2} = \frac{9\times1.04^2 + 19\times1.17^2}{28} = 1.276\,5,\quad S_w = 1.130。$$

对 $1-\alpha=0.95,\alpha=0.05$,查 t 分布表得 $t_{\alpha/2}(28)=t_{0.025}(28)=2.048\,4$。

则所求的两总体均值之差 $\mu_1-\mu_2$ 的置信度为 0.95 的置信区间:

$$\bar{x} - \bar{y} \pm t_{\alpha/2}(n_1+n_2-2)S_w\sqrt{\frac{1}{n_1}+\frac{1}{n_2}} = 500-496 \pm 2.048\,4\times1.13\times\sqrt{\frac{1}{10}+\frac{1}{20}} = 4 \pm 0.896\,5$$

即 $(3.103\,5,\ 4.896\,5)$。

本题中得到的置信区间的下限大于零,在实际中我们就认为 μ_1 比 μ_2 大。如果所得的置信区间包含零,在实际中就认为 μ_1 与 μ_2 之间没有显著差异。

五、两个正态总体方差之比的置信区间

设 $X_1,X_2,\cdots,X_{n_1}$ 和 $Y_1,Y_2,\cdots,Y_{n_2}$ 是分别来自正态总体 $N(\mu_1,\sigma_1^2)$、$N(\mu_2,\sigma_2^2)$ 的两个相互独立的样本,其样本均值分别为 $\bar{X}$、$\bar{Y}$,样本方差分别为 S_1^2、S_2^2。现对已给置信度 $1-\alpha$,需要求两个总体方差之比 σ_1^2/σ_2^2 的置信度为 $1-\alpha$ 的置信区间。这里我们仅考虑总体均值 μ_1、μ_2 均未知的情形。

由第六章定理 6.10 知

$$\chi_1^2 = \frac{(n_1-1)S_1^2}{\sigma_1^2} \sim \chi^2(n_1-1), \quad \chi_2^2 = \frac{(n_2-1)S_2^2}{\sigma_2^2} \sim \chi^2(n_2-1),$$

又易知 χ_1^2 与 χ_2^2 相互独立,则根据 F 分布的定义,知

$$F = \frac{\chi_1^2}{\chi_2^2} = \frac{\dfrac{(n_1-1)S_1^2}{\sigma_1^2} \Big/ (n_1-1)}{\dfrac{(n_2-1)S_2^2}{\sigma_2^2} \Big/ (n_2-1)} = \frac{S_1^2/\sigma_1^2}{S_2^2/\sigma_2^2} \sim F(n_1-1, n_2-1)$$

由此可得

$$P\left\{ F_{1-\alpha/2}(n_1-1, n_2-1) < \frac{S_1^2/\sigma_1^2}{S_2^2/\sigma_2^2} < F_{\alpha/2}(n_1-1, n_2-1) \right\} = 1-\alpha。$$

于是两个总体方差之比 σ_1^2/σ_2^2 的一个置信度为 $1-\alpha$ 的置信区间为

$$\left(\frac{S_1^2}{S_2^2} \cdot \frac{1}{F_{\alpha/2}(n_1-1, n_2-1)}, \ \frac{S_1^2}{S_2^2} \cdot \frac{1}{F_{1-\alpha/2}(n_1-1, n_2-1)} \right),$$

或

$$\left(\frac{S_1^2}{S_2^2} F_{1-\alpha/2}(n_2-1, n_1-1), \ \frac{S_1^2}{S_2^2} F_{\alpha/2}(n_2-1, n_1-1) \right)。$$

例 7.21 有甲、乙两位化验员各自独立地对某种聚合物的含氯量用同样的方法分别做了 10 次和 11 次测定,所得测定值的样本方差 S^2 分别为 0.541 9 和 0.606 5。假定甲、乙两位化验员的测定值都服从正态总体,试求其测定值总体方差之比 σ_A^2/σ_B^2 的置信度为 90% 的置信区间。

解:按题意 $n_1=10, n_2=11, S_1^2=0.541\ 9, S_2^2=0.606\ 5$。

对 $1-\alpha=0.90, \alpha=0.10$,查 F 分布表(附表 7)得:$F_{0.05}(9,10)=3.02, F_{0.05}(10,9)=3.14$,从而

$$F_{0.95}(10,9) = \frac{1}{F_{0.05}(9,10)} = \frac{1}{3.02} = 0.33。$$

则所求 σ_A^2/σ_B^2 的置信度为 90% 的置信区间为

$$\left(\frac{S_1^2}{S_2^2} \cdot F_{1-\alpha/2}(n_2-1, n_1-1), \ \frac{S_1^2}{S_2^2} \cdot F_{\alpha/2}(n_2-1, n_1-1) \right) = \left(\frac{0.541\ 9}{0.606\ 5} \times 0.33, \ \frac{0.541\ 9}{0.606\ 5} \times 3.14 \right)$$

即 $(0.295, 2.804)$。

六、单侧置信区间

前面我们所介绍的参数的区间估计,置信区间采用 $(\hat{\theta}_1, \hat{\theta}_2)$ 的形式,此称为双侧置信区间。但在实际问题中,人们对有些未知参数估计感兴趣的仅仅是其置信下限或者置信上限。例如对仪器的平均寿命要越长越好,故我们只关心它的"下限";又对大批量产品废品率的估计,废品率愈低愈好,故我们只关心它的"上限",这就引出了单侧置信区间的概念。

定义 7.11 对于给定的 $\alpha(0<\alpha<1)$,若由样本 $X_1,X_2,\cdots,X_n$ 确定的 $\hat{\theta}_1=\hat{\theta}_1(X_1,X_2,\cdots,X_n)$,满足

$$P\{\theta>\hat{\theta}_1\}=1-\alpha$$

称随机区间 $(\hat{\theta}_1,+\infty)$ 是 θ 的置信水平为 $1-\alpha$ 或 $(1-\alpha)*100\%$ 的**单侧置信区间**,$\hat{\theta}_1$ 称为置信水平为 $1-\alpha$ 或 $(1-\alpha)*100\%$ 的**单侧置信下限**。又若统计量 $\hat{\theta}_2=\hat{\theta}_2(X_1,X_2,\cdots,X_n)$ 满足

$$P\{\theta<\hat{\theta}_2\}=1-\alpha$$

称随机区间 $(-\infty,\hat{\theta}_2)$ 是 θ 的置信水平为 $1-\alpha$ 或 $(1-\alpha)*100\%$ 的**单侧置信区间**,$\hat{\theta}_2$ 称为置信水平为 $1-\alpha$ 或 $(1-\alpha)*100\%$ 的**单侧置信上限**。

例如对于正态总体 $N(\mu,\sigma^2)$,其中参数 μ、σ^2 未知。设 $X_1,X_2,\cdots,X_n$ 是总体 X 的一个样本,先考察总体均值 μ 的单侧置信区间。

由
$$T=\frac{\overline{X}-\mu}{S/\sqrt{n}}\sim t(n-1)$$

与其分位数 $t_\alpha(n-1)$ 的意义可得

$$P\left\{\frac{\overline{X}-\mu}{S/\sqrt{n}}<t_\alpha(n-1)\right\}=1-\alpha,\quad 即 P\left\{\mu>\overline{X}-t_\alpha(n-1)\frac{S}{\sqrt{n}}\right\}=1-\alpha。$$

由此解得总体均值 μ 的一个置信水平为 $1-\alpha$ 或 $(1-\alpha)*100\%$ 的单侧置信区间:

$$\left(\overline{X}-t_\alpha(n-1)\frac{S}{\sqrt{n}},+\infty\right);$$

总体均值 μ 的置信水平为 $1-\alpha$ 或 $(1-\alpha)*100\%$ 的单侧置信下限为

$$\hat{\mu}_1=\overline{X}-t_\alpha(n-1)\frac{S}{\sqrt{n}}。$$

类似地,由
$$P\left\{-t_\alpha(n-1)<\frac{\overline{X}-\mu}{S/\sqrt{n}}\right\}=1-\alpha$$

可得总体均值 μ 的另一个置信水平为 $1-\alpha$ 或 $(1-\alpha)*100\%$ 的单侧置信区间

$$\left(-\infty,\overline{X}+t_\alpha(n-1)\frac{S}{\sqrt{n}}\right);$$

总体均值 μ 的置信水平为 $1-\alpha$ 或 $(1-\alpha)*100\%$ 的单侧置信上限为

$$\hat{\mu}_2=\overline{X}+t_\alpha(n-1)\frac{S}{\sqrt{n}}。$$

再考察总体方差 σ^2 的单侧置信区间。由

$$\frac{(n-1)S^2}{\sigma^2}\sim\chi^2(n-1)$$

得 $P\left\{\dfrac{(n-1)S^2}{\sigma^2}>\chi_{1-\alpha}^2(n-1)\right\}=1-\alpha$, 即 $P\left\{\sigma^2<\dfrac{(n-1)S^2}{\chi_{1-\alpha}^2(n-1)}\right\}=1-\alpha$。

故总体方 σ^2 的一个置信水平为 $1-\alpha$ 或 $(1-\alpha)*100\%$ 的单侧置信区间

$$\left[0,\frac{(n-1)S^2}{\chi_{1-\alpha}^2(n-1)}\right)。$$

而 σ^2 的置信水平为 $1-\alpha$ 或 $(1-\alpha)*100\%$ 的单侧置信上限为 $\hat{\sigma}_2^2=\dfrac{(n-1)S^2}{\chi_{1-\alpha}^2(n-1)}$。

类似地,由 $\qquad P\left\{\dfrac{(n-1)S^2}{\sigma^2}<\chi_\alpha^2(n-1)\right\}=1-\alpha$

得总体方差 σ^2 的置信水平为 $1-\alpha$ 或 $(1-\alpha)*100\%$ 的单侧置信区间

$$\left(\frac{(n-1)S^2}{\chi_\alpha^2(n-1)},+\infty\right),$$

σ^2 的置信水平为 $1-\alpha$ 或 $(1-\alpha)*100\%$ 的单侧置信下限为 $\hat{\sigma}_1^2=\dfrac{(n-1)S^2}{\chi_\alpha^2(n-1)}$。

例 7.22 从一批某种型号电子管中抽出容量为 10 的样本,计算得其平均值 $\overline{x}=950$(小时),标准差 $S=45$(小时),设整批电子管寿命服从正态分布,试给出这批电子管平均寿命 μ 的置信水平为 0.95 的单侧置信下限。

解:已知 $n=10,\overline{x}=950,S=45$。对 $1-\alpha=0.95$,查表得:$t_{0.05}(9)=1.833$。

则这批电子管平均寿命 μ 的单侧置信下限为

$$\hat{\mu}_1=\overline{x}-t_\alpha(n-1)\frac{S}{\sqrt{n}}=950-1.833\times\frac{45}{\sqrt{10}}=935.77。$$

第四节　总体率的区间估计

一、大样本情形总体率的区间估计

定义 7.12 设总体的容量为 N,其中具有某种特点的个体个数为 M,则 $P=\dfrac{M}{N}$ 称为具有某种特点的个体的**总体率**(population rate)。

总体率(如有效率、治愈率等)通常是未知的,只能通过从总体中随机抽取样本来对其进行估计。

定义 7.13 设从总体中抽取容量为 n 的样本,其中具有某种特点的个体数为 m,则 $p=\dfrac{m}{n}$ 称为具有某种特点的个体的**样本率**(sample rate)。

例如,对 100 个服用某种药物的病人进行观察,然后将病人分成两类,一类是服药有效,一类是服药无效。若有效人数为 60 人,则样本有效率为 60%,但该种药物的总体有效率不会恰好等于 60%,因此需要根据样本率对总体率做区间估计。

在总体率为 P 的总体中随机抽取 n 个个体,考察每次抽取的个体是否具有某种特点,这为 n 重贝努里试验,则 n 个个体中具有某种特点的个体数 $m=X_1+X_2+\cdots+X_n$ 是服从二项分布 $B(n,P)$ 的随机变量。其中

$$X_i=\{第\ i\ 次抽取时是否抽到具有某种特性的个体\},\ i=1,2,\cdots,n$$

服从参数为 P 的 0-1 分布,且有

$$E(X_i)=P,D(X_i)=P(1-P),\ i=1,2,\cdots,n。$$

由于样本率 $p=\dfrac{m}{n}=\dfrac{1}{n}(X_1+\cdots+X_n)=\bar{X}$ 是 m 的简单变形,故 p 也是一个服从二项分布的随机变量,且可求得

$$E(p)=P,\ D(p)=P(1-P)/n。$$

因此,当样本容量 n 充分大时,由中心极限定理知

$$p=\frac{m}{n}=\bar{X}\sim N(P,P(1-P)/n)（近似），$$

故 $$Z=\frac{p-P}{\sqrt{P(1-P)/n}}\sim N(0,1)（近似）。$$

但由于总体率 P 未知,可以证明样本率 p 是总体率 P 的一致无偏估计量,因此可把样本率作为总体率的估计值,即 $\hat{P}=p=\dfrac{m}{n}$。 当 n 充分大时,用样本率 p 代替总体率 P,得

$$Z=\frac{p-P}{\sqrt{p(1-p)/n}}\sim N(0,1)（近似）。$$

由此可得总体率 P 的置信度为 $1-\alpha$ 的置信区间:

$$(p-z_{\alpha/2}\sqrt{p(1-p)/n},\ p+z_{\alpha/2}\sqrt{p(1-p)/n})$$

或写成 $p\pm z_{\alpha/2}\sqrt{p(1-p)/n}$。

例 7.23 随机调查了某校 200 名沙眼患者,经用某种方法治疗后治愈了 168 人,试求该方法总体治愈率的 95% 置信区间。

解:已知 $n=200$,样本治愈率为 $p=\dfrac{168}{200}=0.84$。 对 $\alpha=0.05$,得 $z_{\alpha/2}=1.96$。

则总体治愈率的 95% 置信区间为

$$p \pm z_{\alpha/2} \sqrt{p(1-p)/n} = 0.84 \pm 1.96 \times \sqrt{0.84(1-0.84)/200} = 0.84 \pm 0.051,$$

即 $(0.789, 0.891)$。

在上述置信区间公式推导中,如果在 $Z = \dfrac{p-P}{\sqrt{P(1-P)/n}}$ 中不用样本率样本 p 代替总体率 P,而是直接考察其置信区间,则有

$$P\left\{-z_{\alpha/2} < \frac{p-P}{\sqrt{P(1-P)/n}} < z_{\alpha/2}\right\} = 1 - \alpha,$$

而不等式 $-z_{\alpha/2} < \dfrac{p-P}{\sqrt{P(1-P)/n}} < z_{\alpha/2}$,即 $\left[\dfrac{p-P}{\sqrt{P(1-P)/n}}\right]^2 < z_{\alpha/2}^2$,

等价于 $(n + z_{\alpha/2}^2)P^2 - (2np + z_{\alpha/2}^2)P + np^2 < 0$。

对上述不等式右式对应的 P 的一元二次方程求出其解:

$$P_1 = \frac{1}{2a}(-b - \sqrt{b^2 - 4ac}), \quad P_2 = \frac{1}{2a}(-b + \sqrt{b^2 - 4ac})。$$

其中 $a = n + z_{\alpha/2}^2, \quad b = -(2np + z_{\alpha/2}^2), \quad c = np^2。$

由此可得新的总体率 P 的置信度为 $1-\alpha$ 的置信区间为 (P_1, P_2)。

例 7.23(续) 对例 7.23 的沙眼治愈率问题,用上述新的求置信区间方法来求解其总体治愈率的 95% 置信区间。

解: 已知 $n = 200$,样本治愈率为 $p = 0.84$。对 $\alpha = 0.05$,得 $z_{\alpha/2} = 1.96$。

则 $a = n + z_{\alpha/2}^2 = 203.84, \ b = -(2np + z_{\alpha/2}^2) = 339.84, \ c = np^2 = 141.12$。

而由 $203.84P^2 - 339.84P + 141.12 = 0$ 解之得:$P_1 = 0.783, P_2 = 0.884$。

故总体治愈率的 95% 置信区间为 $(P_1, P_2) = (0.783, 0.884)$。

对照例 7.23 的置信区间结果可知,两种方法得到的置信区间结果基本一致,而第二种方法的计算较为简单些。

在参数估计的应用中,样本量的大小是抽样估计中常常需要研究的问题。对区间估计而言,通常通过置信区间的宽度来控制估计的精度,从而确定样本容量的大小。

对于大样本情形二项分布总体率的估计问题,若要求其置信区间

$$\left[p - z_{\alpha/2}\sqrt{\frac{p(1-p)}{n}}, \ p + z_{\alpha/2}\sqrt{\frac{p(1-p)}{n}}\right]$$

的宽度不超过给定的正数 δ,则由 $z_{\alpha/2}\sqrt{\dfrac{p(1-p)}{n}} \leqslant \dfrac{\delta}{2}$ 解出

$$n \geqslant \frac{(z_{\alpha/2})^2 p(1-p)}{(\delta/2)^2}。$$

式中 p 可用预试验或预调查的结果代入,或凭以往经验得出的粗略估计值。若关于 p 一无所知,可令 $p = 0.5$ 代入得到 n 的值。

例 7.24 某药厂质量控制部门希望估计一批中药片剂产品中片重为 199~205 mg 的合格片所占百分比的 95% 置信区间,要求估计的精度范围为 ±5%。据以往经验,合格片约占 80%,问大约应称重该多少片中药片剂才能达到要求的精度?

解: 已知 $p = 0.8, \delta/2 = 0.05$,又对 $1-\alpha = 0.95, \alpha = 0.05$,得 $z_{\alpha/2} = 1.96$,则

$$n \geqslant \frac{(z_{\alpha/2})^2 p(1-p)}{(\delta/2)^2} = \frac{1.96^2 \times 0.8 \times 0.2}{0.05^2} = 245.9。$$

因此应称重 246 片即符合要求。

二、小样本情形总体率的区间估计

对于小样本情形,由于样本容量 n 不够大时,不宜用上述正态近似法,可采用精确估计的查表法来求总体率的置信区间。

由前面的介绍我们知道,当具有某种特点的个体的总体率为 P 时,在总体中随机抽取 n 个个体组成一个样本,其中具有该种特点的个体数 m 是服从二项分布的随机变量。为了确定总体率 P 的置信区间,可根据二项分布的分布函数进行精确计算。但由于计算工作非常复杂,因此,人们将计算后所得的结果制作成二项分布参数 P 的置信区间表(附表 8),只要根据 $1-\alpha$ 的值,便可以从表中查得总体率 P 的置信度为 $(1-\alpha)$ 的置信区间。

例 7.25 对 10 只同品系的动物进行某种疫苗的抗体试验,结果有 4 只产生抗体。试求该品系动物抗体产生率的 99% 置信区间。

解: 因为 $n = 10, m = 4, 1-\alpha = 0.99$,查附表 8 得置信区间下限为 0.077,上限为 0.809。所以该品系动物抗体产生率的 99% 置信区间为 (7.7%,80.9%)。

知识链接

乔布斯的癌症治疗与大数据分析

S·乔布斯(Steve Jobs,1955—2011)是美国苹果公司的传奇总裁,他于 1976 年联合创办的苹果电脑,开启了世界上个人电脑的新时代,他的卓越才智、热情和活力是苹果产品不断创新的源泉,从而"改变了世界"。2003 年乔布斯被诊断出患胰腺癌,2011 年 10 月不幸病逝。

乔布斯在与癌症斗争的过程中采用了非同寻常的方式,成为世界上第一个对自身所有 DNA(人类基因组 DNA 的多达 30 亿个碱基对的序列!)和肿瘤 DNA 进行排序的人。为此,他支付了高达几十万美元的费用,得到了包括整个基因密码的数据文档。这样,乔布斯的医生们能够基于他的特定基因组成,分析这些 DNA 序列(大数据)的特征,按所需效用用药。如果癌症病变导致药物失效,医生可以及时更换另一种药。

这种获得基因的所有数据而不仅仅是样本的方法,还是将乔布斯的生命延长了好几年,为影响我们生活方式的苹果智能手机的诞生争取到了极为宝贵的时间!

习题七

1. 设总体 X 服从泊松分布 $P(\lambda),\lambda>0,X_1,X_2,\cdots,X_n$ 是一简单随机样本,试求未知参数 λ 的矩估计量和极大似然估计量。

2. 设 $X_1,X_2,\cdots,X_n$ 为总体的一个样本。试求下述各总体密度函数或分布律中的未知参数的矩估计量和极大似然估计量。

(1)
$$f(x)=\begin{cases}(\alpha+1)x^{\alpha}, & 0<x<1,\\0, & 其他\end{cases},$$

其中 $\alpha>-1,\alpha$ 为未知参数。

(2)
$$f(x)=\begin{cases}\theta c^{\theta}x^{-(\theta+1)}, & x>c,\\0, & 其他\end{cases},$$

其中 $c>0$ 已知,θ 为未知参数。

(3)
$$f(x)=\begin{cases}\dfrac{x}{\theta^2}e^{-x^2/(2\theta^2)}, & x>0,\\0, & x\leqslant 0\end{cases},$$

其中 $\theta>0,\theta$ 为未知参数。

(4)
$$P\{X=x\}=(1-p)^{x-1}p,\ x=1,2,\cdots,0<p<1,$$

p 为未知参数。

(5)
$$f(x)=\begin{cases}\dfrac{\beta^k}{(k-1)!}x^{k-1}e^{-\beta x}, & x>0,\\0, & x\leqslant 0\end{cases},$$

其中 k 是已知的正整数,β 为未知参数。

3. 设总体 X 服从对数正态分布,其分布密度是

$$f(x;\mu,\sigma^2)=(2\pi\sigma^2)^{-\frac{1}{2}}x^{-1}\exp\left\{-\dfrac{1}{2\sigma^2}(\ln x-\mu)^2\right\},(x>0),$$

其中 $-\infty<\mu+<\infty,\sigma>0$ 是未知参数。试由样本 $X_1,X_2,\cdots,X_n$ 求 μ 和 σ^2 的矩估计。

4. 设总体 X 服从均匀分布,其密度函数

$$f(x;\theta)=\begin{cases}1, & \theta-\dfrac{1}{2}<x<\theta+\dfrac{1}{2},\\0, & 其他\end{cases}$$

θ 是未知参数,试由样本 $X_1,X_2,\cdots,X_n$ 求 θ 的极大似然估计。

5. 设 $X_1,X_2,\cdots,X_n$ 是来自正态总体 $N(\mu,1)$ 的一个样本,试证明以下三个估计量

$$\hat{\mu}_1=\dfrac{1}{3}X_1+\dfrac{2}{3}X_2,\ \hat{\mu}_2=\dfrac{1}{4}X_1+\dfrac{3}{4}X_2,\ \hat{\mu}_3=\dfrac{1}{2}X_1+\dfrac{1}{2}X_2$$

都是 μ 的无偏估计量,并确定哪一个最有效。

6. 设 $X_1, X_2, \cdots, X_n$ 是数学期望 μ 为已知的正态总体的一个样本,试用极大似然法求 σ^2 的估计量 $\hat{\sigma}^2$,并考虑其无偏性和一致性。

7. 设元件无故障的工作时间 X 服从指数分布 $f(x) = \lambda e^{-\lambda x} (x \geqslant 0)$。取 100 个元件工作时间的记录数据,经分组后,得到它的频数分布为

组中值 x_i^*	5	15	25	35	45	55	65
频数 m_i	365	245	150	100	70	45	25

如果各组中数据取为组中值,试用极大似然法求 λ 的点估计。

8. 一地质学家为研究密歇根湖湖滩地区的岩石成分,自该地区随机地抽取 100 个样品,每个样品有 10 块石子,记录了每个样品中属石灰石的石子数,如下表所示。该地质学家所得数据如下:

样品中的石子数	0	1	2	3	4	5	6	7	8	9	10
观察到石灰石的样品个数	0	1	6	7	23	26	21	12	3	1	0

假设这 100 次观察相互独立,并且由经验知,它们都服从参数为 $n=10, p$ 的二项分布 $B(10, p)$,p 是这地区石子是石灰石的概率。求 p 的极大似然估计值。

9. 某铁路局证实一个扳道员在五年内所引起的严重事故的次数服从泊松分布。下表为 5 年之内的 122 个观察值,其中 r 表示一扳道员某五年中引起严重事故的次数,s 表示观察到扳道员人数。试利用该数据求表示一个扳道员在五年内未引起严重事故的概率 p 的极大似然估计。

r	0	1	2	3	4	5
s	44	42	21	9	4	2

10. 设 $X_1, X_2, \cdots, X_n$ 为总体 $N(\mu, \sigma^2)$ 的一个样本,试求常数 C,使得 $C\sum\limits_{i=1}^{n-1}(X_{i+1}-X_i)^2$ 为 σ^2 的无偏估计。

11. 设 $\hat{\theta}$ 是参数 θ 的无偏估计,且有 $D(\hat{\theta}) > 0$,试证明 $\hat{\theta}^2 = (\hat{\theta})^2$ 不是 θ^2 的无偏估计。

12. 试证明均匀分布

$$f(x) = \begin{cases} \dfrac{1}{\theta}, & 0 < x \leqslant \theta, \\ 0, & \text{其他} \end{cases}$$

中未知参数 θ 的极大似然估计量不是无偏的。

13. 设分别从总体 $N(\mu_1, \sigma^2)$ 和 $N(\mu_2, \sigma^2)$ 中抽取容量为 n_1, n_2 的两独立样本,其方差的无偏估计分别为 S_1^2, S_2^2,试证,对于任意常数 $a, b(a+b=1)$,$T = aS_1^2 + bS_2^2$ 都是 σ^2 的无偏估计,并确定常数 a, b 使 $D(T)$ 达到最小。

14. 设总体 X 的概率密度为 $f(x) = \dfrac{1}{2}e^{-|x|} (-\infty < x < +\infty)$,$X_1, X_2, \cdots, X_n$ 为总体 X 的简单随机样本,其样本方差为 S^2,试求 $E(S^2)$ 的值。

15. 设 $X_1, X_2, \cdots, X_m$ 为来自二项分布 $B(n, p)$ 的简单随机样本,$\overline{X}$ 和 S^2 分别为样本均值和样本方差。若 $\overline{X} + kS^2$ 为 np^2 的无偏估计量,试求 k 的值。

16. 设某种清漆的 9 个样品,其干燥时间(以小时计)分别为

6.0　5.7　5.8　6.5　7.0　6.3　5.6　6.1　5.9

设干燥时间的总体服从正态分布 $N(\mu,\sigma^2)$，试求以下两种情形的 μ 的置信水平为 0.95 的置信区间。
(1) 若由以往经验知 $\sigma=0.6$(小时)；(2) 若 σ 未知。

17. 对于方差 σ^2 为已知的正态总体，问需抽取容量 n 为多大的样本，才使总体均值 μ 置信水平为 $1-\alpha$ 的置信区间的长度不大于 L？

18. 研究两种固体燃料火箭推进器的燃烧率。设两者都服从正态分布，并且已知燃烧率的标准差均近似地为 0.05(cm/s)，取样本容量为 $n_1=n_2=20$，得燃烧率的样本均值分别为 $\bar{x}_1=18$(cm/s)，$\bar{x}_2=24$(cm/s)，求两燃烧率总体均值差 $\mu_1-\mu_2$ 的置信水平为 0.99 的置信区间。

19. 分别使用金球和铂球测定引力常数(单位：10^{-11} $m^3 kg^{-1} s^{-2}$)。
(1) 用金球测定观察值 6.681, 6.676, 6.678, 6.679, 6.672, 6.683；
(2) 用铂球测定观察值 6.661, 6.661, 6.667, 6.664, 6.667；
设测定值总体服从 $N(\mu,\sigma^2)$，μ、σ^2 均为未知。试就上述两种情况分别求 μ、σ^2 的置信水平为0.90的置信区间。

20. 在上题中，设用金球和用铂球测定时测定值的方差相等，求两个测定值总体均值差 $\mu_1-\mu_2$ 的置信水平为 0.90 的置信区间。

21. 从某地区随机地抽取男女各 100 名，以估计男女平均高度之差。测量并计算得男子高度的均值为 1.71 m，标准差为 0.035 m，女子高度的均值为 1.67 m，标准差为 0.033 m。试求，(1) 置信水平为 0.95 的男女高度均值之差的置信区间。(2) 置信水平为 0.95 的男女高度方差之比的置信区间。

22. 某厂的一台瓶装灌装机，每瓶的净重量 X 服从正态分布 $N(\mu_1,\sigma_1^2)$，从中随机抽出 16 瓶，称得其净重的平均值为 456.64 g，标准差为 12.8 g；现引进了一台新灌装机，其每瓶的净重量 Y 服从正态分布 $N(\mu_2,\sigma_2^2)$，抽取产品 12 件，称得其净重的平均值为 451.34 g，标准差为 11.3 g。
(1) 假设 $\sigma_1^2=13$，$\sigma_2^2=12$，求 $\mu_1-\mu_2$ 的置信水平为 95% 的置信区间；
(2) 假设 $\sigma_1^2=\sigma_2^2=\sigma^2$ 未知，求 $\mu_1-\mu_2$ 的置信水平为 95% 的置信区间；
(3) 求 σ_1^2/σ_2^2 的置信水平为 95% 的置信区间。

23. 科学上的重大发现往往是由年轻人做出的。下面列出了自 16 世纪中叶至 20 世纪早期的 12 项重大发现的科学家和他们当时的年龄。

重大发现	科学家	发现时间/年	年龄/岁
1. 地球绕太阳运转	哥白尼(Copernicus)	1543	40
2. 望远镜、天文学的基本定律	伽利略(Galileo)	1600	34
3. 运动原理、重力、微积分	牛顿(Newton)	1665	23
4. 电的本质	富兰克林(Franklin)	1746	40
5. 燃烧是与氧气联系着的	拉瓦锡(Lavoisier)	1774	31
6. 地球是渐进过程演化成的	莱尔(Lyell)	1830	33
7. 自然选择控制演化的证据	达尔文(Darwin)	1858	49
8. 光的场方程	麦克斯韦(Maxwell)	1864	33
9. 放射性	居里(Curie)	1896	34
10. 量子论	普朗克(Plank)	1901	43
11. 狭义相对论	爱因斯坦(Einstein)	1905	26
12. 量子论的数学基础	薛定谔(Schroedinger)	1926	39

设年龄的样本数据来自正态总体，试求发现时科学家的平均年龄的置信度为 0.95 的单侧置信区间的上限。

24. 设总体 X 服从指数分布，其概率密度为

$$f(x) = \begin{cases} \dfrac{1}{\theta} \mathrm{e}^{-\frac{x}{\theta}}, & x \geqslant 0, \\ 0, & x < 0 \end{cases},$$

其中 $\theta > 0$，为未知参数。现从总体中抽取一样本容量为 n 的样本 $X_1, X_2, \cdots, X_n$。

(1) 试证：$\dfrac{2n\overline{X}}{\theta} \sim \chi^2(2n)$。

(2) 求 θ 的置信度为 $1-\alpha$ 的单侧置信下限。

(3) 某种元件的寿命（单位：h）服从上述指数分布，现从中抽得一容量 $n=16$ 的样本，测得其样本均值为 5 010(h)，试求元件的平均寿命的置信度为 0.90 的单侧置信下限。

25. 在一批货物的容量为 100 的样本中，经检验发现有 16 只次品，试求这批货物次品率的置信水平为 0.95 的置信区间。

26. 某医院用复方当归注射液静脉滴注治疗脑动脉硬化症 22 例，其中显效者 10 例。问该药显效的 95% 与 99% 置信区间分别为多少？

（言方荣）

第八章

参数假设检验

假设检验是统计推断的另一基本内容。**假设检验**(test of hypothesis),顾名思义就是先假设后检验,即事先对总体的参数或分布形式等提出一个统计假设,再构造对应的检验统计量利用样本数据信息来判断原假设是否合理,从而决定应接受还是拒绝原假设。

假设检验可以分为两类:一类是总体参数(均值、方差、总体率等)的假设检验,简称**参数检验**(parametric test);另一类是**非参数检验**(nonparametric test),主要包括总体分布形式的假设检验、随机变量独立性的假设检验等。本章和第九章将分别讨论参数假设检验和非参数假设检验问题,第十章中将讨论有关相关系数显著性的检验、回归方程显著性的检验等假设检验问题。

第一节 假设检验的基本概念

一、假设检验的基本原理

> **例 8.1(零件直径)** 某厂用自控车床加工的零件其直径(单位:mm)服从正态分布 $N(\mu, \sigma^2)$,按规定每个零件直径的标准为 100,由以往经验知标准差 $\sigma = 4.5$ 保持不变。某日随机检测该自控车床加工的零件 25 个,测得其直径平均值为 98.4。
>
> 试问:该日自控车床加工的零件其直径是否还是 100 mm? ($\alpha = 0.05$)

考察上述例 8.1 的零件直径问题,例中随机抽取的 25 个零件的平均直径 $\bar{x} = 98.4(\text{mm})$,与标准直径 $\mu_0 = 100(\text{mm})$ 相比差 1.6 mm,造成该差异的原因有两种可能:(1) 该日自控车床工作正常,其加工的零件总体平均直径 $\mu = 100(\text{mm})$,此 25 个零件的平均直径这一样本均值与总体均值的不同,是随机抽样误差造成的;(2) 该日自控车床工作不正常,其加工的零件总体平均直径 $\mu \neq 100(\text{mm})$,故从此总体中随机抽取的 25 个零件的平均直径与标准直径存在实质性差异,而不仅仅是抽样误差造成的。究竟哪一种可能是对的呢? 这就需要利用样本的信息通过假设检验的方法来判断,即检验统计假设 $H_0: \mu = \mu_0 = 100(\text{mm})$ 是否成立?

定义 8.1 在假设检验中,通常将所要进行检验的假设称为**原假设**(或**零假设** null hypothesis),用 H_0 表示;而将原假设的对立面称为**备择假设**(或**对立假设** alternative hypothesis),用 H_1 表示。

例如对例 8.1,有

$$\text{原假设 } H_0:\mu=100;\text{ 备择假设 } H_1:\mu\neq100。$$

假设检验的基本思想是所谓概率性质的反证法,即为了检验原假设是否正确,首先假定原假设 H_0 成立,在原假设 H_0 成立的条件下根据抽样理论和样本信息进行推断,如果得到矛盾的结论,就拒绝原假设,否则,就不拒绝原假设。这里在概率性质的反证法中运用了**小概率原理**(small probability principle),即小概率事件在一次试验中几乎不可能发生。如果小概率事件在一次试验中发生了,即认为不合理或出现矛盾,则可推断原假设不成立。

在例 8.1 中,设该日自控车床加工的零件直径为 X,由题意 $X\sim N(\mu,\sigma^2)$,应检验原假设 $H_0:\mu=100(=\mu_0)$ 是否成立。为此,首先假定原假设 H_0 成立,则总体 X 服从 $N(\mu_0,4.5^2)$,再用样本信息去检验 H_0 的真伪。由于样本所包含的信息较分散,一般需要构造一个检验统计量去进行判断。例 8.1 是正态总体均值 μ 的参数检验问题,在方差 σ^2 已知和原假设 H_0 成立下,考虑 μ 的无偏估计量 $\overline{X}$ 的抽样分布,有

$$\overline{X}\sim N\left(\mu_0,\frac{\sigma^2}{n}\right)$$

故可以取

$$Z=\frac{\overline{X}-\mu_0}{\sigma/\sqrt{n}}\sim N(0,1)$$

作为检验统计量。

对于给定的一个小概率 $\alpha(0<\alpha<1)$,通常取 $\alpha=0.05$,可查正态分布双侧临界值表(附表 4)得到临界值 $z_{\alpha/2}$,使得

$$P\{\,|\,Z\,|\geqslant z_{\alpha/2}\}=\alpha\,(\text{对应地,有 }P\{Z\geqslant z_{\alpha/2}\}=\alpha/2)\,(\text{参见图 }8-1)$$

这里,事件

$$\{\,|\,Z\,|\geqslant z_{\alpha/2}\}=\left\{\left|\frac{\overline{X}-\mu_0}{\sigma/\sqrt{n}}\right|\geqslant z_{\alpha/2}\right\}$$

是个概率不超过 α 的小概率事件。对于一次抽样的样本值,计算统计量 Z 的观测值 z,如果 z 落在上述小概率事件的范围内,则表明小概率事件在一次抽样试验中居然发生了,这与小概率原理相矛盾,故而拒绝原假设 H_0。

下面我们就可利用上述原理来解决例 8.1 的问题。

例 8.1(续) **解**:应检验原假设 $H_0:\mu=100$;备择假设 $H_1:\mu\neq100$。

由题中条件得 $\overline{x}=98.4,\mu_0=100,\sigma=4.5$。则检验统计量 Z 的观测值为

$$z=\frac{\overline{x}-\mu_0}{\sigma/\sqrt{n}}=\frac{98.4-100}{4.5/\sqrt{25}}=1.778$$

再由标准正态分布临界值表(附表 4)查得临界值 $z_{\alpha/2}=z_{0.025}=1.96$。

由于 $|z|=1.778<1.96$，即小概率事件在一次抽样试验中没有发生，故接受原假设 $H_0:\mu=100$，即认为该日自控车床加工的零件平均直径还是 $100\,(\mathrm{mm})$。

定义 8.2 在假设检验中，将事先给定的小概率 α 称为**显著性水平**(significance level)；将拒绝 H_0 还是接受 H_0 的界限值称为**临界值**(critical value)；将拒绝原假设 H_0 的区域称为**拒绝域**(region of rejection)。

例如在例 8.1 中，检验的显著性水平 $\alpha=0.05$，临界值 $z_{\alpha/2}=1.96$，拒绝域为 $\{|Z|>1.96\}$。

如图 8-1 所示，如果由样本值所得到的检验统计量的值落在拒绝域中，则认为原假设 H_0 不成立，则拒绝原假设 H_0；否则，就接受原假设 H_0。

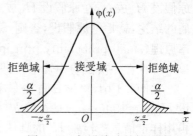

图 8-1　假设检验的拒绝域

二、假设检验的一般步骤

综上所述，可得到进行假设检验的一般步骤：

(1) 建立检验假设：包括原假设 H_0 和备择假设 H_1；

(2) 在假设 H_0 成立的条件下，构造对应的检验统计量，并根据样本值信息计算检验统计量的值；

(3) 选取适当小的概率 α（显著性水平），确定相应的临界值和拒绝域；

(4) 做出统计判断，若统计量的值落在拒绝域内，则拒绝原假设 H_0，接受备择假设 H_1；否则，就接受原假设 H_0。

三、两类错误

由于假设检验是根据小概率原理由样本信息推断总体特征及统计规律，而抽样的随机性使得假设检验有可能发生以下两类错误（参见表 8-1）。

第一类错误：当原假设 H_0 为真时，拒绝了 H_0 的结论，则称犯了**第一类错误**(type Ⅰ error)，此类错误又称"弃真"错误。发生第一类错误的概率就是显著性水平 α。即

$$\alpha=P\{第一类错误\}=P\{拒绝\ H_0|H_0为真\}。$$

第二类错误：当原假设 H_0 不真时，却接受了 H_0 的结论，则称犯了**第二类错误**(type Ⅱ error)，此类错误又称"取伪"错误。发生第二类错误的概率一般记为 β。

$$\beta=P\{第二类错误\}=P\{接受\ H_0|H_0\textbf{不真}\}。$$

表 8-1　统计判断所犯两类错误

检验结论	实际情况	
	H_0 为真	H_0 为假
接受 H_0	正确	第二类错误（取伪）
拒绝 H_0	第一类错误（弃真）	正确

两类错误所造成的后果常常是不一样的。例如,要求检验某种新药是否提高疗效,作假设 H_0:该药未提高疗效,则第一类错误是把未提高疗效的新药误认为提高了疗效,此时若推广使用该新药,则对患者不利;而第二类错误则是把疗效确有提高的新药误认为与原药疗效相同,而没有推广使用此新药,这当然也会带来经济上的损失。而犯两类错误的概率 α 和 β 间是有一定关系的,就是说要想降低犯第二类错误的概率 β,就会增加犯第一类错误的概率 α,反之亦然。最理想的方法是使犯两类错误的概率同时降低。要想同时降低犯两类错误的概率,只有增大样本容量,即增加试验次数,而这又可能会导致人力、物力的耗费。通常的做法是限制犯第一类错误的概率 α,然后适当确定样本容量使犯第二类错误的概率 β 尽可能小。一般选取 $\alpha = 0.05$ 或 $0.01、0.1$。

例 8.2 设 $X_1, \cdots, X_{25}$ 是来自正态总体 $N(\mu, \sigma_0^2)$ 的一个样本,σ_0^2 已知,对假设检验

$$H_0 : \mu = \mu_0, H_1 : \mu > \mu_0,$$

取该检验的拒绝域 $W = \{(x_1, x_2, \cdots, x_n) : |\overline{X}| > c_0\}$。

(1) 试求此检验当犯第一类错误概率为 α 时,犯第二类错误的概率 β,并讨论它们之间的关系。

(2) 设 $\mu_0 = 0.5, \sigma_0^2 = 0.004, \alpha = 0.05, n = 9$,求 $\mu = 0.65$ 时不犯第二类错误的概率。

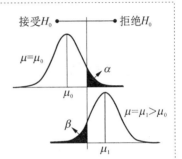

图 8-2 两类错误的概率图示

解: 在 H_0 成立的条件下,

$$\overline{X} \sim N\left(\mu_0, \frac{\sigma_0^2}{n}\right), \text{ 即 } Z = \frac{\overline{X} - \mu_0}{\sigma_0 / \sqrt{n}} \sim N(0, 1)$$

故 $$\alpha = P\{\overline{X} \geqslant c_0\} = P\left\{\frac{\overline{X} - \mu_0}{\sigma_0} \sqrt{n} \geqslant \frac{c_0 - \mu_0}{\sigma_0} \sqrt{n}\right\} = P\left\{Z \geqslant \frac{c_0 - \mu_0}{\sigma_0} \sqrt{n}\right\}$$

根据上侧分位数的意义知,$\frac{c_0 - \mu_0}{\sigma_0} \sqrt{n} = z_\alpha$,由此式解得:$c_0 = \frac{\sigma_0}{\sqrt{n}} z_\alpha + \mu_0$。

而在 H_1 成立的条件下,

$$\overline{X} \sim N\left(\mu, \frac{\sigma_0^2}{n}\right), \text{ 即 } Z = \frac{\overline{X} - \mu}{\sigma_0 / \sqrt{n}} \sim N(0, 1)$$

$$\beta = P\{\overline{X} < c_0\} = P\left\{\frac{\overline{X} - \mu}{\sigma_0} \sqrt{n} < \frac{c_0 - \mu}{\sigma_0} \sqrt{n}\right\} = P\left\{Z < \frac{c_0 - \mu}{\sigma_0} \sqrt{n}\right\}$$

$$= \Phi\left(\frac{c_0 - \mu}{\sigma_0} \sqrt{n}\right) = \Phi\left(\frac{\frac{\sigma_0}{\sqrt{n}} z_\alpha + \mu_0 - \mu}{\sigma_0} \sqrt{n}\right) = \Phi\left(z_\alpha - \frac{\mu - \mu_0}{\sigma_0} \sqrt{n}\right)$$

由此可知,当 n 不变时,若 α 增加,则 z_α 值变小,从而 β 减小;而若 α 降低时,z_α 值变大,则 β 增加。如果 n 增加,则两类错误 $\alpha、\beta$ 都将下降。

(2) 不犯第二类错误的概率为

$$1-\beta = 1-\Phi(z_\alpha - \frac{\mu-\mu_0}{\sigma_0}\sqrt{n}) = 1-\Phi(z_{0.05} - \frac{0.65-0.5}{0.2}\sqrt{9})$$

$$= 1-\Phi(-0.605) = \Phi(0.605) = 0.727\,4.$$

第二节 单样本正态总体参数的假设检验

正态总体 $N(\mu,\sigma^2)$ 中有两个参数:均值 μ 和方差 σ^2,有关 μ 与 σ^2 的假设检验问题在实际应用中经常遇到,下面分几种情形对参数 μ 与 σ^2 的假设检验问题加以讨论。

一、方差已知时单样本正态总体均值检验

设 $X_1,\cdots,X_n$ 是来自正态总体 $N(\mu,\sigma^2)$ 的单个样本,方差 σ^2 已知,需对总体均值 μ 进行检验。

应检验的原假设 $H_0:\mu=\mu_0$;备择假设 $H_1:\mu\neq\mu_0$。(双侧检验)

在假设 $H_0:\mu=\mu_0$ 成立的前提下,构造检验统计量

$$Z = \frac{\overline{X}-\mu_0}{\sigma/\sqrt{n}} \sim N(0,1),$$

并代入样本值,计算 Z 检验统计量的观测值 z。

对于给定的显著性水平 α,查正态分布双侧分位数表(附表 4),得到临界值 $z_{\alpha/2}$,使得

$$P\{|Z| \geqslant z_{\alpha/2}\} = \alpha \text{(对应地,有 } P\{Z \geqslant z_{\alpha/2}\} = \alpha/2) \text{(参见图 8-1)}$$

最后进行统计判断:

当 $|z| \geqslant z_{\alpha/2}$ 时,拒绝 H_0,接受 H_1,即认为 μ 与 μ_0 有显著差异;当 $|z| < z_{\alpha/2}$ 时,接受 H_0,认为 μ 与 μ_0 无显著差异。

该检验应用服从标准正态分布 $N(0,1)$ 的检验统计量 Z,故称为 **z 检验**(z test)。

例 8.3 已知某炼铁厂在生产正常的情况下,铁水含碳量 X 服从正态分布 $N(4.55,0.11^2)$。现抽测了 9 炉铁水,测得铁水含碳量的平均值 $\overline{x}=4.445$。若总体方差不变,问在 $\alpha=0.05$ 显著性水平下,铁水含碳量的总体均值有无显著变化?($\alpha=0.05$)

解:应检验 $H_0:\mu=4.55;H_1:\mu\neq4.55$。

由题中条件和计算知:$\sigma^2=0.11^2,n=9,\mu_0=4.55,\overline{x}=4.445$。

则检验统计量 Z 的值为:$z = \dfrac{\overline{x}-\mu_0}{\sigma/\sqrt{n}} = \dfrac{4.445-4.55}{0.11/\sqrt{9}} = -2.864$。

对于给定的 $\alpha=0.05$,查正态分布表得:$z_{\alpha/2}=z_{0.025}=1.96$。

因为 $|z|=2.864 > 1.96$,所以拒绝 H_0,而接受 H_1,即认为铁水含碳量的总体均值有显著变化。

上述检验方法是依据分布的临界值进行统计检验判断,故将该假设检验方法称为**临界值法**(critical value method)。

对例 8.3 进行的假设检验,也可按如下另一方法的步骤进行:

(1) 建立原假设 $H_0: \mu = \mu_0$;备择假设 $H_1: \mu \neq \mu_0$;

(2) 计算检验统计量 $Z = \dfrac{\overline{X} - \mu_0}{\sigma / \sqrt{n}}$ 的观测值 z;

(3) 利用正态分布表计算概率 P 值:$P = P\{|Z| \geqslant |z|\}$(其中 $z = \dfrac{\overline{x} - \mu_0}{\sigma / \sqrt{n}}$);

(4) 对给定的显著水平 α,若 $P < \alpha$,则在此 α 水平上拒绝 H_0;若 $P \geqslant \alpha$,则在此 α 水平上接受 H_0。

上述方法称为假设检验的 **P 值法**(P-value method)。

> **定义 8.3**　**P 值**(P-value)是指在 H_0 成立的条件下从总体中抽样,抽到现有的样本以及更加极端情况出现的概率值。

例如对例 8.3,已计算出 $z = -2.864$,相应的 P 值(双侧)为:

$$P = P\{|Z| \geqslant |-2.864|\} = P\{Z \geqslant 2.864\} + P\{Z \leqslant -2.864\}$$
$$= 1 - P\{Z < 2.864\} + P\{Z \leqslant -2.864\} = 1 - \Phi(2.864) + \Phi(-2.864)$$
$$= 2(1 - \Phi(2.864)) = 2(1 - 0.997\,9) = 0.004\,2。$$

对于给定的 $\alpha = 0.05$,因为 $P = 0.004\,2 < 0.05$,所以在 $\alpha = 0.05$ 的水平上拒绝 H_0。认为铁水含碳量的总体均值有显著变化。

显然,临界值法和 P 值法原理相同,效果大同小异,只是看问题的角度不同。P 值法的结果更精确,其计算要求较高,一般利用计算机统计软件做检验的均采用 P 值法;而平时练习在不用统计软件时通常利用查表法进行比较方便,常用临界值法。

在例 8.3 中,所做检验原假设是 $H_0: \mu = \mu_0$,而备择假设 $H_1: \mu \neq \mu_0$ 则等价于 $\mu < \mu_0$ 或 $\mu > \mu_0$,即不论 $\mu < \mu_0$ 还是 $\mu > \mu_0$ 均拒绝原假设 $\mu = \mu_0$,相应的两个拒绝域为 $\{Z < -z_{\alpha/2}\}$ 和 $\{Z > z_{\alpha/2}\}$,这对应于图 8-1 中的两个拒绝域,分别在分布曲线区域两侧的尾部,每侧占 $\alpha/2$,这种检验称为**双侧检验**(two-side test)。

在实际工作中,有时需要推断总体均值是否大于(或小于)某已知数,此时原假设为:$H_0: \mu \leqslant \mu_0$;备择假设为 $H_1: \mu > \mu_0$(或 $H_0: \mu \geqslant \mu_0$;$H_1: \mu < \mu_0$)。

检验时选用同样的检验统计量 Z:$Z = \dfrac{\overline{X} - \mu_0}{\sigma / \sqrt{n}}$,但对于给定的显著性水平 α,检验临界值相应地变为 z_α,使得

$$P\{Z > z_\alpha\} = \alpha,（或 P\{Z < -z_\alpha\} = \alpha,见图 8-3）$$

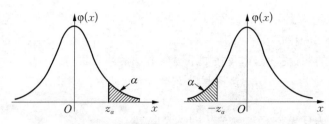

图 8-3　标准正态分布的右侧临界值和左侧临界值

对应的拒绝域变为 $\{Z>z_\alpha\}$（或 $\{Z<-z_\alpha\}$）。即当 $Z>z_\alpha$，或 P（单侧）$>\alpha$ 时，拒绝 H_0，接受 H_1，认为 μ 显著大于 μ_0；当 $Z<z_\alpha$，或 P（单侧）$<\alpha$ 时，接受 H_0，拒绝 H_1，不认为 μ 显著大于 μ_0。

由于上述检验的拒绝域为 $\{Z>z_\alpha\}$（或 $\{Z<-z_\alpha\}$），这对应于图 8-3 中分布曲线区域单侧的尾部，将这类假设检验称为**单侧检验**(one-side test)。

一般由软件如 SPSS 等运算，若仅给出双侧检验的概率值 P（双侧），而对于单侧检验问题需要进行统计判断时，对给定的 α，当 P（双侧）$<2\alpha$ 时，拒绝 H_0，接受 H_1；当 P（双侧）$\geqslant 2\alpha$ 时，接受 H_0，拒绝 H_1。

显然，单侧检验与双侧检验的主要步骤类似，只是在备择假设、临界值和拒绝域上有差异，下列表 8-2(z 检验表)也充分体现了两者的异同。

表 8-2　单个正态总体均值的 z 检验表

	检验假设		统计量	临界值	拒绝域
双侧	$H_0:\mu=\mu_0$	$H_1:\mu\neq\mu_0$	$Z=\dfrac{\overline{X}-\mu_0}{\sigma/\sqrt{n}}$	$z_{\alpha/2}$	$\lvert Z\rvert>z_{\alpha/2}$
单侧	$H_0:\mu\leqslant\mu_0$	$H_1:\mu>\mu_0$		z_α	$Z>z_\alpha$
	$H_0:\mu\geqslant\mu_0$	$H_1:\mu<\mu_0$			$Z<-z_\alpha$

为便于应用，这里列出显著性水平 $\alpha=0.05$ 和 $\alpha=0.01$ 对应的临界值，供查阅：

$$\alpha=0.05 \text{ 时，} z_{\alpha/2}=z_{0.025}=1.96, z_\alpha=z_{0.05}=1.64;$$
$$\alpha=0.01 \text{ 时，} z_{\alpha/2}=z_{0.005}=2.58, z_\alpha=z_{0.01}=2.33。$$

例 8.4　某保健品的有效期规定为 3 年(1 095 天)。为延长有效期而改进其配方后，已知其有效总体的均值不会缩短，但不知其是否确有延长。现从新生产的一批保健品中随机抽取 5 件样品进行储存试验，测得其有效期(单位：天)为：

$$1\ 050 \quad 1\ 100 \quad 1\ 150 \quad 1\ 250 \quad 1\ 280$$

假定该保健品的有效期服从正态分布 $N(\mu,50^2)$。如果方差不变，能否认为该保健品的平均有效期比规定的 3 年有所延长？($\alpha=0.05$)

注意：在单侧检验中，通常将题目中提问所倾向的情形作为备择假设 H_1。

显然，例 8.4 需进行单侧检验，提问是平均有效期是否有所延长？故将备择假设定为 $H_1:\mu>1\ 095$。

解：应检验　$H_0:\mu\leqslant 1\ 095; H_1:\mu>1\ 095$。

由题意及计算知：$\mu_0=1\ 095, \sigma^2=50^2, n=5, \overline{x}=1\ 166$。

则检验统计量 Z 的值为：$z = \dfrac{\overline{x} - \mu_0}{\sigma/\sqrt{n}} = \dfrac{1\,166 - 1\,095}{50/\sqrt{5}} = 3.175$。

对给定 $\alpha = 0.05$，查正态分布双侧临界值表得：$z_\alpha = z_{0.05} = 1.645$。

因为 $z = 3.175 > 1.645$，所以拒绝 H_0，接受 H_1，即可认为改进配方后保健品的平均有效期比规定的 3 年有所延长。

二、方差未知时单样本正态总体均值的检验

设 $X_1, \cdots, X_n$ 是来自正态总体 $N(\mu, \sigma^2)$ 的单个样本，其中 σ^2 未知，要检验原假设 H_0：$\mu = \mu_0$ 是否成立。

此时 $Z = \dfrac{\overline{X} - \mu_0}{\sigma/\sqrt{n}}$ 因为含有未知参数 σ，不能作为 μ 的检验统计量。

在原假设 $H_0: \mu = \mu_0$ 成立时，由抽样分布理论（第六章定理 6.11）知，

$$T = \frac{\overline{X} - \mu_0}{S/\sqrt{n}} \sim t(n-1),$$

故用 T 代替 Z 作为检验统计量即可进行检验。

对于给定的显著性水平 α，由 t 分布表（见附表 6）查得临界值 $t_{\alpha/2}(n-1)$，使得

$$P\{|T| \geqslant t_{\alpha/2}\} = \alpha。$$

当 $|T| > t_{\alpha/2}$ 时，拒绝 H_0，接受 H_1，即认为 μ 与 μ_0 的差异有显著性；否则，当 $|T| < t_{\alpha/2}$ 时，接受 H_0，认为 μ 与 μ_0 的差异无显著性。

上述检验运用服从 t 分布的检验统计量 T，所以称为 **t 检验**（t test）。

在实际应用中，正态总体的方差通常是未知的，故常用 t 检验法来进行其均值检验。

例 8.5　物理模型指出，在压缩机膛内作为冷却用的水，其升高温度的平均值不高于 $5^{\circ}C$。现测量 8 台独立工作的压缩机内的冷却水的升高温度分别是：

$$6.4 \quad 4.3 \quad 5.7 \quad 4.9 \quad 6.5 \quad 5.6 \quad 6.4 \quad 5.4$$

假设压缩机内冷却水的升高温度服从正态分布 $N(\mu, \sigma^2)$，试对 $\alpha = 0.05$ 的显著水平，检验这组数据与物理模型的断言是否一致？

解：依题意为单侧检验问题，应检验 $H_0: \mu \leqslant 5$；$H_1: \mu > 5$。（单侧检验）

由数据计算得：$n = 8, \mu_0 = 5, \overline{x} = 5.65, S^2 = 0.537\,5, S = 0.733\,1$。

则检验统计量 T 的值

$$t = \frac{\overline{x} - \mu_0}{S/\sqrt{n}} = \frac{5.65 - 5}{0.733/\sqrt{7}} = 2.346。$$

对于给定的 $\alpha = 0.05, df = 8 - 1 = 7$，查 t 分布表（附表 6），得：$t_\alpha(n-1) = t_{0.05}(7) = 1.895$。

因为 $t = 2.345 > t_{0.05}(7) = 1.895$，故拒绝 H_0，接受 H_1，即认为这批压缩机内冷却水的平均升高温度将高于 $5^{\circ}C$，即这组数据与物理模型的断言有显著差异。

【SPSS 软件应用】建立 SPSS 数据集〈冷却水升高温度〉，包括数值变量：升高温度。如图 8－4 所示。

在 SPSS 中选择菜单【Analyze】→【Compare Means】→【One－Sample T Test】；

选定变量：

升高温度→Test Variallb(s)；Test Value：□5；

点击 OK 。即可得如图 8－5 所示 SPSS 的 t 检验输出结果。

	升高温度	v
1	6.40	
2	4.30	
3	5.70	
4	4.90	
5	6.50	
6	5.60	

图 8－4　数据集〈冷却水升高温度〉

One-Sample Test

	Test Value＝5					
	t	df	Sig. (2-tailed)	Mean Difference	95% Confidence Interval of the Difference	
					Lower	Upper
升高温度	2.346	7	.051	.650 00	－.005 2	1.305 2

图 8－5　例 8.5 的 SPSS 输出结果

如图 8－5 所示，在单样本检验表（One-Sample Test）中，给出了 t 检验的值为 $t＝2.346$，而"Sig.（2-tailed）"为双侧检验概率值 $P＝0.051$。

本例为单侧检验问题 $H_0:\mu \leqslant 5$；$H_1:\mu >5$，而对 $\alpha＝0.05$，P（双侧）$＝0.051<2*0.05＝0.10$，所以拒绝 H_0，接受 H_1，即在 0.05 的显著水平上，认为压缩机内冷却水的平均升高温度将高于 5℃，即这组数据与物理模型的断言不一致。

下面列出单样本正态总体均值 t 检验时双侧检验与单侧检验主要异同之处，见表 8－3。

表 8－3　单个正态总体均值的 t 检验

	检验假设		统计量	临界值	拒绝域
双侧	$H_0:\mu＝\mu_0$	$H_1:\mu \neq \mu_0$	$T＝\dfrac{\overline{X}-\mu}{S/\sqrt{n}}$	$t_{\alpha/2}$	$\|t\| > t_{\alpha/2}$
单侧	$H_0:\mu \leqslant \mu_0$	$H_1:\mu > \mu_0$		t_α	$t > t_\alpha$
	$H_0:\mu \geqslant \mu_0$	$H_1:\mu < \mu_0$			$t < -t_\alpha$

t 检验法适用于小样本情形总体方差未知时正态总体均值的检验。当样本容量 n 增大时，t 分布趋近于标准正态分布 $N(0,1)$，故大样本情形（$n>30$）时，近似地有

$$Z＝\frac{\overline{X}-\mu_0}{S/\sqrt{n}} \sim N(0,1)。$$

此时总体方差未知时正态总体均值的检验也可用近似 z 检验法进行。

三、单样本正态总体方差的检验

设 $X_1,\cdots,X_n$ 是来自正态总体 $N(\mu,\sigma^2)$ 的单个样本，其中均值 μ、方差 σ^2 未知，要检验原假设 $H_0:\sigma^2＝\sigma_0^2$ 是否成立（其中 σ_0^2 已知）。

为检验正态总体的方差 σ^2，可考察 σ^2 的无偏估计量——样本方差 S^2 及其相关抽样分布，由抽样分布原理(第六章定理 6.10)知，在原假设 $H_0:\sigma^2=\sigma_0^2$ 成立时，统计量

$$\chi^2=\frac{(n-1)S^2}{\sigma_0^2}\sim\chi^2(n-1),$$

显然，该 χ^2 统计量即可作为检验正态总体方差 σ^2 的检验统计量。

则对于给定的显著性水平 α，由 $\chi^2(n-1)$ 分布表(见附表 5)查得临界值

$$\chi^2_{1-\alpha/2}(n-1)\text{和}\chi^2_{\alpha/2}(n-1),$$

使得　　　　$P\{\chi^2\leqslant\chi^2_{1-\alpha/2}\}=\dfrac{\alpha}{2}$ 且 $P\{\chi^2\geqslant\chi^2_{\alpha/2}\}=\dfrac{\alpha}{2}$。(参见第七章图 7-7)

若 $\chi^2\leqslant\chi^2_{1-\alpha/2}$ 或 $\chi^2\geqslant\chi^2_{\alpha/2}$，则小概率事件发生，拒绝 H_0，认为 σ^2 与 σ_0^2 有显著差异；若 $\chi^2_{1-\alpha/2}<\chi^2<\chi^2_{\alpha/2}$，则接受 H_0，认为 σ^2 与 σ_0^2 无显著差异。

上述步骤为双侧检验过程，单侧检验与双侧检验的异同点如表 8-4 所示：

表 8-4　单个正态总体方差的 χ^2 检验

	检验假设		统计量	临界值	拒绝域
双侧	$H_0:\sigma^2=\sigma_0^2$	$H_1:\sigma^2\neq\sigma_0^2$	$\chi^2=\dfrac{(n-1)S^2}{\sigma_0^2}$	$\chi^2_{\alpha/2},\chi^2_{1-\alpha/2}$	$\chi^2\leqslant\chi^2_{1-\alpha/2}$ 或 $\chi^2\geqslant\chi^2_{\alpha/2}$
单侧	$H_0:\sigma^2\leqslant\sigma_0^2$	$H_1:\sigma^2>\sigma_0^2$		χ^2_α	$\chi^2\geqslant\chi^2_\alpha$
	$H_0:\sigma^2\geqslant\sigma_0^2$	$H_1:\sigma^2<\sigma_0^2$		$\chi^2_{1-\alpha}$	$\chi^2\leqslant\chi^2_{1-\alpha}$

上述检验运用服从 χ^2 分布的检验统计量 χ^2，所以称为 χ^2 检验(chi-square test)。

例 8.6　保险丝是防止电路超载的保护装置，一旦电路发生过载或短路故障，较大的电流就能使保险丝熔化断开，从而起到保护电路的作用。现要测试某厂生产的一批保险丝的熔化时间。任意抽取 9 根保险丝测得其熔化时间(单位：min)为

$$67\quad73\quad59\quad57\quad68\quad54\quad77\quad62\quad55$$

已知保险丝熔化时间服从正态分布 $N(\mu,\sigma^2)$，试问：该批保险丝的熔化时间的方差是否等于 80? ($\alpha=0.05$)

解：根据题意，应检验 $H_0:\sigma^2=80$，$H_1:\sigma^2\neq80$。

由已知条件及计算可得 $\sigma_0^2=80$，$n=9$，$S^2=66.528$。

则 χ^2 检验统计量的值

$$\chi^2=\frac{(n-1)S^2}{\sigma_0^2}=\frac{(9-1)\times66.528}{80}=6.653。$$

对于给定的 $\alpha=0.05$ 和自由度 $n-1=8$，由 χ^2 分布表(附表 5)查得临界值

$$\chi^2_{1-\alpha/2}(n-1)=\chi^2_{0.975}(8)=2.18;\quad\chi^2_{\alpha/2}(n-1)=\chi^2_{0.025}(8)=17.535。$$

因为 $2.18<\chi^2=6.653<17.535$，故接受 H_0，认为该批保险丝熔化时间的方差与 80 无显著差异。

第三节　两配对样本的均值比较检验

在科学试验中,为提高检验效率,避免非处理因素干扰分析结果,在试验设计时,常采用**配对试验设计**(paired design),即把研究对象按某些特征或条件配成对子,每对研究对象分别施加两种不同的处理方法,然后比较两种处理结果的差异。配对试验设计一般可分为两种情况,一是同一受试对象分别接受两种不同处理;二是两同质受试对象即条件相同的受试对象配成对子分别接受两种不同的处理。例如,动物可按同种属、同性别、同年龄、同体重配成对子,病人则可按相近年龄、同性别、同病情的患者配成对子。总之,配对的要求是同一对子的两个实验对象对同一处理的反应差异,应小于不同对子的实验对象间的差异。将实验对象配成对子后,用随机化方法将同对中的两个对象分别分配到处理组和对照组中。

在配对试验设计下所得的两组数据为两个配对样本,而两配对样本不是相互独立的,不能看作两个独立总体的样本进行统计处理。对两配对样本的总体均值做比较检验时,将先求出配对样本数据的差值 d,并将这些差值 d 看成是一个新的总体的随机样本,而差值的变化可以理解为大量、微小、独立的随机因素综合作用的结果。如果此差值 d 服从正态分布 $N(\mu_d, \sigma_d^2)$,其中 μ_d 是差值 d 的总体均值,σ_d^2 是差值 d 的总体方差,那么在配对设计下,检验两配对样本的均值差异是否有显著性,就相当于检验差值 d 的总体均值 μ_d 是否为零,即原假设为

$$H_0: \mu_d = 0,$$

从而把两配对样本的均值比较检验归结为当 σ_d^2 未知时两配对样本的差值 d 的单个正态总体均值检验的问题,这可用前面介绍的 t 检验来解决。

在原假设 H_0 成立时,其检验统计量为

$$T = \frac{\bar{d} - \mu_d}{S_d / \sqrt{n}} = \frac{\bar{d}}{S_d / \sqrt{n}}$$

其中 $\bar{d}$ 为差值 d 的样本均值,S_d 是差值 d 的样本标准差,n 为配对对子数。

例 8.7　为比较甲、乙两种安眠药的疗效,现对 10 名失眠患者服用这两种药,并以 x、y 分别表示服用甲、乙两种安眠药后患者睡眠延长的小时数,结果见表 8-5。试问这两种安眠药的疗效是否有极显著差异?($\alpha = 0.01$)

表 8-5　甲、乙安眠药的配对试验结果

病例号	1	2	3	4	5	6	7	8	9	10
x_i	1.9	0.8	1.1	0.1	−0.1	4.4	5.5	1.6	4.6	3.4
y_i	0.7	−1.6	−0.2	−1.2	−0.1	3.4	3.7	0.8	0.0	2.0
$d_i = x_i - y_i$	1.2	2.4	1.3	1.3	0.0	1.0	1.8	0.8	4.6	1.4

解:本例为两配对样本的均值比较检验。应检验

$$H_0: \mu_d = 0;\ H_1: \mu_d \neq 0$$

由已知得：$n = 10$。

$$\bar{d} = \frac{1}{n}\sum_{i=1}^{n} d_i = 1.58,\quad S_d = \sqrt{\frac{1}{n-1}\left(\sum_{i=1}^{n} d_i^2 - n\bar{d}^2\right)} = \sqrt{1.512\ 9} = 1.23。$$

则　$t = \dfrac{\bar{d}}{S_d/\sqrt{n}} = \dfrac{1.58}{1.23/\sqrt{10}} = 4.06$。

对于给定的 $\alpha = 0.01$ 和 $df = 9$，查 t 分布表（附表6）得：

$t_{\alpha/2}(n-1) = t_{0.005}(9) = 3.25$。

因为 $|t| = 4.06 > t_{\alpha/2}(9) = 3.25$，$P < 0.01$，故拒绝 H_0，接受 H_1，即可认为这两种安眠药的疗效有极显著差异。

	甲药延时数	乙药延时数
1	1.90	.70
2	.80	-1.60
3	1.10	-.20
4	.10	-1.20
5	-.10	-.10
6	4.40	3.40

图 8-6　数据集〈两安眠药延时数〉

【SPSS 软件应用】建立 SPSS 数据集〈两安眠药延时数〉，包括两个数值变量：甲药延时数、乙药延时数，如图8-6所示。

在 SPSS 中选择菜单【Analyze】→【Compare Means】→【Paired—Samples T Test】；

选定变量：在 Paired Variables 下，甲药延时数→Variable 1；乙药延时数→Variable 2。点击 OK。即可得如图8-7所示 SPSS 主要输出结果。

Paired Samples Test

	Paired Differences					t	df	Sig. (2-tailed)
	Mean	Std. Deviation	Std. Error Mean	95% Confidence Interval of the Difference				
				Lower	Upper			
Part 1　甲药延时数－乙药延时数	1.580 00	1.230 00	.388 96	.700 11	2.459 89	4.062	9	.003

图 8-7　例 8.7 的 SPSS 主要输出结果

图 8-7 的 SPSS 主要输出结果中，配对样本检验表（Paired Samples Test）给出了配对样本 t 检验的 $t = 4.062$，"Sig.（2-tailed）"即为双侧检验概率值 $P = 0.003$。

因 $P = 0.003 < 0.01$，所以拒绝 H_0，接受 H_1，即认为甲、乙两安眠药的疗效有极显著差异。

第四节　两独立正态总体参数的假设检验

本节讨论两个相互独立的正态总体参数间差异比较的假设检验问题。

设总体 $X \sim N(\mu_1, \sigma_1^2)$，总体 $Y \sim N(\mu_2, \sigma_2^2)$，且 X 与 Y 相互独立，$X_1, \cdots, X_{n_1}$ 与 $Y_1, \cdots, Y_{n_2}$ 是分别来自总体 X 和 Y 的相互独立的样本，其样本均值、样本方差分别为 $\bar{X}$、S_1^2 和 $\bar{Y}$、S_2^2，其中：

$$\overline{X} = \frac{1}{n_1} \sum_{i=1}^{n_1} X_i, \quad S_1^2 = \frac{1}{n_1-1} \sum_{i=1}^{n_1} (X_i - \overline{X})^2;$$

$$\overline{Y} = \frac{1}{n_2} \sum_{j=1}^{n_2} Y_j, \quad S_2^2 = \frac{1}{n_2-1} \sum_{j=1}^{n_2} (Y_j - \overline{Y})^2.$$

一、正态总体方差的比较检验

方差相等(或差异无显著性)的总体称为具有方差齐性的总体,因此检验两个(或多个)总体方差是否相等的假设检验又称为**方差齐性检验**(homogeneity test of variance)。

(一) 两个总体的方差齐性检验

现考察两个总体方差的齐性检验。即检验

$$H_0 : \sigma_1^2 = \sigma_2^2; \quad H_1 : \sigma_1^2 \neq \sigma_2^2.$$

对此,由抽样分布理论(第六章第二节定理 6.13)知,

$$F = \frac{S_1^2/\sigma_1^2}{S_2^2/\sigma_2^2} \sim F(n_1-1, n_2-1),$$

由此即可进行两个总体方差的齐性检验。于是,对于给定显著性水平 α,由 $F(n_1-1, n_2-1)$ 分布表(附表 7)查得临界值

$$F_{1-\alpha/2}(n_1-1, n_2-1) \text{和} F_{\alpha/2}(n_1-1, n_2-1),$$

使得 $\quad P\{F \leqslant F_{1-\alpha/2}\} = \frac{\alpha}{2}$ 且 $P\{F \geqslant F_{\alpha/2}\} = \frac{\alpha}{2}$。 (参见图 8-8)

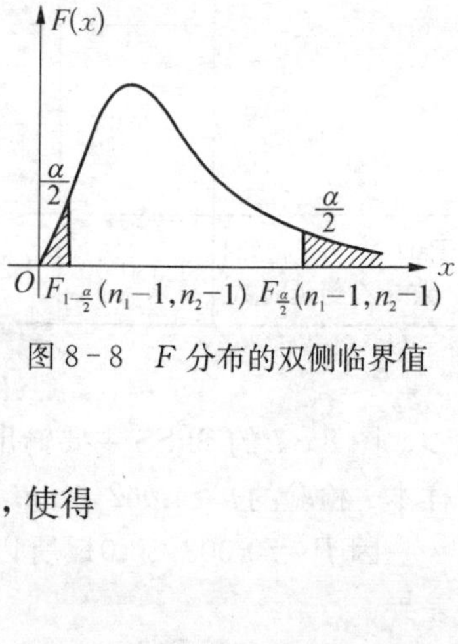

图 8-8 F 分布的双侧临界值

由 F 分布的特性,总有

$$F_{1-\alpha/2}(n_1-1, n_2-1) < 1 < F_{\alpha/2}(n_1-1, n_2-1).$$

为简化计算,实际处理时,总取较大的样本方差做分子 S_1^2,使得

$$F = \frac{S_1^2}{S_2^2} > 1$$

此时只需查得上侧临界值 $F_{\alpha/2}(n_1-1, n_2-1)$ 即可,当 $F > F_{\alpha/2}(n_1-1, n_2-1)$,就可拒绝 H_0;否则,则接受 H_0。

故当 $F \geqslant F_{\alpha/2}$ 时,拒绝 H_0,认为 σ_1^2 与 σ_2^2 差异有显著性;当 $F < F_{\alpha/2}$ 时,接受 H_0,认为 σ_1^2 与 σ_2^2 差异无显著性。

注意:在上述检验中,只需查上侧临界值 $F_{\alpha/2}(n_1-1, n_2-1)$ 就够了,而在本书附表 7 中也只能查到 $F_{\alpha/2}(n_1-1, n_2-1)$ 的值。有时如需计算左侧临界值 $F_{1-\alpha/2}(n_1-1, n_2-1)$,则可利用下列公式进行:

$$F_{1-\alpha/2}(n_1-1,n_2-1)=\frac{1}{F_{\alpha/2}(n_2-1,n_1-1)}。$$

现将两个正态总体方差齐性的 F 检验的双侧和单侧检验汇总于下列表 8-6。

表 8-6 两个正态总体方差的 F 检验

	检验假设		统计量	临界值	拒绝域
双侧	$H_0:\sigma_1^2=\sigma_2^2$	$H_1:\sigma_1^2\neq\sigma_2^2$	$F=\dfrac{S_1^2}{S_2^2}$	$F_{\alpha/2}$	$F>F_{\alpha/2}$
单侧	$H_0:\sigma_1^2\leqslant\sigma_2^2$	$H_1:\sigma_1^2>\sigma_2^2$		F_α	$F>F_\alpha$

上述检验运用服从 F 分布的检验统计量 F,故称为 **F 检验**（F test）。

例 8.8 设有甲、乙两台机床加工同样产品,现从这两台机床加工的产品中随机抽取若干个,测得产品的直径为（单位:mm）：

表 8-7 两台机床加工产品的直径

甲加工产品的直径 X	20.4	19.7	19.6	20.3	20.0	20.0	19.4	19.1
乙加工产品的直径 Y	20.0	21.1	20.8	20.1	19.7	20.9	19.5	

设甲乙两台机床加工产品的直径均服从正态分布,试比较甲乙两台机床加工产品的精度有无显著差异？（$\alpha=0.05$）。

解: 由题设知,甲产品直径 $X\sim N(\mu_1,\sigma_1^2)$,乙产品直径 $Y\sim N(\mu_2,\sigma_2^2)$,应检验

$$H_0:\sigma_1^2=\sigma_2^2,\ H_1:\sigma_1^2\neq\sigma_2^2（双侧）。$$

由题中样本数据计算得:$n_1=8,n_2=7,\bar{x}=19.81,S_1^2=0.198,\bar{y}=20.30,S_2^2=0.397$。

则 F 检验统计量的值 $F=\dfrac{S_2^2}{S_1^2}=\dfrac{0.397}{0.198}=2.005>1$。

对显著性水平 $\alpha=0.05$,查 F 分布表（附表7）得:$F_{\alpha/2}(n_2-1,n_1-1)=F_{0.025}(6,7)=5.12$。

因 $F=2.005<5.12$,则 $P>0.05$,故接受 H_0,即认为甲乙两台机床加工产品的精度无显著差异。

注意:通常涉及波动、精度、变异、离散程度等指标的检验都用方差检验进行。

（二）多个总体的方差齐性检验

在 SPSS 等统计软件应用中,对于多个总体的方差齐性检验一般用下面介绍的列文（Levene）检验法进行,而且所检验的数据资料可以不要求具有正态性。

设有从 K 个总体中独立随机抽取的 K 个样本 $\{X_{i_1},X_{i_2},\cdots,X_{in_i}\}$,其样本均值为 $\overline{X}_i$, $i=1,\cdots,K$。其中 n_i 为各样本的样本容量,且有 $n_1+n_2+\cdots+n_K=N$。

应检验的假设为：

$H_0:\sigma_1^2=\sigma_2^2=\cdots=\sigma_K^2=\sigma^2$,即各总体方差相等；$H_1:$各总体方差不全相等。

在 H_0 成立的条件下,列文（Levene）检验统计量

$$F = \frac{(N-K)\sum\limits_{i=1}^{K} n_i\,(\overline{Z}_i - \overline{Z})^2}{(K-1)\sum\limits_{i=1}^{K}\sum\limits_{j=1}^{n_i} (Z_{ij} - \overline{Z}_i)^2} \sim F(K-1, N-K),$$

其中 $Z_{ij} = |x_{ij} - X^*|$（X^* 可根据数据资料选择下列三者之一：第 i 个样本的样本均值 $\overline{X}_i$、中位数 Me_i 和截除 10% 样本量后的样本截尾均值 $\overline{X}'_i$），（$i = 1, 2, \cdots, K; j = 1, 2, \cdots, n_i$）。

列文（Levene）检验的计算量较大，一般都借助统计软件来计算 Levene 统计量的值和对应的概率 P 值。对给定的显著性水平 α，若 P 值 $< \alpha$，就拒绝 H_0，接受 H_1，即认为多个总体的方差齐性不成立；否则，则认为多个总体的方差齐性成立。

二、两独立样本的均值比较检验

对两个相互独立的正态总体均值比较的假设检验问题，应检验 $H_0: \mu_1 = \mu_2$ 是否成立。下面分情形讨论。

（一）总体方差已知

当总体方差 σ_1^2、σ_2^2 已知时，由抽样分布理论知

$$Z = \frac{\overline{X} - \overline{Y} - (\mu_1 - \mu_2)}{\sqrt{\dfrac{\sigma_1^2}{n_1} + \dfrac{\sigma_2^2}{n_2}}} \sim N(0, 1),$$

由此即可用 z 检验法进行检验，其检验步骤与单样本正态总体的 z 检验类似。

在实际应用中，总体方差 σ_1^2、σ_2^2 通常是未知的。此时对于大样本情形，即两个样本容量 n_1、n_2 都足够大（> 30），就可分别用样本方差 S_1^2、S_2^2 近似代替未知的 σ_1^2、σ_2^2，得检验统计量

$$Z = \frac{\overline{X} - \overline{Y}}{\sqrt{\dfrac{S_1^2}{n_1} + \dfrac{S_2^2}{n_2}}} \sim N(0, 1),$$

由此仍可以用上述 z 检验法来进行检验。

例 8.9 为研究硅肺患者肺功能的变化情况，某医院对 Ⅰ、Ⅱ 期各 35 名硅肺患者测定其肺活量，得到 Ⅰ 期患者 X 的均值 2 710 mL，标准差 147 mL；Ⅱ 期患者 Y 的均值 2 830 mL，标准差 118 mL。假设 Ⅰ、Ⅱ 期硅肺患者的肺活量均服从正态分布，试检验 Ⅰ、Ⅱ 期硅肺患者的肺活量是否有显著性差异？（$\alpha = 0.01$）

解：由题意，$n_1 = n_2 = 35 > 30$，本题为大样本情形的两总体均值比较问题。应检验

$$H_0: \mu_1 = \mu_2; \quad H_1: \mu_1 \neq \mu_2 \text{。}$$

由题中条件知：$n_1 = 35, \bar{x} = 2\,710, S_1^2 = 147^2, n_2 = 35, \bar{y} = 2\,830, S_2^2 = 118^2$。

则
$$z = \frac{\bar{x} - \bar{y}}{\sqrt{\dfrac{S_1^2}{n_1} + \dfrac{S_2^2}{n_2}}} = \frac{2\,710 - 2\,830}{\sqrt{\dfrac{147^2}{35} + \dfrac{118^2}{35}}} = -3.766 \text{。}$$

对于给定的 $\alpha = 0.01$，查正态分布表（附表 4）得临界值：$z_{\alpha/2} = z_{0.01/2} = 2.576$。

因 $|z| = 3.766 > z_{\alpha/2} = 2.576$，$P < 0.01$，则拒绝 H_0，接受 H_1，即可认为 I、II 期硅肺患者的肺活量有显著性差异。

对于总体方差 $\sigma_1^2 \cdot \sigma_2^2$ 未知又是小样本情形，需要分情况加以讨论。

（二）总体方差未知但方差齐性成立

假定两样本相互独立地来自方差相等的两个正态总体 $N(\mu_1, \sigma_1^2)$ 和 $N(\mu_2, \sigma_2^2)$，则有 $\sigma_1^2 = \sigma_2^2 = \sigma^2$，故

$$Z = \frac{\bar{X} - \bar{Y} - (\mu_1 - \mu_2)}{\sqrt{\dfrac{\sigma_1^2}{n_1} + \dfrac{\sigma_2^2}{n_2}}} = \frac{\bar{X} - \bar{Y} - (\mu_1 - \mu_2)}{\sigma\sqrt{\dfrac{1}{n_1} + \dfrac{1}{n_2}}} \sim N(0, 1) \text{。}$$

由于 σ^2 未知，可用由样本方差 S_1^2、S_2^2 得到的合并样本方差 S_w^2 对其进行估计：

$$S_w^2 = \frac{(n_1 - 1)S_1^2 + (n_2 - 1)S_2^2}{n_1 + n_2 - 2},$$

特别地，当 $n_1 = n_2$ 时，
$$S_w^2 = \frac{S_1^2 + S_2^2}{2} \text{。}$$

当用 S_w 代替 Z 表达式中的 σ 时，由抽样分布理论（第六章定理 6.12）知，有

$$\frac{\bar{X} - \bar{Y} - (\mu_1 - \mu_2)}{S_w\sqrt{\dfrac{1}{n_1} + \dfrac{1}{n_2}}} \sim t(n_1 + n_2 - 2),$$

故在原假设 $H_0: \mu_1 = \mu_2$ 成立时，有

$$T = \frac{\bar{X} - \bar{Y}}{S_w\sqrt{\dfrac{1}{n_1} + \dfrac{1}{n_2}}} \sim t(n_1 + n_2 - 2),$$

由此进行相应的 t 检验即可。

检验方法列于下列表 8-8：

表 8-8　总体方差相等时两个正态总体均值比较的 t 检验

	检验假设		统计量	临界值	拒绝域
双侧	$H_0:\mu_1=\mu_2$	$H_1:\mu_1\neq\mu_2$	$T=\dfrac{\bar{X}-\bar{Y}}{S_w\sqrt{\dfrac{1}{n_1}+\dfrac{1}{n_2}}}$	$t_{\alpha/2}$	$|T|>t_{\alpha/2}$
单侧	$H_0:\mu_1\leqslant\mu_2$	$H_1:\mu_1>\mu_2$		t_α	$T>t_\alpha$
	$H_0:\mu_1\geqslant\mu_2$	$H_1:\mu_1<\mu_2$	$S_w=\sqrt{\dfrac{(n_1-1)S_1^2+(n_2-1)S_2^2}{n_1+n_2-2}}$		$T<-t_\alpha$

例 8.8(续)　在前面例 8.8 中,已知条件不变,试检验甲乙两台机床加工产品的直径有无显著差异? ($\alpha=0.05$)

解: 由题意,应检验 $H_0:\mu_1=\mu_2$; $H_1:\mu_1\neq\mu_2$。

由例 8.8 的解可知这两个总体的方差未知但方差齐性成立,故可用上述 t 检验法进行检验。

由例 8.8 的解知 $n_1=8,n_2=7,\bar{x}=19.81,S_1^2=0.198,\bar{y}=20.30,S_2^2=0.397$。

$$S_w^2=\frac{(n_1-1)S_1^2+(n_2-1)S_2^2}{n_1+n_2-2}=\frac{7\times0.198+6\times0.397}{13}=0.290$$

则检验统计量 t 的值:

$$t=\frac{\bar{x}-\bar{y}}{S_w\sqrt{\dfrac{1}{n_1}+\dfrac{1}{n_2}}}=\frac{19.81-20.30}{\sqrt{0.290}\sqrt{\dfrac{1}{8}+\dfrac{1}{7}}}=-1.75。$$

对给定的 $\alpha=0.05$,查 t 分布表(附表 6)得: $t_{\alpha/2}(n_1+n_2-2)=t_{0.025}(13)=2.16$。

因 $|t|=1.75>t_{0.025}(13)=2.16,P>0.05$,故接受 H_0,即认为甲乙两台机床加工产品的直径无显著差异。

【SPSS 软件应用】建立 SPSS 数据集〈两机床的产品直径〉,包括数值变量"产品直径"和分组变量"机床组别",其值 1 和 2 分别代表甲机床和乙机床加工的产品,是名义变量;如图 8-9。

在 SPSS 中选择菜单

【Analyze】 → 【Compare Means】 → 【Independent－Samples T Test】;

选定变量:

	产品直径	机床组别
1	20.40	1
2	19.70	1
3	19.60	1
4	20.30	1
5	20.00	1
6	20.00	1

图 8-9　数据集〈两机床的产品直径〉

产品直径→Test Variable(s); 机床组别→Grouping Variable

再点击 Define Groups ,设定两组在"Group"中的取值:

Group 1:输入 1; Group 2:输入 2

点击 Continue ,最后点击 OK 。即可得如图 8-10 所示的 SPSS 输出结果。

Independent Samples Test

		Levene's Test for Equality of Variances		t—test for Equality of Means						
		F	Sig.	t	df	Sig. (2—tailed)	Mean Difference	Std. Error Difference	95% Confidence Interval of the Difference	
									Lower	Upper
产品直径	Equal variances assumed	2.412	.144	−1.749	13	.104	−.487 50	.278 66	−1.089 51	.114 51
	Equal variances not assumed			−1.708	10.652	.117	−.487 50	.285 42	−1.118 22	.143 22

图 8－10　例 8.8(续)的 *SPSS* 主要输出结果

图 8－10 的输出结果中,在"Independent Samples Test"中给出了这两组独立样本 T 检验结果,可通过以下两步完成。

(1) 两总体方差齐性的列文检验:在 Levene 方差齐性检验(Levene's Test for Equality of Variances)中,F 统计量的值 $F=2.412$,概率值(Sig.)$P=0.144>0.05$,因此认为两总体的方差无显著性差异,即方差齐性成立。

(2) 两总体均值是否相等的 t 检验:现由(1)的检验知两总体方差齐性成立,因此应看第一行(Equal variance assumed)的 t 检验结果。此时,t 统计量的值 $t=-1.749$,概率值(Sig.(2-tailed))$P=0.104>\alpha=0.05$,故接受 H_0,即认为甲乙两台机床加工产品的直径无显著差异。

(三) 总体方差未知且不相等

在小样本且两个总体方差未知而不等($\sigma_1^2 \neq \sigma_2^2$)的情况下,既不可用 t 检验,也不可用前述的 z 检验。实际工作中有各种近似方法,这里介绍一种较简单的近似 t' 检验法,其检验步骤与上述均值比较的 t 检验法相似,只是此时的检验统计量变为

$$T' = \frac{\overline{X} - \overline{Y}}{\sqrt{\dfrac{S_1^2}{n_1} + \dfrac{S_2^2}{n_2}}} \sim t(df),$$

其中的自由度
$$df = (n_1 + n_2 - 2)\left(\frac{1}{2} + \frac{S_1^2 \cdot S_2^2}{S_1^4 + S_2^4} \right),$$

对该自由度 df 取整后,仍然查 t 分布表得到临界值 $t_{a/2}$,进行统计判断,当 $|T'| > t_{a/2}$ 时,拒绝 H_0,接受 H_1;当 $|T'| < t_{a/2}$ 时,接受 H_0。

该法称为近似 t' 检验法。必须注意的是,这种方法中用来检验的统计量 t' 与统计量 t 是不同的。

例 8.10 为测试家中的空气污染程度,令 X 和 Y 分别为其 A 房间(无吸烟者)和 B 房间(有吸烟者)在 24 小时内的悬浮颗粒量(单位:$\mu g/m^3$)。设 $X \sim N(\mu_1, \sigma_1^2)$,$Y \sim N(\mu_2, \sigma_2^2)$,且相互独立,$\mu_1$,$\mu_2$,$\sigma_1^2$,$\sigma_2^2$ 均未知。今从总体 X、Y 中各抽取容量分别为 13、15 的相互独立样本,测得其样本均值分别为 $\overline{x} = 83$、$\overline{y} = 132$,样本标准差分别为 $S_1 = 12.9$,$S_2 = 6.1$。试检验 B 房间(有吸烟者)的 24 小时内的悬浮颗粒量是否显著高于 A 房间(无吸烟者)?($\alpha = 0.05$)

解: 因为两总体方差 σ_1^2、σ_2^2 未知,故先进行两总体方差齐性的 F 检验。即先应检验

$$H_0 : \sigma_1^2 = \sigma_2^2, \quad H_1 : \sigma_1^2 \neq \sigma_2^2.$$

已知 $n_1 = 13, n_2 = 15, \overline{x} = 83, \overline{y} = 132, S_1^2 = 12.9, S_2^2 = 6.1$。

则 F 检验统计量的值:$F = \dfrac{S_1^2}{S_2^2} = \dfrac{12.9^2}{6.1^2} = 4.47$。

对 $\alpha = 0.05$,查 F 分布表(附表 7)得:$F_{\alpha/2}(n_1 - 1, n_2 - 1) = F_{0.025}(12, 14) = 3.05$。

因 $F = 4.47 > F_{0.025}(12, 14) = 3.05$,则 $P < 0.05$,故拒绝 H_0,即认为两总体方差不等。

现在再进行两独立样本的总体均值比较,可用上述 t' 检验法进行。应检验

$$H_0 : \mu_1 \geqslant \mu_2; \quad H_1 : \mu_1 < \mu_2. \text{(单侧检验)}$$

则近似 t' 检验统计量为

$$t' = \frac{\overline{x} - \overline{y}}{\sqrt{\dfrac{S_1^2}{n_1} + \dfrac{S_2^2}{n_2}}} = \frac{83 - 132}{\sqrt{\dfrac{12.9^2}{13} + \dfrac{6.1^2}{15}}} = -12.53.$$

又

$$df = (n_1 + n_2 - 2)\left(\frac{1}{2} + \frac{S_1^2 \cdot S_2^2}{S_1^4 + S_2^4} \right)$$

$$= (13 + 15 - 2)\left(\frac{1}{2} + \frac{12.9^2 \times 6.1^2}{12.9^4 + 6.1^4} \right) = 18.54 \approx 19.$$

对显著水平 $\alpha = 0.05$,$df = 19$ 查 t 分布表(附表 6),得:$t_\alpha(19) = t_{0.05}(19) = 1.729$。

因 $t = -12.53 < -t_{0.025}(19) = -1.729$,则 $P < 0.05$,故拒绝 H_0,接受 H_1,即认为 B 房间(有吸烟者)的 24 小时内的悬浮颗粒量显著高于 A 房间(无吸烟者)。

第五节　非正态总体参数的假设检验

前面讨论的假设检验都是在总体服从正态分布的条件下进行的,大部分对样本容量没有任何限制,如对单个正态总体的均值检验,只要 σ^2 已知,不论样本大小均可用 z 检验。σ^2 未知时,只要样本容量足够大,无论是单个总体或两个总体,均可用 z 检验。但在实际工作中,有时会遇到总体不服从正态分布甚至不知道总体分布的情况。此时检验总体参数的统计量的精确分布一般不易求出,往往借助于统计量的极限分布,对总体参数做近似检验,但此时要求样本容量必须足够大,通常要求 $n > 30$。

一、总体均值的检验(大样本方法)

设总体并非正态分布,总体均值 μ 未知,应检验 $H_0:\mu=\mu_0$ 是否成立。若总体方差 σ^2 已知,当 n 足够大($n>30$)时,根据中心极限定理的原理可知,在原假设 $H_0:\mu=\mu_0$ 成立时,近似地有

$$Z=\frac{\overline{X}-\mu_0}{\sigma/\sqrt{n}} \sim N(0,1)。$$

若总体方差 σ^2 未知,可用其无偏估计量样本方差 S^2 代替上式中的 σ^2,此时近似地有

$$Z\approx\frac{\overline{X}-\mu_0}{S/\sqrt{n}} \sim N(0,1)。$$

故大样本下非正态总体均值的假设检验也可用 z 检验法进行。

对于两个非正态总体均值比较的大样本情形,即两个样本容量 n_1、n_2 都足够大(>30),在原假设 $H_0:\mu_1=\mu_2$ 成立时,近似有

$$Z=\frac{\overline{X}-\overline{Y}}{\sqrt{\dfrac{\sigma_1^2}{n_1}+\dfrac{\sigma_2^2}{n_2}}} \sim N(0,1)。$$

当 σ_1^2,σ_2^2 未知时,可分别用其样本方差 S_1^2、S_2^2 近似代替,从而有统计量

$$Z\approx\frac{\overline{X}-\overline{Y}}{\sqrt{\dfrac{S_1^2}{n_1}+\dfrac{S_2^2}{n_2}}} \sim N(0,1),$$

同样可用 z 检验法进行检验。

例 8.11 现有两箱电子元件,今从第一箱中抽取 55 只进行测试,测得其平均寿命是 5 320 h,标准差是 432 h;从第二箱中抽取 45 只进行测试,测得其平均寿命是 4 820 h,标准差是 380 h。试检验是否可以认为这两箱电子元件是同一批生产的? ($\alpha=0.05$)

解: 应检验 $H_0:\mu_1=\mu_2$;$H_1:\mu_1\neq\mu_2$。

已知 $n_1=55,n_2=45,\overline{x}=5\,320,S_1=432,\overline{y}=4\,120,S_2=380$。 则

$$z\approx\frac{\overline{x}-\overline{y}}{\sqrt{\dfrac{S_1^2}{n_1}+\dfrac{S_2^2}{n_2}}}=\frac{5\,320-4\,820}{\sqrt{\dfrac{432^2}{55}+\dfrac{380^2}{45}}}=6.153$$

对于给定的 $\alpha=0.05$,查正态分布表得:$z_{\alpha/2}=z_{0.025}=1.96$。

因为 $|z|=6.153>z_{\alpha/2}=1.96$,则 $P<0.05$,所以拒绝 H_0,接受 H_1,即认为这两箱电子元件的平均寿命有显著差异,即这两箱电子元件不是同一批生产的。

二、总体率的检验

（一）大样本情形的正态近似法

1. 单样本的总体率检验

设有一个样本,其样本率为 $p = \dfrac{m}{n}$,它来自总体率为 P 的总体,现需根据样本资料来检验总体率 P 与已知定值 P_0 的差异是否有显著差异。即应检验假设

$$H_0 : P = P_0 ; \quad H_1 : P \neq P_0 （双侧检验）。$$

如第七章第三节所述,样本率 $p = \dfrac{m}{n}$ 是总体率 P 的无偏估计量,且作为随机变量服从二项分布 $B(n, P)$。当样本容量 n 充分大 $(n \geqslant 50)$ 时,由中心极限定理知 p 近似服从正态分布 $N\left(P, \dfrac{P(1-P)}{n}\right)$,则

$$Z \approx \frac{p - P}{\sqrt{\dfrac{P(1-P)}{n}}} \sim N(0,1) （近似）。$$

在原假设 $H_0 : P = P_0$ 成立时,得到检验统计量

$$Z \approx \frac{p - P_0}{\sqrt{\dfrac{P_0(1-P_0)}{n}}} \sim N(0,1)。$$

由此即可进行相应的 z 检验。检验方法列于表 8-9。

表 8-9　单个总体率的 z 检验（大样本）

检验假设		统计量	临界值	拒绝域
双侧	$H_0:P=P_0$　$H_1:P\neq P_0$	$Z \approx \dfrac{p-P_0}{\sqrt{\dfrac{P_0(1-P_0)}{n}}}$	$z_{\alpha/2}$	$\|Z\| > z_{\alpha/2}$
单侧	$H_0:P\leqslant P_0$　$H_1:P>P_0$		z_α	$Z > z_\alpha$
	$H_0:P\geqslant P_0$　$H_1:P<P_0$		$-z_\alpha$	$Z \leqslant -z_\alpha$

例 8.12（次品检测）　根据国家有关质量标准,某厂生产的某种产品的次品率 P 不得超过 0.6%。现从该厂生产的一批产品中随机抽取 150 件进行检测,发现其中有 2 件次品。试问该批产品的次品率是否已超标？$(\alpha = 0.05)$

解：依题意,应进行单侧检验

$$H_0 : P \leqslant 0.006 ; \quad H_1 : P > 0.006。（单侧检验）$$

已知 $P_0 = 0.006, n = 150, m = 2$,而样本率 $p = \dfrac{m}{n} = \dfrac{2}{150} = 0.0133$。

则检验统计量 Z 的值

$$z \approx \frac{p - P_0}{\sqrt{\dfrac{P_0(1 - P_0)}{n}}} = \frac{0.013\,3 - 0.006}{\sqrt{\dfrac{0.006 \times 0.994}{150}}} = \frac{0.007\,3}{0.006\,3} = 1.158。$$

对于给定的 $\alpha = 0.05$，查正态分布表(附表3)得临界值 $z_\alpha = z_{0.05} = 1.645$。

因为 $z = 1.158 < z_{0.05} = 1.645$，则 $P > 0.05$，故接受 H_0，拒绝 H_1，即认为该批产品的次品率没有超标。

2. 两独立样本的总体率比较检验

设有两个相互独立的样本，其样本率分别为 $p_1 = \dfrac{m_1}{n_1}$ 和 $p_2 = \dfrac{m_2}{n_2}$，分别来自总体率为 P_1 和 P_2 的两个总体，试检验两个总体率的差异是否有显著性。此时应检验假设

$$H_0 : P_1 = P_2；\quad H_1 : P_1 \neq P_2(双侧检验)。$$

对大样本情形，由抽样分布理论可知，

$$Z \approx \frac{(p_1 - p_2) - (P_1 - P_2)}{\sqrt{\dfrac{P_1(1 - P_1)}{n_1} + \dfrac{P_2(1 - P_2)}{n_2}}} \sim N(0, 1)。$$

在原假设 $H_0 : P_1 = P_2$ 成立的条件下，设 $P_1 = P_2 = P$，就有

$$Z \approx \frac{p_1 - p_2}{\sqrt{P(1 - P)\left(\dfrac{1}{n_1} + \dfrac{1}{n_2}\right)}} \sim N(0, 1)。$$

由于总体率 P 一般是未知的，故取两个样本率 p_1 和 p_2 的加权均值作其估计值，以 p 表示，

$$\hat{P} = p = \frac{n_1 p_1 + n_2 p_2}{n_1 + n_2} = \frac{m_1 + m_2}{n_1 + n_2},$$

从而

$$Z \approx \frac{p_1 - p_2}{\sqrt{p(1 - p)\left(\dfrac{1}{n_1} + \dfrac{1}{n_2}\right)}} \sim N(0, 1)。$$

由此即可进行相应的 z 检验。

检验方法列于表 8-10。

表 8-10　两个总体率比较的 z 检验(大样本)

检验假设			统计量	临界值	拒绝域
双侧	$H_0 : P_1 = P_2$	$H_1 : P_1 \neq P_2$	$Z \approx \dfrac{p_1 - p_2}{\sqrt{p(1-p)\left(\dfrac{1}{n_1} + \dfrac{1}{n_2}\right)}}$	$z_{\alpha/2}$	$\lvert Z \rvert > z_{\alpha/2}$
单侧	$H_0 : P_1 \leqslant P_2$	$H_1 : P_1 > P_2$		z_α	$Z > z_\alpha$
	$H_0 : P_1 \geqslant P_2$	$H_1 : P_1 < P_2$	$p = \dfrac{m_1 + m_2}{n_1 + n_2}$	$-z_\alpha$	$Z \leqslant -z_\alpha$

例 8.13 某医学专家认为,吸烟者更容易患慢性气管炎。为此,随机调查了 50 岁以上的人员共 339 名,其中 205 名吸烟者中有 43 个患慢性气管炎,在 134 名不吸烟者中有 13 人患慢性气管炎。该调查数据能否支持"吸烟者更容易患慢性气管炎"这种观点? ($\alpha = 0.05$)

解: 由题意,此题为大样本情形的两总体率比较检验问题。应检验

$$H_0 : P_1 \leqslant P_2 ; \quad H_1 : P_1 > P_2 \text{(单侧检验)}。$$

由题意知 $n_1 = 205, p_1 = 43/205 = 0.209\ 7; \quad n_2 = 134, p_2 = 13/134 = 0.097,$

$$p = \frac{n_1 p_1 + n_2 p_2}{n_1 + n_2} = \frac{43 + 13}{205 + 134} = 0.165。$$

则 $\quad z \approx \dfrac{p_1 - p_2}{\sqrt{p(1-p)\left(\dfrac{1}{n_1} + \dfrac{1}{n_2}\right)}} = \dfrac{0.209\ 7 - 0.097}{\sqrt{0.165(1-0.165)\left(\dfrac{1}{205} + \dfrac{1}{134}\right)}} = 2.733$

对于给定的 $\alpha = 0.05$,查正态分布表得:$z_\alpha = z_{0.05} = 1.96$。

因为 $z = 2.733 > z_{0.05} = 1.96$,则 $P < 0.05$,故拒绝 H_0,接受 H_1,即认为吸烟者的慢性气管炎患病率显著高于不吸烟者,即数据支持"吸烟者更容易患慢性气管炎"这一观点成立。

(二) 小样本情形的反正弦变换法

统计研究的理论表明:无论是在大样本还是小样本情况下,将样本率 p 经反正弦变换转化成 $\varphi = 2\arcsin\sqrt{p}$ 后,φ 近似服从正态分布 $N(\Phi, 1/n)$,其中 $\Phi = 2\arcsin\sqrt{P}$。因而可以用 z 检验来判别总体率差异的显著性。

1. 单样本的总体率检验

根据单个样本资料来检验总体率 P 与已知定值 P_0 的差异是否显著。即应检验

$$H_0 : P = P_0 ; \quad H_1 : P \neq P_0 \text{(双侧检验)}。$$

将样本率 p 与已知定值 P_0 通过查附表(附表 14)分别转化成 φ 与 Φ_0:

$$\varphi = 2\arcsin\sqrt{p}, \quad \Phi_0 = 2\arcsin\sqrt{P_0}$$

则 φ 近似服从正态分布 $N(\Phi, 1/n)$,其中 $\Phi = 2\arcsin\sqrt{P}$。故可得:

$$Z \approx \frac{\varphi - \Phi}{\sqrt{1/n}} \sim N(0,1) \quad \text{(近似)}。$$

在原假设 $H_0 : P = P_0$ 成立时,即 $\Phi = \Phi_0$ 成立时,得检验统计量

$$Z \approx \frac{\varphi - \Phi_0}{\sqrt{1/n}} = (\varphi - \Phi_0)\sqrt{n} \sim N(0,1)。$$

由此,即可用 z 检验法进行检验。

2. 两独立样本的总体率比较检验

设有两个相互独立的样本的样本率 $p_1 = \dfrac{m_1}{n_1}$ 和 $p_2 = \dfrac{m_2}{n_2}$,分别来自总体率为 P_1 和

P_2 的两个总体,试检验两个总体率的差异是否有显著性。即应检验假设

$$H_0:P_1=P_2;\quad H_1:P_1\neq P_2(双侧检验)。$$

此时,若样本量较小(n_1、n_2 至少有一个小于 30),先将样本率 $p_1=\dfrac{m_1}{n_1}$ 和 $p_2=\dfrac{m_2}{n_2}$ 分别经反正弦变换转化为 φ_1 和 φ_2:

$$\varphi_1=2\arcsin\sqrt{p_1}\,,\quad \varphi_2=2\arcsin\sqrt{p_2}\,,$$

再由 $\varphi_1\sim N(\Phi_1,1/n_1)$,$\varphi_2\sim N(\Phi_2,1/n_2)$,其中

$$\Phi_1=2\arcsin\sqrt{P_1}\,,\quad \Phi_2=2\arcsin\sqrt{P_2}\,,$$

可得

$$\varphi_1-\varphi_2\sim N\left(\Phi_1-\Phi_2,\frac{1}{n_1}+\frac{1}{n_2}\right),$$

于是

$$Z\approx\frac{(\varphi_1-\varphi_2)-(\Phi_1-\Phi_2)}{\sqrt{\dfrac{1}{n_1}+\dfrac{1}{n_2}}}\sim N(0,1)。$$

在原假设 $P_1=P_2$ 成立,即 $\Phi_1=\Phi_2$ 成立时,得检验统计量

$$Z\approx\frac{(\varphi_1-\varphi_2)}{\sqrt{\dfrac{1}{n_1}+\dfrac{1}{n_2}}}=(\varphi_1-\varphi_2)\sqrt{\frac{n_1 n_2}{n_1+n_2}}\sim N(0,1)。$$

由此,即可用 z 检验法的步骤进行检验。

例 8.14 某医师用甲、乙两法治疗动脉硬化病人共 46 例:其中甲法治疗 26 例,有效 19 例,有效率为 73.1%;乙法治疗 20 例,有效 6 例,有效率为 30.0%,试问甲法的疗效是否显著高于乙法?($\alpha=0.01$)

解:依题意,应检验 $H_0:P_1\leqslant P_2$;$H_1:P_1>P_2$(单侧检验)。

将 $p_1=73.1\%$ 和 $p_2=30.0\%$,利用附表(附表 14)化为 φ_1 和 φ_2 得

$$\varphi_1=2.051,\ \varphi_2=1.159,$$

则

$$z\approx(\varphi_1-\varphi_2)\sqrt{\frac{n_1 n_2}{n_1+n_2}}=(2.051-1.159)\sqrt{\frac{26\times 20}{26+20}}=3.00,$$

对于给定的 $\alpha=0.01$,查正态分布表(附表 4),得到临界值 $z_\alpha=z_{0.01}=2.326$。

因 $z=3.00>z_{0.01}=2.326$,则 $P<0.01$,故拒绝 H_0,接受 H_1,即认为甲法的疗效显著高于乙法。

第六节　假设检验与区间估计

通过比较第七章中有关参数的区间估计和本章前面介绍的假设检验内容,不难发现两者之间具有非常密切的关系。下面我们以方差已知时单个正态总体均值的假设检验与区间

估计为例,来看一下两者的关系。

设 $X_1, X_2, \cdots, X_n$ 为来自正态总体 $N(\mu, \sigma^2)$ 的样本,$\overline{X}$ 和 S^2 分别是样本均值和样本方差。由第七章第三节可知,σ^2 已知时总体均值 μ 的置信水平为 $1-\alpha$ 的置信区间为

$$\overline{X} - z_{\alpha/2}\frac{\sigma}{\sqrt{n}} < \mu < \overline{X} + z_{\alpha/2}\frac{\sigma}{\sqrt{n}}。$$

而 σ^2 已知时,总体均值 μ 的双侧假设检验问题

$$H_0 : \mu = \mu_0 ; \quad H_1 : \mu \neq \mu_0$$

的显著水平为 α 的检验的拒绝域为 $W = \left\{ \left| \dfrac{\overline{X} - \mu_0}{\sigma/\sqrt{n}} \right| \geqslant z_{\alpha/2} \right\}$,因此检验的接受域为

$$U = \left\{ \left| \frac{\overline{X} - \mu_0}{\sigma/\sqrt{n}} \right| < z_{\alpha/2} \right\} = \left\{ \overline{X} - z_{\alpha/2}\frac{\sigma}{\sqrt{n}} < \mu_0 < \overline{X} + z_{\alpha/2}\frac{\sigma}{\sqrt{n}} \right\},$$

如果将接受域中的 μ_0 改为 μ,所得的区域恰好就是 μ 的置信水平为 $1-\alpha$ 的置信区间。反之,我们也可以由 μ 的置信水平为 $1-\alpha$ 的置信区间的结果推得 μ 的显著水平为 α 的假设检验的接受域。

一般地,设 $X_1, X_2, \cdots, X_n$ 是来自总体 $X \sim F(x, \theta)$ 的一个样本,如果双侧检验问题

$$H_0 : \theta = \theta_0 ; \quad H_1 : \theta \neq \theta_0$$

的显著水平为 α 的检验接受域 U 能够表示为 $\hat{\theta}_1 < \theta_0 < \hat{\theta}_2$ 的形式,设为

$$\hat{\theta}_1(x_1, x_2, \cdots, x_n) < \theta_0 < \hat{\theta}_2(x_1, x_2, \cdots, x_n),$$

则有 $\quad P\{\hat{\theta}_1(X_1, X_2, \cdots, X_n) < \theta_0 < \hat{\theta}_2(X_1, X_2, \cdots, X_n)\} \geqslant 1-\alpha,$

由 θ_0 的任意性,可知,对任意的 $\theta \in \Theta$(Θ 表示参数 θ 的可能取值范围),有

$$P\{\hat{\theta}_1(X_1, X_2, \cdots, X_n) < \theta < \hat{\theta}_2(X_1, X_2, \cdots, X_n)\} \geqslant 1-\alpha,$$

因此,$(\hat{\theta}_1(X_1, X_2, \cdots, X_n), \hat{\theta}_2(X_1, X_2, \cdots, X_n))$ 是参数 θ 的一个置信水平为 $1-\alpha$ 的置信区间。

反之,如果 $(\hat{\theta}_1(X_1, X_2, \cdots, X_n), \hat{\theta}_2(X_1, X_2, \cdots, X_n))$ 是 θ 的置信水平为 $1-\alpha$ 的置信区间,则对于任意的 θ,有 $P\{\hat{\theta}_1 < \theta < \hat{\theta}_2\} \geqslant 1-\alpha$。考虑显著水平为 α 的双侧假设检验:

$$H_0 : \theta = \theta_0 ; \quad H_1 : \theta \neq \theta_0。$$

当原假设成立时,有 $P\{\hat{\theta}_1 < \theta_0 < \hat{\theta}_2\} \geqslant 1-\alpha$,也即 $P\{(\theta_0 \leqslant \hat{\theta}_1) \bigcup (\theta_0 \geqslant \hat{\theta}_2)\} \leqslant \alpha$。

根据显著水平为 α 的假设检验的拒绝域的定义,该双侧检验的拒绝域 W 和接受域 U 分别为

$$W = \{\theta_0 \leqslant \hat{\theta}_1 \text{ 或 } \theta_0 \geqslant \hat{\theta}_2\}; U = \{\hat{\theta}_1 < \theta_0 < \hat{\theta}_2\},$$

这即,对该双侧检验问题,检验判断时只需考察置信区间 $(\hat{\theta}_1, \hat{\theta}_2)$ 是否包含 θ_0,若 $\theta_0 \in (\hat{\theta}_1, \hat{\theta}_2)$,

则接受 H_0;若 $\theta_0 \notin (\hat{\theta}_1, \hat{\theta}_2)$,则拒绝 H_0。

例 8.15 考察一组共 12 例儿童的每 100 ml 血所含钙的实测数据为(单位:微克):

54.8　72.3　53.6　64.7　43.6　58.3　63.0　49.6　66.2　52.5　61.2　69.9

已知该含钙量服从正态分布,并求得儿童的平均含钙量 μ 的 90% 置信区间为 $(54.68, 63.60)$。试由此检验其平均含钙量 μ 与 50(微克)有无显著差异?($\alpha = 0.10$)

解:应检验 $H_0: \mu = 50; H_1: \mu \neq 50$。

由例 7.17 已知儿童的平均含钙量 μ 的 90% 置信区间为 $(54.68, 63.60)$。

由于 $50 \notin (54.68, 63.60)$,故拒绝 H_0,即认为在 $\alpha = 0.10$ 的显著水平上,儿童的平均含钙量 μ 与 50(微克)有显著差异。

奈曼与假设检验理论

　　J.奈曼(Jerzy Splawa Neyman,1894—1981)是美国统计学家、现代统计学的奠基人之一。原籍波兰,1938 年起为美国加州大学伯克利分校教授、统计研究中心主任。

　　在 20 世纪 20 年代 J.奈曼拓展了抽样理论,并为波兰政府完成了一套复杂的分层抽样方案。1925 年—1927 年,他在伦敦大学师从 K.皮尔逊,并与英国统计学家、K.皮尔逊之子 E.皮尔逊展开了深入的合作研究。奈曼和 E.皮尔逊利用数学概念和逻辑推理发展了假设检验理论,并于 1928 到 1934 年间发表了多篇重要的相关文献,内容包括两类错误、备择假设、似然比检验、一致最优检验、功效函数、最佳临界域等概念和方法,奠定了假设检验的理论基础。1937 年发表了有关置信区间估计的理论成果。奈曼和 E. 皮尔逊因区间估计和假设检验的 Neyman-Pearson 理论而一起名垂数理统计发展史。

　　奈曼曾说,"统计学服务于一切科学",在很大程度上,他拓宽了统计学"服务"的领域,提高了"服务"的质量。

习题八

1. 某批矿砂的 5 个样品中的镍含量,经测定其 $x(\%)$ 为

3.25　3.27　3.24　3.26　3.24

设测定值总体服从正态分布,问在 $\alpha = 0.01$ 下能否接受假设:这批矿砂的镍含量的均值为 3.25?

2. 根据《中国居民营养与慢性病状况报告(2015)》,全国 18 岁及以上成年男性和女性的平均身高分别为 167.1 cm 和 155.8 cm,平均体重分别为 66.2 kg 和 57.3 kg。今从我国某东部地区随机抽选 400 名成年男子,测得身高的平均值为 169.7 cm,标准差为 4.2 cm。设样本来自总体 $N(\mu, \sigma^2)$,问该地区男子的身高是否明显高于全国平均水平?($\alpha = 0.05$)

3. 要求一种元件使用寿命不低于 1 000 小时。今从一批这种元件中随机抽取 25 件,测得寿命的平均值为 950 小时。已知该种元件寿命服从标准差为 $\sigma = 100$ 小时的正态分布。试在显著水平 $\alpha = 0.05$ 之下确定这批元件是否合格? 设总体均值为 μ,即需要检验假设 $H_0: \mu \geqslant 1\,000, H_1: \mu < 1\,000$。

4. 设对标准差为 σ 的正态随机变量 X，要检验 $H_0:\mu=20$。假设样本容量为 9，拒绝域为 $\overline{X}$ 的分布的两个尾端，取 $\alpha=0.05$。试求在 μ 的真值为 $20+\sigma/2$ 时犯第二类错误的概率。

5. 设 $X_1,\cdots,X_n$ 是来自正态总体 $N(\mu,\sigma^2)$ 的一个样本，S^2 为样本方差。关于假设

$$H_0:\sigma^2=9; \quad H_1:\sigma^2=2.905\,5,$$

若拒绝 H_0 的拒绝域为 $W=\{S^2<5.238\,1\}$，试求犯两类错误的概率 α 和 β。

6. 某厂生产的某种钢索的断裂强度服从正态分布 $N(\mu,\sigma^2)$，其中 $\sigma=40$（公斤/厘米^2）。现从一批这种钢索容量为 9 的一个样本所得其断裂强度平均值 $\overline{x}$，与以往正常生产时的 μ 相比，$\overline{x}$ 较 μ 大 29（公斤/厘米^2）。设总体方差不变，问在 $\alpha=0.01$ 时能否认为这批钢索的质量有显著提高？

7. 现有 5 名学生彼此独立地测量同一块土地，分别测得其面积（公里^2）为：

$$1.27 \quad 1.24 \quad 1.21 \quad 1.28 \quad 1.23。$$

设测定值服从正态分布，试根据这些数据检验假设 H_0：这块土地的实际面积为 1.23（公里^2）是否成立？（$\alpha=0.05$）

8. 某剂型药物正常的生产过程中，含碳量服从正态分布 $N(1.408,0.048^2)$，今从某班生产的产品中任取 5 件，测量其含碳量（%）为

$$1.32 \quad 1.55 \quad 1.36 \quad 1.40 \quad 1.44$$

据分析：其平均含量符合规定的要求，问含量的波动是否正常？（$\alpha=0.02$）

9. 罐头的细菌含量按规定标准必须小于 62.0，现从一批罐头中抽取 9 个，检验其细菌含量，经计算得：$\overline{x}=62.5,S=0.3$。问这批罐头的质量是否完全符合标准（$\alpha=0.05$）？

10. 有人研究一种减少室性早搏的药物，为 10 名患者静脉注射 2（mg/kg）的剂量后一定时间内每分钟室性早搏次数减少值分别为

$$0 \quad 7 \quad -2 \quad 14 \quad 15 \quad 14 \quad 6 \quad 16 \quad 19 \quad 26$$

试判断药物是否确实有效？（$\alpha=0.05$）

11. 下表分别给出文学家马克·吐温（Mark Twain）的 8 篇小品文以及斯诺特格拉斯（Snodgrass）的 10 篇小品文中由 3 个字母组成的词的比例：

马克·吐温	0.225	0.262	0.217	0.240	0.230	0.229	0.235	0.217		
斯诺特格拉斯	0.209	0.205	0.196	0.210	0.202	0.207	0.224	0.223	0.220	0.201

设两组数据分别来自方差相等的正态总体，且相互独立. 试问两位作家所写的小品文中 3 字母组成词的比例是否有显著的差异？（$\alpha=0.05$）

12. 有甲、乙两个试验员，对同样的试验样品进行分析，各人试验分析的结果如下：

试验号数	1	2	3	4	5	6	7	8
甲	4.3	3.2	3.8	3.5	3.5	4.8	3.3	3.9
乙	3.7	4.1	3.8	3.8	4.6	3.9	2.8	4.4

试问甲、乙两人的试验分析之间有无显著差异（$\alpha=0.05$）？

13. 在 20 世纪 70 年代后期人们发现，在酿造啤酒时，在麦芽干燥过程中形成致癌物质亚硝基二甲胺（NDMA）。到了 80 年代初期开发了一种新的麦芽干燥工艺过程，下面给出分别在新老两种工艺过程中形成的 NDMA 含量（以 10 亿份中的份数计）。

| 老工艺过程 | 6 | 4 | 5 | 5 | 6 | 5 | 5 | 6 | 4 | 6 | 7 | 4 |
| 新工艺过程 | 2 | 1 | 2 | 2 | 1 | 0 | 3 | 2 | 1 | 0 | 1 | 3 |

设两样本分别来自两总体方差相等的正态总体,且相互独立。分别以 μ_1,μ_2 记对应于老、新工艺过程的总体均值,试检验假设($\alpha=0.05$)

$$H_0:\mu_1-\mu_2=2, \ H_1:\mu_1-\mu_2>2。$$

14. 为了解某种犬类疫苗注射后是否会使得犬的体温升高,随机选择 9 只狗,记录它们注射疫苗前、后的体温(单位:℃)。

编号	1	2	3	4	5	6	7	8	9
注射前体温	37.5	37.7	38.1	37.9	38.3	38.5	38.1	37.5	38.4
注射后体温	37.7	38.0	38.2	37.9	38.2	38.8	38.0	37.5	38.8

设注射疫苗前、后的体温差服从正态分布,问是否可以认为注射疫苗后狗的体温有显著升高?($\alpha=0.05$)

15. 在十块土地上试种甲、乙两种作物,对所得产量结果分别计算得:$\bar{x}=30.97, \bar{y}=21.79, S_1^2=26.7, S_2^2=21.1$。假设这两种作物产量服从方差相等的正态分布。对显著水平 $\alpha=0.01$,问是否可以认为这两个品种的产量没有显著性差别?($\alpha=0.01$)

16. 某厂使用两种不同的原料 A,B 生产同一类型产品,各在一周的产品中取样进行分析比较。取使用原料 A 生产的样品 220 件,测得平均重量为 2.46 kg,样本标准差:$S=0.57$ kg。取使用原料 B 生产的样品 205 件,测得平均重量为 2.55 吨,样本标准差为 $S=0.48$ kg。设这两个样本独立. 问在显著水平 $\alpha=0.05$ 下能否认为使用原料 B 的产品平均重量比使用原料 A 大?($\alpha=0.05$)

17. 某种导线,要求其电阻的标准差不得超过 0.005(欧姆)。今在生产的一批导线中随机选取样品 9 根,测得 $S=0.007$(欧姆),设电阻总体服从正态分布,问在水平 $\alpha=0.05$ 之下能否认为这批导线的电阻标准差显著偏大?

18. 为了试验两种不同的谷物的种子优劣,选取了十块土质不同的土地,并将每块土地分为面积相同的两部分,分别种植这两种种子。设在每块土地的两部分人工管理等条件完全一样。下面给出各块土地上的产量。

土地	1	2	3	4	5	6	7	8	9	10
种子 $A(x_i)$	23	35	29	42	39	29	37	34	35	28
种子 $B(y_i)$	26	29	35	40	28	24	36	27	41	27

设 $d_i=x_i-y_i(i=1,2,\cdots\cdots,10)$ 来自正态总体,问以这两种种子种植的谷物产量是否有显著的差异(取 $\alpha=0.05$)?

19. 测得两批电子器件的样品的电阻(欧)为

| A 批(x) | 0.140 | 0.138 | 0.143 | 0.142 | 0.144 | 0.137 |
| B 批(y) | 0.135 | 0.140 | 0.142 | 0.136 | 0.138 | 0.140 |

设这两批器材的电阻值总体分别服从分布 $N(\mu_1,\sigma_1^2),N(\mu_2,\sigma_2^2)$,且这两样本独立。

(1) 检验假设:$H_0:\sigma_1^2=\sigma_2^2, \ H_1:\sigma_1^2\neq\sigma_2^2$;

(2) 在(1)的基础上检验假设:$H_0:\mu_1=\mu_2, \ H_0:\mu_1\neq\mu_2$。($\alpha=0.05$)

20. 某厂有一批产品,须检验合格才能出厂,按国家标准,次品率不得超过 3%,今在其中任意抽取 100 件,发现有 10 件是次品,试问这批产品能否出厂?($\alpha = 0.10$)

21. 为了观察某药物预防流感的效果,共观察了 96 人,其中试验组 49 人,发病 7 例;对照组 47 例,发病 13 例。试问两组发病率有无显著性差异?($\alpha = 0.05$)

22. 某城市为了确定城市养猫灭鼠的效果,进行调查得结果如下:

养猫户:$n=119$ 户,有老鼠活动的有 15 户;无猫户:$m=418$ 户,有老鼠活动的有 58 户。

问养猫与不养猫对城市灭鼠是否有明显不同?($\alpha=0.05$)

23. 用某疗法治疗某病,临床观察了 20 例,治愈 13 例,问总体治愈率与所传治愈率 79% 是否相符?($\alpha = 0.05$)

(盛海林)

第九章

非参数假设检验

第一节 拟合优度检验

一、χ^2拟合优度检验

当总体分布未知时,需由样本值来考察总体是否服从某个已知的分布,为此需要进行假设检验。这种考察理论分布与样本数据的实际分布是否吻合的检验称为**拟合优度检验**(goodness-of-fit test),其中皮尔逊(Pearson)提出的χ^2检验是最常用的拟合优度检验之一。

设总体 X 的分布函数为 $F(x)$,但其具体形式未知。现根据随机变量 X 的样本值 x_1,x_2,$\cdots$,x_n 来检验关于总体分布的假设

$$H_0:\text{总体 } X \text{ 服从分布 } F_0(x); \quad H_1:\text{总体 } X \text{ 不服从分布 } F_0(x)。$$

其中,$F_0(x)$ 是某个已知分布。若总体 X 为离散型随机变量,则上述原假设相当于

$$H_0:\text{总体 } X \text{ 的分布律为 } P\{X=x_k\}=p_k, k=1,2,\cdots,$$

若总体 X 为连续型随机变量,则上述原假设相当于

$$H_0:\text{总体 } X \text{ 的密度函数为 } f(x)。$$

在用皮尔逊 χ^2 检验法检验原假设 H_0 时,如果 $F_0(x)$ 的分布形式虽然已知,但含有未知参数 θ 时,则应首先由样本值得到参数估计值 $\hat{\theta}$,再代入 $F_0(x,\theta)$ 所得到的 $F_0(x,\hat{\theta})$ 为已知函数,再进行检验。

χ^2 检验法基本思想与步骤:

首先将样本空间 Ω 划分成 k 个互不相容的事件组 $A_1,A_2,\cdots,A_k$,即

$$\Omega=A_1 \bigcup A_2 \bigcup \cdots \bigcup A_k;$$

在原假设 H_0 成立时计算各组概率 $p_i=P(A_i),i=1,2,\cdots,k$;并由试验数据确定各事件组 A_i 发生的实际频率 $\dfrac{f_i}{n}$(或者实际频数 f_i)。

如果原假设 H_0 成立,由频率的稳定性可知,当试验次数 n 足够多时,其频率 $\dfrac{f_i}{n}$, $i=1$, $2,\cdots,k$ 与其理论频率(概率)p_i, $i=1,2,\cdots,k$ 的差异不应太大。基于如此思想,皮尔逊提出了用下列 χ^2 统计量

$$\chi^2 = \sum_{i=1}^{k} \frac{(f_i - np_i)^2}{np_i}$$

来表示实际频率与理论频率(概率)之间的总体差异程度,这称为**皮尔逊 χ^2 统计量**。其中 f_i 为实际频数,np_i 为理论频数,该式为实际频数对理论频数的偏差的加权平方和。

为了利用该皮尔逊统计量作为检验 H_0 的统计量,必须确定其服从的分布。为此,我们首先考察 $k=2$ 的情形。在原假设 H_0 成立时,$P(A_1)=p_1$,$P(A_2)=p_2$,$p_1+p_2=1$,而且频数 $f_1+f_2=n$。现考察

$$\chi^2 = \frac{(f_1 - np_1)^2}{np_1} + \frac{(f_2 - np_2)^2}{np_2},$$

令 $\qquad\qquad\qquad Y_1 = f_1 - np_1$, $Y_2 = f_2 - np_2$。

显然,$Y_1 + Y_2 = f_1 + f_2 - n(p_1 + p_2) = 0$,可见,$Y_1$ 与 Y_2 不是线性独立的,且有 $Y_1 = -Y_2$,则

$$\chi^2 = \frac{Y_1^2}{np_1} + \frac{Y_2^2}{np_2} = \frac{Y_1^2}{np_1 p_2} = \left(\frac{f_1 - np_1}{\sqrt{np_1(1-p_1)}} \right)^2。$$

由独立同分布的中心极限定理知,当 n 充分大时,随机变量 $\dfrac{f_1 - np_1}{\sqrt{np_1(1-p_1)}}$ 的分布近似服从标准正态分布 $N(0,1)$,由此推得该皮尔逊统计量在 $k=2$ 情形,当 n 充分大时近似服从自由度为 1 的 χ^2 分布。

对于一般情形,我们可证明下列定理。

定理 9.1(皮尔逊 χ^2 统计量定理) 当原假设 H_0 为真时,不论 $F_0(x)$ 为何分布,只要 n 充分大,总有

$$\chi^2 = \sum_{i=1}^{k} \frac{(f_i - np_i)^2}{np_i} \sim \chi^2(k-r-1)(\text{近似}),$$

其中 r 为 $F_0(x)$ 中待估计参数的个数。

当 χ^2 足够大时,就可拒绝 H_0,由此就可检验总体 X 是否服从已知分布 $F_0(x)$。

即由定理 9.1,对显著性水平 α,就可得到 χ^2 拟合优度检验的单侧临界值: $\chi_\alpha^2(k-r-1)$。

统计推断(单侧检验):若 $\chi^2 > \chi_\alpha^2(k-r-1)$,则拒绝 H_0,认为总体 X 不服从分布 $F_0(x)$;否则,接受 H_0,即认为总体 X 服从已知分布 $F_0(x)$。

实际应用时应注意以下事项:

(1) 样本容量 n 需足够大,一般要求 $n \geqslant 50$;

（2）检验时要求各组的理论频数 $np_i \geqslant 5$。当遇到一组或几组理论频数小于 5 时，应通过并组使其符合 $np_i \geqslant 5$ 的要求；

（3）计算理论频数时，常需先由样本值估计分布 $F_0(x)$ 所含的未知参数，设为 r 个，则 χ^2 分布的自由度 $df = k - r - 1$。若分布 $F_0(x)$ 完全已知时，则 χ^2 分布的自由度 $df = k - 1$。

例 9.1　孟德尔遗传理论断言，当两个品种的豌豆杂交时，豌豆为圆黄、皱黄、圆绿、皱绿的频数将以 9：3：3：1 发生。在检验这个理论的豌豆试验中，孟德尔观测了 556 颗豌豆，发现这四种豌豆的实际颗数为 315、108、101、32，试问由此可否认为孟德尔遗传理论断言是正确的？（$\alpha = 0.05$）

解：分别记 A_1, A_2, A_3, A_4 表示豌豆为圆黄、皱黄、圆绿、皱绿这四个事件，且令

$$P(A_i) = p_i, \quad i = 1, 2, 3, 4。$$

则由题意，孟德尔遗传理论断言成立即应检验

$$H_0: p_1 = \frac{9}{16}, p_2 = \frac{3}{16}, p_3 = \frac{3}{16}, p_4 = \frac{1}{16}。$$

由题中已知条件得：$n = 556, f_1 = 315, f_2 = 108, f_3 = 101, f_4 = 32, k = 4$。

则检验统计量 χ^2 的值：$\chi^2 = \sum_{i=1}^{4} \frac{(f_i - np_i)^2}{np_i} = 0.47$。

由于没有未知参数需估计，$r = 0$，则 $df = k - 1 = 3$，对 $\alpha = 0.05$，查 χ^2 分布表得 $\chi^2_{0.05}(3) = 7.815$。

因 $\chi^2 = 0.47 < \chi^2_{\alpha}(5) = 7.815$，则 $P > 0.05$，故接受 H_0，即认为孟德尔遗传理论断言是正确的。

【SPSS 软件应用】首先建立对应的 SPSS 数据集〈孟德尔豌豆试验〉，包括一个分类变量"类型"和一个数值型变量："豌豆颗数"。其中"类型"是名义变量，其输入值为 1, 2, 3, 4，标记值为圆黄、皱黄、圆绿、皱绿。如图 9-1 所示。

在 SPSS 中先选择菜单【Data】→【Weight Cases】，选定频数变量：

	类型	豌豆颗数
1	1.00	315.00
2	2.00	108.00
3	3.00	101.00
4	4.00	32.00
5		

图 9-1　数据集〈孟德尔豌豆试验〉

⊙Weight Cases by：豌豆颗数→Frequency Variable

点击 OK，即可将变量"豌豆颗数"设定为频数变量。

再选择菜单【Analyze】→【Nonparametric Tests】→【Legacy Dialogs】→【Chi-square】，选定：类型→Test Variable List。再点击 Expected Values 下的 ◎Values，依次输入：

$$9 \quad \boxed{\text{add}} \quad 3 \quad \boxed{\text{add}} \quad 3 \quad \boxed{\text{add}} \quad 1 \quad \boxed{\text{add}}$$

即输入由孟德尔遗传理论断言所得的豌豆各类型的理论比例值。最后点击 OK。即可得如图 9-2 所示的例 9.1 卡方检验的 SPSS 主要输出结果。

类型

	Observed N	Expected N	Residual
圆黄	315	312.8	2.3
皱黄	108	104.3	3.8
圆绿	101	104.3	−3.3
皱绿	32	34.8	−2.8
Total	556		

Test Statistics

	类型
Chi−Square	.470[a]
df	3
Asymp. Sig.	.925

a. 0 cells (0.0%) have expected frequencies less than 5. The minimum expected cell frequency is 34.8.

图 9－2　例 9.1 的 SPSS 输出结果

图 9－2 的 SPSS 输出结果中,其检验统计量表(Test Statistics)给出了卡方检验的值(Chi-Square)$\chi^2 = 0.470$,卡方检验的渐进概率值(Asymp. Sig.)$P = 0.925$。因 $P = 0.925 > 0.05$,故接受 H_0,即认为孟德尔遗传理论断言是正确的。

这里我们得出同样的结论,但此时 P 值为 0.925,较上述临界值法提供更多的信息,表明有充分的证据支持孟德尔遗传理论的断言。

二、列联表的独立性检验

在实际工作中常需将试验数据按不同原则(或属性)进行分类,并要考察这些分类属性是否相互独立或其分类构成是否一致。

> **定义 9.1** **列联表**(contingency table)是用于多重分类的一种频数分布表,它将每个观测对象按行和列两方面的属性分类,行和列的属性又分为 r 和 c 种分类,从而其表中数据有 r 行 c 列,故常称为 **$r \times c$ 列联表**,简称 $r \times c$ 表。其最简单形式是 2×2 表,又称**四格表**(fourfold table)。

列联表是分析定性数据的常用表格形式。利用列联表,可对实际频数与理论频数的一致性作 χ^2 检验,这称为**列联表 χ^2 检验**(contingency table chi-square test),它包括两分类属性变量独立性检验和多组样本总体率或构成的比较检验等。

(一) $r \times c$ 列联表的 χ^2 独立性检验

利用列联表来进行两分类属性变量的独立性 χ^2 检验,其原理与前面 χ^2 拟合优度检验相同,即考察实际频数与理论频数的偏差,由皮尔逊定理的公式来进行 χ^2 检验。

设列联表的行、列属性变量分别为 X 和 Y,其中 X 分成 r 类:$X_1, X_2, \cdots, X_r$,Y 分成 c 类:$Y_1, Y_2, \cdots, Y_c$,则 $r \times c$ 列联表的一般形式如表 9－1。

$r \times c$ 列联表中共有 r 行 c 列数据,其中 O_{ij} 表示样本值中 (X_i, Y_j) 出现的实际频数,$O_{i.} = \sum_{j=1}^{c} O_{ij}$ 是第 i 行的行和,$O_{.j} = \sum_{i=1}^{r} O_{ij}$ 是第 j 列的列和,$n = \sum_{j=1}^{c} \sum_{i=1}^{r} O_{ij}$ 是总和。

表 9-1　$r \times c$ 列联表

	Y_1	Y_2	$\cdots$	Y_c	行和 $O_i.$
X_1	O_{11}	O_{12}	$\cdots$	O_{1c}	$O_1.$
X_2	O_{21}	O_{22}	$\cdots$	O_{2c}	$O_2.$
$\cdots$	$\cdots$	$\cdots$	$\cdots$	$\cdots$	$\cdots$
X_r	O_{r1}	O_{r2}	$\cdots$	O_{rc}	$O_r.$
列和 $O_{\cdot j}$	$O_{\cdot 1}$	$O_{\cdot 2}$	$\cdots$	$O_{\cdot c}$	n

$r \times c$ 列联表对应的概率分布表为

表 9-2　$r \times c$ 表对应的概率分布表

	Y_1	Y_2	$\cdots$	Y_c	$p_i.$
X_1	p_{11}	p_{12}	$\cdots$	p_{1c}	$p_1.$
X_2	p_{21}	p_{22}	$\cdots$	p_{2c}	$p_2.$
$\cdots$	$\cdots$	$\cdots$	$\cdots$	$\cdots$	$\cdots$
X_r	p_{r1}	p_{r2}	$\cdots$	p_{rc}	$p_r.$
$p_{\cdot j}$	$p_{\cdot 1}$	$p_{\cdot 2}$	$\cdots$	$p_{\cdot c}$	1

为检验两种分类属性变量 X 与 Y 的独立性,应检验假设

$$H_0: X \text{ 与 } Y \text{ 相互独立;} \quad H_1: X \text{ 与 } Y \text{ 不独立(有关联)}。$$

参照上列概率分布表(表 9-2),由第三章第六节离散型随机变量 X 与 Y 相互独立等价条件的公式知,亦即应检验

$$H_0: p_{ij} = p_i. p_{\cdot j}, \quad (i=1,2,\cdots,r; j=1,2,\cdots,c)。$$

在 H_0 成立时,列联表各单元格的理论频数为

$$E_{ij} = np_{ij} = n \, p_i. \, p_{\cdot j} \quad (i=1,2,\cdots,r; j=1,2,\cdots,c)。$$

由于 $p_i.$ 与 $p_{\cdot j}$ 均未知,需由样本值来估计 $\hat{p}_i. = \dfrac{O_i.}{n}$, $\hat{p}_{\cdot j} = \dfrac{O_{\cdot j}}{n}$,将其代入上式就可得到各单元格的近似理论频数

$$E_{ij} = n\hat{p}_i. \hat{p}_{\cdot j} = n \cdot \frac{O_i.}{n} \times \frac{O_{\cdot j}}{n} = \frac{O_i. \times O_{\cdot j}}{n},$$

将实际频数 O_{ij} 和理论频数 E_{ij} 代入皮尔逊 χ^2 检验公式后就能得到对应于 $r \times c$ 列联表的 χ^2 独立性检验公式

$$\chi^2 = \sum_{j=1}^{c} \sum_{i=1}^{r} \frac{(O_{ij} - E_{ij})^2}{E_{ij}} \sim \chi^2(df),$$

注意到 $\sum_{i=1}^{r}\hat{p}_{i\cdot}=1,\sum_{j=1}^{c}\hat{p}_{\cdot j}=1$，则独立估计的参数个数是 $(r-1)+(c-1)$，故 χ^2 分布的自由度

$$df=r\times c-(r-1)+(c-1)-1=(r-1)(c-1)。$$

由此就可转化为前面介绍的 χ^2 拟合优度检验，步骤亦类似。

例 9.2 为研究某工种工人的铅中毒问题，抽查了该工种 164 名工人的铅中毒程度与其工龄情况，数据如表 9-3 所示，试问该工种工人的铅中毒程度与其工龄长短有无关系？（$\alpha=0.05$）

表 9-3　工人的铅中毒程度与其工龄统计表

工龄 Y	铅中毒程度 X			合计
	无	一般	严重	
短	58	14	4	76
中	32	10	2	44
长	24	12	8	44
合计	114	36	14	164

解： 应检验

$$H_0:\text{工人的铅中毒程度}(X)\text{与其工龄长短}(Y)\text{相互独立；}$$
$$H_1:\text{工人的铅中毒程度}(X)\text{与其工龄长短}(Y)\text{有关联。}$$

在 H_0 成立时，由理论频数 E_{ij} 的公式计算得：

$$E_{11}=\frac{76\times 114}{164}=52.83,\ E_{12}=\frac{76\times 36}{164}=16.68,\cdots,\ E_{33}=\frac{44\times 14}{164}=3.76。$$

则检验统计量：$\chi^2=\sum_{j=1}^{c}\sum_{i=1}^{r}\frac{(O_{ij}-E_{ij})^2}{E_{ij}}=\frac{(58-52.83)^2}{52.83}+\cdots+\frac{(8-3.76)^2}{3.76}=9.57。$

对 $\alpha=0.05$ 及 $df=(3-1)\times(3-1)=4$，查 χ^2 临界值表（附表 5）得 $\chi^2_{0.05}(4)=9.448$。

因 $\chi^2=9.57>9.448,P<0.05$，则拒绝 H_0，接受 H_1，即认为工人的铅中毒程度（X）与其工龄长短（Y）有关联。

在进行 $r\times c$ 列联表的 χ^2 独立性检验时应注意，在 $r\times c$ 列联表中，如果有 1/4 以上的理论频数小于 5，或有任何一个单元格的理论频数小于 1，就应该将理论频数小于 5 的单元格与邻组合并以增大理论频数。但应注意合并组的合理性，如是以量分组的资料（年龄分组）可以并组；但按性质分组的资料（血型），则不能合并，此时只能增加观察对象的例数再做统计分析。

【SPSS 软件应用】 建立 SPSS 数据集〈铅中毒程度与工龄〉，包括 2 个属性变量：铅中毒程度、工龄，用数值"1、2、3"分别表示"无、一般、严重"和"短、中、长"，为定序变量；1 个频数变量：人数，为数值变量，如图 9-3 所示。

在 SPSS 中选择菜单【Date】→【Weight Cases】，在对话框中，选定：

⊙Weight Cases by：人数→Frequency Variable，

	铅中毒程度	工龄	人数
1	1	1	58.00
2	1	2	32.00
3	1	3	24.00
4	2	1	14.00
5	2	2	10.00
6	2	3	12.00

图 9 - 3　数据集〈铅中毒程度与工龄〉

点击 $\boxed{\text{OK}}$ ，即可将变量"Number"设定为频数变量。

再选择菜单【Analyze】→【Descriptive Statistics】→【Crosstable】，

在对话框中选定：铅中毒程度→Row(s)；工龄→Column(s)

再点击选项 $\boxed{\text{Statistics}}$ ，在对话框中，选定：$\boxed{\checkmark}$ Chi-square，点击 $\boxed{\text{Continue}}$ 。

最后点击 $\boxed{\text{OK}}$ 。即可得如图 9 - 4 所示的卡方检验的 SPSS 主要输出结果。

Chi-Square Tests

	Value	df	Asymp. Sig. （2－sided）
Pearson Chi－Square	9.571[a]	4	.048
Likelihood Ratio	8.789	4	.067
Linear－by－Linear Association	7.307	1	.007
N of Valid Cases	164		

a. 2 cells （22.2%） have expected count less than 5. The minimum expected count is 3.76.

图 9 - 4　例 9.2 的 SPSS 主要输出结果

由图 9 - 4 知，在卡方检验表（Chi-Square Tests）知，其独立性检验的卡方统计量的值（Pearson Chi-Square）$\chi^2 = 9.571$，概率值（Asymp. Sig. （2－sided））$P = 0.048 < 0.05$，故拒绝 H_0，即认为工人的铅中毒程度（X）与其工龄长短（Y）这两个属性不独立，有关联。

（二）2×2 列联表的 χ^2 独立性检验

统计中用得最多的一种列联表是 2×2 列联表，常被称为**四格表**（fourfold table）。其一般形式为

表 9 - 4　2×2 列联表（四格表）

	Y_1	Y_2	行和
X_1	a	b	$a+b$
X_2	c	d	$c+d$
列和	$a+c$	$b+d$	$n=a+b+c+d$

对四格表，其自由度

$$df=(r-1)(c-1)=(2-1)(2-1)=1。$$

此时宜采用 Yate **连续性校正**（Yate correction for continuity），其相应的四格表 χ^2 检验校正的基本公式为

$$\chi^2=\sum_{j=1}^{2}\sum_{i=1}^{2}\frac{(|O_{ij}-E_{ij}|-0.5)^2}{E_{ij}},$$

其中 $O_{11}=a,O_{12}=b,O_{21}=c,O_{22}=d$；理论频数 E_{ij} 分别为

$$E_{11}=\frac{(a+b)(a+c)}{n},\ E_{12}=\frac{(a+b)(b+d)}{n},$$

$$E_{21}=\frac{(c+d)(a+c)}{n},\ E_{11}=\frac{(c+d)(b+d)}{n},$$

代入 χ^2 公式，整理后得四格表 χ^2 检验简化公式

$$\chi^2=\frac{n(|ad-bc|-0.5n)^2}{(a+b)(c+d)(a+c)(b+d)}。$$

而用上述简化公式计算四格表的 χ^2 统计量显然更方便。

例 9.3 对某校随机抽取大学生 1 000 人进行是否色盲的调查，按性别和是否色盲分类，得 2×2 列联表数据如表 9-5 所示。

表 9-5 某校大学生色盲调查数据

色盲	男性（人）	女性（人）
非	442	514
是	38	6

试检验该校学生色盲的发生率是否与性别有关？（$\alpha=0.05$）

解：应检验：H_0：色盲与性别独立；H_1：色盲与性别不独立，有关联。

对该四格表，用 χ^2 检验简化公式，得其检验统计量为

$$\chi^2=\frac{n(|ad-bc|-0.5n)^2}{(a+b)(c+d)(a+c)(b+d)}=\frac{1\,000(|442\times6-514\times38|-0.5\times1\,000)^2}{956\times44\times480\times520}=25.55。$$

对 $\alpha=0.05$ 及 $df=(2-1)\times(2-1)=1$，查 χ^2 临界值表（附表 5）得 $\chi^2_{0.05}(1)=3.841$。

因 $\chi^2=25.55>\chi^2_{0.05}(1)=3.841$，$P<0.05$，则拒绝 H_0，接受 H_1，即认为该校学生色盲的发生率与性别有关。

三、列联表的总体率比较检验

例 9.4 某医师观察三种降血脂药 A、B、C 的临床疗效，观察患者的血脂下降程度分为有效组与无效组，结果见表 9-6，试问三种药物的降血脂有效率有无显著差异？（$\alpha=0.05$）

表 9-6 三种降血脂药的临床治疗效果

药物	有效	无效	合计	有效率(%)
A	120	25	145	82.8
B	50	27	77	56.9
C	40	22	62	45.8
合计	210	74	284	73.9

本例也是以列联表形式表示的数据,但与前面独立性检验时仅从同一个总体中随机抽样的抽样方式不同,本例是从多个总体中进行抽样,推断目的是检验多个总体率有无显著差异。

对多个总体率比较检验问题,一般地,设有 R 个总体,第 i 个总体的概率分布为 $P(Y \mid i)$,并记 $P(Y = y_j \mid i) = p_{j|i}$, $i = 1, 2, \cdots R$; $j = 1, 2, \cdots, C$。应检验的是各总体中 Y 的概率分布是否相同,即

$$H_0 : p_{j|1} = p_{j|2} = \cdots = p_{j|R}, \quad j = 1, 2, \cdots, C。$$

在 H_0 成立时,对列联表数据,将各列和与总样本容量的比值作为 p_j 的估计

$$\hat{p}_j = \frac{O_{1j} + O_{2j} + \cdots + O_{Rj}}{O_{1.} + O_{2.} + \cdots + O_{R.}} = \frac{O_{.j}}{n}, \quad j = 1, 2, \cdots, C。$$

则理论频数为
$$E_{ij} = O_{i.} p_j \approx O_{i.} \times \frac{O_{.j}}{n} = \frac{O_{i.} \times O_{.j}}{n}。$$

虽然多组分类资料总体率的比较检验与交叉分类资料的独立性检验的意义不同,但该公式与前面独立性检验的 E_{ij} 公式是完全相同的。

因此进行两组或多组资料率比较时,由列联表数据进行检验时仍利用拟合优度检验相同,与前面列联表的 χ^2 独立性检验的计算步骤一样,都可归结为同样公式来进行皮尔逊 χ^2 检验。即对应于 $r \times c$ 列联表的检验公式为

$$\chi^2 = \sum_{j=1}^{C} \sum_{i=1}^{R} \frac{(O_{ij} - E_{ij})^2}{E_{ij}} \sim \chi^2((R-1)(C-1)),$$

对应于 2×2 列联表即四格表的 χ^2 检验简化公式为

$$\chi^2 = \frac{n(ad - bc)^2}{(a+b)(c+d)(a+c)(b+d)} \sim \chi^2(1),$$

或四格表的 χ^2 检验校正简化公式($n > 40$ 且至少有一单元格的理论频数 $E < 5$ 时采用):

$$\chi^2 = \frac{n(\mid ad - bc \mid - 0.5n)^2}{(a+b)(c+d)(a+c)(b+d)}。$$

下面我们来求解例 9.4。

例9.4 **解:**应检验假设

H_0:三种药物的总体有效率相等,($p_1=p_2=p_3=p$); H_1:三种药物的总体有效率不全相等。

计算理论频数

$$E_{11} = \frac{145 \times 210}{284} = 107.2, E_{21} = \frac{77 \times 210}{284} = 56.7, \cdots, E_{32} = \frac{62 \times 74}{284} = 16.2。$$

则 χ^2 检验统计量为

$$\chi^2 = \sum_{j=1}^{C} \sum_{i=1}^{R} \frac{(O_{ij} - E_{ij})^2}{E_{ij}} = \frac{(120 - 107.2)^2}{107.2} + \frac{(50 - 56.7)^2}{56.7} + \cdots + \frac{(22 - 16.2)^2}{16.2} = 11.951。$$

对 $\alpha = 0.05, df = (3-1)(2-1) = 2$,查 χ^2 表得:$\chi^2_{0.05}(2) = 5.991$。因 $\chi^2 = 11.951 > 5.991$,则 $P < 0.05$,故拒绝 H_0,即认为三种不同药物降血脂有效率有显著差异。

第二节　秩和检验

前面针对分布拟合问题和列联表资料,采用皮尔逊 χ^2 检验法进行检验。对于其他的总体分布类型未知或者总体分布已知但不符合正态分布等的问题,也需要用非参数检验法进行统计分析。此时一般利用"秩(或等级)"来代替数据本身进行分析,诸如**秩和检验**(rank test)、**中位数检验**(median test)、**游程检验**(run test)等非参数检验法,种类较多。本节主要介绍理论上较为完善的几种秩和检验方法。

> **定义9.2** 设 $X_1, \cdots, X_n$ 是一个样本(不必来自同一总体),将 $X_1, \cdots, X_n$ 从小到大排成一列,用 R_i 表示 X_i 在上述排列中的位置序号,$i = 1, \cdots, n$,则称 R_i 为 X_i 的**秩**(rank),称 $R_1, R_2, \cdots, R_n$ 为由 $X_1, \cdots, X_n$ 产生的**秩统计量**(rank statistics)。

由定义知,所谓秩,又称等级,就是将数据按从小到大进行排序,给出 $1, 2, 3, \cdots$ 序号或等级的一种编码。而秩统计量的一个重要特性就是分布无关性,是非参数检验的一种重要的检验手段。

秩和检验在非参数检验法中效能较高,又比较系统完整。秩和检验主要用于定序数据(等级数据)或不符合参数检验的数值数据资料。两个或多个定序数据资料的比较,例如药物疗效分为治愈、显效、好转、无效,针麻效果分为Ⅰ、Ⅱ、Ⅲ、Ⅳ级,等等,如果列成列联表形式,用 χ^2 检验只能说明各等级(组)的差异是否有统计学意义,而用秩和检验则能进一步说明对比各组效果的好坏等。

秩和检验主要步骤是:建立假设,编秩,求出秩和,计算检验统计量,查表确定 P 值,统计判断做出是否拒绝 H_0 的结论。

下面通过实例来介绍秩和检验法的具体应用。

一、配对样本比较的秩和检验

我们在研究中常会遇到利用配对设计所得的成对数据来检验两个连续型总体的差异，而对总体的分布类型没有限定。对此，Wilcoxon 提出了一种配对资料的符号秩和检验，又称 Wilcoxon **符号秩检验**(signed rank test)，以比较检验两配对资料样本分别代表的总体分布位置有无显著差异。

Wilcoxon 符号秩检验既考虑了配对数据之间差值的符号情况，还充分利用差值的大小进行分析。检验时首先计算配对样本的成对数据之差，然后将差值数据按其绝对值升序排序，并求出相应的秩。再按差值符号为正、负分成两组，分别计算正号（差值符号为正）秩和 T_+、负号秩和 T_- 以及对应平均秩。可以直观理解，如果正号平均秩和负号平均秩大致相等，则可以认为两配对样本数据的正负变化程度基本相当，两配对总体的分布无显著差异。

下面结合实例来介绍配对资料的符号秩和检验方法的具体应用。

例 9.5　为研究精神压力对人体收缩血压的影响，研究者对 12 名志愿者进行了相应的试验，测试了有精神压力和没有精神压力时收缩血压数据见表 9-7，收缩血压数据服从的分布未知，试检验有无精神压力的收缩压是否会有显著差异？（$\alpha = 0.05$）

表 9-7　不同精神压力下的收缩压

无压力时收缩压	107	108	122	119	116	118	121	111	114	109	110	108
有压力时收缩压	117	117	123	121	124	134	120	131	117	114	124	120

解：(1)应检验假设：

H_0：配对差值的总体中位数为 0；H_1：配对差值的总体中位数不为 0。

(2)求差值，编秩。首先求出各对数据 (x_i, y_i) 的配对差值 $d_i = y_i - x_i$，根据差值 d 的绝对值，由小到大编秩次，并给秩冠以差值的正负号。编秩时，对正负号不同的差数中，若有绝对值相等的，一般取其平均秩。

(3)求秩和，计算检验统计量。

对编好的秩，按差值的符号分成两组，分别求正号、负号的秩和，分别记为 T_+、T_-。T_+ 与 T_- 之和应该等于总秩和 $1 + 2 + \cdots + n = \dfrac{n(n+1)}{2}$，以此可验证 T_+ 与 T_- 计算的正确性。再以 T_+ 与 T_- 中绝对值较小者作为统计量，即 $T = \min(T_+, T_-)$。

对本例，由表 9-7 得到秩和 $T_+ = 76.5$，$T_- = 1.5$，统计量 T 值：$T = \min(T_+, T_-) = T_- = 1.5$。

(4)统计判断：当 $n \leq 5$ 时，不能得出拒绝 H_0 的结论。

当 $5 < n \leq 25$ 时，可查附表 9 的配对符号秩和检验用的 T 界值表。即对 n，找到 T 值的界值范围 $T_1 \sim T_2$，若 $T_1 < T < T_2$（不包括端点），则 $P > \alpha$，就可接受 H_0；否则，若 T 值不在界值范围 $T_1 \sim T_2$ 内（包括端点），则 $P < \alpha$，拒绝 H_0。

当 $n > 25$ 时，可按近似正态分布用 z 检验法，其 z 检验统计量为：

$$Z = \frac{|T - n(n+1)/4| - 0.5}{\sqrt{n(n+1)(2n+1)/24}}。$$

对本例，$n=12$，$\alpha=0.05$（双侧），查 T 界值表（附表 9）得界值范围 $13\sim65$，$T=1.5$ 落在范围外，则 $P<0.05$，按 $\alpha=0.05$ 显著水平拒绝 H_0，可认为有无精神压力的收缩压会有显著差异。由于负秩和 T_- 小，可看出有精神压力时收缩压会升高。

【SPSS 软件应用】建立数据集〈不同压力下的收缩压〉，包括两个数值变量：无压力时 X、有压力时 Y，如图 9-5 所示。

在 SPSS 中选择菜单【Analyze】→【Nonparametric Tests】→【Legacy Dialogs】→【2 Related-Samples】，在对话框中，选定变量：

无压力时 X→Variable 1； 有压力时 Y→Variable 2

	无压力时X	有压力时Y
1	107.00	117.00
2	108.00	117.00
3	122.00	123.00
4	119.00	121.00
5	116.00	124.00
6	118.00	134.00

图 9-5 数据集〈不同压力下的收缩压〉

在选项【Test Type】中选定：☑ Wilcoxon（默认），点击 OK 。即得 SPSS 输出主要结果如图 9-6 所示。

Ranks

		N	Mean Rank	Sum of Ranks
有压力时 Y—	Negative Ranks	1[a]	1.50	1.50
	Positive Ranks	11[b]	6.95	76.50
无压力时 X	Ties	0[c]		
	Total	12		

Test Statistics[a]

	有压力时 Y －无压力时 X
Z	-2.943^{b}
Asymp. Sig. (2-tailed)	.003

a. Wilcoxon Signed Ranks Test

b. Based on negative ranks.

图 9-6 例 9.5 的 SPSS 主要输出结果

在图 9-6 中，秩（Ranks）表给出了差值为正号、负号的个数（N），秩和（Sum of Ranks）及平均秩（Mean Rank）。而检验统计量表（Test Statistics）给出了 Wilcoxon 非参数检验的统计量值 $Z=-2.943$，双侧检验概率值（Asymp. Sig. (2-tailed)）$P=0.003$。因 $P=0.003<0.05$，故拒绝 H_0，接受 H_1，即认为有无精神压力的收缩压会有显著差异。

二、两独立样本比较的秩和检验

对于完全随机设计的两独立样本比较的秩和检验又称成组比较的秩和检验或 Wilcoxon **双样本检验**（Wilcoxon two-sample test），又称 *Mann-Whitney U* **检验**，它是用两样本观测值的秩平均来推断两样本分别代表的总体分布位置有无显著差异。

完全随机设计的两独立样本比较的秩和检验的假设：

$$H_0：两总体分布相同；\quad H_1：两总体分布不同。$$

检验的基本思想是：首先将两组样本数据$(X_1,X_2,\cdots,X_m)$和$(Y_1,Y_2,\cdots,Y_n)$混合并按升序统一排序，求出各数据的秩；然后分开，由此可得两组样本各自的秩统计量，进而得到各自的秩和T_x、T_y及平均秩T_x/m、T_y/n。如果两组平均秩差异太大，则说明一组样本的值普遍偏小，而另一组样本的值普遍偏大，这时就有理由认为零假设不成立，就拒绝H_0；反之，则不能拒绝H_0。

为此，令$U_1=T_x-1/2m(m+1)$，$U_2=T_y-1/2n(n+1)$，由此即可构造 Mann-Whitney U统计量：$U=\min(U_1,U_2)$。在小样本时，U统计量服从 Mann-Whitney 分布。在大样本下，U统计量将近似服从正态分布。

检验若用查表法进行，则选定样本容量较小的（设为n_1）样本的秩和T，它应在$n_1(N+1)/2$（T值表的界值范围中心为$[n_1(N+1)/2]$）的左右变化。若T偏离出给定α值所确定的范围时，即表明$P<\alpha$，就有理由认为零假设H_0不成立，就拒绝H_0。

当n_1与n_2超出T界值表的范围时，可按正态近似法，用下列公式进行z检验

$$Z=\frac{|T-n_1(N+1)/2|-0.5}{\sqrt{n_1\cdot n_2(N+1)/12}}。$$

下面结合例题来了解该检验方法的具体应用。

例9.6　表9-8给出两种型号的计算器充电以后所能使用的时间（单位：h）

表9-8　两种型号计算器充电后使用的时间

型号A时间	5.5	5.6	6.3	4.6	5.3	5.0	6.2	5.8	5.1		
型号B时间	3.8	4.3	4.2	4.0	4.9	4.5	5.2	4.8	4.5	3.9	3.7

设两样本相互独立且数据所属的两总体服从的分布未知，试检验这两种型号的计算器充电后平均使用时间是否有显著差异？（$\alpha=0.05$）。

解：(1) 应检验假设：H_0：两总体分布相同；H_1：两总体分布不同。

(2) 编秩。将两组样本的全部数据混合后统一编秩。编秩时，不同组的相同观测值(tie)取原秩的平均值。

(3) 分组求秩和，计算检验统计量T。

将各组的秩相加即得各组的秩和：$T_1=139$，$T_2=71$。再以较小样本含量（设为n_1）组的秩和为检验统计量T。本例$n_1=9$，$n_2=11$，故选用第一组的秩和为T，即$T=139$。

(4) 统计判断：当$n_1\leqslant10$，$n_2-n_1\leqslant10$时，查附表10的T界值表，得$P>0.05$的界值范围。当检验统计量T值在表中界值范围内（不包括端点），则$P>\alpha$，即可接受H_0。反之，则$P<\alpha$，即可拒绝H_0。

在本例中，由$n_1=9$，$n_2=11$，对$\alpha=0.05$，查T界值表（附表10）得$P=0.05$的临界值范围是68～121。由于$T=139$，在界值范围外，则$P<0.05$，故拒绝H_0，即认为这两种型号的计算器充电后平均使用时间有显著差异。

【SPSS 软件应用】建立数据集〈两种计算器充电后时间〉,包括数值变量"充电后时间"和分组变量"型号","型号"为名义变量,其值为 1 和 2,标记值为"A型"和"B 型";所建数据集见图 9-7。

在 SPSS 中选择菜单【Analyze】→【Nonparametric Tests】→【Legacy Dialogs】→【2 Independent-Samples】,选定变量:

	充电后时间	型号	
1	5.50	1	
2	5.60	1	
3	6.30	1	
4	4.60	1	
5	5.30	1	
6	5.00	1	

图 9-7　数据集〈两种计算器充电后时间〉

充电后时间→Test Variable List;　型号→Grouping Variable

再点击选项 Define Groups ,输入"型号"在两组中的取值:

Group 1:输入 1;　Group 2:输入 2

点击 Continue 。在选项【Test Type】中,选定 ☑ Mann-Whitney U(默认)。点击 OK 。即得如图 9-8 所示的 SPSS 主要输出结果。

Ranks

型号		N	Mean Rank	Sum of Ranks
充电后时间	1	9	15.44	139.00
	2	11	6.45	71.00
	Total	20		

Test Statistics[a]

	充电后时间
Mann-Whitney U	5.000
Wilcoxon W	71.000
Z	-3.382
Asymp. Sig. (2-tailed)	.001
Exact Sig. [2 * (1-tailed Sig.)]	.000[b]

a. Grouping Variable:型号
b. Not corrected for ties.

图 9-8　例 9.6 的 SPSS 输出结果

在图 9-8 中,秩表给出了两组样本的平均秩(Mean Rank)与秩和(Sum of Ranks);而由检验统计量表(Test Statistics)可得,两个独立样本的 Mann-Whitney U 检验的统计量值 $U=5$,检验的概率值(Exact Sig.)$P=0.000<\alpha=0.05$,故拒绝 H_0,即认为这两种型号的计算器充电后平均使用时间有显著差异。如果样本容量较大时,则用统计量的值 Z 和概率 P 值"Asymp. Sig."来进行统计判断。

三、多个独立样本比较的秩和检验

前面讨论了两样本代表的总体比较的秩和检验,如果进行比较的总体多于两个,则可用 **Kruskal-Wallis 秩和检验**(Kruskal-Wallis rank-sum test)法进行检验,其检验原理与两个独立样本的比较检验完全类似。如对于 k 个总体的比较检验,其检验统计量为:

$$H = \frac{12}{N(N+1)} \sum_{i=1}^{k} \frac{T_i^2}{n_i} - 3(N+1) \sim \chi^2(k-1)$$

式中 T_i 为第 i 个样本的秩和；n_i 为第 i 个样本的样本容量，$\sum_{i=1}^{k} n_i = N$ $(i=1,\cdots,k,k$ 为样本数）。

检验时，上述检验统计量 H 或 H_c 近似服从自由度 $df=k-1$ 的 χ^2 分布，即可由 χ^2 临界值表来确定 P 的范围，进行相应的 χ^2 检验。

例 9.7　研究达唑仑片在不同民族受试者体内的药代动力学，测得中国维吾尔族、蒙古族和汉族三组健康受试者各 10 人的达峰时（T_{max}，单位：小时），数据见表 9-9。试问这三个民族的达峰时 T_{max} 有无显著差别？（$\alpha=0.05$）

解:（1）应检验假设：

H_0：三个民族的达峰时的总体分布相同；H_1：三个民族达峰时的总体分布不全相同。

（2）编秩。将这三个样本 30 个观测值混合，统一从小到大编秩，对相等的数值，如分属不同组时则取平均秩次。

表 9-9　各民族达唑仑片达峰时 T_{max} 的秩和计算

维吾尔族		蒙古族		汉族	
T_{max}	秩次	T_{max}	秩次	T_{max}	秩次
2.25	28	1.68	23	1.32	18
2.16	27	1.75	25	1.15	16
2.42	30	1.50	21	1.17	17
2.38	29	1.45	20	1.08	13
1.82	26	1.35	19	0.18	1
1.74	24	1.12	14.5	0.20	3
1.62	22	0.45	7	1.01	12
0.72	11	0.32	5	0.18	2
0.55	8	0.28	4	0.34	6
0.68	10	0.64	9	1.12	14.5
$n_1=10$	$T_1=215$	$n_2=10$	$T_2=147.5$	$n_3=10$	$T_3=102.5$

（3）求秩和，计算检验统计量。

由表中各组秩次列，分别计算各组的秩和 T_i：$T_1=215$，$T_2=147.5$，$T_3=102.5$，

再计算检验统计量 H：$H = \dfrac{12}{N(N+1)} \sum_{i=1}^{3} \dfrac{T_i^2}{n_i} - 3(N+1) = 8.278$。

（4）对 $\alpha=0.05$，由 $k=3$ 得 $df=k-1=2$，查 χ^2 表得：$\chi^2_{0.05}(2)=5.991$。

因 $H=8.278>5.991$，则 $P<0.05$，故拒绝 H_0，接受 H_1，即可认为三个民族的达唑仑片达峰时 T_{max} 有显著性差别。

【SPSS 软件应用】 建立数据集〈三个民族达峰时间〉，包括数值变量"达峰时"和分组变量"民族"，其中"民族"是名义变量，取值 1、2、3，其值标签分别为维吾尔族、蒙古族、汉族。所建数据集见图 9-9。

	达峰时	民族	
1	2.25	1	
2	2.16	1	
3	2.42	1	
4	2.38	1	
5	1.82	1	
6	1.74	1	

图 9-9　数据集〈三个民族达峰时〉

在 SPSS 中选择菜单【Analyze】→【Nonparametric Tests】→【Legacy Dialogs】→【k Independent-Samples】,选定变量:

达峰时→Test Variable List;　民族→Grouping Variable。

再点击选项 Define Range ,设定组别变量的取值范围:

在 Range for Grouping Variable 下

Minimum: 1 (输入);　Maximum: 3 (输入)。

点击 Continue 。在选项【Test Type】中,选定: √ Kruskal-Wallis H(默认),点击 OK 。即可得如图 9-10 所示的主要输出结果。

Test Statistics[a,b]

	达峰时
Chi-Square	8.278
df	2
Asymp. Sig.	.016

a. Kruskal Wallis Test
b. Grouping Variable：民族

图 9-10　例 9.7SPSS 输出结果

在图 9-10 中,由检验统计量表(Test Statistics)可得,Kruskal-Wallis 检验的卡方统计量值(Chi-Square)$H=8.278$,对应检验的概率值(Asymp. Sig.)$P=0.016<\alpha=0.05$,故拒绝 H_0,接受 H_1,即认为这三个民族的达唑仑片达峰时有显著差别。

第三节　其他非参数检验方法

本章第一节介绍了 Pearson 的 χ^2 拟合优度检验方法,它是通过比较样本频率与总体概率间的差异所进行的关于总体分布的检验法。χ^2 拟合优度检验总体为离散型和连续型的都适用,但它依赖于区间的划分,并未真正检验总体分布 $F(x)$ 是否为 $F_0(x)$,实际上只是检验了 $F_0(a_i)-F_0(a_{i-1})=p_{i0}(i=1,2,\cdots,K)$ 是否成立。本节将介绍的柯尔莫戈罗夫-斯米尔诺夫检验法,当总体的分布为连续型时比 χ^2 拟合优度检验法更为精确。其中柯尔莫戈罗夫检验法可检验经验分布是否服从某种理论分布,而斯米尔诺夫检验法则可检验两个样本是否来自同一总体问题。

一、柯尔莫哥洛夫检验

设总体 X 的分布函数为未知的 $F(x)$,$F(x)$ 是 x 的连续函数。$X_1,\cdots,X_n$ 为从总体 X 中抽取的一个样本,$F_0(x)$ 为给定的某个已知分布函数,应检验原假设

$$H_0:F(x)=F_0(x)$$

是否成立。

首先,根据样本作 $F(x)$ 的经验分布函数:

$$F_n(x)=\begin{cases}0, & x<x_{(1)}\\[2mm]\dfrac{k}{n}, & x_{(k)}\leqslant x<x_{(k+1)}, \quad k=1,2,\cdots,n-1。\\[2mm]1, & x\geqslant x_{(n)}\end{cases}$$

其中 $x_{(1)}\leqslant x_{(2)}\leqslant\cdots\leqslant x_{(n)}$ 为样本观测值 $x_1,x_2,\cdots,x_n$ 从小到大排列所得。

考察统计量 $D_n=\sup\limits_{-\infty<x<+\infty}|F_n(x)-F_0(x)|$,$D_n$ 称为 F_n 与 F_0 之间的柯氏距离。由第六章定理 6.1(格里汶科定理)可知:如果原假设 H_0 成立,则有 $P\{\lim\limits_{n\to\infty}D_n=0\}=1$。而下面柯尔莫哥洛夫证明的定理 6.3 则进一步给出了 D_n 的更深刻的结果。

定理 9.2 设 $F(x)$ 是连续的分布函数,则

(1) $P\left\{D_n<y+\dfrac{1}{2n}\right\}=\begin{cases}0, & y\leqslant 0,\\[3mm]\displaystyle\int_{\frac{1}{2n}}^{\frac{1}{2n}+y}\int_{\frac{3}{2n}-y}^{\frac{3}{2n}+y}\cdots\int_{\frac{2n-1}{2n}-y}^{\frac{2n-1}{2n}+y}f(x_1,\cdots,x_n)\mathrm{d}x_1\cdots\mathrm{d}x_n, & 0\leqslant y<\dfrac{2n-1}{2n},\\[3mm]1, & y\geqslant\dfrac{2n-1}{2n},\end{cases}$

其中 $f(x_1,\cdots,x_n)=\begin{cases}n!, & 0<x_1<\cdots<x_n<1,\\1, & 其他。\end{cases}$

(2) $\lim\limits_{n\to\infty}P\{\sqrt{n}D_n<\lambda\}=Q(\lambda)=\begin{cases}\displaystyle\sum_{k=-\infty}^{\infty}(-1)^k\exp\{-2k^2\lambda^2\}, & \lambda>0,\\[3mm]0, & \lambda\leqslant 0。\end{cases}$

(证明从略)

该定理提供了分布函数拟合检验法——柯尔莫戈罗夫检验的理论依据。由此即可采用

$$D_n=\sup_{-\infty<x<+\infty}|F_n(x)-F_0(x)|$$

作为柯尔莫戈罗夫检验的检验统计量,当原假设 H_0 成立时,定理 9.2 给出了检验统计量 D_n 的精确分布与极限分布。而当 H_0 不成立时,D_n 有偏大的趋势。

通常可利用定理 9.2(2)的极限分布式得到 $Q(\lambda)$($\lambda>0$)的数表,见附表 18。其中

$$Q(\lambda) = \lim_{n \to \infty} P\{\sqrt{n} D_n < \lambda\} = \sum_{k=-\infty}^{\infty} (-1)^k \exp\{-2k^2\lambda^2\}.$$

对于给定的水平 α，$P\{\sqrt{n} D_n > \lambda_\alpha\} = \alpha$。查 $Q(\lambda)$ 表，可得到 λ_α：

$$Q(\lambda_\alpha) = P\{\sqrt{n} D_n \leqslant \lambda\} = 1 - P\{\sqrt{n} D_n > \lambda\} = 1 - \alpha$$

故 λ_α 是对应于 $Q(\lambda_\alpha) = 1 - \alpha$ 的 λ。

统计判断：对样本观察值 $x_1, \cdots, x_n$，计算统计量 D_n 的观察值，如果 $\sqrt{n} D_n > \lambda_\alpha$，则拒绝 H_0，认为 $H_0: F(x) = F_0(x)$ 不成立。否则接受 H_0，认为 $H_0: F(x) = F_0(x)$ 成立。

综上所述，柯尔莫哥洛夫检验适用于理论分布 $F_0(x)$ 为完全已知的连续分布情形。其检验的主要步骤为：

(1) 建立原假设 $H_0: F(x) = F_0(x)$；

(2) 将样本观察值 $x_1, \cdots, x_n$ 按大小排列为 $x_{(1)} \leqslant x_{(2)} \leqslant \cdots \cdots \leqslant x_{(n)}$；

(3) 计算 D_n 的值：$D_n = \sup\limits_{-\infty < x < +\infty} |F_n(x) - F_0(x)| = \max\limits_{i}\{\delta_i, i = 1, 2, \cdots, n\}$，

其中 $\delta_i = \max\left\{\left|F_0(x_{(i)}) - \dfrac{i-1}{n}\right|, \left|F_0(x_{(i)}) - \dfrac{i}{n}\right|\right\}, i = 1, 2, \cdots, n$；

(4) 对给定的 α，查附表 18，由 $Q(\lambda_\alpha) = 1 - \alpha$ 得 λ_α；

(5) 若 $\sqrt{n} D_n > \lambda_\alpha$，则拒绝 H_0，认为样本数据的总体不服从理论分布 $F_0(x)$；若 $\sqrt{n} D_n \leqslant \lambda_\alpha$，则接受 H_0。

例 9.8　对 $\alpha = 0.05$ 的显著水平，可否认为下列 10 个数：

0.034　0.437　0.863　0.964　0.366　0.469　0.637　0.632　0.804　0.261

是来自均匀分布 $U(0,1)$ 的随机数？($\alpha = 0.05$)

解：应检验 H_0：样本来自的总体分布 $F(x) = F_0(x)$，其中 $F_0(x)$ 为 $(0,1)$ 上的均匀分布。

用柯尔莫哥洛夫检验法，计算过程如表 9-10 所示。因此

$$D_n = \max_i\{\delta_i, i = 1, 2, \cdots, n\} = 0.166。$$

表 9-10　例 9.8 的柯尔莫哥洛夫检验的计算表

i	$x_{(i)}$	$F_0(x_{(i)})$	$(i-1)/n$	i/n	δ_i
1	0.034	0.034	0	0.1	0.066
2	0.261	0.261	0.1	0.2	0.161
3	0.366	0.366	0.2	0.3	0.166
4	0.437	0.437	0.3	0.4	0.137
5	0.469	0.469	0.4	0.5	0.069
6	0.623	0.623	0.5	0.6	0.123
7	0.637	0.637	0.6	0.7	0.063
8	0.804	0.804	0.7	0.8	0.104
9	0.863	0.863	0.8	0.9	0.063
10	0.964	0.964	0.9	1.0	0.064

由 $n=10, \alpha=0.10$ 查附表 18，$Q(\lambda_{0.05})=0.95$ 得 $\lambda_{0.05}=1.36$。

因 $\sqrt{n}D_n=\sqrt{10}\times 0.166=0.525<1.36$，则接受 H_0，即认为总体分布为均匀分布，也即认为该批数据是来自均匀分布 $U(0,1)$ 的随机数。

注意：由于 $Q(\lambda)$ 为极限分布，故其临界值 λ_α 对大样本数据更为适合。对于小样本数据，也可查用更准确的柯氏临界值 $D_{n,\alpha}$ 表（如参考文献[14]）。在小样本情形，查 $Q(\lambda)$ 表得的 λ_α 可能缩小约 5% 更准确。

【SPSS 软件应用】首先建立对应的 SPSS 数据集〈均匀分布随机数〉，包括一个数值型变量"X"，如图 9-11 所示。

在 SPSS 中，选择菜单

【Analyze】→【Nonparametric Tests】→【Legacy Dialogs】→【1-samples K－S】，

选定变量：X→Test Variable List。

再选定 Test Distribution：☑ Uniform。

最后点击 OK。即可得如图 9-12 所示的例 9.8 的 SPSS 输出结果。

	X
1	.0340
2	.0437
3	.8630
4	.9640
5	.3660
6	.4690

图 9-11　数据集〈均匀分布随机数〉

One-Sample Kolmogorov-Smirnov Test

		X
N		10
Uniform Parameters[a,b]	Minimum	.034 0
	Maximum	.964 0
Most Extreme Differences	Absolute	.157
	Positive	.100
	Negative	−.157
Kolmogorov－Smirnov Z		.496
Asymp. Sig. (2-tailed)		.966

a. Test distribution is Uniform.
b. Calculated from data.

图 9-12　例 9.8 的 SPSS 输出结果

图 9-12 的 SPSS 输出结果中，其检验统计量表（One-Sample Kolmogorov-Smirnov Test）给出了柯尔莫戈罗夫检验的值（Kolmogorov-Smirnov Z）$Z=0.496$，检验的概率值（Asymp. Sig. (2-tailed)）$P=0.966$。因 $P=0.966>0.05$，故接受 H_0，即认为该批数据是来自均匀分布 $U(0,1)$ 的随机数。

Pearson χ^2 检验与柯尔莫哥洛夫检验的比较：在总体 X 为一维且理论分布为完全已知的连续分布时，柯尔莫哥洛夫检验优于 χ^2 检验。但当总体是多维时，Pearson χ^2 检验法是与一维一样，其极限分布的形式也与维数无关；尤其是对于理论分布包含未知参数时，χ^2 检验容易处理，但柯氏检验法处理起来很困难。

二、斯米尔诺夫检验

在实际应用中,有时需要研究两个样本来自的总体是否服从同一分布的检验问题,对此,斯米尔诺夫借助于经验分布函数提出了与科尔莫戈罗夫检验法相类似的斯米尔诺夫检验法。

设 $X_1, \cdots, X_{n_1}$ 是来自具有连续分布函数 $F_1(x)$ 的总体 X 中的样本, $Y_1, \cdots, Y_{n_2}$ 是来自具有连续分布函数 $F_2(x)$ 的总体 Y 的样本,且两个样本相互独立。欲检验假设:

$$H_0: F_1(x) = F_2(x), x \in (-\infty, +\infty); \quad H_1: F_1(x) \neq F_2(x), \text{对某个 } x.$$

设 $F_{1n_1}(x)$ 和 $F_{2n_2}(x)$ 分别为这两个样本的经验分布函数,作统计量

$$D_{n_1,n_2}^+ = \sup_{-\infty < x < \infty} (F_{1n_1}(x) - F_{2n_2}(x)), \quad D_{n_1,n_2} = \sup_{-\infty < x < \infty} |F_{1n_1}(x) - F_{2n_2}(x)|.$$

苏联数学家斯米尔诺夫(N.Smirnov)于 1936 年证明了下列结果。

定理 9.3 设原假设 $H_0: F_1(x) = F_2(x)$ 成立,而且 $F_1(x)$ 为连续函数,则有

(1) $\lim\limits_{\substack{n_1 \to \infty \\ n_2 \to \infty}} P \left\{ \sqrt{\dfrac{n_1 n_2}{n_1 + n_2}} D_{n_1,n_2}^+ \leqslant x \right\} = \begin{cases} e^{-2x^2}, & x > 0; \\ 0, & x \leqslant 0 \end{cases}$

(2) $\lim\limits_{\substack{n_1 \to \infty \\ n_2 \to \infty}} P \left\{ \sqrt{\dfrac{n_1 n_2}{n_1 + n_2}} D_{n_1,n_2} \leqslant x \right\} = Q(x).$

其中 $Q(x)$ 与定理 9.2 意义相同。(证明从略)

该定理提供了比较两个总体的分布函数的检验方法——斯米尔诺夫检验法的理论基础。而 D_{n_1,n_2}^+ 和 D_{n_1,n_2} 分别称为单侧和双侧的斯米尔诺夫检验统计量。

如果要检验的假设问题是双侧检验:

$$H_0: F_1(x) = F_2(x), x \in (-\infty, +\infty); \quad H_1: F_1(x) \neq F_2(x), \text{对某个 } x.$$

根据定理 9.3 只需取

$$D_{n_1,n_2} = \sup_{-\infty < x < \infty} |F_{1n_1}(x) - F_{2n_2}(x)|$$

作为检验统计量,对于给定的显著水平 α,查附表 18,由 $Q(\lambda_\alpha) = 1 - \alpha$ 得 λ_α,则当

$\sqrt{\dfrac{n_1 n_2}{n_1 + n_2}} D_{n_1,n_2} > \lambda_\alpha$ 时拒绝 H_0;否则,则接受 H_0。这就是斯米尔诺夫检验。

如果要检验的是单侧检验问题

$$H_0: F_1(x) \leqslant F_2(x); \quad H_1: F_1(x) > F_2(x), x \in (-\infty, +\infty),$$

则用 $D_{n_1,n_2}^+ = \sup_{-\infty < x < \infty} |F_{1n_1}(x) - F_{2n_2}(x)|$ 作为检验统计量即可。

例 9.9 电视台播放的某款减肥药品遭到了药品无效的投诉,为此药检局决定检验该药品疗效。将 24 名接受测试的志愿者随机分为两组,其中一组 12 人按药品说明服药,另外一组 12 人则不服药,用 X、Y 分别表示这两组人间隔 2 个月的体重变化量,如表 9.11 所示。

表 9 - 11　两组人的体重变化表(单位:kg)

X(服药组)	1.25	2.00	−1.75	0.00	−2.00	3.00	2.50	−0.75	1.75	−2.50	0.00	0.00
Y(不服药组)	1.50	1.00	0.50	2.00	0.25	−1.25	0.73	0.00	2.25	−0.75	−1.25	1.00

试检验这两组人的体重变化的分布有无显著性差异?

解:本例为两个独立样本来自的总体分布比较的非参数检验问题,可用斯米尔诺夫检验来进行。

设服药组人与不服药组人的体重变化量的两个分布函数分别为 $F_1(x)$ 和 $F_2(x)$,则应检验:

$$H_0:F_1(x)=F_2(x),x\in(-\infty,+\infty);\quad H_1:F_1(x)\neq F_2(x),对某个 x。$$

这里我们应用 SPSS 软件来进行斯米尔诺夫检验。

【SPSS 软件应用】首先建立对应的 SPSS 数据集〈两组人的体重变化〉,包括一个数值型变量"体重变化量"和一个分组变量"组别",其中"组别"是名义变量,取值1、2,其值标签分别为服药组、不服药组。所建数据集见图 9 - 13。

在 SPSS 中选择菜单【Analyze】→【Nonparametric Tests】→【Legacy Dialogs】→【2 Independent-Samples】,选定变量:

	体重变化量	组别
1	1.25	1
2	2.00	1
3	-1.75	1
4	.00	1
5	-2.00	1
6	3.00	1

图 9 - 13　数据集〈两组人的体重变化〉

体重变化量→Test Variable List；　组别→Grouping Variable

再点击选项 Define Groups ,输入"组别"在两组中的取值:

Group 1:输入 1；　Group 2:输入 2

点击 Continue 。在选项【Test Type】中,选定 ☑ Kolmogorov-Smirnov Z。最后点击 OK 。即得如图 9 - 14 所示的 SPSS 主要输出结果。

Test Statistics[a]

		体重变化量
Most Extreme Differences	Absolute	.250
	Positive	.250
	Negative	−.167
Kolmogorov−Smirnov Z		.612
Asymp. Sig. (2-tailed)		.847

a. Grouping Variable：组别

图 9 - 14　例 9.9 的 SPSS 输出结果

在图 9 - 14 中,由检验统计量表(Test Statistics)可得, $D_{n_1,n_2}=0.25$, $D_{n_1,n_2}^+=0.25$。而斯米尔诺夫检验统计量值(Kolmogorov-Smirnov Z) $Z(=\sqrt{\dfrac{n_1 n_2}{n_1+n_2}}D_{n_1,n_2})=0.612$。检验

的概率值（Asymp. Sig.）$P=0.847>\alpha=0.05$，故接受 H_0，即认为这两组人的体重变化量对应的两个总体分布相同，也即这两组人的体重变化无显著性差异。最终药监局的检验结论为药品确实无效。

许宝騄——享誉国际的中国统计学家

中国数学家、统计学家许宝騄(1910—1970)，1936 年在伦敦大学 Galton 实验室和统计系攻读博士学位，师从 R.A.费希尔、J.奈曼等国际著名统计学家，毕业后回国在西南联大任教授，在西南联大，他与数学家华罗庚和陈省身有"数学三杰"的称号。后在北京大学任教授，是新中国首批中国科学院院士。

在概率论极限理论研究的方面，许宝騄创造性地提出"完全收敛性"概念；对中心极限定理的研究，改进了克拉美定理和贝莱定理。在数理统计领域，他对 Neyman-Pearson 理论做出了重要的贡献，得到了一些重要的非中心分布，论证了 F 检验在上述理论中的优良性；同时他对多元统计分析研究中导出正态分布样本协方差矩阵特征根的联合分布和极限分布，被公认为多元统计分析的奠基人之一。

许宝騄被公认为在数理统计和概率论方面第一个具有国际声望的中国数学家。许宝騄的照片悬挂在美国斯坦福大学统计系的走廊上，与世界著名的统计学家并列。

 习题九

1. 在图书馆中，按 5 本书为一组随机地选择 200 组样本，记录污损的书（包括打上着重记号、有污点、缺页等等），得到的数据如下表所示。

一组中损坏书的本数(x_i)	0	1	2	3	4	5	合计
组数(f_i)	72	77	34	14	2	1	200
理论频数(np_i)	65.54	81.92	40.96	10.24	1.28	0.06	200

试用 χ^2 检验法检验一组中损坏的书的本数是否服从二项分布。（$\alpha=0.05$）

2. 检验了一本书的 100 页，记录各页中的印刷错误的个数，其结果如下：

错误个数 f_i	0	1	2	3	4	5	6	≥ 7
含 f_i 个错误的页数	36	40	19	2	0	2	1	0

问能否认为一页的印刷错误的个数服从泊松分布？（$\alpha=0.05$）

3. 在一批灯泡中抽取 300 只做寿命试验，其结果如下：

寿命 t（小时）	$t<100$	$100\leq t<200$	$200\leq t<300$	$t\geq 300$
灯泡数	121	78	43	58

取 $\alpha=0.05$，试检验假设：H_0：灯泡寿命服从参数为 0.005 的指数分布是否成立？（$\alpha=0.05$）

4. 调查某市郊区某桑场采桑员和辅助工桑毛虫皮炎发病情况,结果如下表:

	采桑	不采桑	合计
患者人数	19	12	30
健康人数	4	78	82
合计	22	90	112

试问桑毛虫皮突发病是否与采桑工种有关($\alpha = 0.05$)?

5. 某药厂用 5 种不同生产工艺考察某种产品的质量,得优级品频数如下表所示。

工艺条件	产品质量		合计
	优级品	非优级品	
甲	9	11	20
乙	20	29	49
丙	13	22	35
丁	9	30	39
戊	8	17	25
合计	59	109	168

试分析产品质量的优级与工艺条件有无关系。($\alpha = 0.05$)

6. 为了解某地钩虫感染情况,随机抽查男性 150 人,其中钩虫感染 30 人;女性 150 人,其中钩虫感染 20 人,试问该地男女不同性别的钩虫感染率是否相同?($\alpha = 0.05$)

7. 某单位在中小学观察三种方案治疗近视眼措施的效果,其疗效见下表,问三种方案治疗近视眼的有效率有无差别?($\alpha = 0.05$)

方案	有效	无效	合计	有效率(%)
A	24	26	50	48.00
B	16	29	45	35.56
C	8	40	48	16.67
合计	48	95	143	33.57

8. 下面给出两个工人 5 天生产同一种产品每天生产的件数:

工人 A	49	52	53	47	50
工人 B	56	48	58	46	55

设两样本独立且总体服从的分布未知,问能否认为工人 A、工人 B 平均每天完成的件数没有显著差异(取 $\alpha = 0.05$)?

9. 现有 8 只 60 日龄雄鼠在某种处理前后的体重(g)改变如下表所示。

处理前(g)	25.7	24.4	21.1	25.2	26.4	23.8	21.5	22.9
处理后(g)	22.5	23.2	21.4	23.4	25.4	20.4	21.5	21.7

试用秩和检验比较处理前后差异的显著性。($\alpha = 0.10$)

10. 现有 8 名健康男子服用肠溶醋酸棉酚片前后的精液中精子浓度检查结果如下表(服用时间 3 月),问服用肠溶醋酸棉酚片前后精液中精子浓度有无下降?($\alpha = 0.05$)

编号	1	2	3	4	5	6	7	8
服药前(万/ml)	6 000	22 000	5 900	4 400	6 000	6 500	26 000	5 800
服药后(万/ml)	660	5 600	3 700	5 000	6 300	1 200	1 800	2 200

11. 利用原有仪器 A 和新仪器 B 分别测得某种片剂 30 分钟后的溶解度如下：

A：55.7　50.4　54.8

B：53.0　52.9　55.1　57.4　56.6

试用秩和检验法判断两台仪器的测试结果是否有显著性差异？($\alpha = 0.05$)

12. 用两组雌鼠分别给予高蛋白或低蛋白的饲料，实验时间自生后 28 天至 84 天止，计 8 周。观察各鼠所增体重的数据结果见下表。问两种饲料对雌鼠体重增加有无显著影响？($\alpha = 0.05$)

高蛋白组(g)	83	97	104	107	113	119	123	124	129	134	146	161
低蛋白组(g)	65	70	70	78	85	94	101	107	122			

13. 为检验两台光测高温计所测定的温度读数之间有无系统误差，用这两台光测高温计同时对一热炽灯灯丝作了 10 次观察，得到如下数据(℃)：

甲高温计	1 050	1 028	918	1 183	1 200	980	1 258	1 308	1 420	1 500
乙高温计	1 070	1 020	936	1 185	1 211	1 002	1 254	1 330	1 425	1 545

试用秩和检验法检验这两台光测高温计所测定的温度之间有无系统误差？($\alpha = 0.05$)

14. 为了比较 3 种牌号的汽油，进行一项试验，选取载重量和功率都相同的 21 辆汽车，每 7 辆用一种汽油，同时在一条公路上用同样的速度行驶，得到每加仑汽油行驶的里程数据如下(英里)：

牌号 1 汽油	14	19	19	16	15	17	20
牌号 2 汽油	20	21	18	20	19	19	18
牌号 3 汽油	20	26	24	23	23	25	23

若该里程数据的总体分布未知，试检验 3 种牌号的汽油有无显著差异？($\alpha = 0.05$)

15. 对正常人、单纯性肥胖人及皮质醇增多症三组人的血浆皮质醇含量进行测定，其结果见下表。

正常人	0.40	1.90	2.20	2.50	2.80	3.10	3.70	3.90	4.60	7.00
单纯性肥胖	0.60	1.20	2.00	2.40	3.10	4.10	5.00	5.90	7.40	13.60
皮质醇增多	9.80	10.20	10.60	13.00	14.00	14.80	15.60	15.60	21.60	24.00

假定该含量服从的分布未知，试检验这三组人的血浆皮质醇含量有无显著差异？($\alpha = 0.05$)

16. 对 10 台设备进行寿命试验，其寿命分别为

420　500　920　1 380　1 510　1 650　1 760　2 100　2 320　2 350

试用科尔莫戈罗夫检验法检验其服从参数为 1/1500 的指数分布？

17. 测得铅作业与非铅作业工人的血铅值(μmol/L)如下表所示。

铅作业	0.87	0.85	0.97	1.02	1.21	1.64	2.08	2.13	
非铅作业	0.24	0.24	0.29	0.33	0.44	0.63	0.72	0.87	1.01

试检验这两组人的血铅值分布有无显著性差异？($\alpha = 0.05$)

(高祖新)

第十章

方差分析

在科学研究和生产实践中,常会通过观测或试验来考察某种或多种因素的变化对观测或试验结果的指标是否有显著影响。例如:在新的化工产品开发中,需要研究不同的反应温度、反应时间、催化剂种类、各种辅料的用量及配比对化工产品质量或提取率等的影响是否显著。这类问题一般可归结为多个正态总体的均值是否有显著差异的检验。

例 10.1 考察催化剂因素对某化工产品提取率的影响,假设各催化剂下该化工产品提取率服从方差相等的正态分布。在相同条件下用 5 种不同的催化剂进行独立试验,每种催化剂下各做 5 次试验,得到的该化工产品提取率如表 10-1 所示。

表 10-1 5 种催化剂作用下某化工产品提取率

催化剂	甲	乙	丙	丁	戊
	55	49	63	45	43
	58	55	60	51	46
提取率(%)	61	52	66	48	41
	67	51	65	42	39
	60	58	66	44	42
平均提取率(%)	60.2	53	64	46	42.2

试考察不同催化剂作用下该化工产品的平均提取率是否不同,即催化剂因素对化工产品的提取率是否有显著影响?

如何解决上述 5 种不同催化剂下该化工产品平均提取率的比较问题?我们自然联想到利用第八章所讲的两独立样本的正态总体均值比较的 t 检验法来分析问题。但是如果用该 t 检验法进行,则需要进行 $C_5^2 = 10$ 次两两比较检验,不仅其计算过程繁琐,而且其犯第一类错误的概率为 $1 - (1 - \alpha)^{10}$,当 $\alpha = 0.05$ 时犯第一类错误的概率高达 0.401,这是难以接受的。

为此,英国统计学家 R.A.费希尔在 1923 年提出了可同时比较多个正态总体均值是否相等的方差分析法,并首先应用于生物和农业田间试验,此后经过后人的持续的理论推广和实践应用,已形成相对完善的理论体系。方差分析法已成为多个正态总体均值比较检验的最常用的统计方法,并在许多科学研究领域得到成功的应用。

第一节　单因素方差分析

一、方差分析的原理

> **定义 10.1　方差分析**(analysis of variance,ANOVA)是对试验数据进行多个正态总体均值比较检验的最基本的统计分析方法。它是对全部样本观测值的差异(方差)进行分解,将某种因素下各组样本观测值之间可能存在的因素所造成的系统性误差,与随机抽样所造成的随机误差加以区分比较,从而推断该因素对试验结果的影响是否显著。

> **定义 10.2**　在科学试验中,我们将所得到的试验结果称为**效应**(effect),将衡量试验结果的标志称为**试验指标**(experiment indicator),将影响试验结果的条件称为**因素**(factor),将因素在试验中所处的不同状态称为该因素的**水平**(level)。

方差分析的目的就是探讨不同因素不同水平之间试验指标的差异,从而考察各因素对试验结果是否有显著影响。**单因素试验**(one factor trial)就是只考察一个影响条件即因素的试验,相应的方差分析称为**单因素方差分析**(one-way analysis of variance)。在试验中考察多个因素的试验的方差分析称为**多因素方差分析**(multi-way analysis of variance)。

下面我们结合前面例 10.1 来介绍方差分析的原理。在例 10.1 中,试验指标为化工产品的提取率,考察的因素是催化剂,5 种不同的催化剂对应于因素的 5 个水平。

由例 10.1 中的表 10-1 可知,首先因素的每个水平(即每种催化剂)下各次试验的提取率有所不同,这些数据的差异可认为是由随机因素引起的随机误差,即每个水平下的该化工产品的提取率可以看成来自同一个总体的样本,5 个水平对应于 5 个相互独立的正态总体 X_i,$i=1,2,3,4,5$。由于试验中除了所考虑的催化剂因素外,其他条件都相同,故可认为各总体的方差是相等的,即

$$X_i \sim N(\mu_i, \sigma^2), \ i=1,2,3,4,5$$

其次,不同水平的平均提取率也不同,这些平均值的差异到底是由随机因素引起的随机误差,还是因为催化剂的不同而造成的呢? 因 $\mu_i(i=1,2,3,4,5)$代表各水平下的提取率对应的总体均值,为此,我们应检验

$$H_0 : \mu_1 = \mu_2 = \mu_3 = \mu_4 = \mu_5$$

是否成立? 如果拒绝 H_0,就可认为不同水平(不同的催化剂)下的提取率确实有显著差异,即催化剂对该化工产品的提取率有显著影响;否则,则认为不同水平(不同的催化剂)下提取率的差异只是由随机误差造成的。

下面将根据表 10-1 给出的样本值用方差分析法来检验各总体均值间有无显著差异。而进行方差分析的前提条件是:

(1)(独立性)各总体的样本为相互独立的随机样本;

（2）（正态性）各总体服从正态分布；

（3）（方差齐性）各总体的方差相等。

一般地，我们设因素 A 有 k 个水平 $A_1,A_2,\cdots,A_k$。为考察 A 因素对试验结果是否有显著影响，现对每个水平 A_j 各自独立地进行 n_j 次重复试验（$j=1,2,\cdots,k$），其试验结果列于表 10-2：

表 10-2 方差分析数据结构表

水平（组别）	A_1	A_2	$\cdots$	A_k
试验结果 x_{ij}	x_{11}	x_{12}	$\cdots$	x_{1k}
	x_{21}	x_{22}	$\cdots$	x_{2k}
	$\vdots$	$\vdots$		$\vdots$
	$x_{n_1 1}$	$x_{n_2 2}$	$\cdots$	$x_{n_k k}$
平均值 $\overline{x}_j$	$\overline{x}_1$	$\overline{x}_2$	$\cdots$	$\overline{x}_k$

其中
$$\overline{x}_j = \frac{1}{n_j}\sum_{i=1}^{n_j} x_{ij}, j=1,2,\cdots,k$$

是 A_j 水平下（第 j 组组内）观测值的样本均值，又称组内平均值。

方差分析的样本数据也可用线性模型来简单表示：

$$\begin{cases} x_{ij}=\mu_j+\varepsilon_{ij}; \\ \varepsilon_{ij}\sim N(0,\sigma^2), i=1,\cdots,n_j; j=1,2,\cdots,k。 \end{cases}$$

此时，各个水平 $A_j(j=1,2,\cdots,k)$ 下的样本 $x_{1j},\cdots,x_{n_j j}$ 来自均值分别为 $\mu_j(j=1,2,\cdots,k)$、方差 σ^2 相同的正态总体 $X_j\sim N(\mu_j,\sigma^2)$，$\mu_j$，$\sigma^2$ 是未知参数；ε_{ij} 为随机误差，且相互独立；不同水平 A_j 下的样本之间也相互独立。

方差分析的目的就是考察因素 A 的不同水平对应的试验结果即总体 $X_1,X_2,\cdots,X_k$ 的均值是否有显著差异，即需要检验

$$H_0:\mu_1=\mu_2=\cdots=\mu_k; \quad H_1:\mu_1,\mu_2,\cdots,\mu_k \text{不全相等}。$$

若令
$$\mu=\frac{1}{n}\sum_{i=1}^{k} n_i\mu_i, n=\sum_{i=1}^{k} n_i,$$

μ 称为**总平均**，并记

$$\alpha_i=\mu_i-\mu, i=1,2,\cdots,k。$$

其中 α_i 表示 A_i 水平下的平均值 μ_i 与总平均值 μ 的差异，称为 A_i 水平的效应。则有

$$n_1\alpha_1+\cdots+n_k\alpha_k=\sum_{i=1}^{k} n_i(\mu_i-\mu)=0。$$

此时方差分析模型可化为

$$\begin{cases} x_{ij} = \mu + \alpha_j + \varepsilon_{ij} \\ \varepsilon_{ij} \sim N(0, \sigma^2), \text{各 } \varepsilon_{ij} \text{ 相互独立}, i = 1, \cdots, n_j; j = 1, 2, \cdots, k; \\ \sum_{j=1}^{k} n_j \alpha_j = 0. \end{cases}$$

而需要检验的假设也可表示为

$$H_0: \alpha_1 = \alpha_2 = \cdots = \alpha_k = 0; \quad H_1: \alpha_1, \alpha_2, \cdots, \alpha_k \text{ 不全为 } 0.$$

这是因为当且仅当 $\mu_1 = \mu_2 = \cdots = \mu_k = \mu$ 时，$\alpha_i = 0, i = 1, 2, \cdots, k$。

与所有假设检验一样，方差分析也要在原假设 H_0 成立时，构造适当的检验统计量，再进行统计推断。为此，考察**总离差平方和**(sum of square of total deviations)或**总变差**(total deviations)：

$$SS_T = \sum_{j=1}^{k} \sum_{i=1}^{n_j} (x_{ij} - \bar{x})^2$$

其中 $\bar{x} = \dfrac{1}{n} \sum_{j=1}^{k} \sum_{i=1}^{n_j} x_{ij}, n = \sum_{j=1}^{k} n_j$。它是全体数据 x_{ij} 与总均值 $\bar{x}$ 之间的离差平方和，反映了全部数据总的变异程度。如果原假设 H_0 成立，各组数据可看成是来自同一个正态总体的同一组样本观察值，而 SS_T 是这组全体样本数据的样本方差的 $(n-1)$ 倍，只表示由随机因素引起的差异；如果 H_0 不成立，则 SS_T 除了包含由随机因素引起的差异外，还将包含因素 A 的各个不同水平作用所引起的差异。

为此我们对总离差平方和 SS_T 进行分解，有

$$SS_T = \sum_{j=1}^{k} \sum_{i=1}^{n_j} (x_{ij} - \bar{x})^2 = \sum_{j=1}^{k} \sum_{i=1}^{n_j} [(x_{ij} - \bar{x}_{.j}) + (\bar{x}_{.j} - \bar{x})]^2$$

$$= \sum_{j=1}^{k} \sum_{i=1}^{n_j} [(x_{ij} - \bar{x}_{.j})^2 + 2(x_{ij} - \bar{x}_{.j})(\bar{x}_{.j} - \bar{x}) + (\bar{x}_{.j} - \bar{x})^2]$$

$$= \sum_{j=1}^{k} \sum_{i=1}^{n_j} (x_{ij} - \bar{x}_{.j})^2 + \sum_{j=1}^{k} 2(\bar{x}_{.j} - \bar{x}) \sum_{i=1}^{n_j} (x_{ij} - \bar{x}_{.j}) + \sum_{j=1}^{k} \sum_{i=1}^{n_j} (\bar{x}_{.j} - \bar{x})^2$$

$$= \sum_{j=1}^{k} \sum_{i=1}^{n_j} (x_{ij} - \bar{x}_{.j})^2 + \sum_{j=1}^{k} n_j (\bar{x}_{.j} - \bar{x})^2$$

其中中间交叉乘积部分等于 0，因为

$$\sum_{i=1}^{n_j} (x_{ij} - \bar{x}_{.j}) = \sum_{i=1}^{n_j} x_{ij} - n_j \bar{x}_{.j} = n_j \bar{x}_{.j} - n_j \bar{x}_{.j} = 0.$$

现在分别记

$$SS_E = \sum_{j=1}^{k} \sum_{i=1}^{n_j} (x_{ij} - \bar{x}_j)^2, \quad SS_A = \sum_{j=1}^{k} n_j (\bar{x}_j - \bar{x})^2.$$

由此我们得到了重要的离差平方和分解公式：

$$SS_T = SS_E + SS_A.$$

为了明确 SS_E、SS_A 的意义，记

$$\bar{\varepsilon}_j = \frac{1}{n_j}\sum_{i=1}^{n_j}\varepsilon_{ij}, \quad \bar{\varepsilon} = \frac{1}{n}\sum_{j=1}^{k}\sum_{i=1}^{n_j}\varepsilon_{ij},$$

则

$$\bar{x}_j = \mu + \alpha_j + \bar{\varepsilon}_j, \quad \bar{x} = \mu + \bar{\varepsilon},$$

则

$$SS_E = \sum_{j=1}^{k}\sum_{i=1}^{n_j}(x_{ij} - \bar{x}_j)^2 = \sum_{j=1}^{k}\sum_{i=1}^{n_j}(\varepsilon_{ij} - \bar{\varepsilon}_j)^2$$

反映了重复试验产生的随机因素的误差波动，故称为**误差平方和**（sum of square error）或**组内平方和**（sum of square within groups）。而

$$SS_A = \sum_{j=1}^{k}n_j(\bar{x}_j - \bar{x})^2 = \sum_{j=1}^{k}n_j(\alpha_j + \bar{\varepsilon}_j - \bar{\varepsilon})^2$$

在原假设 $H_0 : \alpha_1 = \alpha_2 = \cdots = \alpha_k = 0$ 成立时，它反映了误差的波动；在原假设 H_0 不成立时，它反映了 A 因素的不同水平效应间的差异（当然也包含随机误差），故称之为**因素平方和**（sum of square factor）或**组间平方和**（sum of square between groups）。

这样，离差平方和分解公式

$$SS_T = SS_E + SS_A$$

将引起全体数据总波动的 SS_T 分解为可能存在的因素所造成的系统性误差 SS_A 和随机抽样所造成的随机误差 SS_A，它是反映方差分析基本原理的重要公式。

二、方差分析方法与方差分析表

方差分析法是考察因素 A 对试验结果的影响是否显著的统计检验方法，需检验的假设为

$$H_0 : \alpha_1 = \alpha_2 = \cdots = \alpha_k = 0; \quad H_1 : \alpha_1, \alpha_2, \cdots, \alpha_k \text{ 不全为 } 0。$$

其中 $\alpha_i(i=1,2,\cdots,k)$ 为因素 A 的各水平 A_i 的效应。

为了构造该检验的统计量，我们可以先考虑 SS_E 和 SS_A 的数学期望。

$$E(SS_E) = E\Big[\sum_{j=1}^{k}\sum_{i=1}^{n_j}(\varepsilon_{ij} - \bar{\varepsilon}_j)^2\Big] = \sum_{j=1}^{k}E\Big[\sum_{i=1}^{n_j}\varepsilon_{ij}^2 - n_i\bar{\varepsilon}_j^2\Big] = \sum_{j=1}^{k}\Big[\sum_{i=1}^{n_j}E(\varepsilon_{ij}^2) - n_iE(\bar{\varepsilon}_j^2)\Big]$$

$$= \sum_{j=1}^{k}\Big[n_i\sigma^2 - n_i\frac{\sigma^2}{n_i}\Big] = \sum_{j=1}^{k}(n_i - 1)\sigma^2 = (n-k)\sigma^2,$$

$$E(SS_A) = E\Big[\sum_{j=1}^{k}n_j(\alpha_j + \bar{\varepsilon}_j - \bar{\varepsilon})^2\Big] = E\Big[\sum_{j=1}^{k}n_j\alpha_j^2 + 2\sum_{j=1}^{k}n_j\alpha_j(\bar{\varepsilon}_j - \bar{\varepsilon}) + \sum_{j=1}^{k}n_j(\bar{\varepsilon}_j - \bar{\varepsilon})^2\Big]$$

$$= \sum_{j=1}^{k}n_j\alpha_j^2 + E\Big[\sum_{j=1}^{k}n_j\bar{\varepsilon}_j^2 - n\bar{\varepsilon}^2\Big] = \sum_{j=1}^{k}n_j\alpha_j^2 + \sum_{j=1}^{k}n_jE(\bar{\varepsilon}_j^2) - nE(\bar{\varepsilon}^2)$$

$$= \sum_{j=1}^{k}n_j\alpha_j^2 + \sum_{j=1}^{k}n_j\frac{\sigma^2}{n_j} - n\frac{\sigma^2}{n} = \sum_{j=1}^{k}n_j\alpha_j^2 + (k-1)\sigma^2。$$

显然 $SS_E/(n-k)$ 为 σ^2 的无偏估计。而当原假设 H_0 成立时，$SS_A/(k-1)$ 也为 σ^2 的无偏估计，否则，其期望值要大于 σ^2。由此，当原假设 $H_0: \alpha_1 = \alpha_2 = \cdots = \alpha_k = 0$ 成立时，统计量

$$F = \frac{SS_A/(k-1)}{SS_E/(n-k)}$$

不应太大。而当 F 的值太大时，就可以认为原假设 H_0 不成立。

下面我们应用第六章的结果来考察 F 服从的分布。当原假设 H_0 成立时，所有的 x_{ij} 构成了一组来自正态总体 $N(\mu, \sigma^2)$ 的样本，而且相互独立，故 $SS_T/\sigma^2 \sim \chi^2(n-1)$。

对于 SS_E，它有 k 个线性关系 $\sum_{i=1}^{n_j}(x_{ij} - \bar{x}_j) = 0$，$j = 1, 2, \cdots, k$，所以 SS_E 的自由度为 $n-k$。

对于 SS_A，它有一个线性关系 $\sum_{j=1}^{k} n_j(\bar{x}_j - \bar{x}) = 0$，所以 SS_A 的自由度为 $k-1$。

而 SS_T, SS_E, SS_A 均为非负定二次型，并且

$$n-1 = n-k + (k-1),$$

所以由柯赫伦定理（第六章定理 6.5）知，当原假设 H_0 成立时，

$$SS_E/\sigma^2 \sim \chi^2(n-1), \quad SS_A/\sigma^2 \sim \chi^2(n-1)，且相互独立。$$

故

$$F = \frac{SS_A/(k-1)}{SS_E/(n-k)} \sim F(k-1, n-k)。$$

其中 $MS_A = SS_A/(k-1)$ 称为**因素均方**（mean square factor）或**组间均方**（mean square between groups）；$MS_E = SS_E/(n-k)$ 称为**误差均方**（mean square error）或**组内均方**（mean square within groups）。

当 F 很大时，说明因素 A 引起的变异明显超过了随机因素所引起的差异，从而拒绝 H_0，即可认为因素 A 对试验结果有显著影响。为此，我们取

$$F = \frac{SS_A/(k-1)}{SS_E/(n-k)}$$

为检验统计量。对给定显著水平 α，查 F 分布表（附表 7）得临界值 $F_\alpha(k-1, n-k)$，使得

$$P\{F > F_\alpha(k-1, n-k)\} = \alpha。$$

实际应用时，为计算统计量 F 的观测值，通常可采用**方差分析表**（analysis of variance table），如表 10-3 所示。

表 10-3　单因素方差分析表

方差来源 Source	离差平方和 SS	自由度 df	均方 MS	F 值 F Value	P 值 Sig.
因素 A（组间）	SS_A	$k-1$	$SS_A/(k-1)$	$F = \dfrac{SS_A/(k-1)}{SS_E/(n-k)}$	P
误差 E（组内）	SS_E	$n-k$	$SS_E/(n-k)$		
总变差（Total）	$SS_T = SS_A + SS_E$	$n-1$		$F_\alpha(k-1, n-k)$	

利用方差分析表(表 10 - 3)即可进行统计判断:

当 F 值$>F_\alpha(k-1,n-k)$,或 P 值$<\alpha$ 时,拒绝 H_0,认为因素 A 对试验结果有显著影响;否则,则接受 H_0,则认为因素 A 对试验结果无显著影响。

三、单因素方差分析的步骤及应用

综上所述,将单因素方差分析的解题步骤总结如下:

(1) 针对问题,建立原假设与备择假设:

$$H_0: \alpha_1 = \alpha_2 = \cdots = \alpha_k = 0; \quad H_1: \alpha_1, \alpha_2, \cdots, \alpha_k \text{不全为} 0$$

或

$$H_0: \mu_1 = \mu_2 = \cdots = \mu_k = \mu; \quad H_1: \mu_1 、 \mu_2 、 \cdots 、 \mu_k \text{不全相等}。$$

(2) 分别计算离差平方和及检验统计量 F 值,列出方差分析表。

(3) 对给定的 α,查 F 分布表得:$F_\alpha(k-1,n-k)$。

(4) 统计判断:若 $F>F_\alpha(k-1,n-k)$,或 $P<\alpha$,拒绝 H_0,认为因素对试验结果有显著影响;否则,接受 H_0,认为因素对试验结果没有显著影响。

现对显著水平 $\alpha=0.05$,用方差分析法的解题步骤来求解前面例 10.1。

例 10.1 解: 应检验假设

$$H_0: \mu_1 = \mu_2 = \mu_3 = \mu_4 = \mu_5; H_1: \mu_1, \mu_2, \mu_3, \mu_4, \mu_5 \text{不全相等}。$$

由试验结果数据:$n_1 = n_2 = n_3 = n_4 = n_5 = 5, n = 25, k = 5$。

$$SS_T - \sum_{j=1}^{k} \sum_{i=1}^{n_j} x_{ij}^2 - n\bar{x}^2 = 1\,923.84; \quad SS_A = \sum_{j=1}^{k} \frac{1}{n_j} \left(\sum_{i=1}^{n_j} x_{ij} \right)^2 - n\bar{x}^2 = 1\,692.24$$

$$SS_E = SS_T - SS_A = 1\,923.84 - 1\,692.24 = 231.6。$$

又

$$df_T = n-1 = 24, df_A = k-1 = 4, df_E = n-k = 20。$$

从而得

$$F = \frac{SS_A/(k-1)}{SS_E/(n-k)} = \frac{1\,692.24/4}{231.6/20} = 36.534。$$

对给定的 $\alpha = 0.05$,查表得:$F_\alpha(k-1,n-k) = F_{0.05}(4,20) = 2.87$。

由此可列出方差分析表(表 10 - 4)。

表 10 - 4 例 10.1 的方差分析表

方差来源 Source	离差平方和 SS	自由度 df	均方 MS	F 值 F	P 值 Sig.
组间(因素)	1 692.240	4	423.060	36.534	<0.05
组内(误差)	231.600	20	11.580		
总变差	1 923.840	24		$F_{0.05}(4,20) = 2.87$	

由于 $F = 36.534 > F_{0.05}(4,20) = 2.87$,则 $P < 0.05$,故拒绝 H_0,即在 $\alpha = 0.05$ 的显著水平上,认为不同的催化剂对该化工产品提取率有显著影响。

【SPSS 软件应用】建立数据集〈提取率与催化剂〉,包括数值变量"提取率"和分组变量

"催化剂类别"。其中"催化剂类别"为定序变量,取值为 $1,2,\cdots,5$。所建数据集如图 10-1 所示。

在 SPSS 中选择菜单【Analyze】→【Compare Means】→【One-way ANOVA】,选定变量:

提取率→Dependent List;催化剂类别→Factor

点击 OK 。就可得如图 10-2 所示的 SPSS 输出结果表。

	提取率	催化剂类别	
1	55.00	1	
2	58.00	1	
3	61.00	1	
4	67.00	1	
5	60.00	1	
6	49.00	2	

图 10-1 数据集〈提取率与催化剂〉

ANOVA

提取率

	Sum of Squares	df	Mean Square	F	Sig.
Between Groups	1 692.240	4	423.060	36.534	.000
Within Groups	231.600	20	11.580		
Total	1 923.840	24			

图 10-2 例 10.1 的 SPSS 输出结果表

在图 10-2 中,由单因素方差分析(ANOVA)表可得,检验统计量的值 $F=36.534$,检验概率值(Sig.)$P=0.000<0.05$,故拒绝 H_0,认为不同的催化剂对该化工产品提取率有显著影响。

第二节 多重比较检验

当单因素方差分析的结果为拒绝 H_0,接受 H_1 时,表明该因素的各水平指标的均值不全相等,即只能说明至少有两个水平指标的均值间差异是显著的。如果还希望更进一步地对多个水平指标的均值做两两比较,以及哪个最大、哪个最小等,这就是**多重比较**(multiple comparisons)问题。

如果用前面介绍的两样本均值比较的 t 检验来进行多重比较,则对显著水平为 α,重复做两两比较的 t 检验会使犯第一类错误的总的概率远大于 α,这是难以接受的。而多重比较的目的就是控制所有两两比较总的犯第一类错误的概率,其方法也很多,这里主要介绍两种多重比较的方法:Tukey 法和 Scheffé 法。

一、Tukey 法多重比较检验

Tukey 法又称 HSD 法,是 J.W.图基(J.W.Tukey)于 1952 年提出的。

多重比较法应检验 $H_0:\mu_i=\mu_j$。设因素 A 共有 k 个水平,每个水平均做 m 次试验,即为各组数据个数相等的均衡数据。当 $H_0: \mu_1 = \mu_2 = \cdots = \mu_k = \mu$ 成立时,各水平试验指标的样本均值 $\bar{x}_{.1}, \bar{x}_{.2}, \cdots, \bar{x}_{.k}$ 相互独立且同服从于方差相等的正态分布 $N(\mu, \sigma_2)$,同时其方差 σ_2 的估计为 $\hat{\sigma}^2 = MS_E/m$,其中 $MS_E = SS_E/(n-k)$ 为组内均方。此时可以证明

$$q = \frac{\max\limits_{1 \leqslant h,l \leqslant k} \{|\bar{x}_{.h} - \bar{x}_{.l}|\}}{\sqrt{MS_E/m}}$$

服从 q 分布,记为 $q \sim q(k, n-k)$。就可用 q 作为 $H_0: \mu_i = \mu_j$ 的检验统计量,对给定的显著水平 α,由多重比较的 q 表(附表15),查得 $q_\alpha(k, n-k)$,满足 $P\{q \geqslant q_\alpha(k, n-k)\} = \alpha$。当 $q > q_\alpha(k, n-k)$,则拒绝 H_0。

为简便起见,实际进行多重比较时,将拒绝域写成

$$\max\limits_{1 \leqslant h,l \leqslant k} \{|\bar{x}_{.h} - \bar{x}_{.l}|\} \geqslant q_\alpha(k, n-k)\sqrt{MS_E/m},$$

并记 $T = q_\alpha(k, n-k)\sqrt{MS_E/m}$。对任何 $h \neq l$,为进行两两检验 $H_0: \mu_i = \mu_j$,由于 $\max\limits_{1 \leqslant h,l \leqslant k} \{|\bar{x}_{.h} - \bar{x}_{.l}|\} > |\bar{x}_{.i} - \bar{x}_{.j}|$ 总是成立,故只要

$$|\bar{x}_{.i} - \bar{x}_{.j}| > T(= q_\alpha\sqrt{MS_E/m}),$$

总可以认为 $\mu_i \neq \mu_j$。因此,实际检验时只要直接比较:

若 $|\bar{x}_{.i} - \bar{x}_{.j}| \geqslant T$,拒绝 H_0,认为 μ_i 与 μ_j 的差异有显著性;反之,若 $|\bar{x}_{.i} - \bar{x}_{.j}| < T$,接受 H_0,认为 μ_i 与 μ_j 的差异无显著性。

例 10.1(续) 试对例 10-1 的五种催化剂提取率的均值作多重比较。($\alpha = 0.05$)

解: 已知 $k = 5, m = 5, MS_E = 11.58, MS_E$ 的自由度 $n - k = 20$。

对 $\alpha = 0.05$,查附表 15 得 q 的临界值:$q_\alpha(k, n-k) = q_{0.05}(5, 20) = 4.23$,则

$$T = q_\alpha\sqrt{MS_E/m} = 4.23 \times \sqrt{11.58/4} = 7.197。$$

现将 5 个均值两两间差值的绝对值列于表 10-5:

表 10-5　五种提取率均值两两差值的绝对值

	$\bar{x}_{.2}$	$\bar{x}_{.3}$	$\bar{x}_{.4}$	$\bar{x}_{.5}$
$\bar{x}_{.1}$	7.2*	3.8	14.2*	18*
$\bar{x}_{.2}$		11*	7	10.8*
$\bar{x}_{.3}$			18*	21.8*
$\bar{x}_{.4}$				3.8

表 10-5 中打"*"的表示两均值间的差异满足:$|\bar{x}_{.i} - \bar{x}_{.j}| > T = 7.197$,认为两均值间差异有显著性($\alpha = 0.05$)。

显然,除了催化剂甲与丙、乙与丁、丁与戊下提取率均值之间差异无显著性外,其余的催化剂之间提取率均值的差异均有显著性。

【**SPSS 软件应用**】对例 10.1,前面已解得,不同的催化剂对该化工产品提取率有显著影

响,现对这些各种催化剂的化工产品提取率均值,做两两比较的多重比较检验。

在 SPSS 中,打开例 10.1 的数据集〈提取率与催化剂〉,选择菜单【Analyze】→【Compare Means】→【One—way ANOVA】,选定变量:

提取率→Dependent List; 催化剂类别→Factor,

再点击选项【Post Hoc】,选定两两多重比较的方法:☑ Turkey,☑ S-N-K,点击 Continue。
最后点击 OK ,即可得用 Turkey 法和 S-N-K 法进行两两多重比较分析的结果。

提取率

催化剂类别		N	Subset for alpha=0.05		
			1	2	3
Student-Newman—Keuls[a]	5	5	42.200 0		
	4	5	46.000 0		
	2	5		53.000 0	
	1	5			60.200 0
	3	5			64.000 0
	Sig.		.093	1.000	.093
Tukey HSD[a]	5	5	42.200 0		
	4	5	46.000 0		
	2	5		53.000 0	
	1	5			60.200 0
	3	5			64.000 0
	Sig.		.419	1.000	.419

Means for groups in homogeneous subsets are displayed.
a. Uses Harmonic Mean Sample Size=5.000.

图 10 - 3 例 10.1 多重比较的输出结果

当选用 S-N-K 法时,多重比较的结果会以相似性子集划分的形式给出,如图 10 - 3 所示。在相似性子集划分中(Subset for alpha=0.05),同一列的均值彼此无显著差异,不同列的均值有显著差异。对于图 10 - 3 所示的本例 Turkey 法多重比较(Tukey HSD)的结果中,催化剂戊(5)和催化剂丁(4)同属于第一列,其提取率均值分别为 42.2 与 46 彼此没有显著差异;催化剂乙(2)是第 2 列,其提取率均值为 53.0;催化剂甲(1)和催化剂丙(3)是第 3 列,其提取率均值 60.2 与 64 彼此没有显著差异;而不同列之间的提取率均值有显著差异。

二、Scheffé 法多重比较检验

当因素的各个水平下所做试验次数不相等,即各样本量不等的非均衡数据时,H.谢夫(H.Scheffé)于 1953 年提出与方差分析 F 检验相容的 Scheffé 多重比较法,从而提高了检验

效率。

Scheffé 法进行多重比较时,为检验 $H_0: \mu_i = \mu_j$,所用的检验统计量为

$$S = \frac{|\bar{x}_{\cdot i} - \bar{x}_{\cdot j}|}{\sqrt{MS_E(1/n_i + 1/n_j)}},$$

对给定 α,可由对应 S 统计表(附表 16)查得 $S_\alpha(k, n-k)$,满足 $P\{S \geqslant S_\alpha(k, n-k)\} = \alpha$。则当 $S < S_\alpha(k, n-k)$ 时,接受 $H_0: \mu_i = \mu_j$;反之,当 $S > S_\alpha(k, n-k)$ 时,拒绝 H_0,即认为两均值 μ_i 与 μ_j 间差异有显著性。

实际应用时,可令

$$T_{ij} = S_\alpha \sqrt{MS_E(1/n_i + 1/n_j)},$$

当 $|\bar{x}_{\cdot i} - \bar{x}_{\cdot j}| \geqslant T_{ij}$ 时,拒绝 H_0,即可判定两总体均值 μ_i 与 μ_j 有显著差异;否则,则判定两总体均值 μ_i 与 μ_j 无显著差异。

目前常用统计软件(如 SPSS、SAS 等)中使用的多重比较检验方法有十多种,各有优点,大体分为两类,一类是所有均值两两比较,一类是所有均值与一个对照比较;有的要求各样本量相等的均衡数据,有的可不等。常用的还有多阶段检验的 SNK 法和 Duncan 法等,详情可参阅相关著作。

第三节　两因素方差分析

两因素方差分析是分析两个因素(A 和 B)对某个随机现象的试验指标或随机变量的影响。而在实际问题中,还可能考虑更多的因素,以及因素之间的交互作用等,就要用到多因素试验的方差分析。如果把所有水平组合(即完全试验),进行重复试验,试验次数会增加很多,为了以最少的试验次数达到最佳的效果,常常应用正交试验或均匀试验做初步试验,待找到有效的组合后再进一步小范围试验。而本节主要讨论的两因素方差分析则是多因素方差分析的基础。

一、重复试验的两因素方差分析

如果一个因素的效应随另一个因素水平的变动而出现显著差异,说明这两个因素存在交互作用(interaction),事实上,两因素以上的试验其主要目的就是寻找有交互作用的水平组合。如研制新药就是在不同因素、不同成分中寻找一个最佳的比例搭配即配方,而这个最佳配方只有在交互作用显著的条件下才能找到,医生开处方也是一样的道理。本节将简单介绍有交互作用的两因素方差分析,关于有交互作用的多因素方差分析问题,可看本书正交试验设计部分或其他文献。

假设 A 因素有 s 个水平 $A_1, A_2, \cdots, A_s$,B 因素有 r 个水平 $B_1, B_2, \cdots, B_r$,若考虑交互作用,在每对水平组合 (A_i, B_j) 下必须至少重复试验两次以便分解出代表交互作用的离差平方和。现假设每对水平组合 (A_i, B_j) 独立地获得 n 个观察值 $x_{ijk}(i=1,2,\cdots,s, j=1,$

$2,\cdots,r,k=1,2,\cdots,m$），如表 10-6 所示。

表 10-6　重复试验的两因素试验数据表

因素 A	因素 B			
	B_1	B_2	$\cdots$	B_r
A_1	$(x_{11},\cdots,x_{11m})$	$(x_{12},\cdots,x_{12m})$	$\cdots$	$(x_{1r},\cdots,x_{1rm})$
A_2	$(x_{21},\cdots,x_{21m})$	$(x_{22},\cdots,x_{22m})$	$\cdots$	$(x_{2r},\cdots,x_{2rm})$
$\cdots$	$\cdots$	$\cdots$		$\cdots$
A_s	$(x_{s1},\cdots,x_{s1m})$	$(x_{s2},\cdots,x_{s2m})$	$\cdots$	$(x_{sr},\cdots,x_{srm})$

设所得试验结果对应总体

$$X_{ijk}\sim N(\mu_{ij},\sigma^2),\ i=1,2,\cdots,s,j=1,2,\cdots,r,k=1,2,\cdots,m。$$

则有

$$\begin{cases}x_{ijk}=\mu_{ij}+\varepsilon_{ijk};\ i=1,\cdots,r;j=1,2,\cdots,s;k=1,2,\cdots,m。\\ \varepsilon_{ijk}\sim N(0,\sigma^2),各\ \varepsilon_{ij}\ 相互独立。\end{cases}$$

现设总体均值为 μ，A 因素 A_i 水平的均值为 $\mu_{i\cdot}$，B 因素 B_j 水平的均值为 $\mu_{\cdot j}$，若效应可加，便有分解

$$\mu_{ij}=\mu+(\mu_{i\cdot}-\mu)+(\mu_{\cdot j}-\mu)+(\mu_{ij}-\mu_{i\cdot}-\mu_{\cdot j}+\mu)=\mu+\alpha_i+\beta_j+\gamma_{ij},$$

其中 $\alpha_i=\mu_{i\cdot}-\mu$ 为 **A 因素主效应**，$\beta_j=\mu_{\cdot j}-\mu$ 为 **B 因素主效应**，$\gamma_{ij}=\mu_{ij}-\mu_{i\cdot}-\mu_{\cdot j}+\mu$ 为**交互效应**（interaction effect），$i=1,2,\cdots,s,j=1,2,\cdots,r$，且满足条件：

$$\sum_{i=1}^{s}\alpha_i=\sum_{j=1}^{r}\beta_j=0,\ \sum_{i=1}^{s}\sum_{j=1}^{r}\gamma_{ij}=0,$$

则我们所要研究的方差分析模型为

$$\begin{cases}x_{ijk}=\mu+\alpha_i+\beta_j+\gamma_{ij}+\varepsilon_{ijk};\ \ i=1,\cdots,r;j=1,2,\cdots,s;k=1,2,\cdots,m。\\ \varepsilon_{ijk}\sim N(0,\sigma^2),各\ \varepsilon_{ij}\ 相互独立;\\ \sum_{i=1}^{r}\alpha_i=0,\ \sum_{j=1}^{r}\beta_j=0,\ \sum_{i=1}^{r}\gamma_{ij}=0,\ \sum_{j=1}^{s}\gamma_{ij}=0。\end{cases}$$

对此模型。我们需要检验以下三个假设：

对因素 A：$H_{A0}:\alpha_1=\alpha_2=\cdots=\alpha_s=0$；　$H_{A1}:\alpha_1$、α_2、$\cdots$、α_s 不全为 0；

对因素 B：$H_{B0}:\beta_1=\beta_2=\cdots=\beta_r=0$；　$H_{B1}:\beta_1$、β_2、$\cdots$、β_r 不全为 0；

对 A 与 B 交互效应：$H_{AB0}:\gamma_{ij}=0,i=1,2,\cdots,s,j=1,2,\cdots,r$；　$H_{AB1}:\gamma_{ij}$ 不全为 0。

考察重复试验观察值 $x_{ijk},i=1,2,\cdots,s,j=1,2,\cdots,r,k=1,2,\cdots,m$，记

$$\bar{x}=\frac{1}{rsm}\sum_{j=1}^{r}\sum_{i=1}^{s}\sum_{k=1}^{m}x_{ijk},\ \bar{x}_{ij\cdot}=\frac{1}{m}\sum_{k=1}^{m}x_{ijk},\ i=1,2,\cdots,s,j=1,2,\cdots,r;$$

$$\overline{x}_{i..} = \frac{1}{rm} \sum_{j=1}^{r} \sum_{k=1}^{m} x_{ijk}, i = 1, 2, \cdots, s; \quad \overline{x}_{.j.} = \frac{1}{sm} \sum_{i=1}^{s} \sum_{k=1}^{m} x_{ijk}, j = 1, 2, \cdots, r;$$

则有

$$\overline{x} = \mu + \overline{\varepsilon}; \quad \overline{x}_{ij.} = \mu + \alpha_i + \beta_j + \gamma_{ij} + \overline{\varepsilon}_{ij.}; \quad \overline{x}_{i..} = \mu + \alpha_i + \overline{\varepsilon}_{i..}; \quad \overline{x}_{.j.} = \mu + \beta_j + \overline{\varepsilon}_{.j.}。$$

其中 $\overline{\varepsilon}, \overline{\varepsilon}_{ij.}, \overline{\varepsilon}_{i..}, \overline{\varepsilon}_{.j.}$ 关于 ε_{ijk} 的公式类似于 $\overline{x}, \overline{x}_{ij.}, \overline{x}_{i..}, \overline{x}_{.j.}$。

与单因素方差分析相似,总离差平方和为

$$\begin{aligned}
SS_T &= \sum_{i=1}^{s} \sum_{j=1}^{r} \sum_{k=1}^{m} (x_{ijk} - \overline{x})^2 \\
&= \sum_{i=1}^{s} \sum_{j=1}^{r} \sum_{k=1}^{m} \left[(\overline{x}_{i..} - \overline{x}) + (\overline{x}_{.j.} - \overline{x}) + (\overline{x}_{ij.} - \overline{x}_{i..} - \overline{x}_{.j.} + \overline{x}) + (x_{ijk} - \overline{x}_{ij.}) \right]^2 \\
&= \sum_{i=1}^{s} rm (\overline{x}_{i..} - \overline{x})^2 + \sum_{j=1}^{r} sm (\overline{x}_{.j.} - \overline{x})^2 + \sum_{i=1}^{s} \sum_{j=1}^{r} m (\overline{x}_{ij.} - \overline{x}_{i..} - \overline{x}_{.j.} + \overline{x})^2 \\
&\quad + \sum_{i=1}^{s} \sum_{j=1}^{r} \sum_{k=1}^{m} (x_{ijk} - \overline{x}_{ij.})^2 \\
&= SS_A + SS_B + SS_{AB} + SS_E
\end{aligned}$$

可以证明上述分解式的中间交叉乘积部分等于 0。其中各偏差平方和的表达式为

$$SS_A = rm \sum_{i=1}^{s} (\overline{x}_{i..} - \overline{x})^2 = rm \sum_{i=1}^{s} (\alpha_i + \overline{\varepsilon}_{i..} - \overline{\varepsilon})^2;$$

$$SS_B = sm \sum_{j=1}^{r} (\overline{x}_{.j.} - \overline{x})^2 = sm \sum_{j=1}^{r} (\beta_j + \overline{\varepsilon}_{.j.} - \overline{\varepsilon})^2;$$

$$SS_{AB} = m \sum_{i=1}^{s} \sum_{j=1}^{r} (\overline{x}_{ij.} - \overline{x}_{i..} - \overline{x}_{.j.} + \overline{x})^2 = m \sum_{i=1}^{s} \sum_{j=1}^{r} (\gamma_{ij} + \overline{\varepsilon}_{ij.} - \overline{\varepsilon}_{i..} - \overline{\varepsilon}_{.j.} + \overline{\varepsilon})^2;$$

$$SS_E = \sum_{i=1}^{s} \sum_{j=1}^{r} \sum_{k=1}^{m} (x_{ijk} - \overline{x}_{ij.})^2 = \sum_{i=1}^{s} \sum_{j=1}^{r} \sum_{k=1}^{m} (\varepsilon_{ijk} - \overline{\varepsilon}_{ij.})^2。$$

从上可知,SS_E 反映了随机误差的波动;SS_A、SS_B、SS_{AB} 除了反映随机误差的波动外,还分别反映了因素 A 效应的差异、因素 B 效应的差异、A 与 B 交互效应的差异所引起的波动,我们分别称为误差的偏差平方和、因素 A 的偏差平方和、因素 B 的偏差平方和以及交互作用 AB 的偏差平方和。

与单因素方差分析中的推导类似,我们不难得到

$$E(SS_E) = rs(m-1)\sigma^2, \quad E(SS_A) = (s-1)\sigma^2 + rm \sum_{i=1}^{s} \alpha_i^2,$$

$$E(SS_B) = (r-1)\sigma^2 + sm \sum_{j=1}^{r} \beta_j^2, \quad E(SS_{AB}) = (s-1)(r-1)\sigma^2 + m \sum_{i=1}^{s} \sum_{j=1}^{r} \gamma_{ij}^2。$$

与前面方差分析原理一样,可以构造检验因素和交互作用显著性的统计量。

对于 SS_A,它有一个线性关系式:$\sum_{i=1}^{s} (\overline{x}_{i..} - \overline{x}) = 0$,所以 SS_A 的自由度为 $(s-1)$。

SS_B 也有一个线性关系式：$\sum\limits_{j=1}^{r}(\bar{x}_{.j.}-\bar{x})=0$，所以 SS_B 的自由度为 $(r-1)$。

SS_E 有 sr 个相互独立的线性关系式

$$\sum_{k=1}^{m}(x_{ijk}-\bar{x}_{ij.})=0,\ i=1,2,\cdots,s,j=1,2,\cdots,r,$$

所以 SS_E 的自由度为 $srm-sr=sr\,(m-1)$。

SS_{AB} 有 $s+r$ 个相互独立的线性关系式

$$\sum_{i=1}^{s}(\bar{x}_{ij.}-\bar{x}_{i..}-\bar{x}_{.j.}+\bar{x})=0,\ j=1,2,\cdots,r;$$

$$\sum_{j=1}^{r}(\bar{x}_{ij.}-\bar{x}_{i..}-\bar{x}_{.j.}+\bar{x})=0,\ i=1,2,\cdots,s。$$

但在这 $s+r$ 个线性关系式中又存在一个线性关系式

$$\sum_{i=1}^{s}\sum_{j=1}^{r}(\bar{x}_{ij.}-\bar{x}_{i..}-\bar{x}_{.j.}+\bar{x})=0,$$

故只有 $s+r-1$ 个线性关系式是独立的，所以 SS_{AB} 的自由度为

$$sr-(s+r-1)=(s-1)(r-1)。$$

当 H_{A0}、H_{B0}、H_{AB0} 成立时，所有的 $x_{ijk}\sim N(\mu,\sigma^2)$，且相互独立，故

$$\frac{SS_T}{\sigma^2}\sim\chi^2(rsm-1)。$$

由于

$$\frac{SS_T}{\sigma^2}=\frac{SS_A}{\sigma^2}+\frac{SS_B}{\sigma^2}+\frac{SS_{AB}}{\sigma^2}+\frac{SS_E}{\sigma^2},$$

又

$$srm-1=rs(m-1)+(s-1)+(r-1)+(s-1)(r-1),$$

由柯赫伦定理（第六章定理 6.5）知

$$\frac{SS_A}{\sigma^2}\sim\chi^2(s-1),\ \frac{SS_B}{\sigma^2}\sim\chi^2(r-1),$$

$$\frac{SS_{AB}}{\sigma^2}\sim\chi^2((r-1)(s-1)),\ \frac{SS_E}{\sigma^2}\sim\chi^2(rs(m-1)),$$

且相互独立。

则当 $H_{A0}:\alpha_1=\alpha_2=\cdots=\alpha_s=0$ 成立时，有

$$F_A=\frac{SS_A/(s-1)}{SS_E/(sr(m-1))}=\frac{MS_A}{MS_E}\sim F((s-1),sr(m-1));$$

当 $H_{B0}:\beta_1=\beta_2=\cdots=\beta_r=0$ 成立时，有

$$F_B=\frac{SS_B/(r-1)}{SS_E/(sr(m-1))}=\frac{MS_B}{MS_E}\sim F((r-1),sr(m-1));$$

当 $H_{AB0}:\gamma_{ij}=0,i=1,2,\cdots,s,j=1,2,\cdots,r$ 成立时,有

$$F_{AB}=\frac{SS_{AB}/(s-1)(r-1)}{SS_E/(sr(m-1))}=\frac{MS_{AB}}{MS_E}\sim F((s-1)(r-1),sr(m-1)),$$

这些就可作为用来检验 H_{A0}、H_{B0}、H_{AB0} 的统计量。

相应于重复试验的两因素方差分析表如表 10-7 所示。

表 10-7　重复试验的两因素方差分析表

方差来源 Source	离差平方和 SS	自由度 df	均方 MS	F 值 F	P 值 Sig.
因素 A	SS_A	$s-1$	$MS_A=\dfrac{SS_A}{s-1}$	$F_A=\dfrac{MS_A}{MS_E}$	P_A
因素 B	SS_B	$r-1$	$MS_B=\dfrac{SS_B}{r-1}$	$F_B=\dfrac{MS_B}{MS_E}$	P_B
交互 AB	SS_{AB}	$(s-1)(r-1)$	$MS_{AB}=\dfrac{SS_{AB}}{(s-1)(r-1)}$	$F_{AB}=\dfrac{MS_{AB}}{MS_E}$	P_{AB}
误差	SS_E	$sr(m-1)$	$MS_E=\dfrac{SS_E}{sr(m-1)}$		
总变差	SS_T	$srm-1$			

统计判断:对给定的显著水平 α,我们有

当 $F_A>F_\alpha(s-1,sr(m-1))$, 或 $P_A<\alpha$ 时,拒绝 H_{A0}, 即认为因素 A 的影响有显著性;否则,接受 H_{A0}。

当 $F_B>F_\alpha(r-1,sr(m-1))$, 或 $P_B<\alpha$ 时,拒绝 H_{B0}, 即认为因素 B 的影响有显著性;否则,接受 H_{B0}。

当 $F_{AB}>F_\alpha((s-1)(r-1),sr(m-1))$, 或 $P_{AB}<\alpha$ 时,拒绝 H_{AB0}, 即认为因素 A、B 的交互作用有显著性;否则,接受 H_{AB0}。

在进行重复试验两因素方差分析时,必须先分析交互作用是否有显著性。当交互作用有显著性时,如果不考虑交互作用而直接分解两因素的主效应,会降低分析效率。若交互作用无显著性,则相应的偏差平方和 SS_{AB} 只不过是随机误差的一种反映,此时需要将 SS_{AB} 与随机误差项 SS_E 合并作为新的误差平方和 SS_E':

$$SS_E'=SS_{AB}+SS_E=\sum_{i=1}^s\sum_{j=1}^r m(\bar{x}_{ij\cdot}-\bar{x}_{i\cdot\cdot}-\bar{x}_{\cdot j\cdot}+\bar{x})^2+\sum_{i=1}^s\sum_{j=1}^r\sum_{k=1}^m(x_{ijk}-\bar{x}_{ij\cdot})^2$$

$$=\sum_{i=1}^s\sum_{j=1}^r\sum_{k=1}^m(\bar{x}_{ijk}-\bar{x}_{i\cdot\cdot}-\bar{x}_{\cdot j\cdot}+\bar{x})^2,$$

相应地自由度合并为 $(s-1)(r-1)+sr(m-1)=srm-s-r+1$,这时,$F_A$、$F_B$ 的第二自由度均增大,对 F 统计量,当第一自由度不变,第二自由度增大时,其检验临界值将减小,而相应的方差分析的精度将提高。

交互作用不显著时,其偏差视为随机误差,这是方差分析中常用的"混杂技巧",这样可

提高方差分析的效率。因此,我们一般总是先检验 H_{AB0}。 值得注意的是,要检验交互作用是否显著,必须进行重复试验,即 $m \geqslant 2$。如果不进行重复试验,即 $m = 1$,则 $x_{ijk} = \bar{x}_{ij\cdot}$,此时无法将交互作用项的偏差与实际误差项分开,且有 $SS_E = 0$,检验无法进行。

当两因素交互作用有显著性时,可以进一步分析哪两个水平的搭配效应最佳。

例 10.2 设火箭的射程(单位:英里)服从正态分布,为考察燃料种类和推进器的型号对火箭射程的影响,对某种火箭使用了 4 种燃料(因素 A),3 种推进器(因素 B),对燃料与推进器的不同水平组合下各发射火箭两次,使之成为等重复试验,测得火箭射程数据如表 10-8 所示。

表 10-8　火箭射程数据

燃料	推进器					
	A		B		C	
甲	58.2	52.6	56.2	41.2	65.3	60.8
乙	49.1	42.8	54.1	50.5	51.6	48.4
丙	60.1	58.3	70.9	73.2	39.2	40.7
丁	75.8	71.5	58.2	51.0	48.7	41.4

试检验燃料种类(因素 A)和推进器型号(因素 B)这两种因素对火箭射程的是否有显著影响? 因素 A 和 B 的交互作用对射程的影响是否显著?

解:应检验假设:

$$H_{A0} : \alpha_1 = \alpha_2 = \alpha_3 = \alpha_4 = 0; \quad H_{A1} : \alpha_1 、\alpha_2 、\alpha_3 、\alpha_4 \text{ 不全为 } 0。$$

$$H_{B0} : \beta_1 = \beta_2 = \beta_3 = 0; \quad H_{B1} : \beta_1 、\beta_2 、\beta_3 \text{ 不全为 } 0。$$

$$H_{AB0} : \gamma_{11} = \gamma_{12} = \cdots = \gamma_{43} = 0; \quad H_{AB1} : \gamma_{11} , \gamma_{12} , \cdots , \gamma_{43} \text{ 不全为 } 0。$$

现计算各离差平方和:$C = rsm\bar{x}^2 = \dfrac{1}{rsm}\left(\sum\limits_{j=1}^{r}\sum\limits_{i=1}^{s}\sum\limits_{k=1}^{m}x_{ijk}\right)^2 = 72\,578$

$$SS_T = \sum\limits_{i=1}^{s}\sum\limits_{j=1}^{r}\sum\limits_{k=1}^{m}x_{ijk}^2 - C = 2\,638.3, \quad SS_E = \sum\limits_{i=1}^{s}\sum\limits_{j=1}^{r}\sum\limits_{k=1}^{m}x_{ijk}^2 - \frac{1}{n}\sum\limits_{i=1}^{s}\sum\limits_{j=1}^{r}\left(\sum\limits_{k=1}^{m}x_{ijk}\right)^2 = 236.95,$$

$$SS_A = \frac{1}{rm}\sum\limits_{i=1}^{s}\left(\sum\limits_{j=1}^{r}\sum\limits_{k=1}^{m}x_{ijk}\right)^2 - C = 261.68, \quad SS_B = \frac{1}{sm}\sum\limits_{j=1}^{r}\left(\sum\limits_{i=1}^{s}\sum\limits_{k=1}^{m}x_{ijk}\right)^2 - C = 370.98,$$

$$SS_{AB} = SS_T - SS_A - SS_B - SS_E = 1\,768.69。$$

由此可得方差分析表见表 10-9。

表 10-9　例 10.2 的方差分析结果表

方差来源 Source	离差平方和 SS	自由度 df	均方 MS	F 值 F	P 值 Sig.
因素 A	261.68	3	87.22	4.42	<0.05(显著)
因素 B	370.98	2	185.49	9.39	<0.05(显著)
交互作用 AB	1 768.69	6	294.78	14.9	<0.05(显著)
误差	236.95	12	19.75		
总变差	2 638.3	23	$F_{0.05}(3,12)=3.49, F_{0.05}(2,12)=3.89, F_{0.05}(6,12)=3.00$		

对 $\alpha = 0.05$，查 F 分布表得，$F_{0.05}(3,12) = 3.49$，$F_{0.05}(2,12) = 3.89$，$F_{0.05}(6,12) = 3.00$。

因 $F_A = 4.42 > F_{0.05}(3,12) = 3.49$，故拒绝 H_{A0}，认为因素 A 显著；

因 $F_B = 9.39 > F_{0.05}(2,12) = 3.89$，故拒绝 H_{B0}，认为因素 B 显著；

因 $F_{AB} = 14.90 > F_{0.05}(6,12) = 3.00$，故拒绝 H_{AB0}，认为因素 A,B 的交互作用显著。

综上所述，认为加燃料种类（因素 A），推进器（因素 B）和燃料种类与推进器的交互作用都能显著影响火箭的射程。

【SPSS 软件应用】建立数据集〈火箭射程及因素数据〉包括数值变量"火箭射程"和两个分组变量："燃料类型"、"推进器型号"，分别取值 1、2、3、4 和 1、2、3，是名义变量；如图 10-4 所示。

在 SPSS 中选择菜单【Analyze】→【General Linear Model】→【Univariate】，选定因变量和两个因素变量：

	火箭射程	燃料种类	推进器型号
1	58.2	1	1
2	49.1	2	1
3	60.1	3	1
4	75.8	4	1
5	52.6	1	1
6	42.8	2	1

图 10-4 数据集〈火箭射程及因素数据〉

火箭射程→Dependent Variable； 燃料类型、推进器型号→Fixed Factor(s)；

点击 Continue。最后点击 OK，即可得到 SPSS 主要输出结果，如图 10-5 所示，该表为其两因素方差分析（ANOVA）表，其中"Sig."为 P 值。

Tests of Between-Subjects Effects

Dependent Variable： 火箭射程

Source	Type III Sum of Squares	df	Mean Square	F	Sig.
Corrected Model	2 401.348[a]	11	218.304	11.056	.000
Intercept	72 578.002	1	72 578.002	3 675.611	.000
燃料种类	261.675	3	87.225	4.417	.026
推进器型号	370.981	2	185.490	9.394	.004
燃料种类 * 推进器型号	1 768.692	6	294.782	14.929	.000
Error	236.950	12	19.746		
Total	75 216.300	24			
Corrected Total	2 638.298	23			

a. R Squared＝.910 (Adjusted R Squared＝.828)

图 10-5 例 10.2 的两因素方差分析的 SPSS 主要输出结果

由图 10-5 的两因素方差分析表（Tests of Between-Subjects Effects）知，

对因素 A（燃料种类）：因为 $F = 4.417$，检验概率值（Sig.）$P = 0.026 < 0.05$，故拒绝 H_{A0}，认为燃料种类因素对火箭射程有显著影响。

对因素 B（推进器型号）：因为 $F = 9.394$，检验概率值（Sig.）$P = 0.004 < 0.05$，故拒绝 H_{B0}，认为推进器型号因素对火箭射程有显著影响。

对因素 A, B 的交互作用(燃料种类 * 推进器型号):因为 $F = 14.929$,检验概率值 (Sig.) $P = 0.000 < 0.05$,故拒绝 H_{AB0},认为因素 A, B 的交互作用对火箭射程有显著影响。

二、无重复试验的两因素方差分析

考察无重复试验的两因素方差分析问题。对于两个因素 A、B,设 A 因素有 s 个水平 $A_1, A_2, \cdots, A_s$,B 因素有 r 个水平 $B_1, B_2, \cdots, B_r$,不考虑交互作用,在每对水平组合 (A_i, B_j) 下独立地做一次试验,其试验结果数据见表 10 - 10。设所得试验结果对应总体 X_{ij} 相互独立,且服从方差相等的正态分布

$$X_{ij} \sim N(\mu_{ij}, \sigma^2), \ i = 1, 2, \cdots, s, j = 1, 2, \cdots, r$$

其观察值 x_{ij} 即为表 10 - 10 中的数据。

表 10 - 10 两因素试验数据表

因素 A	因素 B			
	B_1	B_2	$\cdots$	B_r
A_1	x_{11}	x_{12}	$\cdots$	x_{1r}
A_2	x_{21}	x_{22}	$\cdots$	x_{2r}
$\cdots$	$\cdots$	$\cdots$	$\cdots$	$\cdots$
A_s	x_{s1}	x_{s2}	$\cdots$	x_{sr}

设总体均值为 μ,A 因素 A_i 水平的均值为 $\mu_i.$,$i = 1, 2, \cdots, s$,B 因素 B_j 水平的均值为 $\mu._j$,$j = 1, 2, \cdots, r$,若效应可加,则有

$$\mu_{ij} = \mu + (\mu_i. - \mu) + (\mu._j - \mu) = \mu + \alpha_i + \beta_j, \ i = 1, 2, \cdots, s, j = 1, 2, \cdots, r,$$

其中 $\alpha_i = \mu_i. - \mu$ 为 A 因素主效应(main effect),$\beta_j = \mu._j - \mu$ 为 B 因素主效应,且满足条件:

$$\sum_{i=1}^{s} \alpha_i = \sum_{j=1}^{r} \beta_j = 0。$$

根据各水平样本均值的数学期望性质

$$\mu_{ij} = E(\bar{x}_{ij}), \ \mu_i. = E(\bar{x}_i.), \ \mu._j = E(\bar{x}._j),$$

利用最小二乘法即可得到各主效应的估计值

$$\hat{\alpha}_i = \bar{x}_i. - \bar{x}, \ \hat{\beta}_j = \bar{x}._j - \bar{x},$$

则有
$$\begin{cases} x_{ij} = \mu_{ij} + \varepsilon_{ij}, \ i = 1, \cdots, s; j = 1, 2, \cdots, r, \\ \varepsilon_{ij} \sim N(0, \sigma^2),\text{各 } \varepsilon_{ij} \text{ 相互独立}; \end{cases}$$

或者
$$\begin{cases} x_{ij} = \mu + \alpha_i + \beta_j + \varepsilon_{ij}, \ i=1,\cdots,s; j=1,2,\cdots,r \\ \varepsilon_{ij} \sim N(0,\sigma^2), \ \text{各} \ \varepsilon_{ij} \ \text{相互独立}; \\ \sum_{i=1}^{r} n_i \alpha_i = 0, \ \sum_{j=1}^{s} n_j \beta_j = 0. \end{cases}$$

这就是我们所要研究的方差分析模型。

对此模型，检验 A、B 因素各水平效应是否相同的假设为

$$H_{A0}: \alpha_1 = \alpha_2 = \cdots = \alpha_s = 0; \quad H_{A1}: \alpha_1, \alpha_2, \cdots, \alpha_s \ \text{不全为} \ 0,$$

$$H_{B0}: \beta_1 = \beta_2 = \cdots = \beta_r = 0; \quad H_{B1}: \beta_1, \beta_2, \cdots, \beta_r \ \text{不全为} \ 0.$$

记样本总均值及各因素水平均值为

$$\bar{x} = \frac{1}{sr} \sum_{j=1}^{r} \sum_{i=1}^{s} x_{ij}; \quad \bar{x}_{i.} = \frac{1}{r} \sum_{j=1}^{r} x_{ij}, i=1,2,\cdots,s; \quad \bar{x}_{.j} = \frac{1}{s} \sum_{i=1}^{s} x_{ij}, j=1,2,\cdots,r,$$

则有

$$\bar{x} = \mu + \bar{\varepsilon}; \quad \bar{x}_{i.} = \mu + \alpha_i + \bar{\varepsilon}_{i.}; \quad \bar{x}_{.j} = \mu + \beta_j + \bar{\varepsilon}_{.j}.$$

其中 $\bar{\varepsilon}, \bar{\varepsilon}_{i.}, \bar{\varepsilon}_{.j}$ 关于 ε_{ij} 的公式类似于 $\bar{x}, \bar{x}_{i.}, \bar{x}_{.j}$。

与单因素方差分析相似，将总离差平方和（总变差）进行分解：

$$SS_T = \sum_{i=1}^{s} \sum_{j=1}^{r} (x_{ij} - \bar{x})^2 = \sum_{i=1}^{s} \sum_{j=1}^{r} \left[(\bar{x}_{i.} - \bar{x}) + (\bar{x}_{.j} - \bar{x}) + (x_{ij} - \bar{x}_{i.} - \bar{x}_{.j} + \bar{x}) \right]^2$$

$$= \sum_{i=1}^{s} r(\bar{x}_{i.} - \bar{x})^2 + \sum_{j=1}^{r} s(\bar{x}_{.j} - \bar{x})^2 + \sum_{i=1}^{s} \sum_{j=1}^{r} (x_{ij} - \bar{x}_{i.} - \bar{x}_{.j} + \bar{x})^2$$

$$= SS_A + SS_B + SS_E$$

可以证明上述分解式的中间交叉乘积部分等于 0。其中各偏差平方和的表达式为

$$SS_A = r \sum_{i=1}^{s} (\bar{x}_{i.} - \bar{x})^2 = r \sum_{i=1}^{s} (\alpha_i + \bar{\varepsilon}_{i.} - \bar{\varepsilon})^2;$$

$$SS_B = s \sum_{j=1}^{r} (\bar{x}_{.j} - \bar{x})^2 = s \sum_{j=1}^{r} (\beta_j + \bar{\varepsilon}_{.j} - \bar{\varepsilon})^2;$$

$$SS_E = \sum_{i=1}^{s} \sum_{j=1}^{r} (x_{ij} - \bar{x}_{i.} - \bar{x}_{.j} + \bar{x})^2 = \sum_{i=1}^{s} \sum_{j=1}^{r} (\varepsilon_{ij} - \bar{\varepsilon}_{i.} - \bar{\varepsilon}_{.j} + \bar{\varepsilon})^2;$$

故 SS_E 反映了随机误差的波动；SS_A、SS_B 除了反映误差波动外，还分别反映了 A、B 因素各水平效应之间的差异，分别称为因素 A 的偏差平方和、因素 B 的偏差平方和。

与前面可重复试验的两因素方差分析原理类似，由此可以构造检验因素的统计量。

当 H_{A0} 成立时，有

$$F_A = \frac{SS_A/(s-1)}{SS_E/(s-1)(r-1)} \sim F(s-1,(s-1)(r-1)),$$

当 H_{B0} 成立时,有

$$F_B = \frac{SS_B/(r-1)}{SS_E/(s-1)(r-1)} \sim F(r-1,(s-1)(r-1))。$$

相应的无重复试验两因素方差分析表如表 10-11 所示。

表 10-11 无重复试验两因素方差分析表

方差来源	离差平方和	自由度	均方	F 值	P 值
因素 A	SS_A	$s-1$	$MS_A = \dfrac{SS_A}{s-1}$	$F_A = \dfrac{MS_A}{MS_E}$	P_A
因素 B	SS_B	$r-1$	$MS_B = \dfrac{SS_B}{r-1}$	$F_B = \dfrac{MS_B}{MS_E}$	P_B
误差	SS_E	$(s-1)(r-1)$	$MS_E = \dfrac{SS_E}{(s-1)(r-1)}$		
总变差	SS_T	$sr-1$			

对给定的显著水平 α,若 $F_A > F_\alpha(s-1,(s-1)(r-1))$ 时,或 $P_A < \alpha$,拒绝 H_{A0},认为 A 因素对试验结果有显著影响;否则,接受 H_{A0}。

若 $F_B > F_\alpha(r-1,(s-1)(r-1))$,或 $P_B < \alpha$,则拒绝 H_{B0},认为 B 因素对试验结果有显著影响;否则,接受 H_{B0}。

例 10.3 为考察硫酸铜溶液浓度和蒸馏水 pH 对化验血清中白蛋白与球蛋白之比的影响,对硫酸铜浓度(A 因素)取了 3 个不同水平,对蒸馏水 pH(B 因素)取了 4 个不同水平,在不同水平组合(A_i,B_j)下各测一次白蛋白与球蛋白之比,得其结果如下表 10-12 所示。

表 10-12 血清中白蛋白与球蛋白之比及因素

		蒸馏水的 pH 值(B 因素)			
		B_1	B_2	B_3	B_4
硫酸铜	A_1	3.5	2.6	2.0	1.4
浓度	A_2	2.3	2.0	1.5	0.8
(A 因素)	A_3	2.0	1.9	1.2	0.3

试检验这两个因素对化验结果有无显著影响?($\alpha = 0.05$)

解:该题是无重复试验的两因素方差分析问题,应检验

$$H_{A0}: \alpha_1 = \alpha_2 = \alpha_3 = 0; \quad H_{A1}: \alpha_1、\alpha_2、\alpha_3 \text{ 不全为 } 0。$$

$$H_{B0}: \beta_1 = \beta_2 = \beta_3 = 0; \quad H_{B1}: \beta_1、\beta_2、\beta_3、\beta_4 \text{ 不全为 } 0。$$

则 $SS_T = (12-1)S^2 = 7.769; \quad SS_A = s\sum_{i=1}^{k}(\bar{x}_{i.} - \bar{x})^2 = 2.222$

$$SS_B = k\sum_{j=1}^{s}(\bar{x}_{.j} - \bar{x})^2 = 5.291; \quad SS_E = SS_T - (SS_A + SS_B) = 0.256$$

由此可得方差分析表:

表 10 - 13　例 10.3 的方差分析表

方差来源 Source	离差平方和 SS	自由度 df	均方 MS	F 值 F	P Sig.
因素 A	2.222	2	1.111	25.84	<0.05(显著)
因素 B	5.291	3	1.764	41.02	<0.05(显著)
误差 E	0.256	6	0.043		
总变差(Total)	7.769	11		$F_{0.05}(2,6)=5.14$　$F_{0.05}(3,6)=4.76$	

又对 $\alpha=0.05$,查 F 分布表得:$F_{0.05}(2,6)=5.14$,$F_{0.05}(3,6)=4.76$。

对因素 A,因 $F_A=25.84>F_{0.05}(2,6)=5.14$,拒绝 H_{A0},即认为硫酸铜浓度对化验结果有显著影响。

对因素 B,因 $F_B=41.02>F_{0.05}(3,6)=4.76$,拒绝 H_{B0},即认为蒸馏水 pH 对化验结果有显著影响。

【SPSS 软件应用】建立数据集〈血清中蛋白比值及因素〉包括数值变量 "Protein(蛋白比值)" 和两个分组变量:"Bluestone(硫酸铜浓度)"、"PH(pH)",分别取值 1、2、3 和 1、2、3、4,是定序变量;如图 10 - 6。

在 SPSS 中选择菜单【Analyze】→【General Linear Model】→【Univariate】,选定因变量与因素变量:

	Protein	Bluestone	PH
1	3.50	1	1
2	2.30	2	1
3	2.00	3	1
4	2.60	1	2
5	2.00	2	2
6	1.90	3	2

图 10 - 6　数据集〈血清中蛋白比值及因素〉

Protein→Dependent Variable;　Bluestone、PH→Fixed Factor(s)

点击选项 Model ,选定两因素方差分析模型:

Specify Model/⊙Custom;　Bluestone、PH→Model

点击 Continue 。最后点击 OK ,即可得到如图 10 - 7 的 SPSS 主要输出结果,为其两因素方差分析(ANOVA)表,其中"Sig."为 P 值。

Tests of Between-Subjects Effects

Dependent Variable:蛋白比值

Source	Type III Sum of Squares	df	Mean Square	F	Sig.
Corrected Model	7.511[a]	5	1.502	34.889	.000
Intercept	38.521	1	38.521	894.677	.000
Bluestone	2.222	2	1.111	25.800	.001
PH	5.289	3	1.763	40.948	.000
Error	.258	6	.043		
Total	46.290	12			
Corrected Total	7.769	11			

a. R Squared=.967 (Adjusted R Squared=.939)

图 10 - 7　例 10.3 的两因素方差分析的 SPSS 主要输出结果

由图 10-7 的两因素方差分析表(Tests of Between—Subjects Effects)知,对硫酸铜浓度因素 A(Bluestone):因为 $F=25.800$,检验概率值(Sig.)$P=0.001<0.05$,故拒绝 H_{A0},认为硫酸铜浓度因素对化验结果有显著影响。

对蒸馏水的 pH 因素 B(PH):因为 $F=40.948$,检验概率值(Sig.)$P=0.000<0.05$,故拒绝 H_{B0},认为蒸馏水的 pH 因素对化验结果有显著影响。

费希尔与推断统计学

英国著名统计学家、遗传学家 R.A.费希尔(Ronald Aylmer Fisher,1890—1962)被认为是现代数理统计学的主要奠基人之一。

费希尔是使统计学成为一门有坚实理论基础并获得广泛应用的主要统计学家之一。作为推断统计学的建立者,1918 年,他在其《孟德尔遗传实验设计间的相对关系》一文中,首创"方差"和"方差分析"两个词汇;1923 年,他与麦肯齐(W.A.Mackenzie)合写的《关于收获量变异的研究》一文中,首次对方差分析进行了系统的研究,开辟了方差分析、试验设计等统计学研究的理论分支。他还完善了小样本的统计方法,论证了戈塞特提出的相关系数的抽样分布,提出了 t 分布检验、F 分布检验、相关系数检验,并编制了相应的检验概率表,简明陈述假设检验的逻辑原则等。

费希尔还是一位举世知名的遗传学家、优生学家,他用统计方法对这些领域进行研究,做出了许多重要贡献。由于他的成就,他曾多次获得英国和其他许多国家的荣誉。1952 年被授予爵士称号。他发表了 294 篇学术论文,还发表了一些经典专著,如《研究人员用的统计学方法》、《实验设计》、《统计方法与科学推断》)等等,被后人誉为"现代统计学之父"。

 习题十

1. 考察温度对某一化工产品得率的影响,选了五种不同的温度,在同一温度下做了三次试验,测得其得率如下表所示。

温度	60	65	70	75	80
得率	90	91	96	84	84
	92	93	96	83	86
	88	92	93	88	82

假定该化工产品得率服从方差相等的正态分布,试分析温度对得率有无显著影响($\alpha=0.05$)。

2. 采用三种教学方法,每种抽取 3 个学生调查其成绩,得到成绩资料如下:

学生成绩	方法 A	方法 B	方法 C
学生 1	83	74	68
学生 2	77	88	69
学生 3	71	78	67

假定学生成绩服从方差相等的正态分布,试问教学方法的不同对学生学习成绩是否有影响?($\alpha = 0.05, \alpha = 0.10$)

3. 有四个厂生产 1.5 伏的 3 号干电池。现从每个工厂产品中各取一个样本,测量其寿命得到数值如下表所示。

生产厂	干电池寿命(小时)					
A	24.7	24.3	21.6	19.3	20.3	
B	30.8	19.0	8.8	29.7		
C	17.9	30.4	34.9	34.1	15.9	
D	23.1	33.0	23.0	26.4	18.1	25.1

假定干电池寿命服从方差相等的正态分布,试问四个厂生产的干电池寿命有无显著差异?($\alpha = 0.05$)

4. 考察温度对某药得率的影响,选取五种不同的温度,在同一温度下各做了 3 次试验,得其均值分别为 $\bar{x}_1 = 90, \bar{x}_2 = 94, \bar{x}_3 = 95, \bar{x}_4 = 85, \bar{x}_5 = 84$,又已知总离差平方和 $SS_T = 353.6$,假定该药的得率服从方差相等的正态分布,试问温度的不同是否显著影响该药的得率?($\alpha = 0.01$)

5. 给 30 只小白鼠接种三种不同菌型的伤寒杆菌后存活日数见下表。假定存活日数服从方差相等的正态分布,试问接种这三种菌型后小白鼠平均存活日数有无显著性差异?并做两两比较。($\alpha = 0.05$)

菌型	接种后存活日数										
Ⅰ	2	4	3	2	4	7	7	2	5	4	
Ⅱ	5	6	8	5	10	7	12	6	6		
Ⅲ	7	11	6	6	7	9	5	10	6	3	10

6. 在 B_1, B_2, B_3, B_4 四台不同的纺织机器中,采用三种不同的加压水平 A_1, A_2, A_3。在每种加压水平和每台机器中各取一次试样测量,得纱支强度如下表所示。

加压	机器			
	B_1	B_2	B_3	B_4
A_1	1 577	1 692	1 800	1 642
A_2	1 535	1 640	1 783	1 621
A_3	1 502	1 552	1 810	1 663

假定纱支强度服从方差相等的正态分布,试问不同的加压水平和不同的机器之间纱支强度有无显著差异($\alpha = 0.01$)?

7. 下面记录了三位操作工分别在四台不同机器上操作三天的日产量:

机器	操作工		
	甲	乙	丙
A_1	15　15　17	19　19　16	16　18　21
A_2	17　17　17	15　15　15	19　22　22
A_3	15　17　16	18　17　16	18　18　18
A_4	18　20　22	15　16　17	17　17　17

假定日产量服从正态分布。在显著水平 $\alpha = 0.05$ 下,试检验操作工之间的差异是否显著?机器之间

的差异是否显著？操作工与机器的交互作用影响是否显著？($\alpha=0.05$)

8. 某手机公司对一款新手机设计了四种款式造型（分别用 $A1,A2,A3,A4$ 表示），设每款手机在每一卖场的销售量近似服从方差均为 σ^2 的正态分布。为了考察哪种款式造型的手机更受欢迎，选了甲、乙、丙等三个商场（交通条件、便利条件、客流和规模相近）进行试销，销售量如下表所示：

表 10.1 手机各款式在不同商场的试销量

商场	造型 $A1$	造型 $A2$	造型 $A3$	造型 $A4$
甲	49	35	35	56
乙	56	34	41	60
丙	45	42	47	67

假定手机销售量服从方差相等的正态分布，而且手机造型与卖场之间没有交互作用，试在显著水平0.05下，判断不同造型和不同卖场对销售量是否存在显著差异？

（高祖新）

第十一章

相关分析与回归分析

在科学研究中常常要分析变量间的关系,如年龄与血压、维生素片的含水量与贮存期等。一般来说,变量之间的关系可分为确定性和非确定性两大类。

确定性关系就是可以用函数来表示的变量间关系。例如,圆周长 L 与半径 r 之间的确定性关系即可由其函数关系式:$L=2\pi r$ 给出。确定性关系的特点是:当其中一个变量在允许值范围内取一数值时,另一变量有完全确定的数值与它相对应。但现实中更常见的变量间关系往往表现出某种不确定性,例如,人的血压 Y 与年龄 X 之间的关系。一般说来,年龄愈大的人,血压愈高,表明两者之间确实存在着某种关系,但显然不是函数关系,因为相同年龄的人血压可以不同;而血压相同的人其年龄也不尽相同。此时,当一个变量 X(如年龄)取某一确定值时,与之相对应的另一个变量 Y(如血压)是一个随机变量,其值不确定,但仍按某种规律在一定范围内变化。我们称这种既有关联又不存在确定性的关系为**相关关系**(correlation)。显然,相关关系不能用精确的函数关系式来表示,但具有一定的统计规律。

例 11.1　创刊于 1834 年的英国著名政经杂志 *The Economist*(经济学人)2010 年起用三个指标:耗电量、铁路货运量和银行贷款发放量来评估中国经济 GDP(国内生产总值)增长量。表 11-1 给出了我国 1990 年—2018 年货运总量与 GDP(国内生产总值)的统计数据。

表 11-1　我国货运总量与 GDP 统计表(1990—2018)

年份	货运总量(亿吨)	GDP(万亿)	年份	货运总量(亿吨)	GDP(万亿)	年份	货运总量(亿吨)	GDP(万亿)
1990	97.06	1.89	2000	135.87	10.03	2010	324.18	41.21
1991	98.58	2.20	2001	140.18	11.09	2011	369.70	48.79
1992	104.59	2.72	2002	148.34	12.17	2012	410.04	53.86
1993	111.59	3.57	2003	156.45	13.74	2013	409.89	59.30
1994	118.04	4.86	2004	170.64	16.18	2014	416.73	64.13
1995	123.49	6.13	2005	186.21	18.73	2015	417.59	68.60
1996	129.84	7.18	2006	203.71	21.94	2016	438.68	74.01
1997	127.82	7.97	2007	227.58	27.01	2017	480.49	82.08
1998	126.74	8.52	2008	258.59	31.92	2018	515.27	90.03
1999	129.30	9.06	2009	282.52	34.85			

＊数据来源:国家统计局编《中国统计年鉴 2019》,中国统计出版社,2019

显然,我国 GDP(Y)与货运总量(X)就形成了一定的相关关系。

问题:(1)如何用图形来反映我国 GDP(国内生产总值)与货运总量之间的相关关系?

(2)如何用统计指标来衡量 GDP(国内生产总值)与货运总量的线性相关程度?

(3) 如果 GDP(国内生产总值)与货运总量构成了很明显的线性趋势,可否建立反映其线性趋势的直线方程?

相关分析与回归分析就是研究这种变量间相关关系及其数量关系式的常用统计分析方法,统计分析的目的就在于根据统计数据确定变量之间的关系形式及关联程度,并探索其内在的数量规律性。目前,相关分析与回归分析已广泛应用于工农业生产、科学研究、经济管理以及自然科学与社会科学等许多研究领域。

本章将重点讨论相关分析、一元线性回归分析等方法并用于解决上述 GDP 与货运量等类似的实际问题。

第一节　相关分析

一、散点图

探索两个变量 X 和 Y 相关关系的第一步就是绘制 X 与 Y 的散点图。

设对两个随机变量 X 和 Y 进行观测,得到一组数据

$$(x_1,y_1),(x_2,y_2),\cdots,(x_n,y_n),$$

现以直角坐标系的横轴代表变量 X,纵轴代表变量 Y,将这些数据作为点的坐标描绘在直角坐标系中,所得的图称为**散点图**(scatter plot)。散点图是判断相关关系的常用直观方法,当散点图中的点形成直线趋势时,表明变量 X 与 Y 之间存在一定的线性关系,则称 X 与 Y 线性相关,否则称为非线性相关(参见图 11 - 1)。

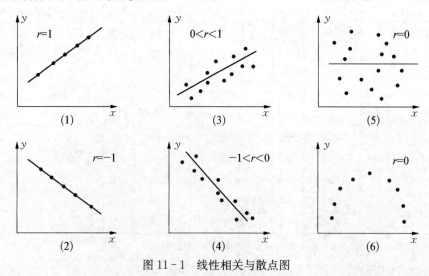

图 11-1　线性相关与散点图

图 11 - 1 给出了几种典型的散点图,其中图(1)、(3)中,从总体上看随 X 增大 Y 呈直线上升的趋势。相比之下,(1)较(3)更明显,两者均属正线性相关。与图(1)、(3)相反,图(2)、

(4)呈直线下降趋势,均属负线性相关。然而,图(5)、(6)却反映的是与线性相关完全不同的情形,属非线性相关。图(5)中,X 和 Y 的散点分布完全不规则,属不相关。而图(6)中,X 与 Y 之间存在某种对称曲线联系,属曲线相关。注意,本章所说的相关是指线性相关,实际问题中,当 X 与 Y 不相关(非线性相关)时,应进一步核实是指(5)还是(6)的情形。

现在我们就可以考察前面的例 11.1,并利用散点图来解决其问题(1)。

例 11.1(续) 对前面例 11.1GDP 与货运量问题中的数据,试画出 GDP(Y)与货运总量(X)的散点图。

解:以货运总量 X 为横坐标,GDP 的 Y 为纵坐标,在直角坐标系中画出成对观测数据对应的点 $(x_i, y_i)(i=1,2,\cdots,10)$,即可得到所求的散点图。

【SPSS 软件应用】建立数据集〈GDP 与货运总量〉,包括两个数值变量:货运总量和 GDP,见图 11-2。

在 SPSS 中选择菜单

$$【Graphs】\rightarrow【Legacy\ Dialogs】\rightarrow【Scatter/Dot】,$$

选定散点图类型【Simple Scatter】,点击 Define 。

	年份	货运总量	GDP
1	1990	97.06	1.89
2	1991	98.58	2.20
3	1992	104.59	2.72
4	1993	111.59	3.57
5	1994	118.04	4.86
6	1995	123.49	6.13

图 11-2 数据集〈GDP 与货运总量〉

设定变量:

$$货运总量 \rightarrow X\ Axis; \quad GDP \rightarrow Y\ Axis,$$

点击 OK 。由此即可得到散点图,如图 11-3 所示。

由图 11-3 的散点图可知,GDP(Y)与货运总量(X)的散点呈较为明显的线性趋势。

二、相关系数与相关分析

(一)相关关系与相关系数

在统计中,用相关指标来表明相关变量之间的密切程度,其理论、计算和分析称为**相关分析**

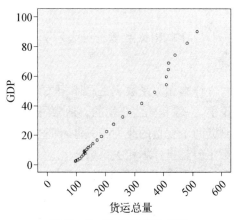

图 11-3 X 与 Y 的散点图

(correlation analysis)。在相关分析中,用来度量随机变量 X 与 Y 之间线性相关关系密切程度统计指标是相关系数(correlation coefficient)。通常以 ρ 表示随机变量 X 与 Y 之间的总体相关系数。由第四章知总体相关系数为

$$\rho = \frac{\mathrm{Cov}(X,Y)}{\sqrt{D(X)D(Y)}},$$

其中 $\mathrm{Cov}(X,Y) = E[(X-E(X))(Y-E(Y))]$ 是随机变量 X 和 Y 的协方差,$D(X)$、$D(Y)$ 分别是 X、Y 的方差。

总体的相关系数 ρ 是反映两个随机变量之间线性相关程度的一种统计参数(数字特征),它不受 X、Y 量纲的影响,表现为一个常数,其取值介于 -1 和 1,即 $-1 \leqslant \rho \leqslant 1$。当 $\rho = 0$ 时,称 X 与 Y **不相关**(non-correlation),即 X 与 Y 之间不存在线性关系。

定义 11.1 对变量 (X,Y) 的一组样本观测数据 $(x_1,y_1),(x_2,y_2),\cdots,(x_n,y_n)$,称

$$r = \frac{l_{xy}}{\sqrt{l_{xx}l_{yy}}}$$

为**样本相关系数**(sample correlation coefficient)或 **Pearson 相关系数**(Pearson correlation coefficient),其中

$$l_{xy} = \sum_{i=1}^{n}(x_i-\bar{x})(y_i-\bar{y}) = \sum_{i=1}^{n}x_iy_i - \frac{1}{n}\left(\sum_{i=1}^{n}x_i\right)\left(\sum_{i=1}^{n}y_i\right) = \sum_{i=1}^{n}x_iy_i - n\bar{x}\cdot\bar{y}$$

$$l_{xx} = \sum_{i=1}^{n}(x_i-\bar{x})^2 = \sum_{i=1}^{n}x_i^2 - \frac{1}{n}\left(\sum_{i=1}^{n}x_i\right)^2 = \sum_{i=1}^{n}x_i^2 - n\bar{x}^2$$

$$l_{yy} = \sum_{i=1}^{n}(y_i-\bar{y})^2 = \sum_{i=1}^{n}y_i^2 - \frac{1}{n}\left(\sum_{i=1}^{n}y_i\right)^2 = \sum_{i=1}^{n}y_i^2 - n\bar{y}^2$$

$$\bar{x} = \frac{1}{n}\sum_{i=1}^{n}x_i, \ \bar{y} = \frac{1}{n}\sum_{i=1}^{n}y_i。$$

称

$$S_{xy} = \frac{1}{n-1}\sum_{i=1}^{n}(x_i-\bar{x})(y_i-\bar{y})$$

为 X 和 Y 的**样本协方差**(sample covariance)。

故样本相关系数也可表示为 $r = \dfrac{S_{xy}}{S_xS_y}$,其中 S_x、S_y 分别为随机变量 X、Y 的样本标准差。

样本相关系数 r 是总体相关系数 ρ 的抽样估计。实际应用中,总体相关系数 ρ 作为理论值,一般是无法获知的。通常可根据样本观测值来计算样本相关系数 r,再用 r 来估计或判断两个变量的线性相关性,即这两个变量之间线性相关的密切程度。以后所说的相关系数主要是指样本相关系数 r。

根据样本相关系数 r 的定义,由于 $l_{xy}^2 \leqslant l_{xx}l_{yy}$,则 r 的取值范围为 $|r| \leqslant 1$,也即 $-1 \leqslant r \leqslant 1$。

当总体变量 X 与 Y 均服从正态分布时,如前面图 11-1 所示,样本相关系数 r 可用来

判断总体变量 X 与 Y 之间线性相关的密切程度：$|r|$ 的值越大，越接近于 1，总体变量 X 与 Y 之间线性相关程度就越高；反之，$|r|$ 的值越小，越接近于 0，表明总体变量 X 与 Y 之间线性相关程度就越低。此时用样本相关系数 r 所做的相关分析称为**简单相关分析**（simple correlation analysis）或者 **Pearson 相关分析**（Pearson correlation analysis）。

具体地，我们有

(1) $|r|=1$，称变量 X 与 Y **完全线性相关**（complete linear correlation），此时，散点图中所有对应的点在同一条直线上（见图 11-1(1)，(2)）。

(2) $0<|r|<1$，表示变量 X 与 Y 间存在一定的线性相关关系。若 $r>0$，表示 X 增大时 Y 有增大的趋势，称变量 X 与 Y **正相关**（positive correlation）（见图 11-1(3)）；如 $r<0$，表示 X 增大时 Y 有减小的趋势，称变量 X 与 Y **负相关**（negative correlation）（见图 11-1(4)）。

(3) $r=0$，称 X 与 Y **不相关**（non-correlation），表示变量 X 与 Y 之间不存在线性相关关系。通常情况下，散点的分布是完全不规则的，如图 11-1(5)。注意，$r=0$ 只表示变量之间无线性相关关系，而不能说明变量之间是否有非线性关系，如图 11-1(6)。

（二）相关系数的显著性检验

在对正态随机变量 X 与 Y 进行相关分析时，只有其总体相关系数 $\rho=0$ 时，才能断定这两个变量之间无相关性。实际应用时，用样本相关系数 r 来表示这两个变量的线性相关性，而样本相关系数 r 是根据样本观测值计算的，受抽样误差的影响，带有一定的随机性，样本容量越小其可信度就越差。因此需要进行相关系数的显著性检验，即检验 $H_0:\rho=0$ 是否成立。

进行相关系数的显著性检验时，只需计算样本相关系数 r 的绝对值 $|r|$，再由附表 12 查得相关系数临界值 $r_{\alpha/2}(n-2)$ 进行比较判断即可。其具体检验步骤为：

(1) 建立原假设 $H_0:\rho=0$（X 与 Y 不相关），备择假设 $H_1:\rho\neq0$；

(2) 计算样本相关系数 r 的值；

(3) 对给定的显著水平 α，自由度为 $n-2$，由相关系数检验表（附表 12）得临界值 $r_{\alpha/2}(n-2)$；

(4) 统计判断：当 $|r|>r_{\alpha/2}$，则 $P<\alpha$，拒绝 H_0，即认为变量 X 与 Y 间的相关性显著；当 $|r|<r_{\alpha/2}$，则 $P>\alpha$，接受 H_0，即认为变量 X 与 Y 间的相关性不显著。

现在利用样本相关系数就可以解答例 11.1 的问题 (2) 的线性相关程度。

例 11.1（续二） 考察前面例 11.1 的我国 GDP 与货运量问题中数据。

(1) 试计算 GDP(Y) 与货运总量(X) 的相关系数；

(2) 对 X 与 Y 的线性相关性进行显著性检验（$\alpha=0.05$）。

解：(1) 为求 GDP(Y) 与货运总量(X) 的相关系数 r，先计算 l_{xx}、l_{yy}、l_{xy}：

$$\bar{x}=236.54,\ \bar{y}=28.75;\quad l_{xx}=\sum_{i=1}^{n}x_i^2-n\bar{x}^2=518\,217.6;$$

$$l_{xy}=\sum_{i=1}^{n}x_iy_i-n\bar{x}\cdot\bar{y}=102\,687.0;\quad l_{yy}=\sum_{i=1}^{n}y_i^2-n\bar{y}^2=20\,640.2.$$

再计算 r 的值：

$$r = \frac{l_{xy}}{\sqrt{l_{xx}l_{yy}}} = \frac{102\ 687}{\sqrt{518\ 217.6 \times 206\ 40.2}} = 0.992\ 9。$$

（2）为检验其线性相关的显著性，应检验 $H_0: \rho = 0, H_1: \rho \neq 0$。

由（1）已知 $r = 0.992\ 9$；对 $\alpha = 0.05$，自由度 $n - 2 = 8$，由相关系数检验表得：$r_{0.05/2}(8) = 0.631\ 9$。

由于 $|r| = 0.992\ 9 > 0.631\ 9$，故拒绝 H_0，即认为我国 GDP(Y) 与货运总量(X) 间有显著的线性相关性。这与其散点图所呈现的明显的线性趋势结果是一致的。

【SPSS 软件应用】 打开数据集〈GDP 与货运量〉（见例 11.1 续），选择菜单【Analyze】→【Correlate】→【Bivariate】，选定变量：

$$货运总量、GDP \rightarrow Variables$$

选定：☑ Pearson（默认），点击 OK。由此即得 SPSS 输出结果，如图 11-4。

Correlations

		货运总量	GDP
货运总量	Pearson Correlation	1	.993**
	Sig. (2-tailed)		.000
	N	29	29
GDP	Pearson Correlation	.993**	1
	Sig. (2-tailed)	.000	
	N	29	29

**. Correlation is significant at the 0.01 level (2-tailed).

图 11-4　例 11.1 的 SPSS 结果

由图 11-4 显示的 SPSS 的相关分析输出结果知，所求样本相关系数即 Pearson 相关系数（Pearson Correlation）$r = 0.993$，其相关显著性检验的概率值（Sig. (2-tailed)）$P = 0.000 < 0.05$，拒绝 H_0，即认为 GDP(Y) 与货运总量(X) 间有显著的线性相关性。

三、Spearman 相关分析

用样本相关系数即 Pearson 相关系数进行相关分析时，要求变量 X 与 Y 均服从正态分布。如果样本数据资料不满足这一条件，甚至总体分布的类型都不知道，要定量地描述两变量的协同变化，可用 Spearman 相关分析法。Spearman 相关分析法（或等级相关分析法）是分析 X 与 Y 变量之间是否相关的一种非参数方法，可用于等级或相对数表示的资料，具有适用范围广、方法简便、易于运用等优点。

（一）Spearman 相关系数的计算

Spearman 相关分析（analysis of Spearman correlation）或**等级相关分析**（analysis of rank correlation)是将原始数值由小到大排序,其序号称为秩(rank),以秩作为新的变量来计算 Spearman 相关系数(或等级相关系数)r_s,用以说明两变量 X、Y 间线性相关关系的密切程度和方向。

Spearman 相关系数的基本公式为

$$r_s = \frac{\sum\limits_{i=1}^{n}(u_i - \bar{u})(v_i - \bar{v})}{\sqrt{\sum\limits_{i=1}^{n}(u_i - \bar{u})^2 \sum\limits_{i=1}^{n}(v_i - \bar{v})^2}},$$

公式中的 (u_i, v_i) 是样本数据 (x_i, y_i) 对应的秩,其中的 u_i 和 v_i 的取值范围被限制在 1 至 n 之间,n 是变量值的对数。该公式还可简化为

$$r_s = 1 - \frac{6\sum\limits_{i=1}^{n}(u_i - v_i)^2}{n(n^2-1)} = 1 - \frac{6\sum\limits_{i=1}^{n}d_i^2}{n(n^2-1)},$$

式中,$d_i = u_i - v_i$ 为每对观察值的秩之差,n 为样本容量。

与线性相关系数一样,Spearman 相关系数 r_s 的取值亦介于 -1 和 1 之间,但 Spearman 相关系数 r_s 的精确度一般不如线性相关系数 r。

例 11.2 为了研究舒张压与胆固醇的关系,对 10 个人进行检测,结果如下表 11-2 中第(1)~(3)列,试计算其 Spearma 相关系数 r_s。

表 11-2 舒张压与胆固醇关系的计算表

编号(1)	舒张压 X(2)	胆固醇 Y(3)	X 的秩(4)	Y 的秩(5)	秩差 d(6)=(4)-(5)
1	10.7	307	6	5	1
2	10	259	3.5	1	2.5
3	12	341	9	9	0
4	9.9	317	2	6	-4
5	10	274	3.5	3.5	0
6	14.7	416	10	10	0
7	9.3	267	1	2	-1
8	11.3	320	7	7	0
9	11.7	274	8	3.5	4.5
10	10.3	336	5	8	-3

解: 分别将两个变量的数据从小到大排序编秩,当观察值相同时,取平均秩,见表 11-2 第(4)、(5)列。再求每对观察值秩次之差 d,见表 11-2 第(6)栏,计算可得 Spearman 相关系数

$$r_s = 1 - \frac{6\sum\limits_{i=1}^{n}d_i^2}{n(n^2-1)} = 1 - \frac{6 \times 53.5}{10(10^2-1)} = 0.675\ 8。$$

（二）Spearman 相关系数的检验

Spearman 相关系数 r_s（或等级相关系数）是总体相关系数 ρ_s 的估计值，由样本资料计算得到，故存在抽样误差问题，亦需进行假设检验以推断总体中变量 X 与 Y 间有无线性相关关系。其假设检验步骤为：

（1）建立假设 $H_0:\rho_s=0;H_1:\rho_s\neq0$；

（2）计算检验统计量：$r_s=1-\dfrac{6\sum\limits_{i=1}^{n}d_i^2}{n(n^2-1)}$；

（3）对给定的 α，由附表 13 查 Spearman 等级相关系数临界值 $r_s(n,\alpha)$；

（4）统计判断：当 $|r_s|>r_s(n,\alpha)$，则 $P<\alpha$，拒绝 H_0，即认为变量 X 与 Y 间的相关有显著性；否则，当 $|r_s|<r_s(n,\alpha)$，则 $P>\alpha$，接受 H_0，即认为变量 X 与 Y 间的相关无显著性。

例 11.2（续） 检验例 11.2 中的舒张压与胆固醇之间的 Spearma 线性相关关系是否显著？（$\alpha=0.05$）

解： 应检验 $H_0:\rho_s=0$，即舒张压与胆固醇无线性相关关系。则

$$r_s=1-\frac{6\sum\limits_{i=1}^{n}d_i^2}{n(n^2-1)}=1-\frac{6\times53.5}{10(10^2-1)}=0.675\,8.$$

对 $\alpha=0.05$ 与 $n=10$，查附表 13 得：$r_s(10,0.05)=0.648$。

因为 $|r_s|=0.6758>0.648$，则 $P<0.05$，故拒绝 H_0，即认为舒张压与胆固醇之间的 Spearman 线性相关关系有显著性。

【SPSS 软件应用】 建立数据集〈舒张压与胆固醇〉，包括两个数值变量"X（舒张压）"与"Y（胆固醇）"，如图 11-5 所示。

在 SPSS 中选择菜单【Analyze】→【Correlate】→【Bivariate】，选定变量：

X（舒张压）、Y（胆固醇）→Variables

	X	Y
1	10.70	307
2	10.00	259
3	12.00	341
4	9.90	317
5	10.00	274
6	14.70	416
7	9.30	267
8	11.30	320
9	11.70	274
10	10.30	336
11		

图 11-5　数据集〈舒张压与胆固醇〉

在选项 Correlation Coefficients 中选定：$\boxed{\checkmark}$ Spearman，点击$\boxed{\text{OK}}$。由此即得 SPSS 主要输出结果，见图 11 - 6。

Correlations

			舒张压	胆固醇
spearman's	舒张压	Correlation Coseficient	1.000	.674*
		Sig.(2 - tailed)	.	.033
		N	10	10
	胆固醇	Correlation Coefficient	.674*	1.000
		Sig.(2 - tailed)	.033	.
		N	10	10

*Correlation is significant at the 0.05 level(2 - tailed)

图 11 - 6　例 11.2 的 Spearman 相关分析的输出结果

由图 11 - 6 显示的 SPSS 结果知，所求舒张压与胆固醇的 Spearman 相关系数 $r = 0.674$，其显著性检验的概率值(Sig. (2-tailed))$P = 0.033 < 0.05$，拒绝 H_0，即认为舒张压与胆固醇的 Spearman 线性相关关系显著。

第二节　一元线性回归分析

对于具有相关关系的变量，虽然不能用精确的函数表达式来表达其关系，但是大量观察数据的分析表明，它们之间存在着一定的统计规律，即有一定的相互依存关系。前面介绍的相关分析是用相关系数来刻划这些变量之间相互依存关系的密切程度；而**回归分析**（regression analysis）则是研究具有相关关系的变量之间数量关系式的统计方法，是从变量的观测数据出发，来确定这些变量之间的经验公式（回归方程式），定量地反映它们之间的相互依存关系，同时还可分析判断所建立的回归方程式的有效性，从而进行有关预测或估计。

在具有相关关系的变量中，通常是某个（或某些）变量影响另一个变量。

> **定义 11.2**　在回归分析中，将受其他变量影响的变量（如血压）称为**因变量**（dependent variable）或**响应变量**（response variable），记为 Y，而将影响因变量的变量（如年龄）称为**自变量**（independent variable）或**解释变量**（explanatory variable），记为 x。

通常由给定的 x 值来对 Y 值进行推断，故自变量 x 被认为是给定的、非随机变量，而因变量 Y 则被认为是随机变量。

在回归分析中，只有一个自变量的回归分析，称为**一元回归**（single regression）；多于一个自变量的回归分析，称为**多元回归**（multiple regression）。变量间存在线性关系的回归分析，称为**线性回归**（linear regression）；变量间不存在线性关系的回归分析，称为**非线性回归**（nonlinear regression）。

一、一元线性回归的统计模型

在回归分析中，一元线性回归模型是描述两个变量之间相关关系的最简单的线性回归模型,故又称为**简单线性回归模型**(simply linear regression model)。该模型假定因变量 Y 只受一个自变量 x 的影响,它们之间存在着近似的线性函数关系,用统计模型来描述,即有:

$$\begin{cases} Y = \alpha + \beta x + \varepsilon \\ \varepsilon \sim N(0, \sigma^2) \end{cases}$$

这里,因变量(随机变量)Y 分解为两部分:一部分是由 x 的变化所确定的 Y 线性变化部分,用 x 的线性函数 $\alpha + \beta x$ 表示;另一部分则是由其他随机因素引起的影响部分,被看作随机误差,用 ε 表示。随机误差 ε 作为随机变量,通常假设 ε 服从均值为 0、方差为 σ^2 的正态分布,即 $\varepsilon \sim N(0, \sigma^2)$,则因变量 Y 也服从正态分布,即有

$$Y \sim N(\alpha + \beta x, \sigma^2)。$$

对一元线性回归模型公式两边求数学期望得

$$E(Y) = \alpha + \beta x,$$

上式为 Y 关于 x 的理论(总体)线性回归方程,其中 α、β 是未知参数,称为**回归系数**(regression coefficient)。由于 ε 是个不可控制的随机因素,通常用 $E(Y)$ 作为 Y 的估计。为方便起见,Y 的估计记为 $\hat{y}$,于是上列公式又可表为

$$\hat{y} = \alpha + \beta x。$$

由于理论线性回归方程中的回归系数 α、β 是未知的,需要从样本观测值数据出发进行估计。如果记 α、β 估计值分别为 a、b,则称

$$\hat{y} = a + bx$$

为 Y 关于 x 的经验(样本)线性回归方程,简称为**线性回归方程**(linear regression equation),其中 a、b 称为**样本回归系数**(sample coefficient regression)。在实际问题中用 $\hat{y} = a + bx$ 代替 $E(Y) = \alpha + \beta x$ 作为 Y 的估计。

二、一元线性回归方程的建立

设 x、Y 的一组样本观察值为

$$(x_1, y_1), (x_2, y_2), \cdots, (x_n, y_n)。$$

如果 x 与 Y 间存在线性相关关系,则由这组样本观察值得到的散点图中的各点虽然散乱,但大体应散布在一条直线附近,该直线就是线性回归方程 $\hat{y} = a + bx$ 所表示的回归直线。如例 11.1 中数据散点图(图 11-7)所示。

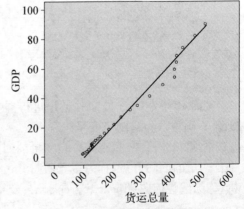

图 11-7　散点图与回归直线

显然,如图 11-7 所示,这样的直线还可以画出许多条,到底用哪条直线来表示 x 与 Y 间存在的线性相关关系最合适,也即如何确定回归方程 $\hat{y} = a + bx$ 中的样本回归系数 a、b 呢?自然希望所得到的直线与实际数据的偏差总的来说应该尽可能小。而应用最小二乘法就可以得到满足上述要求的回归直线。

对自变量 x 的取值 x_i，考察由因变量 Y 的实际观察值 y_i 与回归直线上对应点的纵坐标 $\hat{y}_i = \hat{y}_i = \alpha + \beta x_i$ 所得的偏差平方和

$$Q(\alpha, \beta) = \sum_{i=1}^{n} \left[y_i - (\alpha + \beta x_i) \right]^2$$

从几何意义上看，$Q(\alpha, \beta)$ 表示各实测点与回归直线上的对应点纵向距离的平方和，而平方和又称为"二乘"。因此，确定回归系数 α、β 估计值 a、b，使 $Q(\alpha, \beta)$ 达到最小值的方法称为**最小二乘法**（method of least squares），由此得到的 a、b 称为 α、β 的**最小二乘估计**（least squares estimate）。

由于 $Q(\alpha, \beta)$ 中只有 α、β 是未知的，即为 α、β 的二元函数。为使 $Q(\alpha, \beta)$ 达到最小值，由二元函数求极值的方法，应有

$$\begin{cases} \dfrac{\partial Q}{\partial \alpha} = -2 \sum_{i=1}^{n} (y_i - \alpha - \beta x_i) = 0 \\ \dfrac{\partial Q}{\partial \beta} = -2 \sum_{i=1}^{n} (y_i - \alpha - \beta x_i) x_i = 0 \end{cases},$$

整理得方程组

$$\begin{cases} n\alpha + n\beta \bar{x} = n\bar{y} \\ n\alpha \bar{x} + \beta \sum_{i=1}^{n} x_i^2 = \sum_{i=1}^{n} x_i y_i \end{cases},$$

解上述方程组，得 α、β 的估计值 a、b

$$\begin{cases} b = \dfrac{\displaystyle\sum_{i=1}^{n} x_i y_i - n\bar{x} \cdot \bar{y}}{\displaystyle\sum_{i=1}^{n} x_i^2 - n\bar{x}^2} = \dfrac{l_{xy}}{l_{xx}}, \\ a = \bar{y} - b\bar{x} \end{cases}$$

其中
$$l_{xy} = \sum_{i=1}^{n} (x_i - \bar{x})(y_i - \bar{y}) = \sum_{i=1}^{n} x_i y_i - n\bar{x} \cdot \bar{y},$$
$$l_{xx} = \sum_{i=1}^{n} (x_i - \bar{x})^2 = \sum_{i=1}^{n} x_i^2 - n\bar{x}^2。$$

由此得线性回归方程 $\qquad\qquad \hat{y} = a + bx$。

下面我们就可利用一元线性回归方程来解决前面例 11.1 中的问题（3）。

例 11.1（续三） 对前面例 11.1 的 GDP 与货运量问题中的数据，试求 GDP 作为 Y 关于货运总量 x 的一元线性回归方程。

解： 由前面例 11.1（续二）的计算结果知

$$\bar{x} = 236.54, \bar{y} = 28.75; l_{xx} = 518\,217.6; l_{xy} = 102\,687.0; l_{yy} = 20\,640.2。$$

则
$$b = \frac{l_{xy}}{l_{xx}} = \frac{102\,687.0}{518\,217.6} = 0.198, a = \bar{y} - b\bar{x} = -18.085。$$

故所求一元线性回归方程为 $\hat{y} = -18.085 + 0.198x$。

回归系数 $b=0.198$ 表示货运总量每增加 1 个单位(亿吨),将会使 GDP 平均增加 0.198 个单位(万亿元)。利用该回归方程对 GDP(国内生产总值)Y 进行预测的问题将在后面介绍。

三、一元线性回归方程的显著性检验

从任一组样本值 $(x_1, y_1), (x_2, y_2), \cdots, (x_n, y_n)$ 出发,不管 Y 与 x 之间的关系如何,总可以由最小二乘法应用公式在形式上求出其线性回归方程。然而,这并非表明 Y 与 x 之间确实存在着线性关系。因此,在建立线性回归方程后,还应根据观测值判断 Y 与 x 之间是否确有线性相关关系,即需检验线性回归方程是否有显著性,即应做假设检验 $H_0: \beta = 0$ 是否成立,其中 β 为回归线性模型中的回归系数。如果原假设 H_0 成立,则称回归方程**无显著性**或者**回归不显著**(non-significant);如果原假设 H_0 不成立,则称回归方程有**显著性**或者**回归显著**(significant)。

该问题常用的检验法有两种:

(1) 利用相关系数的显著性检验法(r 检验法,见上一节),来检验变量 x 与 Y 的线性相关的显著性,这也就检验了 Y 对 x 的线性回归方程的显著性。

(2) 利用基于总离差平方和分解的 F 检验法,该法易于推广到多元线性回归的更一般情形,是回归方程显著性的主要检验法。

下面就介绍用于回归方程显著性检验的 F 检验法。

(一) 离差平方和的分解

由于 $\hat{y} = a + bx$ 只反映了 x 对 Y 的影响,所以回归值 $\hat{y}_i = a + bx_i$ 就是 y_i 中只受 x_i 影响的那一部分,而 $y_i - \hat{y}_i$ 则是除去 x_i 的影响后,受其他各种因素影响的部分,故将 $y_i - \hat{y}_i$ 称为**残差**(residual),而观测值 y_i 可以分解为两部分:

$$y_i = \hat{y}_i + (y_i - \hat{y}_i),$$

则

$$y_i - \bar{y} = (\hat{y}_i - \bar{y}) + (y_i - \hat{y}_i)。$$

对因变量的观测值 $y_1, y_2, \cdots, y_n$,考察其差异的总离差平方和(总变差)

$$l_{yy} = \sum_{i=1}^{n} (y_i - \bar{y})^2。$$

它可分解为两部分

$$
\begin{aligned}
l_{yy} &= \sum_{i=1}^{n} (y_i - \bar{y})^2 = \sum_{i=1}^{n} (y_i - \hat{y}_i + \hat{y}_i - \bar{y})^2 \\
&= \sum_{i=1}^{n} (y_i - \hat{y}_i)^2 + 2 \sum_{i=1}^{n} (y_i - \hat{y}_i)(\hat{y}_i - \bar{y}) + \sum_{i=1}^{n} (\hat{y}_i - \bar{y})^2 \\
&= \sum_{i=1}^{n} (y_i - \hat{y}_i)^2 + \sum_{i=1}^{n} (\hat{y}_i - \bar{y})^2 = Q + U
\end{aligned}
$$

其中 $U=\sum\limits_{i=1}^{n}(\hat{y}_i-\bar{y})^2$ 称为**回归平方和**（sum of squares of regression），$Q=\sum\limits_{i=1}^{n}(y_i-\hat{y}_i)^2$ 称为**残差平方和**（sum of squares residual）。

利用 $\hat{y}_i=a+bx_i$，$a=\bar{y}-b\bar{x}$，$b=\dfrac{l_{xy}}{l_{xx}}$ 等，可以验证

$$\sum_{i=1}^{n}(y_i-\hat{y}_i)(\hat{y}_i-\bar{y})$$

$$=\sum_{i=1}^{n}(y_i-a-bx_i)(a+bx_i-\bar{y})=\sum_{i=1}^{n}\left[(y_i-\bar{y})-b(x_i-\bar{x})\right]b(x_i-\bar{x})$$

$$=b\sum_{i=1}^{n}(y_i-\bar{y})(x_i-\bar{x})-b^2\sum_{i=1}^{n}(x_i-\bar{x})^2=bl_{xy}-b^2l_{xx}=0$$

于是回归分析的离差平方和分解公式为

$$l_{yy}=Q+U,$$

而 l_{yy}、Q、U 对应的自由度分别为 $df_T=n-1$、$df_Q=n-2$、$df_U=1$，且相应地有

$$df_T=df_Q+df_U。$$

下面考察 U 和 Q 的意义（见图 11-8）。

$\hat{y}_i$ 是回归直线 $\hat{y}=a+bx$ 上横坐标为 x_i 点的纵坐标，因为

$$\frac{1}{n}\sum_{i=1}^{n}\hat{y}_i=\frac{1}{n}\sum_{i=1}^{n}(a+bx_i)=a+\frac{b}{n}\sum_{i=1}^{n}x_i=a+b\bar{x}=\bar{y}。$$

所以 $\hat{y}_1,\hat{y}_2,\cdots,\hat{y}_n$ 的平均值也是 $\bar{y}$，因此 U 就是 $\hat{y}_1,\hat{y}_2,\cdots,\hat{y}_n$ 这 n 个数偏离其均值 $\bar{y}$ 的离差平方和，它描述了 $\hat{y}_1,\hat{y}_2,\cdots,\hat{y}_n$ 的分散程度。又因为

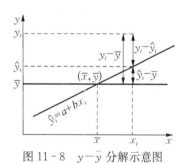

图 11-8　$y-\bar{y}$ 分解示意图

$$U=\sum_{i=1}^{n}(\hat{y}_i-\bar{y})^2=\sum_{i=1}^{n}(a+bx_i-\bar{y})^2=\sum_{i=1}^{n}\left[\bar{y}+b(x_i-\bar{x})-\bar{y}\right]^2$$

$$=b^2\sum_{i=1}^{n}(x_i-\bar{x})^2=b^2l_{xx}。$$

说明 $\hat{y}_1,\hat{y}_2,\cdots,\hat{y}_n$ 的分散性来自 $x_1,x_2,\cdots,x_n$ 的分散性，故 U 反映了 x 对 Y 的线性影响。

Q 是残差 $y_i-\hat{y}_i$ 的平方和，反映了 Y 的数据差异中扣除 x 对 Y 的线性影响后，其他因素（包括 x 对 Y 的非线性影响、随机误差等）对 Y 的影响。因此，U 越大，Q 就越小，表明 Y 与 x 的线性关系就越显著。

在计算 l_{yy}、Q 和 U 时，常用下列公式：

$$l_{yy}=(n-1)S_y^2,\quad l_{xx}=(n-1)S_x^2,\quad U=b^2l_{xx}=\frac{l_{xy}^2}{l_{xx}},\quad Q=l_{yy}-U,$$

其中 S_y^2 为 $y_1,y_2,\cdots,y_n$ 的样本方差、S_x^2 为 $x_1,x_2,\cdots,x_n$ 的样本方差。

（二）回归方程的显著性检验

为寻找检验统计量先做如下分析,离差平方和分解公式

$$l_{yy} = Q + U。$$

表明,引起 $y_1, y_2, \cdots, y_n$ 的分散性(即 l_{yy})的原因可分解成两部分,一是 U 反映了 x 对 Y 的线性影响部分,二是 Q 反映了其他因素对 Y 的影响,可看成随机因素的影响部分。对于给定观测值 $y_1, y_2, \cdots, y_n$,其总变差 l_{yy} 是一个定值。若 U 越大,Q 就越小,x 对 Y 的线性影响就越大;反之,U 越小,Q 就越大,x 对 Y 的线性影响就越小;所以 U 与 Q 的相对比值就反映了 x 对 Y 的线性影响程度的高低。显然寻找的检验统计量应与 U 和 Q 的相对比值密切相关。

定理 11.1 对于一元线性回归模型

$$\begin{cases} Y = \alpha + \beta x + \varepsilon \\ \varepsilon \sim N(0, \sigma^2) \end{cases},$$

而 $\hat{y} = a + bx$ 为其一元线性回归方程,$l_{yy} = Q + U$ 为对应的离差平方和分解式,则有下列性质成立:

(1) $b \sim N\left(\beta, \dfrac{\sigma^2}{l_{xx}}\right)$,$a \sim N\left(\alpha, \sigma^2\left(\dfrac{1}{n} + \dfrac{\overline{x}^2}{l_{xx}}\right)\right)$;

(2) σ^2 的无偏估计为 $\hat{\sigma}^2 = S^2 = \dfrac{Q}{n-2}$;

(3) $\dfrac{Q}{\sigma^2} \sim \chi^2(n-2)$,且 Q 与 b 相互独立;

(4) 在 $\beta = 0$ 的条件下,有 $\dfrac{U}{\sigma^2} \sim \chi^2(1)$,从而

$$F = \frac{U/1}{Q/(n-2)} \sim F(1, n-2)。$$

（证明从略）

上述这些性质是回归方程的显著性检验和预测的理论基础。

根据定理 11.1,对于 $H_0: \beta = 0$(回归方程无显著性)的回归显著性检验,我们可选用

$$F = \frac{U/1}{Q/(n-2)}$$

作为检验统计量。F 值就是 x 的线性影响部分和随机因素的影响部分的相对比值。如果 F 值显著大,表明 x 对 Y 的作用是显著比随机因素大,回归方程就有显著性,故回归方程的显著性检验为单侧检验。又因回归方程的显著性检验利用 F 检验统计量进行,故称为 F 检验法。

（三）回归方程的显著性检验的步骤和方差分析表

用 F 检验法检验回归方程显著性的主要步骤为:

(1) 建立原假设 $H_0: \beta = 0$(回归方程不显著);

（2）首先计算 l_{xx}、l_{xy}、l_{yy}，再计算 U、Q 的值：$U = b^2 l_{xx} = \dfrac{l_{xy}^2}{l_{xx}}$，$Q = l_{yy} - U$；

（3）计算检验统计量的 F 值：$F = \dfrac{U/1}{Q/(n-2)} = \dfrac{(n-2)bl_{xy}}{l_{yy} - bl_{xy}}$；

（4）对给定显著水平 α，查 F 分布表（附表7），得单侧临界值 $F_\alpha(1, n-2)$；

实际计算时，F 检验法一般用下列回归检验的方差分析表（表11-3）来进行：

表 11-3 回归显著性检验的方差分析表

方差来源 Source	离差平方和 SS	自由度 df	均方 MS	F 值 F	P 值 Sig.
回归 Regression	U	1	$U/1$	$F = \dfrac{U}{Q/(n-2)}$	
残差 Residual	Q	$n-2$	$Q/(n-2)$		
总变差 Total	$l_{yy} = U + Q$	$n-1$		$F_\alpha(1, n-2)$	

（5）统计判断：若 F 值$>F_\alpha(1, n-2)$时，或 $P<\alpha$，拒绝 H_0，认为回归方程有显著性；若 F 值$<F_\alpha(1, n-2)$时，或 $P>\alpha$，接受 H_0，认为回归方程无显著性。

例 11.1（续四） 对例 11.1 的 GDP 与货运量问题中的数据，试用 F 检验法检验 Y 关于 x 的一元线性回归方程的显著性（$\alpha = 0.05$）。

解：检验的原假设 $H_0: \beta = 0$（回归方程不显著）。

由前面例 11.1（续二）的计算结果知：

$$l_{xx} = 518\,217.6;\quad l_{xy} = 102\,687.0;\quad l_{yy} = 20\,640.2。$$

则

$$U = l_{xy}^2 / l_{xx} = 20\,347.86;\quad Q = l_{yy} - U = 292.34。$$

故

$$F = \frac{U}{Q/(n-2)} = \frac{20\,347.86}{292.34/27} = 1\,879.36。$$

对 $\alpha = 0.05$，查 $F(1, 27)$ 表（附表7），得临界值 $F_\alpha(1, 27) = 4.21$。

或列出下列方差分析表

表 11-4 例 11.1 的回归显著性检验的方差分析表

方差来源 Source	离差平方和 SS	自由度 df	均 方 MS	F 值 F	P 值 Sig.
回归 Regression	20 347.86	1	20 347.86	1 879.36	<0.05（显著）
残差 Residual	292.34	27	10.827		
总变差 Total	20 640.2	28		临界值 $F_\alpha(1, 27) = 4.21$	

因 $F = 1\,879.36 > 4.21$，故拒绝 H_0，认为所建立的回归方程是显著的。

【SPSS 软件应用】打开数据集〈GDP 与货运总量〉（见图 11-2），选择菜单【Analyze】→【Regression】→【Linear】，选定因变量与自变量：

$$\text{GDP} \to \text{Dependent};\quad \text{货运总量} \to \text{Independent}$$

点击 OK 。由此即得 SPSS 输出结果，见图 11-9。

Model Summary

Model	R	R Square	Adjusted R Square	Std. Error of the Estimate
1	.993^a	.986	.985	3.289 69

a. Predictors：(Constant)，货运总量 n

ANOVA^a

Model		Sum of Squares	df	Mean Square	F	Sig.
1	Regression	20 346.850	1	20 346.850	1 880.125	.000^b
	Residual	292.196	27	10.822		
	Total	20 639.046	28			

a. Dependent Variable：GDPn
b. Predictors：(Constant)，货运总量 n

Coefficients^a

Model		Unstandardized Coefficients		Standardized Coefficients	t	Sig.
		B	Std. Error	Beta		
1	(Constant)	−18.120	1.242		−14.594	.000
	货运总量 n	.198	.005	.993	43.360	.000

a. Dependent Variable：GDPn

图 11-9　例 11.1 的回归分析的 SPSS 输出结果

用 SPSS 进行一元线性回归分析所得的主要输出结果(见图 11-9)如下。

(1) 回归模型的汇总统计量(Model Summary 表)：列出用于反映回归模型的拟合优良程度的统计指标：复相关系数 $R=0.993$；决定系数(R Square)$R^2=0.986$；调整决定系数(Adjusted R Square)$R^2=0.985$；标准误估计值(Std. Error of the Estimate)$S=3.289\ 69$。

上述复相关系数 R、决定系数、调整决定系数越大，越接近于 1，回归模型越好；标准误估计值越小，回归模型估计的精度越高。这些指标表明该回归模型拟合效果非常好。

(2) 回归的方差分析表(ANOVA 表)：该表即前面的表 11-3，用于对整个回归方程进行显著性检验。因为 $F=1\ 880.125$，而显著性检验概率值(Sig.)$P=0.000<0.05$，故拒绝 H_0，认为回归方程是显著的。

(3) 回归系数表(Coefficients 表)：给出回归方程的系数以及检验结果。Coefficients 表中 B 列给出回归方程 $\hat{y}=a+bx$ 的系数估计值 a(Constant)和 b(货运总量)：

$$a=-18.120,\ b=0.198,$$

表中的 t 列和 Sig. 列同时给出了对回归系数进行显著性检验的 t 值和概率 P 值结果。由此所建立的回归方程为

$$\hat{y}=-18.12+0.198x。$$

四、用回归方程进行预测

当回归方程通过显著性检验,表明该回归方程有显著性时,就可利用该回归方程进行预测。所谓**预测**(forecast)就是对于给定的 x_0,求出其相应的 y_0 的点预测值,或 y_0 的预测区间即置信区间。

对于给定的 $x=x_0$,y_0 的**点预测值**(point forecast value)即为 $x=x_0$ 处的回归值:

$$\hat{y}_0 = a + bx_0 。$$

由于因变量 Y 与 x 的关系不确定,用回归值 $\hat{y}_0$ 作为 y_0 的预测值虽然具体,但难以体现其估计精度即误差程度。方差的大小代表着误差程度的高低,对回归方程进行方差估计,就是估计 $\hat{y}_0$ 作为 y_0 的预测值的误差程度。

由本节回归显著性检验讨论的性质知,σ^2 的无偏估计为 $\hat{\sigma}^2 = S^2 = \dfrac{Q}{n-2}$,并称 $S = \sqrt{\dfrac{Q}{n-2}}$ 为回归方程的**剩余标准差**(residual standard deviation)。因此,S 反映了用 $\hat{y}_0 = a+bx_0$ 去预测 y_0 时产生的平均误差。S 值越大,预测值与实际值的偏差就越大,其估计精度就越低;S 值越小,预测值与实际值的偏差就越小,其估计精度就越高。

在实际预测中,应用更多的是配以一定估计精度(置信水平)的预测区间,而 y_0 的置信水平为 $(1-\alpha)$ 的**预测区间**(forecast interval)即置信区间为

$$(\hat{y}_0 - \delta(x_0),\ \hat{y}_0 + \delta(x_0)),$$

其中

$$\delta(x_0) = t_{\alpha/2}(n-2)S\sqrt{1 + \frac{1}{n} + \frac{(x_0 - \bar{x})^2}{l_{xx}}} 。$$

显然,预测区间与 α,n,x_0 有关,α 越小,$t_{\alpha/2}(n-2)$ 就越大,$\delta(x_0)$ 也越大;n 越大,则 $\delta(x_0)$ 越小。对于给定样本预测值及置信水平来说,$\delta(x_0)$ 依 x_0 而变,当 x_0 越靠近 $\bar{x}$,$\delta(x_0)$ 就越小,预测就越精密;反之,当 x_0 远离 $\bar{x}$ 时,$\delta(x_0)$ 就大,预测效果就差。若作 $y_1 = \hat{y} - \delta(x)$ 及 $y_2 = \hat{y} + \delta(x)$ 的图形,则这两条曲线形成一个包含回归直线 $\hat{y} = a+bx$ 的带形域,在 $x = \bar{x}$ 处最窄,而两头张开(图 11-10)。

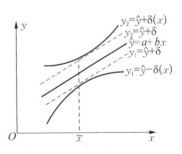

图 11-10　回归分析中观测区间示意图

当 x_0 离 $\bar{x}$ 不远,n 又较大时,上列计算 $\delta(x_0)$ 的公式中根号内的值近似地等于 1,此时预测区间近似地为

$$(\hat{y} - \delta,\ \hat{y} + \delta) = (\hat{y} - t_{\alpha/2}(n-2)S,\ \hat{y} + t_{\alpha/2}(n-2)S) 。$$

此时,图 11-10 的曲线 y_1,y_2 变为直线(如图 11-10 中虚线所示)。

例 11.1(续五) 对例 11.1 的 GDP 与货运量问题的数据,试求

(1) 货运总量为 600(亿吨)时我国 GDP 的预测值;

(2) 货运总量为 600(亿吨)时我国 CDP 的 90% 预测区间。

解:(1)由例 11.1(续三)知其线性回归方程为

$$\hat{y} = -18.085 + 0.198x。$$

则当货运总量为 600(亿吨)时,我国 GDP 的预测值为(单位:万亿元)

$$\hat{y}_0 = -18.085 + 0.198x_0 = -18.085 + 0.198 \times 600 = 100.715。$$

(2) 对 $1-\alpha=0.90$,查 t 分布表得:$t_{\alpha/2}(27)=2.0518$。又

$$\delta(x_0) = t_{\frac{\alpha}{2}}(n-2)S\sqrt{1 + \frac{1}{n} + \frac{(x_0-\bar{x})^2}{l_{xx}}}$$

$$= 2.0518 \times \sqrt{10.827} \times \sqrt{1 + \frac{1}{29} + \frac{(600-236.54)^2}{518\,217.6}} = 7.666,$$

故我国 CDP 的 90% 预测区间为(单位:万亿元)

$$(\hat{y}_0 - \delta(x_0),\ \hat{y}_0 + \delta(x_0)) = (100.715 - 7.666,\ 100.715 + 7.666) = (93.049,\ 108.381)。$$

五、相关与回归分析的注意事项

1. 相关关系并非因果关系,绝不可因为两事物间的相关系数有统计意义,就认为两者之间存在着因果关系。例如,在一些国家中,香烟消费量和人口期望寿命近年来一直在增长,如果用这两组资料计算相关系数,会得出正相关关系,但这是毫无意义的。因此要证明两事物间确实存在着因果关系,必须凭借专业知识加以阐明。

2. 在回归分析中,不论自变量是随机变量还是确定性的量,因变量都是随机变量,且应服从正态分布。回归方程的适用范围是有限的。使用回归方程计算估计值时,一般不可把估计的范围扩大到建立方程时的自变量的取值范围之外。

3. 样本相关系数的计算只适用于两个变量都服从正态分布的资料,表示两个变量之间的相互关系是双向的;而在回归分析中,因变量是随机变量,自变量可以是随机变量也可以是给定的量,回归反映两个变量之间的单向关系。

4. 如果对同一资料进行相关分析与回归分析,得到的相关系数 r 与回归方程中的回归系数 b 的符号是相同的。相关系数 r 的平方(r^2 称为决定系数)与回归平方和 U 的关系为:

$$r^2 = \frac{U}{l_{yy}},$$

r^2 恰好是回归平方和在总离差平方和中所占比重。相关系数 r 的绝对值越大,回归效果越好,即相关与回归可以互相解释。

六、一元拟线性回归分析

在实际问题中,变量间的回归关系并非都是线性的。例如在医药研究中,血药浓度 Y 与时间 t 可用关系式 $Y = \dfrac{D}{V} e^{-Kt}$ 来表示。这样的关系呈曲线趋势,这时就需要配置恰当类型的曲线拟合观测数据。在许多情况下,两个变量间的非线性关系可以通过简单的变量代换转化为一元线性回归模型来求解和分析(对复杂的曲线关系,则需要化为多元线性回归来求解)。表 11-5 给出了几个常见的非线性模型对应的线性化的变换。

表 11-5 常见非线性模型的线性化变换表

曲线方程	变量替换	变换后的线性方程
双曲线 $\dfrac{1}{y} = a + \dfrac{b}{x}$	$y' = \dfrac{1}{y},\ x' = \dfrac{1}{x}$	$y' = a + bx'$
幂函数 $y = ax^b$	$y' = \ln y,\ x' = \ln x$	$y' = a' + bx',\ a' = \ln a$
指数函数 $y = ae^{bx}$	$y' = \ln y$	$y' = a' + bx,\ a' = \ln a$
对数函数 $y = a + b\ln x$	$x' = \ln x$	$y = a + bx'$
S 形曲线 $y = \dfrac{1}{a + be^{-x}}$	$y' = \dfrac{1}{y},\ x' = e^{-x}$	$y' = a + bx'$

这就是人们在实践中常常做的"曲线直线化"工作。**拟线性回归**(quasi-linear regression)方法就是通过对原来的变量进行某种可线性化的变量变换,使新变量之间呈线性关系,由此即可对新变量进行线性回归分析,求得回归方程,然后再代回到原变量,即得所求变量间的回归方程。

一元拟线性回归分析的基本步骤为:

(1) 根据样本数据,在直角坐标系中画出散点图;

(2) 根据散点图,推测出两个变量间的函数关系;

(3) 选择适当的变量变换,使之变成线性关系;

(4) 用线性回归方法求出线性回归方程;

(5) 返回到原来的函数关系,得到所要求的变量间的回归方程。

例 11.3 静脉输注西索米星后,血药浓度 Y 与时间 t 可用关系式

$$C = \frac{D}{V} e^{-Kt}$$

表示,其中 D 为所给剂量,V 为表观分布容积,K 为消除速率常数。现给体重为 20 g 的小鼠注射西索米星 0.32 mg 后,测得一些时间的血药浓度如表 10-6 所示:

表 10-6 例 11.3 的药-时数据表

编号	1	2	3	4	5	6	7	8
时间 t(min)	20	40	60	80	100	120	140	160
血药浓度 Y(μg/ml)	32.75	16.50	9.20	5.00	2.82	1.37	0.76	0.53

试求血药浓度 C 对时间 t 的回归方程。

解: 由药物代谢动力学知识或通过作散点图可知,这些点大致接近一条指数曲线(参见图 11-11)。为了得到相应的回归方程,对题中的关系式两边取自然对数 ln,得

$$\ln C = \ln \frac{D}{V} - Kt。$$

令 $y = \ln C, a = \ln \dfrac{D}{V}, b = -K$,可得

$$y = a + bt,$$

这样便把指数曲线回归转化为线性回归问题。

由数据计算得: $l_{tt} = 16\ 800$; $l_{yy} = 15.251$; $l_{ty} = -505.413$。则

$$b = -0.030\ 08; a = 4.027\ 9,$$

于是,回归方程为 $\ln C = 4.027\ 9 - 0.030\ 08t$。

而且 $F = 1\ 968.695, P = 0.000$,决定系数 $R^2 = 0.997$,线性回归拟合效果非常好。又

$$\frac{D}{V} = e^a = e^{4.027\ 9} = 56.14, \ K = -b = 0.030\ 08。$$

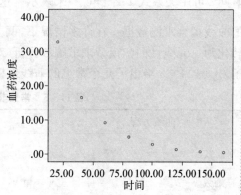

图 11-11　血药浓度与时间的散点图

最后得到所求的指数曲线回归方程为: $C = \dfrac{D}{V} e^{-Kt} = 56.14 e^{-0.030\ 08t}$。

第三节　多元线性回归分析

在很多实际应用中,影响因变量 Y 的因素通常不止一个。例如,某化工产品的收率高低常受多种因素的影响,某种疾病的发病率的高低也是与很多因素有关。因此,就需要研究一个因变量与多个自变量间的关系,这就是多元回归问题。**多元线性回归**(multiple linear regression)就是研究一个因变量与多个自变量间线性依存关系的统计方法,其原理与一元线性回归的方法基本相同,只是多元线性回归的方法要复杂些,计算量也大得多,一般都需用计算机进行处理。本节仅对多元线性回归分析做一简明扼要的介绍。

一、多元线性回归方程的建立

设 Y 为因变量(又称响应变量), $x_1, x_2, \cdots, x_m$ 为 m 个自变量(又称因素变量),并且自变量与因变量之间存在线性关系,则 Y 和 $x_1, x_2, \cdots, x_m$ 之间的多元线性回归模型为

$$\begin{cases} Y = \beta_0 + \beta_1 x_1 + \cdots + \beta_m x_m + \varepsilon, \\ \varepsilon \sim N(0, \sigma^2) \end{cases},$$

其中 β_0 为回归常数项，$\beta_1, \beta_2, \cdots, \beta_m$ 为**偏回归系数**（partial regression coefficient），均为未知常数。ε 为随机误差，服从正态分布 $N(0, \sigma^2)$，则因变量 Y 也服从正态分布，且有

$$Y \sim N(\beta_0 + \beta_1 x_1 + \cdots + \beta_m x_m, \sigma^2)。$$

与一元线性回归情形类似，称

$$\hat{y} = b_0 + b_1 x_1 + \cdots + b_m x_m$$

为 Y 对 $x_1, x_2, \cdots, x_m$ 的**多元线性回归方程**（multiple linear regression equation）。其中 b_0，$b_1, \cdots, b_m$ 是未知参数 $\beta_1, \beta_2, \cdots, \beta_m$ 的估计值，可由 $(x_1, x_2, \cdots, x_m, Y)$ 的样本观测值利用最小二乘法求得。而 $b_i (i = 1, 2, \cdots, m)$ 反映了当其他变量取值不变时，x_i 每增加一个单位对因变量 Y 的效应估计值。

利用最小二乘法求解多元线性回归方程 $\hat{y} = b_0 + b_1 x_1 + \cdots + b_m x_m$ 的主要步骤为：

（1）令 x_{ik} 表示自变量 x_i 在第 k 次试验时取的值 $(i = 1, 2, \cdots, m)$，y_k 表示因变量 Y 在第 k 次试验的结果，则可得 $(x_1, x_2, \cdots, x_m, Y)$ 的样本观测值为

$$(x_{1k}, x_{2k}, \cdots, x_{mk}, y_k), \quad k = 1, 2, \cdots, n; n > m + 1。$$

计算　$\bar{x}_i = \dfrac{1}{n} \sum_{k=1}^{n} x_{ik}$，$i = 1, \cdots, m$，$\bar{y} = \dfrac{1}{n} \sum_{k=1}^{n} y_k$，$l_{yy} = \sum_{k=1}^{n} (y_k - \bar{y})^2$，

$$l_{ij} = \sum_{k=1}^{n} (x_{ik} - \bar{x}_i)(x_{jk} - \bar{x}_j), i, j = 1, \cdots, m; l_{iy} = \sum_{k=1}^{n} (x_{ik} - \bar{x}_i)(y_k - \bar{y}), i = 1, \cdots, m。$$

（2）解下列正规方程组，求偏回归系数

$$\begin{cases} l_{11} b_1 + l_{12} b_2 + \cdots + l_{1m} b_m = l_{1y} \\ l_{21} b_1 + l_{22} b_2 + \cdots + l_{2m} b_m = l_{2y} \\ \vdots \\ l_{m1} b_1 + l_{m2} b_2 + \cdots + l_{mm} b_m = l_{my} \end{cases}。$$

在回归分析中，该正规方程组的系数矩阵通常是可逆的，记为

$$L = \begin{bmatrix} l_{11} & l_{12} & \cdots & l_{1m} \\ l_{21} & l_{22} & \cdots & l_{2m} \\ \cdots & \cdots & \cdots & \cdots \\ l_{m1} & l_{m2} & \cdots & l_{mm} \end{bmatrix},$$

则回归方程组可表示为

$$\begin{bmatrix} l_{11} & l_{12} & \cdots & l_{1m} \\ l_{21} & l_{22} & \cdots & l_{2m} \\ \cdots & \cdots & \cdots & \cdots \\ l_{m1} & l_{m2} & \cdots & l_{mm} \end{bmatrix} \begin{bmatrix} b_1 \\ b_2 \\ \vdots \\ b_n \end{bmatrix} = \begin{bmatrix} l_{1y} \\ l_{2y} \\ \vdots \\ l_{my} \end{bmatrix}。$$

于是得到

$$\begin{bmatrix} b_1 \\ b_2 \\ \vdots \\ b_n \end{bmatrix} = \begin{bmatrix} l_{11} & l_{12} & \cdots & l_{1m} \\ l_{21} & l_{22} & \cdots & l_{2m} \\ \cdots & \cdots & \cdots & \cdots \\ l_{m1} & l_{m2} & \cdots & l_{mm} \end{bmatrix}^{-1} \begin{bmatrix} l_{1y} \\ l_{2y} \\ \vdots \\ l_{my} \end{bmatrix} = L^{-1} \begin{bmatrix} l_{1y} \\ l_{2y} \\ \vdots \\ l_{my} \end{bmatrix} 。$$

(3) 将 $b_1, b_2, \cdots, b_m$ 代入

$$b_0 = \bar{y} - b_1 \bar{x}_1 - \cdots - b_m \bar{x}_m,$$

即求得 b_0,于是得到 m 元线性回归方程

$$\hat{y} = b_0 + b_1 x_1 + b_2 x_2 + \cdots + b_m x_m 。$$

二、多元线性回归方程的检验

与一元回归情形类似,上述讨论是在 Y 与 $x_1, x_2, \cdots, x_m$ 之间具有线性相关关系的前提下进行的。但是在实际应用中,所求回归方程是否有显著意义,则需对 Y 与诸 x_i 间是否存在线性相关关系进行显著性假设检验。

(一) 回归方程的显著性检验

与一元线性回归分析类似,多元线性回归方程

$$\hat{y} = b_0 + b_1 x_1 + b_2 x_2 + \cdots + b_m x_m$$

是否有显著性,可通过检验

$$H_0 : \beta_1 = \beta_2 = \cdots = \beta_m = 0$$

进行统计判断。

为了找检验 H_0 的检验统计量,同样可将总离差平方和(总变差)l_{yy} 作分解,可得到离差平方和分解公式:

$$l_{yy} = \sum_{i=1}^{n} (y_i - \bar{y})^2 = \sum_{i=1}^{n} (y_i - \hat{y}_i + \hat{y}_i - \bar{y})^2 = \sum_{i=1}^{n} (y_i - \hat{y}_i)^2 + \sum_{i=1}^{n} (y_i - \hat{y}_i)^2 = Q + U 。$$

其中 $Q = \sum\limits_{i=1}^{n} (y_i - \hat{y}_i)^2$ 仍称为残差平方和,$U = \sum\limits_{i=1}^{n} (\hat{y}_i - \bar{y})^2$ 仍称为回归平方和。

可以证明,当回归显著性检验的原假设 $H_0 : \beta_1 = \beta_2 = \cdots = \beta_m = 0$ 成立时,有

$$F = \frac{U/m}{Q/(n - m - 1)} \sim F(m, n - m - 1),$$

由此就选用该 F 作为检验统计量。

对给定的显著水平 α,查 F 分布表(附表 7),得临界值 $F_\alpha(m, n - m - 1)$,即可检验多元线性回归方程的显著性。

实际计算时,F 检验法一般用多元回归分析的方差分析表(参见表 11-7)。

表 11-7 回归显著性检验的方差分析表

方差来源 Source	离差平方和 SS	自由度 df	均方 MS	F 值 F Value	P 值 Pr$>$F
回归 Regression	U	m	U/m	$F=\dfrac{U/m}{Q/(n-m-1)}$	$<\alpha$(显著)
残差 Error	Q	$n-m-1$	$Q/(n-m-1)$		$>\alpha$(不显著)
总变差 Total	$l_{yy}=U+Q$	$n-1$			

若 $F>F_{\alpha}$,则 $P<\alpha$,拒绝 H_0,认为回归方程有显著性;若 $F<F_{\alpha}$,则 $P>\alpha$,接受 H_0,认为回归方程无显著性。

(二) 回归方程的拟合优度检验

回归方程的拟合优度检验是检验样本数据点聚集在回归线周围的密集程度,从而对回归方程关于样本数据拟合程度做出总的评价。

回归方程的拟合优度检验主要采用决定系数(或判定系数)R^2 和校正决定系数 Adj. R^2:

$$R^2=\frac{SS_R}{SS_T}=1-\frac{SS_E}{SS_T};$$

$$\text{Adj. } R^2=1-\frac{SS_E/(n-m-1)}{SS_T/(n-1)}=1-(1-R^2)\frac{(n-1)}{(n-m-1)}。$$

它们都反映了在总的变差中回归方程自变量 x 全体所能解释的比例程度,其取值在 0 至 1 之间,其值越接近于 1,说明回归方程对样本数据点的拟合优度越高,模型拟合效果越好。R^2 也是因变量 Y 与全体自变量 x 的复相关系数 R 的平方,测度了 y 与 x 全体之间的线性相关程度,而 Adj. R^2 统计量更能消除自变量个数的影响,在多元情形,若向模型中增加对因变量不显著的自变量时,R^2 的值仍会增大,而 Adj.R^2 的值会减少,故 Adj. R^2 在多元情形更能准确地反映回归方程对样本数据的拟合程度。

另外 F 统计量与决定系数 R^2 有如下的对应关系:

$$F=\frac{R^2/m}{(1-R^2)/(n-m-1)}。$$

由该式可见,回归方程的拟合优度越高,回归方程检验的显著性也会越显著。

(三) 偏回归系数的显著性检验

偏回归系数的显著性检验是研究多元线性回归方程中的每个自变量与因变量之间是否存在显著的线性关系,也就是研究各自变量能否有效地解释因变量的线性变化,它们能否保留在线性回归方程中。

多元线性回归方程的偏回归系数显著性检验的零假设为

$$H_{0i}: \beta_i=0。(i=1,2,\cdots,m),$$

这意味着,当偏回归系数 β_i 为 0 时,无论 x_i 取值如何变化,都不会引起 y 的线性变化,x_i 无

法解释 y 的线性变化,它们之间不存在线性关系。在零假设 H_0 成立时,其检验的 t 统计量为:

$$t_i = \frac{(b_i - 0)}{S_{b_i}} = \frac{b_i}{S_{b_i}}, \quad (i=1,2,\cdots,m),$$

该统计量服从 $t(n-m-1)$ 分布,其中 b_i 是 x_i 的偏回归系数 β_i 估计值,S_{b_i} 是其标准误。

当 $|t_i| \geq t_\alpha(n-m-1)$ 时,拒绝 H_{0i},即认为 x_i 对 Y 有显著作用,应保留在线性回归方程中。

(四)自变量的筛选

在多元回归分析中,当偏回归系数检验表明某些自变量对因变量的作用不显著时,往往需要进行多元线性回归方程的自变量筛选,从而建立仅包括显著自变量的"最优回归方程"。

多元回归分析中的自变量筛选主要有向前筛选法、向后筛选法和逐步筛选法等方法。

1. 向前筛选法(Forward)

向前筛选法是将变量不断引入回归方程的过程。每步都选择与因变量最为显著的自变量逐个进入回归方程模型,直到再也没有显著的自变量可进入方程。

2. 向后筛选法(Backward)

向后筛选法首先将所有自变量全部引入回归方程模型,再对回归方程中的各自变量进行检验,将不显著的自变量中最不显著的(对应 Sig.值最大)自变量逐个剔除,直至回归模型中所有自变量都显著。

3. 逐步回归法(Stepwise)

逐步回归法结合了向前筛选法和向后筛选法的优点,变量"有进有出"。逐步回归法的每一步首先利用向前筛选法,选择对因变量影响最为显著的自变量进入回归模型,然后立即利用向后筛选法,逐个剔除因为新变量引入而变得不显著的自变量,建立每步的回归模型。重复进行上述步骤,直至既无法引入新变量,也无法剔除已入选自变量。显然,逐步回归法是应用效果较好的变量筛选法。

例 11.4 某种水泥在凝固时放出的热量 Y(卡/克)与水泥中下列 4 种化学成分有关:x_1(3CaO·Al_2O_3 的成分(%))、x_2(3CaO·SiO_2 的成分(%))、x_3(4CaO·Al_2O_3·Fe_2O_3 的成分(%))、x_4(2CaO·SiO_2 的成分(%))。设热量 Y(卡/克)服从正态分布,现观测了 13 组样本数据,如表 11-8 所示。

表 11-8 水泥凝固时放出热量 Y 与其 4 种成分数据

编号	x_1(%)	x_2(%)	x_3(%)	x_4(%)	Y(卡/克)
1	7	26	8	60	78.5
2	1	29	15	58	74.3
3	11	56	8	20	104.3
4	11	31	8	47	87.6
5	7	52	6	33	95.9
6	11	55	9	22	109.2
7	3	71	17	6	102.7

续表

编号	$x_1(\%)$	$x_2(\%)$	$x_3(\%)$	$x_4(\%)$	Y(卡/克)
8	1	31	22	44	72.5
9	2	54	18	22	98.1
10	21	47	4	26	115.9
11	1	40	28	34	88.8
12	11	66	9	12	113.3
13	10	68	8	12	109.4

(1) 试建立水泥热量 Y 关于其成分 x_1、x_2、x_3、x_4 的多元线性回归方程;并对所建立的回归方程作显著性检验。

(2) 对自变量用向后筛选法进行变量筛选,建立"最优回归方程"。($\alpha = 0.10$)

这里我们结合 SPSS 软件应用来求解本例。

【SPSS 软件应用】建立数据集〈水泥热量与成分〉,包括 5 个变量:X1(成分 1)、X2(成分 2)、X3(成分 3)、X4(成分 4)和 Y(热量),均为数值变量,见图 11 - 12。

	Num	X1	X2	X3	X4	Y
1	1	7.0	26.0	8.0	60.0	78.5
2	2	1.0	29.0	15.0	58.0	74.3
3	3	11.0	56.0	8.0	20.0	104.3
4	4	11.0	31.0	8.0	47.0	87.6
5	5	7.0	52.0	6.0	33.0	95.9
6	6	11.0	55.0	9.0	22.0	109.2
7	7	3.0	71.0	17.0	6.0	102.7
8	8	1.0	31.0	22.0	44.0	72.5
9	9	2.0	54.0	18.0	22.0	98.1

图 11 - 12　数据集〈水泥热量与成分〉

在 SPSS 中选择菜单【Analyze】→【Regression】→【Linear】;选定因变量与自变量:

$$Y \rightarrow \text{Dependent}; \quad X1、X2、X3、X4 \rightarrow \text{Independent}。$$

选定变量筛选的方法:Method $\boxed{\text{Backward}}$。

最后点击 $\boxed{\text{OK}}$。由此即得 SPSS 输出结果,见图 11 - 13。

Variables Entered/Removed[a]

Model	Variables Entered	Variables Removed	Method
1	X4、X3、X1、X2[b]	.	Enter
2	.	X4	Backward (criterion:Probability of F—to—remove >=.100).

a. Dependent Variable:热量

b. All requested variables entered.

Model Summary

Model	R	R Square	Adjusted R Square	Std. Error of the Estimate
1	.983[a]	.965	.948	3.362 6
2	.982[b]	.964	.952	3.226 8

a. Predictors：(Constant),X4,X3,X1,X2

b. Predictors：(Constant),X3,X1,X2

ANOVA[a]

Model		Sum of Squares	df	Mean Square	F	Sig.
1	Regression	2 528.155	4	632.039	55.899	.000[b]
	Residual	90.455	8	11.307		
	Total	2 618.609	12			
2	Regression	2 524.898	3	841.633	80.830	.000[c]
	Residual	93.711	9	10.412		
	Total	2 618.609	12			

a. Dependent Variable：热量

b. Predictors：(Constant),X4,X3,X1,X2

c. Predictors：(Constant),X3,X1,X2

Coefficients[a]

Model		Unstandardized Coefficients		Standardized Coefficients	t	Sig.
		B	Std. Error	Beta		
1	(Constant)	17.167	51.333		.334	.747
	X1	2.071	.596	.825	3.473	.008
	X2	.963	.545	1.014	1.766	.115
	X3	.730	.519	.352	1.407	.197
	X4	.270	.503	.319	.537	.606
2	(Constant)	44.553	5.351		8.326	.000
	X1	1.789	.271	.712	6.590	.000
	X2	.672	.061	.708	10.932	.000
	X3	.481	.223	.232	2.161	.059

a. Dependent Variable：热量

图 11-13　例 11.4 的多元线性回归分析的 SPSS 输出结果

用 SPSS 进行多元线性回归分析所得的主要输出结果分析与前面一元线性回归分析所得的输出结果是类似的。

1. 变量筛选表(Variables Entered/Removed)给出了变量筛选过程。首先建立了包括全部自变量 X1、X2、X3、X4 的全回归的多元线性回归模型(Model 1);第二步按 P 值$\geqslant 0.10$ 标准剔除了不显著自变量 X4,过程结束,表明达到了最优回归方程的模型(Model 2)。

2. 模型汇总表(Model Summary)给出了模型拟合优度检验的指标:复相关系数 R、决定系数 R^2、调整决定系数 $Adj.R^2$ 和标准误估计值 S。其中 R、R^2、$Adj.R^2$ 的值越接近于 1,回归拟合效果越好;S 值越小,回归拟合精度越高。

全回归模型(Model 1):$R=0.983$;$R^2=0.965$;$Adj.R^2=0.948$;$S=3.362\,6$。

最优回归模型(Model 2):$R=0.982$;$R^2=0.964$;$Adj.R^2=0.952$;$S=3.226\,8$。

这些指标表明该多元线性全回归模型和最优回归模型拟合效果都很好,精度高。其中最优回归模型剔除了一个自变量,其拟合优度检验指标基本不变,$Adj.R^2$ 还增大,表明变量筛选很有必要。

2. 方差分析表(ANOVA):用于对整个回归方程进行显著性检验。

由该表知,全回归模型(Model 1)、最优回归模型(Model 2)的 F 值分别为 $F=55.899$、$F=80.830$,检验概率值(Sig.)均为 $P=0.000<0.01$,均拒绝 H_0,表明所得到的全回归方程和最优回归方程都是极其显著的。

3. 多元回归系数表(Coefficients):给出多元线性回归方程的系数以及各偏回归系数检验结果。表中 B 列给出多元线性回归方程的系数估计值;最后两列(t 和 Sig.)列出了对模型的各偏回归系数进行显著性检验统计量的 t 值和相应概率 P 值。

全回归模型(Model 1)系数估计值:

$$b_0=17.167,b_1=2.071,b_2=0.963,b_3=0.730,b_4=0.270。$$

多元线性全回归方程为:

$$\hat{y}=17.167+2.071\,x_1+0.963\,x_2+0.730\,x_3+0.270\,x_4。$$

全回归模型的系数表中有关各自变量的显著性检验(t 和 Sig.)表明,自变量中仅 X1 是显著的(P 值$=0.008<0.10$),其他 3 个自变量均不显著(P 值均>0.10),故目前全回归方程模型不是很合适,应作自变量筛选,得到最优回归模型。

最优回归模型(Model 2)系数估计值:

$$b_0=44.553,b_1=1.789,b_2=.672,b_3=.481。$$

最优回归方程为

$$\hat{y}=44.553+1.789\,x_1+0.672\,x_2+0.481\,x_3。$$

最优回归模型的系数表中有关各自变量的显著性检验(t 和 Sig.)表明,模型所包括自变量 X1、X2、X3 的 t 检验概率值均$<\alpha=0.10$,表明自变量 X1、X2、X3 均已显著,该回归方程确实是只包括显著自变量的“最优”回归方程。

知识链接

高尔登与回归分析

F.高尔登(Francis Gallon,1822—1911)出生于英格兰伯明翰一个显赫的银行家家庭,从小智力超常,7岁时就按自己的方法对昆虫、矿物标本进行分类,被认为是一位神童,与提出生物进化论的达尔文还是表兄弟。

高尔顿对统计学的最大贡献是相关性概念的提出和回归分析方法的建立。19世纪,他和英国统计学家 K.皮尔逊(Karl Pearson)对许多家庭的父子身高、臂长等做了测量,发现儿子身高与父亲身高之间存在一定的线性关系,并在论文《身高遗传中的平庸回归》中最早提出"回归"一词,用来描述这一趋势。

为了研究人的智力遗传和进化规律,高尔顿广泛采集到大量的有关人的自然属性(身高、体重等)的资料,先后出版了两本著作:《关于人的能力及其发展问题》和《遗传的自然规律》。在这两本书及相关的论文中,高尔顿提出了若干描述性统计的概念和计算方法,如"相关"、"回归"、"中位数"、"四分位数"、"四分位数差"、"百分位数"等,被认为是现代回归与相关分析技术的创始人,同时他将统计学方法大量应用于生物学的研究之中,是生物统计学的创立人之一。

高尔登平生著书 15 种,发表论文 220 篇,涉猎范围包括统计学、遗传学、优生学、地理、天文、物理、人类学、社会学等众多领域,是一位百科全书式的学者。

习题十一

1. 银盐法测定食品中的砷时,由分光光度计测得吸光度 y 与浓度 x 的数据如下表所示。

$x(\mu g)$	1	3	5	7	10
y	0.045	0.148	0.271	0.383	0.533

试作 y 与 x 之间的散点图,并就表中资料对其浓度与吸光度进行相关分析。

2. 根据 10 对观测的数据,得到如下结果:

$$\sum_{i=1}^{10} x_i = 1\,700, \sum_{i=1}^{10} x_i = 1\,110, \sum_{i=1}^{10} x_i^2 = 322\,000, \sum_{i=1}^{10} y_i^2 = 132\,100, \sum_{i=1}^{10} x_i y_i = 205\,500,$$

(1) 求相关系数;(2) 检验其相关的显著性。($\alpha = 0.05$)

3. 对某药物的 10 种衍生物分别测得分配系数 p 和使小鼠休克的半数有效量 ED_{50},然后按 p 值和 ED_{50} 的值从小到大排列,得序号为

p	5	8	1	10	3	2	9	6	7	4
ED_{50}	6	10	3	7	2	4	5	6	9	1

问能否认为分配系数 p 和 ED_{50} 有显著的 Spearman(等级)相关性? ($\alpha = 0.05$)

4. 考察硫酸铜($CuSO_4$)在水中的溶解度(y)与温度(x)的关系时,做了 9 组试验,其数据如下:

温度 x(℃)	0	10	20	30	40	50	60	70	80
溶解度 y(克)	14.0	17.5	21.2	26.1	20.2	33.8	40.0	48.0	54.8

设对于给定的 x,y 为正态变量。试求(1)样本相关系数;(2) y 关于 x 的一元线性回归方程;(3)剩余标准差 $\hat{\sigma}$。

5. 在钢线碳含量(%)对于电阻(20℃,微欧)的效应的研究中,得到以下的数据:

碳含量 x	0.10	0.30	0.40	0.55	0.70	0.80	0.95
电阻 y	15	18	19	21	22.6	23.8	26

设对于给定的 x,y 为正态变量,且方差与 x 无关,(1)画出散点图;(2)求线性回归方程 $\widetilde{y}=\hat{a}+\hat{b}x$;(3)检验假设 $H_0:b=0$;(4)若回效果显著,求 b 的置信度为 95% 的置信区间;(5)求 $x=0.50$ 处 y 的置信度为 95% 的预测区间。($\alpha=0.05$)

6. 意大利的比萨斜塔(Leaning Tower of Pisa)的倾斜是举世闻名的。下表是 1975 年至 1986 年比萨斜塔的倾斜值的部分测量记录,其中的倾斜值指测量时塔尖的位置与原始位置的距离。为了简化数据,表中只给出小数点后面第 2 至第 4 位的值,例如把 2.9642 m 简化成 642 等。设对于给定的 x,倾斜值 y 为正态变量。

年份 x	1975	1977	1980	1982	1984	1986
倾斜值 y	642	656	688	689	717	742

(1)画出数据的散点图;

(2)建立 Y 关于 x 的一元线性回归方程;

(3)请预测一下,如果不对比萨斜塔进行维护,它的倾斜情况是否会逐年恶化?

(4)对 1976,1978,1979,1981,1983,1985,1987 年的倾斜量进行估计,并和以下的真实测量值进行比较;

年份 x	1976	1978	1979	1981	1983	1985	1987
倾斜值 y	644	667	673	696	713	725	757

7. 炼钢厂出钢时用来盛钢水的钢包,由于钢液的浸蚀,其容积不断增大,每包所含钢水重量也增多。以使用次数为 x,盛钢水重量为 y(kg),设它们有 $\dfrac{1}{y}=a+\dfrac{b}{x}$ 型函数关系,试估计 a、b 以得到曲线回归方程,并求出剩余标准差 $\hat{\sigma}$。

使用次数 x	2	3	4	5	7	8	10	11	14	15	16	18	19
钢水质量 y	106.4	108.2	109.6	109.5	110.0	109.9	110.5	110.6	110.6	110.9	110.8	111.0	111.2

8. 混凝土的抗压强度随养护时间的延长而增加,现将一批混凝土作成 12 个试块,记录了养护日期 x(日)及抗压强度 y(kg/cm^2)的数据:

养护日期 x	2	3	4	5	7	9	12	14	17	21	28	56
抗压强度 y	35	42	47	53	59	65	68	73	76	82	86	90

试求 $y=a+b\ln x$ 型回归方程,求出剩余标准差 $\hat{\sigma}$。

9. 单磷酸阿糖腺苷粉剂在 $90℃(\pm 0.5℃)$ 恒温液中测得的一些时间的残存百分量 c 的数据如表所示。

时间 t(h)	0	22	24	48	72	96	120	144
残存量 c(%)	100	97.34	95.73	90.80	85.69	80.99	76.25	69.21

试确定回归方程 $c = c_0 e^{-Kt}$。

10. 在无芽酶试验中，发现吸氨量与底水及吸氨时间都有关系，数据如下：

序号	底水	吸氨时间	吸氨量
1	136.5	250	6.2
2	136.5	250	7.5
3	136.5	180	4.8
4	138.5	250	5.1
5	138.5	180	4.6
6	138.5	215	4.6
7	140.5	180	2.8
8	140.5	215	3.1
9	140.5	250	4.3
10	138.5	215	4.8
11	138.5	215	4.1

设对于给定的 x, y 为正态变量，试求吸氨量 Y 关于底水 X_1 及吸氨时间 X_2 的线性回归方程。

（王 菲）

第十二章

试验设计

在科学研究和生产实践中,经常需要做许多试验(包括实验),并通过对试验数据的分析研究,来揭示客观事物的内在规律,达到预期目的。而试验设计与试验结果的数据分析,是我们做好试验的两个非常重要的方面。如果进行一项试验缺乏良好的科学设计,则会影响到结论的真实可靠性及试验数据的统计分析进程。

1962 年美国医学学会杂志(JAMA)曾发表一篇关于胃溃疡治疗新技术的报告,该报告根据动物实验和 24 名患者的临床试验结果得出结论,将冷冻液导入胃中使胃冷却可以缓解胃溃疡症状,之后这一研究成果在临床中被广泛使用。但有研究者发现,这项研究在设计上存在严重问题,如没有合理地设立对照组。后来经过严格的随机对照试验,证明胃冷却的方法只是暂时缓解胃部疼痛,该方法不仅不能治疗胃溃疡,反而可能加重胃部的溃疡,从而否定了这种治疗胃溃疡的方法。

由此可见,科学的试验设计是科研工作中的第一步基本而又极其重要的工序,是进行科学试验和数据统计分析的先决条件,也是获得预期结果的重要保证,其好坏将直接影响科学研究的质量甚至全局的成败。

第一节　试验设计概论

一、试验设计概念

定义 12.1　试验设计(design of experiment,DOE),又称实验设计,是研究如何应用数学和统计方法去科学合理地安排试验,从而以较少的试验达到最佳的试验效果,并能严格控制试验误差,有效地分析试验数据的理论与方法。

试验设计起源于 20 世纪初的英国,最早是由英国著名统计学家费希尔(R. A. Fisher)提出,并用来解决农田试验中如"最佳肥料"的依据等农业生产问题,现已广泛应用于医药、农业、工业和科学研究等实验科学领域。

例如在下列例中,我们就需考察有关多因素多水平对试验结果的影响问题。

例 12.1　某药厂为了提高一种原料药的收率,根据经验确定考察三个相关因素:反应温度(A)、加碱量(B)和催化剂种类(C),每个因素取三个水平,分别用 A_1、A_2、A_3、B_1、B_2、B_3、C_1、C_2、C_3 表示,列表如下:

因素 水平	反应温度(℃)A	加碱量(kg)B	催化剂种类 C
1	80	35	甲
2	85	48	乙
3	90	55	丙

问题：(1)如何科学合理安排试验,使得只需进行较少次数的试验来求出该原料药收率的最优试验条件;

(2)确定各因素对该原料药收率影响的主次。

对于上述问题,如果利用前面第八章介绍的方差分析法进行多因素方差分析,不仅公式更加复杂,还需要对这多个因素的不同水平搭配的每个组合都做一次试验,这种全面试验的试验次数往往很多,实施起来困难较大。例如对例12.1这种3个因素,每个因素有3个水平的问题,全面试验就要进行27(3^3)次试验。如果对于5个因素,每个因素有4个水平的问题,全面试验就要进行1 024(4^5)次试验!

任何试验都包含三个基本要素:试验因素、受试对象和试验效应。在例12.1中,收率就是试验效应,反应温度、加碱量和催化剂种类就是试验因素,原料药是受试对象。根据试验的目的选择参加试验的因素,并从质量或数量上对每个因素确定不同的水平,因素及其水平在试验全过程中应保持不变。试验效应即试验指标,可分为数量和非数量两种,试验要求指标必须是客观和精确的。

二、试验设计的基本原则

为了准确考察因素的不同水平所产生的效应,在试验设计中应注意以下基本原则。

(1) **随机化**(randomization) 实验材料的分配和实验中各次实验进行的顺序都是随机确定的。随机化是实验设计中使用统计方法的基石,统计方法要求观测值(或误差)是独立分布的随机变量,随机化通常能使这一假定有效,同时把实验进行适当的随机化亦有助于"平均掉"可能出现的外来因子的效应。随机化的常用工具是随机数字表。

(2) **重复**(replication) 在相同条件下对每个个体独立进行多次试验,它可避免由于试验次数太少而导致非试验因素偶然出现的极端影响产生的误差。重复有两条重要的性质:第一,允许试验者得到试验误差的一个估计量。第二,如果样本均值用作为试验中一个因素的效应的估计量,则重复能使试验者求得这一效应的更精确的估计量。

(3) **区组化**(blocking)在试验时将整个试验环境或试验单位分成若干个区组等方法来控制或降低非试验因素对试验结果的影响。在试验中,当试验环境或试验单位差异较大时,将整个试验环境或试验单位分成若干个区组,在区组内使非处理因素尽量一致,而区组之间的差异可在方差分析时从试验误差中分离出来,所以区组化原则能较好地降低试验误差。

三、常用试验设计方法

由于试验的性质和精度要求不同,试验设计方法有多种,每种方法都有其特点和适应范围。研究人员可以根据研究目的,实验投入的人财物和时间等并结合专业要求选择合适的设计方法。这里我们简单介绍几种常用的实验设计方法。

(一) 完全随机设计

完全随机设计(completely randomized design)又称单因素设计,是最常用的单因素实验设计方法。它是将同质的受试对象随机地分配到各处理组,再观察其实验效应。各组样本含量相等时称为**均衡设计**(Balanced. design),此时其检验效率较高。该设计方法的优点是设计简单,易于实施,出现缺失数据时仍可进行统计分析。

(二) 配对设计

配对设计(paired design),是将受试对象按一定条件配成对子,例如将两个条件相同或相近的受试对象配成对子,或者同一受试对象分别接受两种不同的处理;再将每对中的两个受试对象随机分配到不同处理组。配对的因素为可能影响实验结果的主要非处理因素。在动物实验中,常将窝别、性别、体重等作为配对条件,在临床试验中,常将病情轻重、性别、年龄、职业等作为配对条件。与完全随机设计相比,配对设计的优点在于抽样误差较小、实验效率较高、所需样本含量也较小,但如果配对条件未能严格控制造成配对欠佳时,反而会降低效率。

(三) 随机区组设计

随机区组设计(randomized block design),又称配伍组设计,是配对设计的扩展。它是按试验对象特征分成若干个配伍组(区组),每个配伍组的试验对象再随机分配到各个处理组进行观测实验。该设计是一种两因素试验设计的方法。用配伍组设计可以排除配伍组因素对试验效应的干扰而真实地反映出处理因素的作用,使组间均衡性好,减少实验误差,同时使各比较组的可比性强,处理因素的效应更容易检测出来。

(四) 析因设计

析因设计(factorial design)是指将多个处理因素各水平的所有组合进行实验,从而探讨各实验因素的主效应以及各因素间的交互作用。因为析因设计考虑各因素所有水平的全面组合,故又称完全交叉分组试验设计,其特点是具有全面性和均衡性。通过该设计与数据处理,可同时了解各因素的不同水平的效应大小、各因素间的交互作用,并通过比较,找出各因素各水平间的最佳组合。但是当因素数,水平数较多时,有时会由于试验次数太多而难以实现。

(五) 平行组设计

平行组设计(parallel group design)又称**成组设计**,是指将受试对象按事先指定的概率或指定算法算得的概率随机分配到试验各组,各组同时进行、平行推进。它是确证性临床试验中最常用的设计,试验组可以包括药品的一个或多个剂量组,一个或多个对照组(如安慰剂和/或阳性对照)。这种设计的优点是基于随机原则进行分组,能有效地避免选择偏倚,增加了各处理组的均衡可比性,同时,由于设立的对照组,且各处理组同期、平行进行,有效的控制了非处理因素的影响,有利于揭示欲比较的总体参数间存在的真实差异,因此,常被用于各种临床试验设计。

(六) 交叉设计

交叉设计(cross-over design),是一种特殊的自身前后对照试验设计,它按事先设计好的试验次序(sequence),在各个时期对研究对象实施各种处理,以比较各处理组间的差异。如二阶段交叉设计就是安排 2 个处理因素按时间先后分两个阶段进行。该设计是将自身比较和组间比较设计思路综合应用的一种方法,与平行组设计相比,其设计效率较高,且均衡性好,这对花费昂贵的药物临床试验显得尤为重要。该设计的缺点是要求后效应相同或无后效应,从而限制了其应用。另外,使用交叉设计应尽量避免研究对象脱落。

(七) 拉丁方设计

拉丁方(Latin square)是用 n 个字母(或数字)排成 n 行 n 列的方阵,使得每行每列这 n 个字母(或数字)都恰好出现一次,这称为 n 阶拉丁方。**拉丁方设计**(Latin square design)是按拉丁方的行、列、字母(或数字)分别安排 3 个因素,每个因素有 n 个水平来进行实验安排。拉丁方试验设计是按试验对象均衡原则提出来的,是双向的区组化技术,它控制了非研究因素的变异及误差,是节约样本量的高效率的实验设计方法之一。在医药研究中,该方法可有效减少试验对象差异对药品效能比较的干扰。

(八) 正交设计

正交设计(orthogonal design)是一种科学地安排与分析多因素试验的试验设计法,它通过利用现成的正交表,根据试验满足"均匀分散"和"整齐可比"的原则,来选出代表性较强的少数试验条件,并合理安排试验,进而推断出最优试验条件或生产工艺。正交设计具有高效、快速、经济的特点,适于因素和水平数较多时进行最佳因素和水平组合筛选的研究。

(九) 均匀设计

均匀设计(uniform design)是我国数学家根据数论的理论制定均匀设计表而创立的试验设计方法,均匀设计表安排试验满足了均匀分散原则,可以大大减少试验次数。均匀设计法完成试验后,需对结果进一步建立关于因素的数学模型,再用最优化方法寻找最佳的试验条件。该法适用于多因素试验中水平较多的情况。例如用正交试验设计试验次数仍然太多而无法实现时,可考虑用均匀设计法。

本章后面将重点介绍能够有效减少试验次数的正交设计法,这种试验设计法在许多领域有着广泛的应用。

四、临床试验设计简介

除了上述常用试验设计外,"临床试验设计"是专门用来研究疾病临床阶段规律的试验设计,它除遵循一般试验设计的基本原则和方法外,还要适应临床的许多要求和特点。

自 1747 年,Jame Lind 使用对照试验研究柑橘和柠檬治疗坏血病以来,临床试验成为验证治疗手段有效性和安全性的重要内容。之后英国著名统计学家 R.Fisher 提出的随机化原则,重复原则和区组化原则,成了临床试验遵守的基本原则。随着科学的进步,统计学在临床试验中发挥着不可或缺的作用,帮助研究者最大限度地控制混杂和偏倚,并提高试验质量和降低试验成本。

进行临床试验设计时,一个核心的问题是要避免试验的偏倚,因此在临床试验设计时需要采用一些技巧,以避免偏倚的发生。因此,临床试验设计需要遵循"随机化、盲态、对照"的基本原则。

这里,所谓随机化是指在临床试验设计中使临床试验中的受试者有同等的机会被分配到试验组或对照组中,而不受研究者和(或)受试者主观意愿的影响,可以使各处理组的各种影响因素(包括已知和未知的因素)分布趋于相似。临床试验的随机化包括分组随机和试验顺序随机,与盲法合用,有助于避免因处理分配的可预测性而产生的分组不均衡性偏倚。

盲法是为了避免研究者和受试者的主观因素对试验结果的干扰的重要措施。盲态设置分双盲和单盲两种。我们将参与试验过程的所有人员,包括临床医生、护士、监察员、数据管理人员、统计分析人员统称为研究者。所谓双盲临床试验是指研究者和受试者在整个试验过程中不知道受试者接受的是何种处理;单盲临床试验是指仅受试者处于盲态。

当观察指标时一个受主观因素影响较大的变量,例如神经功能缺损量表中的条目得分是由研究者主观判断后估计的,这时必须使用双盲试验。至于客观指标(如生化指标、血压测量值等),为了客观而准确地评价疗效也应该使用双盲临床试验设计。在双盲临床试验中,盲态应自始至终地贯穿于整个试验,从产生随机数、编制试验盲底、试验处理的随机分配、患者入组后的治疗、研究者记录试验结果并做出疗效评价、试验过程的监察、数据管理直至统计分析都必须保持盲态。

设立对照组的主要目的是能够区别试验结果(患者的症状、体征或其他病症的改变)是由试验药物引起的还是因为其他的因素,例如:疾病本身的进展,观察者或患者的期望或其他的治疗所引起。对照组的设立告诉我们如果患者不接受试验药物,他会有何结果,或应用不同的有效治疗会产生什么结果。因此,有无或是否正确设置对照组对临床试验效应的评价有着重要的影响。

必须强调,临床试验中对照组的设置原则上应遵循专设、同步、均衡的原则,否则,就失去了设立对照的意义。所谓对照组的专设,是指在临床试验设计中,将合格的受试者分出部分受试者作为对照,即不接受所研究的处理因素,在试验结束时比较两组的处理效应才能达到对照组所起的"比较鉴别"的作用。所谓同步,就是要求设立平行的对照组,即从与试验组相同的人群中选出的,并且作为同一临床试验研究治疗的一部分,同时按各自规定的方法进行治疗。所谓均衡,就是要求试验组和对照组的所有极限值,除了处理因素外其他可能影响结果的有关非处理因素都应当相似。

毫无疑问,科学严谨的设计是临床试验成功开展的保障。临床试验设计需要在生物统计师和临床研究者之间充分沟通的基础上,基于试验目的,目标人群,评价终点,预期疗效等,确定试验总体设计和统计学假设,计算试验样本量。除此之外,在试验设计时统计人员需要重点考虑偏倚的控制,为试验的随机化和设盲方式提供合理的建议和支持,以避免因偏倚影响试验疗效和安全性评价。

当前,我国医药行业正在经历从仿制到自主研发的转变,临床试验的理念和方法也开始逐步与国际最高标准接轨。为确保临床试验的规范性及试验结果的可靠性,国家药品监督管理局(National Medical Products Administration,NMPA)在这期间制定了大量指导原则。2017 年 5 月,我国国家药监局正式加入 ICH(人用药物注册技术要求国际协调会),以第八个成员机构的身份参与全球技术指南的制定工作,标志着我国药品注册也加入了全球化的浪潮。可以预见,未来临床试验设计在我国创新药物研发过程中将会产生越来越重要的作用。

第二节　正交表与正交设计

正交试验设计(orthogonal experiment design)是利用"正交表"进行科学的安排与分析多因素试验问题的设计方法。其主要优点是能在很多试验方案中挑选出代表性强的少数几个试验方案,并且通过对这些少数试验方案的试验结果的分析,推断出最优试验方案,同时还可做进一步分析,得到更多的有用信息。

一、正交表

正交表(orthogonal table)是一种现成的规格化的表(如表 12-1),它能够使每次试验的因素及水平得到合理的安排,是正交试验设计的基本工具。

表 12-1　正交表 $L_9(3^4)$

试验号	列　号			
	1	2	3	4
1	1	1	1	1
2	1	2	2	2
3	1	3	3	3
4	2	1	2	3
5	2	2	3	1
6	2	3	1	2
7	3	1	3	2
8	3	2	1	3
9	3	3	2	1

该正交表记为 $L_9(3^4)$,正交表符号 $L_9(3^4)$ 的含义如下:

水平数(表中数码个数)——————　——————因素个数(表的列数或最多可安排因素数)

$$L_9(3^4)$$

正交表符号——————　——————试验次数(表的行数)

用正交表进行正交试验设计,每列可安排一个因素,列中不同数码代表因素的不同水平,以确定所需安排相应次数试验的条件。例如对 $L_9(3^4)$ 表,最多可以安排 4 个 3 水平的因素,需作 9 次试验。而对 $L_{16}(4^5)$ 表(见附表 17),最多可以安排 5 个 4 水平的因素,需作 16 次试验。

从正交表中可以看出正交表的两个特性:

(1) **均衡性**　表中每一列包含的不同数码的个数相同。如在 $L_9(3^4)$ 表中的每一列中数码 1、2、3 都出现 3 次。

(2) **正交性**　表中任意两列横向各种数码搭配出现的次数都相同。如在 $L_9(3^4)$ 表的任意两列中,横向各可能数对 $(1,1)$,$(1,2)$,$(1,3)$,$(2,1)$,$(2,2)$,$(2,3)$,$(3,1)$,$(3,2)$,$(3,3)$ 都出现 1 次。

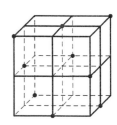

图 12-1　27 个节点示意图

正因为正交表具有以上"均衡分散、整齐可比"的性质,所以,用正交表来安排试验,每个因素所挑选出来的水平是均匀分布的,即每个因素的各水平试验的次数相同,同时任意两因素的各个水平的搭配在所选试验中出现的次数也是相同的,所做试验极具代表性。例如,要考察三个因素,每个因素选择三个水平,全面交叉试验需要做 $3^3 = 27$ 次试验,而用正交表 $L_9(3^4)$ 安排试验只需 9 次试验,而且这 9 次试验都具有很强的代表性。在图 12-1 中,我们将试验情况用空间立体中的点来表示,三个坐标轴代表三个因素,坐标轴上的点代表因素的各个水平,27 个节点代表全面试验的 27 个试验方案。利用正交表 $L_9(3^4)$ 所安排的 9 个试验方案,在图 12-1 中由 9 个实点表示,这 9 个点在立体内均衡分散,表明它们具有很强的代表性。

正交设计的特点是设计简明,计算方便,并可大幅度减少试验次数。例如,考虑 4 因素 3 水平问题,全面试验需进行 $3^4 = 81$ 次试验;如果不考虑因素间的交互作用,就可选用上述 $L_9(3^4)$ 正交表进行正交试验设计,只要做 9 次试验就可以。而对 5 因素 4 水平问题,如果不考虑因素间的交互作用,选用相应正交表进行正交试验设计,只需做 16 次试验,比全面试验要减少 1000 多次试验!显然,正交设计法能够显著提高对试验结果的分析和计算效率,故在医药、工业等科学研究领域应用十分广泛。

二、正交设计的基本步骤

利用正交表进行正交设计的基本步骤为:

(1) 根据试验目的和要求,确定试验指标,并拟定影响试验指标的因素数和水平数;

(2) 根据已确定的因素数和水平数,选用适当正交表,进行表头设计;

(3) 根据正交表确定各次试验的试验条件,进行试验得到试验结果数据;

(4) 对数据进行有关统计分析,确定最优试验条件或进一步试验方案等。

选择正交表时,首先要求正交表中水平数与每个因素的水平数一致,其次要求正交表的列数不少于所考察因素的个数,然后适当选用试验次数较少的正交表,将各个因素分别填入正交表的表头适当的列上,该过程称为**表头设计**。如果不考虑交互作用,可分别把各因素安排在表头的相应列上,其下面的数码对应的就是该列因素所取的试验水平。如果要考虑因素间的交互作用,表头设计时,交互作用相当于因素在正交表中占有相应的列,此时因素及交互作用在表中各列的次序须根据专门的交互作用正交表(见附表17)来安排,不能随便填。正交表中不安排因素的列称为**空白列**,如果用方差分析方法作结果分析,至少要有一列空白列以估计误差,所以在表头设计时,一般至少都要留一列作为**空白列**。做好表头设计是正确进行正交试验设计的关键,表头设计完成后,试验方案也就由选定的正交表完全确定。

第三节　正交试验的直观分析

下面我们通过对例 12.1 的分析解决来介绍如何用直观分析法(又称极差分析法)进行正交试验设计和分析。

一、正交试验的表头设计

由于例 12.1 考察 3 个因素,每个因素都是 3 个水平,故在 $m = 3$(水平)的 $L_9(3^4)$ 、$L_{18}(3^7)$、$L_{27}(3^{13})$ 等正交表(见附表17)中,选用能够安排 3 个因素且试验次数较少的正交表 $L_9(3^4)$。在 $L_9(3^4)$ 正交表中,3 个因素可安排在该表 4 列中的任意 3 列上,现分别将因素 A、B、C 安排在第 1、2、3 列上,得表 12-2。

表 12-2　用 $L_9(3^4)$ 正交表安排试验

列号		1	2	3	4
因素		A(温度)	B(加碱量)	C(催化剂)	
试验号	1	1(80℃)	1(35 kg)	1(甲)	1
	2	1	2(48 kg)	2(乙)	2
	3	1	3(55 kg)	3(丙)	3
	4	2(85℃)	1	2	3
	5	2	2	3	1
	6	2	3	1	2
	7	3(90℃)	1	3	2
	8	3	2	1	3
	9	3	3	2	1

现在就可根据表 12-2 给定的方案来安排试验。表中每列中的数字就代表对应因素的水平,每一行就是一次试验的试验条件。例如第一行就是第一号试验,各因素的水平都是 1,表示试验在 A_1(反应温度 80℃),B_1(加碱量为 35 kg),C_1(用甲种催化剂)的条件下进行;第二号试验条件为 $A_1 B_2 C_2$,表示试验在反应温度 80℃、加碱量为 48 kg、用乙种催化剂的条件下进行等等,如此进行 9 次试验。为防止系统误差,一般我们不按序号来做这 9 个试验,而应随机排序来完成这些试验,并将试验结果的数据记录在表的最后一列,如表 12-3 所示。

由表 12-3 中试验结果数据可看出,第 8 号试验的收率最高,但其试验条件($A_3B_2C_1$)未必是各因素水平的最优组合。为求最优试验条件,必须对试验结果进行统计分析。

二、直观分析法的分析步骤

下面我们给出对例 12.1 正交试验数据进行直观分析法分析求解的步骤。

例 12.1　解一:(直观分析法)

表 12-3　直观分析法计算表

列号		1	2	3	4	试验结果
因素		A(温度)	B(加碱量)	C(催化剂)		收率 y_i(%)
试验号	1	1	1	1	1	51
	2	1	2	2	2	71
	3	1	3	3	3	58
	4	2	1	2	3	82
	5	2	2	3	1	69
	6	2	3	1	2	59
	7	3	1	3	2	77
	8	3	2	1	3	85
	9	3	3	2	1	84
$\overline{K}_1$		60	70	65	68	
$\overline{K}_2$		70	75	79	69	
$\overline{K}_3$		82	67	68	75	
R		22	8	14	7	
最优条件		A_3	B_2	C_2		

(一) 计算每个因素各水平的试验结果平均值 $\overline{K}_i$

由表 12-3 知,各因素同一水平下各做了 3 次试验,我们对表中的每个因素列中同一水平所对应的试验结果(收率 y_i)分别求其和 K_i 并求其平均值 $\overline{K}_i$;

如对因素 A 的 3 个水平 A_1,A_2,A_3,求其平均收率

$$A_1:K_1=y_1+y_2+y_3=51+71+58=180,\text{平均收率}\ \overline{K}_1=180/3=60$$

$$A_2:K_2=y_4+y_5+y_6=82+69+59=210,\text{平均收率}\ \overline{K}_2=210/3=70$$

$$A_3:K_3=y_7+y_8+y_9=77+85+84=246,\text{平均收率}\ \overline{K}_3=246/3=82$$

注意到 A 因素取同一水平时的 3 次试验中,因素 B、C 均取遍三个水平,而且三个水平各出现 1 次,表明对因素 A 的每个水平而言,B、C 因素的变动是平等的,故上述计算的平均收率 $\overline{K}_i(i=1,2,3)$ 分别反映了因素 A 的三个不同水平对试验指标影响的大小,其中因素 A 取第

三水平 A_3 时最好,平均收率最高达 82%。同样可计算出因素 B、C 的各水平的平均收率,结果见表 12-3。

(二) 求出每个因素的极差 R,确定因素的主次

因素列中各水平的试验结果平均值 $\bar{K}_i$ 的最大值与最小值之差称为该因素的极差(range),用 R 表示。则因素 A、B、C 的极差分别是

$$A:R_1=82-60=22; \quad B:R_2=75-67=8; \quad C:R_3=79-65=14。$$

由于正交表的均衡搭配特性,各个因素列的平均收率的差异可认为是由该因素列的不同水平所引起,而该列极差的大小,就表明该因素对试验结果影响的大小,故各因素极差的大小也就决定了试验中各因素的主次。

在本例中,由表 12-3 的极差 R 值知,A 因素($R=22$)为主要因素,C 因素($R=14$)次之,B 因素($R=8$)是次要因素,即各因素的主次顺序为

$$主 \to 次:A,C,B$$

如果要大致考虑各因素对试验指标影响的显著性,则在正交表中必须有未排因素的列(称为**空列**)。如在本例中,我们可在表 12-3 中计算未排因素的空列第 4 列的极差 R_4,这里 $R_4=7$,其值较小,大致反映了试验误差的大小。(如果空列的极差较大,则因素间可能有交互作用)。因素 B 所在列的 $R_2=8$,与 R_4 差不多,故因素 B 的影响不显著。而因素 A、C 的极差 R_1、R_3 显著大于 R_4,故因素 A、C 的影响是显著的。这里显著性的判定较为粗略,如需准确考察各个因素对试验指标影响的显著性,应采用下节介绍的正交试验的方差分析法。

(三) 选取最优的水平组合,得到最优试验条件

每个因素都取其试验平均值最好的水平,简单组合起来就得到最优试验条件。本例即为使平均收率达到最大的水平组合,即 $A_3B_2C_2$ 是所求的最优试验条件。故最优试验条件为反应温度 90℃、加碱量为 48 公斤、用乙种催化剂。

在实际应用中,在确定最优试验条件时,主要因素一定取最好水平,而次要因素特别是不显著的往往可视条件、成本等而取适当的水平,在此基础上来确定各因素的水平的最优组合。

如在本例中,B 因素——加碱量是次要因素,加碱量为 35 kg 时平均收率是 70%,加碱量为 48 kg 时平均收率是 75%,此时收率仅提高 5%,加碱量却要增加 13 kg,权衡利弊,我们也可考虑加碱量为 35 kg,即实际的最优试验条件可取为 $A_3B_2C_2$ 或 $A_3B_1C_2$。

值得注意的是,我们得到的这两个试验条件并没有包含在已做过的 9 次试验中,如果按这两个最优试验条件作验证性试验一般都会得到比那 9 次试验更好的结果。为此,我们分别在 $A_3B_2C_2$ 或 $A_3B_1C_2$ 的条件下各做两次试验,结果如下:

表 12-4 例 12.1 进一步试验的结果

试验条件	收率(%)		平均收率(%)
$A_3B_2C_2$	95	90	92.5
$A_3B_1C_2$	93	89	91

可见,这两个条件下的平均收率相差不大,从低消耗原则出发,可确定正式生产条件为 $A_3B_1C_2$。

(四)各因素水平变化时试验指标的变化规律

这里,我们以因素为横坐标,以试验指标为纵坐标做出三个因素的各水平与试验指标间的变化规律图,如图 12 - 2(a)(b)(c)所示。从该图我们就可分析因素的主次并找出最高的水平搭配。

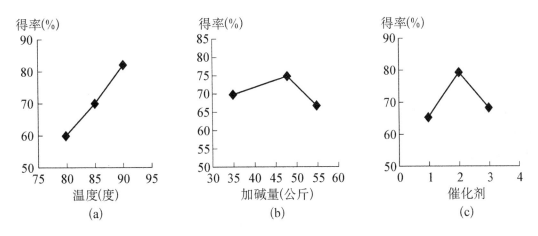

图 12 - 2 因素与试验指标间的变化规律图

从图 12 - 2 中还可看到,因素 A(反应温度)从 80℃增加到 90℃,收率逐渐上升,而因素 B(加碱量)从 35 公斤增加到 55 公斤及因素 C(催化剂)依次取为甲、乙、丙三种催化剂时,收率是先上升,后下降。为此,如果我们取反应温度大于 90℃的水平、用乙种催化剂进行进一步的探索性试验,就有可能得到更高的收率。这就为我们制定进一步试验的方案指明了方向,同时也表明所谓"最优条件"是相对于被选取的因素和水平而言的,切不可误解为绝对的"最优"。

三、考虑交互作用的正交试验设计

在多因素的试验中,除了各个因素对指标的单独影响,即各因素的主效应外,还存在着因素间的联合作用,这种两个或多个因素之间的相互促进或相互制约的联合作用称为因素间的**交互作用**(interaction)。两个因素间的交互作用称为一级交互作用,如因素 A 和因素 B 间的交互作用记为 $A×B$;两个以上因素间的交互作用称为**高级交互作用**。经验表明后者大都可忽略,故一般不予考虑。

在多因素试验中如果不能确定因素间是否存在交互作用,通常就要考察因素间交互作用对试验结果影响大小。在正交试验设计中,如果要考虑因素间的交互作用,需要把交互作用作为独立的因素来对待。在做表头设计时,首先把因素安排在适当的列上,然后借助于与正交表匹配的两列间交互作用表,确定因素间的交互作用所在列。下面表 12 - 5 是与正交表 $L_8(2^7)$ 匹配的两列间交互作用表,附表 17 还给出了其他的交互作用表供查阅。

表 12-5 $L_8(2^7)$ 两列间交互作用表

列号	列 号						
	1	2	3	4	5	6	7
(1)		3	2	5	4	7	6
(2)			1	6	7	4	5
(3)				7	6	5	4
(4)					1	2	3
(5)						3	2
(6)							1
(7)							

例如,要安排一个 4 因素 2 水平的试验,可选用正交表 $L_8(2^7)$。首先将 A,B 两个因素分别置于正交表的第 1,2 列上,再根据 $L_8(2^7)$ 两列间交互作用表 12-5,将 1 列与 2 列因素间的交互作用 $A \times B$ 应安排在第 3 列上,则因素 C 应安排在第 4 列上;对交互作用 $A \times C$, $B \times C$,由交互作用表 12-5 可知,$A \times C$ 应安排在第 5 列上,$B \times C$ 应将安排在第 6 列上,然后再将因素 D 安排在第 7 列上,由此所得的表头设计如表 12-6 所示。

表 12-6 用 $L_8(2^7)$ 考虑交互作用的表头设计

列号	1	2	3	4	5	6	7
因素	A	B	$A \times B$	C	$A \times C$	$B \times C$	D

若要考虑更多的交互作用,如 $A \times D, B \times D, C \times D$,则该表就容纳不下了,这时需选用更大的正交表如 $L_{12}(2^{11})$、$L_{16}(2^{15})$(见附表 17)来安排试验。

在做表头设计时需注意,只要正交表足够大,主效应因素尽量不放在交互作用列上。如上面问题中即使不考虑交互作用也应该将因素 A,B,C,D 安排在 1,2,4,7 列上。

例 12.2 茵陈蒿汤由茵陈蒿、栀子和大黄三味中药组成,具有利胆作用。为研究这三味中药的最佳配方,取成年大白鼠进行胆汁引流实验,以每 10 分钟的胆汁充盈长度(cm)为指标,给药后观察半小时的该指标均值减去给药前 20 分钟的均值作为统计分析用的试验结果值。选取因素及水平见表 12-7。

表 12-7 例 12.2 茵陈蒿汤研究的因素和水平

水平	因 素		
	A(大黄/g)	B(栀子/g)	C(茵陈/g)
1	生 1.8	3	12
2	酒炖 1.8	0	0

需要考虑因素间的交互作用 $A \times B, A \times C$。试用正交试验的直观分析法对试验结果进行分析,求出其最优配方。

解:本例为三因素二水平的试验,并要考虑任两个因素的交互作用。故选择 $L_8(2^7)$ 表,并查交互作用表,将 A,B,C 及其交互作用 $A \times B, A \times C$ 分别置于表的 1,2,4,3,5 列中,表头设计见表 12-8。

表 12 - 8 例 12.2 的试验安排及数据计算表

试验号	1	2	3	4	5	6	7	试验结果
	A	B	$A \times B$	C	$A \times C$			y_i
1	1	1	1	1	1	1	1	3.67
2	1	1	1	2	2	2	2	-3.00
3	1	2	2	1	1	2	2	9.15
4	1	2	2	2	2	1	1	3.62
5	2	1	2	1	2	1	2	0.35
6	2	1	2	2	1	2	1	1.87
7	2	2	1	1	2	2	1	4.00
8	2	2	1	2	1	1	2	2.33
K_1	13.44	2.89	7.00	17.17	17.02			
K_2	8.55	19.10	14.99	4.82	4.97			
$\overline{K}_1$	3.36	0.72	1.75	4.29	4.26			
$\overline{K}_2$	2.14	4.78	3.75	1.21	1.24			
R	1.22	4.06	2.00	3.08	3.02			

由表 12 - 8 中各因素的极差 R 可知,各因素及其交互作用对试验结果影响大小的排序为:

$$B \to C \to A \times C \to A \times B \to A$$

B、C 为主要因素,分别取 B_2、C_1,而交互作用 $A \times C$ 对试验结果的影响比因素 A 的还大,故因素 A 的水平选取应根据 A 与 C 哪对水平搭配较好来决定。为此,将 A 和 C 二元组合下所有结果的均值列在表 12 - 9 中:

表 12 - 9 例 12.2 中因素 A 和 B 的二元组合均值表

	C_1	C_2
A_1	$\dfrac{1}{2}(3.67+9.15)=6.41$	$\dfrac{1}{2}(-3.00+3.62)=0.31$
A_2	$\dfrac{1}{2}(0.35+4.00)=2.18$	$\dfrac{1}{2}(1.87+2.33)=2.10$

由表 12 - 9,可得 $A_1 C_1$ 组合下结果最优,而且 C 因素取第一水平与前面无矛盾,故最优方案为 $A_1 B_2 C_1$。若交互作用水平的选取与因素水平的选取有矛盾,一般应根据因素和交互作用的主次顺序来选取水平。

在考察有交互作用的试验设计问题时,一定要注意表头设计,两列因素间的交互作用要由交互作用表来决定,不要把因素和交互作用放在同一列上,否则会出现"混杂现象",无法区分是因素还是交互作用的影响,如果考察的交互作用多,需要选择更大的正交表来安排试验。

第四节　正交试验的方差分析

前面我们介绍的直观分析法(极差分析法),具有简单直观、计算量小的优点,故较为常用。但直观分析法不能准确估计试验误差,不能把各因素的试验条件(水平)变化与试验误差对试验结果的影响区分开来,也不能准确判断各因素的作用是否显著。而正交试验的方差分析法既可克服直观分析法的这些缺点,而且计算也较简单。

一、正交试验的方差分析法原理

设 $y_1, y_2, \cdots, y_n$ 是试验结果数据,n 为试验总次数,则总均值为 $\bar{y} = \dfrac{1}{n} \sum_{i=1}^{n} y_i$。

总离差平方和为

$$SS_T = \sum_{i=1}^{n} (y_i - \bar{y})^2 = \sum_{i=1}^{n} y_i^2 - \left(\sum_{i=1}^{n} y_i \right)^2 / n$$

根据方差分析原理,它既包括各因素的不同水平改变对试验结果的影响造成的差异,也包括各种随机因素引起的试验误差。

设 SS_j 是第 j 列(因素或空列)的离差平方和,m 为该列中不同水平的个数,n_j 为该列同一水平的重复数,K_i、$\overline{K}_i$ 为列中第 i 水平所对应的试验结果之和、平均值,则

$$SS_j = n_j \sum_{i=1}^{m} (\overline{K}_i - \bar{y})^2 = \frac{1}{n_j} \sum_{i=1}^{m} K_i^2 - \left(\sum_{i=1}^{n} y_i \right)^2 / n$$

特别地,对于二水平情形的正交表,有

$$SS_j = \frac{1}{n_j} (K_1^2 + K_2^2) - \left(\sum_{i=1}^{n} y_i \right)^2 / n = \frac{n_j^2 R_j^2}{n}$$

其中 R_j 是该列的极差,此时,在极差 R_j 的基础上计算各列的 SS_j 就十分方便。

现令 $\quad Q_j = \dfrac{1}{n_j} \sum_{i=1}^{m} K_i^2, \ CT = \left(\sum_{i=1}^{n} y_i \right)^2 / n,$

则 $\quad SS_T = \sum_{i=1}^{n} y_i^2 - CT, \ SS_j = Q_j - CT, (j = 1, 2, \cdots, J)$

且 $\quad SS_T = \sum_{j=1}^{J} SS_j。$

由此,我们即可与直观分析计算表类似,列出离差平方和的计算表(参见表 12-10),得到各离差平方和 SS_T、SS_j,进而得到方差分析表(参见表 12-11),最终求得各因素的显著性。

二、正交试验设计的方差分析应用

下面我们结合例12.2的重新求解来介绍正交试验的方差分析法。（$\alpha=0.10$）

例 12.2(续) 解二：(方差分析法)

对例12.2的正交试验数据，有 $m=2$，$n=8$，$n_j=4$，对本例二水平情形的正交表，有

$$SS_j = \frac{1}{n_j}(K_1^2+K_2^2) - \left(\sum_{i=1}^n y_i\right)^2/n = \frac{n_j^2 R_j^2}{n}$$

故在前面表12-8的基础上，即可得到下列例12.2的方差分析的计算表。

表 12 - 10　例 12.2 的方差分析的计算表

试验号	1	2	3	4	5	6	7	试验结果
	A	B	$A\times B$	C	$A\times C$			y_i
1	1	1	1	1	1	1	1	3.67
2	1	1	1	2	2	2	2	-3.00
3	1	2	2	1	1	2	2	9.15
4	1	2	2	2	2	1	1	3.62
5	2	1	2	1	2	1	2	0.35
6	2	1	2	2	1	2	1	1.87
7	2	2	1	1	2	2	1	4.00
8	2	2	1	2	1	1	2	2.33
K_1	13.44	2.89	7.00	17.17	17.02	9.97	13.16	
K_2	8.55	19.10	14.99	4.82	4.97	12.02	8.83	
$\overline{K}_1$	3.36	0.72	1.75	4.29	4.26	2.49	3.29	
$\overline{K}_2$	2.14	4.78	3.75	1.21	1.24	3.00	2.21	
R_j	1.22	4.06	2.00	3.08	3.02	0.51	1.08	
$SS_j=\dfrac{n_j^2 R_j^2}{n}$	2.98	32.97	8.00	18.97	18.24	0.52	2.33	$SS_T=84.01$

由此得到了各离差平方和：

$$SS_A=SS_1=2.98, SS_B=SS_2=32.97, SS_{A\times B}=S_3=8.00,$$

$$SS_C=S_4=18.97, S_{A\times C}=S_5=18.24$$

而第6，7列是空白列，相应的离差平方和 $SS_6+SS_7=0.52+2.33=2.85$ 可认为是随机因素引起的试验误差 SS_E。

总离差平方和 SS_T 应等于各列的离差平方和 S_j 的总和，即

$$SS_T = \sum_{j=1}^{7} SS_j = S_A + S_B + S_C + S_{A\times B} + S_{A\times C} + S_E$$

实际计算时,可分别计算 SS_T 和各列的 SS_j,并由 $SS_T = \sum_{j=1}^{J} SS_j$ 来验证计算的准确性。

为列出方差分析表,下面我们考虑正交表方差分析的自由度。

正交表的总自由度即总离差平方和 S_T 的自由度 $df_T=$(试验次数-1)即$(n-1)$;而各列的自由度 $df_j=$(该列的水平数-1)即 $m-1$;且正交表的总自由度等于各列的自由度之和,即 $df_T = \sum df_j$。而各因素(及误差)平方和的自由度就是所在列的自由度,也就是所在列的水平数-1。

故对例 12.2,有

$$df_T = n-1=7, df_A = df_B = df_C = df_{A\times B} = df_{A\times C} = m-1=1, df_E=7-5=2$$

与一般方差分析类似,当原假设(H_0:该因素作用不显著)成立时,有

$$F_j = \frac{SS_j/df_j}{SS_E/df_E} \sim F(df_j, df_E)$$

为此,计算该因素对应的检验统计量

$$F_j = \frac{SS_j/df_j}{SS_E/df_E} = \frac{MS_j}{MS_E}$$

对给定的显著性水平 α 进行 F 检验,当 F_j 值 $> F_\alpha(df_j, df_E)$(或 P 值$<\alpha$)时,拒绝 H_0,表明该因素作用显著;否则,则该因素作用不显著。

由此即可做出例 12.2 的方差分析表(表 12-11),其中 $F_{0.10}(1,2)=8.53$。

表 12-11　例 12.2 正交试验数据的方差分析表

方差来源 Source	离差平方和 SS	自由度 df	均方 MS	F 值 F Value	P 值 Sig.	显著性*
因素 A	$SS_A=2.98$	1	2.98	2.08	>0.10	不显著
因素 B	$SS_B=32.97$	1	32.97	23.05	<0.10	显著
交互作用 $A\times B$	$SS_{A\times B}=8.00$	1	8.00	5.59	>0.10	不显著
因素 C	$SS_C=18.97$	1	18.97	13.26	<0.10	显著
交互作用 $A\times C$	$SS_{A\times C}=18.24$	1	18.24	12.75	<0.10	显著
误差 E	$SS_E=2.85$	2	1.43			
总变差 T	$SS_T=84.01$	7		$F_{0.10}(1,2)=8.53$		

* 取 $\alpha=0.10$ 的显著水平。

由上列方差分析表的结果知,因为

$$F_A=2.08<8.53,\ F_B=23.05>8.53,\ F_{A\times B}=5.59<8.53,$$
$$F_C=13.26>8.53,\ F_{A\times C}=12.75>8.53。$$

故在 $\alpha=0.10$ 的显著水平上,因素 B、C 和交互作用 $A\times C$ 显著,因素 A 和交互作用 $A\times B$ 不显著,这比直观分析法的显著性粗略讨论结果要更准确。同时可以根据各因素的 F 值从大到小得到各因素的主次顺序:

$$主\to次:B,C,A\times C,A\times B,A$$

这与直观分析法的结论一致。按方差分析的观点,只需要对有显著意义的因素和交互作用确定好的水平,对其他因素则可按实际需要确定适宜水平。在本例中,B 应取 B_2,C 应取 C_1,由 A、C 的二元组合的四种搭配的分析确定 A 应取 A_1,其配方组合为 $A_1B_2C_1$,结果与直观分析一致。

同时可以根据各因素的 F 值从大到小得到各因素的主次顺序:

$$主\to次:B,C,A\times C,A\times B,A$$

B、C 为显著因素,分别取 B_2、C_1,而交互作用 $A\times C$ 对试验结果的影响比因素 A 的还大,故因素 A 的水平选取应根据 A 与 C 哪对水平搭配较好来决定。对于显著因素 $A\times C$,由 A 和 C 的试验二元表(表 12-9)知,取 A_1C_1;由此确定最优配方为 $A_1B_2C_1$。

【SPSS 软件应用】在 SPSS 中,将正交设计表各列数据作为因素变量,分别为 A(A 因素)、B(B 因素)、AB(AB 交互)、C(C 因素)、AC(AC 交互)、V6(空白列)、V7(空白列),将 Index(试验指标)作为观测变量,建立 SPSS 数据集〈茵陈蒿汤试验指标〉,如图 12-3 所示。

	A	B	AB	C	AC	V6	V7	Index
1	1	1	1	1	1	1	1	3.67
2	1	1	1	2	2	2	2	-3.00
3	1	2	2	1	1	2	2	9.15
4	1	2	2	2	2	1	1	3.62
5	2	1	2	1	2	1	2	.35
6	2	1	2	2	1	2	1	1.87
7	2	2	1	1	2	2	1	4.00
8	2	2	1	2	1	1	2	2.33

图 12-3　数据集〈茵陈蒿汤试验指标〉

在 SPSS 中选择菜单【Analyze】→【General Linear Model】→【Univariate】,选定变量:

Index(试验指标)→ Dependent Variable；　A、B、AB、C、AC → Fixed Factors(s)

再点击选项【Model】,选定:

Specify Model/⊙Custom；A、B、AB、C、AC→Model

点击 Continue 。最后点击 OK ,即可得到 SPSS 主要输出结果,如图 12-4 所示。

Test of Between Subject Effects

Dependent Variable:试验指标

Source	Type III Sum of Squares	df	Mean Square	F	Sig.
Corrected Model	81.030[a]	5	16.206	11.298	.083
Intercept	60.445	1	60.445	42.138	.023
A	2.989	1	2.989	2.084	.286
B	32.846	1	32.846	22.897	.041
AB	7.980	1	7.980	5.563	.142
C	19.065	1	19.065	13.291	.068
AC	18.150	1	18.150	12.653	.071
Error	2.869	2	1.434		
Total	144.344	8			
Corrected Total	83.899	7			

a. R Squared＝.966（Adjusted R Squared＝.880）

图 12-4　例 12.2 的 SPSS 多因素方差分析主要输出结果

由图 12-4 给出的正交设计多因素方差分析表知,对显著水平 $\alpha=0.10$,有如下结论。

对因素 A:因为概率 P 值(Sig.)＝0.286＞0.10,故因素 A 不显著;

对因素 B:因为概率 P 值(Sig.)＝0.041＜0.10,故因素 B 显著;

对因素 AB:因为概率 P 值(Sig.)＝0.142＞0.10,故交互作用因素 AB 不显著;

对因素 C:因为概率 P 值(Sig.)＝0.068＜0.10,故因素 C 显著;

对因素 AC:因为概率 P 值(Sig.)＝0.071＜0.10,故因素 AC 显著;

总之,因素 B、C 和交互作用 AC 的作用显著,因素 A、交互作用 AB 不显著。

知识链接

试验设计发展简史

　　试验设计自 20 世纪 20 年代问世至今,其发展大致经历了三个阶段:即早期的单因素和多因素方差分析,传统的正交试验法等和近代的最优设计法等。

　　英国著名统计学家、数学家 R.A.费希尔(R.A. Fisher)开创了试验设计法。他于 1923 年与 W.A.麦肯齐合作发表了第一个实验设计的实例,1935 年出版了他的名著《实验设计法》,提出了试验设计三原则:随机化、区组化和重复。

　　正交试验设计是建立在方差分析模型的基础上试验设计法,当因素的水平不多,试验范围不大时非常有效。60 年代,日本统计学家田口玄一等首创了正交表,将正交试验设计和数据分析表格化,使正交设计更加便于理解和使用。我国方开泰教授于 1972 年提出了"直观分析法",将方差分析的思想体现于点图和极差计算之中,使正交设计的统计分析大为简化。

　　1978 年,我国七机部由于导弹设计的要求,提出了一个五因素的试验,希望每个因素的水平数要多于 10,而试验总数又不超过 50,正交试验设计法等都难以满足。为此,中国科学院应用数学研究所的方开泰教授和王元院士提出"均匀设计"法,均匀设计能有效地处理多因素多水平的试验,这一方法不仅在导弹设计中取得了成效,还被广泛用于"计算机仿真试验"和农业、工业、医药和高技术创新等众多领域,取得很好成效。

习题十二

1. 设有 A,B,C,D,E 五个因素,每个因素取两个水平,还需考虑 A,B,C,D 之间的两两交互作用,试选用适当的正交表并作表头设计。

2. 某试验考察因子 A、B、C、D,选用 $L_9(3^4)$ 表,将因子 A、B、C、D 顺次地排在第1、2、3、4列上,所得9个试验结果依次为:

$$45.5 \quad 33.0 \quad 32.5 \quad 36.5 \quad 32.0 \quad 14.5 \quad 40.5 \quad 33.0 \quad 28.0,$$

试用直观分析法提出较优工艺条件及因子影响的主次顺序。

3. 某个四因素两水平试验,除考察因子 A、B、C、D 外,还需 $A \times B$、$B \times C$。今选用 $L_8(2^7)$ 表,将 A、B、C、D 依次排在第1、2、4、5列上,所得8个试验结果依次为:

$$12.8 \quad 28.2 \quad 26.1 \quad 35.3 \quad 30.5 \quad 4.3 \quad 33.3 \quad 4.0。$$

试用直观分析法指出因子的主次顺序及较优工艺条件。

4. 作水稻栽培试验,考察三个因素:秧龄、插植基本苗数、肥料。为检验它们对产量的影响,每个因素取两种水平,具体如下表所示:

因素	秧龄	苗数	氮肥
水平 1	小苗	15 万株/苗	8 斤/亩
水平 2	大苗	25 万株/苗	12 斤/亩

用 $L_8(2^7)$ 表安排试验结果如下表所示:

试验号	1 秧龄	2 苗数	4 氮肥	亩产量 (斤)
1	1	1	1	600
2	1	1	2	613.3
3	1	2	1	600.6
4	1	2	2	606.6
5	2	1	1	674
6	2	1	2	746.6
7	2	2	1	688
8	2	2	2	686.6

试在 $\alpha = 0.05$ 下检验各因素及每两个因素交互作用对亩产量有无显著影响?

5. 某四因素两水平试验,除考察因子 A、B、C、D 外,还要考察 $A \times B$、$A \times C$。今选用表 $L_8(2^7)$,将 A、B、C、D 依次安排在第1、2、4、5列上,所得8个试验结果为:

$$350 \quad 325 \quad 425 \quad 425 \quad 200 \quad 250 \quad 275 \quad 375$$

试用方差分析法确定较优工艺条件。

6. 某药厂为改革潘生丁环反应工艺,根据经验确定因素与水平如下:

反应温度 A(℃):$A_1 = 100$,$A_2 = 110$,$A_3 = 120$;

反应时间 $B(\text{hr})$：$B_1=6$，$B_2=8$，$B_3=10$；

投料比 $C(\text{mol/mol})$：$C_1=1:1.2$，$C_2=1:1.6$，$C_3=1:2.0$；

现选用 $L_9(3^4)$ 正交表，分别将因素 A,B 和 C 安置在第 $1,2$ 和 3 列上，9 次试验收率分别为：

$$40.9 \quad 58.2 \quad 71.6 \quad 40.0 \quad 73.7 \quad 39.0 \quad 62.1 \quad 43.2 \quad 57.0$$

试用直观分析法和方差分析法确定因素的主次，并求出因素水平的较好组合（不考虑交互作用）。

5. 为了寻找微型胶囊得率最高的工艺条件，决定考察下列因素和水平：

因素 A　胶浓度（%）：$5.5, 3.0$；

因素 B　包料与被包物之比：$4:1, 2:1$；

因素 C　加胶方式：一次加胶；二次加胶；

此外还要考虑交互作用 $A\times B, B\times C, A\times C$。选用正交表 $L_8(2^7)$。将 A, B, C 分别安排在 $1,2,4$ 列上，8 次试验结果（得率，%）为：

$$73.3 \quad 75.3 \quad 80.5 \quad 79.4 \quad 67.4 \quad 70.0 \quad 79.4 \quad 77.7$$

试用直观分析法和方差分析法分析试验结果，找出因素的主次顺序和最优条件。

（言方荣）

参考文献

[1] 高祖新,陈华钧.概率论与数理统计.南京:南京大学出版社.1995.

[2] 陈魁.应用概率统计.北京:清华大学出版社.2000.

[3] 高祖新,韩可勤,言方荣.医药应用概率统计.第 3 版.北京:科学出版社 2018.

[4] 叶俊,赵衡秀.概率论与数理统计.北京:清华大学出版社,2005.

[5] 李贤平.概率论基础.第 3 版.上海:复旦大学出版社,2010.

[6] 陈希儒.概率论与数理统计.中国科技大学出版社.2009.

[7] 陈家鼎,孙山泽,李东风 等.数理统计学讲义.第 3 版.北京:高等教育出版社.2015.

[8] 上海交通大学数学系.概率论与数理统计.第 2 版.上海交通大学出版社.2014.

[9] 葛余博.概率论与数理统计.第 2 版.北京:清华大学出版社.2017.

[10] 盛骤,谢式千 等.概率论与数理统计.第 4 版.北京:高等教育出版社,2008.

[11] 何书元.概率论与数理统计.第 2 版.北京:高等教育出版社.2013.

[12] 华中科技大学数学与统计学院.概率论与数理统计.第 4 版.高等教育出版社.2019.

[13] 纪楠.概率论与数理统计——实训教程.北京:清华大学出版社.2014.

[14] 师义明,徐伟,秦超英 等.数理统计.第 4 版.北京:科学出版社.2015.

[15] 韩明.概率论与应用数理统计教程.第 3 版.上海:同济大学出版社.2018.

[16] 张帼奋,张奕.概率论与数理统计.北京:高等教育出版社,2017.

[17] 王松桂,张忠召,程维虎 等.概率论与数理统计.第 3 版.北京:科学出版社,2017.

[18] 韦来生.数理统计.第 2 版.北京:科学出版社.2015.

[19] 高祖新.医药数理统计方法.第 6 版.北京:人民卫生出版社.2016.

[20] [美]L.沃塞曼.统计学完全教程.张波 等译.北京:科学出版社.2008.

[21] [美]威廉.费勒.概率论及其应用.胡迪鹤译.北京:人民邮电出版社.2014.

[22] [美]John A. Rice.数理统计与数据分析.田金方译.北京:机械工业出版社.2007.

[23] [美]Robert V. Hogg 等.数理统计学导论.王忠玉 等译.北京:机械工业出版社.2015.

[24] 茆诗松.统计手册.北京:科学出版社.2003.

[25] 谢运恩,李安富.人人都会数据分析.北京:电子工业出版社.2017.

[26] 袁卫,刘超.2011.统计学——思想、方法与应用.北京:中国人民大学出版社.

[27] 高祖新,尹勤.实用统计计算.南京:南京大学出版社.1996.

[28] 高惠璇.统计计算.北京:北京大学出版社.1995.

[29] 贾俊平.统计分析与 SPSS 应用.第 5 版.北京:中国人民大学出版社.2017.

[30] 薛薇.SPSS 统计分析方法及应用.第 2 版.北京:电子工业出版社.2009.

[31] 高祖新,言方荣.医药统计分析与 SPSS 软件应用.北京:人民卫生出版社.2018.

[32] 高祖新,言方荣,王菲.SPSS 医药统计教程.北京:人民卫生出版社.2019.

[33] Iversen G R, Gergen M. 2001.统计学:概念和方法.吴喜之,等译.北京:高等教育出版社.

[34] 陈希儒.数理统计学简史.长沙:湖南教育出版社.2002.

[35] 龚鉴尧.世界统计名人传记.北京:中国统计出版社.2000.

[36] 吴辉.英汉统计词汇.北京:中国统计出版社.1987.

附录一

常用统计表

附表 1 二项分布表

$$P\{X \geqslant k\} = \sum_{i=k}^{n} C_n^i p^i (1-p)^{n-i}$$

n	k	0.01	0.02	0.04	0.06	0.08	0.1	0.2	0.3	0.4	0.5
							p				
5	5			0.000 00	0.000 00	0.000 00	0.000 01	0.000 32	0.002 43	0.010 24	0.031 25
	4	0.000 00	0.000 00	0.000 01	0.000 06	0.000 19	0.000 46	0.006 72	0.030 78	0.087 04	0.187 50
	3	0.000 01	0.000 08	0.000 60	0.001 97	0.004 53	0.008 56	0.057 92	0.163 08	0.087 04	0.500 00
	2	0.000 98	0.003 84	0.014 76	0.031 87	0.054 36	0.081 46	0.262 72	0.471 78	0.663 04	0.812 50
	1	0.049 01	0.096 08	0.184 63	0.266 10	0.340 92	0.409 51	0.672 32	0.831 93	0.922 24	0.968 75
10	10							0.000 01	0.000 10	0.000 98
	9							0.000 00	0.000 14	0.001 68	0.010 74
	8					0.000 00	0.000 08	0.001 59	0.012 29	0.054 69
	7			0.000 00	0.000 00	0.000 01	0.000 86	0.010 59	0.054 76	0.171 88
	6			0.000 00	0.000 01	0.000 04	0.000 15	0.006 37	0.047 35	0.166 24	0.376 95
	5		0.000 00	0.000 02	0.000 15	0.000 59	0.001 63	0.032 79	0.150 27	0.366 90	0.623 05
	4	0.000 00	0.000 03	0.000 44	0.002 03	0.005 80	0.012 80	0.120 87	0.350 39	0.617 72	0.828 13
	3	0.000 11	0.000 86	0.006 21	0.018 84	0.040 08	0.070 19	0.322 20	0.617 22	0.832 71	0.945 31
	2	0.004 27	0.016 18	0.058 15	0.117 59	0.187 88	0.263 90	0.624 19	0.850 69	0.953 64	0.989 26
	1	0.095 62	0.182 93	0.335 17	0.461 38	0.565 61	0.651 32	0.892 63	0.971 75	0.993 95	0.999 02
15	15								0.000 00	0.000 03
	14							0.000 00	0.000 03	0.000 49
	13							0.000 01	0.000 28	0.003 69
	12							0.000 09	0.001 93	0.017 58
	11							0.000 01	0.000 67	0.009 35	0.059 23
	10							0.000 11	0.003 65	0.033 83	0.150 88
	9				0.000 00	0.000 00	0.000 79	0.015 24	0.095 05	0.303 62
	8				0.000 00	0.000 01	0.000 03	0.004 24	0.050 01	0.213 10	0.500 00
	7			0.000 00	0.000 15	000 00	0.000 31	0.018 06	0.131 14	0.390 19	0.696 38
	6		0.000 00	0.000 01	0.000 15	0.000 70	0.002 25	0.061 05	0.278 38	0.596 78	0.849 12
	5	0.000 00	0.000 01	0.000 22	0.001 40	0.004 97	0.012 72	0.164 23	0.484 51	0.782 72	0.940 77
	4	0.000 01	0.000 18	0.002 45	0.010 36	0.027 31	0.055 56	0.351 84	0.707 13	0.909 50	0.982 42
	3	0.000 42	0.003 04	0.020 29	0.057 13	0.112 97	0.184 06	0.601 98	0.873 17	0.972 89	0.996 31
	2	0.009 63	0.035 34	0.119 11	0.226 24	0.340 27	0.450 96	0.832 87	0.964 73	0.994 83	0.999 51
	1	0.139 94	0.261 43	0.457 91	0.604 71	0.713 70	0.794 11	0.964 82	0.995 25	0.999 53	0.999 97
20	20									0.000 00
	19								0.000 00	0.000 02
	18								0.000 01	0.000 20
	17							0.000 00	0.000 05	0.001 29
	16							0.000 01	0.000 32	0.005 91
	15							0.000 04	0.001 61	0.020 69
	14							0.000 00	0.000 26	0.006 47	0.057 66
	13							0.000 02	0.001 28	0.021 03	0.131 59
	12							0.000 10	0.005 14	0.056 53	0.251 72
	11						0.000 00	0.000 56	0.017 52	0.127 52	0.411 90
	10					0.000 00	0.000 01	0.002 59	0.047 96	0.244 66	0.588 10
	9				0.000 00	0.000 01	0.000 06	0.009 98	0.113 33	0.404 40	0.748 28
	8			0.000 00	0.000 01	0.000 09	0.000 42	0.032 14	0.227 73	0.584 11	0.868 41
	7			0.000 01	0.000 11	0.000 64	0.002 39	0.086 69	0.391 99	0.749 99	0.942 34
	6		0.000 00	0.000 10	0.000 87	0.003 80	0.011 25	0.195 79	0.583 63	0.874 40	0.979 31
	5	0.000 00	0.000 04	0.000 96	0.005 63	0.018 34	0.043 17	0.373 05	0.762 49	0.949 05	0.994 09
	4	0.000 04	0.000 60	0.007 41	0.028 97	0.070 62	0.132 95	0.588 55	0.892 91	0.984 04	0.998 71
	3	0.001 00	0.007 07	0.043 86	0.114 97	0.212 05	0.323 07	0.793 92	0.964 52	0.996 39	0.999 80
	2	0.016 86	0.059 90	0.189 66	0.339 55	0.483 14	0.608 25	0.930 82	0.992 36	0.999 48	0.999 98
	1	0.182 09	0.332 39	0.558 00	0.709 89	0.811 31	0.878 42	0.988 47	0.999 20	0.999 96	1.000 00

续表

Table column header spans probability values p.

n	k	0.01	0.02	0.04	0.06	0.08	0.1	0.2	0.3	0.4	0.5
25	25										
	24										0.000 00
	23										0.000 01
	22									0.000 00	0.000 08
	21									0.000 01	0.000 46
	20									0.000 05	0.002 04
	19								0.000 00	0.000 28	0.007 32
	18								0.000 02	0.001 21	0.021 64
	17								0.000 10	0.004 33	0.053 88
	16							0.000 00	0.000 45	0.013 17	0.114 76
	15							0.000 00	0.001 78	0.034 39	0.212 18
	14							0.000 08	0.005 99	0.077 80	0.345 02
	13							0.000 37	0.017 47	0.153 77	0.500 00
	12						0.000 00	0.001 54	0.041 25	0.267 72	0.654 98
	11					0.000 00	0.000 01	0.005 56	0.097 80	0.414 23	0.787 82
	10				0.000 00	0.000 01	0.000 08	0.017 33	0.189 44	0.575 38	0.885 24
	9				0.000 01	0.000 08	0.000 46	0.046 77	0.323 07	0.726 47	0.946 12
	8			0.000 00	0.000 07	0.000 52	0.002 26	0.109 12	0.488 15	0.846 45	0.978 36
	7		0.000 00	0.000 04	0.000 51	0.002 77	0.009 48	0.219 96	0.659 35	0.926 43	0.992 68
	6		0.000 01	0.000 38	0.003 06	0.012 29	0.033 40	0.383 31	0.806 51	0.970 64	0.997 96
	5	0.000 00	0.000 12	0.002 78	0.015 05	0.045 14	0.097 99	0.579 33	0.909 53	0.990 53	0.999 54
	4	0.000 11	0.001 45	0.016 52	0.059 76	0.135 09	0.236 41	0.766 01	0.966 76	0.997 63	0.999 92
	3	0.001 95	0.013 24	0.076 48	0.187 11	0.323 17	0.462 91	0.901 77	0.991 04	0.999 57	0.999 99
	2	0.025 76	0.088 65	0.264 19	0.447 34	0.605 28	0.728 79	0.972 61	0.998 43	0.999 95	1.000 00
	1	0.222 18	0.396 54	0.639 60	0.787 09	0.875 64	0.928 21	0.996 22	0.999 87	1.000 00	1.000 00
30	30										
	29										
	28										
	27										0.000 00
	26										0.000 03
	25									0.000 00	0.000 16
	24									0.000 01	0.000 72
	23									0.000 05	0.002 61
	22								0.000 00	0.000 22	0.008 06
	21								0.000 01	0.000 86	0.021 39
	20								0.000 04	0.002 85	0.049 37
	19								0.000 16	0.008 30	0.100 24
	18							0.000 00	0.000 63	0.021 24	0.180 80
	17							0.000 01	0.002 12	0.048 11	0.292 33
	16							0.000 05	0.006 17	0.097 06	0.427 77
	15							0.000 23	0.016 94	0.175 77	0.572 23
	14							0.000 90	0.040 05	0.285 50	0.707 67
	13						0.000 00	0.003 11	0.084 47	0.421 53	0.819 20
	12						0.000 02	0.009 49	0.159 32	0.568 91	0.899 76
	11				0.000 00	0.000 01	0.000 09	0.025 62	0.269 63	0.708 53	0.950 63
	10				0.000 01	0.000 07	0.000 45	0.061 09	0.411 19	0.823 71	0.978 61
	9			0.000 00	0.000 05	0.000 41	0.002 02	0.128 65	0.568 48	0.905 99	0.991 94
	8			0.000 02	0.000 30	0.001 97	0.007 78	0.239 21	0.718 62	0.956 48	0.997 39
	7		0.000 00	0.000 15	0.001 67	0.008 25	0.025 83	0.393 03	0.840 48	0.982 82	0.999 28
	6	0.000 00	0.000 03	0.001 06	0.007 95	0.029 29	0.073 19	0.572 49	0.923 41	0.994 34	0.999 84
	5	0.000 01	0.000 30	0.006 32	0.031 54	0.087 36	0.175 49	0.744 77	0.969 85	0.998 49	0.999 97
	4	0.000 22	0.002 89	0.030 59	0.102 62	0.215 79	0.352 56	0.877 29	0.990 68	0.999 69	1.000 00
	3	0.003 32	0.021 72	0.116 90	0.267 66	0.437 60	0.588 65	0.955 82	0.997 89	0.999 95	1.000 00
	2	0.036 15	0.120 55	0.338 82	0.544 53	0.704 21	0.816 30	0.989 48	0.999 69	1.000 00	1.000 00
	1	0.260 30	0.454 52	0.706 14	0.843 74	0.918 03	0.957 61	0.998 76	1.000 00	1.000 00	1.000 00

附表2　泊松分布表

$$P\{X \geqslant c\} = \sum_{k=c}^{+\infty} \frac{\lambda^k}{k!} e^{-\lambda}$$

c	λ							
	0.01	0.05	0.10	0.15	0.2	0.3	0.4	0.5
0	1.000 000 0	1.000 000 0	1.000 000 0	1.000 000 0	1.000 000 0	1.000 000 0	1.000 000 0	1.000 000
1	0.009 950 2	0.048 770 6	0.095 162 6	0.139 292 0	0.181 269 2	0.259 181 8	0.329 680 0	0.393 469
2	.0 000 497	.0 012 091	.0 046 788	.0 101 858	.0 175 231	.0 369 363	.0 615 519	.090 204
3	.0 000 002	.0 000 201	.0 001 547	.0 005 029	.0 011 485	.0 035 995	.0 079 263	.014 388
4		.0 000 003	.0 000 038	.0 000 187	.0 000 568	.0 002 658	.0 007 763	.001 752
5				.0 000 006	.0 000 023	.0 000 158	.0 000 612	.000 172
6					.0 000 001	.0 000 008	.0 000 040	.000 014
7							.0 000 002	.000 001

c	λ								
	0.6	0.7	0.8	0.9	1.0	1.1	1.2	1.3	1.4
0	1.000 000	1.000 000	1.000 000	1.000 000	1.000 000	1.000 000	1.000 000	1.000 000	1.000 000
1	0.451 188	0.503 415	0.550 671	0.593 430	0.632 121	0.667 129	0.698 860	0.727 468	0.753 403
2	.121 901	.155 085	.191 208	.227 518	.264 241	.300 971	.337 373	.373 177	.408 167
3	.023 115	.034 142	.047 423	.062 857	.080 301	.099 584	.120 513	.142 888	.166 502
4	.003 358	.005 753	.009 080	.010 459	.018 988	.025 742	.033 769	.043 095	.053 725
5	.000 394	.000 786	.001 411	.002 344	.003 660	.005 435	.007 746	.010 663	.014 253
6	.000 039	.000 090	.000 184	.000 343	.000 594	.000 963	.001 500	.002 231	.003 201
7	.000 003	.000 009	.000 021	.000 043	.000 083	.000 140	.000 251	.000 404	.000 622
8		.000 001	.000 002	.000 005	.000 010	.000 020	.000 037	.000 064	.000 107
9					.000 001	.000 002	.000 005	.000 009	.000 016
10							.000 001	.000 001	.000 002

c	λ								
	1.5	1.6	1.7	1.8	1.9	2.0	2.5	3.0	3.5
0	1.000 000	1.000 000	1.000 000	1.000 000	1.000 000	1.000 000	1.000 000	1.000 000	1.000 000
1	0.776 870	0.798 103	0.817 316	0.834 701	0.850 431	0.864 665	0.917 915	0.950 213	0.969 803
2	.442 175	.475 069	.506 754	.537 163	.566 251	.593 994	.712 703	.800 852	.864 112
3	.191 153	.216 642	.242 777	.269 379	.296 280	.323 324	.456 187	.576 810	.679 153
4	.065 642	.078 813	.093 189	.108 708	.125 298	.142 877	.242 424	.352 768	.463 367
5	.018 576	.023 682	.029 615	.036 407	.044 081	.052 653	.108 822	.184 737	.274 555
6	.004 456	.006 040	.007 999	.010 378	.013 219	.016 564	.042 021	.083 918	.142 386
7	.000 926	.001 336	.001 875	.002 569	.003 446	.004 534	.014 187	.033 509	.065 288
8	.000 170	.000 260	.000 388	.000 562	.000 793	.001 097	.004 247	.011 905	.026 739
9	.000 028	.000 045	.000 072	.000 110	.000 163	.000 237	.001 140	.003 803	.009 874
10	.000 004	.000 007	.000 012	.000 019	.000 030	.000 046	.000 277	.001 102	.003 315
11	.000 001	.000 001	.000 002	.000 003	.000 005	.000 008	.000 062	.000 292	.001 019
12					.000 001	.000 001	.000 013	.000 071	.000 289
13							.000 002	.000 016	.000 076
14								.000 003	.000 019
15								.000 001	.000 004
16									.000 001

续表

c	λ								
	4.0	4.5	5.0	5.5	6.0	6.5	7.0	7.5	8.0
0	1.000 000	1.000 000	1.000 000	1.000 000	1.000 000	1.000 000	1.000 000	1.000 000	1.000 000
1	0.981 684	0.988 891	0.993 262	0.995 913	0.997 521	0.998 497	0.999 088	0.999 447	0.999 665
2	.908 422	.938 901	.959 572	.973 436	.982 649	.988 724	.992 705	.995 299	.996 981
3	.761 897	.826 422	.875 348	.911 624	.938 031	.956 964	.970 364	.979 743	.986 246
4	.566 530	.657 704	.734 974	.798 301	.848 796	.888 150	.918 235	.940 855	.957 620
5	.371 163	.467 896	.559 507	.642 482	.714 943	.776 328	.827 008	.867 938	.900 368
6	.214 870	.297 070	.384 039	.471 081	.554 320	.630 959	.699 292	.758 564	.808 764
7	.110 674	.168 949	.237 817	.313 964	.393 697	.473 476	.550 289	.621 845	.686 626
8	.051 134	.089 586	.133 372	.190 515	.256 020	.327 242	.401 286	.475 361	.547 039
9	.021 363	.040 257	.068 094	.105 643	.152 763	.208 427	.270 909	.338 033	.407 453
10	.008 132	.017 093	.031 828	.053 777	.083 924	.122 616	.169 504	.223 592	.283 376
11	.002 840	.006 669	.013 695	.025 251	.042 621	.066 839	.098 521	.137 762	.184 114
12	.000 915	.002 404	.005 453	.010 988	.020 092	.033 880	.053 350	.079 241	.111 924
13	.000 274	.000 805	.002 019	.004 451	.008 827	.016 027	.027 000	.042 666	.063 797
14	.000 076	.000 252	.000 689	.001 685	.003 628	.007 100	.012 811	.021 565	.034 181
15	.000 020	.000 074	.000 226	.000 599	.001 400	.002 956	.005 717	.010 260	.017 257
16	.000 005	.000 020	.000 069	.000 200	.000 509	.001 160	.002 407	.004 608	.008 231
17	.000 001	.000 085	.000 020	.000 063	.000 175	.000 430	.000 958	.001 959	.003 718
18		.000 001	.000 005	.000 019	.000 057	.000 151	.000 362	.000 790	.001 594
19			.000 001	.000 005	.000 018	.000 051	.000 130	.000 303	.000 650
20				.000 001	.000 005	.000 016	.000 044	.000 111	.000 253
21					.000 001	.000 005	.000 014	.000 039	.000 094
22						.000 001	.000 005	.000 013	.000 033
23							.000 001	.000 004	.000 011
24								.000 001	.000 004
25									.000 001

附表3 标准正态分布表

$$\Phi(x) = \int_{-\infty}^{x} \frac{1}{\sqrt{2\pi}} \mathrm{e}^{-\frac{x^2}{2}} \mathrm{d}x$$

x	0.00	0.01	0.02	0.03	0.04	0.05	0.06	0.07	0.08	0.09
0.0	0.500 000	0.503 989	0.507 978	0.511 966	0.515 953	0.519 939	0.523 922	0.527 903	0.531 881	0.535 856
0.1	.539 828	.543 795	.547 758	.551 717	.555 670	.559 618	.563 559	.567 495	.571 424	.575 345
0.2	.579 260	.583 166	.587 064	.590 954	.594 835	.598 706	.602 568	.606 420	.610 261	.614 092
0.3	.617 911	.621 720	.625 516	.629 300	.633 072	.636 831	.640 576	.644 309	.648 027	.651 732
0.4	.655 422	.659 097	.662 757	.666 402	.670 031	.673 645	.677 242	.680 822	.684 386	.687 933
0.5	.691 462	.694 974	.698 468	.701 944	.705 401	.708 840	.712 260	.715 661	.719 043	.722 405
0.6	.725 747	.729 069	.732 371	.735 653	.738 914	.742 154	.745 373	.748 571	.751 748	.754 903
0.7	.758 036	.761 148	.764 238	.767 305	.770 350	.773 373	.776 373	.779 350	.782 305	.785 236
0.8	.788 145	.791 030	.793 892	.796 731	.799 546	.802 337	.805 105	.807 850	.810 570	.813 267
0.9	.815 940	.818 589	.821 214	.823 814	.826 391	.828 944	.831 472	.833 977	.836 457	.838 913
1.0	.841 345	.843 752	.846 136	.848 495	.850 830	.853 141	.855 428	.857 690	.859 929	.862 143
1.1	.864 334	.866 500	.868 643	.870 762	.872 857	.874 928	.876 976	.879 000	.881 000	.882 977
1.2	.884 930	.886 861	.888 768	.890 651	.892 512	.894 350	.896 165	.897 958	.899 727	.901 475
1.3	.903 200	.904 902	.906 582	.908 241	.909 877	.911 492	.913 085	.914 657	.916 207	.917 736
1.4	.919 243	.920 730	.922 196	.923 641	.925 066	.929 471	.927 855	.929 219	.930 563	.931 888
1.5	.933 193	.934 478	.935 745	.936 992	.938 220	.939 429	.940 620	.941 792	.942 947	.944 083
1.6	.945 201	.946 301	.947 384	.948 449	.949 497	.950 529	.951 543	.952 540	.953 521	.954 486
1.7	.955 435	.956 367	.957 284	.958 185	.959 070	.959 941	.960 796	.961 636	.962 462	.963 273
1.8	.964 070	.964 852	.965 620	.966 375	.967 116	.967 843	.968 557	.969 258	.969 946	.970 621
1.9	.971 283	.971 933	.972 571	.973 197	.973 810	.974 412	.975 002	.975 581	.976 148	.976 705
2.0	.977 250	.977 784	.978 308	.978 822	.979 325	.979 818	.980 301	.980 774	.981 237	.981 691
2.1	.982 136	.982 571	.982 997	.983 414	.983 823	.984 222	.984 614	.984 997	.985 371	.985 738
2.2	.986 097	.986 447	.986 791	.987 126	.987 455	.987 776	.988 089	.988 396	.988 696	.988 989
2.3	.989 276	.989 556	.989 830	.990 097	.990 358	.990 613	.990 863	.991 106	.991 344	.991 576
2.4	.991 802	.992 024	.992 240	.992 451	.992 656	.992 857	.993 053	.993 244	.993 431	.993 613
2.5	.993 790	.993 963	.994 132	.994 297	.994 457	.994 614	.994 766	.944 915	.995 060	.995 201
2.6	.995 339	.995 473	.995 604	.995 731	.995 855	.995 975	.996 093	.996 207	.996 319	.996 427
2.7	.996 533	.996 636	.996 736	.996 833	.996 928	.997 020	.997 110	.997 197	.997 282	.997 365
2.8	.997 445	.997 523	.997 599	.997 673	.997 744	.997 814	.997 882	.997 948	.998 012	.998 074
2.9	.998 134	.998 193	.998 250	.998 305	.998 359	.998 411	.998 462	.998 511	.998 559	.998 605
3.0	.998 650	.998 694	.998 736	.998 777	.998 817	.998 856	.998 893	.998 930	.998 965	.998 999
3.1	.999 032	.999 065	.999 096	.999 126	.999 155	.999 184	.999 211	.999 238	.999 264	.999 289
3.2	.999 313	.999 336	.999 359	.999 381	.999 402	.999 423	.999 443	.999 462	.999 481	.999 499
3.3	.999 517	.999 534	.999 550	.999 566	.999 581	.999 596	.999 610	.999 624	.999 638	.999 651
3.4	.999 663	.999 675	.999 687	.999 698	.999 709	.999 720	.999 730	.999 740	.999 749	.999 758
3.5	.999 767	.999 776	.999 784	.999 792	.999 800	.999 807	.999 815	.999 822	.999 828	.999 835
3.6	.999 841	.999 847	.999 853	.999 858	.999 864	.999 869	.999 874	.999 879	.999 883	.999 888
3.7	.999 892	.999 896	.999 900	.999 904	.999 908	.999 912	.999 915	.999 918	.999 922	.999 925
3.8	.999 928	.999 931	.999 933	.999 936	.999 938	.999 941	.999 943	.999 946	.999 948	.999 950
3.9	.999 952	.999 954	.999 956	.999 958	.999 959	.999 961	.999 963	.999 964	.999 966	.999 967
4.0	.999 968	.999 970	.999 971	.999 972	.999 973	.999 974	.999 975	.999 976	.999 977	.999 978
4.1	.999 979	.999 980	.999 981	.999 982	.999 983	.999 983	.999 984	.999 985	.999 985	.999 986
4.2	.999 987	.999 987	.999 988	.999 988	.999 989	.999 989	.999 990	.999 990	.999 991	.999 991
4.3	.999 991	.999 992	.999 992	.999 993	.999 993	.999 993	.999 993	.999 994	.999 994	.999 994
4.4	.999 995	.999 995	.999 995	.999 995	.999 996	.999 996	.999 996	.999 996	.999 996	.999 996
4.5	.999 997	.999 997	.999 997	.999 997	.999 997	.999 997	.999 997	.999 998	.999 998	.999 998
4.6	.999 998	.999 998	.999 998	.999 998	.999 998	.999 998	.999 998	.999 998	.999 999	.999 999
4.7	.999 999	.999 999	.999 999	.999 999	.999 999	.999 999	.999 999	.999 999	.999 999	.999 999
4.8	.999 999	.999 999	.999 999	.999 999	.999 999	.999 999	.999 999	.999 999	.999 999	.999 999
4.9	1.000 000	1.000 000	1.000 000	1.000 000	1.000 000	1.000 000	1.000 000	1.000 000	1.000 000	1.000 000

附表 4　标准正态分布的双侧临界值表

$$P\{|Z|>z_{\alpha/2}\}=\alpha$$

α	0.00	0.01	0.02	0.03	0.04	0.05	0.06	0.07	0.08	0.09
0.0	∞	2.575 829	2.326 348	2.170 090	2.053 749	1.959 964	1.880 794	1.811 911	1.750 686	1.695 398
0.1	1.644 854	1.598 193	1.554 774	1.514 102	1.475 791	1.439 531	1.405 072	1.371 204	1.340 755	1.310 579
0.2	1.281 552	1.253 565	1.226 528	1.200 359	1.174 987	1.150 349	1.126 391	1.103 063	1.080 319	1.058 122
0.3	1.036 433	1.015 222	0.994 458	0.974 114	0.954 165	0.934 589	0.915 365	0.896 473	0.877 896	0.859 617
0.4	0.841 621	0.823 894	0.806 421	0.789 192	0.772 193	0.755 415	0.738 847	0.722 479	0.706 303	0.690 309
0.5	0.674 490	0.658 838	0.643 345	0.628 006	0.612 813	0.597 760	0.582 841	0.568 051	0.553 385	0.538 836
0.6	0.524 401	0.510 073	0.495 850	0.481 727	0.467 699	0.453 762	0.439 913	0.426 148	0.412 463	0.398 855
0.7	0.385 320	0.371 856	0.358 459	0.345 125	0.331 853	0.318 639	0.305 481	0.292 375	0.279 319	0.266 311
0.8	0.253 347	0.240 426	0.227 545	0.214 702	0.201 893	0.189 118	0.176 374	0.163 658	0.150 969	0.138 304
0.9	0.125 661	0.113 039	0.100 434	0.087 845	0.075 270	0.062 707	0.050 154	0.037 608	0.025 069	0.012 533

α	0.001	0.000 1	0.000 01	0.000 001	0.000 000 1	0.000 000 01
$u_{\alpha/2}$	3.290 53	3.890 59	4.417 17	4.891 64	5.326 72	5.730 73

附表5 χ^2分布表

$$P\{\chi^2 > \chi_\alpha^2(n)\} = \alpha$$

n	α											
	0.995	0.99	0.975	0.95	0.90	0.75	0.25	0.10	0.05	0.025	0.01	0.005
1	—	—	0.001	0.004	0.016	0.102	1.323	2.706	3.841	5.024	6.635	7.879
2	0.010	0.020	0.051	0.103	0.211	0.575	2.773	4.605	5.991	7.378	9.210	10.597
3	0.072	0.115	0.216	0.352	0.584	1.213	4.108	6.251	7.815	9.348	11.345	12.838
4	0.207	0.297	0.484	0.711	1.064	1.923	5.385	7.779	9.488	11.143	13.277	14.860
5	0.412	0.554	0.831	1.145	1.610	2.675	6.626	9.236	11.072	12.833	15.086	16.750
6	0.676	0.872	1.237	1.635	2.204	3.455	7.841	10.645	12.592	14.449	16.812	18.548
7	0.989	1.239	1.690	2.167	2.833	4.255	9.037	12.017	14.067	16.013	18.475	20.278
8	1.344	1.646	2.180	2.733	3.490	5.071	10.219	13.362	15.507	17.535	20.090	21.955
9	1.735	2.088	2.700	3.325	4.168	5.899	11.389	14.684	16.919	19.023	21.666	23.589
10	2.156	2.558	3.247	3.940	4.865	6.737	12.549	15.987	18.307	20.483	23.209	25.188
11	2.603	3.053	3.816	4.575	5.578	7.584	13.701	17.275	19.675	21.920	24.725	26.757
12	3.047	3.571	4.404	5.226	6.304	8.438	14.845	18.549	21.026	23.337	26.217	28.299
13	3.565	4.107	5.009	5.892	7.042	9.299	15.984	19.812	22.362	24.736	27.688	29.819
14	4.075	4.660	5.629	6.571	7.790	10.165	17.117	21.064	23.685	26.119	29.141	31.319
15	4.601	5.229	6.262	7.261	8.547	11.037	18.245	22.307	24.996	27.488	30.578	32.801
16	5.142	5.812	6.908	7.962	9.312	11.912	19.369	23.542	26.296	28.845	32.000	34.267
17	5.697	6.408	7.564	8.672	10.085	12.792	20.489	24.769	27.587	30.191	33.409	35.718
18	6.265	7.015	8.231	9.390	10.865	13.675	21.605	29.989	28.869	31.526	34.805	37.156
19	6.844	7.633	8.907	10.117	11.651	14.562	22.718	27.204	30.144	32.852	36.191	38.582
20	7.434	8.260	9.591	10.851	12.443	15.452	23.828	28.412	31.410	34.170	37.566	39.997
21	8.034	8.897	10.283	11.591	13.240	16.344	24.935	29.615	32.671	35.479	38.932	41.401
22	8.643	9.542	10.982	12.338	14.042	17.240	26.039	30.813	33.924	36.781	40.289	42.796
23	9.260	10.196	11.689	13.091	14.848	18.137	27.141	32.007	35.172	38.076	41.638	44.181
24	9.886	10.856	12.401	13.848	15.659	19.037	28.241	33.196	36.415	39.364	42.980	45.559
25	10.520	11.524	13.120	14.611	16.473	19.939	29.339	34.382	37.652	40.646	44.314	46.928
26	11.160	12.198	13.844	15.379	17.292	20.843	30.435	35.563	38.885	41.923	45.642	48.290
27	11.808	12.879	14.573	16.151	18.114	21.749	31.528	36.741	40.113	43.194	46.963	49.645
28	12.461	13.565	15.308	16.928	18.939	22.657	32.620	37.916	41.337	44.461	48.278	50.993
29	13.121	14.257	16.047	17.708	19.768	23.567	33.711	39.087	42.557	45.722	49.588	52.336
30	13.787	14.954	16.791	18.493	20.599	24.478	34.800	40.256	43.773	46.949	50.892	53.672
31	14.458	15.655	17.539	19.281	21.434	25.390	35.887	41.422	44.985	48.232	52.191	55.003
32	15.134	16.362	18.291	20.072	22.271	26.304	36.973	42.585	46.194	48.480	53.486	56.328
33	15.815	17.074	19.047	20.867	23.110	27.219	38.058	43.745	47.400	50.725	54.776	57.648
34	16.501	17.789	19.806	21.664	23.952	28.136	39.141	44.903	48.602	51.966	56.061	58.964
35	17.192	18.509	20.569	22.465	24.797	29.054	40.223	46.059	49.802	53.203	57.342	60.275
36	17.887	19.233	21.336	23.269	25.643	29.973	41.304	47.212	50.998	54.437	58.619	61.581
37	18.586	19.960	22.106	24.075	26.492	30.893	42.383	48.363	52.192	55.668	59.892	62.883
38	19.289	20.691	22.878	24.884	27.343	31.815	43.462	49.513	53.384	56.896	61.162	64.181
39	19.996	21.426	23.654	25.695	28.196	32.737	44.539	50.660	54.572	58.120	62.428	65.476
40	20.707	22.164	24.433	26.509	29.051	33.660	45.616	51.805	55.758	59.342	63.691	66.766
41	21.421	22.906	25.215	27.326	29.907	34.585	46.692	52.949	56.942	60.561	64.950	68.053
42	22.138	23.650	25.999	28.144	30.765	35.510	47.766	54.090	58.124	61.777	66.206	69.336
43	22.859	24.398	26.785	28.965	31.625	36.436	48.840	55.230	59.304	62.990	67.459	70.616
44	23.584	25.148	27.575	29.787	32.487	37.363	49.913	56.369	60.481	64.201	68.710	71.893
45	24.311	25.901	28.366	30.621	33.350	38.291	50.985	57.505	61.656	65.410	69.957	73.166

附表6 t 分布表

$$P\{t > t_\alpha(n)\} = \alpha$$

n	α					
	0.25	0.10	0.05	0.025	0.01	0.005
1	1.000 0	3.077 7	6.313 8	12.706 2	31.820 7	63.657 4
2	0.816 5	1.885 6	2.920 0	4.302 7	6.964 6	9.924 8
3	0.764 9	1.637 7	2.353 4	3.182 4	4.540 7	5.840 9
4	0.740 7	1.533 2	2.131 8	2.776 4	3.746 9	4.604 1
5	0.726 7	1.475 9	2.015 0	2.570 6	3.364 9	4.032 2
6	0.717 6	1.439 8	1.943 2	2.446 9	3.142 7	3.707 4
7	0.711 1	1.414 9	1.894 6	2.364 6	2.998 0	3.499 5
8	0.706 4	1.396 8	1.859 5	2.306 0	2.896 5	3.355 4
9	0.702 7	1.383 0	1.833 1	2.262 2	2.821 4	3.249 8
10	0.699 8	1.372 2	1.812 5	2.228 1	2.763 8	3.169 3
11	0.697 4	1.363 4	1.795 9	2.201 0	2.718 1	3.105 8
12	0.695 5	1.356 2	1.782 3	2.178 8	2.681 0	3.054 5
13	0.693 8	1.350 2	1.770 9	2.160 4	2.650 3	3.012 3
14	0.692 4	1.345 0	1.761 3	2.144 8	2.624 5	2.976 8
15	0.691 2	1.340 6	1.753 1	2.131 5	2.602 5	2.946 7
16	0.690 1	1.368 8	1.745 9	2.119 9	2.583 5	2.920 8
17	0.689 2	1.333 4	1.739 6	2.109 8	2.566 9	2.898 2
18	0.688 4	1.330 4	1.734 1	2.100 9	2.552 4	2.878 4
19	0.687 6	1.327 7	1.729 1	2.093 0	2.539 5	2.860 9
20	0.687 0	1.325 3	1.724 7	2.086 0	2.528 0	2.845 3
21	0.686 4	1.323 2	1.720 7	2.079 6	2.517 7	2.831 4
22	0.685 8	1.321 2	1.717 1	2.073 9	2.508 3	2.818 8
23	0.685 3	1.319 5	1.713 9	2.068 7	2.499 9	2.807 3
24	0.684 8	1.317 8	1.710 9	2.063 9	2.492 2	2.796 9
25	0.684 4	1.316 3	1.708 1	2.059 5	2.485 1	2.787 4
26	0.684 0	1.315 0	1.705 6	2.055 5	2.478 6	2.778 7
27	0.683 7	1.313 7	1.703 3	2.051 8	2.472 7	2.770 7
28	0.683 4	1.312 5	1.701 1	2.048 4	2.467 1	2.763 3
29	0.683 0	1.311 4	1.699 1	2.045 2	2.462 0	2.756 4
30	0.682 8	1.310 4	1.697 3	2.042 3	2.457 3	2.750 0
31	0.682 5	1.309 5	1.695 5	2.039 5	2.452 8	2.744 0
32	0.682 2	1.308 6	1.693 9	2.036 9	2.448 7	2.738 5
33	0.682 0	1.307 7	1.692 4	2.034 5	2.444 8	2.733 3
34	0.681 8	1.307 0	1.690 9	2.032 2	2.441 1	2.728 4
35	0.681 6	1.306 2	1.689 6	2.030 1	2.437 7	2.723 8
36	0.681 4	1.305 5	1.688 3	2.028 1	2.434 5	2.719 5
37	0.681 2	1.304 9	1.687 1	2.026 2	2.431 4	2.715 4
38	0.681 0	1.304 2	1.686 0	2.024 4	2.428 6	2.711 6
39	0.680 8	1.303 6	1.684 9	2.022 7	2.425 8	2.707 9
40	0.680 7	1.303 0	1.683 9	2.021 1	2.423 3	2.704 5
41	0.680 5	1.302 5	1.682 9	2.019 5	2.420 8	2.701 2
42	0.680 4	1.302 0	1.682 0	2.018 1	2.418 5	2.698 1
43	0.680 2	1.301 6	1.681 1	2.016 7	2.416 3	2.695 1
44	0.680 1	1.301 1	1.680 2	2.015 4	2.414 1	2.692 3
45	0.680 0	1.300 6	1.679 4	2.014 1	2.412 1	2.689 6

附表 7　F 分布表

$$P\{F > F_\alpha(n_1, n_2)\} = \alpha$$

$$\alpha = 0.05$$

n_1

n_2	1	2	3	4	5	6	7	8	9	10	12	15	20	24	30	40	60	120	∞
1	161.40	199.50	215.70	224.60	230.20	234.00	236.80	238.90	240.50	241.90	243.9	245.9	248.0	249.1	250.1	251.1	252.3	253.3	254.3
2	18.51	19.00	19.16	19.25	19.30	19.33	19.35	19.37	19.38	19.40	19.41	19.43	19.45	19.45	19.46	19.47	19.48	19.49	19.50
3	10.13	9.55	9.28	9.12	9.01	8.94	8.89	8.85	8.81	8.79	8.74	8.70	8.66	8.64	8.62	8.59	8.57	8.55	8.53
4	7.71	6.94	6.59	6.39	6.26	6.16	6.09	6.04	6.00	5.96	5.91	5.86	5.80	5.77	5.75	5.72	5.69	5.66	5.63
5	6.61	5.79	5.41	5.19	5.05	4.95	4.88	4.82	4.77	4.74	4.68	4.62	4.56	4.53	4.50	4.46	4.43	4.40	4.36
6	5.99	5.14	4.76	4.53	4.39	4.28	4.21	4.15	4.10	4.06	4.00	3.94	3.87	3.84	3.81	3.77	3.74	3.70	3.67
7	5.59	4.74	4.35	4.12	3.97	3.87	3.79	3.73	3.68	3.64	3.57	3.51	3.44	3.41	3.38	3.34	3.30	3.27	3.23
8	5.32	4.46	4.07	3.84	3.69	3.58	3.50	3.44	3.39	3.35	3.28	3.22	3.15	3.12	3.08	3.04	3.01	2.97	2.93
9	5.12	4.26	3.86	3.63	3.48	3.37	3.29	3.23	3.18	3.14	3.07	3.01	2.94	2.90	2.86	2.83	2.79	2.75	2.71
10	4.96	4.10	3.71	3.48	3.33	3.22	3.14	3.07	3.02	2.98	2.91	2.85	2.77	2.74	2.70	2.66	2.62	2.58	2.54
11	4.84	3.98	3.59	3.36	3.20	3.09	3.01	2.95	2.90	2.85	2.79	2.72	2.65	2.61	2.57	2.53	2.49	2.45	2.40
12	4.75	3.89	3.49	3.26	3.11	3.00	2.91	2.85	2.80	2.75	2.69	2.62	2.54	2.51	2.47	2.43	2.38	2.34	2.30
13	4.67	3.81	3.41	3.18	3.03	2.92	2.83	2.77	2.71	2.67	2.60	2.53	2.46	2.42	2.38	2.34	2.30	2.25	2.21
14	4.60	3.74	3.34	3.11	2.96	2.85	2.76	2.70	2.65	2.60	2.53	2.46	2.39	2.35	2.31	2.27	2.22	2.18	2.13
15	4.54	3.68	3.29	3.06	2.90	2.79	2.71	2.64	2.59	2.54	2.48	2.40	2.33	2.29	2.25	2.20	2.16	2.11	2.07
16	4.49	3.63	3.24	3.01	2.85	2.74	2.66	2.59	2.54	2.49	2.42	2.35	2.28	2.24	2.19	2.15	2.11	2.06	2.01
17	4.45	3.59	3.20	2.96	2.81	2.70	2.61	2.55	2.49	2.45	2.38	2.31	2.23	2.19	2.15	2.10	2.06	2.01	1.96
18	4.41	3.55	3.16	2.93	2.77	2.66	2.58	2.51	2.46	2.41	2.34	2.27	2.19	2.15	2.11	2.06	2.02	1.97	1.92
19	4.38	3.52	3.13	2.90	2.74	2.63	2.54	2.48	2.42	2.38	2.31	2.23	2.16	2.11	2.07	2.03	1.98	1.93	1.88
20	4.35	3.49	3.10	2.87	2.71	2.60	2.51	2.45	2.39	2.35	2.28	2.20	2.12	2.08	2.04	1.99	1.95	1.90	1.84
21	4.32	3.47	3.07	2.84	2.68	2.57	2.49	2.42	2.37	2.32	2.25	2.18	2.10	2.05	2.01	1.96	1.92	1.87	1.81
22	4.30	3.44	3.05	2.82	2.66	2.55	2.46	2.40	2.34	2.30	2.23	2.15	2.07	2.03	1.98	1.94	1.89	1.84	1.78
23	4.28	3.42	3.03	2.80	2.64	2.53	2.44	2.37	2.32	2.27	2.20	2.13	2.05	2.01	1.96	1.91	1.86	1.81	1.76
24	4.26	3.40	3.01	2.78	2.62	2.51	2.42	2.36	2.30	2.25	2.18	2.11	2.03	1.98	1.94	1.89	1.84	1.79	1.73
25	4.24	3.39	2.99	2.76	2.60	2.49	2.40	2.34	2.28	2.24	2.16	2.09	2.01	1.96	1.92	1.87	1.82	1.77	1.71
26	4.23	3.37	2.98	2.74	2.59	2.47	2.39	2.32	2.27	2.22	2.15	2.07	1.99	1.95	1.90	1.85	1.80	1.75	1.69
27	4.21	3.35	2.96	2.73	2.57	2.46	2.37	2.31	2.25	2.20	2.13	2.06	1.97	1.93	1.88	1.84	1.79	1.73	1.67
28	4.20	3.34	2.95	2.71	2.56	2.45	2.36	2.29	2.24	2.19	2.12	2.04	1.96	1.91	1.87	1.82	1.77	1.71	1.65
29	4.18	3.33	2.93	2.70	2.55	2.43	2.35	2.28	2.22	2.18	2.10	2.03	1.94	1.90	1.85	1.81	1.75	1.70	1.64
30	4.17	3.32	2.92	2.69	2.53	2.42	2.33	2.27	2.21	2.16	2.09	2.01	1.93	1.89	1.84	1.79	1.74	1.68	1.62
40	4.08	3.23	2.84	2.61	2.45	2.34	2.25	2.18	2.12	2.08	2.00	1.92	1.84	1.79	1.74	1.69	1.64	1.58	1.51
60	4.00	3.15	2.76	2.53	2.37	2.25	2.17	2.10	2.04	1.99	1.92	1.84	1.75	1.70	1.65	1.59	1.53	1.47	1.39
120	3.92	3.07	2.68	2.45	2.29	2.17	2.09	2.02	1.96	1.91	1.83	1.75	1.66	1.61	1.55	1.50	1.43	1.35	1.25
∞	3.84	3.00	2.60	2.37	2.21	2.10	2.01	1.94	1.88	1.83	1.75	1.67	1.57	1.52	1.46	1.39	1.32	1.22	1.00

$$\alpha = 0.025$$

n_2 \ n_1	1	2	3	4	5	6	7	8	9	10	12	15	20	24	30	40	60	120	∞
1	647.8	799.5	864.2	899.6	921.8	937.1	948.2	956.7	963.3	968.6	976.7	984.9	993.1	997.2	1 001	1 006	1 010	1 014	1 018
2	38.51	39.00	39.17	39.25	39.30	39.33	39.36	39.37	39.39	39.40	39.41	39.43	39.45	39.46	39.46	39.47	39.48	39.49	39.50
3	17.44	16.04	15.44	15.10	14.88	14.73	14.62	14.54	14.47	14.42	14.34	14.25	14.17	14.12	14.08	14.04	13.99	13.95	13.90
4	12.22	10.65	9.98	9.60	9.36	9.20	9.07	8.98	8.90	8.84	8.75	8.66	8.56	8.51	8.46	8.41	8.36	8.31	8.26
5	10.01	8.43	7.76	7.39	7.15	6.98	6.85	6.76	6.68	6.62	6.52	6.43	6.33	6.28	6.32	6.18	6.12	6.07	6.02
6	8.81	7.26	6.60	6.23	5.99	5.82	5.70	5.60	5.52	5.46	5.37	5.27	5.17	5.12	5.07	5.01	4.96	4.90	4.85
7	8.07	6.54	5.89	5.52	5.29	5.12	4.99	4.90	4.82	4.76	4.67	4.57	4.47	4.42	4.36	4.31	4.25	4.20	4.14
8	7.57	6.06	5.42	5.05	4.82	4.65	4.53	4.43	4.36	4.30	4.20	4.10	4.00	3.95	3.89	3.84	3.78	3.73	3.67
9	7.21	5.71	5.08	4.72	4.48	4.32	4.20	4.10	4.03	3.96	3.87	3.77	3.67	3.61	3.56	3.51	3.45	3.39	3.33
10	6.94	5.46	4.83	4.47	4.24	4.07	3.95	3.85	3.78	3.72	3.62	3.52	3.42	3.37	3.31	3.26	3.20	3.14	3.08
11	6.72	5.26	4.63	4.28	4.04	3.88	3.76	3.66	3.59	3.53	3.43	3.33	3.23	3.17	3.12	3.06	3.00	2.94	2.88
12	6.55	5.10	4.47	4.12	3.89	3.73	3.61	3.51	3.44	3.37	3.28	3.18	3.07	3.02	2.96	2.91	2.85	2.79	2.72
13	6.41	4.97	4.35	4.00	3.77	3.60	3.48	3.39	3.31	3.25	3.15	3.05	2.95	2.89	2.84	2.78	2.72	2.66	2.60
14	6.30	4.86	4.24	3.89	3.66	3.50	3.38	3.29	3.21	3.15	3.05	2.95	2.84	2.79	2.73	2.67	2.61	2.55	2.49
15	6.20	4.77	4.15	3.80	3.58	3.41	3.29	3.20	3.12	3.06	2.96	2.86	2.76	2.70	2.64	2.59	2.52	2.46	2.40
16	6.12	4.69	4.08	3.73	3.50	3.34	3.22	3.12	3.05	2.99	2.89	2.79	2.68	2.63	2.57	2.51	2.45	2.38	2.32
17	6.04	4.62	4.01	3.66	3.44	3.28	3.16	3.06	2.98	2.92	2.82	2.72	2.62	2.56	2.50	2.44	2.38	2.32	2.25
18	5.98	4.56	3.95	3.61	3.38	3.22	3.10	3.01	2.93	2.87	2.77	2.67	2.56	2.50	2.44	2.38	2.32	2.26	2.19
19	5.92	4.51	3.90	3.56	3.33	3.17	3.05	2.96	2.88	2.82	2.72	2.62	2.51	2.45	2.39	2.33	2.27	2.20	2.13
20	5.87	4.46	3.86	3.51	3.29	3.13	3.01	2.91	2.84	2.77	2.68	2.57	2.46	2.41	2.35	2.29	2.22	2.16	2.09
21	5.83	4.42	3.82	3.48	3.25	3.09	2.97	2.87	2.80	2.73	2.64	2.53	2.42	2.37	2.31	2.25	2.18	2.11	2.04
22	5.79	4.38	3.78	3.44	3.22	3.05	2.93	2.84	2.76	2.70	2.60	2.50	2.39	2.33	2.27	2.21	2.14	2.08	2.00
23	5.75	4.35	3.75	3.41	3.18	3.02	2.90	2.81	2.73	2.67	2.57	2.47	2.36	2.30	2.24	2.18	2.11	2.04	1.97
24	5.72	4.32	3.72	3.38	3.15	2.99	2.87	2.78	2.70	2.64	2.54	2.44	2.33	2.27	2.21	2.15	2.08	2.01	1.94
25	5.69	4.29	3.69	3.35	3.13	2.97	2.85	2.75	2.68	2.61	2.51	2.41	2.30	2.24	2.18	2.12	2.05	1.98	1.91
26	5.66	4.27	3.67	3.33	3.10	2.94	2.82	2.73	2.65	2.59	2.49	2.39	2.28	2.22	2.16	2.09	2.03	1.95	1.88
27	5.63	4.24	3.65	3.31	3.08	2.92	2.80	2.71	2.63	2.57	2.47	2.36	2.25	2.19	2.13	2.07	2.00	1.93	1.85
28	5.61	4.22	3.63	3.29	3.06	2.90	2.78	2.69	2.61	2.55	2.45	2.34	2.23	2.17	2.11	2.05	1.98	1.91	1.83
29	5.59	4.20	3.61	3.27	3.04	2.88	2.76	2.67	2.59	2.53	2.43	2.32	2.21	2.15	2.09	2.03	1.96	1.89	1.81
30	5.57	4.18	3.59	3.25	3.03	2.87	2.75	2.65	2.57	2.51	2.41	2.31	2.20	2.14	2.07	2.01	1.94	1.87	1.79
40	5.42	4.05	3.46	3.13	2.90	2.74	2.62	2.53	2.45	2.39	2.29	2.18	2.07	2.01	1.94	1.88	1.80	1.72	1.64
60	5.29	3.93	3.34	3.01	2.79	2.63	2.51	2.41	2.33	2.27	2.17	2.06	1.94	1.88	1.82	1.74	1.67	1.58	1.47
120	5.15	3.80	3.23	2.89	2.67	2.52	2.39	2.30	2.22	2.16	2.05	1.94	1.82	1.76	1.69	1.61	1.53	1.43	1.31
∞	5.02	3.69	3.12	2.79	2.57	2.41	2.29	2.19	2.11	2.05	1.94	1.83	1.71	1.64	1.57	1.48	1.39	1.27	1.00

附录二

习题参考答案

习题一

1. $\Omega=\{34,35,36,43,45,46,53,54,56,63,64,65\}$;

$A=\{34,36,46,54,56,64\}$;

$B=\{36,63,45,54\}$。

2. (1) $B=A_1A_2A_3A_4$;

(2) $C=A_1A_2A_3A_4\cup\overline{A}_1A_2A_3A_4\cup A_1\overline{A}_2A_3A_4$

$\cup A_1A_2\overline{A}_3A_4\cup A_1A_2A_3\overline{A}_4$;

(3) $D=\overline{A}_1A_2A_3A_4\cup A_1\overline{A}_2A_3A_4\cup A_1A_2\overline{A}_3A_4$

$\cup A_1A_2A_3\overline{A}_4$;

(4) $E=\overline{A}_1\cup\overline{A}_2\cup\overline{A}_3\cup\overline{A}_4$ 或 $\overline{A_1A_2A_3A_4}$;

(5) F(同 E);

包含关系:$C\supset D$、$C\supset B$、$E\supset D$、$E\supset F$、$F\supset D$、$F\supset E$;

相等关系:$E=F$;

互不相容:B 与 D、B 与 E、B 与 F;

互为对立:B 与 E、B 与 F。

4. (1) A;(2) $\overline{AB}$;(3) $A\cup B$。

5. (1) $\{2\}$;(2) $\Omega-\{2,3\}$;(3) $\Omega-\{3,4\}$

6. $\dfrac{11}{130}=0.0846$

7. $1/6=0.167$

8. 0.5

9. $3/7=0.429$

10. $\dfrac{C_a^k C_b^{n-k}}{C_{a+b}^n}$,$k=0,1,\cdots,\min(n,a)$; $\dfrac{C_n^k a^k b^{n-k}}{(a+b)^n}$,

$k=0,1,\cdots,n$

11. (1) $1/60$;(2) 0.1

12. $\dfrac{13}{21}=0.619$

13. (1) $C_n^{2r}\cdot 2^{2r}/C_{2n}^{2r}$;(2) $nC_{n-1}^{2r-2}\cdot 2^{2r-2}/C_{2n}^{2r}$;

(3) $C_n^2 C_{n-2}^{2r-4}\cdot 2^{2r-4}/C_{2n}^{2r}$;(4) C_n^r/C_{2n}^{2r}

14. (1) $C_6^2\cdot 9^4/10^6$;

(2) $\dfrac{C_{10}^1 C_6^2(A_9^4+C_9^1 C_4^3 C_8^1)}{10^6}$;(3) $A_{10}^6/10^6$

15. $C_2^1(n!)^2/(2n)!$

16. $[m^k-(m-1)^k]/n^k$

17. $(n-1)^{k-1}/n^k$; $1/n$

18. (1) $\dfrac{25}{91}=0.725$;(2) $\dfrac{6}{91}=0.066$

19. (1) 0.7;(2) 3 只

20. $\dfrac{41}{96}=0.427$

21. $\dfrac{13}{24}=0.542$

22. $3/4=0.75$

23. $1/4=0.25$

24. $p+q-r$; $r-p$; $1-r$

25. (1) 0.1;(2) 0.6

26. (1) $1/10!$;(2) $1-\dfrac{1}{2!}+\dfrac{1}{3!}-\dfrac{1}{4!}+\cdots$

$-\dfrac{1}{10!}\approx 1-e^{-1}=0.632$

27. $1/3$

28. 0.6

29. $9/14=0.643$

30. $1/420=0.00233$

31. 0.1811

33. 0.3

34. $\dfrac{b}{a+b}$; $\dfrac{b}{a+b}$; $\dfrac{b}{a+b}$

35. 0.734;0.6015

36. $1/7=0.143$

37. $9/17=0.529$

38. 0.477

39. $\dfrac{16}{45}=0.356$

40. (1) $1-(1-p)^n$；(2) 10 个

42. (1) 0.764 8；(2) 0.265

43. 6 门

44. 0.331 2

45. 5/12

46. (1) 0.494 4(2) 0.339 8

47. 0.006 4

48. (1) 0.049；(2) 0.018

49. (1) 0.237；(2) 0.367；(3) 0.001

50. 0.32

51. (1) 0.106；(2) 最可能属于中等体型。

52. 0.815

习题二

1. (1) $C=1$；(2) $F(x)=\begin{cases}0, & x<1\\ \dfrac{[x]}{n}, & 1\leqslant x<n\\ 1, & x\geqslant n\end{cases}$ =

$$\begin{cases}0, & x<1\\ \dfrac{k-1}{n}, & k-1\leqslant x<k \quad (k=1,\cdots,n)\\ 1, & x\geqslant n\end{cases}$$

2. (1) 否；(2) 是

3. (1) $F_Y(y)=\begin{cases}F(0)+1-F\left(\dfrac{1}{y}\right), & y>0\\ F(0), & y=0\\ F(0)-F\left(\dfrac{1}{y}\right), & y<0\end{cases}$；

(2) $F_Z(z)=\begin{cases}F(z)-F(-z), & z>0\\ 0, & z\leqslant 0\end{cases}$

4. (1) $C=\dfrac{27}{38}$；(2) $C=1/(e^\lambda-1)$

5. $\dfrac{2}{3}e^{-2}=0.09$

6. $P\{X=k\}=\dfrac{C_3^k C_9^1}{C_{12}^k C_{12-k}^1}=\dfrac{A_3^k A_9^1}{A_{12}^{k+1}}, k=0,1,2,3$；

或 $\begin{bmatrix}0, & 1, & 2, & 3\\ \dfrac{3}{4}, & \dfrac{9}{44}, & \dfrac{9}{220}, & \dfrac{1}{220}\end{bmatrix}$

7.

X	0	1	2	3
P	1/2	$1/2^2$	$1/2^3$	$1/2^3$

8. $P\{X_1=k\}=0.76(0.24)^{k-1}, k=1,2,\cdots$；

$P\{X_2=0\}=0.4, P\{X_2=k\}=0.456(0.24)^{k-1}$, $k=1,2,\cdots$

9. (1) 6；(2) 0.047 96；(3) 11

10. (1) $1/70=0.014\ 3$；(2) 0.000 316

11. 8 条

12. $e^{-\lambda}(e^{\lambda/2}-1)$

13. $F(x)=\begin{cases}1-\exp\{-\lambda x^\alpha\}, & x>0\\ 0, & x\leqslant 0\end{cases}$

14. (1) $A=1/2, B=1/\pi$；(2) 1/3；

(3) $f(x)=\begin{cases}\dfrac{1}{\pi\sqrt{a^2-x^2}}, & |x|<a\\ 0, & 其他\end{cases}$

15. $\dfrac{1}{2}-e^{-1}$

16. (1) $C=3/4$；

(2) $F(x)=\begin{cases}0, & x<-1\\ \dfrac{3x-x^3+2}{4}, & -1\leqslant x<1\\ 1, & x\geqslant 1\end{cases}$

17. (1) $C=1/2$；(2) $\dfrac{1-e^{-1}}{2}=0.316$；

(3) $F(x)=\begin{cases}\dfrac{1}{2}e^x, & x\leqslant 0\\ 1-\dfrac{1}{2}e^{-x}, & x>0\end{cases}$

18. 0.953 3

19. (1) $1/\pi$；(2) 1/3

20. 0.6

21. $8/27=0.296$

22. $\dfrac{13}{3}e^{-\frac{10}{3}}=0.154\ 6$

23. (1) 0.927；(2) 3.29

24. $a=57.975, b=60.63$

25. (1) 0.022 8；(2) $d\geqslant 81.163$

26. (1) 0.866 4；(2) 0.982 2

27. 31.25

28. (1) 0；(2) $\dfrac{1}{2}(1-e^{-1})=0.316$；(3) $1-e^{-1}=$

0.632；(4) 既非离散又非连续型。

29. (1) $\begin{bmatrix}-4, & -1, & 0, & 1, & 8\\ 1/8, & 1/4, & 1/8, & 1/6, & 1/3\end{bmatrix}$；

(2) $\begin{bmatrix}0, & 1/4, & 4, & 16\\ 1/8, & 5/12, & 1/8, & 1/3\end{bmatrix}$；

(3) $\begin{bmatrix} -\sqrt{2}/2, & 0, & \sqrt{2}/2 \\ 1/4, & 7/12, & 1/6 \end{bmatrix}$

30. $Y \sim \begin{bmatrix} -1, & 1 \\ \dfrac{1}{1+q}, & \dfrac{q}{1+q} \end{bmatrix}$

31. (1) $f_Y(y)=\dfrac{y}{2}, (0<y<2)$;

    (2) $f_Y(y)=1, (0<y<1)$

32. (1) $f_Y(y)=2\lambda y \exp\{-\lambda y^2\}, (y\geqslant 0)$;

    (2) $f_Y(y)=\lambda^2 \exp\{\lambda(y-e^{\lambda y})\}$;

    (3) $f_Y(y)=\lambda y^{\lambda-1}, (0<y<1)$

33. (1) $f_V(v)=\dfrac{1}{3(b-a)}\left(\dfrac{6}{\pi}\right)^{\frac{1}{3}} v^{-\frac{2}{3}}$,

$\left(\dfrac{1}{6}\pi a^3 < v < \dfrac{1}{6}\pi b^3\right)$; (2) $\dfrac{1}{b-a}\left[\left(\dfrac{6}{\pi}C\right)^{\frac{1}{3}}-a\right]$

34. $f_X(x)=\dfrac{1}{\pi(1+x^2)}$

35. 0.240 3

36. $f_Y(y)=1, (0\leqslant y<1)$

37. $f_Y(y)=\dfrac{1}{\pi\sqrt{1-y^2}}, (-1<y<1)$

38. $f_Y(y)=\dfrac{\pi}{\sin(\pi y)}, \left(\dfrac{1}{2}<y<\text{arctg } e\right)$

习题三

1. $p_{ij}=C_3^i C_2^j C_3^{2-i-j}/C_8^2, i,j=0,1,2; 0\leqslant i+j\leqslant 2$

    或

X \ Y	0	1	2
0	3/28	6/28	1/28
1	9/28	6/28	0
2	3/28	0	0

2. $p_{ij}=\begin{cases} 0, & i>j \\ i/36, & i=j \\ 1/36, & i<j \end{cases} (i,j=1,\cdots,6)$;

    $p_i.=1/6, i=1,\cdots,6$;

    $p._j=\dfrac{2j-1}{36}, j=1,\cdots,6$

3. (1) $p_{ij}=p^2 q^{j-2}, (i=1,\cdots,j-1; j=2,3,\cdots)$;

    $p_i.=pq^{i-1}, i=1,2,\cdots$;

    $p._j=(j-1)p^2 q^{j-2}, j=2,3,\cdots$;

(2) $p_{i|Y=j}=\dfrac{1}{j-1}, i=1,\cdots,j-1$;

    $p_{j|X=i}=pq^{j-i-1}, j=i+1,\cdots$

4. 不独立;$1/2,7/8,1/8$

5. $a=2/9, b=1/9$

6. 满足

7. 独立

8. (1) $A=2$;

    (2) $f_X(x)=2x^2+\dfrac{2}{3}x, (0\leqslant x\leqslant 1)$;

    $f_Y(y)=\dfrac{2}{3}+y^2, (0\leqslant y\leqslant 1)$

9. (1) $A=1/2$; (2) $f_X(x)=\dfrac{1}{2}(\sin x + \cos x)$,

$\left(0<x<\dfrac{\pi}{2}\right)$; Y 与 X 同分布。

10. (1) $F_X(x)=\begin{cases} 0, & x<0 \\ x, & 0\leqslant x<1 \\ 1, & x\geqslant 1 \end{cases}$

    $f_X(x)=\begin{cases} 1, & 0\leqslant x<1 \\ 0, & 其他 \end{cases}$

    Y 与 X 同分布;

    (2) $f(x,y)=1, (0\leqslant x<1, 0\leqslant y<1)$。

11. (1) $f(x,y)=\begin{cases} 6, & (x,y)\in G \\ 0, & 其他 \end{cases}$

    $f_X(x)=6(x-x^2), (0\leqslant x\leqslant 1)$;

    $f_Y(y)=6(\sqrt{y}-y), (0\leqslant y\leqslant 1)$

12. $F(x,y)=(1-e^{-\lambda_1 x})(1-e^{-\lambda_2 y}), (x>0, y>0)$

13. (1) $A=\dfrac{3}{\pi R^3}$; (2) $\dfrac{r^2}{R^3}(3R-2r)$

14. (1) 独立; (2) 不独立。

15. (1) $9/32=0.281$;

    $f_X(x)=\dfrac{3}{4}(2-x)^2, (0<x<2)$;

(2)

    $f_Y(y)=\dfrac{3}{4}(1-y)+\dfrac{15}{64}y^2, (0<y<4)$

(3) 不独立。

16. (1) $f(x,y)=\dfrac{1}{\pi^2(4+x^2)(9+y^2)}$;

(2) $3/16=0.187\ 5$

17. (1) $f_X(x)=2x^2+\dfrac{2}{3}x, (0\leqslant x\leqslant 1)$;

    $f_Y(y)=\dfrac{1}{6}y+\dfrac{1}{3}, (0\leqslant y\leqslant 2)$;

(2) 当 $0 \leqslant y \leqslant 2$ 时 $f_{X|Y=y}(x) = \dfrac{6x^2 + 2xy}{2+y}$,

$\quad (0 \leqslant x \leqslant 1)$;

当 $0 \leqslant x \leqslant 1$ 时 $f_{Y|X=x}(y) = \dfrac{3x+y}{6x+2}$,

$\quad (0 \leqslant y \leqslant 2)$;

(3) $7/24 = 0.293$; $5/32 = 0.156$

18. (1) $\dfrac{\alpha}{\alpha+\beta}$; (2) B 元件

19. 0.84

20. $f(x,y) = \dfrac{1}{\pi} \exp\left\{ -\dfrac{1}{2}\left[(x-1)^2 + 4(y-2)^2 \right] \right\}$;

$\quad f_{X|Y=y}(x) = \dfrac{1}{\sqrt{2\pi}} \exp\left\{ -\dfrac{1}{2}(x-1)^2 \right\}$

21. 当 $|y| < 1$ 时,

$\quad f_{X|Y=y}(x) = \dfrac{1}{1-|y|}$, $(|y| < x < 1)$;

当 $0 < x < 1$ 时,$f_{Y|X=x}(y) = \dfrac{1}{2x}$,$(|y| < x)$

22. $f(u,v) = \dfrac{1}{\pi} \exp\{-(u^2 + v^2)\}$

23. 不同

24. $p = \dfrac{1}{2}$

25. 1/6

26. $P\{X+Y=i\} = \dfrac{i-1}{2^i}$, $i = 2, 3, \cdots$

27.

X	Y	
	0	1
0	2/3	1/12
1	1/6	1/12

28. (1) 1; (2) $f_X(x) = \begin{cases} e^{-x}, & x > 0, \\ 0, & x \leqslant 0. \end{cases}$;

(3) $1 + e^{-1} - 2e^{-\frac{1}{2}}$

30. $\begin{bmatrix} 0.5 & 1 & 1.5 & 2 \\ 1/5 & 1/3 & 2/5 & 1/15 \end{bmatrix}$

31. (1) $1/4, 1/7$; (2) $\begin{bmatrix} 1 & 2 & 3 & 4 \\ 0.2 & 0.3 & 0.25 & 0.25 \end{bmatrix}$

(3) $\begin{bmatrix} 0 & \ln 2 & \ln 3 & \ln 4 & \ln 5 & \ln 7 & \ln 9 \\ 0.35 & 0.05 & 0.20 & 0.10 & 0.10 & 0.05 & 0.15 \end{bmatrix}$

32. (1) $f_Z(z) = \begin{cases} z, & 0 \leqslant z < 1 \\ 2-z, & 1 \leqslant z \leqslant 2; \\ 0, & \text{其他}; \end{cases}$

(2) $f_U(u) = \begin{cases} 1 - |u|, & |u| \leqslant 1 \\ 0, & \text{其他} \end{cases}$

33. $f_Z(z) = -\dfrac{1}{2} \ln |z|$, $(0 < |z| < 1)$

34. $f_Z(z) = 4z e^{-2z}$, $(z > 0)$

35. $f_Z(z) = \dfrac{z^3}{3!} e^{-z}$, $(z > 0)$

36. $f_Z(z) = \dfrac{2}{(2+z)^2}$, $(z > 0)$

习题四

1. 0.8; 4.6; 20.8

2. 1; $1/6$

3. $a = 3/5, b = 6/5$

4. (1) $a = 1/2, b = 1/\pi$; (2) $0, 1/2$

5. (1) $A = 1/\sigma^2$; (2) $e^{-\frac{\pi}{4}}$

7. $(2n+1)/3$

8. n/N

9. $N\left[1 - \left(1 - \dfrac{1}{N}\right)^M \right]$

11. $\mu, 2\lambda^2$

12. (1) $\dfrac{n+1}{2}, \dfrac{n^2-1}{12}$; (2) $n, n(n-1)$

13. (1) 2; (2) $1/3$

14. $\dfrac{\pi}{24}(a+b)(a^2+b^2)$

15. $2/5$

16. q/p^2

17. 10 分 25 秒

18. $0, R^2/2$

19. 2

20. (1) $2, 0$; (2) $-1/15$; (3) 5

21. $15/4$

22. $2R/3$

23. (1) $\dfrac{\theta}{2}$; (2) $\dfrac{3\theta}{2}$

24. 21

26. $\dfrac{k}{2}(n+1)$; $\dfrac{k}{2}(n^2-1)$

27. $\dfrac{k}{2}(n+1)$; $\dfrac{k}{12}(n+1)(n-k)$

28. n/p

29. $7\left[1-\left(\dfrac{6}{7}\right)^{10}\right]=5.502$

31. $\geqslant 0.941$

32. 至少 250 次

33. $2;34$

34. $nx_0^k/(n-k)$

35. $\left(\dfrac{a+b}{2},\dfrac{c+d}{2}\right);\begin{bmatrix}\dfrac{(b-a)^2}{12}, & 0 \\ 0, & \dfrac{(d-c)^2}{12}\end{bmatrix}$

36. $85;37$

38. $\dfrac{\alpha^2-\beta^2}{\alpha^2+\beta^2}$

40. $\varphi(t)=\sin(at)/(at)$

41. $n;2n$

42. $Y\sim N(a\mu+b,(a\sigma)^2)$

45. $1/\lambda$

46. 1.33

习题五

3. 0.47

4. 0.995

5. (1) 250 次；(2) 69 次

6. 0.95

7. (1) 0.999 54；(2) 1 430 次

8. 140.854 千瓦

9. 98

10. (1) 25；(2) 0.998 9

11. $0.012\ 4$

12. (1) 0；(2) 0.995 2

13. $\geqslant 537$

习题六

1. $F_{10}(x)=\begin{cases}0, & x<2, \\ \dfrac{1}{3}, & 2\leqslant x<3, \\ \dfrac{3}{5}, & 3\leqslant x<4, \\ \dfrac{7}{10}, & 4\leqslant x<5, \\ \dfrac{4}{5}, & 5\leqslant x<7, \\ \dfrac{9}{10}, & 7\leqslant x<9, \\ 1, & x\geqslant 9\end{cases}$

2. (1)(3)(4)(6)

3. $\bar{x}=4;S^2=18.67;S=4.32$

4. $0.829\ 3$

5. $0.674\ 4$

6. 0.1

7. $\lambda;\lambda/n$

8. 0.056

9. $F_Z(x)=[F(x)]^n$,

$f_Z(x)=n[F(x)]^{n-1}f(x)$;

$F_T(x)=1-[1-F(x)]^n$,

$f_T(x)=n[1-F(x)]^{n-1}f(x)$

10.

$\overline{X}=\dfrac{n_1\overline{X}_1+n_2\overline{X}_2}{n_1+n_2};$

$S^2=\dfrac{n_1S_1^2+n_2S_2^2+n_1\overline{X}_1+n_2\overline{X}_2-(n_1+n_2)\overline{X}^2}{n_1+n_2}$

11. $Y\sim\chi^2(n)$

12. $F(1,1)$

13. $C=1/20,\chi^2(2)$

14. $Y_1\sim t(m),Y_2\sim F(n,m)$

16. 7

习题七

(说明：在第 1、2 题中，同一参数 θ 的矩估计量和极大似然估计量分别用 $\hat{\theta}_1$、$\hat{\theta}_2$ 表示。)

1. $\hat{\lambda}_1=\overline{X};\hat{\lambda}_2=\overline{X}$

2. (1) $\hat{\alpha}_1=\dfrac{2\overline{X}-1}{1-\overline{X}}$;

$\hat{\alpha}_2=-\dfrac{n}{\sum\ln X_i}-1$

（这里用 $\sum$ 表示 $\sum\limits_{i=1}^{n}$，下同）

(2) $\hat{\theta}_1=\dfrac{\overline{X}}{\overline{X}-C}$;$\hat{\theta}_2=\dfrac{n}{\sum\ln(X_i/C)}$

(3) $\hat{\theta}_1=\sqrt{\dfrac{2}{\pi}}\overline{X}$; $\hat{\theta}_2=\sqrt{\dfrac{\sum X_i^2}{2n}}$

(4) $\hat{p}_1=\hat{p}_2=1/\overline{X}$

(5) $\hat{\beta}_1=\hat{\beta}_2=k/\overline{X}$

3. $\hat{\mu}=2\ln\overline{X}-\dfrac{1}{2}\ln\left(\dfrac{1}{n}\sum X_i^2\right)$

$$\hat{\sigma}^2 = \ln\left(\frac{1}{n}\sum X_i^2\right) - 2\ln\overline{X}$$

4. 区间 $\left[\max\limits_i\{X_i\} - \dfrac{1}{2},\ \min\limits_i\{X_i\} + \dfrac{1}{2}\right]$ 内任一值

5. $\hat{\mu}_3$ 最有效。

6. $\hat{\sigma}^2 = \dfrac{1}{n}\sum(X_i - \mu)^2$，是 σ^2 的无偏估计、一致

估计。

7. $\hat{\lambda} = 0.05$

8. 0.499

9. $0.325\ 3$

10. $C = \dfrac{1}{2(n-1)}$

12. $\hat{\theta} = \max\limits_i\{X_i\};E(\hat{\theta}) = \dfrac{n}{n+1}\theta$

13. $a = \dfrac{n_1 - 1}{n_1 + n_2 - 2},b = \dfrac{n_2 - 1}{n_1 + n_2 - 2}$

14. 2

15. -1

16. (1) $(5.608, 6.392)$；(2) $(5.558, 6.442)$

17. $n \geqslant 4u_{\frac{\alpha}{2}}^2 \sigma^2 / L^2$

18. $(-6.04, -5.96)$

19. (1) $(6.675, 6.681), (3.6 \times 10^{-6}, 3.48 \times 10^{-5})$；

(2) $(6.661, 6.667), (3.8 \times 10^{-6}, 5.06 \times 10^{-5})$

20. $(0.010, 0.018)$

21. (1) $(0.029\ 9, 0.050\ 1)$；(2) $(0.489\ 0, 1.608\ 6)$

22. (1) $(-4.01, 14.61)$；(2) $(4.267, 14.867)$；

(3) $(0.385, 3.859)$

23. 39.2 岁

24. (1) 先求 $n\overline{X}$ 的密度，再与 $\chi^2(2n)$ 分布密度比

较；(2) $\dfrac{2n\overline{X}}{\chi^2_{0.05}(2n)}$；(3) 3 470

25. $(0.101, 0.244)$

26. 95% 置信区间 $(0.224, 0.678)$，

99% 置信区间 $(0.195, 0.734)$

习题八

1. 接受 H_0

2. 拒绝 H_0，认为明显高于。

3. 拒绝 H_0，不合格。

4. $0.676\ 9$

5. $\alpha = 0.10, \beta = 0.025$

6. 接受 H_0，没有显著提高

7. 接受 H_0

8. 拒绝 H_0，含量波动不正常

9. 拒绝 H_0，不符合标准

10. 拒绝 H_0，药物确实有效

11. 拒绝 H_0，比例有显著的差异

12. 接受 H_0，无显著差异

13. 拒绝 H_0

14. 拒绝 H_0，狗的体温有显著升高

15. 接受 H_0，无显著差异

16. 拒绝 H_0，B 的比使用原料 A 的大

17. 拒绝 H_0，显著地偏大

18. 接受 H_0，无显著的差异

19. 接受 H_0 和 H_0'

20. 拒绝 H_0，这批产品不能出厂

21. 接受 H_0，两组发病率无显著性差异

22. 接受 H_0，没有明显不同

23. 接受 H_0，相符

习题九

1. 接受 H_0，服从二项分布。

2. 接受 H_0，服从泊松分布

3. 接受 H_0，服从指数分布

4. 拒绝 H_0，与工种有关

5. 接受 H_0，无关系。

6. 接受 H_0，男女感染率相同

7. 拒绝 H_0，有效率有差别。

8. 接受 H_0，没有显著差异

9. 拒绝 H_0，处理前后差异显著

10. 拒绝 H_0，浓度下降

11. 接受 H_0，测试结果无差异

12. 拒绝 H_0，有显著影响

13. 接受 H_0，无系统误差

14. 拒绝 H_0，有显著差异

15. 拒绝 H_0，有显著差异

16. 接受 H_0，服从指数分布

17. 拒绝 H_0，分布不相同

习题十

1. 有显著影响

2. $\alpha = 0.05$ 没有显著影响。$\alpha = 0.10$ 有显著影响。

3. 无显著差异

4. 显著影响该药的得率。

5. 有显著性差异。1 与 2，1 与 3 有差异，2 与 3 无

差异。

6. 加压水平间无差异,机器间有差异。

7. 操作工人间差异不显著,而机器间的差异和交互作用影响显著

8. 手机销量不同造型间有差异,不同商场间无差异。

习题十一

1. 样本相关系数 $r=0.999\,5$,相关关系显著。

2. $r=0.996$,相关关系显著。

3. Spearman 相关系数 $r_s=0.684\,8$。Spearman 相关关系显著。

4. $\hat{y}=11.60+0.449\,2x$;$r=0.981\,4$,$\hat{\sigma}=2.341\,4$;显著

5. (1) 散点图(略);(2) $\hat{y}=13.958\,4+12.550\,3x$;

(3) 拒绝 H_0;(4) (11.82,13.28);

(5) (19.66,20.81)

6. (2) $\hat{y}=-167\,93.553+8.826x$;(3) 高度正相关,会;(5) $Q=149.694$。

年份 x	1976	1978	1979	1981	1983	1985	1987
倾斜值 y	644	667	673	696	713	725	757
估计值	648	666	674	692	710	727	745

7. $\hat{a}=0.008\,967$;$\hat{b}=0.000\,829\,2$;$\hat{\sigma}=0.228\,5$

8. $\hat{y}=21.005\,8+19.528\,5\ln x$;$\hat{\sigma}=0.922\,1$

9. $c=102.02\mathrm{e}^{-0.002\,5t}$

10. $\hat{y}=88.044\,8-0.633\,3x_1+0.020\,1x_2$

习题十二

1. 选用 $L_{16}(2^{15})$ 表;其表头设计为

1	2	3	4	5	6	7	8	9	10	11	12	13	14	15
A	B	$A\times B$	C	$A\times C$	$B\times C$		D	$A\times D$	$B\times D$		$C\times D$	E		

2. $A_1B_1C_3D_1$;B、A、D、C

3. D;C、A、B;$A\times B$;$B\times C$;$A_2B_1C_2D_1$

4. 若把亩数、秧龄与亩数的交互作用、秧龄与氮肥的交互作用引起的三项离差合并到误差项中,则秧龄对亩产量有显著作用,而氮肥、亩数与氮肥的交互作用无显著影响。

5. $A_1B_2C_1D_1$

6. C、B、A;$A_1B_2C_3$

7. B、A、$A\times B$、$B\times C$、C、$A\times C$;$A_1B_2C_1$